A book to understand the 5th generation mobile communication technology

一本书读懂5G技术

王振世◎编著

机械工业出版社
CHINA MACHINE PRESS

5G 最终将一统互联网、移动网和物联网，为用户提供光纤般的接入速率，“零”时延的操作感知，千亿设备的连接能力，将拉近万物的距离，为用户带来身临其境的信息盛宴。

本书采用从总体到细节的顺序提纲挈领地介绍了 5G 工程师需要掌握的基本概念和关键技术。从 5G 和 LTE 的对比中，本书梳理出技术发展的脉络，帮助读者了解技术继承点在哪里，技术突破点在哪里。本书尽量以图表的方式来阐述技术，观点清晰、信息密度高。在阐述 5G 的技术原理和技术特点的时候，尽量使用通俗、简洁的语言，总结了很多 5G 方面的打油诗、行业俗语，使读者阅读起来轻松愉快。

本书是 5G 技术的科普读物，适合 5G 项目管理者、营销人员、售前支持人员、工程服务人员和管理人员，也可以作为各类院校通信工程、网络工程、物联网和计算机等专业的 5G 技术教材或参考读物。

图书在版编目（CIP）数据

一本书读懂 5G 技术/王振世编著．—北京：机械工业出版社，2020.10（2024.6 重印）

ISBN 978-7-111-66550-2

Ⅰ. ①一…　Ⅱ. ①王…　Ⅲ. ①无线电通信-移动通信-通信技术　Ⅳ. ①TN929.5

中国版本图书馆 CIP 数据核字（2020）第 176259 号

机械工业出版社（北京市百万庄大街 22 号　邮政编码　100037）

策划编辑：李馨馨　　责任编辑：李馨馨　秦　菲

责任校对：张艳霞　　责任印制：单爱军

北京虎彩文化传播有限公司印刷

2024 年 6 月第 1 版 · 第 5 次印刷

184mm×240mm · 26.75 印张 · 663 千字

标准书号：ISBN 978-7-111-66550-2

定价：138.00 元

电话服务	网络服务
客服电话：010-88361066	机　工　官　网：www.cmpbook.com
010-88379833	机　工　官　博：weibo.com/cmp1952
010-68326294	金　　书　　网：www.golden-book.com
封底无防伪标均为盗版	机工教育服务网：www.cmpedu.com

推 荐 序

如果说自然科学的最高境界是哲学，那么通信技术的最高境界就是情怀。一气呵成读完这部书稿，感受到的作者满满的情怀，读到最后的时候居然有了依依不舍之情，似乎未完待续。这是位满怀一腔热血投身于通信事业的技术人，在解读着移动通信技术的过去、现在，在展望通信技术的将来，在分享他对移动通信网络及业务的观察与思考。

随着5G牌照的发放，中国5G发展进入产业全面冲刺的重要阶段。4G改变生活，5G改变社会。那么，5G是什么？5G会对我们的生产生活产生怎样的影响？5G的端到端的网络架构有哪些变化？5G无线侧有哪些关键技术？5G和4G的区别有哪些？这些都是每一个5G从业者都渴望了解的内容。

本书从移动制式演进的角度，讲述了从1G到5G技术发展的脉络，并且展望了6G、7G，从3GPP协议演进的角度讲解从R99版本到R17版本的主要技术特征。每一个移动通信制式都要面临着共性的哲学问题，如资源分配类、网络架构类、信息交互类等问题，本书也进行了梳理。这是一个非常独特新颖的写作角度，处处体现了作者对于科学技术的哲学思考。详细解读5G应用三大场景、九大指标，辅以鲜活的应用案例和解决方案，详细描绘5G给生活、各行各业、社会治理等方面带来全新变革的蓝图和愿景。

本书介绍了5G的三朵云架构，从主设备的视角有接入云、控制云、转发云；从承载网的视角有接入云、汇聚云、核心云。在NFV+SDN+云技术的基础上，5G RAN架构、5G核心网架构和5G承载网架构端到端都所有变革。这一部分内容有利于从广度上帮助很多5G从业者系统、全面地了解5G的网络架构，以便理解自己所从事的工作在5G整网中的作用和价值。对于从事5G无线产品和无线网络规划优化工程师来说，第三部分内容有利于他们掌握无线侧更深层次的知识。

本书有一个鲜明特点——以图表来说话，图文并茂，既形象生动，也简洁直白。有演进视图、全景视图、对比视图、工具视图、写作视图。作者在全书中原创性地绘制了插图300多幅、表格数十个。

本书深入浅出，通俗易懂。相信能够让更多的人读懂5G、加入到5G的创新应用中来，将5G硬核能力与自身行业应用充分融合，主动跨界创新，探索新应用、新模式、新机遇，铸造科技创新硬实力，力争在全球产业链中发挥更大作用，更好地满足人类社会对美好数字生活的需要。

5G不同于传统的1、2、3、4G，不仅是一个多业务、多技术融合的网络，更是面向业务应用和用户体验的智能网络。5G时代即将带来众多前所未有的机遇，让我们从这一本书开始，张开双臂积极拥抱这个伟大的时代。

艾怀丽
江苏移动研究员高工、中央企业职工技能大赛“全国技术能手”

前　言

写作背景

4G 改变生活，5G 改变社会。全球的 5G 部署正在如火如荼地进行。华为、爱立信、诺基亚、中兴在全球 5G 市场上角逐，最终为满足和促进人们生活及各行各业的通信需求奠定了基础。到 2030 年，移动数据流量比 2020 年增长将超过万倍，各行各业终端的规模也将发展到千亿级别。

那么，5G 是什么？有人说，5G 就是高带宽、大连接、低时延；也有人说，5G 是人工智能（AI）、大数据（Big Data）、云计算（Cloud Computing）；还有的人说，5G 是 NFV、SDN、边缘计算；当然，还有的人说，5G 就是高清或超高清视频、自动驾驶、VR 和 AR、远程医疗、工业物联网等。

5G 的概念已经遍及大江南北，每个人都从自己的角度感知着 5G。“天地与我并生，而万物与我为一。”庄子描绘了一个超越了事物时空界限的万物一统的世界。5G 最终将一统互联网、移动网和物联网，为用户提供光纤般的接入速率，“零”时延的操作感知，千亿设备的连接能力，将拉近万物的距离，为用户带来身临其境的信息盛宴。“人工智能+大数据+云计算”助力用户突破海量数据的时空限制，为用户提供多场景、多应用而且智能、智慧的交互体验；NFV、SDN、边缘计算等技术将促进 5G 网络架构发生根本性的变革，大规模天线、密集组网、毫米波等无线侧技术将极大地解放空口能力，最终满足人们提出的 5G 指标，实现“信息随心至，万物触手及”的总体愿景。

移动通信的永恒追求是高速、可靠、便捷。1G 完成了从无线通信到移动通信的转变；2G 完成了从模拟通信到数字通信的转变；3G 推进了数字通信的宽带化进程；4G 实现了网络全分组化，取消了电路域；5G 实现将走得更远，基于服务化的架构是承接移动网、增强互联网、使能物联网融合架构的基础。

随着 5G 部署的脚步声越来越多、越来越急促，5G 系统化的知识，你储备好了吗？面对 5G 时代广阔的职场空间、无限的商机，5G 的技术架构，你掌握好了吗？

写作特点

有志于了解和掌握 5G 技术的人，可能是对过去的移动技术有一定了解的人，但已有的移动通信知识可以是你进一步掌握 5G 技术的垫脚石，也可以是理解 5G 技术的障碍。为此，本书在写作过程中，对不同制式的技术进行大量对比。介绍 5G 知识点，同时要回答和其他无线制式相比，尤其是和 LTE 相比到底有哪些不同。从 5G 和 LTE 的对比中，能够梳理出技术发展的脉络，帮助读者了解技术继承点在哪里，技术突破点在哪里。有一定移动知识的读者在比较中学习，使已有的无线知识成为掌握5G技术的桥梁，而不是理解5G的鸿沟。

本书对5G技术的阐述遵循一个原则：文不如表、表不如图。尽量以图表的方式来阐述技术，保证观点清晰、信息密度高。用工程师的话说，满满的全是技术干货。即使如此，由于5G的技术庞杂，限于篇幅，本书没有穷尽5G的所有技术，而只是介绍了5G总体概述、网络架构和无线关键技术，这些都是进一步学习5G技术的基础。

生活中的故事和技术原理在哲理层面上是相通的，只不过技术原理披上了数学公式和物理定律的外衣，使得它神秘莫测、难以接近。本书在阐述5G的技术原理和技术特点的时候，尽量使用通俗化的语言，总结了很多5G方面的打油诗、行业俗语，使读者阅读起来轻松愉悦。在不知不觉中，你已掌握了5G的精髓。

本书介绍的5G知识点是多数5G工作岗位上必须了解的5G基础知识。如果读者需要了解5G的空口协议栈、信令流程、组网规划、优化维护、智能运维等更高阶的知识，还需要在此基础上进一步深化学习。初学5G的人，最忌讳的就是一开始碰到大量的专业术语、复杂的数学公式，就好比一进门，被抡了一闷棍，顿时丧失了走进去的信心。本书就是解决让读者轻松入门5G的问题。

本书采用从总体到细节的顺序提纲挈领地介绍了5G工程师需要掌握的基本概念和关键技术。本书如同一本纵贯全国的交通地理手册，靠着这个手册，能够方便地找到某个乡镇，但这个乡镇里的小路就得自己熟悉了。本书是从大多数5G从业者学习需求的角度来讲的，是给初学开车（5G这辆时代列车）的人使用的，而不是给设计车的人使用的。

本书结构

本书分为三篇进行介绍。

第1篇是5G的总体概述（包括1~4章），是所有有志于从事5G相关岗位的人都应该了解的内容。第1章站在一定的高度俯瞰了从1G到5G的技术发展脉络，梳理了从初始的3GPP协议的R99版本到5G的R15、R16、R17版本中的关键技术，并且展望了6G、7G的技术愿景。第2章介绍了移动通信技术共有的基础概念，包括每一个移动通信制式都要考虑的资源分配类问题、网络架构类问题、信息交互类问题，实际上属于5G技术的根本问题。第3章介绍了5G的需求和愿景，第4章介绍了5G的应用和商业模式，这两章从需求场景、关键能力指标及各行各业应用的角度介绍了什么是5G。

第2篇介绍了5G的网络架构（包括5~8章）。第5章介绍了5G的“两侧三云”架构特征，以及架构变革的关键技术：NFV、SDN和云。第6章介绍了无线网架构，第7章介绍了核心网架构，第8章介绍了承载网架构。5G网络架构是5G技术的基础知识，是从事5G技术岗位的人应该了解的内容。

第3篇介绍了5G的空口技术（包括9~11章）。第9章介绍了5G无线侧的7个关键技术，这不是5G无线侧全部的关键技术，而是目前可能落地的5G关键技术；第10章介绍了5G空口的时频资源和空间资源；第11章介绍了5G空口的3个下行物理信道、3个下行物理信号、2个同步信号、3个上行物理信道、3个上行物理信号等内容。这些内容是从事5G无线产品和无线网络规划优化工程师必须掌握的内容。

适合读者

本书是5G技术的科普读物，适合具有一定无线基础知识的5G入门者使用，如5G项目管理者、营销人员、售前支持人员、工程服务人员、管理人员。如果是5G的某一方面的研发人员或网络优化运维人员，本书只适合他了解5G的基础技术，具体的实现细节还需参考协议类、流程类、优化运维类书籍。本书也可以作为各类院校通信工程、网络工程、物联网工程和计算机等专业的5G技术教材（建议在80学时以上）或参考读物。

致谢

本书的写作前后持续一年半的时间。我在这个漫长的写作过程中，得到很多亲人和朋友的关心和帮助。

首先，感谢我的母校天津大学，母校实事求是的校训和恩师们严谨治学的作风使我受益终生。其次，感谢父亲和母亲，是他们的持续鼓励和默默支撑，使我能够长时间专注于移动通信的培训和著书。再次，要感谢我的妻子和孩子，温暖的家庭生活是我持续奋斗的原动力。接着，要感谢本书编辑追求卓越的工作精神，感谢她充分为读者考虑的持续付出。最后，感谢所有的读者朋友，你们的持续关注是我最大的欣慰。

由于作者水平有限，书中难免疏漏和错误之处。欢迎各位读者对本书提出改进意见。在阅读本书过程中发现的任何问题可以反馈给作者。

作者联系方式：cougarwang@ qq. com。

王振世

2020年8月

目　　录

第2篇 5G网络架构

第3篇 5G空口技术

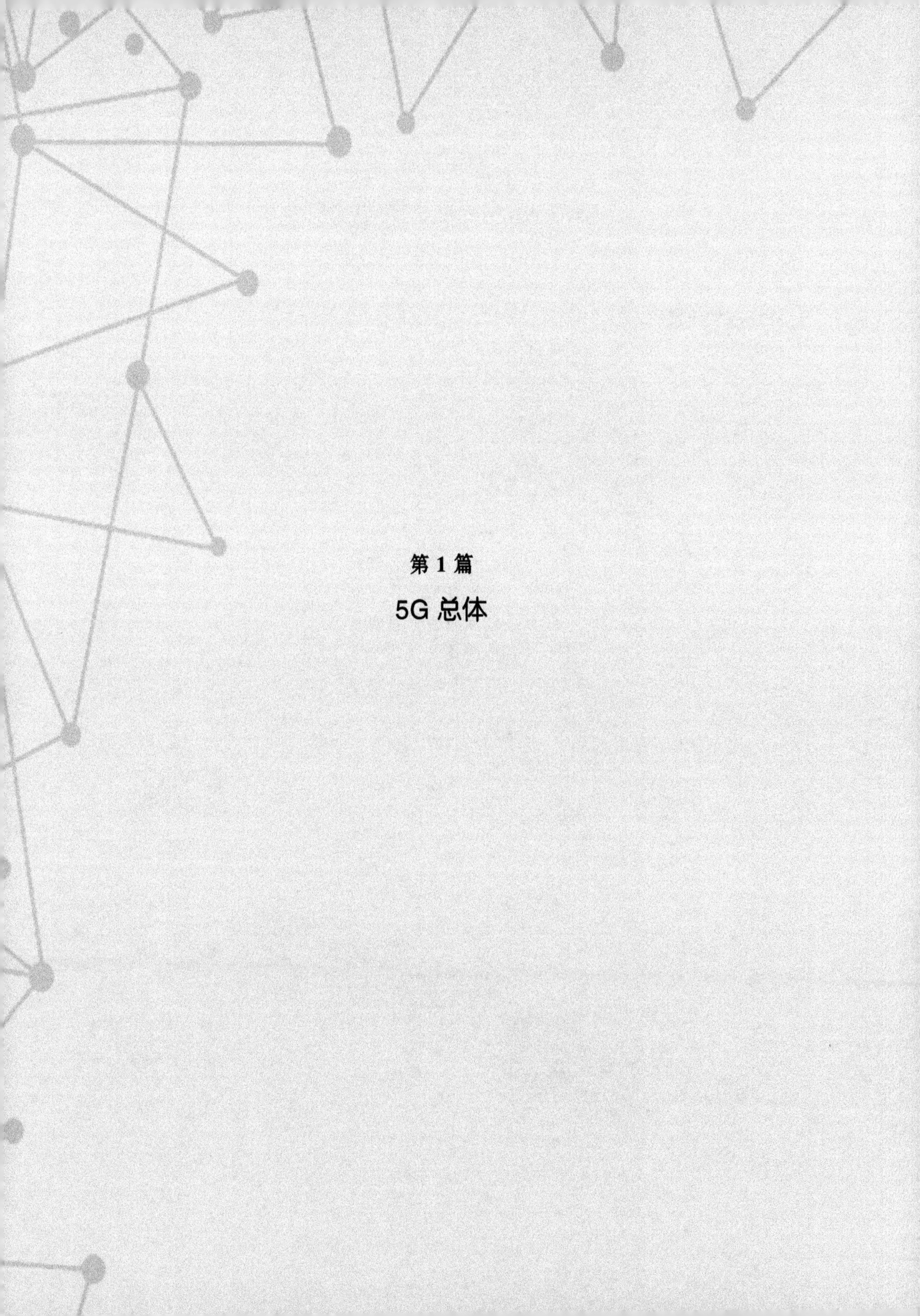

第 1 篇

5G 总体

第 1 章　移动制式演进

本章我们将掌握：

(1) 光速公式和香农公式如何决定移动制式技术发展的方向。

(2) 从 1G 到 5G 的技术、速率发展、业务支撑、终端等几个方向如何发展演进。

(3) 从 3GPP 协议的 R99 版本到 R17 版本看移动技术的发展。

(4) 5G 的主要 3GPP 规范。

(5) 展望一下 6G、7G 的主要突破方向。

《移动制式演进》
1G 语音业务显牛气，
2G 短信段子争高低，
3G 网页图片斗新奇，
4G 智能应用有惊喜，
5G 各行各业来聚齐。

人类迄今为止，总共经历了七次信息革命。如图 1-1 所示。

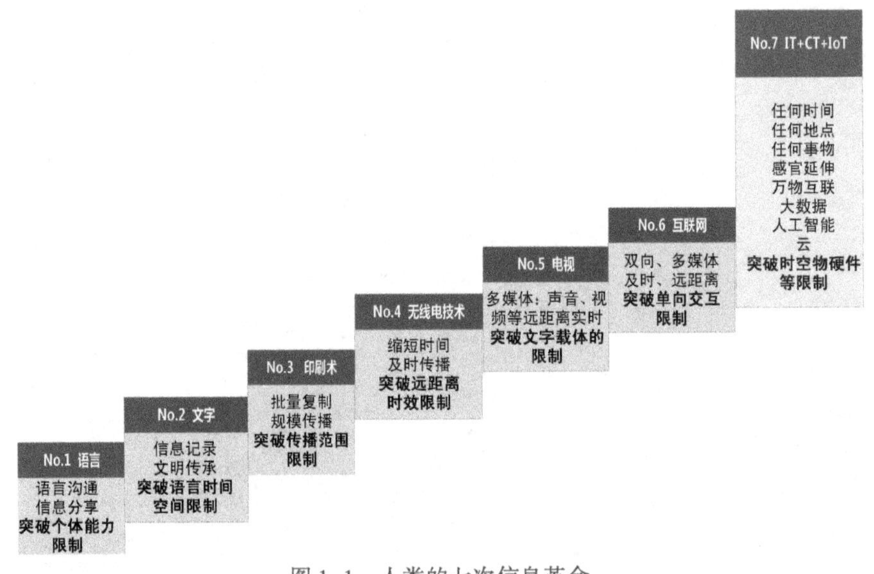

图 1-1　人类的七次信息革命

第一次信息革命——语言诞生了，人们通过语言的沟通和信息的分享能够高效地完成大规模的活动，如种植、围猎。

第二次信息革命——文字的出现，解决了信息记录的问题，打破了语言信息传播的时间和空间的限制，人类文明有了传承。

第三次信息革命——印刷术解决了人类信息批量复制、规模传播的问题，人类文明得以大范围扩散和传承。

第四次信息革命——无线电技术的应用，如电报和广播，终止了信使作为主要信息传播媒介的时代，大大缩短了人们获取信息所用的时间，大幅提升了信息获取的及时性。

第五次信息革命——电视的发明标志着多媒体信息规模传播时代的到来，它不仅实现了实时、远距离的信息传输，更重要的是电视集语音、文字、图像和影像于一身，更具有感染力和冲击力。

第六次信息革命——互联网的出现，它不但集合了前面信息载体的所有特征：实时、远距离和多媒体，而且还能够支撑双向信息互通。

第七次信息革命——就是移动网、互联网、物联网的融合过程，也就是我们所谈的移动网从 1G 发展到 5G 的过程。在 5G 时代，智能感应延伸了人类的感官，移动互联打破了时空的限制，大数据突破了人类认知的极限，人工智能超越了人类学习和分析判断能力，云计算突破了硬件资源的限制，这些技术最终会支撑万物在任何时间、任何地点、任何形式的信息交互。

1.1　从两个著名的公式说起

通信技术，不管是什么制式，也不管先进与落后，从传播媒介的角度来看只分两种：有线通信和无线通信。例如，两个人微信聊天，信息数据要么在空中（看不见、摸不着）传播，要么在光缆、电缆等有线媒介（看得见、摸得着）中传播。

通信领域有句话说道：有线的资源是无限的，无线的资源是有限的。从通信媒介的容量上说，有线通信的硬件资源反而可扩展性更强（受限于成本），无线通信的空口资源受限于射频器件的质量、空口干扰等因素，资源扩展往往存在瓶颈。

这里重点探讨无线通信技术演进的脉络。

1865 年麦克斯韦预言了电磁波的存在，并推导出光是电磁波的一种。他建立的电磁场理论，将电学、磁学、光学统一起来。1888 年德国物理学家赫兹用实验验证了电磁波的存在。1895 年刚满二十岁的马可尼受赫兹实验的启发，发明了无线电报（在此之前是有线电报）的天线装置。从此开启了人类无线通信之旅。

接下来的问题是如何可靠地发送和接收无线信号。

香农是美国数学家、信息论的创始人。一生中大部分时间是在贝尔实验室和麻省理工学院度过的。那么，香农有哪些突破性贡献？

简单地说，他的硕士论文使用电路的开关状态“1”和“0”，描述连续的模拟物理量，进而可以使计算机电路模拟人类复杂的逻辑判断和思考过程。

香农在发表硕士论文的10年后，在贝尔实验室又把“0”和“1”用在了通信领域。信号的可靠传送必须消除传输过程的不确定性。利用二选一的二进制数进行信号传送，比十选一的十进制数更能消除信号在传送过程中可能误码的不确定性。香农把这种度量信息的基本单位叫作比特（bit）。

在香农之前，人们提高无线信号传输可靠性的途径只有两种：提高发送功率和重复发送。香农提出通过对信号进行编码，也可以提高信号传送的可靠性。

香农1948年提出的信道编码定理和香农极限概念，在通信领域影响非常大。之后，不断有专家探寻逼近香农极限的编码方案。现有5G标准的LDPC码和Polar码（极化码）就是非常接近香农极限的编码方案，分别出自香农的“徒子”和“徒孙”。提出LDPC码的是香农的学生加拉格尔，提出Polar码的阿里坎在麻省理工学院读博时的博导就是加拉格尔。

1.1.1 光速公式

三十万公里秒至，几百个千米时延。

这两句话清晰地说明了电磁波的速度特点。电磁波以光速在真空中传播，每秒钟行进30万公里（3×10^8 m/s），是自然界物质运动的最大速度。但是即使如此快的速度，作为无线通信的载体来说，它的传送也是有时间上的延后的。电磁波在不同介质中的速度不同，在真空中传播，300 km的路程需要1 ms的时间；在光纤中光信号的速度是2×10^8 m/s，200 km的路程就需要1 ms的时间。这1 ms的时间对人的日常生活来说微不足道，但对于通信系统的信令传送来说，意义可非常重大。

在移动通信系统中，发送和接收信号的时延主要由光信号在有线介质（光纤）里的传输时延、无线电波在空中的传播时延和移动设备的信息处理时延组成。对于移动通信系统来说，控制信令的端到端时延越小，说明系统的响应越快。移动制式从1G到5G不断发展的过程，就是不断缩短信令时延的过程。

不同频率的电磁波的传播速度是相同的。电磁波速度、频率及其波长的关系如图1-2所示，就是这个超简单的物理公式，蕴含了无线通信技术乃至移动通信各制式电磁波发送和接收的基本规律。无论是逐渐走向历史的1G、2G、3G，正当壮年的4G，还是意气风发的5G，都和这个物理公式有不解之缘。

由上式可知，电磁波的波长和频率的乘积是一个常数，等于光速。即一个电磁波的波长越短，它的频率就越高；波长越长，频率就越低。按照波长的大小和频率的高低可以把电磁波划分为不同的波谱，如图1-3所示。

发射和接收无线信号的天线大小取决于电磁波的波长。根据天线原理，天线振子长度L与波长λ成正比，即

$$L=\frac{\lambda}{10}\sim\frac{\lambda}{4}$$

也就是说，使用的电磁波频率越高，波长就会越短。相应地，发射天线和接收天线振子也就跟着变短。

$$C=\lambda f$$

光速：时延

波长：天线振子大小

频率：频点高低、路损、可用带宽

图 1-2　电磁波速度、频率及其波长的关系

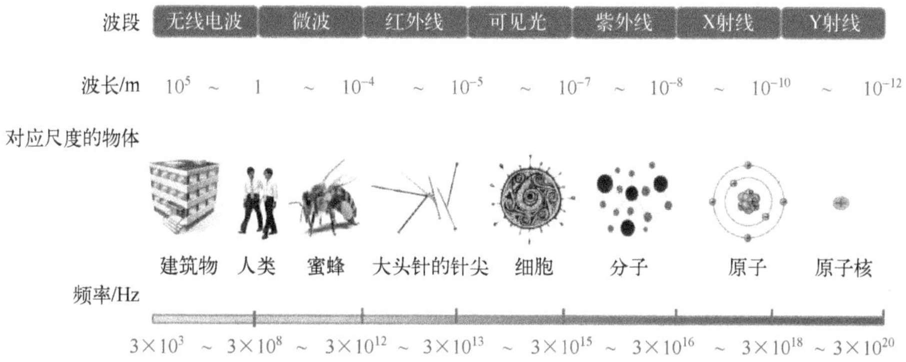

波段	无线电波	微波	红外线	可见光	紫外线	X射线	Y射线

波长/m：10^5 ~ 1 ~ 10^{-4} ~ 10^{-5} ~ 10^{-7} ~ 10^{-8} ~ 10^{-10} ~ 10^{-12}

对应尺度的物体：建筑物　人类　蜜蜂　大头针的针尖　细胞　分子　原子　原子核

频率/Hz：3×10^3 ~ 3×10^8 ~ 3×10^{12} ~ 3×10^{13} ~ 3×10^{15} ~ 3×10^{16} ~ 3×10^{18} ~ 3×10^{20}

图 1-3　电磁波谱

图 1-4 所示是手机天线的发展趋势，由图可见，1G 时代的“大哥大”有很长的天线，GSM 手机也有凸出来的小天线，可现在的手机就看不到天线了。是因为信号太好，不需要天线了？当然不是。是因为我们现在使用的电磁波频段较高，天线可以做得很小，完全可以藏在手机里面。

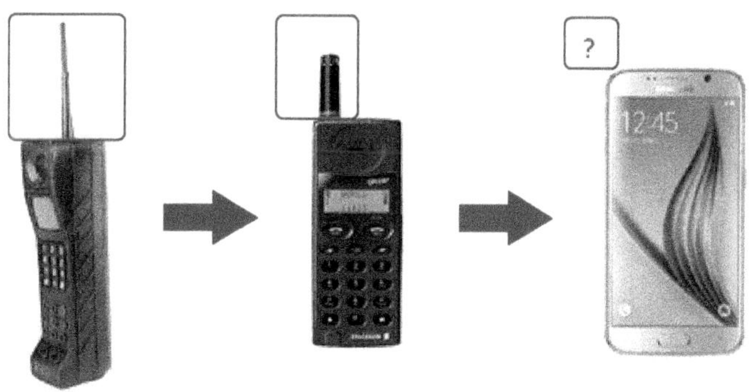

图 1-4　手机天线发展趋势

使用的电磁波频率越来越高，基站侧天线的振子越来越小，单位面积的天线振子数目就会越来越多，如图1-5所示。

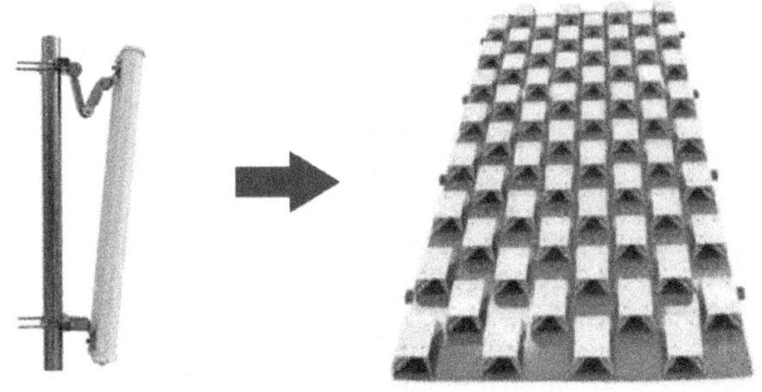

图1-5　基站侧天线的趋势

5G的无线信号传播可以使用毫米波，天线的大小也可以变成毫米级。6G/7G使用的电磁波可以是太赫兹，波长会到微米级；可见光通信的波长更小，纳米天线也将成为现实。

现有的移动制式通信使用的电磁波都在微波这个范围内。微波又可以进一步划分为不同的波段：分米波（超高频）、厘米波（特高频）、毫米波（极高频）、亚毫米波（超极高频），如图1-6所示。经常说的GSM900、CDMA800，实际上就是工作频段在900 MHz的GSM系统和800 MHz的CDMA系统。分米波（超高频）与其他频段相比，在覆盖和容量两个性能之间折中得比较好，因此被广泛应用于移动通信领域。2G/3G/4G系统使用的电磁波都属于分米波。

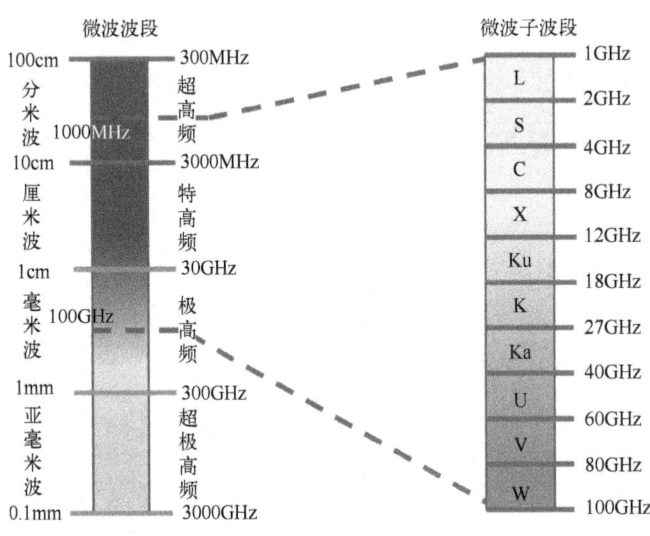

图1-6　微波子波段划分

为了使用方便，把1000 MHz～100 GHz的微波波段又划分为L、S、C、X、Ku、K、Ka、U、V、W等子波段。如5G中可使用的C波段（C-Band），是指频率大致范围在4～

8 GHz 的微波波段。在移动通信中，人们有时把 3.5 GHz 也称为 C-Band 波段。早期卫星通信使用的都是 C 波段。由于 C 波段频率资源越来越稀缺，后来又相继出现了 Ku 波段、Ka 波段等。

电磁波能绕过与其波长相近的障碍物继续前进，这称为电磁波的绕射能力。电磁波的能量被障碍物的分子原子吸收和转移，表现为电磁波的穿透能力和穿透损耗。电磁波的绕射能力、穿透能力与它的波长、频率有密切关系：

1）频率越低，波段越长，电磁波越容易绕过障碍物，绕射能力越强；分子原子越不容易获取能量，穿透能力越弱，穿透损耗也越小，传播损耗也越小。

2）频率越高，波长越小，越接近分子原子半径，电磁波的能量更容易被吸收和转移，表现为穿透力越强，穿透损耗越大，传播损耗也越大；但电磁波越不容易绕过障碍物，绕射能力就越差。

电磁波的频率资源是有限的。频率越低，传播损耗越小，绕射能力越强，覆盖距离越远。但低频段频率资源紧张，可用带宽少，系统容量有限，因此主要应用于广播、电视、寻呼等系统。高频段频率资源丰富，可用带宽大，系统容量大；但频率越高，传播损耗越大，覆盖距离越近；而且频率越高，系统实现的技术难度越大，成本也相应提高。

在 3GPP 协议中，5G 的频点资源分为两部分：FR1（Frequency Range 1、频率范围 1）和 FR2，如图 1-7 所示。

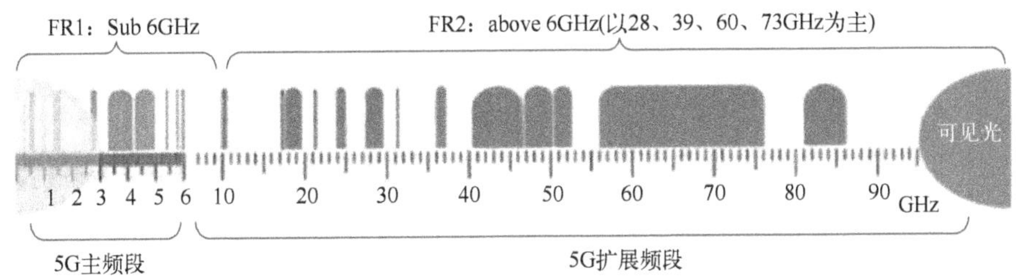

图 1-7 5G 频点资源分两部分

FR1（Sub 6 GHz 频段），主要是指 450~6000 MHz 的频率范围，也就是我们常说的低频段，是 5G 的主用频段。我们知道频率越低，覆盖能力越强，穿透损耗越小，但目前低于 3 GHz 的部分，现网已使用殆尽。人们的目光瞄准了 3 GHz 以上的频率。C-Band（以 3.5 GHz、4.9GHz 为主）是 5G 频率的主流。

FR2 是大于 6 GHz 频段，现在使用的频段以 28 GHz、37 GHz、39 GHz、60 GHz 等为主，属于高频段，穿透能力较弱，但带宽十分充足，且没有什么干扰源，频谱干净。

5G NR 的主要频段及其编号如表 1-1 和表 1-2 所示。

我国已经完成了 5G FR1 频率的分配。三大运营商频段分配情况如下：

（1）中国移动：2515~2675 MHz（n41）、4800~4900 MHz（n79），共计 260 MHz。

（2）中国联通：3500~3600 MHz（n78），共计 100 MHz。

（3）中国电信：3400~3500 MHz（n78），共计 100 MHz。

表 1-1　FR1 主要频段及编号

NR 频段	上行链路（UL）频段	下行链路（DL）频段	双工模式
n1	1920~1980 MHz	2110~2170 MHz	FDD
n2	1850~1910 MHz	1930~1990 MHz	FDD
n3	1710~1785 MHz	1805~1880 MHz	FDD
n5	824~849 MHz	869~894 MHz	FDD
n7	2500~2570 MHz	2620~2690 MHz	FDD
n8	880~915 MHz	925~960 MHz	FDD
n12	699~716 MHz	729~746 MHz	FDD
n20	832~862 MHz	791~821 MHz	FDD
n25	1850~1915 MHz	1930~1995 MHz	FDD
n28	703~748 MHz	758~803 MHz	FDD
n34	2010~2025 MHz	2010~2025 MHz	TDD
n38	2570~2620 MHz	2570~2620 MHz	TDD
n39	1880~1920 MHz	1880~1920 MHz	TDD
n40	2300~2400 MHz	2300~2400 MHz	TDD
n41	2496~2690 MHz	2496~2690 MHz	TDD
n51	1427~1432 MHz	1427~1432 MHz	TDD
n66	1710~1780 MHz	2110~2200 MHz	FDD
n70	1695~1710 MHz	1995~2020 MHz	FDD
n71	663~698 MHz	617~652 MHz	FDD
n75	N/A	1432~1517 MHz	补充下行
n76	N/A	1427~1432 MHz	补充下行
n77	3300~4200 MHz	3300~4200 MHz	TDD
n78	3300~3800 MHz	3300~3800 MHz	TDD
n79	4400~5000 MHz	4400~5000 MHz	TDD
n80	1710~1785 MHz	N/A	补充上行
n81	880~915 MHz	N/A	补充上行
n82	832~862 MHz	N/A	补充上行
n83	703~748 MHz	N/A	补充上行
n84	1920~1980 MHz	N/A	补充上行
n86	1710~1780 MHz	N/A	补充上行

表 1-2　FR2 主要频段及编号

NR 频段	上行链路（UL）和下行链路（DL）频段	双工模式
n257	26500~29500 MHz	TDD
n258	24250~27500 MHz	TDD
n260	37000~40000 MHz	TDD
n261	27500~28350 MHz	TDD

随着人们对移动通信的容量需求越来越多，随着高频段技术难题的攻克，实现成本的降低，电磁波的使用频率必然要向高频段（如 n257、n258、n260、n261）发展。

1.1.2　香农公式

香农极限（Shannon Limit），又称为香农容量（Shannon Capacity），它表示在一定的噪声水平下，在一定的功率和带宽条件下，信道传送速率的最大值。这个表述等价于另外一句话：在一定的噪声水平下，在一定带宽条件下，支撑一定的信道传送速率，一定存在一个最小的功率值。无论什么样的信道编码算法，信道支撑的速率不能超过相应的香农容量，信道所需的功率不能低于相应的最小信道功率需求。

香农在 1948 年的论文中给出如何计算这个容量极限，即著名的香农公式，如图 1-8 所示。

$$\underbrace{C}_{\text{容量、速率}} = \underbrace{B}_{\text{带宽}} \log_2(1 + \underbrace{S/N}_{\text{信噪比、干扰}})$$

图 1-8　香农公式

其中，C 是信道支持的最大速度或者叫信道容量；B 是信道的带宽；S 是平均信号功率；N 是平均噪声功率；S/N 即信噪比。

香农公式给出了信道传送速率的上限（单位：bit/s）和信道信噪比（SNR）及带宽（单位：Hz）的关系。香农公式是香农定理（也叫噪声信道编码定理）的核心内容，它揭示出：信息传输速率即信道容量，强相关于信道带宽、信噪比。其中信噪比又和平均信号功率、平均噪声功率相关。

香农公式给出了信道容量的极限，也就是说，实际无线制式中单信道容量不可能超过该极限，只能尽量接近该极限。当时香农并不知道如何逼近它。但香农公式成了评价信道编码好坏的依据。

香农定理可以变换一下形式，如图 1-9 所示，信道所支持的数据业务速率 C 与该信道的带宽 B 之比就是单位带宽所支持的速率，即频谱效率或频谱利用率。信道容量（数据速率）的单位是 bit/s，带宽的单位是 Hz，频谱效率的单位是 bit/(s · Hz)。也就是说香农定理给出了一定信噪比下频谱利用率的极限。

$$\eta = \frac{C}{B} = \log_2(1 + S/N)$$

图 1-9　频谱效率极限

移动制式从 1G 到 5G 的整个发展过程就是科学家、通信运营商和生产厂商追求信道编码数据速率、容量逼近香农极限的过程，也是不断提高频谱效率的过程。

2G 使用的卷积码，信道容量离香农极限差 3.5 dB；1993 年，法国教授克劳德 · 贝鲁（Claude Berrou）和他的缅甸籍学生发明了 Turbo 编码，其信道容量第一次逼近了香农极限，在 3G、4G 移动制式的信道编码中得到了应用。

在 5G 信道编码方案的竞争过程主要是由欧洲主导的 Turbo 码、美国主导的 LDPC 码和我国主导的 Polar 码参与。这 3 个编码方案都接近于香农极限，最终的结果是 Turbo 码无缘于 5G 的信道编码方案，主要的理由是时延较长。

在日常工作交流中，经常会说把信道带宽和信道速率等同起来用，比如说某 LTE 网络的带宽是 100 Mbit/s，某 5G 网络的带宽是 1 Gbit/s，实际上这时的带宽指的是信道速率。严格地说，带宽的单位是 Hz，速率的单位是 bit/s。但二者混用的情况非常常见。

香农公式可以解释不同移动制式由于带宽不同，所支持的单载波最大吞吐量不同的规律。香农公式说明以下几点：

1）增大带宽、提高信噪比可以增大信道容量。

2）在信道容量一定的情况下，提高信噪比可以降低带宽的需求或增加带宽可以降低信噪比的需求。

增大带宽，可以增大信道的容量。但低频段的带宽资源接近枯竭，这就使得移动制式使用的频率越来越高。频率越高，可用带宽资源也越多，如图 1-10 所示。于是有：更高的频率→更大的带宽→更快的数据速率，如图 1-11 所示。也就是说频率越高，相同时间内传输的信息就越多。

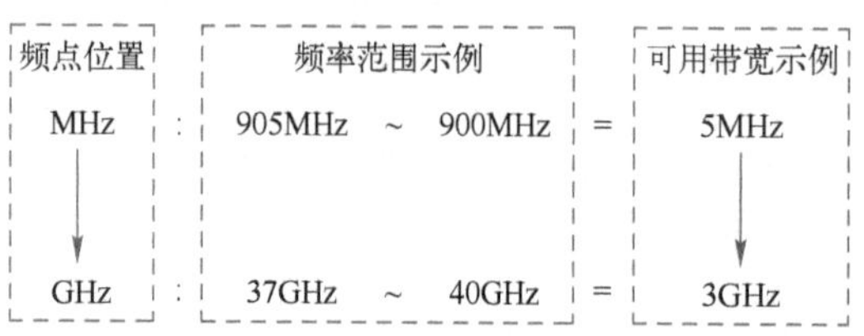

图 1-10 数据速率增加的一个途径

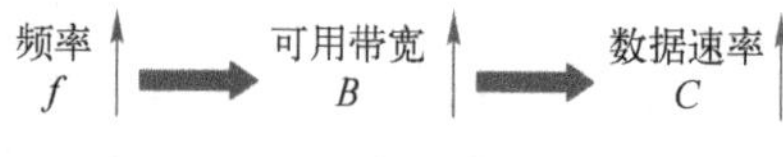

图 1-11 频点越高带宽越大

如果把无线信道的比特速率比作车速，带宽就类似于道路的宽度，信噪比则相当于路况。道路越宽，路况越好，车速越快，如图 1-12 所示。不过，再宽阔的道路，所容纳的车量也是有限的。当路不够用时，车辆就会被阻塞而无法畅行，此时就需要考虑增加另一条路。随着用户数和智能设备数量的增加，有限的频谱带宽应付不断增加的业务需求，容量资源就会捉襟见肘，这会导致用户服务质量严重下降。解决问题的可行方法是开发新频段，拓展新带宽。

车道是有两个方向的，无线信道也分上下行。无线信道的速率不是能任意增加的，就像城市道路上的车一样不能想开多快就开多快一样，会有针对每个道路的限速。频率越高，带宽越大，相当于车道也越宽。宽的车道，可以划分为更多的子车道，分配给不同的对象使用。大的带宽也可以进一步细分，分给不同的载波或子载波，以承载不同的业务速率。显然，越大的带宽，可以划分出越多的载波或子载波，如图 1-13 所示。

有人说：现在 4G、5G 的多天线技术、载波聚合技术、双连接技术大大提高了空口速率，突破了香农公式。其实不然，它没有突破香农公式，只是相当于多个单信道的组合，

图 1-12　双向车道

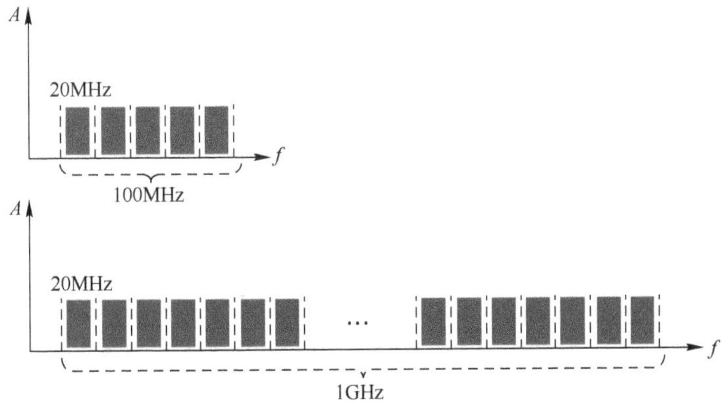

图 1-13　大带宽可以进一步细分

如图 1-14 所示。一个终端最终得到的物理层速率是给它提供服务的所有小区、所有信道的速率之和。一定范围内的物理层速率是这个范围内所有小区所有信道的速率之和。

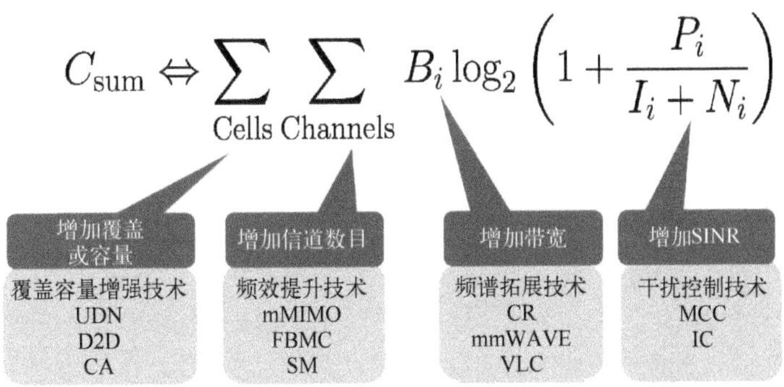

图 1-14　多个单信道的组合

从图1-14的公式可以得出移动制式提高数据业务速率的4个途径。

（1）增加覆盖或容量。最终的目的是通过增加服务小区的数目来提升整体的数据业务速率。这样的技术有异构超密集组网（Ultra Dense Network，UDN）技术，设备间通信（Device to Device，D2D，可以减少服务小区的资源占用）技术，载波聚合（Carrier Arregation，CA）技术等。

（2）增加信道数目。通过提高单位带宽的信道数目来提升频谱效率，从而提高数据业务速率。大规模天线阵列（massive MIMO，mMIMO）技术通过天线增加空间资源，来增加信道数目；滤波器组多载波（Filter Bank Multi-Carrier，FBMC）技术通过灵活分配载波资源来支持更多的信道；空间调制（Spatial Modulation，SM）技术可以将无线链路在空间维度分解成多个并行的子信道，从而提升数据业务速率。

（3）增加带宽。探索各类频谱拓展技术，增加可用带宽，可大幅提升数据业务速率。认知无线电（Cognitive Recognition，CR）技术可以感知无线频率环境，识别并使用空闲频率资源，避免受干扰频率，实现频谱的动态接入，可以有效提升频谱利用效率。毫米波（mmWAVE）和可见光（Visible Light Communication，VLC）的频点高，可利用的带宽资源丰富，可大幅提升数据业务速率。

（4）增加SINR（Signal to Interference and Noise Ratio，信噪比）。可从增加有效功率和降低干扰噪声两个角度实现。增大基站的发射功率可以提高无线信号的电平，但也容易引入干扰。“滴灌”技术的主要思路是小功率天线多点覆盖，可以兼顾提升覆盖和控制干扰。从降低干扰和噪声的角度，提升信噪比SINR，是各种移动制式无线性能算法设计中的重要方向。多小区协作技术（Multi-Cell Coordination，MCC）、干扰协调（Interference Coordination，IC）技术是4G、5G控制干扰的重要可选技术。

1.2 从1G到5G

《贺新郎·读史》
人猿相揖别。
只几个石头磨过，
小儿时节。
铜铁炉中翻火焰，
为问何时猜得？
不过几千寒热。
——毛泽东

移动通信技术的演进规律和人类社会演进变化节奏类似，先是漫长的岁月走了关键的几步，后是短短的时间内突飞猛进。

老子有言：有无相生，高下相倾。有移动通信之前就有无线通信。无线电报是无线通信早期最主要的应用，1903年开始，美国有人利用无线电报给英国的《泰晤士报》发送新闻，可以实现当天消息、当天见报。

无线通信在第一次世界大战中得到了进一步的应用。不过那个时候的无线通信设备相当笨重，还需要与发电设备搭配使用，此外还需要配有几十米高的天线。大家可以想到，这样的设备在战争中使用，很不方便，通信设备很容易成为敌方的攻打目标。

到第二次世界大战的时候，无线通信设备的体积减小了很多，在一个通信车上就能够搭载完成。军用雷达、无线电台、无线电话等无线通信方式在军队中都已经非常普遍了，通信兵种已经是部队中的标配了。此外军用飞机、舰船坦克、装甲车也依赖无线通信。

战后，无线通信在民用领域得到广泛应用，如无线电广播、无线对讲机等。但此时的无线通信不能应用在远距离个人与个人之间的通信场景，也不支持移动条件下的连续通信业务，所以不能称之为真正意义上的移动通信。

1.2.1　无线移动化——1G

蜂窝组网，如图1-15所示，标志着从“无线”到“移动”的突变。蜂窝组网的关键技术是频率复用（如图1-16所示）和移动切换（如图1-17所示）。这样就可以支持个人和个人之间移动状态下不间断的语音通信。

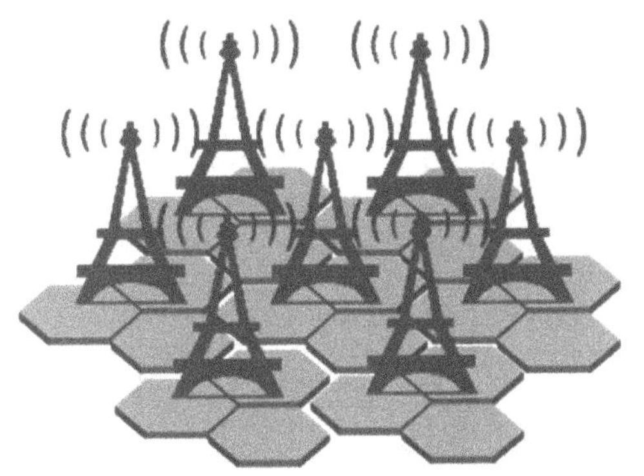

图1-15　蜂窝组网

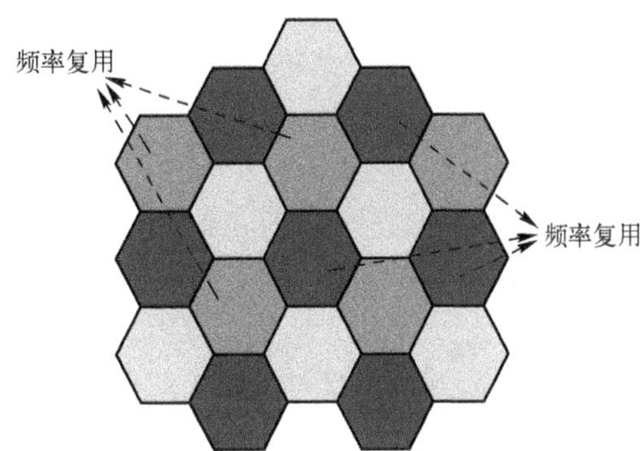

图1-16　频率复用

这时的移动通信系统属于模拟通信系统，最早由美国贝尔实验室发明，由美国的AT&T和摩托罗拉完成组网实践。

后来，人们把无线通信转变而来的第一代移动通信称为1G。但在当时，这些系统有自己的名称，主要有美国的AMPS（Advanced Mobile Phone System，高级移动电话系统）、英国的TACS（Total Access Communications System，全入网通信系统）技术，如表1-3所示。在移动通信领域，美国的摩托罗拉公司主导了1G网络的建设。

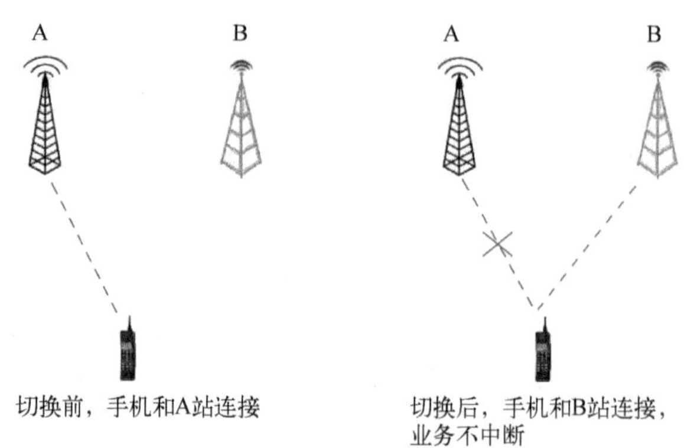

图 1-17　切换过程

表 1-3　1G 主要制式技术参数对比表

第一代模拟移动通信系统		AMPS	TACS
主要使用地		美国	欧洲、中国
频段/MHz	下行	870~890	935~960
	上行	825~845	890~915
信道带宽（kHz）		30	25
双工方式		FDD	
多址方式		FDMA	
速率/(kbit/s)		9.6	
语音	调制方式	FM（调频）	
信令	调制方式	FSK（频移键控）	

这个时期，我国的移动通信网由美国摩托罗拉和瑞典爱立信组建。摩托罗拉设备组成的网络叫作 A 网络，爱立信设备组成的网络叫作 B 网。1G 系统于 1987 年广东全运会上正式启用，于 1999 年正式关闭。

1G 通信系统比较明显的缺点是串号、盗号。

1.2.2　移动数字化——2G

20 世纪七八十年代，美国推出了信息高速公路计划。在这个计划实施的过程中，美国主导定义了互联网的架构、PC 的架构，与此同时，互联网和 PC 领域的芯片、操作系统、交换器、路由器、浏览器等都由美国公司主导，因此产生了全世界最著名互联网和 PC 领域的大公司 IBM、Intel、微软、Google、Cisco、Juniper。

科技是政治、经济、文化的基础，照此发展下去在计算机和通信领域是美国人的天下。

欧洲人发现由美国人主导互联网及移动通信领域话语权的不利局面，于是成立了

GSMA 组织，制定了 GSM（Global System for Mobile communication，全球移动通信系统）统一标准，推动了移动通信制式由模拟调制到数字调制的发展，如图 1-18 所示。数字化是第二代移动通信 2G 的主要特征，它是将计算机及互联网的数字化思路应用到了移动通信网络上。模拟信号，一个时刻的值有很多可能，被误判的可能性大；而数字信号，每个时刻的值要么是 0，要么是 1，抗干扰能力比模拟信号强，被错误接收的概率大幅降低。

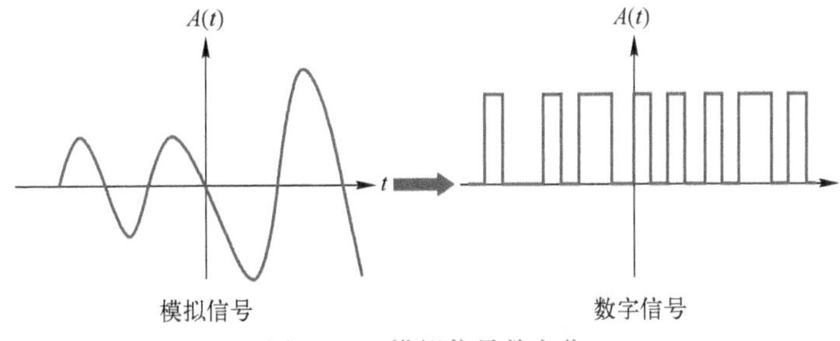

图 1-18　模拟信号数字化

早在 1989 年，欧洲推动 GSM 正式商业化，在欧洲起家的诺基亚和爱立信开始攻占全球市场。2G 时代，是诺基亚崛起的时代，仅仅 10 年功夫诺基亚就成为全球最大的移动电话商。

在 2G 时代，我国建成了世界上规模最大的两张 GSM 网，即中国移动 GSM 网络和中国联通 GSM 网络。一大批欧洲企业受益，如爱立信、诺基亚、西门子、阿尔卡特、飞利浦、萨基姆等。摩托罗拉通信设备的市场开始衰落。

我国 GSM 网络按使用的频段可分为 GSM900 和 DCS1800，如表 1-4 所示。

表 1-4　GSM900 和 DCS1800 主要技术参数对比

GSM 制式		GSM900	DCS1800
发射频带/MHz	下行	935~960	1805~1880
	上行	890~915	1710~1785
发射带宽/MHz		25	75
双工间隔/MHz		45	95
双工技术		FDD	
信道带宽/kHz		200	
多址方式		TDMA、FDMA	
调制		GMSK	
传输速率/(kbit/s)		171（GPRS）	
信道编码		1/2 卷积码	
每载频信道数	全速率	8	
	半速率	16	

2G系统的代表制式有GSM（Global System for Mobile Communication，全球移动通信系统）、窄带CDMA。

除了完成模拟数字化进程，相对于1G来说，GSM在频分多址的基础上增加了时分多址（Time Division Multiple Access，TDMA）的复用方式，如图1-19所示。

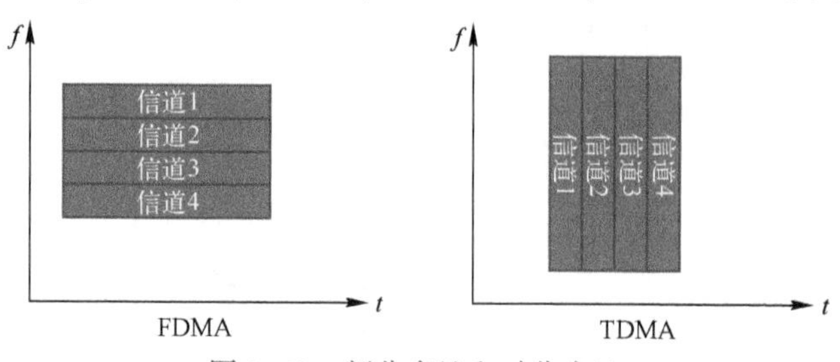

图1-19　频分多址和时分多址

TDMA：是把时间分割成周期性的帧（Frame），每一个帧再分割成若干个时隙。基站给多个移动终端发送的信号（下行方向）都是按一定的规律安排在预定的时隙中，基站也可以在各时隙中接收到多个移动终端的信号（上行方向）。当然，TDMA系统对定时和同步的要求比较苛刻。

CDMA系统在频分多址的基础上增加了码分多址（Code Division Multiple Access）的复用方式，如图1-20所示。

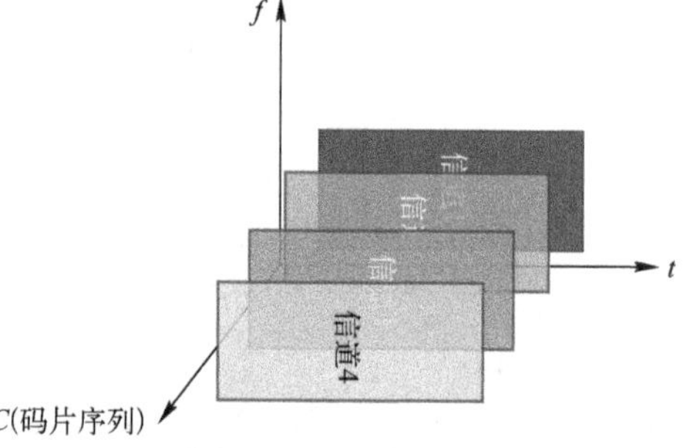

图1-20　码分多址

CDMA是在数字扩频通信技术上发展起来的一种无线通信技术。所谓扩频技术，就是将需传送的信息数据，用一个带宽远大于信号带宽的高速伪随机码进行调制，使原数据信号的带宽被扩展（扩频），再经载波调制后发送出去。接收端使用完全相同的伪随机码，与接收的带宽信号做相关处理，把宽带信号还原成窄带信号（解扩），然后提取出原始的信息数据。整个扩频解扩过程如图1-21所示。

大家可能想不到的是CDMA技术的最早发明者是美国影视女演员海蒂·拉玛（1914年11月9日—2000年1月19日），她是电影史上第一个全裸出镜的女星，同时也是跳频技术的专利拥有者，是真正的跨界之王，如图1-22所示。CDMA技术早期应用于美国军方，后来逐渐转向民用通信系统。

因此，相较于1G系统来说，2G具备较高的容量，同时具备高度的保密性。2G的声音品质较佳，比1G多了数据传输的服务，数据传输速度为9.6~14.4 kbit/s，最早的文字简讯传送也从此开始。

第一款支持WAP（Wireless Application Protocol，无线应用协议）的GSM手机是诺基亚7110，如图1-23所示，它的出现标志着手机上网时代的开始，而那个时代GSM的网速仅有9.6 kbit/s。

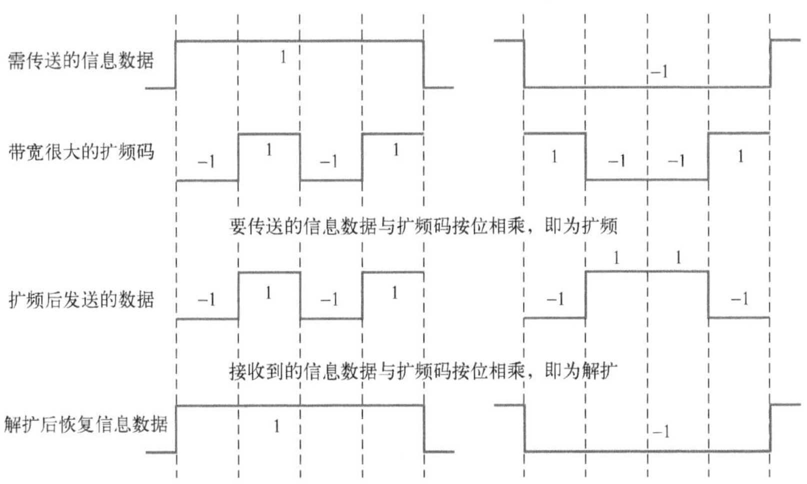

图 1-21　CDMA 扩频解扩过程

随着用户的需求不断发展，2G 通信系统暴露出比较明显的缺点，具体有：网络速率低，支持业务单一、维护成本逐年升高。

图 1-22　海蒂·拉玛

图 1-23　Nokia 7110 手机

1.2.3　数字宽带化——3G

从香农公式可以得知，为了解决数据传输速率过低的问题，数字系统宽带化是增加数据传输速率的重要方向。

人们注意到，在 3G 之前，移动各种制式主要是遵循一个区域性的标准，或者某个国家范围内的标准，不存在一个全球统一的标准。1998 年 12 月，3GPP 组织成立了，组织标志如图 1-24 所示，网址为 www.3gpp.org，负责推进全球 3G 标准化的工作。现在这个组织已经完成了多个版本的 5G 标准，也着手开始研究 6G 标准，但组织的名称还是 3GPP。

3GPP 组织首先制定的全球 3G 标准是 UMTS（Universal Mobile Telecommunication System，通用移动通信系统），它由一系列技术规范和接口协议构成，以 WCDMA

(Wideband Code Division Multiple Access，宽带码分多址）技术构建无线接入网络，核心网在原有的GSM移动交换网络的基础上平滑演进。后来UMTS还把TD-SCDMA（Time Division-Synchronous Code Division Multiple Access，时分同步码分多址）技术纳入了自己的怀抱。

图1-24 3GPP组织的标志

考虑到北美CDMA制式的演进和发展，以及高通公司在CDMA上专利情况，cdma2000也被确定为3G制式之一。

因此，3G制式主要有WCDMA（欧）、cdma2000（美、韩）、TD-SCDMA（中国）三种，如表1-5所示。我国于2009年的1月7日颁发了3张3G牌照，分别是中国移动的TD-SCDMA、中国联通的WCDMA和中国电信的cdma2000。

表1-5 3G三种制式的主要技术参数

比较项	WCDMA	cdma2000	TD-SCDMA
采用国家和地区	欧洲	美国、韩国	中国
继承基础	GSM	窄带CDMA	GSM
核心网	GSM MAP	ANSI-41	GSM MAP
工作频段/MHz	1940~1955（上行） 2130~2145（下行）	1920~1935（上行） 2110~2125（下行）	1880~1900 2010~2025
双工方式	FDD	FDD	TDD
主要多址方式	CDMA	CDMA	CDMA+SDMA
载波带宽/MHz	5	1.25	1.6
码片速率/(Mchip/s)	3.84	1.2288	1.28
支持速率/(Mbit/s)	14.4（DL)/5.76（UL)	3.1（DL)/1.8（UL)	2.8（DL)/384（UL)
同步方式	无须同步	同步	同步
切换	软、硬切换	软、硬切换	接力切换
功率控制	快速功控：上、下行1500 Hz	上行：800 Hz 下行：慢速、快速功控	0~200 Hz

这三个3G制式共同的技术基础是宽带CDMA，就是窄带原始信号通过宽带扩频序列进行扩频，从而把形成的宽频信号发送出去，这时候即使有用信号淹没在宽频噪声中，接收端也可以完成解扩解调，如图1-25所示。3G制式的共同特点是频率规划简单、频率复用系数高、系统容量大、抗多径衰落能力强、通信质量好、保密性强。

3G的高带宽和较高的传输速率，催生了多样化的应用。可以这么说，3G是开启智能应用的关键。苹果、联想和华硕等公司就是在3G网络时代推出的平板电脑。

随着智能应用的不断发展，对数据业务速率的需求也不断增长。但是CDMA在进一步增大带宽的时候，扩频实现困难，器件复杂度增加。这就可以理解WCDMA为什么不能把带宽从5 MHz增加到20 MHz，或者做得再大一些。当4G、5G的信道带宽要支持20 MHz，甚至100 MHz的时候，CDMA显然无法胜任。

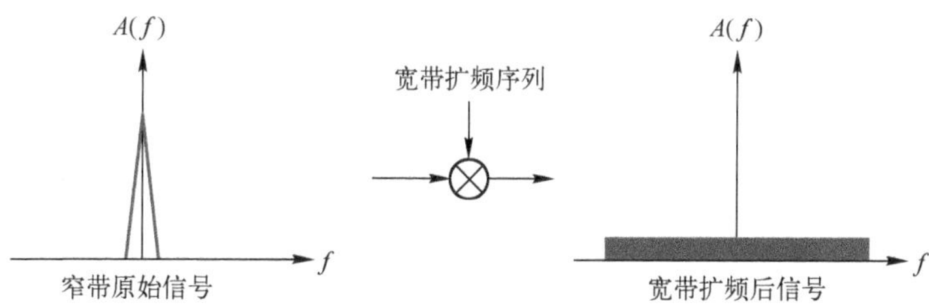

图 1-25　宽带扩频过程

基于 CDMA 技术的移动制式不能支持数十兆带宽的扩展，也不能进行带宽资源的灵活调度，业务发展遇到了瓶颈。

1.2.4　网络全分组化——4G

对数据业务速率的追求永无止境，但 CDMA 的技术瓶颈已近在眼前。更高的速率需求意味着更大的带宽需求。

4G 无线侧的技术集合称之为 LTE。LTE（Long Term Evolution，长期演进）关注的核心是无线空口的大带宽设计问题。OFDM（Orthogonal Frequency Division Multiplexing，正交频分复用技术）可以支持无线空口的大带宽设计，同时支持 1.4 MHz、3 MHz、5 MHz、10 MHz、15 MHz、20 MHz 各种带宽的灵活配置，如图 1-26 所示。这一点和以前的移动制式不一样。以前的移动制式，信道带宽只有一种，而 LTE 可以有多种，而且可以根据无线环境、业务需求动态配置。

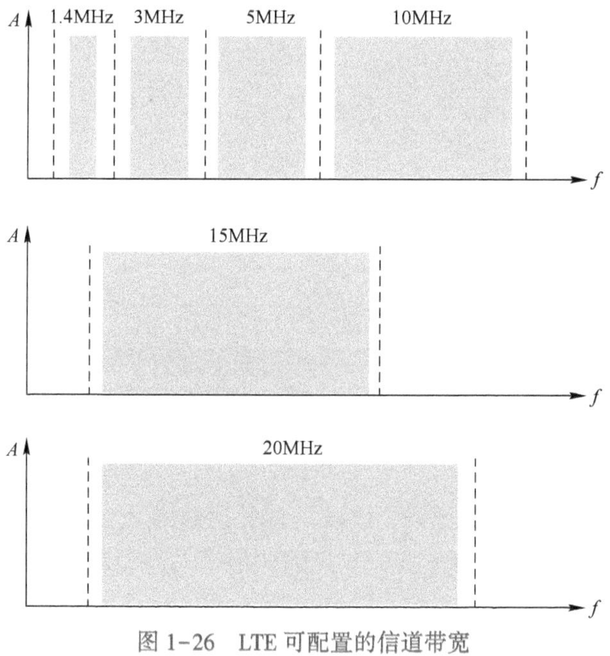

图 1-26　LTE 可配置的信道带宽

LTE要实现高带宽、大容量、高效率数据包交换分组，需要全部实现IP分组化，取消电路（CS）域的承载，只保留分组（PS）域进行数据传输。全网分组化是4G迈出的重大一步。在此基础上，网络扁平化，取消RNC节点，也是4G的关键突破，如图1-27所示。

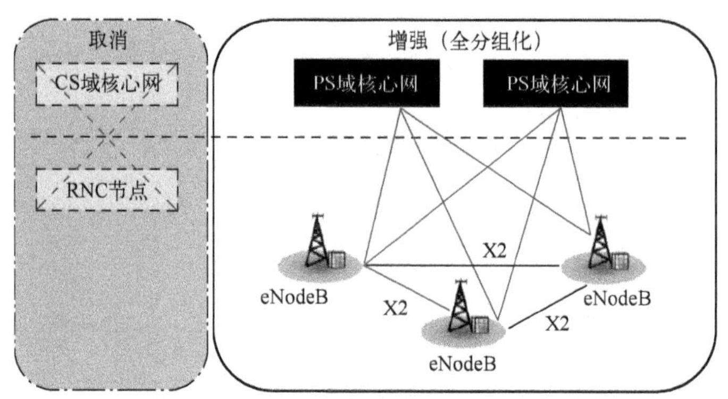

图1-27　LTE分组化扁平化

基于这些关键技术，LTE初期的峰值速率可达下行100 Mbit/s、上行50 Mbit/s；控制面时延小于100 ms，用户面时延小于5 ms。LTE能够支撑高质量视频和图像传输，质量可以达到高清晰度电视的水平。

4G制式主要有TDD-LTE和FDD-LTE，分别支持TDD（时分双工）和FDD（频分双工）两种双工模式。其实二者除双工模式之外，系统相似度达90%以上，如表1-6所示。

表1-6　LTE两种制式的主要技术参数

比较项	TDD-LTE	FDD-LTE
双工方式	TDD	FDD
工作频段/MHz	1880～1900 2300～2390 2555～2675	1755～1785（UL） 1850～1880（DL） 1955～1980（UL） 2145～2170（DL）
同步方式	同步	无须同步
载波带宽/MHz	20	
信道带宽/MHz	1.4、3、5、10、15、20	
支持速率（单载波）/(Mbit/s)	100（DL)/50（UL）	
多址方式	OFDMA	

由于无线技术、使用频段的不同，以及其背后利益出发点的不同，FDD-LTE的标准化进展与产业链发展领先于TDD-LTE，成为使用国家及地区最广泛、终端种类最丰富的4G标准。

2013年12月，工信部在其官网上宣布向中国移动、中国电信、中国联通颁发LTE经营许可证。从这个时间开始，国内移动互联网的应用，如微信、支付宝等，规模开始飞速增长。

LTE 极大地促进了人与人的沟通和生活，但是在人与物、物与物的连接中，尤其是在大规模、低时延、高可靠的需求场景中，有些力不从心。

1.2.5　三 T 融合化——5G

4G 改变生活，5G 改变社会。

那么 5G 时代的信息社会是什么样子呢？信息随心至、万物触手及，达到了庄子给大家描述的“万物与我为一”的境界。

互联网（Information Techonology，IT）、通信网（Communication Techonology，CT）和物联网（Internet of Things，IoT）起源于不同的技术，遵循不同的互通标准，成长于不同的应用场景。很长时间以来，各自发展。

随着业务需求的不断发展，移动网和互联网逐渐走到了一起，成为移动互联网；与此同时，将物联网融入现有移动网的呼声也与日俱增。移动互联网和物联网成为 5G 产生和发展的最主要的动力，如图 1-28 所示。

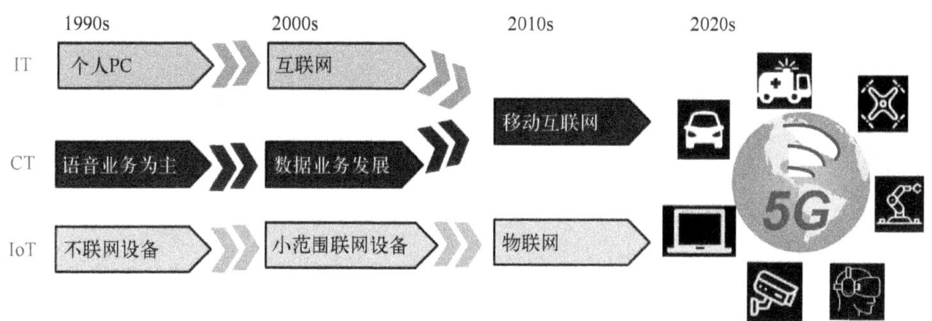

图 1-28　5G 产生和发展的主要动力

5G 需要完成承接移动网、增强互联网、使能物联网的使命，实现 CT、IT、IoT 这“三T”的深度融合，如图 1-29 所示。可以这么说，从网络组成的角度上说，5G=CT+IT+IoT。

5G 的应用不仅局限于通信行业，5G 将渗透至社会各个领域。5G 以用户为中心整合各行各业，突破时空限制，拉近万物距离，实现零时延交互体验，构建全方位的立体信息生态系统。

移动网、互联网、物联网的融合发展，带来了规模庞大的终端接入需求、数据流量需求，以及日新月异的应用体验提升需求，进而推动 5G 技术的不断迭代更新。因此，5G 已不再是一个单一的无线接入技术，而是多种新型无线接入技术和现有无线接入技术（4G、5G）集成后的一种综合接入技术。

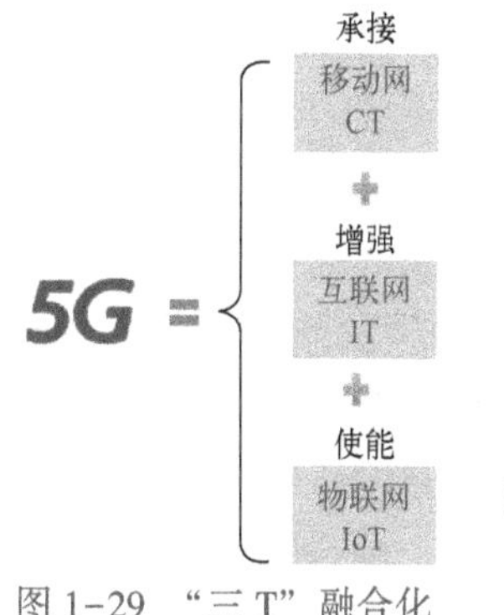

图 1-29　“三 T”融合化

在移动标准制定方面，3G 时代，我国在 TD-SCDMA 标准的制定过程中顶住压力、崭露头角，实现了从旁观者到参与者的角色转变；4G 时代，在 LTE 标准的制定上，我国和西方大国并驾齐驱、平分秋色；5G 时代，我国在标准的质量和数量上已经处于绝对领先的地位。

2019 年 6 月 6 日，工信部正式向中国移动、中国联通、中国电信、中国广电发放了 5G 的商用牌照，标志着我国正式进入 5G 商用元年。至此，我国成为继韩国、日本、美国、瑞士、英国等国家后，全球首批提供 5G 商用服务的国家之一。

5G 网络的商用部署，必然会促进各行各业信息交流体系的重构，也会释放出更多的应用和行业需求，从而为 6G、7G 的研究提供了更高级别的要求和挑战。

1G 到 5G 的发展历程关键点如图 1-30 所示。

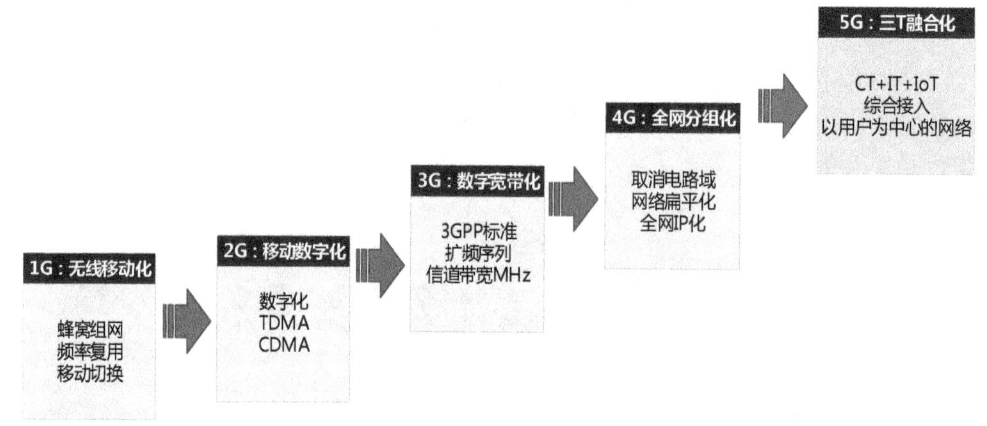

图 1-30　1G 到 5G 的发展历程关键点

1.2.6　速率发展历程

从 1G 到 5G 的发展历程，就是使用频段不断向高处发展，信道带宽不断增加（如图 1-31 所示）、峰值速率不断提升（如图 1-32 所示）的过程。

频段向高处发展的一个主要原因在于，低频段的资源有限；频率越高，允许分配的带宽范围越大，单位时间内所能传递的数据量就越大。

1G 的 AMPS 系统，信道带宽是 30 kHz，最大支撑的速率是 9.6 kbit/s。2G 时代，GSM、GPRS、EDGE 信道带宽都是 200 kHz，峰值速率可分别到 22.8 kbit/s、171.2 kbit/s 和 384 kbit/s；cdma IS-95B 的信道带宽为 1.25 MHz，峰值速率为 115.2 kbit/s。3G 时代，WCDMA 的带宽为 5 MHz，使用 HSDPA 技术，速率可达 14.4 Mbit/s。LTE 的信道带宽为 20 MHz，下行单信道支持的峰值速率为 100 Mbit/s。5G 时代，频率在 6 GHz 以下（FR1），信道带宽最大可到 100 MHz；使用的频率如果在 6 GHz 以上（FR2），信道带宽最大可到 400 MHz，5G 的峰值速率目前可达 20 Gbit/s。

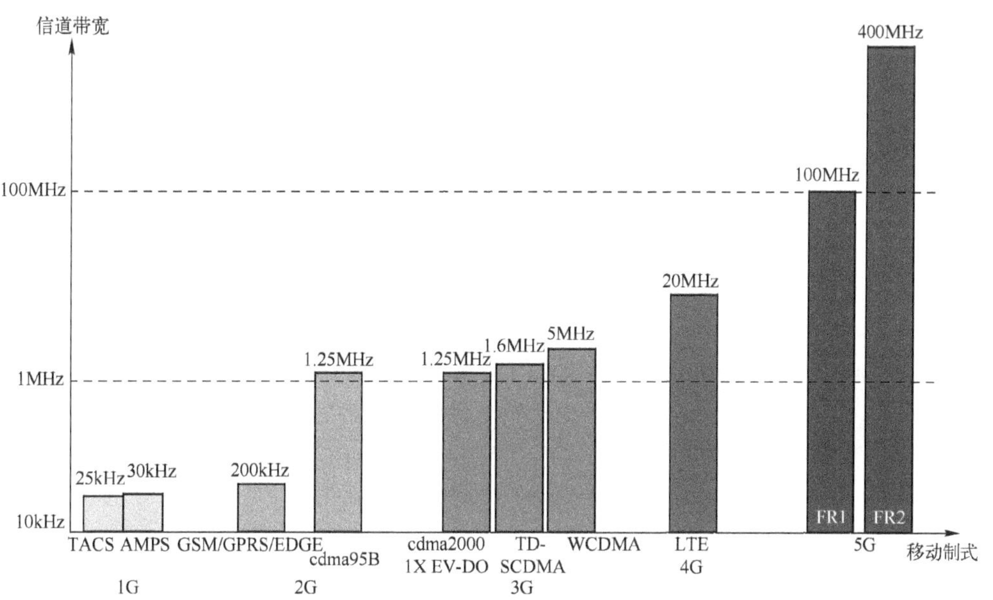

图 1-31　从 1G 到 5G 信道带宽的发展趋势

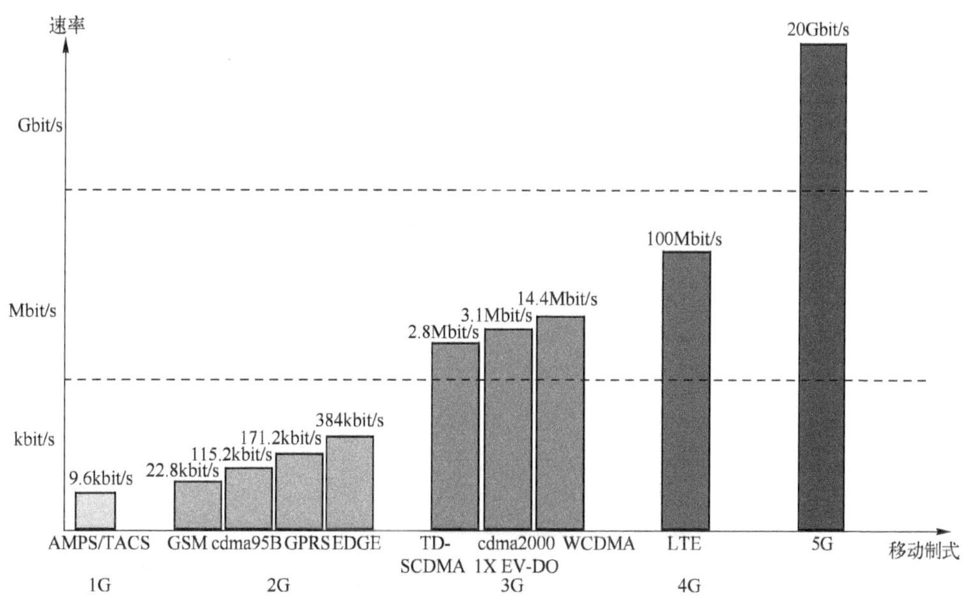

图 1-32　从 1G 到 5G 峰值速率的发展趋势

2G 到 5G 数据业务频谱效率提升的趋势（1G 不支持数据业务）如表 1-7 所示。TDD 系统，上下行共用一个信道带宽，因此 TD-SCDMA、LTE、5G 在计算频谱利用率时带宽无须乘以 2；而 FDD 上下行分别占用一个信道带宽，因此 GPRS、EDGE、cdma2000 1x EV-DO ，WCDMA 在计算频谱利用率时，需考虑双倍的带宽占用。

表 1-7　从 2G 到 5G 数据业务频谱效率的提升

移动制式	GPRS	EDGE	cdma2000 1x EV-DO RA	WCDMA HSDPA	TD-SCDMA HSDPA	LTE	5G
上下行带宽 /MHz	2×0.2	2×0.2	2×1.25	2×5	1.6	20	400
下行峰值速率 /(Mbit/s)	0.171	0.271	3.1	14.4	2.8	100	20000
频谱利用率 /bit·s^{-1}·Hz^{-1}	0.427	0.675	1.24	1.44	1.75	5	50

2G 的 GPRS 和 EDGE 支持极低速的数据业务，每 Hz 带宽支持的 bit 数不足 1。3G 中的 EV-DO 技术和 HSDPA 技术支持中低速数据业务，每 Hz 带宽支持的 bit 数大于 1。4G 的 LTE 技术，支持中高速数据业务，频谱利用率进一步提升，每 Hz 带宽支持的 bit 数达到 5。到了 5G，支持超高速数据业务，频谱利用率也成倍提升，每 Hz 带宽支持的 bit 数达到 50。5G 的频谱利用率，相对于其他制式，可以说是“一览众山小”，如图 1-33 所示。

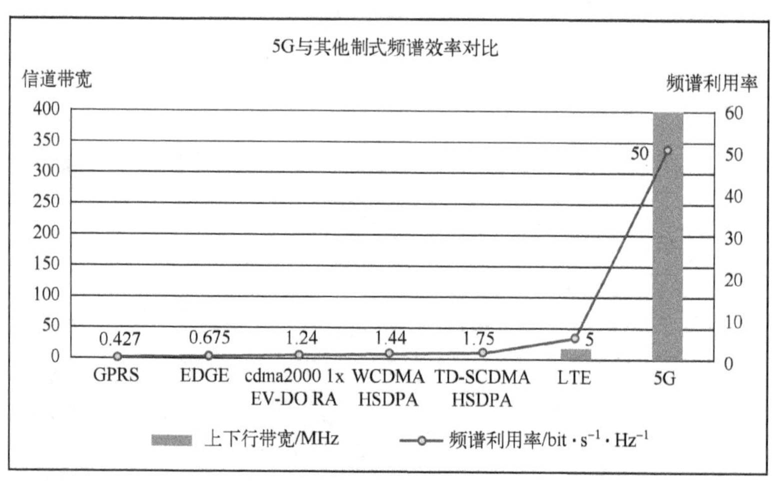

图 1-33　5G 频谱效率大幅提升

1.2.7　业务支撑历程

1G 主要解决语音业务移动通信的问题，当时的人们能够手拿大哥大进行语音聊天就已经显得高端大气上档次了。2G 在支持数字语音业务的基础上，可支持短信业务和极低速的上网业务，在当时来说，人们用短信交流成为一种时尚，分享有意思的短信段子，就可以给人们带来无穷的快乐。

3G 在 2G 的基础上，又进一步提高了语音通话的安全性，支持诸如中低速上网业务、图像、音乐等多媒体通信，智能终端在 3G 时代开始起步。

4G 是移动互联网应用规模发展的网络基础，从网速、容量、稳定性上相比之前的移动制式有了跳跃性的提升，虽支撑了一些行业应用，但主要是支撑人与人之间的沟通和交流。

5G改变社会，那么如何改变呢？从5G向各行各业的渗透开始。5G的大带宽、低时延、大连接的网络支撑能力可以极大地释放交通、工业、能源、农业、医疗、教育、文化、市政、娱乐、军事、虚拟现实等方向的需求，为各行各业的无界信息交互提供便利。

从1G到5G的业务支撑能力如图1-34所示。

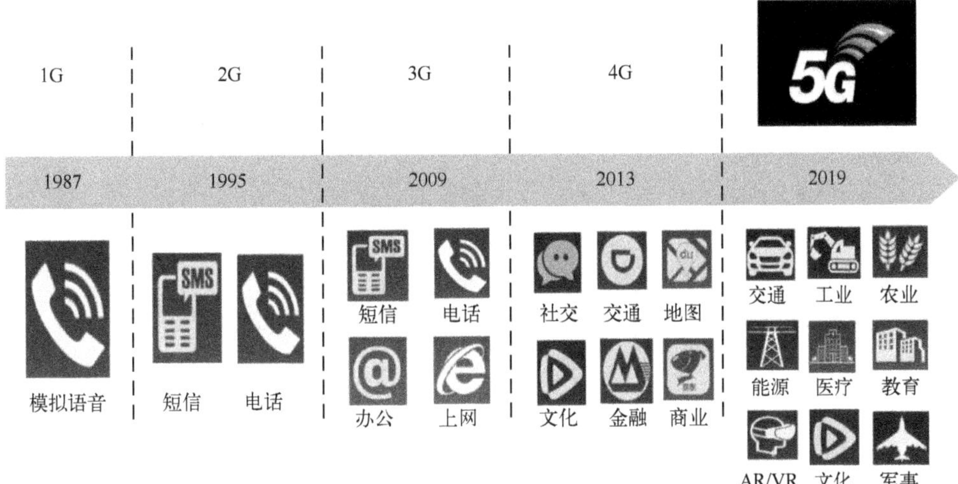

图1-34 从1G到5G的业务支撑能力

1.2.8 终端演进历程

《终端演进》
终端发展年月长，
你方唱罢我登场。
Moto大哥叹兴亡，
Nokia小弟也思量。
智能手机金满箱，
软件应用也猖狂。
智慧连接百业旺，
自动车辆万物忙。

从1G到5G的发展历程，对于手机来说，就是体积从大变小、屏幕逐渐变大变宽（如图1-35所示）、重量逐渐减轻、厚度逐渐变薄（如图1-36所示）的过程。严格地说，手机只是终端的一种形式，或者说，是人与人沟通使用的终端。只不过在1G到4G的时期，终端的主要表现形式就是手机。

1973年，摩托罗拉公司为全世界带来了第一部模拟手机。大和重是这部手机最显著的特征。1987年摩托罗拉3200横空出世，并进入中国市场。但在当时，这个手机的市场价高

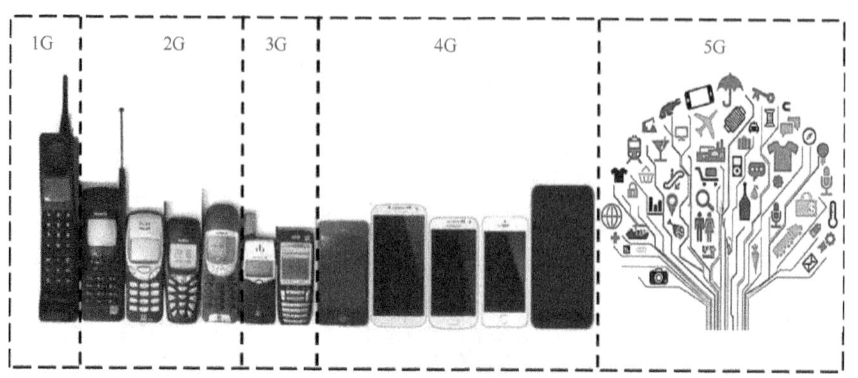

图 1-35　终端外观变化历程

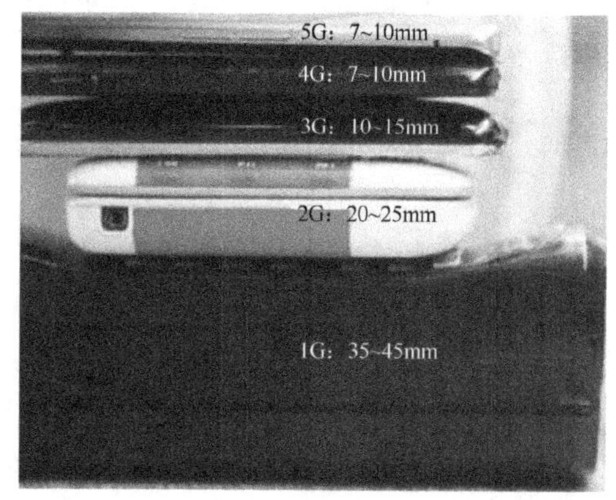

图 1-36　手机变薄的过程

达 2 万元人民币。大家要注意，这可是 1987 年！因此当时能用得起这种手机的人非富即贵。“大哥大”就是 1G 时代手机的统称。虽然拿在手上仿佛扛着一块大板砖，只能用来打语音电话，而且它不支持漫游，但丝毫不会影响人们借此来彰显自己与众不同的身份。

摩托罗拉还沉浸在 1G 模拟机的成功，时代已经悄然来到了 2G 时代，这是 2G 功能手机的时代。如果 1G 是摩托罗拉的时代，2G 就是诺基亚发家的时代。诺基亚、爱立信在 2G 功能机的市场中，赶上了摩托罗拉，形成了三足鼎立的格局。

2G 手机在功能上得到了延伸，外形上花样翻新。2G 手机除了打电话，还能接发短信和进行 Wap 网页的浏览。此外，2G 手机有拍照、音乐播放、游戏等功能。贪吃蛇手机游戏作为第一代手机游戏，影响了一代人。在外形上，2G 手机开始支持彩屏，直板、翻盖、滑盖共存，越变越好看。

在 2G 时代，诺基亚手机独步天下，傲视群雄，找遍天下无敌手。但令诺基亚始料不及的是，3G 时代来临了，智能手机时代到了。

3G 时代手机最显著的特征就是删繁就简。“超大屏幕、超薄机身、设计时尚”成为 3G 时代手机最大的卖点。乔布斯用一颗“被吃过的苹果”迅速打开智能手机市场。苹果、三星代替诺基亚成为 3G 时代的霸主。3G 时代的手机，可以支撑图片浏览，低质量的视频播放、简单的网络游戏，可以安装各种简单的 APP 应用。

4G 时代，同样是智能手机的时代，所不同的是，我国国产手机厂家发力了。诺基亚逐渐淡出人们的视线。苹果、三星依然咄咄逼人，华为、小米等国产手机品牌在市场上的表现非常抢眼。4G 时代的手机，支持在线视频直播、高速下载上传、各种 APP 的安装使用。

3G时代是智能手机产业链逐渐成熟的时代，是手机硬件厂家分享市场的时代。而4G时代则是智能手机软件厂家的时代，是各种手机应用软件厂家分享互联网流量红利的时代。

在1G、2G的时候，终端英文表示为MS（Mobile Station，移动台），3G、4G、5G终端可以表示为UE（User Equipment，用户设备）。CPE（Customer Premise Equipment，客户前置设备）是5G终端的一种重要形式，它可以作为网关设备，将5G信号和其他信号（蓝牙、WiFi、5G、4G等）进行转换，给一定局部区域的终端设备提供无线信号，如图1-37所示。

在5G时代，终端的外延有很大的扩展。可以说，“万物皆终端”，终端可以是一辆汽车，也可以是一件衣服，甚至是一个马桶。

图1-37 5G CPE

总体来说，5G时代的终端可以分为三大类。

第一类，大带宽类的终端，比如大带宽手机，家庭影院、VR/AR/全息终端等。

第二类，低时延类的终端，比如自动驾驶汽车、无人机、工业自动化设备、远程手术机器等。

第三类，大连接类的终端，这类终端主要在采集和控制类的应用场景里使用，如智慧城市、环境监测、智能农业、森林防火等场景的终端。

5G时代的手机市场，谁说了算？苹果、爱立信、高通、三星等外国手机厂家摩拳擦掌，华为、中兴、小米等国产厂家不甘示弱。最终的市场格局如何，2030年的时候回头再总结。

从1G到5G，终端演进历程如图1-38所示。

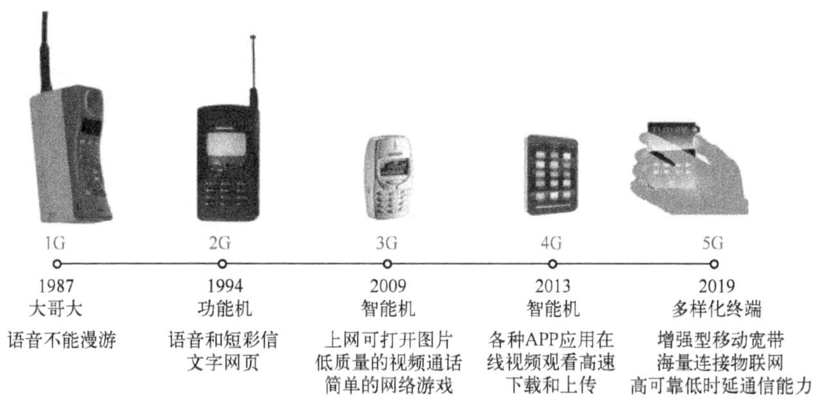

图1-38 1G到5G终端演进历程

1.3 3GPP协议演进

从3G系统开始，到4G、5G系统，3GPP协议一直是移动制式的“圣经”。可以这么说，3GPP协议演进的过程，就是移动制式从3G系统演进到4G、5G系统的过程。

最早出现的3GPP协议的版本（Release）为R99（Release 99），也是3G的首个版本。后续版本不再以年份命名。R7 版本虽属于 3G 的版本，但也是向 4G 的过渡版本，具备了 LTE 的某些特征，如调制方式已经支持 64QAM，天线模式也支持 MIMO。

R8 是 LTE 协议的首个版本，R15 是 5G 协议的首个版本。R14 是一个从 LTE 到 5G 的过渡版本，具备了 5G 的某些特征，如对大规模天线（massive MIMO）的支持，对物联网功能 NB-IoT（Narrow Band Internet of Things，窄带物联网）的增强。属于 3G、4G、5G 制式的 3GPP 各版本及其关键特征如图 1-39 所示。

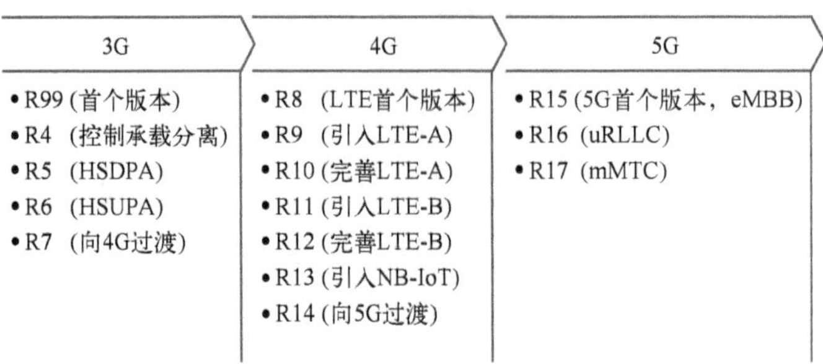

图 1-39 3GPP 各版本及其关键特征

从 3GPP R99 版本，到 R17 版本，可以清晰地看出技术发展进步的脉络。下面举几个例子。

第一个，我们看一下调制方式发展的脉络，如图 1-40 所示。在 R99 和 R4 的版本中，下行数据传输的调制方式只支持 QPSK；到了 R5 的 HSDPA（High Speed Downlink Packet Access，高速下行分组接入）技术，下行数据传输的调制方式可支持 QPSK、16QAM；到了 R7 版本，下行数据传输的调制方式最高阶可到 64QAM；LTE 主要使用的最高阶调制方式就是 64QAM，但到了 R13 版本，最高阶调制方式支持到了 256QAM；5G R15 版本主要使用的调制方式是 256QAM，但最高阶已经到了 1024QAM。

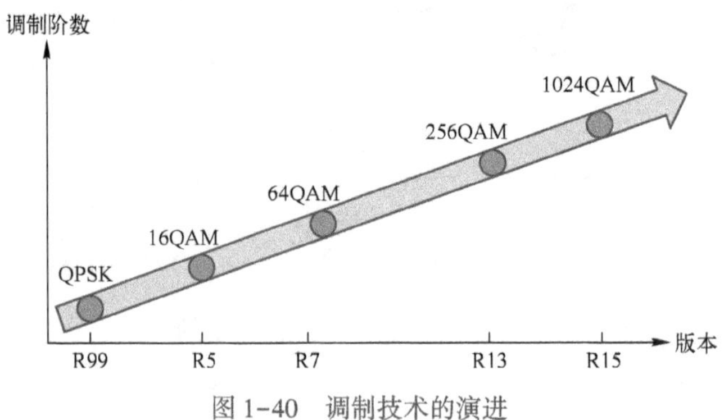

图 1-40 调制技术的演进

第二个，MIMO 技术也经历了从低阶到高阶，从天线数目很少到大规模天线的发展过程，如图 1-41 所示。MIMO 技术从 R7 版本开始使用 2×2MIMO 开始，到 R8 版本支持 4×4MIMO、R10 版本 8×8MIMO，R13 版本发展到 64×64MIMO，R14 版本支持 3D MIMO、FD

MIMO（Full-Dimensional MIMO，全维 MIMO）技术；到了 R15 版本，提出大规模天线阵列（Massive MIMO）的概念，最高可支持 256×256MIMO。随着纳米天线的出现，天线阵列的规模将超过 1024×1024MIMO，一个站点的天线数目成千上万，将成为常态。

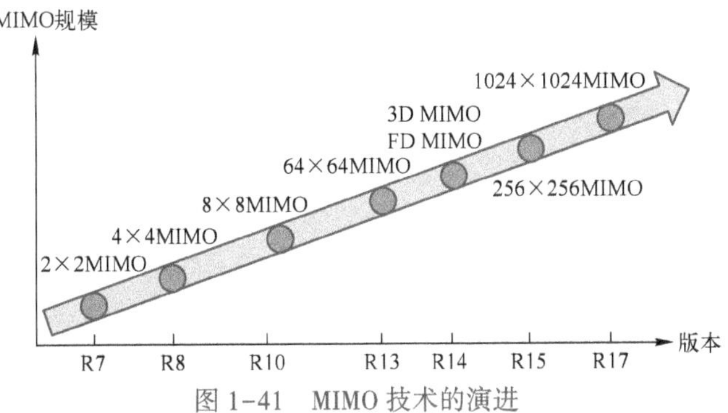

图 1-41　MIMO 技术的演进

第三个，我们聊一下载波聚合（Carrier Aggregation，CA）技术，如图 1-42 所示。在 R10 版本中，提出 CA 技术，可以让 2~5 个 LTE 成员载波（Component Carrier，CC）聚合在一起，LTE 每个载波 20 MHz，5 个载波聚合在一起，可以实现最大 100 MHz 的传输带宽；R11 版本又增强了 CA，支持了上行的载波聚合和非连续的带内载波聚合；R12 版本允许 TDD 载波和 FDD 载波进行聚合；R13 版本则是支持聚合的载波（CC）数目从 5 个 20 MHz 增加到 32 个 20 MHz；R15 版本可以聚合 16 个 100 MHz 的载波，支持的传输带宽比 R13 版本的 32 个 20 MHz 载波要大许多。与此同时，R15 增强了 CA 的机制，允许在终端处于空闲态下提前测量候选载波的无线信号质量，提前初始化射频信道；R16 版本的载波聚合涉及 6 GHz 以上频段的载波聚合；R17 版本会完成 52.6 GHz 以上频率的载波聚合技术的制定。

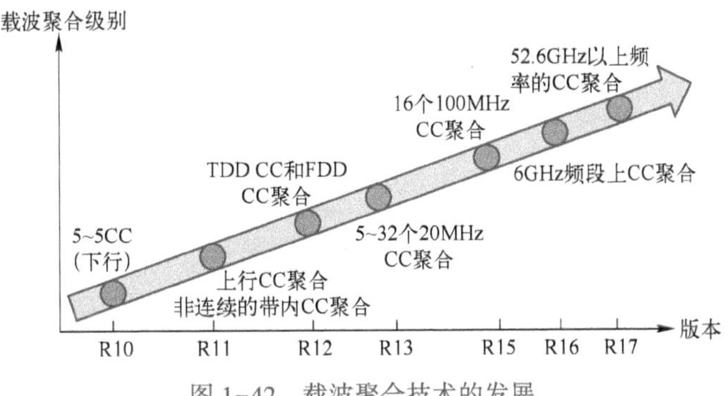

图 1-42　载波聚合技术的发展

1.3.1　3G 各协议版本主要技术特征

3GPP 的 R99 版本主要是在兼容 GSM 网络架构的基础上支持 WCDMA 无线接入，所以 R99 的核心网还有 2G 的 MSC，还使用七号信令。R99 核心网分为电路域（CS）和分组域（PS）。R99 的分组域数据速率可支持 144 kbit/s、384 kbit/s 及 2 Mbit/s。

R4 版本相对于 R99 最主要的变化是呼叫控制和承载分离，即原有的 MSC 变成 MSC-Server 和媒体网关 MGW。

R5 版本完成了对 IP 多媒体子系统（IMS）的定义，同时为全网 IP 化奠定了基础。R5 支持了 HSDPA（高速下行分组接入）技术，最高下行数据业务速率可达 14.4 Mbit/s。

R6 版本引入了 HSUPA（High Speed Uplink Packet Access，高速上行分组接入）、MBMS（Multimedia Broadcast Multicast Service，多媒体广播多播业务），也进行了 3G 与 WLAN 网络互通的研究。

R7 版本在网络架构方面考虑了固定、移动融合的组网趋势，同时也支持 LTE 的一些技术（64QAM、MIMO）在 3G 空口上的使用，也定义了在移动 IP 网上传送语音（VoIP）业务的规范。

3GPP 在 3G 时代各协议版本的主要技术特征如图 1-43 所示。

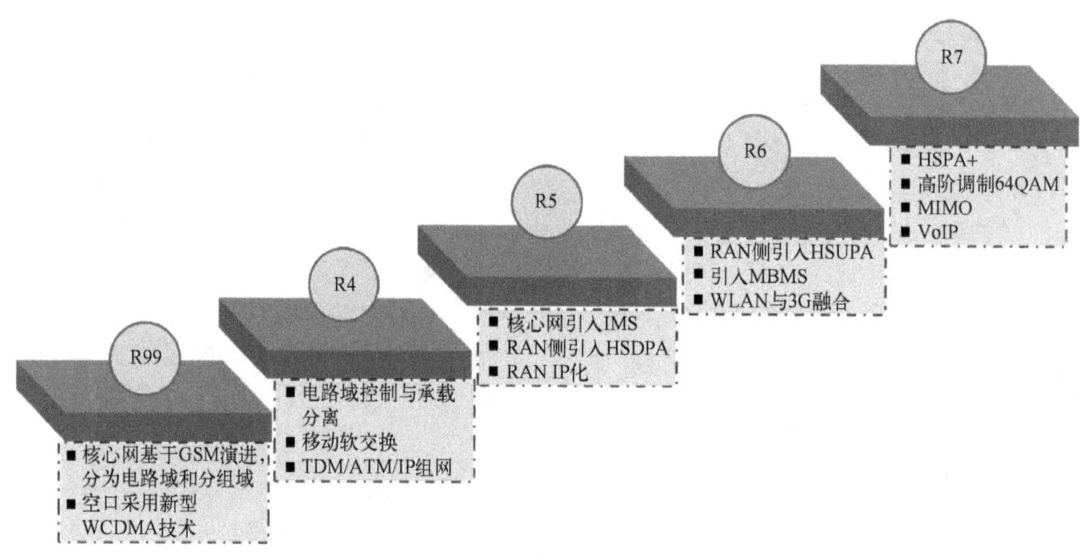

图 1-43　3GPP 在 3G 时代各协议版本的主要技术特征

1.3.2　4G 各协议版本主要技术特征

R8 版本是 LTE 的第一版协议，相对于 3G 来说，空口有了较大的变化，多址方式从 CDMA 变成了 OFDMA（Orthogonal Frequency Division Multiple Access，正交频分多址接入），支持 MIMO 组网。信道带宽最大 20 MHz，可以支持多种带宽，支持带宽的灵活调度。R8 版本简化了网络架构，取消了 CS 域，取消了 RNC 节点，实现了全 IP 网络架构。

R9 版本增加了 MIMO 的工作模式，支持双流波束赋型；还支持 Femto Cell、自组织网络 SON 技术、LTE 定位技术、公共预警系统（Public Warning System，PWS）等。

R10 版本可以正式称为 LTE-A（LTE-Advanced），R9 只是引入 LTE-A。在 R10 版本

里，MIMO 天线数进一步增加，提出了载波聚合，大幅提升了 LTE 的数据业务下载速率。此外，R10 版本还支持中继节点 Relay、增强型小区间干扰协调（eICIC）、异构网络（Heterogeneous Network，HetNet）等。

R11 版本的载波聚合可以聚合上行载波，也可以支持不连续的带内载波聚合。R11 版本的技术还有协作多点传输（Coordinated Multiple Points，CoMP），允许多个站点为 1 个终端发送数据；为了提升控制信道容量，ePDCCH 技术可以使用 PDSCH 的资源传送控制信令；为了减少昂贵的路测费用，需要减少对路测（Drive Test，DT）的依赖，R11 版本提出了基于 UE 测量报告（Measurement Report，MR）进行信号质量分析的方案。

R12 版本增强了密集城区小小区（Small Cell）功能，允许宏小区和小小区（Small Cell）之间进行载波聚合，同时还支持 TDD 和 FDD 之间进行载波聚合。R12 版本还支持机器类语言通信（Machine Type Communication，MTC）、WiFi 与 LTE 融合和 LTE 非授权频谱（LTE-U）等。

R13 版本的 32 载波聚合、64MIMO、256QAM 大幅提升了 LTE 的性能，有了 5G 的特点，俗称 4.5G，标志着协议上向 5G 过渡的开始。为了支持物联网，对机器类通信和 UE 降功耗的技术进行了规定。非授权频谱的兼容是 R13 版本的一个关键点。在 R13 中，CA 技术可以聚合授权和非授权频谱。

定位服务是物联网很多业务的功能需求，基于位置的物联网业务可以提供很多有价值的信息服务。R14 版本支持窄带物联网 NB-IoT 引入定位技术：OTDOA（Observed Time Difference of Arrival，到达时间差定位法）和 E-CID（Enhanced Cell-ID，增强型小区标识）。

R14 版本在物理上分离的节点可同时处理授权和非授权频谱，同时全面支持上行方向的非授权频谱传输。R14 版本在终端原有 23/20dBm 功率等级的基础上，引入了更低 UE 功率等级：14dBm，降低了物联网终端的功耗。R14 版本中增加了在非锚点载波上进行寻呼和随机接入的功能。这样可以更好地支持物联网大连接场景，有利于负载均衡，减少随机接入冲突概率。

LTE 协议各版本的主要技术特征如图 1-44 所示。

1.3.3 5G 各协议版本主要技术特征

R15 版本主要侧重于大带宽（eMBB）场景，R16 更侧重于低时延（uRLLC）场景，R17 则侧重于大连接（mMTC）场景。

5G NR（New Radio，新空口）的定义是 R15 版本的主要内容。R15 版本的 5G 接入网主要包括非独立组网（Non-Stand Alone，NSA）和独立组网（Stand Alone，SA）两个选项。R15 版本的 5G 核心网主要完成服务化架构设计、网络切片、接入和移动管理设计、5G QoS 管理框架等。R15 版本在 LTE 制式上研究了 1024QAM 高阶调制方式和增强型 V2X 技术。

R16 版本进一步落地低时延（uRLLC）场景所需的技术，从而增强对垂直行业、工业物联网（Industrial IoT，IIoT）应用的支撑。提高可靠性、降低延迟需要通过改进协议来

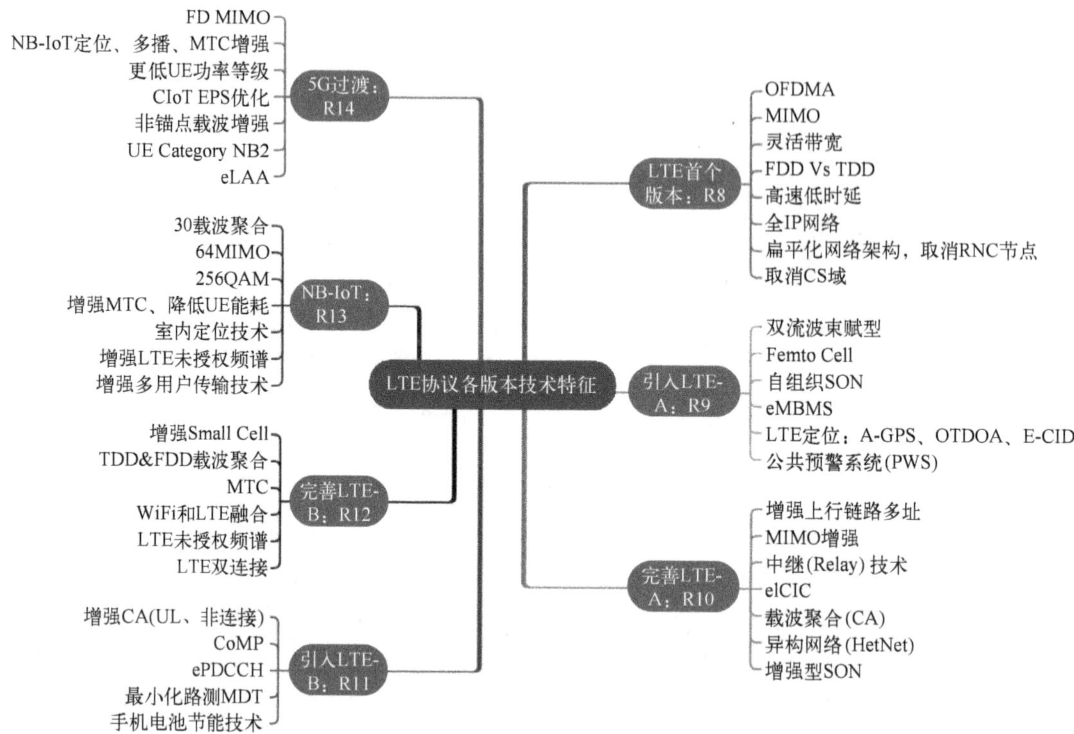

图 1-44　LTE 协议各版本技术特征

实现，尤其是改进物理层的协议，如增强时间敏感网络的相关功能，包括精确的参考定时和以太网报头压缩等。

R16 还需增强对垂直行业、非授权频谱（NR-U）、接入回传一体化（Integrated Access and Backhaul，IAB）的支持。R16 版本支持 6 GHz 以下授权频谱和 6 GHz 以上频段的非授权频谱的统一接入。在使用毫米波的场景下，需要非常密集地部署基站，但用光纤连接密集部署的小基站从成本或安装的角度是不合适的。使用接入回传一体化技术，可以降低对光纤回传网络的部署需求。

R16 侧重解决 V2X 应用中的技术问题，包括编队驾驶（Vehicle Platooning）、车辆到基础设施功能增强、传感器扩展、半自动驾驶或全自动驾驶和远程驾驶等。

R16 版本专门研究了功耗改进的技术，旨在通过无线资源控制（RRC）降低设备的耗电量。R16 版本还将非正交多址（NOMA）转入实现阶段。

R17 版本将进一步增强对大连接场景（mMTC）的支持。针对物联网终端，进行可见光通信的支撑，针对物联网中小数据包的传输进行优化。D2D 直联通信采用 Sidelink 技术，R17 版本进一步增强 Sidelink 技术，以便能够应用于 V2X、商用终端、紧急通信领域。

R15 版本中定义的 FR2 毫米波频段上限为 52.6 GHz，R17 版本中将对 52.6 GHz 以上频段的波形进行研究，同时要定义高达 2 GHz 的信道带宽。

R17 版本会针对基于物联网（IoT）、低时延场景进行定位增强，如工厂/校园定位、V2X 定位、空间立体（3D）定位。定位精度达到厘米级。终端可以向网络上报其支持的定位技术，如 OTDOA、A-GNSS、E-CID、WLAN 和蓝牙等，网络侧根据终端的能力和所处的无线环境，选择合适的定位技术。

R17 版本对无线侧（RAN）数据收集能力进行增强。基于大量的无线环境的现网采集数据，可以增强自组织网络（SON）功能和最小路测功能（MDT），进一步可促进人工智能在优化维护领域的应用。

R17 版本支持多 SIM 卡操作、NR 多播/广播、NR 卫星通信、增强 NR 非授权频谱的接入能力、增强终端和网络设备的节能水平。

5G 协议各版本的技术特征如图 1-45 所示。

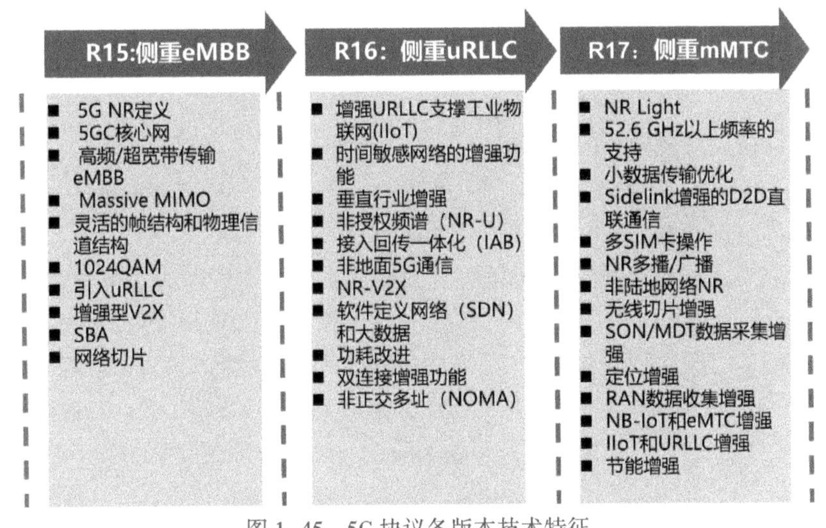

图 1-45　5G 协议各版本技术特征

1.3.4　5G 的“圣经”

5G 的“圣经”就是 3GPP 的相关协议规范，3GPP 的网站是 www.3gpp.org，从未更改网址，这可和一般的小网站的作风不一样。各个系列的最新规范下载的地址是 http://www.3gpp.org/ftp/Specs/archive/。

我们发现，3GPP 里和 5G 相关的协议规范相当庞杂，数量惊人。海量的规范常常让人觉得望而生畏、无从下手。

5G 的协议规范直接拿来学习的话，对大多数人来说还是比较吃力的。但是我们把它当作在 5G 知识学习过程中的一个字典的话，在学习和工作中遇到疑问时，能够查阅相关协议规范的内容便可以了。

那么，如何查阅 5G 协议规范？究竟哪些是与我们的学习和工作内容强相关的？这就需要我们了解 3GPP 规范的命名规则或编号规律，了解不同的类别或内容的规范对应的名称或编号。

（1）3GPP 规范命名规则

3GPP 规范的全名由协议编号加版本号构成，如图 1-46 所示。协议编号由用点号“.”隔开的 4 或 5 个数字构成，其中点号之前的 2 个数字是协议规范的系列号，点号之后的 2 或 3 个数字是文档号。举例来说，3GPP TS 38.300 V15.7.0，这个规范的协议编号为 38.300。其中，系列号为 38，38 系列主要集中了 5G 无线侧协议规范；文档号为 300，是 5G NR 和 NG-RAN 的总体介绍，推荐大家把这个协议下载下来浏览一下，可以初步了解 5G 无线侧技术的总体情况。V15.7.0 是这个规范的版本号，它是 R15 版本的，子版本号为 7.0，标志着技术层面的改动已经是第 7 版了，非技术层面（如排版方面）还是首版。

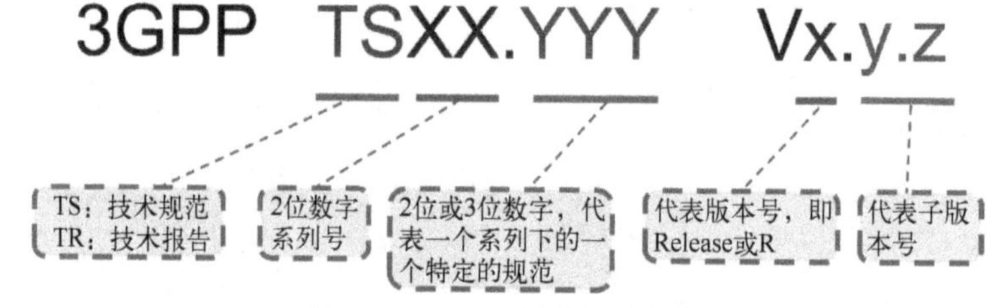

图 1-46　3GPP 规范编号方案

协议规范的系列号与文档内容所属的类别有关系，即文档的内容体现在了系列号上，如表 1-8 所示。核心网相关的协议在 23 系列、28 系列、29 系列等；无线侧相关的协议在 25 系列（3G）、36 系列（LTE）、37 系列（多制式、多链接）、38 系列（5G）；22 系列主要是对业务的定义与描述，23 系列包含了业务实现的系统构成、体系架构等；24 系列和 29 系列主要包含了用来实现业务的系统间接口的详细描述。

表 1-8　系列号和规范内容的关系

系 列 号	规 范 内 容
21 系列	需求
22 系列	对业务的定义与描述，即业务规范的内容（协议制定第 1 阶段）
23 系列	技术实现的系统构成、体系架构等内容（协议制定第 2 阶段）
24 系列	用户设备-网络的信令协议（协议制定第 3 阶段）
25 系列	3G 无线侧技术相关
26 系列	媒体编码
27 系列	数据定义
28 系列	无线系统-核心网的信令协议，计费、操作维护管理相关

（续）

系　列　号	规 范 内 容
29系列	核心网内信令协议（协议制定第3阶段）
30系列	编程管理
31系列	用户标识模块（SIM/USIM）
32系列	操作和维护（O&M）、计费
33系列	安全方面
34系列	UE和USIM模块与测试规范
35系列	安全算法
36系列	LTE无线侧技术
37系列	多制式接入技术
38系列	5G无线侧技术

关于3GPP规范的文档号也有规律可循。在不同的系统中，同样的主题内容的规范会使用同样的文档号。例如，3GPP TS 36.300和3GPP TS 38.300都是无线接入网综合介绍的内容，但36.300是LTE的，38.300是5G的。还有，在同一系统的不同系列中，内容比较相关的规范也会使用相同或相近的文档号。比如，3GPP TS 23.228是关于IMS系统体系架构的，3GPP TS 24.228是关于IMS呼叫信令流程的，二者也使用了相同的文档号。

协议规范的版本（version）号由三个域组成，从左到右分别为major域、technical域和editorial域，之间通过点号“.”分隔。每个域的取值都是一个从0开始的数字。major域代表了Release的大版本号，反映了规范的进展阶段；technical域反映了规范技术层面上进行的改动次数，规范每做一次技术上的修改，technical域就会加1；editorial域反映了非技术层面上的改动，比如一些排版上的变化等。

（2）5G系统的主要规范

5G的协议规范有很多，其中TS23.501是5G系统的总体架构介绍，TS28.530是5G中切片管理概念、用例和需求的概述，TS29.500是5G核心网基于业务架构技术实现的概述，TS38.300是无线接入网总体架构的介绍。这几个文档是总体纲领性的文档，大家可以先行浏览查阅。

TS38.xxx的常用协议可以分为五大类：射频系列规范（TS38.1xx）、物理层系列规范（TS38.2xx）、层二/层三系列规范（TS38.3xx）、接口系列规范（TS38.4xx）、终端一致性系列规范（TS38.5xx）。表1-9所示的是5G系统主要的但不是全部的协议规范。在学习5G时，这些是优先查阅的参考文献。

表1-9　3GPP关于5G系统的主要规范

规范分类	规范编号	规范英文名称	规范中文名称
23系列：技术实现	TS23.501	System Architecture for the 5G System	5G系统的总体架构
	TS23.502	Procedures for the 5G System	5G系统的详细业务流程
	TS23.503	Policy and Charging Control Framework for the 5G System	5G系统的策略计费框架
	TS23.527	5G System; Restoration Procedures	5G系统的恢复流程

（续）

规范分类	规范编号	规范英文名称	规范中文名称
24系列：信令协议	TS24.501	Non-Access-Stratum (NAS) protocol for 5G System (5GS)	5G系统的NAS协议（UE-AMF）
	TS24.502	Access to the 3GPP 5G Core Network (5GCN) via non-3GPP access networks	通过NON-3GPP网络接入5GC
28系列：切片管理	TS28.530	Management of network slicing in mobile networks; Concepts, use cases and requirements	移动网络中切片管理；概念，用例和需求
	TR28.800	Study on management and orchestration architecture of next generation networks and services	下一代网络和服务的管理和编排架构
	TS28.546	Fault Supervision for 5G networks and network slicing; Stage 2 and stage 3	5G网络和切片的故障监管：阶段2、3
	TS28.550	Management and orchestration of networks and network slicing; Performance Management (PM)	网络和切片的编排管理：性能管理，阶段1
	TS28.551	Management and orchestration of networks and network slicing; Performance Management (PM)	网络和切片的编排管理：性能管理，阶段2、3
	TS28.552	Management and orchestration of networks and network slicing; NR and NG-RAN performance measurements and assurance data	网络和切片的编排管理：NR和NG-RAN性能测量和保障数据
	TS28.553	Management and orchestration of networks and network slicing; 5G Core Network (5GC) performance measurements and assurance data	网络和切片的编排管理：5G核心网（5GC）性能测量和保障数据
29系列：SBA架构和接口定义	TS29.500	5G System; Technical Realization of Service Based Architecture	SBA技术实现
	TS29.501	5G System; Principles and Guidelines for Services Definition	5G系统服务定义的原理和指南
	TS29.502	5G System; Session Management Services	5G系统会话管理服务
	TS29.503	5G System; Unified Data Management Services	5G系统UDM服务
	TS29.504	5G System; Unified Data Repository Services	5G系统UDR服务
	TS29.507	5G System; Access and Mobility Policy Control Service	5G系统接入和移动的策略控制服务
	TS29.508	5G System; Session Management Event Exposure Service	5G系统会话管理事件开放服务
	TS29.510	5G System; Network function repository services	5G系统NRF服务
	TS29.512	5G System; Session Management Policy Control Service	5G系统会话管理策略控制服务
	TS29.513	5G System; Policy and Charging Control signalling flows and QoS parameter mapping	5G系统策略和计费控制信令流以及QoS参数映射
	TS29.518	5G System; Access and Mobility Management Services	5G系统接入和移动管理服务
	TS29.551	5G System; PFD Management Service	5G系统分组流PFD管理服务

（续）

规范分类	规范编号	规范英文名称	规范中文名称
32系列：计费操作流程	TS32.255	5G data connectivity domain charging	5G数据连接计费
	TS32.290	5G system; Services, operations and procedures of charging using Service Based Interface (SBI)	5G系统使用SBI计费的业务、操作和流程
	TS32.291	5G system, charging service	5G系统的计费服务
33系列：安全方面	TS33.501	Security architecture and procedures for 5G System	5G系统的安全架构和流程
26系列为主（包括部分22、23）：业务应用相关	TR23.791	Study of enablers for Network Automation for 5G	5G网络自动化研究
	TS22.186	Service requirements for enhanced V2X scenarios	V2X场景的业务需求
	TR22.886	Study on enhancement of 3GPP support for 5G V2X services	5G V2X业务支持增强
	TR26.985	Vehicle-to-everything (V2X) media handling and interaction	V2X媒体处理和交互
	TS26.118	3GPP Virtual reality profiles for streaming applications	3GPP的VR应用
	TR26.918	Virtual Reality (VR) media services over 3GPP	3GPP的VR服务
	TR26.891	5G enhanced mobile broadband; Media distribution	eMBB，媒体分发
37系列：多连接	TS37.340	Multi-connectivity	5G多RAT（4/5G双连接）架构，包括各基本流程信令
38系列：无线侧整体描述	TS38.300	NR and NG-RAN Overall Description	5G NR和NG-RAN的综述，接入网整体及各层的基本介绍
38系列（无线侧）：射频	TS38.104	NR; Base Station radio transmission and reception	NR；基站无线发送和接收
	TS38.113	NR; Base Station EMC	NR；基站电磁兼容性（EMC）
	TS38.133	NR; Requirement for support RRM	NR；支持无线资源管理（RRM）
38系列（无线侧）：空口物理层（L1）	TS38.201	NR; Physical layer; General description	物理层综述，TS38.21X协议架构介绍
	TS38.202	NR; Physical layer services provided by the physical layer	物理层的功能与服务
	TS38.211	NR; Physical channels and modulation	物理层帧结构、信道、调制、信号
	TS38.212	NR; Multiplexing and channel coding	描述了传输信道和控制信道的数据处理，包括复用、信道编码、交织、调制等
	TS38.213	NR; Physical layer procedures for control	物理层控制过程：同步、上行功控、随机接入、UE上报和接收控制信息过程

（续）

规范分类	规范编号	规范英文名称	规范中文名称
38系列（无线侧）：空口物理层（L1）	TS38.214	NR；Physical layer procedures for data	物理层数据过程：功率控制、PDSCH/PUSCH数据处理过程
	TS38.215	NR；Physical layer measurements	物理层测量：UE和网络侧测量控制、UE测量能力
38系列（无线侧）：空口协议（L2/L3）	TS 38.304	NR；User Equipment（UE）procedures in idle mode	定义UE空闲态和非活动态下，在接入层（AS）部分的过程，包括：PLMN选择、小区选择和重选的过程，以及相关门限
	TS 38.305	NG Radio Access Network（NG-RAN）；Stage 2 functional specification of User Equipment（UE）positioning in NG-RAN	描述了终端定位相关的协议
	TS 38.306	NR；User Equipment（UE）radio access capabilities	定义了UE在接入网络侧能力的参数
	TS 38.321	NR；Medium Access Control（MAC）protocol specification	NR MAC层协议，定义了MAC层处理过程、信道和信道映射、MAC层数据单元的格式等
	TS 38.322	NR；Radio Link Control（RLC）specification	NR RLC层协议，定义了RLC层处理过程，包括TM/UM/AM三种传输模式、ARQ过程、RLC层数据单元格式等
	TS 38.323	NR；Packet Data Convergence Protocol（PDCP）specification	NR PDCP层协议，定义了PDCP层处理过程、PDCP层数据单元格式等
	TS 38.331	NR；Radio Resource Control（RRC）；Protocol specification	NR RRC层协议，定义了RRC层过程，包括系统消息、连接态控制、测量控制等一系列的配置过程、RRC数据单元格式等
38系列（无线侧）：接口总体架构	TS 38.401	NG-RAN；Architecture description	NG-RAN总体架构，包括NG、Xn和F1接口以及它们与空中接口的交互
38系列（无线侧）：NG接口协议	TS 38.410	NG-RAN；NG general aspects and principles	NG接口综述，TS38.41X协议架构介绍
	TS 38.411	NG-RAN；NG layer 1	NG接口相关的物理层技术
	TS 38.412	NG-RAN；NG signalling transport	描述了如何在NG接口传输信令消息
	TS 38.413	NG-RAN；NG Application Protocol（NGAP）	NG-RAN和AMF之间的控制面信令消息
	TS 38.414	NG-RAN；NG data transport	NG接口数据面传输规范
38系列（无线侧）：Xn接口协议	TS 38.420	NG-RAN；Xn general aspects and principles	Xn接口综述，TS38.42X协议架构介绍
	TS 38.421	NG-RAN；Xn layer 1	Xn接口相关的物理层技术

（续）

规范分类	规范编号	规范英文名称	规范中文名称
38 系列（无线侧）：Xn 接口协议	TS 38.422	NG-RAN；Xn signalling transport	描述了如何在 Xn 接口传输信令消息
	TS 38.423	NG-RAN；Xn Application Protocol（XnAP）	NG-RAN 之间控制面信令消息
	TS 38.424	NG-RAN；Xn data transport	Xn 接口数据面传输规范
	TS 38.425	NG-RAN；Xn interface user plane protocol	Xn 接口用户面协议栈
38 系列（无线侧）：F1 接口协议	TS 38.470	NG-RAN；F1 general aspects and principles	F1 接口综述，TS38.47X 协议架构介绍
	TS 38.471	NG-RAN；F1 layer 1	F1 接口相关的物理层技术
	TS 38.472	NG-RAN；F1 signalling transport	描述了如何在 F1 接口传输信令消息
	TS 38.473	NG-RAN；F1 Application Protocol（F1AP）	F1 接口的控制面信令消息
	TS 38.474	NG-RAN；F1 data transport	F1 接口数据面传输规范
	TS 38.475	NG-RAN；F1 interface user plane protocol	F1 接口用户面协议栈
38 系列（无线侧）：UE 遵从性	TS38.508	User Equipment（UE）conformance specification	UE 遵从性规范
	TS38.509	User Equipment（UE）conformance specification testing	UE 遵从性测试
	TS38.521	User Equipment（UE）conformance specification radio transmission and reception	UE 遵从性：无线发送和接收
	TS38.522	User Equipment（UE）conformance specification；Applicability of RF andrrm TEST	UE 遵从性：RF 和 RRM 测试
	TS38.523	User Equipment（UE）conformance specification	UE 遵从性：协议、实现和测试

但是，通过阅读协议来学习 5G 是一个相当枯燥的过程，所以建议初学者使用通俗的 5G 学习材料，先掌握其中主要内容，需要的时候再通过查阅协议的方式去学习技术细节。

1.4　展望 6G、7G

2018 年 3 月 9 日，工信部部长表示中国要着手研究 6G。

2019 年 3 月 15 日，美国联邦通信委员会（FCC）投票通过开放“太赫兹波”频谱用于 6G 服务。

2019 年 11 月 3 日，在北京，科技部会同发展改革委、教育部、工业和信息化部、中科院、自然科学基金委召开 6G 技术研发工作启动会，宣布成立国家 6G 技术研发推进工作组、国家 6G 技术研发总体专家组。

从移动通信发展的进程看，大约每十年移动通信制式就会更新换代，按如此规律推算，6G 预计在 2030 年左右商用。

1.4.1 6G愿景

6G，第六代移动通信技术，一个仍在预研阶段的概念性移动网络技术。大家知道，5G网络的峰值速率是4G网络的一百倍，是Gbit/s级别的；那么6G网络的峰值速率要比5G网络再高100倍，是4G的一万倍，达到Tbit/s级别。

在6G时代，你问一个年轻人：什么是下载，什么是时延？他可能茫然，因为他根本没有这方面的概念。

因为如果使用5G下载一部电影在1秒内完成的话，使用6G下载一部分电影仅用数十个毫秒，人类将不会再感知到下载的过程，将来的年轻人甚至都不需要理解“下载”这个概念了。在这个网速下，从自己的硬盘中读数据和从云盘上读数据的速度已经没有什么区别，将来的年轻人甚至都不知道“本地硬盘”的概念了。

网络时延也要从毫秒级降到微秒级。无人驾驶、无人机等设备的用户交互体验、操控体验也将得到大幅提升，既视感强，用户感觉不到任何时延（零时延体验）。

（1）泛在无线智能

所谓泛在，即6G将无缝覆盖全球用户。这个无缝覆盖，不仅指水平地面，而且指立体空间，是天地一体化网络，是无所不在的全覆盖网络。

无线，即无线连接、空口连接，是移动制式的关键技术所在。6G网络，将是一个地面无线网络与卫星网络集成的全连接世界。卫星网络具备远程通信、遥测、导航三大功能。除了地面上的无线连接之外，还需要基于卫星和无人飞行器等基础设施来定义新的空口连接，来满足立体化的覆盖和容量需求，抑制全空间的无线干扰。

在全球卫星定位系统、电信卫星系统、地球图像卫星系统、海洋舰载平台和6G地面网络的联动支持下，6G搭建起一张连接空、天、地、海的通信网络，偏远的山区、飞机、海洋等现在移动通信的“盲区”有望实现6G无线信号的覆盖。6G信号能够抵达任何一个偏远的乡村和山脊，让这里的人们也能接受远程医疗和远程教育；6G能够到达每一个航行的飞机上，而不用担心飞行安全；6G信号能够到达海面上每一个舰艇编队上，每一个商务船只上，船员不用担心和陆地失去联系。

智能，即为全人、社会及万物提供基于知识库、现实感知的机器学习能力、综合分析的推理能力、智慧服务的应用能力。

6G将用于泛在连接、空间通信、人工智能服务、触觉互联网、情感和触觉交流、多感官混合现实、机器间协同、全自动交通等复杂场景。

（2）迈向太赫兹频段

5G使用的频段由小于6 GHz扩展到毫米波频段，6G将迈进太赫兹（THz）时代。“太赫兹”一般指300 GHz~3 THz之间的频段，如图1-47所示。太赫兹在天文中被称为亚毫米波。使用亚毫米波的天文台一般位于海拔很高且气候干燥的地方，比如南极天文台、智利沙漠的天文台。

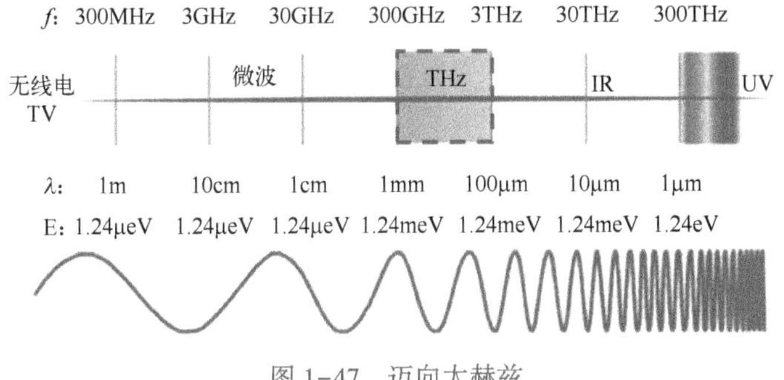

图 1-47　迈向太赫兹

高频段，意味着可用频带资源丰富，信道带宽也可以很大，网络容量将大幅提升。现有传输网将无法支撑大数据量的传输要求，无线光纤（Free Space Optical，FSO）技术实现超宽带的数据传输；另一方面，使用太赫兹电磁波，很容易被空气中的水分子吸收掉，而且传播路损大幅增加。5G 使用的频段要高于 4G，5G 基站的覆盖范围比 4G 小，因此 5G 基站要比 4G 基站密。6G 信号的覆盖范围将比 5G 小很多，因此，6G 时代，基站密集度也将空前增加。我们生活和工作的周边环境将布满小基站。

基站小型化趋势很明显，现在 5G 的基站用户可以用一个手提箱提走，将来 6G 的基站将更加小型化。因此，将来虽然我们周围部署了很多 6G 小基站，但都可以做很好的伪装，我们一般注意不到。

（3）纳米级天线

6G 基站的容量可达到 5G 基站的 1000 倍，可同时接入数百个甚至数千个连接，速率是 5G 的 100 倍，那一定离不开大规模天线阵列。也就是说，6G 时代将需要比 5G 更大规模的天线。

有人会问：那天线得多大多重啊？大家不用急。6G 系统的天线将是纳米天线，体积小、重量轻，单位面积将容纳成千上万个天线。这对集成电子和新材料等技术来说极具挑战性，要求 6G 在空间复用技术上有重大突破。这些天线将广泛地分布在我们工作和生活的环境中。

1.4.2　连接意念的 7G

展望了 6G，让我们再来展望一下 7G。按照移动制式代际发展的理论，7G 又是一场新的革命。

第七代移动通信系统（7th Generation Wireless Systems），简称 7G，目前处于概念设计阶段。7G 的技术基础是量子计算机、无线光纤、人脑电波监测和破译、超光速技术、超时空技术、软件定义一切（Software Defined Everything，SDE）。7G 将实现人脑与人脑、人脑与电脑、互联网，及人脑与宇宙网的全联接。

有人认为 7G 是人类文明和星际文明的终极通信系统。

7G 的空口传输能力要比 6G 再提升 100 倍以上，达到 100 TB/s；网络时延将从微秒级降到纳秒级。

（1）空间漫游的卫星网络

如果有人问，7G 的覆盖范围有多大？八个字：其小无内，其大无外。小到纳米级，乃至原子、电子；大到几百万光年，乃至全宇宙。

也就是说，7G 是在 6G 的基础上，宏观世界加上可实现空间漫游的卫星网络，再加上宇宙深处探索技术；微观世界加上纳米级、皮米级的传感监测和数据传送技术。

如果说，5G 是 3T 融合时代的开始，6G 是泛在无线智能的时代，那么，7G 将是超时空、量子通信、量子计算的时代，是在星际通信技术和微观技术领域进一步突破的时代。

（2）连接意念的时代

6G 已经将人、物和计算机实现了地、海、空、天的海量无死角的连接，7G 还将连接什么呢？

7G 要连接的是人类的意识。人类区别于动物，存在的本质就是意识。人类可以利用量子通信技术、生物计算机、脑电波监测和译码技术，以及人工智能技术，将大脑中想到的东西直接输出成实物，也就是所谓的“心想事成”或“心想物成”。

7G 将计算机、物与人类意识相连。你只要脑子里想一下，所有物品信息包括画面、气味、温度、湿度、光强等信息，都可以通过虚拟的数字空间重现在你的眼前，你可以用意念下达购物指令，用意念来完成星际旅游。所有物理空间的机器设备都将成为人类感知的延伸或意念的延伸。

现在，国外已经在侵入式脑机的研究上取得重大进展。研究人员将芯片植入人脑内，能够读取人类的信息指令，然后作用于物理空间。7G 时代，连接人类意识的技术将更加成熟。那个时候，人们需要研究的是如何把解放了的人类意识限制在安全的框架下。

1.4.3 数字世界和物理世界的深度融合

从 5G 开始，经历 6G、7G，就是数字世界和物理世界深度融合的过程，如图 1-48 所示。陆、海、空的万物智能互联的时代，每时每刻将产生规模庞大的数据信息。物理世界每一个事物在数字世界里都有映射，物理世界事物的一切特征、活动轨迹、演变规律在数字世界里也有相应的模型。随着数据越来越多，数据的价值将变得比石油还珍贵，6G、7G 时代将是 DT（Digital Technology，数据科技）的时代，将会产生出广阔的数据共享和数据交易市场。

数字孪生（Digital Twin），就是充分利用物理模型、传感器数据、运行历史数据，集成多学科、多物理量、多角度，在虚拟的数字世界里完成物理世界映射的过程。在 6G、7G 的时代，利用全息投影技术和超高速的数据业务速率，虚拟空间的数字映射可以像影子一样伴随在物理空间中，也可以根据需要关闭和打开虚拟空间。虚拟空间完全可以反映相对应的物理实体设备的全生命周期过程。

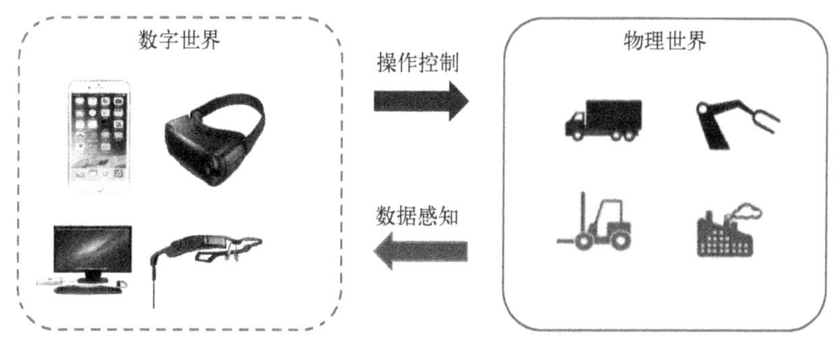

图 1-48　数字世界和物理世界的融合

数字孪生（Digital Twin）是一种基于现实、超越现实的概念，可以被视为一个或多个重要的、彼此依赖的物理系统的数字映射系统。

数字孪生技术最早由美国国防部提出，用于航空航天飞行器的健康维护与保障。数字空间建立了真实飞机的数字模型。飞机的每次飞行，飞机上真实状态都可以通过各种传感器检测出来，并和数字空间的飞机模型完全同步。这样每次飞行后，根据现有情况和历史载荷数据，可以分析评估出飞机的健康状态，判断出是否需要维修保养等。

数字孪生技术是智能制造系统的基础，人们将物理世界发生的一切，送回到数字空间中，并且保证数字世界与物理世界的协调一致。这里涉及现实环境的感知、海量物理量的监测、数字化模型仿真、分析数据积累与挖掘，人工智能的应用等。5G 在 DT 价值的挖掘上只是初级阶段；由于 6G 陆海空全面覆盖的特征，支持比 5G 更大速率和连接，6G 在 DT 价值的挖掘上进入到全面爆发的阶段；7G 则在基于意识连接的基础上，实现数字世界、物理世界和人类意识的深度融合。

在数字孪生的世界里，工业互联网将产生大量的业务敏感数据，智慧健康将产生海量的个人隐私信息，都面临着被恶意攻击和非法使用的威胁。人类的安全首先表现为数据领域的安全。数据隐私保护和数据领域的安全保障是 5G、6G、7G 的共同要求。

第 2 章　基础概念解析

本章我们将掌握：

（1）一切移动通信制式的资源分配需要考虑的共同问题及解决思路。

（2）一切移动通信制式网络架构演进需要考虑的共同问题及解决思路。

（3）一切移动通信制式信息交互需要考虑的共同问题及解决思路。

《西江月·移动技术》

无线资源静动，
融合架构解耦。
信息交互说请求，
订阅通知网络。
分集传输可靠，
复用速率增多，
扁平组织有集中，
事件周期筹措。

一个移动通信系统面临的主要问题有三个：由哪些资源组成，资源如何分配？这些资源如何组织形成一个网络，网络架构是什么样子的？各网络组成部分之间如何进行信息交互？

资源及资源分配、网络架构、信息交互是移动通信系统运行的三大要素，如图 2-1

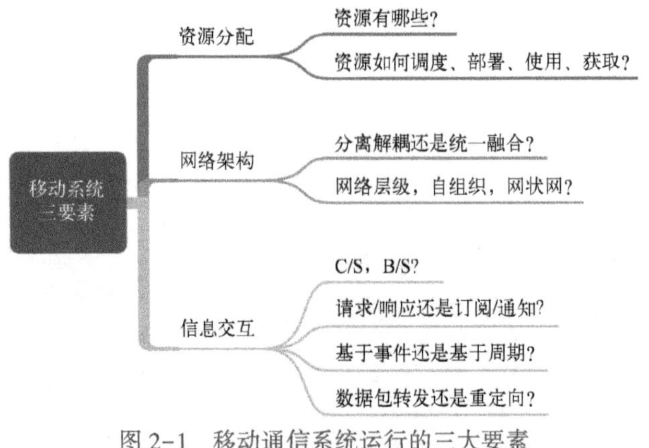

图 2-1　移动通信系统运行的三大要素

所示。移动通信业务质量的高低往往也取决于可分配资源的多少及资源分配的效率、网络架构的优劣、信息交互的效果。

2.1　资源分配类

通信系统的资源有很多种。如图 2-2 所示，从大的方面说，有基础设施资源、硬件资源、软件资源、信息资源；从组网的构成看，有计算资源、存储资源、网络带宽资源；带宽资源又有空口带宽资源、传输网带宽资源等。无线侧资源还可以分为基带资源和射频资源。空口带宽资源是射频资源的一种。

对于无线的空口带宽资源来说，空间、频率、时间、功率、速率、码序列都是资源的表现形式，如图 2-3 所示，这些资源是有限的、越用越少的，是不可凭空再生的资源。空间资源是指天线物理单元或天线逻辑端口；频率资源是指载波（CC）、频点资源（频谱资源）、子载波（SCS）、带宽；时间的资源是指无线空口时域里的每一个帧、子帧、时隙；功率资源是指基站或手机信号发送的功率；数据业务的速率资源属于带宽资源的一种，本质上是空间、频率、时间、功率资源，再加上编码、调制方式共同确定的一种可共享资源；码序列资源用于区别不同小区、用户、信道、格式等的数字序列资源，只要数字序列相互正交，就可以做不同事物区别的标签了。

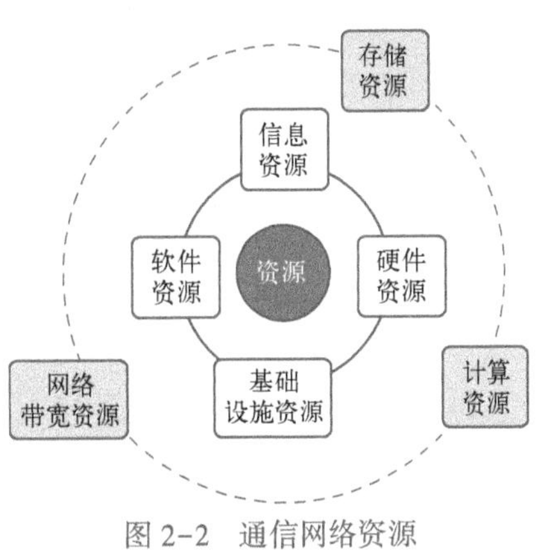

图 2-2　通信网络资源

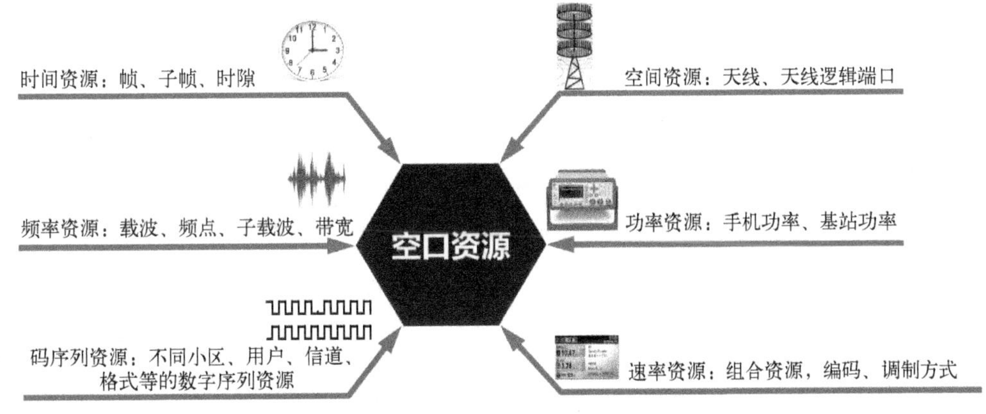

图 2-3　空口资源的主要形式

如何恰当地使用和调度这些通信系统的资源呢？这是各种通信系统面临的共同问题。拿无线空口资源来说，可以始终如一地按照一个规则进行资源调度，也可以根据实际情况动态地调整调度策略，这就是资源的动态或静态调度。自适应能力是资源动态调度、策略动态调整的重要表现形式。

从物理资源的部署方式来看，可分为集中部署和分布部署。从资源的使用的权限来看，资源分为共享资源和专用资源；从无线资源利用的方式来看，可分为复用和分集，即一个资源承载多个信息，还是一个信息放在多个资源上，本质上看资源利用是效率优先还是可靠性优先。从获取资源的方式来看，可以分为基于竞争和基于调度。

2.1.1　静态、动态

孙子有言：静若处子，动若脱兔。

静止要有静止的样子，动起来也要有动起来的样子。孙子告诉我们静止时要像未出嫁的姑娘那样沉静、持重，但一行动起来就像飞跑的兔子那样敏捷、迅速。

静止和运动是一对辩证统一的哲学概念，各有场景，各有利弊。

韩非子说过：法莫如一而固，使民知之。静止不变的法令可以简化管理、降低法令宣传的难度，但问题在于实际情况如果发生变化了，法令不跟着变，会导致更多的社会问题。静止地看问题，如同刻舟求剑，静止看问题的人不是自以为是，就是错误不断。所以有另一派截然相反的观点。《吕氏春秋》的《察今》中说道：“世易时移，变法宜矣”，指出根据现实情况调整策略的必要性。要提高法令的自适应能力，环境、条件变了，对策自然应该动态变化。

那么，我们无线通信系统中的资源调度和策略调整是静止（一而固）的好，还是动态（变）的好呢？如图2-4所示，我们分析一下。

静态调度和静态策略的最大好处就是管理简单，交互信令少，好实施、好落地；但最大的问题是，跟不上情况的变化，不适应无线环境的变化，不适应业务特征的变化，不适合话务需求的变化。静态调度的效率和效果都不能保证。

有人说，那就用动态的。

动态调度和动态策略最大的好处就是适应实际情况的变化，快速跟踪无线环境变化、快速跟踪业务特征变化、快速跟踪话务需求变化。但是缺点也很明显。首先，管理复杂，管理方和执行方需要不断地测量环境、不断地感知变化、不断地交互信令，信令交互需求大幅增加，信令交互的时延要求却是越小越好；其次，需要管理方有超强的计算能力和反应能力，能够应对信令负荷的大幅增加；更重要的是，要求系统有对现实情况的把握能力，也就是要求有超敏锐的现场感知能力，无线环境变了，系统能够快速感知到，并且能相应变化。没有现实感的动态变化是没有任何意义的。所以动态调度和动态策略本质上是一种自适应能力。系统有自适应能力，它一定应该支持动态调度和动态策略。

2G、3G的时候采用静态配置策略的场景，得益于4G、5G系统感知能力、计算能力、处理能力的提升，逐渐过渡到使用动态配置策略。

以信道带宽为例，2G、3G的时候，信道带宽是始终如一的，是静态配置的策略；到

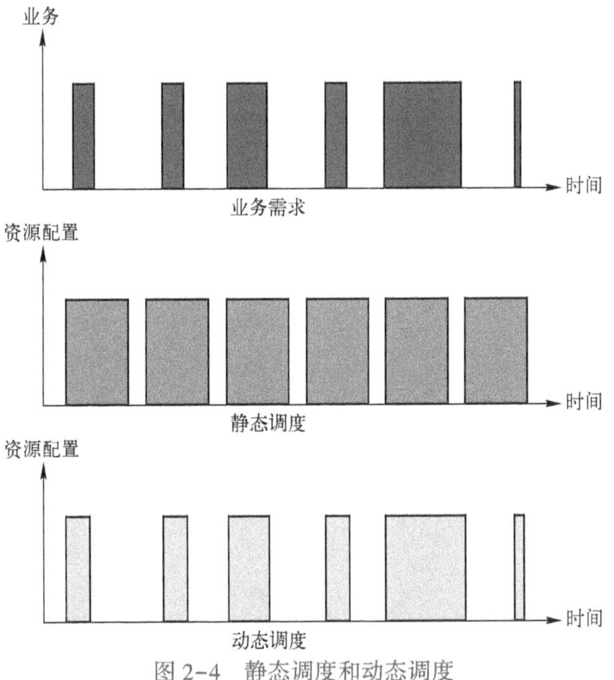

图 2-4　静态调度和动态调度

了 4G，信道带宽有多种选择；到了 5G，根据业务需求，无线干扰情况，信道带宽不但有多种选择，使用的频谱资源也可以实时变化，转换成了一种动态配置的策略。

再说在 TDD 里的上下行时隙配置，在 3G、4G 的时候，倾向于静态配置；而到 5G 的时候，上下行时隙配置颗粒度更细，更加灵活。

那么系统能力强了，把静态都改成动态，是否可行？

答案是否定的。

从资源调度的角度来说，适应资源特征的调度方式是最好的。比如说，对一些大小包业务类型变化频繁的数据业务，使用动态调度能够提高调度效率；但是对于一些数据包大小变化不快的语音类业务，如果也使用动态调度，就会浪费系统资源，这个时候可以考虑使用半静态调度（Semi-Persistence Scheduling，SPS）。

2.1.2　集中、分布

集中和分布是一对辩证统一的哲学概念，各有场景，各有利弊。如图 2-5 所示。

集中资源部署的最大好处是可以收集最广泛的信息，进行统一分析决策、统一调度、统一管理，提高资源分配效率，保证资源调度效果；但缺点是对集中资源部署的地方安全性、可靠性、处理能力要求较高。

化整为零的分布式资源部署方式，则可以将资源最大可能地部署在最需要的地方，分布范围越广，越能提高最终用户的服务效果，而且能够分散风险，避免单点故障影响

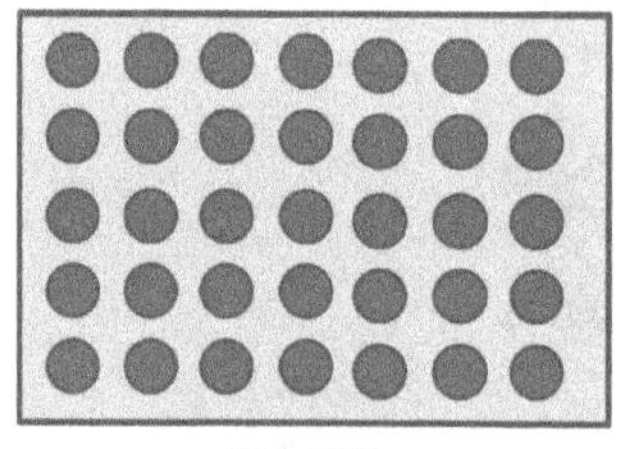

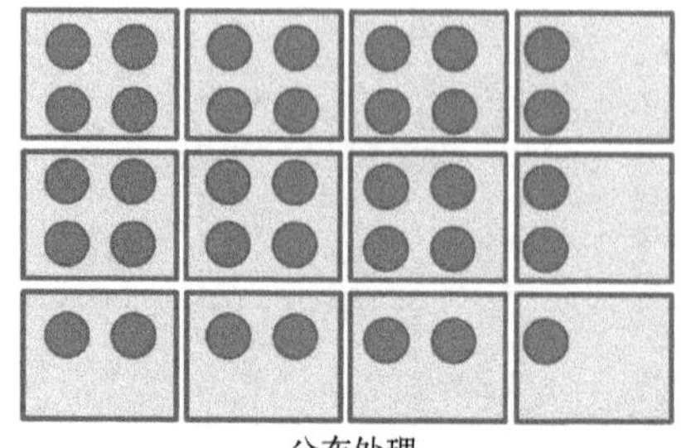

图 2-5　集中和分布

全局。但容易增加沟通路径，协调复杂。

所以，集中资源部署适合集中力量解决一些大问题的场景，分布资源部署适合服务对象比较分散的情况，但是资源分布过多，容易导致成本飙升。

在无线通信领域，也经常用到集中和分布的概念。

举例来说，在无线侧，基站的基带资源池集中化和射频资源池分布化的趋势同时存在，如图 2-6 所示。基带资源池集中化、云化有利于大范围进行基带资源的集中管理、动态共享，也有利于大范围收集最终用户数据，进行集中处理和分析，方便实现智能运维。但射频资源就不适合集中化。射频资源如果太集中，离最终用户太远，不利于和用户的及时交互，也不利于对用户进行空口资源的快速调度。所以射频资源要靠近用户部署，这样可以拉近用户和射频资源的距离，提高覆盖效果，提高空口质量，提高用户体验。当然，射频资源分布越密集，用户体验越好，部署成本也就越大。

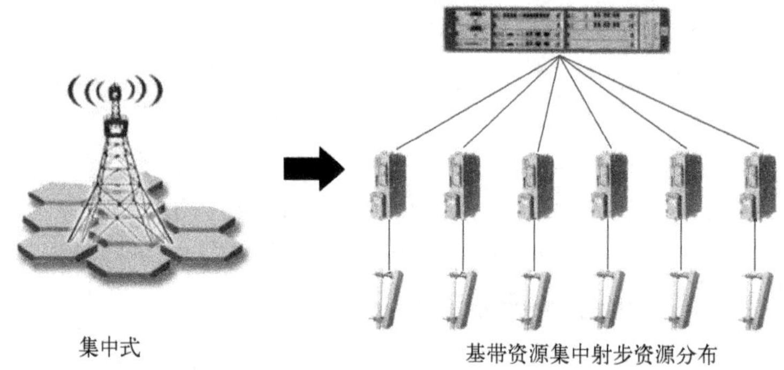

图 2-6　无线资源的集中和分布

再举一例，在移动制式（4G、5G）的核心网侧，集中式云平台部署和分布式的边缘计算服务器部署同时存在，如图 2-7 所示。集中的云平台部署，适合大范围的信息整合、分析、决策、呈现的场景。比如，智慧城市场景就是一个典型的物联网海量连接场景，大范围的信息汇总在一个集中的平台里，可以分门别类地进行大数据信息的挖掘、过滤、整合、分析和呈现，可以支持种类繁多的智能应用。但是，对于一些时延要求比较苛刻的应用场景，如自动驾驶、工业自动化场景、远程手术等，如果云平台过于集中，离终端过于遥远，就难以满足时延的要求；还有，对于高清视频和虚拟现实的场景，视频流传送要求的带宽太大，如果平台离用户过于遥远，导致对承载网汇聚层和核心层的带宽需求激增，不利于网络部署成本的控制，也不利于提高用户体验。在这两种情况下，平台的处理能力越下沉越好，下沉到尽可能离用户比较近的地方。边缘计算服务器（Edge Computing，EC）一般要部署到基站侧，以满足用户对时延敏感类业务、大带宽类业务体验保障的需求。但是，同样地，边缘计算服务器，分布越大，部署成本越高。这就需要在部署成本和所带来的好处之间做个折中。

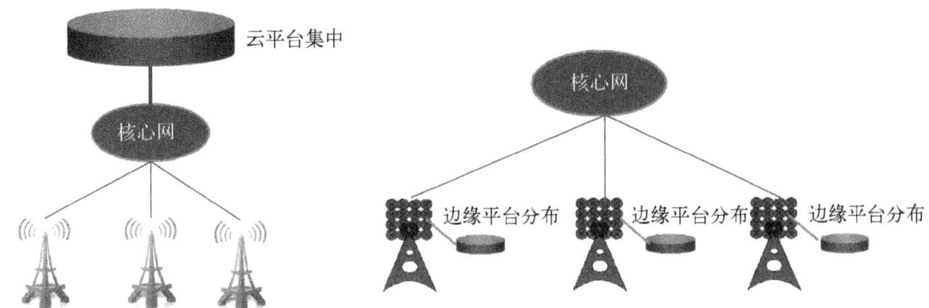

图 2-7　平台集中部署和分布式部署

最后再看一个例子。天线系统的集中式部署和分布式部署也同时存在，如图 2-8 所示。一个宏站往往有集中部署的天线系统。天线系统的集中部署，可以提高站点天面资源的利用效率，能保证大范围的无线信号覆盖，同时降低单位面积的信号覆盖成本。但是这种天线系统集中部署的方式，对高层楼宇、大型 CBD 区域、大型场馆、地铁等室内场景，覆盖效果不能保证。在这些场景下就需要考虑分布式天线系统（Distributed Antenna System，DAS）。通过小功率天线多点分布式覆盖的方式，能够提高这些室内场景的信号覆盖，但与此同时，单位面积的信号覆盖成本却比室外宏站集中式部署天线的方式提高不少。

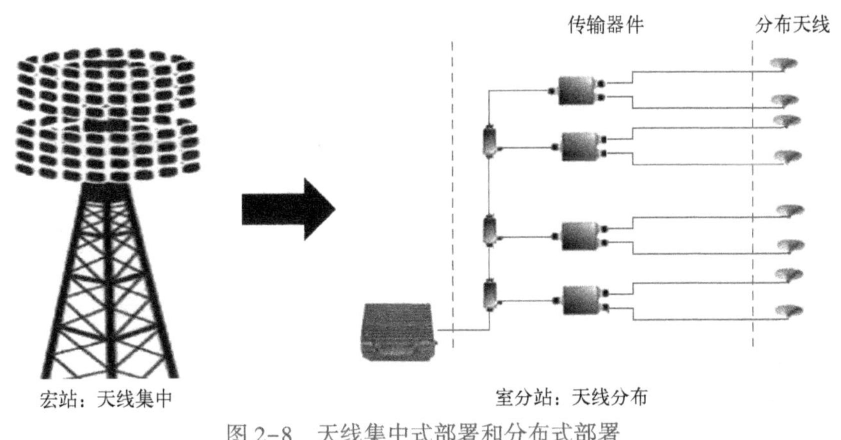

图 2-8　天线集中式部署和分布式部署

2.1.3 共享、专用

《诗经》有言：无田甫田，维莠骄骄。意思是说：不要去种公田，那里杂草丛生。

公田的劳动成果虽归奴隶主，但是也有很大的共享性，如农业工具、水利设施等大家都可以共享，管理好了利用效率可以提高，同时单位面积的投入成本可以降低；但是大家不喜欢种公田，更喜欢精心呵护自己的私田，种好私田的个人好处多，收益独享，成就感强，用户体验好。

在资源利用效率比较低的时候，增加资源的共享性，尽量避免少数人独占资源，可以提高资源的使用效率。但是资源的共享性提高了，对于使用资源的个人来说，体验就会下降。比如，共享单车的出现，提高了出行方便性和出行效率，但是共享单车并没有得到大家充分的爱惜与维护，甚至有些人为了保证自己的骑行体验，把共享单车改装成私人单车。公共交通和私家车就分别是车辆共享使用和专用的例子，如图 2-9 所示。

图 2-9　车辆的共享和专用

在通信领域经常会有共享和专用的概念出现。

比如，公网和专网。企业用户经常会犹豫，提供通信服务是使用公网，还是自建专网？使用共享带宽，还是自建专线？公共资源共享性好，利用率高，社会单位成本会降低。但通信服务质量并不能始终被保障，企业内部的体验容易受到外部流量的影响，体验较差。自建专网，投入成本高，利用效率也不会很高，但是企业内部体验会得到保障，不会受到外部流量的影响。

现在倡导运营商之间基础设施资源的共建共享，比如塔站、机房资源、天面资源、室内分布系统、承载网资源、基站资源、载波资源等，均可以多个运营商共享，如图 2-10 所示。可以提高这些基础设施资源的利用效率，减少重复投入，降低投入总成本。但是对于一些重要热点覆盖场景，运营商都想用自己专用基础设施进行保障，以期获取更大的投资回报率，保障自己的独享收益。

两个运营商在推进 5G 基站共建共享的时候，也存在共享载波和独立载波两种方式。两个运营商共享载波，可以有较高的峰值速率，也有较高的资源利用效率，但是可能存在两个运营商的用户在业务高峰期，互相影响、互相抢占资源的情况。两个运营商都使用独立载波，每个运营商的业务互不影响，个性化的体验可以得到保障，但是，载波利用效率可能存在不均衡的情况，如果两个独立载波平分一个功率，覆盖范围会受到影响。

在 2G、3G 的网络中，有电路交换域（CS 域）和分组交换域（PS 域）之分，二者也有网络资源的专用和共享的区别。

电路交换域在端到端通信时，要建立虚连接，要分配专用的网络资源，如图 2-11 所示。在通信完成时，才释放专用资源。这样，电路交换域保证了业务的实时性，但资源利用效率不高。

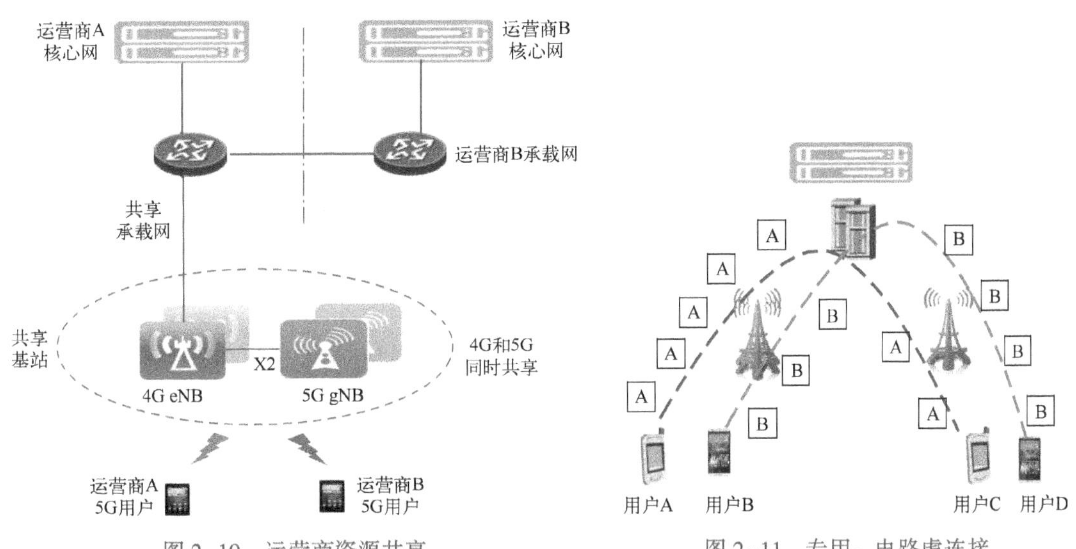

图 2-10　运营商资源共享

图 2-11　专用：电路虚连接

分组交换域是以数据包（Packet）为单位进行传输和交换的，可以多个用户共享传输通路，如图 2-12 所示，无须在信息交互的双方建立专用的连接，无须为某一个业务或每一个用户分配专用的资源。这样资源利用效率高，但业务实时性受到影响。

由于移动 IP 化技术的发展，分组交换域业务实时性差的缺点逐渐被克服，分组网络 QoS 的保障能力逐渐提升，再加上其资源利用效率高的固有优势，分组交换域逐渐取代了电路交换域。因此，LTE 和 5G 的核心网已经没有了电路交换（CS）域，全部采用分组交换（PS）域。

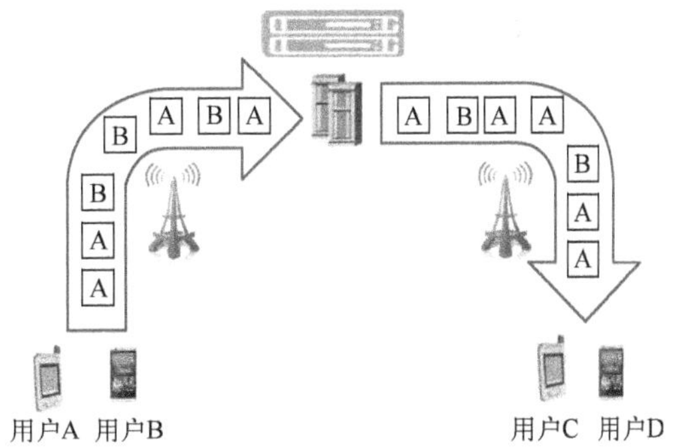

图 2-12　共享：分组交换

移动制式的信道设计，有共享信道和专用信道之分，如图 2-13 所示。共享信道（Shared Channel，SCH）是可以由多个用户的信息共同占用的信道资源，而专用信道（Dedicated Channel，DCH）在一定时间内仅为单个用户或单一目的的通信需求服务，单个用户占用信道资源。共享信道资源利用效率高，专用信道通信质量有保障，各有利弊。

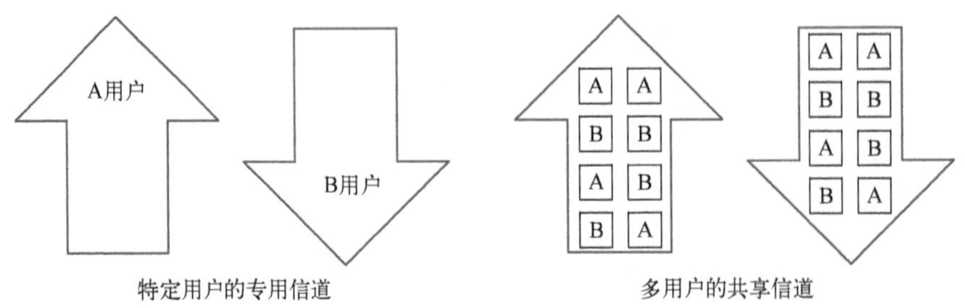

图 2-13　专用信道和共享信道

在3GPP设计的无线制式中，3G系统的CS业务（包括AMR、VP）和PS业务（PS64k、PS128k、PS384k）的数据业务承载常采用专用信道的方式，而3G系统的HSDPA、HSUPA，LTE、5G中的数据业务承载都采用共享信道的方式。

总之，共享的资源利用率高，但管理复杂，个性化的质量需求难以保障；专用的资源利用率虽低，但管理简单，个性化的质量可有效得到保障。随着移动技术的发展、系统计算处理能力的提升，共享资源的问题从技术上可以得到克服，最终移动通信制式的共享机制可取代专用机制。

2.1.4　复用、分集

人有一个嘴巴，既可用来说话，又可用来吃饭，这就是两个功能复用一个嘴巴的例子。有时候，一个人在社会上也会复用很多角色，既是父亲，又是儿子；既是领导，又是下属；既是教师，又是学生，等等。复用最大的好处就是利用率高，同一资源干的事情多，一专多能。

人有两只耳朵，两只眼睛，一个大脑。两只耳朵分开接收到的声音信息传到大脑中进行处理分析；两只眼睛分开接收到的图像信息也是传到大脑中进行分析处理。如果是一只耳朵，那么声音的接收肯定缺乏立体的效果；如果是一只眼睛，那么图像的接收视角也会小很多。这就是分集接收的例子。

所谓复用，就是同一个资源，承担两套以上的任务。在通信领域，复用就是多个不同的信息通过同一个信息通路进行传送，如图2-14所示。虽然在同一个信息通路中，但不同信息要相互独立、相互区别。

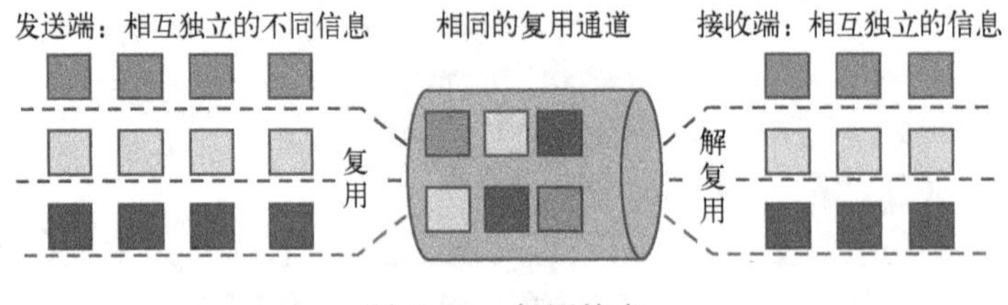

图 2-14　复用技术

所谓分集，就是分开后再集合的意思，分开就是要求同一任务，借助两个以上的资源来完成。在通信领域，同一个信息，通过两路或多路完全独立，互不相关的信息通路来传送，最后在接收处合并起来，就是分集，如图 2-15 所示。如果两路信息通路相关度极大，只能认为是一路。要想达到分集的效果，信息通路必须相互独立。

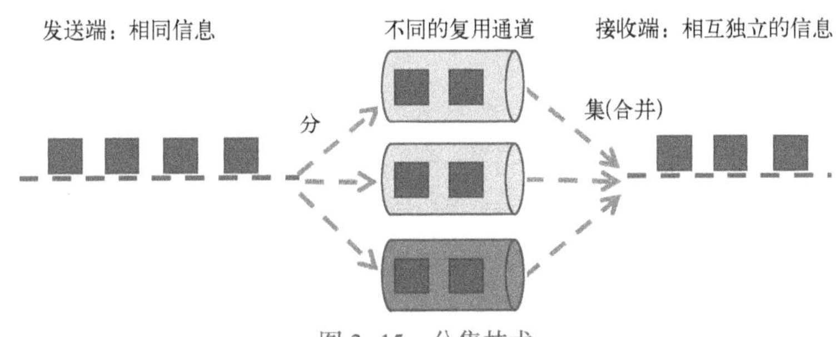

图 2-15　分集技术

复用与分集是两种常用的无线传输技术。

在无线通信领域，复用是指同一时间、同一个传输路径上，传送多路不同的相互独立的数据，可以充分利用空口资源，提高空口容量，提高总的吞吐率。复用的好处是收发端数据吞吐量大，数据传输效率高，空口资源利用率大；但缺点是可靠性降低。

在发送端，将多个独立信号合成为一个多路信号，叫作复用；在接收端，将一个多路信号分解成各个独立信号的过程，叫作解复用。

在无线通信领域，分集是利用多个相互独立、具有不同衰减特性的空口资源传输相同的数据，接收端通过分集合并技术，将不同途径传来的相同数据合并起来。同一信号经过相互独立的无线通道发送出去，显然不能提高空口的利用效率。这样做的目的只有一个：抵抗信道衰落，降低误码率，提高信息传送的可靠性、正确性。但缺点是数据传输效率降低。

在无线通信领域，把某一种空口资源，如时间、频率、码序列、空间中的一种，划分为彼此之间相互正交、相互独立、具有不同衰减特性的小的资源，或者叫作子通道，其他的资源相同，可以分别利用这些小的资源并行传输数据。如果每个子通道传送不同的数据，就是复用技术，如时分复用 TDM（Time-Division Multiplexing，TDM），频分复用 FDM（Frequency Division Multiplexing，FDM），正交子载波频分复用（Orthogonal Division Multiplexing，OFDM）等。

举例来说，频分复用区别的是频率，复用的是时隙等其他资源，即在同一时隙、同一空间（天线单元）的情况下，将一个载波带宽划分为相互区别的、多个不同频点的子信道，分别传送不同的信号。同样的道理可以理解时分复用、码分复用、空分复用，如表 2-1 所示。

复用技术用于一个子通道区别不同的用户就叫作多址技术，如时分多址 TDMA，频分多址 FDMA，正交子载波频分多址 OFDMA；如果这种技术用于区分上下行数据，就叫作双工技术，如时分双工 TDD 和频分双工 FDD。

表 2-1　复用通路

类　　型	可复用的通路资源	相互区别的信号通路（正交信道）
频分复用	时隙、空间、码	频率
正交子载波复用	时隙、空间	子载波
时分复用	频率、空间、码	时隙
码分复用	时隙、频率、空间	正交码
空分复用	时隙、频率、码	空间

如果每个子通道传送相同的数据，就是分集技术，从实现分集的途径不同，分集可分为：空间分集、频率分集、角度分集、时间分集、极化分集，如表 2-2 所示。不管什么类型的分集技术，必须有相互独立的信息通路，保证同一信号经历不同的衰落，以便合并的时候有相互参考、相互补充、相互验证的效果。

表 2-2　分集技术

类　　别	实现分集的途径
频率分集	不同频点的子载波、扩频
时间分集	大于一定间隔的时间（大于信道的相干时间）
空间分集	相隔数个波长（一般要求 10 个波长）的天线单元
角度分集	天线波束指向不同
极化分集	天线极化方向的不同，如水平和垂直极化、±45°极化

再举一例，使用 MIMO 技术可进行空间复用和分集，依据 MIMO 工作模式的不同，在接收端进行的处理就不同。MIMO 的分集模式在接收端需要对同一数据进行合并，而 MIMO 的多用户复用模式在接收端则需要进行多用户解复用与数据分离。MIMO 有多根发射天线，同时发送相同的数据，有分集发射的作用；同时，MIMO 有多根接收天线，相同的数据通过不同的天线接收下来，有分集接收的作用。MIMO 分集传输稳定性、可靠性强，MIMO 复用传输吞吐量大。这两者往往不能同时兼而有之，只能根据使用场景，选择最优的一种。

2.1.5　竞争、调度

公司的重要岗位有了空缺的话，如何找到合适的人选呢？两种方式：竞聘上岗、领导任命。

在竞聘上岗这种方式中，岗位人力安排的调度和配置，要看竞争结果，人力资源管理部门根据竞聘结果来公示；而领导任命的这种方式，岗位人力安排听领导的，即人力资源的配置权在某一个上级部门。

竞聘上岗的人力资源配置方式（如图 2-16 所示），降低了对上级管理部门的人事要求，简化了上下级长时间的信息交互，可以快速发现较优人选，对岗位需求的匹配速度快；但容易产生过度竞争和人事冲突。

领导任命是统一调度的人力资源分配方式，如图 2-17 所示，优点是人力安排有序，避免了过度竞争和人事冲突带来的组织危机；缺点是上下级信息交互频繁，对上级管理部门的人力资源管理能力要求较高，对岗位需求的变化反应慢。

同理，网络资源配置的方式也可以分为两种：基于竞争的分配方式和基于调度的分配方式。

图 2-16　竞聘上岗

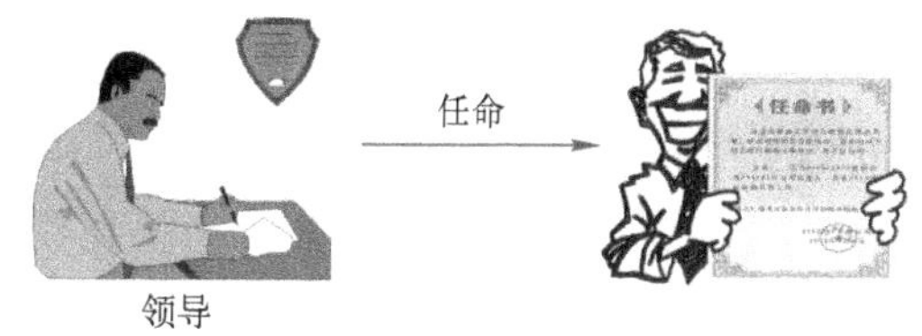

图 2-17　领导任命模式

基于竞争的资源分配方式，类似于竞聘上岗，对网络的资源调度能力要求不高，但网络需要对竞争结果进行判决。每一个用户在占用网络资源发送数据之前，需要自己了解资源的使用情况。假若有多个用户同时要发送数据，发现了网络资源有空闲，则需要通过竞争的方式获取网络资源。这种资源调度的方式功能实现简单、资源利用充分，但易产生过多冲突。在以太网、WLAN（Wireless LAN，无线局域网）中的网络传输资源使用的就是基于竞争的资源分配方式。

基于调度的资源分配方式，类似于领导任命或者由主管部门任命。资源调度由领导说了算，但是由于每时每刻都要进行资源调度的指导，需要领导和下属进行频繁沟通。在无线网络中每一个用户对空口资源的占用不能自作主张，需要基站进行无线资源管理（RRM）和调度。基于统一调度的资源分配方式，可以根据无线网络环境和资源占用情况进行资源分配的综合分析，最大限度地提高空口资源的利用效率，降低资源使用冲突。但是基站和用户之间需要进行频繁的信令交互，对无线资源调度模块的处理能力要求较高。在 2G、3G 的时候，负责无线资源调度的功能在基站控制器（BSC/RNC）中；在 LTE 和 5G 中，取消了基站控制器节点，无线资源管理的功能移到了基站中。

终端进行上行随机接入的时候，也有两种获取基站分配的上行资源的方式：基于竞争的和基于非竞争的。如果终端要主动发图片、文字信息，这种情况称为上行数据到达，这个时候要进行基于竞争的上行随机接入，如图 2-18 所示；如果是基站让终端切换小区后做上行接入，基站会安排好这个终端的上行接入资源，这时，这个终端使用的就是非竞争的上行随机接入，本质上就是基于调度的上行随机接入，如图 2-19 所示。

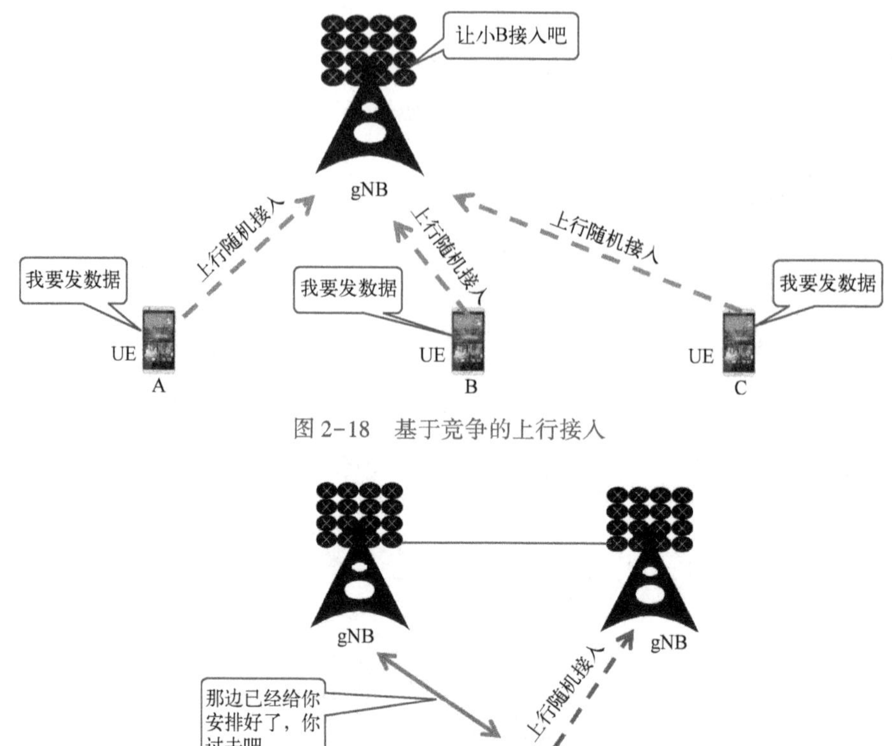

图 2-18　基于竞争的上行接入

图 2-19　切换时的非竞争接入

2.2　网络架构类

话说天下大势，分久必合，合久必分。分分合合乃是一个系统变迁的常态，有时候，“分”和“合”是一个系统中，两个同时存在的趋势，只不过“分”的内容和“合”的内容和层次有所不同。“分离、解耦”都属于“分”的动作，“统一、融合”都属于“合”的动作。

人心齐、泰山移。人多好办大事。但是人多只是一个条件，不是随便什么人凑在一起，就能做事，组织管理才是关键问题。组织管理的形态有两种：层级化组织、扁平化组织。层级化组织是有多级中心节点的组织架构；扁平化组织则是中心节点较少的组织架构。

完全去中心化的网络架构，要求每一个节点能够自我管理，支持动态变化的网状网架构，节点之间可以自动建立连接和删除连接，是一种自组织网络。

2.2.1　分离、解耦

不同部分相互之间耦合得太深，盘根错节，不容易彼此区别，就存在“牵一发而动全身”的隐患，一个地方变动，影响其他部分，甚至引入不可预知的风险，如图 2-20 所示。这就是很多组织发展到一定规模以后，明知已经遇到瓶颈，却很难变革的原因。

我们经常需要一个组织内部不同功能体之间，既能职责清晰，又能相互配合。不同部分之间职责清晰，从组织发展的开始就应该着手思考。那么组织不同部分的职能应如何分离，如何解耦，才能使其相互独立、互不影响呢？

图 2-20　盘根错节，耦合太深

分离和解耦之后的不同部分不能老死不相往来，它们之间还需有信息交互，这就需要沟通的接口。不同部分沟通的接口需要清晰定义，一段时间内要保持稳定，不宜频繁变更。即使变更，新的接口要兼容旧的接口。这样，相互交互的各个部分无须频繁变更通信接口。

一个系统不同部分分离和解耦的好处是什么呢？

分离和解耦后的一个部分可以独立变更、独立扩展、独立缩容、独立升级、独立演进，而不会影响另外一个部分。这样增加了系统架构的灵活性。但是分离和解耦颗粒度越细，不同部分之间的沟通复杂性就越高，同时系统的内部结构就会越复杂，就越需要强大的系统信息处理和分析能力。

通信系统组网架构的发展，就是系统发展到一定程度，特定功能逐渐成熟、分离或解耦的过程。

我们知道最早的固定电话之间是点对点通信的。随着用户规模的增加，点对点通信需要不同用户之间不断增加通信线路。增加一个用户，和他有通信需求的人都需要增加线路，线路复杂，部署和维护成本增加，通信价格昂贵。人们自然想到，设立一个中转节点，负责线路交换。这样，每增加一个用户，只需要加一条线路便可，这样交换功能逐渐从通信系统中独立出来，如图 2-21 所示。最初，由人来负责线路转接，也就是说人负责控制交换，缺点是处理速度慢，容易出错。后来人可以被机器代替，由机器负责交换，每次按照固定的程序来办事，缺点是不能够灵活控制。

如果使用固定程序控制的交换机，那么一旦一个人搬了家，他的号码也得变，否则无法通话；一个人不在家时有电话打在家里的固定电话上，他希望把这个电话前转到单位的固定电话上，这种需求，固定程序的交换机很难满足。为了实现类似这种搬家不换号、电话无人接通前转的功能，就必须把控制和交换的功能分离。这样可以更加灵活地制定电话交换的控制策略，如图 2-22 所示。早期的智能网业务，如校园 201 卡，就是控制和交换分离的主要场景。

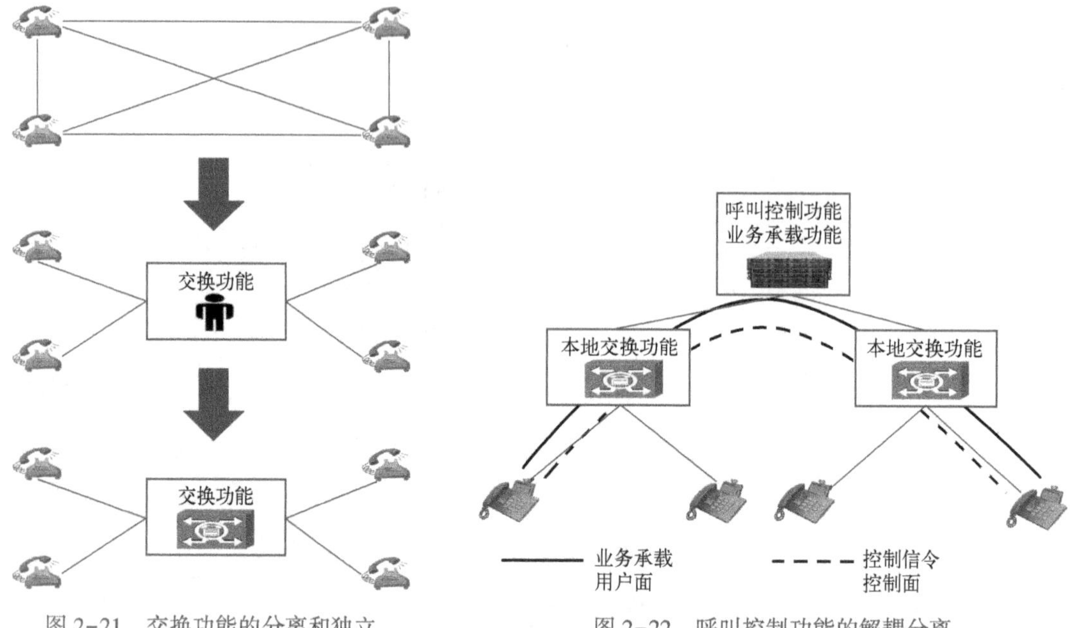

图 2-21　交换功能的分离和独立　　图 2-22　呼叫控制功能的解耦分离

这时的核心网设备，既负责和通话双方进行沟通协调（信令面），又负责语音通道的搭建和维护（承载面或用户面），也就是说呼叫控制和业务承载还是在一起的。在移动通信系统中，存在两个（平）面：用户面（媒体面、转发平面）和控制面（信令面）。理解这两个面，是理解通信系统的关键所在。用户面，就是用户的实际业务数据，就是你的语音数据、视频流数据之类的，类似于物流行业中需要快递的包裹；而控制面，是为了管理数据走向的信令、命令，类似于物流行业中调度、管理、分配信息，快递员、车辆、中转物流仓储都需要进行大量的信息交互。

2G时代，用户面和控制面没有明显分开。随着网络的发展，就提出呼叫控制（信令面、控制面）和业务承载（用户面、媒体面、转发平面）分离的需求，以便两种功能可以独立演进、独立维护。软交换（NGN）实现了呼叫控制和业务承载分离。在3GPP的R4版本，也初步完成了CS域呼叫控制和业务承载的分离，如图2-23所示，MSC SERVER做控制，完成信令交互和处理，而MGW则负责做业务承载。MSC SERVER可以控制MGW，MSC SERVER给MGW下发信令消息，指示MGW对语音或者数据流建立承载。

3GPP的R5版本提出了IMS系统，在软交换的基础上，进一步实现了路由功能和业务控制分离。也就是说，IMS实现了业务承载、控制、路由的三分离，如图2-24所示。随着无线系统的IP化、分组化，数据业务控制的需求是不断变化和增加的，数据业务控制应采用标准化、开放、松耦合的接口，进行业务组合和相互调用；而主叫方找到被叫方的路由功能则是相对稳定的。二者的分离，可以方便新业务的引入和新功能的扩展。

在 LTE 分组网架构中，MME 是负责控制信令的网元，SGW 和 PGW 主要是用户面（承载面）的网元。但是 SGW 和 PGW 也有控制面的功能。也就是说，在 LTE 中，控制面和用户面的分离还不彻底，在 5G 系统中，为了各功能进行独立扩展、独立演进，控制面和用户面进行了较为彻底的分离。

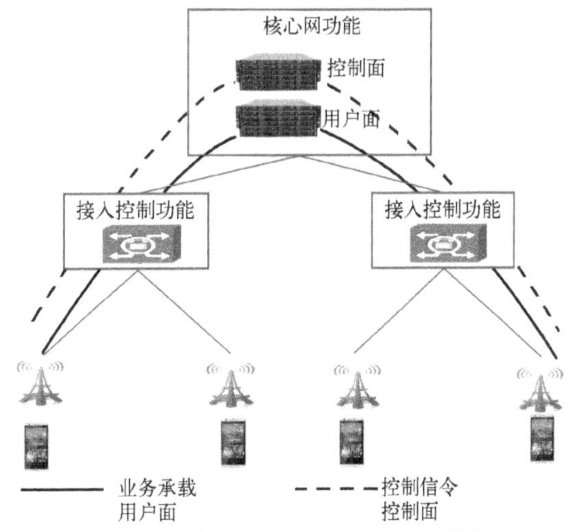

图 2-23　控制面和用户面的分离趋势

随着移动应用和网络流量爆发式增长，运营商网络的复杂性也大幅增加。运营商网络内专用的、非标准化硬件设备种类增多、规模增大，硬件设备使用周期逐渐缩短，硬件资源缺乏灵活性和敏捷性，不能实现随时按需调度网络资源。硬件通用化、软件定制化的呼声越来越强烈。这就迫切需要软硬件解耦。

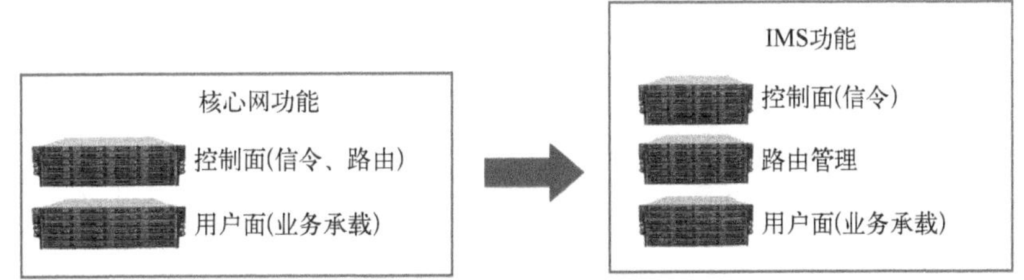

图 2-24　业务承载、控制、路由三分离

软硬件解耦，可以使软硬件独立发展，如图 2-25 所示。硬件标准化、通用化、大规模化，可以大幅降低运营商的成本，大幅缩短运营商硬件的维护难度和维护成本；同时硬件资源池化，可以实现网络资源的自动化部署、动态扩展、灵活调度，可以增加网络的弹性。软件虚拟化、定制化可以软化网络，新业务推出更加快速敏捷；更重要的是，软件的版本升级和硬件的更新换代互不影响，做到你是你，我是我；同时，软件的发展和硬件的发展又可以互相促进，相互给台阶，做到你高一尺，我高一丈。软硬件解耦是 5G 网络架构变化的一个基础。

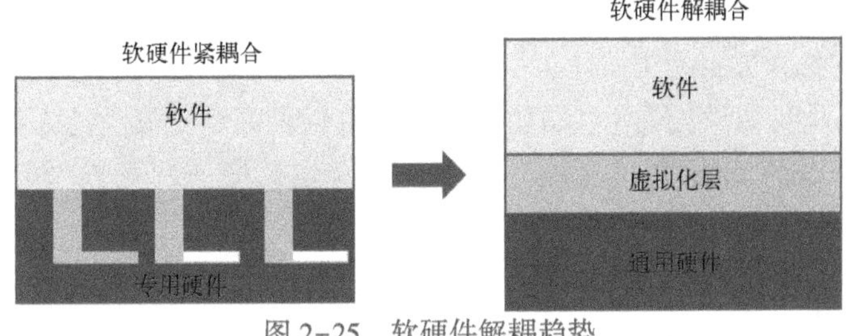

图 2-25　软硬件解耦趋势

计算和存储的解耦，可以使得 5G 网络的计算能力和网络功能的状态存储分开，有利于实现网络功能的无状态设计，如图 2-26 所示，在网络功能进行灾备倒换的时候，很容易恢复到当时的运行状态，做到用户无感知。

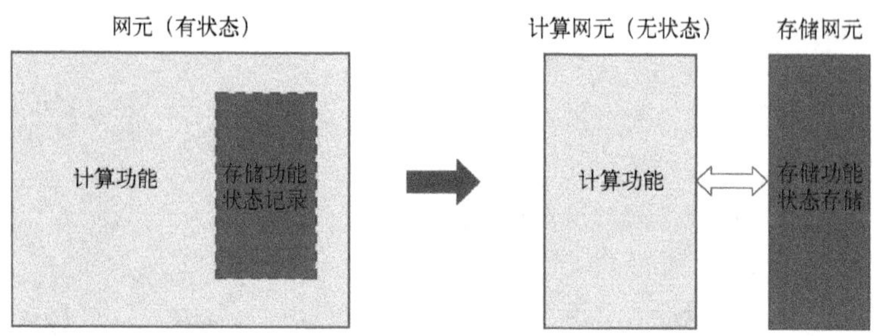

图 2-26　计算和存储解耦

上下行解耦使得上下行链路不再紧密耦合，无须成对设计、成对出现。上行链路和下行链路可以根据需要独立增加补充链路。比如在上行覆盖遇到瓶颈的时候，可以使用工作在低频的上行链路，增加上行覆盖，如图 2-27 所示。

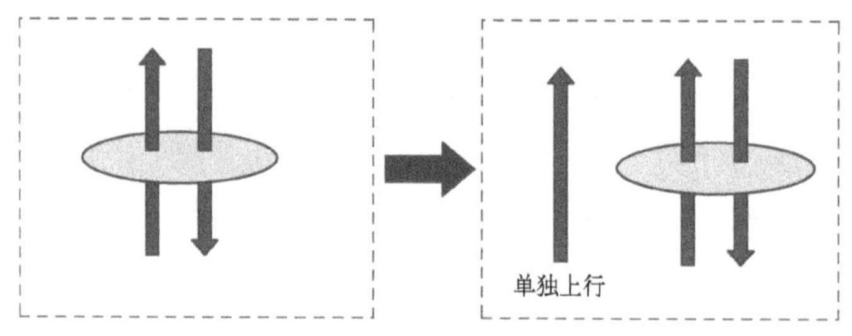

图 2-27　上下行解耦趋势

2.2.2　统一、融合

一个系统内部的各个部分存在不断分离、解耦的趋势。与此同时，对最终用户来说，这个系统却是呈现“一体化”“统一”“融合”的趋势。我们经常听到的 all in one solution（一体化解决方案）、all in one device（多合一的设备）、all in one network（一体化网络）等就是各种场合下统一融合的趋势的体现。一般来说，“分离、解耦”的趋势是较微观层面的，面向内部实现的；而“统一、融合、一体化”是面向较宏观层面的，是面向用户呈现的，是面向网络接入和使用的。

“三网融合”又叫“三网合一”，在早期是指电信网络、有线电视网络和计算机网络的逐步整合，最后发展成为统一的信息通信网络。也就是说，手机可以看电视、上网，电视可以打电话、上网，计算机也可以打电话、看电视。这三者一体化，你中有我、我中有你，相互融合。

5G 网络条件下，“三网融合”指的是电信网（CT）、互联网（IT）和物联网（IoT）

的融合，如图2-28所示。这个“三网融合”和前面的“三网融合”并不矛盾，在5G条件下，有线电视网络最后一公里也可以无线化，电视就是一个5G终端，统一使用5G进行接入；广电网中的多媒体类的节目，可以作为“三网融合”的应用平台。5G网络条件下的三网融合，将遍及智慧城市、智能交通、环境保护、智慧能源、公共安全等多个领域。

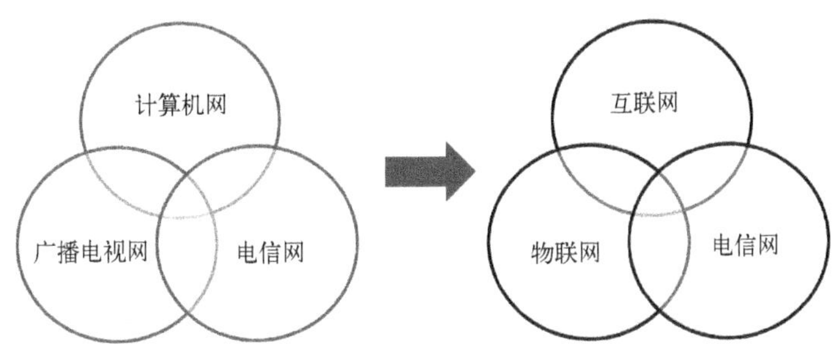

图2-28　新旧三网融合

固移融合（Fixed Mobile Convergence，FMC）也是一个常见的提法，如图2-29所示，通过固定网络与移动网络之间的统一、合作，向终端用户提供的业务和应用，与固定还是移动的接入方式无关，也与用户的地理位置无关。终端所得到的业务具有统一性和连续性。用户的终端可以是智能手机、个人计算机（PC）、固定电话、电视或者是其他类型的终端，都可以自由地选择固网或移动网。

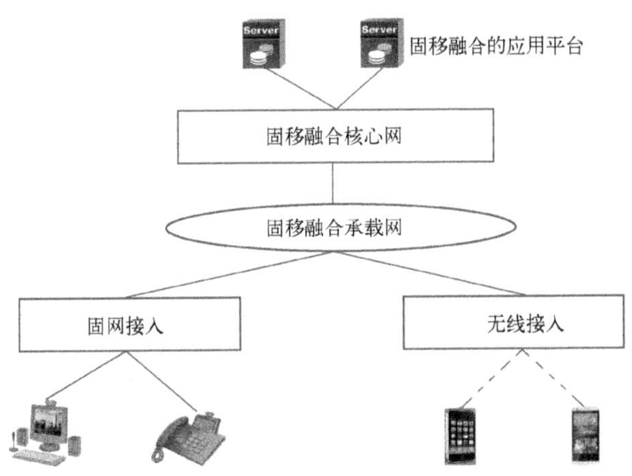

图2-29　固移融合

移动宽带和固定宽带是既有竞争又有依赖的关系。移动宽带在互联网接入、数据服务等方面替代了一部分固定网络功能，如智能手机的普及逐渐取代了PC等固定终端成为接入互联网的首选方式。而另一方面，在传统蜂窝、Cloud-RAN组成的异构网络中，都需要大量的移动回程网络。尤其是在接入段，移动网络和固网一样需要大量的光纤基础设施。这又说明了移动网和固网之间的相互依赖。

固定移动网络融合（Fixed Mobile Convergence，FMC），是通过固定网络与移动网络之间的融通、合作，从而实现全业务及融合业务的经营，为用户提供多样的高质量的通信、信息和娱乐等业务，而与其终端、网络、应用和位置无关。

LTE时代的IMS（IP多媒体子系统），就是一个典型的固移融合的解决方案，它可以为固定和移动用户提供统一的语音、数据、视频服务业务等。

5G时代，在云计算、网络功能虚拟化、软件定义网络等技术的基础上，固移融合必将向纵深发展。5G时代的固移融合将是一个大一统的融合方案，具体来说，需要满足以下几个特征。

（1）统一接入

这里的统一接入不仅是固网和移动网的统一接入，而是各种接入方式的统一接入。5G网络一统各种接入方式，例如，2G、3G、4G、5G各种无线制式的接入，WiFi、蓝牙的接入，智慧城市、智能家居的接入等等。网络能够根据用户所在的位置、需要的应用、服务质量和通话量等具体需求，选择采用不同的接入技术，如WiFi、4G、5G。

5G核心网与接入网功能相互独立，即，核心网与接入方式解耦，逐渐成为不感知接入技术（Agnostic）的5G核心网架构，即无缝和无感知的接入。

（2）终端能力融合

5G时代，万物皆终端，任何终端虽有多种网络接入能力，但都能统一接入5G。以前多种终端才能实现的应用，5G时代用户使用一个终端就可以完成，5G的终端具备多种应用融合的能力。终端用户可以按需设定个性化服务，自定义用户界面。固网用户也可以支持类似于智能手机的多样化设置。

（3）统一平台服务能力

平台的服务能力无论对固网还是移动网来说都是统一的。用户在不同的网络间切换（Handover）不会中断平台服务或导致平台的服务质量受损。

（4）一体化的网络架构和运维能力

固网和各种无线制式的认证、控制、管理功能的逐渐融合统一，为网络提供统一的运维管理视图。简化的网络架构、一体化的网络架构，可以简化运维管理界面，提高运维效率。

2.2.3 层级化、扁平化

从某种意义上说，组织结构（Organizational Structure）决定了组织的管理效率和效果。组织结构是各成员、各部门的职务范围、责任、权利方面所形成的结构体系，表明了各组成部分的排列顺序、管理关系、沟通关系，往往决定了工作任务如何分工、分组和协调合作。

一个管理者的精力和能力有限，所以能够有效管理的下属人数也是有限的，这个限制称为控制跨度（Span of Control）。在很大程度上，控制跨度决定着组织要设置多少层次，配备多少管理人员。在其他条件相同时，控制跨度越宽，组织效率越高，但是对控制节点的管理人员要求比较高，同时也要求下属有一定的工作自主性。控制跨度窄的好处是管理者可以对员工实行严密的控制，但会增加管理层次，使组织的垂直沟通更加复杂，从而减慢决策速度，也会减少下属的工作自主性。

层级化的网络和层级化的组织结构一样，具有管理结构清晰、管理职责简单、执行力强的优点。一个网络中，网元数目多到一定的规模后，一定会产生层级，以便可以有效地管理和组织网络。但是层级化的网络，网元之间缺乏横向沟通渠道，沟通距离较长，沟通时延也大，而且信息传递过程中也会失真、被扭曲。随着规模的增大，管理层次众多的层级化网络结构对网络环境和用户需求变化的适应性减弱，响应能力降低。

层级化组织面临的问题如何解决呢？最有效的办法就是扁平化，即增加管理节点的控制跨度，减少管理层次，将金字塔的组织形式尽量压成扁平状或网状网的网络组织形式，如图 2-30 所示。

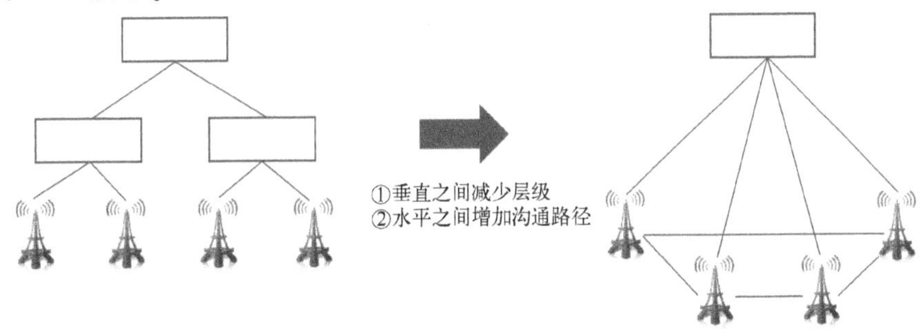

图 2-30　网络架构扁平化趋势

扁平化网络要求网络层级减少，沟通渠道缩短，控制跨度大大增加。扁平化网络结构要求网元之间建立有效的沟通渠道，网元之间的职能范围增大，事务处理能力要求增加。扁平化网络结构带来的好处是信息传递的时延减少，效率增加，便于网络适应用户需求。缺点是对成员的事务处理能力要求较高。

层级化网络和扁平化网络的对比分析如表 2-3 所示。

表 2-3　层级化网络和扁平化网络的对比

比　较　项	层级化网络	扁　平　化
层次	多	少
控制跨度	窄	宽
节点功能	简单	复杂
沟通距离和时延	长	短
网元之间	无须沟通	需要复杂沟通
环境适应性	差	强
驱动力	高层驱动	网络自驱动

移动通信制式中，无线网络的组网在产生初期主要是层级化的形式。这一点和互联网的组网架构不同。互联网的网络节点之间的组网在产生初期是一种去中心化的架构，

是一种扁平化的网络架构，网络的组成节点之间的网络地位是平等的。

互联网诞生于冷战时期。美国人在设计计算机网络的时候，刻意要求去中心化，以防止战争对中心节点的破坏。而移动通信网络产生于冷战结束以后，人们设计网络更多的是考虑网络组织管理和维护的效率。

当然随着科技水平的不断发展，移动通信网的组网向扁平化的方向演进，互联网的组网也逐步有了一定的层级。

2G、3G无线接入网都有两种网元，包括基站、基站控制器。基站之间没有接口，基站之间的协调通过基站控制器协调完成，这种网络结构的信息传送距离较长，信息传送时延较大，网络的自适应能力较差。而4G、5G的无线接入网只有一种网元，即基站，取消了一级沟通层级（基站控制器），基站之间具备横向沟通的接口。扁平化以后的网络结构，基站之间信息传送距离缩短，信息传送时延减少，网络的无线环境自适应能力增强。

2.2.4 自组织、网状网

一群年轻人，没有管理者，自发组织起来打篮球，其中一个人离开不会影响其他人的打篮球活动，有新人来了也很容易加入一起运动，我们就可以称这种打篮球的活动是自组织的。再举一例，有一群工程师，没有外部命令，靠着相互默契、各尽职责协同开发出一套办公软件，我们把这个开发过程称为自组织过程。

如果系统在获得空间的、时间的或功能的结构过程中没有外界的干扰，则系统是自组织的。

无线传感网（Wireless Sensor Network，WSN）首先在军事领域产生，并得到应用。在没有通信基础设施的情况下，无线传感网节点之间可以进行通信，每一个无线传感网节点除了具有信息采集处理的功能之外，还需要具有路由功能和数据转发功能。任何一个节点发生故障，其他节点能够很快重新进行路径寻优，重新建立通信路径；如果有了新的节点加入，网络也能很快把这个节点加入工作的队伍中去。我们说，这样的无线传感网是具备自组织能力的，如图2-31所示。任何一个节点采集的数据都可以通过自组织和多跳的方式传送到汇聚节点，然后将信息传到有一定处理分析能力的平台。

自组织网络具有如下特征。

(1) 自组织网络能够适应网络拓扑结构的动态变化。任何终端的随机移动、节点的随时通断电、射频发送功率的变化、无线环境的相互干扰都可能导致网络拓扑结构的变化。自组织网络能够在没有管理节点的控制下，适应网络拓扑结构的变化，建立采集数据的通信路径。

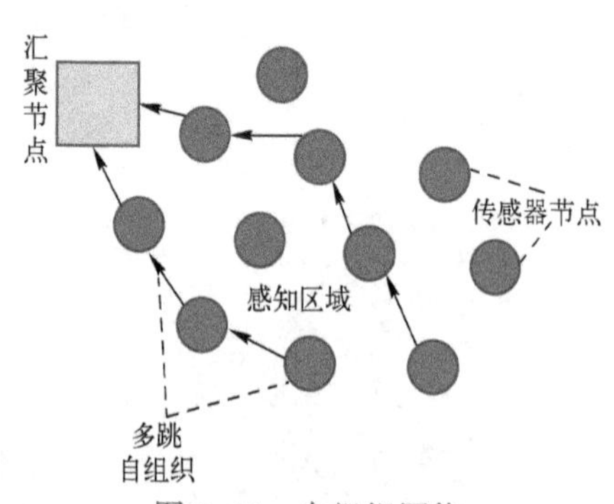

图2-31 自组织网络

(2) 自组织网络是一种去中心化的网络结构，所有节点的地位是平等的，是一种对等式网络。节点能够随时加入和离开网络，任何节点的故障都不会影响整个网络的运行，具有很强的抗毁性。

（3）自组织网络是多跳网络。每一个移动终端节点的发射功率和覆盖范围有限，所以任何终端节点要想把自己采集的信息传送出去，就需要利用多跳其他的中间节点进行转发，这个中间节点不是专门的路由设备，而是具有路由功能的终端节点。

大家可能感觉到了，自组织网络最初是物联网里很重要的概念。5G 要使能物联网，从这一点上说，5G 也要支持终端的自组织网络。

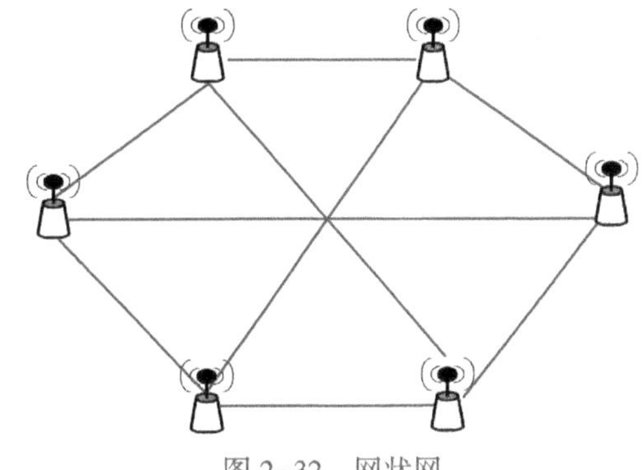
图 2-32　网状网

自组织网络是一种扁平化的无线网络，又可称之为网状网。网状网是指网络节点之间彼此网络地位平等，不需要借助一个控制节点，就能够直接进行信息交互，如图 2-32 所示。

LTE 的基站之间具有 X2 接口，5G 的基站之间具有 Xn 接口，所以 LTE 和 5G 的基站可以直接进行信令交互，可以组成网状网。只不过这种网状网可以是自组织的，也可以由核心网进行控制。

WLAN 也支持网状网架构。WLAN 的 IEEE 802. 11n 版本的英文名称为 Mesh，其含义就是“网孔”。传统的 WLAN 一直存在着可伸缩性低和健壮性差的问题，无线 Mesh 网状网技术让网络中的每个节点都可以发送和接收信号，可以是一种多跳网络和自组织网络，进行动态的自我调节和自我修复，提高了 WLAN 网络的可伸缩性和健壮性。

和 LTE、5G 不同的是：WLAN AP 之间接口的物理形式主要是无线的，而 LTE 和 5G 的基站之间的接口则主要是有线的（光纤），不过使用接入回传一体化（IAB）技术可以降低对光纤资源的需求。

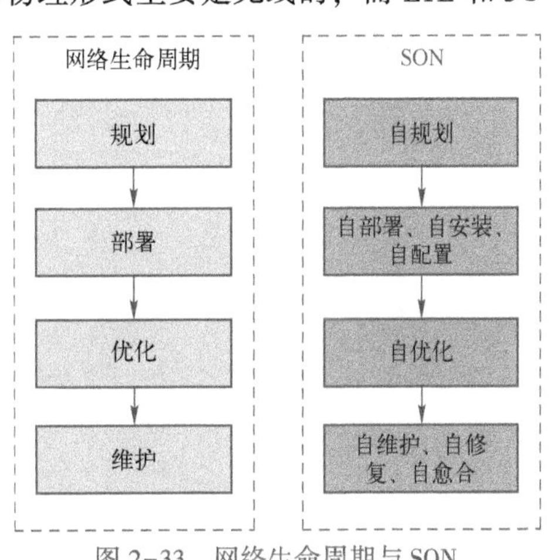

图 2-33　网络生命周期与 SON

SON（Self Organization Network，自组织网络）是 LTE 和 5G 的关键技术之一。这里的“自组织”的内涵比前面网络拓扑动态适应的内涵要更广，包括网络的自规划（Self-Planning）、自部署（Self-Deployment）、自安装（Self-Installation）、自配置（Self Configuration）、自优化（Self-Optimization）、自维护（Self-Maintenance）、自修复（Self-Reparing）、自愈合（Self-Healing）等功能，如图 2-33 所示。

2.3 信息交互类

信息交互是指两个或多个通信实体之间发送和接收信息的方式和过程。从参与通信的实体类别上分，信息交互可分为人与人交互、人机交互、机器和机器之间的交互。人与人交互要遵循共同的语言和共同的文化背景，否则沟通困难；人机交互要有交互界面，交互的方式有客户端/服务器（C/S）和浏览器/服务器（B/S）两种方式。机器和机器进行信息交互要有共同的协议和接口规范，交互的方式也有基于客户端/服务器架构模式的请求/响应方式和基于微服务架构的订阅/通知方式。

什么时候进行信息交互呢？有重要的事件发生就需要进行信息交互，还有日常也要进行一定频次的沟通交流。这就涉及基于事件的信息交互还是基于周期的信息交互的问题。

信息发出去以后，有时需要经过多个中间节点转发才能到达接收端；而有时，信息发送到接收端，接收端由于某种原因处理不了，就需要把这个信息重定向到另外一个接收节点上。

下面详细介绍信息交互类的相关概念。

2.3.1 C/S、B/S

使用客户端（Client）/服务器（Server）（简称C/S）的人机交互方式，用户需要下载一个客户端，安装后就可以使用，比如微信、QQ、手机上的各种APP，如图2-34所示。

C/S的信息交互双方分为客户端和服务器两个角色，如图2-35所示，在客户端，不仅提供用户操作界面，也会支持一些简单的操作，进行简单业务逻辑的处理等；在服务器端，要提供复杂的业务逻辑支撑、行业算法的支撑、数据库的支撑。

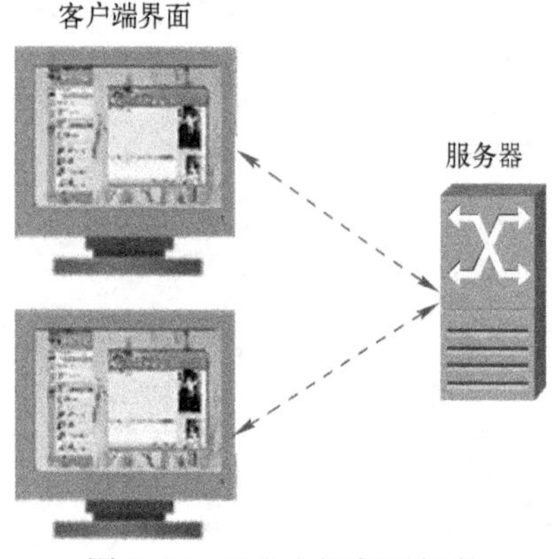

图2-34 C/S人机交互方式

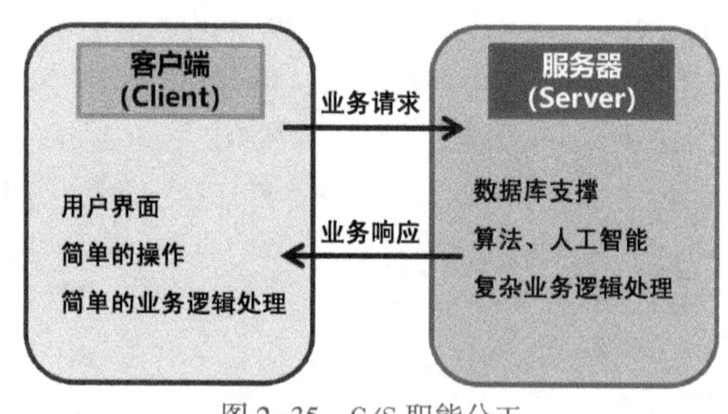

图2-35 C/S职能分工

C/S 交互机制的优点：

- 支持复杂的界面和业务逻辑。
- 易于保证安全。
- 响应速度较快。

C/S 交互机制的缺点：

- 由于程序需要安装才可使用，客户端专用性强，用户群固定。
- 维护成本高，一次升级，服务器和所有客户端的程序都需要改变。

以上是从人机交互的角度看 C/S。网络实体之间的交互，也可以基于 C/S 模式。

5G 网络承接移动网、增强互联网、使能物联网。5G 网络是一个开放的系统架构，将会引入很多互联网的概念和元素。在 5G 系统中，信息交互的两个网络实体，角色可能一个是客户端（Client），一个是服务器（Server），也有可以是一个网络实体同时具有客户端和服务端两个角色，两个网络实体互为客户端、服务器，如图 2-36 所示。

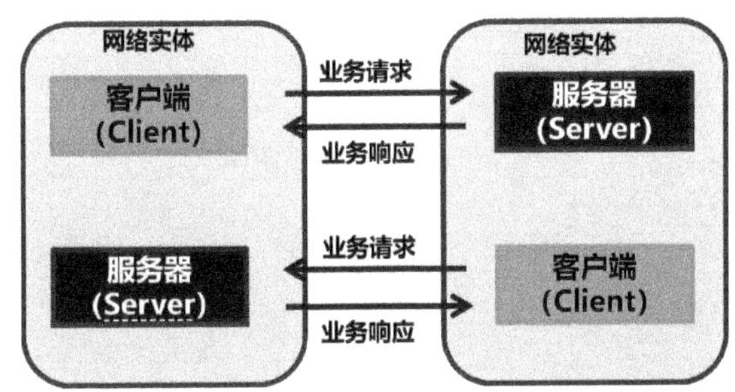

图 2-36　两个网络实体互为客户端、服务器

浏览器（Browser）/服务器（Server）（简称 B/S）的人机交互方式，系统上只需要有 Web 浏览器，无须安装特定的软件，即可使用。浏览器仅提供前端界面的呈现，极少数事务逻辑放在浏览器，主要事务逻辑在服务器端实现，如图 2-37 所示。

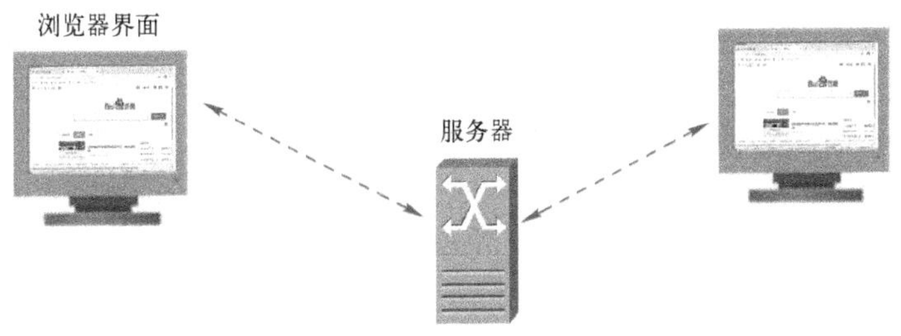

图 2-37　B/S 人机交互模式

B/S 交互机制的优点：

- 客户端只需 Web 浏览器，无须安装专用软件。
- 升级方便，只需更新服务器端软件。

- 用户面广。

B/S 交互机制的缺点：

- 浏览器种类多，需要兼容多浏览器。
- 达到 C/S 机制的功能，需要花费更多精力。
- 在速度和安全性上，较 C/S 架构差。这是 B/S 架构的最大问题。

综上所述，C/S 机制和 B/S 机制各有优势，如表 2-4 所示，C/S 机制在图形的表现能力、业务逻辑的支撑、系统运行的速度等方面强于 B/S 机制，而 B/S 机制无须专门的客户端、升级方便、用户面广又是 C/S 机制所不能比拟的。

表 2-4 C/S 和 B/S 交互方式对比

对比项	C/S	B/S
客户端专用软件	客户端专用性强	无须安装专用软件
升级维护	维护成本较高，升级节点多	升级方便，只需更新服务器端软件
用户群体	需要安装软件的特定群体	面向用户群体广泛
浏览器要求	无须浏览器	需要兼容多浏览器
支持界面和业务逻辑的能力	支持复杂的界面和业务逻辑	支持的界面和业务逻辑简单，实现专业功能耗费精力较多
安全性	较高	安全性较差
响应速度	较快	较慢

2.3.2 请求/响应

基于互联网的通信架构中，一般有两个通信实体，一个是服务器（Server），一个是客户端（Client）或浏览器（Browser）。二者通过 TCP/IP 进行业务数据的传送，目的是保证客户端与服务器之间的高效通信。客户端（浏览器）向服务器提交 Http 的请求（Request），服务器向客户端（浏览器）返回响应（Response）信息。

在互联网的请求/响应（Request / Response）的交互机制如图 2-38 所示，一般有下面几个主要步骤：

（1）客户端和服务器建立连接（TCP 三次握手）。

（2）客户端发送一个请求给服务器，并且开始等待服务器的响应。

（3）服务器返回相应的响应信息给客户端。

（4）释放连接（TCP 四次挥手）。

（5）客户端将服务器返回的信息显示在用户面前。

其中，第（2）、（3）步就是典型的请求/响应交互机制，客户端发出请求后，一定会等待服务器的响应，才进行下一步动作；如果等不到，只有超时以后才进行下一步操作。

在 3G、4G、5G 的无线侧，也会用到请求/响应的交互机制。请求/响应的交互机制信息交互时有明确的双方，是一种一对一的交互模式。正常流程一般遵循“三步走”策略，

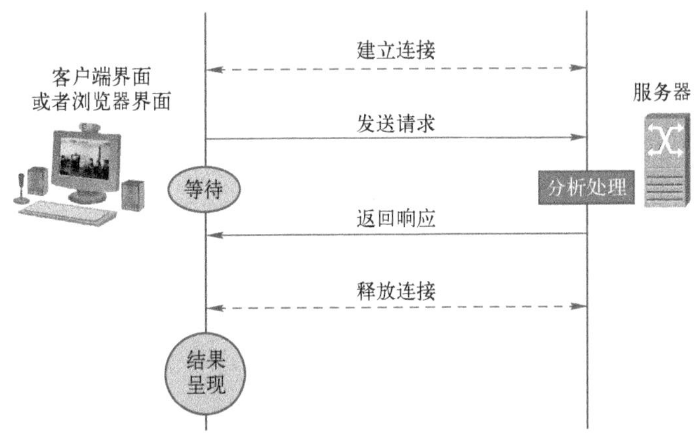

图 2-38 请求响应交互方式

如图 2-39 所示：第一步，发出请求（Request）；第二步，返回响应（Response）；第三步，标识完成（Complete）。A 端发出的请求中，往往会携带着是什么样的请求（类型），请求什么（内容）等参数。B 端返回的响应会有按照 A 端请求给出的内容。完成消息标志着一次请求的成功。想象一个问路的场景。甲向乙发出问路请求："北海公园怎么走！"乙回应："地铁 6 号线。"甲说："好的，多谢！"这也类似于请求/响应的三步走交互机制。

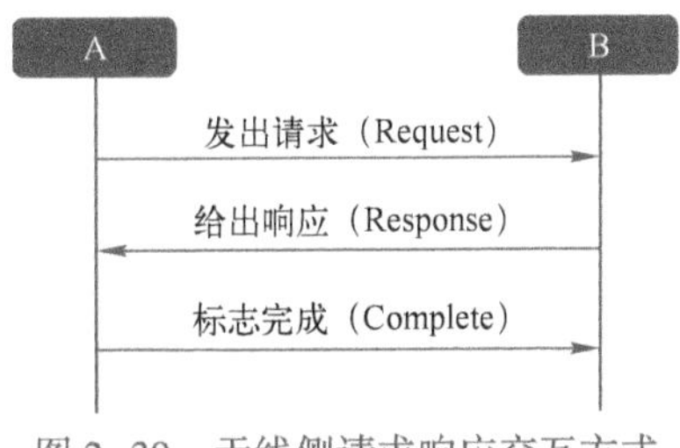

图 2-39 无线侧请求响应交互方式

请求/响应交互机制有成功，就有失败。A 端发出请求后，在一定时间内没有收到响应，超时了，代表请求失败。

将发出请求的统计数作分母，标志完成的统计数作分子，就是请求成功率，即

$$请求成功率=\frac{标志完成的个数}{发出请求的个数}$$

请注意：这个请求成功率 A 端统计计算出来的结果，和 B 端统计计算出来的结果可能不一样。因为 A 端发出的请求或完成标志，B 端由于通信环境的原因可能没有收到。

2.3.3 订阅/通知

想象在网上订阅电子杂志的场景。我们发出订阅（Subscribe）申请，网站响应订阅成功。但此时电子杂志并不会给我们发出，而是以后网站编辑完一期，给我们下发一期，然后通知我们阅读。其实整个过程分两个流程，一个是订阅流程，如图 2-40 所示；另一个是通知流程，如图 2-41 所示。

订阅/通知的交互机制中，不再是一对一的交互模式，而可以是多对多的交互模式。电子杂志的网站可以接受很多读者的订阅请求。读者订阅电子杂志完成后，并不是马上得到这个电子杂志，而是要等待网站的通知。这两点和请求/响应的交互机制不同。

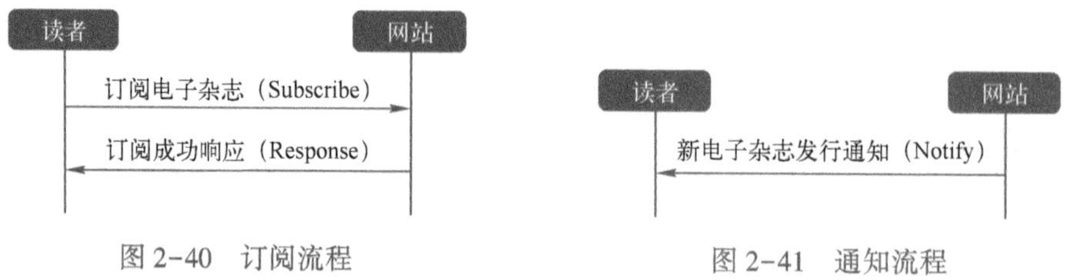

图 2-40　订阅流程　　　　图 2-41　通知流程

5G 的核心网是基于服务的架构（Service Based Architecture，SBA），把以前网络制式的网元功能拆分成很多网络功能（Network Function，NF），每个网络功能再提供各种服务，如图 2-42 所示。各个网络功能之间的交互机制就是订阅/通知模式。

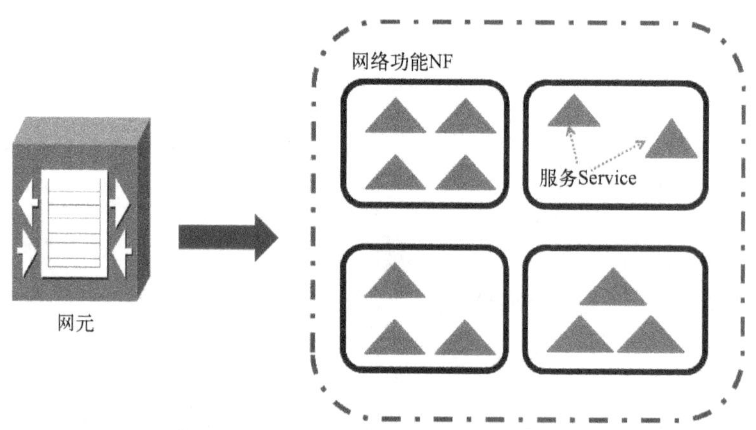

图 2-42　5G 核心网服务化理念

网络功能的角色可以分为服务的提供者（Provider）和服务的消费者（Consumer）。提供者发布相关服务能力，并不关注服务的消费者是谁，在什么地方。服务的消费者订阅相关能力，并不关注提供者在什么地方。提供者和消费者是多对多的关系，如图 2-43 所示。这也是从互联网行业借鉴过来的交互模式，非常适合 5G 核心网网络功能通信双方的接口解耦。使用这种交互模式，5G 核心网具备了灵活、可编排、解耦、开放的优点，是 5G 时代，满足垂直行业需求变化的一个重要手段。

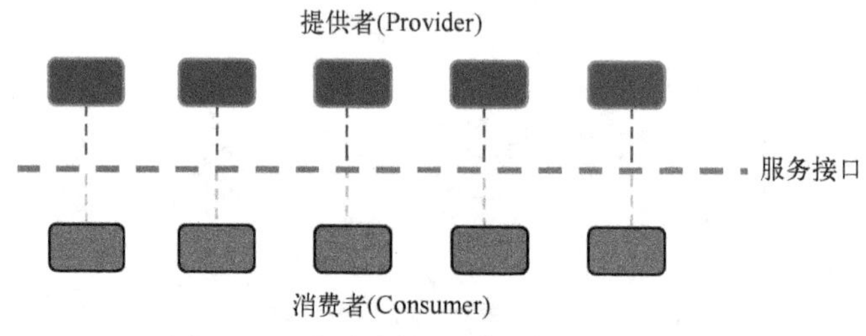

图 2-43　多对多的服务提供和消费关系

订阅/通知交互过程也可分两个流程，一个是订阅流程，如图 2-44 所示，一个是通知流程，如图 2-45 所示。

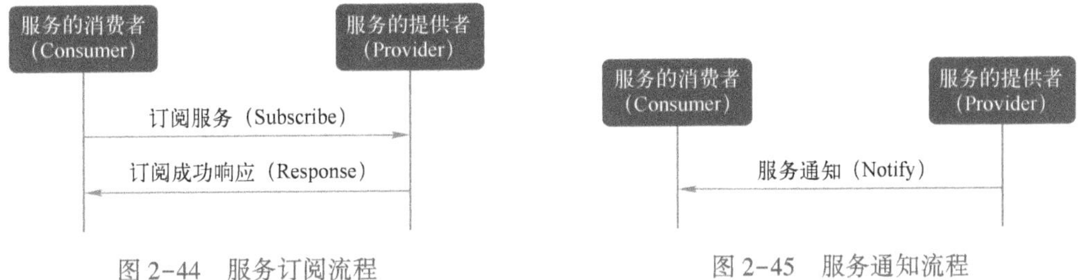

图 2-44　服务订阅流程　　图 2-45　服务通知流程

2.3.4　转发/重定向

举一个寄包裹的例子。

你从北京要寄一个包裹，目的地是内蒙古四子王旗。包裹先寄到了呼和浩特的一个物流仓库，然后由呼和浩特的这个物流仓库把它转送到四子王旗，如图 2-46 所示。呼和浩特的这个物流仓库就起到了包裹转发的作用。

你从北京要寄一个包裹，目的地是呼和浩特的一个小区。包裹寄到了呼和浩特的一个物流仓库后，发现收件人不在呼和浩特，在太原，凡是给这个收件人寄送的包裹都要重新寄到太原，如图 2-47 所示。这时就发生了重定向过程。

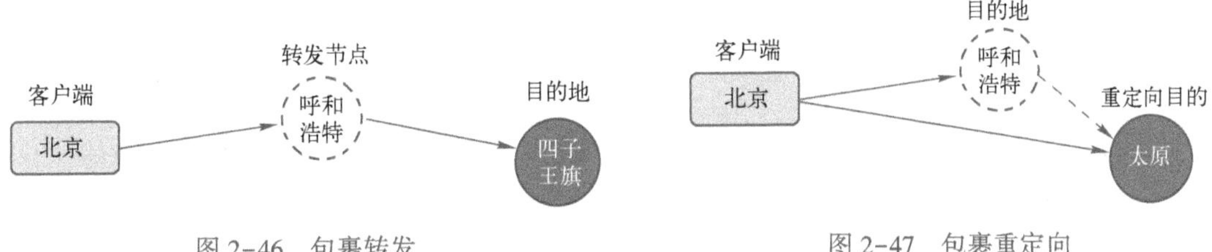

图 2-46　包裹转发　　图 2-47　包裹重定向

转发和重定向是在互联网的数据包发送过程中，经常用到的两种行为。

首先看互联网中的转发行为。如图 2-48 所示，客户在浏览器中输入目标网址，浏览器发送 HTTP 请求，中间的网络设备都要转发这个请求，Web 服务器接受了这个请求，然后调用系统内部的方法完成请求处理和转发动作，找到请求的网页资源返回给客户。在这个过程中，中间经过了很多节点都做了转发行为，但客户却看不到这个转发过程，浏览器只做了一次 HTTP 的请求。浏览器的目标地址是不会变的，浏览器里显示的也是第一次输入的那个网址或者路径，指示想要得到的目标资源。

再看互联网中的重定向行为。客户在浏览器输入目标网址，浏览器发送 HTTP 请求，Web 服务器接受了这个请求后，发送 302 状态码（302：Found，但网页资源临时被移动）以及新的位置给客户浏览器，浏览器发现是 302 响应，则自动再按照新的地址发送一个新的 HTTP 请求，网络根据新请求寻找目标网址和网络资源。客户可以在浏览器中看到地址的变化，浏览器最终显示的是重定向之后的路径。重定向行为浏览器做了至少两次HTTP的请求。

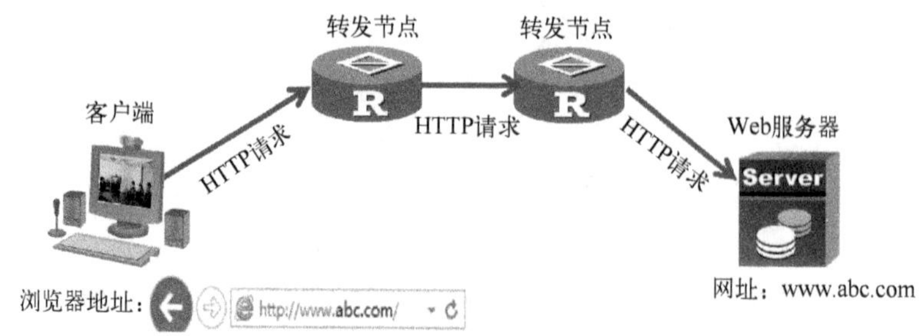

图2-48　互联网中的数据包转发

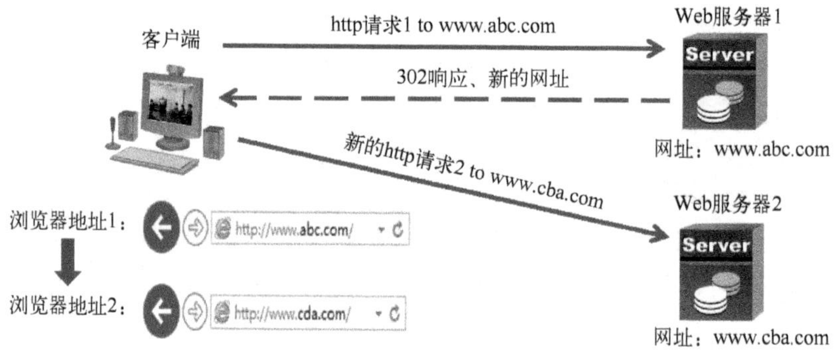

图2-49　互联网中的重定向

从上面的描述中可以看出，转发行为是网络侧中间节点和服务器的行为，浏览器侧是没有感知的；重定向行为被服务器转换成了浏览器端的行为，浏览器侧对地址的变化是有感知的。二者的对比如表2-5所示。

表2-5　互联网转发和重定向对比

对　比　项	转　　发	重　定　向
浏览器目标网址	全程不变	发生变更
行为位置	中间转发设备	服务器和浏览器
客户端是否感知	没有感知	有感知
HTTP请求次数	1	多次

在移动通信网中，网关设备通常具备协议适配和数据包转发的功能，即数据包转发功能是网关设备很重要的功能。4G的SGW和PGW主要的职能就是数据包的转发，如图2-50所示；5G的UPF（User Plane Function，用户平面功能）的重要功能也是数据包转发的功能，如图2-51所示。

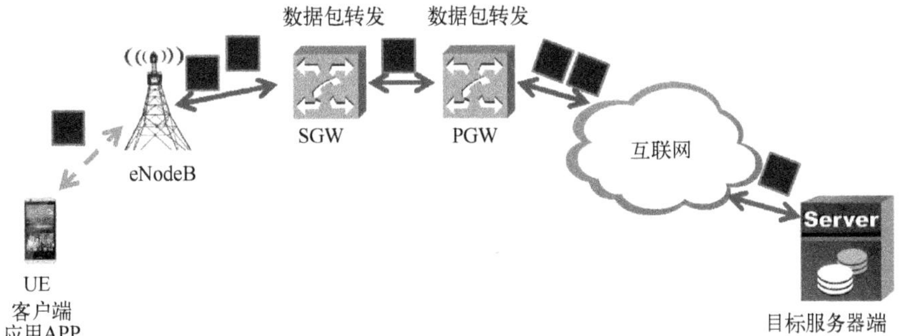

图 2-50　LTE 数据包转发路径

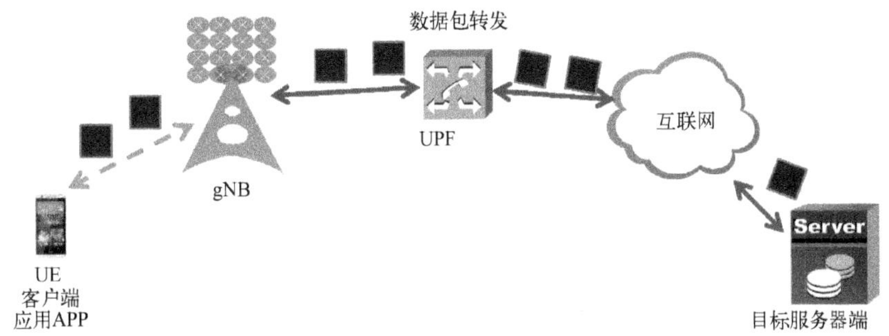

图 2-51　5G 数据包转发路径

在移动通信网的无线侧也会发生重定向。例如，和基站处于连接态的手机在移动过程中，由于接收电平过低，却无法搜索切换列表里的小区，UE 在离开连接态后，重新在另一个频点上进行连接，也叫重定向，如图 2-52 所示。

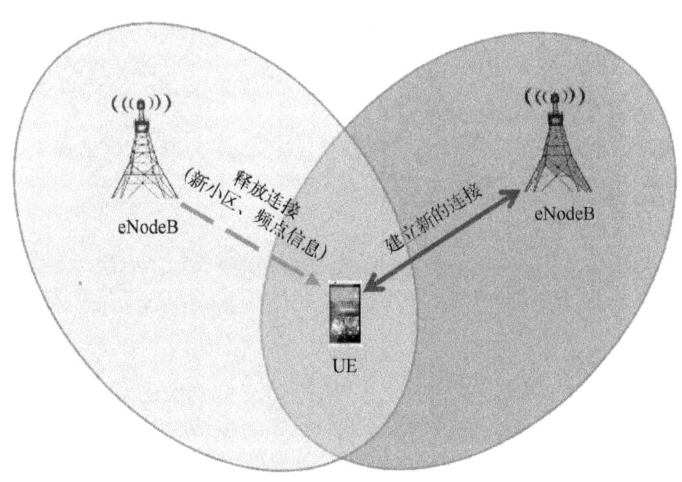

图 2-52　无线侧重定向过程

这里的重定向和切换过程不一样，如表2-6所示。切换过程是RRC一直处于连接状态，UE的无线连接、数据包的转发从旧的小区切换到新的小区。而重定向是UE的RRC处于连接状态时，基站通过RRC Release释放掉与UE的连接，同时在RRC Release消息中携带着目标小区和目标频点的信息，UE需要根据目标小区和频点的信息重新发起RRC的连接。重定向通常是不支持某种切换类型的UE进行业务的一种过渡手段。

表2-6 无线侧切换和重定向的比较

对比项	切换	重定向
RRC连接	一直处于连接状态	释放后在新的小区重新连接
行为位置	网络侧控制	终端重新发起
业务连续性	业务不中断	业务中断
数据包转发	网络侧转发缓存数据	终端重新发送
应用场景	终端支持切换，无线环境允许	终端不支持切换或无线环境不允许

2.3.5 基于事件/基于周期

在实际工作中，我们需要经常向上级汇报进展。什么时候汇报呢？有两种情况：一种是周期性汇报，比如每周一上午例会汇报，如图2-53所示；另一种是事件驱动汇报，比如发生重大事故，或者出现新情况时进行汇报，如图2-54所示。

图2-53 周期性例会

图2-54 基于事件汇报

在移动通信领域也有这两种信息交互机制：基于周期的信息交互和基于事件的信息交互。

基站给手机下发系统消息，主消息块（Master Information Block，MIB）就是周期性调度更新。比如LTE的主系统消息块的调度周期是40 ms，即每40 ms更新一次，如图2-55所示；5G的主系统信息块的调度周期是80 ms，每80 ms更新一次，如图2-56所示。

基站指示手机进行测量，手机要把测量的结果上报给基站。这个上报可以是周期性上报，也可以是事件性上报。

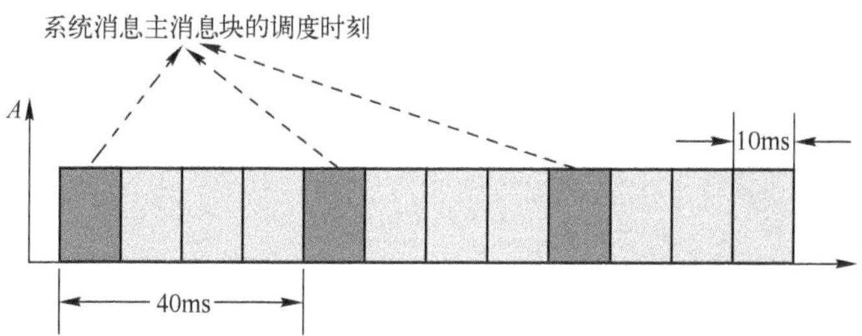

图 2-55　LTE 系统消息主消息块更新调度时刻

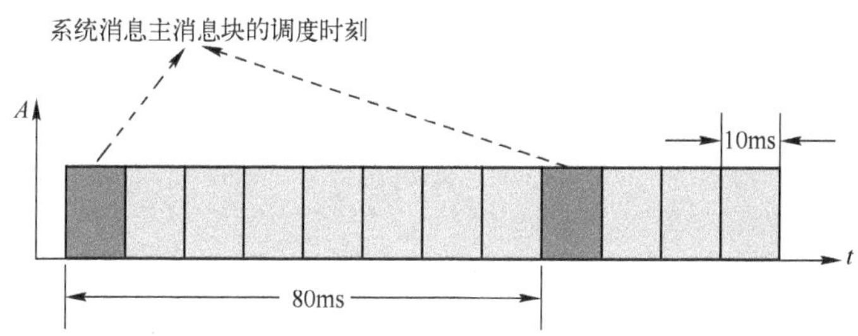

图 2-56　5G 系统消息主消息块更新调度时刻

如果是周期性上报，如图 2-57 所示，测量报告的周期是可配置的，在协议中定义了很多可配置的周期，可以是 120 ms、240 ms、480 ms、640 ms 等。

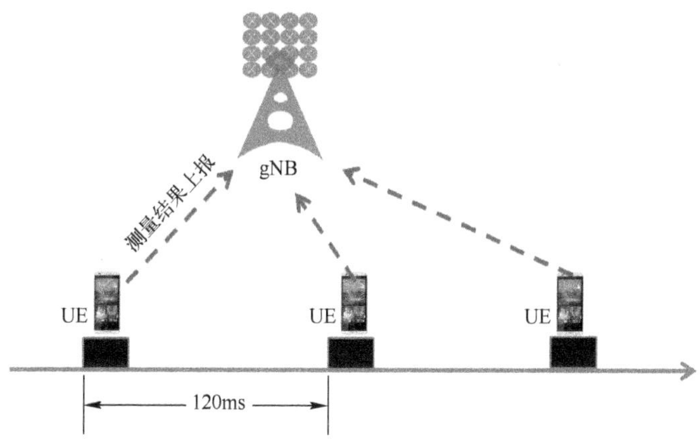

图 2-57　基于周期的手机测量结果上报

事件驱动的测量结果上报在协议中也有定义。比如，当手机测量到的服务小区的信号电平低于一个门限时，就会产生一个 A2 事件，A2 事件上报以后，如图 2-58 所示，基站就会指示手机进行邻小区的测量。

在移动通信系统的无线侧，很多流程的触发可以是周期性触发，也可以是事件驱动触发。比如说，LTE 的 TAU（Tracking Area Update，跟踪区更新）流程，在手机进入新的

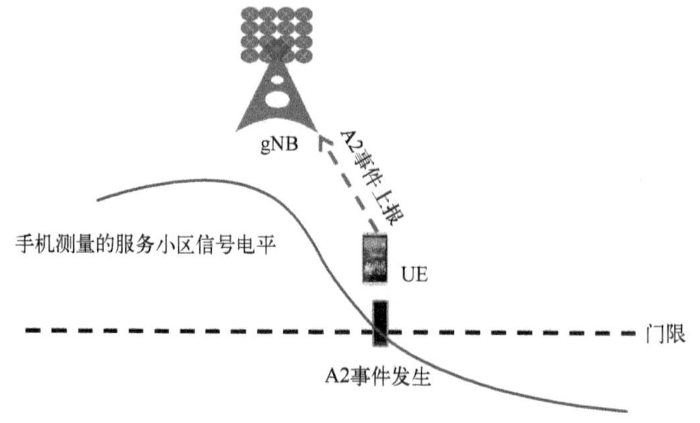

图 2-58　基于事件的手机测量结果上报

跟踪区列表、RRC 异常等情况下都会触发 TAU 流程，这是基于事件的流程触发；当然，设置好跟踪区更新周期，也可以周期性地触发 TAU 流程。再比如 5G 的 RU 流程（Registration Update，注册更新），当手机开机或者手机移动到一个新的 TA（跟踪区）时就会触发注册更新流程，这是基于事件的流程触发；当然，注册更新（RU）流程也可以周期性地触发。如图 2-59 所示。

	LTE 跟踪区更新（TAU）	5G 注册更新（RU）
基于周期	在MME设置， 定时器为T3412 默认值为54min，最长可达310h	在AMF设置 定时器为T3512 默认值为54min，最长可达310h
基于事件	**触发事件**： 进入新的跟踪区 RRC异常	**触发事件**： 进入新的跟踪区 手机开机

图 2-59　TAU 和 RU

第3章　5G需求和愿景

本章我们将掌握：

（1）5G网络是先有需求，后有技术。5G网络的需求特征是什么。

（2）5G、6G的三大场景。

（3）5G、6G的关键能力指标。

《5G需求》
天下熙熙，皆为利来；
天下攘攘，皆为利往。
5G昭昭，　先为速来；
4G匆匆，　乃为速去。

站在未来看现在，一览众山小；站在现在看未来，无限风光在险峰。

5G是什么？用一句话说："信息随心至，万物触手及"。

如果用两句话说：一、5G会渗透至社会的各个领域，将和各个垂直行业深度耦合！二、5G以用户为中心构建全方位的信息生态系统。如图3-1所示。

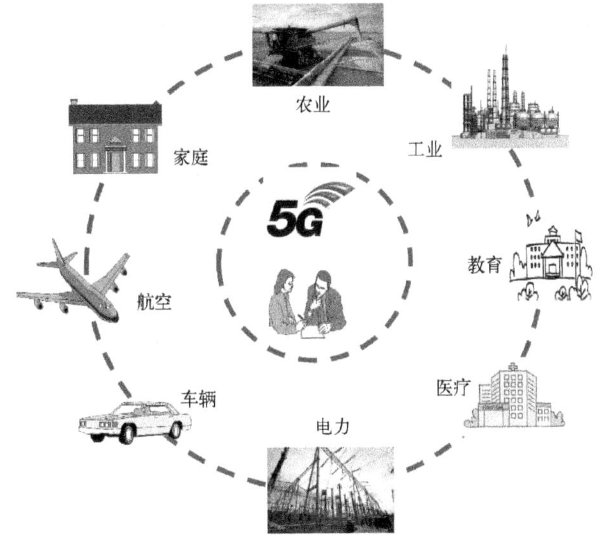

图3-1　5G以用户为中心，融合各行各业

3.1 三大场景

从最终用户的角度看，5G具备三个特征（如图3-2所示）：干活快、不拖沓、挤不爆。

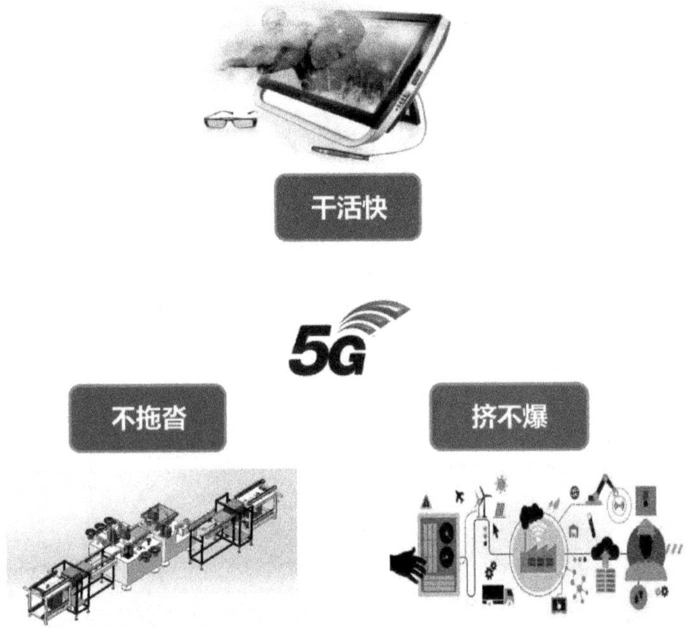

图3-2 5G的三个特征

都知道5G干活快，这个“快”不只是几倍的增长，而是上百倍的增长。下载一部8 GB的电影，4G需要10多分钟，5G只需5、6秒。5G为用户提供的是光纤般的接入速率，将推动人类信息交互方式的大跨步升级。增强现实、虚拟现实、超高清（3D）视频、移动云等业务的极致体验，会带来移动流量成千上万倍的增长。

5G不拖沓，是指其“零”时延的业务使用体验。“零”时延意味着什么？即视感、所见即所得；远程即控感、天涯咫尺。信息突破了时空限制，距离不再是考虑事情的主要因素，“零”时延将促使很多行业进行产品或服务的“降维”升级，也就是说，以前要考虑到距离或时延带来的影响，现在不需考虑，而是要考虑如何做好少了距离维度后产品或服务的设计问题。专家资源分布不均将不再是问题，远程医疗、远程教育、远程工业控制、自动驾驶会走进人们生活。

海纳百川，有容乃大。5G挤不爆，就是指5G系统能包容万物，具备千亿设备的连接能力，支撑超高流量密度、超高连接数密度。万物智能互联、无缝实时融合。智慧城市、智能家居、车联网、智能交通、环境监测等应用会使数以千亿计的设备接入5G，各行各业都要进行 5G 化改造。

3.1.1　IMT-2020 推进组的 5G 需求

以往移动制式都是先有的关键技术，然后看这些技术能满足什么样的需求。和以往移动制式设计过程不同的是，5G 是先确定需求，然后确定选择哪些技术来满足这些需求。

IMT-2020（5G）推进组于 2013 年 2 月由中国的工信部、发改委和科技部联合推动成立。在 2015 年 10 月，国际电联无线电通信部门（ITU-R）正式确定了 5G 的法定名称是“IMT-2020”。

相对于现有的 LTE 网络，IMT-2020（5G）推进组提出的关于 5G 的需求如下。

（1）规模和场景

十倍用户数密度增长。

百倍数据流量密度增长。

两倍移动速度的支撑。

（2）数据率

千倍单位面积容量增长。

百倍用户体验速率增长。

几十倍峰值传输速率增长。

（3）时延

十倍端到端延时降低。

（4）能耗和成本

百倍能效增加。

十倍频谱效率增加。

百倍成本效率增加。

3.1.2　5G 的需求特征

随着移动应用大规模爆发，人们对 5G 的需求也在不断地发展，对 5G 需求的认识也越来越明确。依据 LTE 网络在运行过程中出现的实际问题，5G 的需求呈现出 6 个特征，如图 3-3 所示。

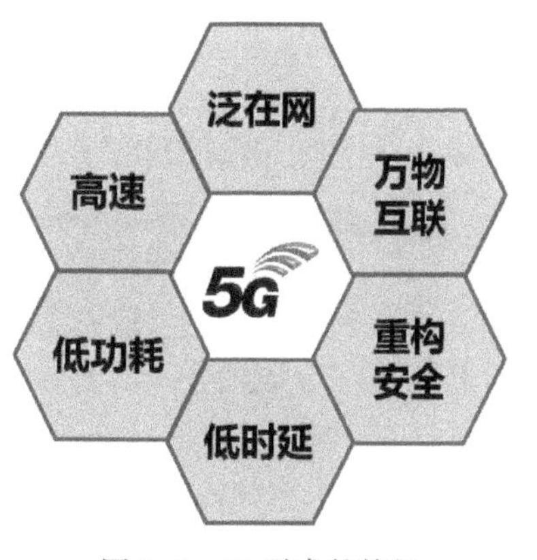

图 3-3　5G 需求的特征

（1）高速

首先，5G 要满足高速大容量的需求。高清电视、虚拟现实（Virtual Reality，VR）、全息投影都需要高数据速率的支撑。4K 高清电视分辨率为 3840×2160 像素，专业 4K 设备的分辨率为 4096×2160 像素；2K 电视的分辨率则是 1920×1080 像素，专业

2K 设备的分辨率为 2048×1080 像素。也就是说，4K 高清所需的速率至少是 2K 的 4 倍，那么 8K 高清的速率需求至少是 4K 的 4 倍，2K 的 16 倍。分辨率和速率需求的关系如表 3-1 所示。

表 3-1　分辨率和速率需求

	2K	4k		8K	
分辨率（像素）	2048×1080（专业设备） 1920×1080（电视）	4096×2160（专业设备） 3840×2160（电视）		8192×4320（专业设备） 7680×4320（电视）	
帧率/(f/s)	60	60	120	60	120
原始速率需求/(Gbit/s)	3	12	24	48	96
H. 265 压缩率	350~1000	350~1000	350~1000	350~1000	350~1000
压缩后速率需求/(Mbit/s)	3~10	12~40	24~80	48~160	96~320
实际应用速率需求/(Mbit/s)	12. 5	50	100	200	400

我们计算一下 4K 高清电视一路需要多大的速率。假设帧率为 60 f/s（frame per second，每秒帧数），3 种颜色，每种颜色 8 bit，4K 高清电视需要的传输速率为

$$3840\times2160\times8\ \text{bit}\times3\times60\ \text{f/s}\approx1.2\times10^{10}\ \text{bit/s}=12\ \text{Gbit/s}$$

当然，高清视频中不是每一帧的所有比特都要传送，每一帧相对于上一帧没有变化的 bit 是不需要传送的，这就涉及视频压缩的问题。H. 265 标准的压缩比：350~1000。4K 高清视频经过 H. 265 标准压缩后，数据业务速率需求约为 12~40 Mbit/s。从实际应用来看，传输 1 路 4K 高清电视需要 50 Mbit/s 以上的带宽。如果是 8K 高清电视的话，传输 1 路需要 200 Mbit/s 以上的带宽。

这仅仅是 1 路，帧率是 60 f/s 的情况下的值。在 VR 应用场景中，为了更加逼真，往往需要多路视频，那么需要的数据业务速率会更高。用户规模增加后，所需要的速率也会大幅增加。

（2）泛在网

我国的手机二维码支付比较普及，但是在日本和美国，信用卡还是主要的支付手段，原因是在日本和美国，由于站点密度小、覆盖差，并不是任何地方都可以使用手机支付的。你在一个超市里购物，如果想用手机支付，营业员需要领你到有覆盖的地方，这对消费者来说比较麻烦。因此都鼓励你用信用卡支付。很多应用都具有这个特点，是否能够广泛推广开，依赖于网络覆盖的水平。

为了随时随地使用 5G 业务，我们需要 5G 网络是泛在网络，也就是说每个角落都要有 5G 的信号。比如说，5G 无人机的应用，要求空中要有 5G 覆盖；工业自动化领域，要求每个车间都要有 5G 覆盖；车联网和编队行驶，要求偏远山区的道路上，也要有 5G 覆盖。5G 应用的大规模推进，客观上需要 5G 建成泛在网络。

(3) 万物互联

5G网络是万物互联的网络。

曾经发生过这样的悲剧，由于道路上的井盖被人移动了地方，有人掉进井洞里，导致人员伤亡。有5G网络以后，每一个井盖都会联网，如果井盖被挪动了位置，市政管理部门的大屏幕上会产生报警，会给相关道路维护人员下发一个工单，指示他进行及时处理。

万物互联时代，每一家庭的马桶都是智能马桶，也都通过5G进行联网。马桶可以给使用者做一个12个指标的尿常规检查，并且把检查结果和健康建议发在可以给使用者的手机上，如“尿嘌呤过高，要注意低脂肪饮食，多喝水”等。

(4) 低功耗

在4G时代，终端的主要形式是手机。手机每天充一次电，大家还是可以忍受的。但是，在5G时代，万物皆终端，每一个井盖、每一个马桶、每一个可穿戴设备都是终端，如果这些终端经常需要充电或者换电池，维护成本太高，使用太麻烦了，人们很快就会弃用这些东西。

这就要求，物联网的终端要把低功耗作为一个重要的指标。节电、依据太阳能自己蓄电，这是5G物联网终端的技术需求。

(5) 低时延

老师讲课，你感觉到他的嘴型和声音是同步的。但是大家都知道，光比声音的速度快，你应该是先看到嘴动，然后才听到声音的。这是因为，人类对图像和声音的时延敏感度在100 ms以上。只要时延没有超过这个数值，人们是不会感觉到的。这个要求在4G时代人们使用LTE进行视频通话的时候，也是能满足的。

但是，在5G时代，自动驾驶、远程手术、工业自动化这些场景对时延的要求更高。在自动驾驶场景，时速120 km/h的车辆，10 ms的时延就意味着33 cm的行驶距离，这个时延也可能导致严重的交通事故；在远程手术切除人体病变部位的时候，延时10 ms，可能使得远程手术刀位置不对，导致医疗事故；在工业自动化领域，远程控制机器操作，时延过大，控制精确度就会降低，导致废品率增加。因此，为了使这些应用得以落地，5G的时延设计是越低越好。

(6) 重构安全

由于技术发展路径不同、使用场景不同，互联网、物联网的安全性要比通信网的差很多。但是，5G是通信网、互联网、物联网的大融合。在互联网、物联网领域，经常会爆出安全性事件。那么，5G网络也会面临网络安全事件的威胁。

比如，一个上市公司的老总，家里的智能马桶被黑客攻击控制，黑客通过马桶的检查结果发现老总的身体状况比较差，立刻转给媒体发布出去。第二天这个公司的股价就会受到影响。

欧洲发生过这样的事情。一个家里的摇篮车里安装有监控视频，监视孩子的日常情况。可是，有一次家长发现有人通过监控探头和孩子说话，并且威胁恐吓孩子，导致孩子情绪受到影响。

这些事件都说明，5G网络面临的安全威胁很大，需要在5G设计开发和组网部署时，充分考虑网络安全。相对于4G网络的安全架构，5G网络需要重构。

3.1.3 5G的三大场景

互联网思维是指思考问题的角度不是从一个事物所需的技术出发，而是从一个事物面向的用户和场景出发。5G时代，我们利用互联网思维定义了如图3-4所示的三大应用场景。

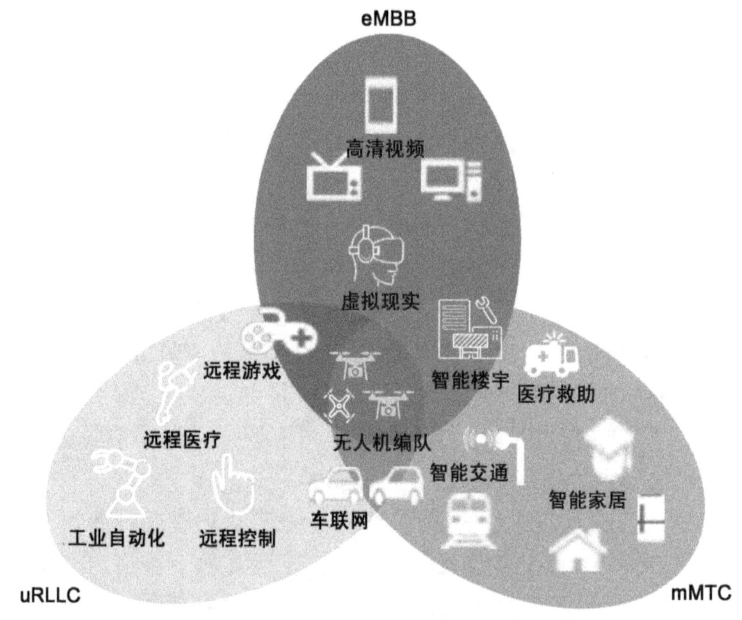

图3-4 5G的三大应用场景

（1）eMBB（enhanced Mobile BroadBand，增强移动宽带）场景

这个场景是承接移动网、增强互联网的场景。数据业务下载速率更高是移动制式不断向前发展的孜孜不倦的追求。每一个新的移动制式推出，我们的第一个问题就是它的峰值速率是多少？

大流量移动宽带业务，如高清视频业务，这是4G、5G乃至6G的主要应用，主要的信息交互对象是人与人或人与视频源。在5G的支持下，用户体验速率可提升至1 Gbit/s，峰值速度甚至达到20 Gbit/s，用户可以轻松实现在线4K/8K视频以及VR/AR视频，因此，用户数据业务流量还将爆发式增长，这会极大地释放远程智能视觉系统的需求，会出现层出不穷的新的行业应用。

（2）uRLLC（Ultra-Reliable Low Latency Communications，高可靠低时延连接）场景

这个场景是物联网中的一个重要场景。像车联网、工业远程控制、远程医疗、无人驾驶等的特殊应用，对时延和可靠连接的要求比较严格。时延过大，将会导致严重的事故；可靠性低，将会造成财产损失。

在这样的场景下，连接时延要达到 10 ms 以下，甚至是 1 ms 的级别。对很多远程应用来说，操作体验能达到零时延，才会有很强的既视感和现场感。

（3）mMTC（massive Machine-Type Communications，海量机器类通信）场景

这个场景也是物联网中的一个重要场景，针对的是大规模物联网业务，如智慧城市、智慧楼宇、智能交通、智能家居、环境监测等场景。

这类业务场景对数据速率要求较低，且时延不敏感，但对连接规模要求比较高，属于小数据包业务，信令交互比例较大，海量连接可能导致信令风暴。在 5G 时代，每平方公里的物联网连接数将突破百万，连接需求将覆盖社会、工作和生活的方方面面。5G 的海量连接能力是渗透到各垂直行业的关键特性之一。

通俗来说，5G 的三个场景特征就是：干活快、不拖沓、挤不爆；用专业术语讲就是：超越光纤的传输速度（Mobile Beyond Giga）、超越工业总线的实时能力（Real-Time World）以及全空间的连接（All-Online Everywhere）。

一个实际应用通常会具备某一个鲜明的场景特征，但并不是和其他场景泾渭分明。也就是说，一个应用，通常会对带宽、时延、连接数都有要求，只不过有一个为主而已。比如说，自动驾驶类应用，是典型的低时延类业务，但也有一定的连接数需求和行车记录仪的带宽需求。智慧城市类应用，是一个典型的大连接类业务，但是有些平安城市类应用对高清视频监控有需求，也可以是一个大带宽类的业务；有些时候，智慧城市也需要有应急响应能力，这要求时延低于一定的水平。虚拟现实（VR）类应用是典型的大带宽类业务，但如果在交互式的 VR 游戏里，又要求是低时延的；在多人携带可穿戴设备的虚拟现实应用场景中，也需要满足一定的连接数要求。

图 3-5 给呈现了一些典型应用及它们归属的场景，以及这些应用对时延、速率指标的大致要求。对于时延指标要求大于 20 ms，速率指标要求低于 100 Mbit/s，且连接数要求不多的应用可以在 4G 网络上承载。但对于时延指标要求小于 20 ms，或速率指标要求高于 100 Mbit/s，或连接数要求较高的应用则必须考虑在 5G 网络上承载。

5G 的三个场景就是我们选取 5G 网络架构技术和无线技术的出发点和归宿。5G 网络架构技术和无线技术，最终要满足三个场景的需求。三个场景的行业应用发展又会进一步促进 5G 网络架构技术和无线技术的向前发展。

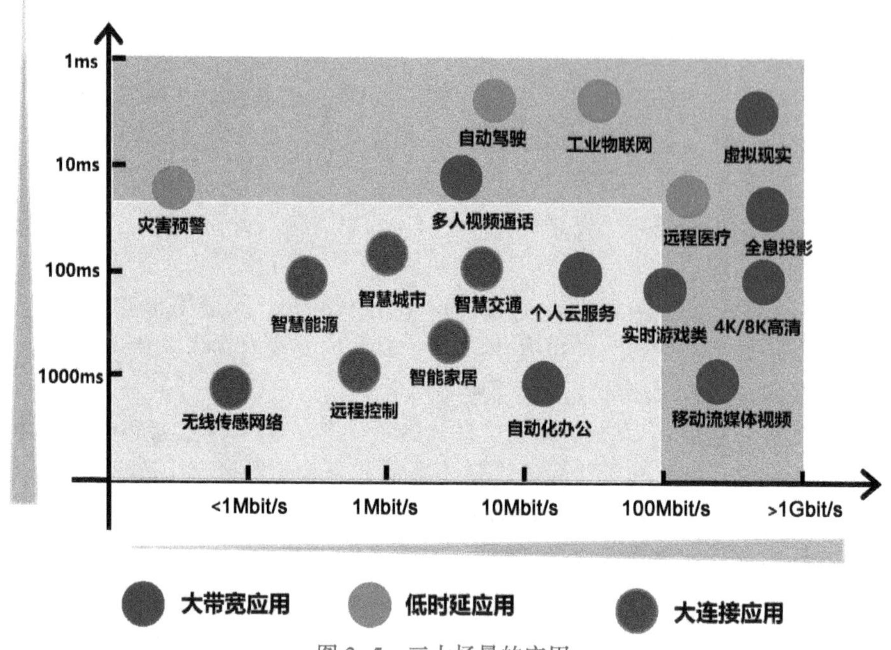

图3-5 三大场景的应用

3.1.4 6G的三大场景

6G系统是地面基站与卫星通信的融合网络，从而真正实现全球的无缝覆盖。6G通信技术不仅仅是网络容量和数据业务速率的再次突破，它缩小了物理世界和数字世界的鸿沟。和5G相比，6G具有更广的包容性和延展性。6G不再是围绕着传统运营商而建立的生态系统，而是会在传统运营商之外产生新的生态系统。

尽管5G定义了eMBB、URLLC和mMTC三大场景，但无法满足6G时代的新生态系统以及产生的垂直行业应用需求。5G时代在实际应用中出现的一些问题，6G时代肯定会解决。

2019年，国际电信联盟（ITU）召开“网络2030”研讨会，在会上，针对6G的三大场景达成了如下共识。

（1）甚大容量（Very Large Capacity，VLC）与极小距离通信（Tiny Instant Communication，TIC）

AR/VR和全息影像在5G时代已经崭露头角。在6G时代，将迎来T比特（Tbit/s）级别的数据业务速率，6G网络的AR/VR和全息影像将支持更多路的超高清视频流的传送，影像将更加立体、细腻，互动更加逼真。科幻电影里的世界将进入生活、进入社会。远程数字感官将会延伸人类的感官，天涯咫尺、感同身受。

（2）超越“尽力而为”（Beyond Best Effort，BBE）与高精度通信（High Precision Communication，HPC）

5G网络有些业务仍然是“尽力而为”（Best Effort，BE）业务，在速率、时延和精度上是不做保障的。6G网络将不再有“尽力而为”的业务，将都是超越“尽力而为”的业务，网络为业务做吞吐量保证、时延保证（及时保证/准时保证/协调保证）、精度保证。5G网络仍然是有数据包丢失的网络，是有损的网络，而6G是无损网络。在6G网络中，一些低时延高可靠性的应用，如工业自动化、远程医疗、自动驾驶等将走进生活和生产的每个角落。

（3）融合多类网络（ManyNets）

6G将引入卫星通信，以实现无缝覆盖，从而解决5G网络遗留的盲点。6G网络除了移动网络之外，将融合卫星网络、因特网规模的专用网络、各种边缘计算网络、各种特殊用途网络、各种密集异构网络，将会提供各种网络-网络接口，提供运营商-运营商、运营商-非运营商的第三方生态之间的定性沟通协调数据流。

3G/4G时代、5G时代、6G时代的三大场景的演进和发展，如图3-6所示。

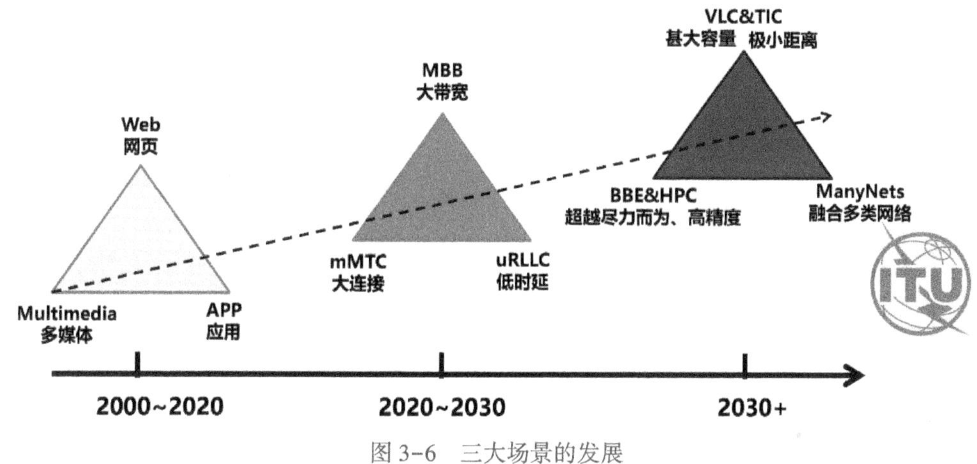

图3-6 三大场景的发展

3.2 关键能力指标

如何评价5G的关键能力？5G要满足多样化的场景与业务需求，同时要实现各种资源的高效利用。这样，从两个大的方面可以评价5G的关键能力：场景性能指标和效率指标。

5G典型场景涉及人们居住、工作、休闲和交通等各种区域，在这些区域中，有各种5G典型业务的需求，如增强现实、虚拟现实、超高清视频、云存储、车联网、智能家居、OTT消息等。5G的这些场景的性能水平可以用“两个速率”“两个密度”“一个时延”和“一个移动性”共6个指标来衡量。“两个速率”是指峰值速率和体验速率；“两个密度”是指流量密度和连接密度；“一个时延”是指端到端时延；“一个移动性”是指高速移动的支撑能力。

可持续高效地进行网络的建设、部署、运维，是5G网络生命力的关键。“三个效率”

是评估网络可持续高效发展的指标：频谱利用、能源效率和成本效率。

6个场景性能指标和3个效率指标，一共是9个指标，是5G网络关键能力的衡量标准，如图3-7所示。

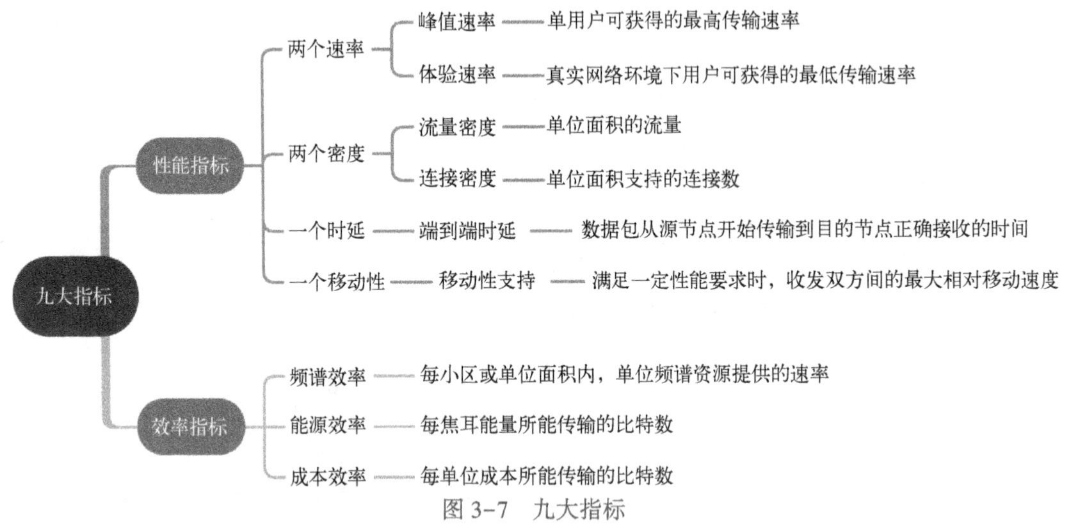

图3-7　九大指标

3.2.1　5G的九大指标

面对移动网、互联网和物联网各类场景与业务融合发展和差异化需求，ITU定义的5G关键能力要比4G更上一个台阶，九个能力指标都要实现大幅跨越。

我们先讨论“两个速率”。

LTE网络的20M带宽下，一个小区理论峰值速率为下行100 Mbit/s，上行50 Mbit/s。即使采用5个载波聚合，理论上一个小区峰值速率可提高5倍，下行能达到500 Mbit/s，上行达到250 Mbit/s。但是峰值速率是一个理论值，真正用户能够体验到的速率和终端等级、无线环境、传输带宽、核心网、服务器带宽、用户规模等有很大的关系。LTE的一个小区路测速率一般在50 Mbit/s左右，如果50个用户共享这个速率资源，每个用户的体验速率在1 Mbit/s左右。这样的体验速率无法满足超高清、VR、全息投影等业务的速率要求。5G的峰值速率和体验速率，相对于4G，要有百倍左右的提升。5G峰值速率为10~20 Gbit/s，用户体验速率将达到0.1~1 Gbit/s。

再看“两个密度”。

流量密度是单位面积的数据业务流量大小。在4G时代，大流量传输需求的业务场景，如媒体点播、高清视频等业务需求还没有充分释放，每平方米的流量密度只需0.1 Mbit/(s·m^2)即可。可是在5G时代，随着4K/8K的高清视频、VR/AR互动、全息投影等业务的大范围推广，每平方米的流量密度需提升100倍，达到10 Mbit/(s·m^2)，即10 Tbit/(s·km^2)。

在 4G 时代，主要解决的是人与人之间通信问题，物联网的应用还不是很普及，连接数密度达到 10 万/km^2就足以满足 4G 时代物联网连接的需求。可是，这种连接数密度无法满足 5G 时代海量连接的需求。所以 5G 连接数密度的目标值为 100 万/km^2，相对 4G 提升了 10 倍。

端到端时延方面，4G 时代，主要面向人与人之间的通信，对时延敏感性不大，空口时延 10ms，用户面时延到 100ms 可以满足要求。5G 时代，自动驾驶、工业控制、远程医疗等业务场景对时延要求非常严格，虚拟现实和增强现实业务的端到端时延要求在 10 ms 以下，自动驾驶车辆业务的端到端时延要求在 5 ms 左右，工业自动化的端到端时延则需在 1 ms 以下。这些场景的 5G 空口时延都要求降到 1 ms 以内。

移动性方面，基于 OFDM 技术的网络对高速情况下的多普勒频移较为敏感，所以 4G 网络时，收发双方间的最大相对移动速度需在 350 km/h 以下。在 5G 时代，需要支持的高速列车速度需达到 500 km/h。

最后，我们看一下 5G 的“三个效率”。

5G 相比 4G 在网络建设、部署、运维的效率方面，都有大幅提升。频谱效率提升 10 ~50 倍，能效和成本效率提升百倍以上。

频谱效率，单位是 bit/(s · Hz · cell)或 bit/(s · Hz · km^2)，指每小区或单位面积内单位频谱资源提供的比特速率。从多小区多信道条件下的香农公式出发，可以得出 5G 网络提升频谱效率的方向。大规模天线阵列（MassiveMIMO）、超密集组网（UDN）、256QAM、大带宽等技术都是提升频谱效率的利器。

能耗效率，单位是 bit/J，是指每焦耳能量传输的比特数。对物联网终端，比如智慧城市、智能抄表、环保监测等，降功耗、节能是最根本的需求。同 4G 相比，5G 网络下一个比特的能耗降低 100 倍，或者说单位能量的比特数增加 100 倍。但是大家要注意，5G 的业务速率比 4G 也提升了 100 倍以上。从实际测量的结果来看，一个 5G 基站的能耗会大于等于一个同等类型的 4G 基站的能耗。

成本效率，单位是 bit/Y，是指每单位成本所能传输的比特数。5G 基站的成本一般来源于基础设施、网络设备、频谱资源和用户推广等。5G 利用新技术可降低硬件成本、频谱资源成本和获取用户成本。从单位比特所消耗的成本来看，会有 100 倍左右的下降。但由于 5G 的业务速率比 4G 提升了 100 倍以上，所以从单站成本的角度上看，成本不会明显下降。

4G 和 5G 9 个指标的对比如表 3-2 所示。

表 3-2 4G 和 5G 9 个指标的对比

移动制式	两个速率		两个密度		一个时延	一个移动性	三个效率		
	峰值速率	用户体验速率	流量密度	连接数密度	时延	移动性	频谱效率 /[bit/(s · Hz · Cell)]	能源效率 /(bit/J)	成本效率 /(bit/Y)
4G	0.5 Gbit/s	1 Mbit/s	0.1 Mbit/(s · m^2)	10 万/km^2	空口 10ms	350 km/h	1 倍	1 倍	1 倍
5G	20 Gbit/s	100 Mbit/s~1 Gbit/s	10 Mbit/(s · m^2) 10 Tbit/(s · km^2)	100 万/km^2	空口 1 ms	500 km/h	10 以上提升	100 倍提升	100 倍提升

3.2.2 6G指标的展望

按照5G相对于4G的性能提升幅度，6G相对于5G，大多数性能指标都将提升10~100倍。

6G的峰值传输速率可达1 Tbit/s、体验速率高达1~10 Gbit/s，比5G的速率提升10~100倍。6G的流量密度和连接密度也会比5G高100倍，但这里需要说明的是，6G更强调空间覆盖能力，因此流量密度和连接密度不再是以面积（m^2或km^2）为单位，而是以体积（m^3）为单位。5G的连接密度为100万/km^2，相当于每m^2只有1个连接；而6G的连接密度可达每立方米（m^3）超过百个。5G的流量密度为10 Mbit/(s·m^2)，而6G的流量密度每立方米（m^3）可达1 Gbit/s。6G的时延指标也会提高10倍，空口时延缩短到0.1 ms，是5G的十分之一。6G的移动性指标将会提高到接入移动速度为1200 km/h，这将使飞机上的移动通信成为可能。

6G的三个效率指标也会比5G有大幅提升，预计在10~100倍之间。但目前没有明确的指标值。

另外和5G指标不同的是，6G强调了定位精度、超大容量、超高可靠性等指标。就定位精度而言，6G在室内可达到10 cm，在室外则为1 m；6G的超高可靠性表现在连接的中断概率小于百万分之一；6G的超高容量是指单基站容量可达5G基站的1000倍。

4G、5G、6G的6个共同的场景性能指标的比较如图3-8所示。

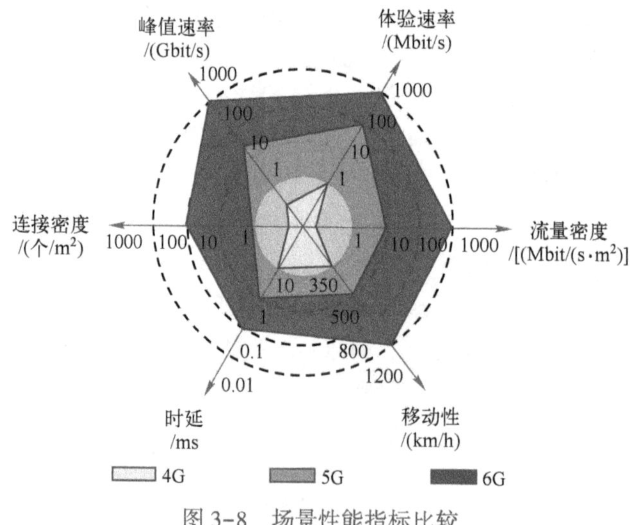

图3-8 场景性能指标比较

第 4 章　5G 应用及商业模式

本章我们将掌握：

(1) 5G 的基础业务类型有哪些。

(2) 5G 应用方案的端管云架构及行业方案设计的思路。

(3) 5G 车联网、VR+AR、无人机、工业物联网、智慧城市等重要新应用。

《5G 应用》
行业应用三情形，
跨界融合一特性。
组合叠加无处定，
平台能力有人评。

移动制式的一切技术都是为了应用。5G 应用的设计，首先要破除一切思想的禁锢，打开想象的翅膀；然后再结合具体行业、具体业务的实际发展需要和要解决的实际问题。

考虑的 5G 协议的进展和网络部署的实际情况，5G 应用的发展有以下 4 个特点。

(1) 首先从大带宽（eMBB）类的场景开始，逐渐向低时延（uRLLC）和大连接（mMTC）类的场景渗透。

(2) 垂直行业应用是 5G 的重点方向，跨界融合是 5G 应用的重要特性。

(3) 车联网、VR/AR、超高清视频、无人机等应用是 5G 的基础应用，在此基础上叠加组合，可以形成具体行业、具体场景的应用。

(4) 5G+平台“ABCD”是 5G 应用发展的网络能力基础。平台“ABCD”是指人工智能（AI）、区块链（Blocks）、云（Clouds）、大数据（BigData）等 4 项技术。

4.1　5G 应用方案框架

《5G 方案》
人工智能没有人，
云大物联不是云。
若非 5G 来帮忙，
吹牛技术谁来论？

人工智能、物联网的发展至少有半个世纪的历史了，云计算和大数据的提法虽然比较新，但也有十多年的历史了。但是很长时间以来，由于实际应用发展缓慢，很多技术人员认为这些技术是吹牛技术，是用来展望未来的，是为了展示厂家的技术水平的，不是为了解决实际的个人生活和企业生产问题的。

人工智能从20世纪50年代提出概念以来，随着硬件计算能力的提升，深度机器学习技术的发展，个体专用功能的人工智能已经开始出现（比如阿尔法狗战胜人类围棋高手）。但是人工智能要想普及到生活和生产的各个方面，仅靠设备个体的智能化是远远不够的，单枪匹马的智能仅仅是小聪明，集体协作的智能才能派上大用场，这就对无线网络的大带宽、大连接、低时延有了急迫的要求。

无线传感网的技术，美国早在越战中就有应用，通过大量的无线传感器节点实现现场数据的采集，然后通过无线传感网把采集到的数据汇聚起来，传到情报分析中心。物联网中的无线传感网，其技术进步的速度远不如移动通信技术发展的速度。由于设备功耗大、组网成本高、标准不统一，无线通信速度和可靠性达不到某些行业的要求，规模化应用受到制约，离万众向往的“万物互联”、“ 智慧地球”还有很远的路要走。

现在，有的人之所以不愿意把自己的数据放在云端，就是因为访问速度慢、交互时延大。一句话：不太方便。大数据（BigData）采用分布式计算和存储结构，具有海量数据的采集、传送、清洗、挖掘、分析和决策控制能力，如果通信管道的数据业务速率跟不上、大数据节点的计算能力不足，应用的开展也会受到限制。

5G作为移动通信技术的主要发展方向，为用户提供光纤般的接入速率，“零”时延的操作感知，千亿设备的连接能力，将拉近万物的距离，为用户带来身临其境的信息盛宴。“人工智能+大数据+云计算”助力用户突破海量数据的时空限制，为用户提供多场景、多应用而且智能、智慧的交互体验，最终实现“信息随心至，万物触手及”的总体愿景。

区块链（Blocks）技术是一种去中心化的分布式计算和数据存储技术，具有不可篡改、全程留痕、可以追溯、集体维护、公开透明等特点。很多5G应用可以使用区块链技术提供鉴权、加密、记账等功能，5G管道能力的提升也将促进区块链技术的规模应用。

综上所述，人工智能、云大物联、区块链等技术的规模应用，迫切地需要搭上5G的快车来释放自己的能量。5G也需要借助人工智能、云大物联、区块链技术来丰富和增强行业应用能力。

4.1.1 5G基础业务类型

3GPP定义了4种基本业务类型：

（1）会话类业务（Conversational）：如语音类、视频通话类业务。这类业务对时延、丢包率等指标最为敏感。

（2）流媒体业务（Streaming）：如流媒体音频、流媒体视频。这类业务侧重于保证数据流中各实体信息传送的连续性，抖动是其重要的QoS指标。

(3) 交互类业务 (Interactive)：如浏览类、搜索类、游戏类、位置类、交易类业务。拿网页浏览类业务来说，在进行网页浏览的过程中，用户向远程实体（如服务器）请求数据，同时服务器进行回应。

(4) 背景类业务 (Background)：如短消息、文件上传下载、邮件的收发等。这类业务不需要用户实时参与，只需在后台默默地完成便可，无需向用户实时邀功。

上述业务分类是 3GPP 为了适应 3G 网络制式而提出的基础业务分类方法，显然不适应 5G 网络制式。所以，在 4 种基本业务类型的基础之上，考虑到 5G 的业务支撑能力，将 3GPP 业务类型进行拓展，如图 4-1 所示。

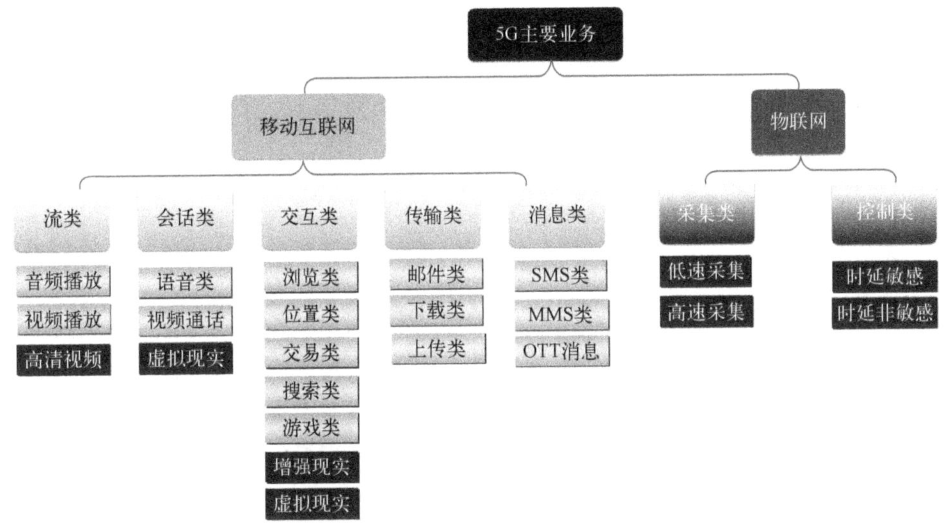

图 4-1　5G 基础业务分类

5G 的基本业务类型，从大的方面，可以分为移动互联网类和物联网类。移动互联网类包括 5 种基本业务类型，是基于最初的 4 种基本业务类型扩展的，将其中的背景类业务扩展为传输类业务和消息类业务。物联网业务（含采集类和控制类）是在 3GPP 基本业务中新增的类型。

在移动互联网的流类、会话类、交互类业务类型里，增加了 5G 擅长的计算机图形类 (Computer Science，CG) 业务，如高清视频流类业务、虚拟现实会话类业务、虚拟现实/增强现实的游戏类交互业务等。

4.1.2　端管云架构

一切都上云，
万物皆终端。
5G 管道宽，
百业应用传。

5G应用解决方案架构的设计思路就是“端管云”架构，如图4-2所示。可以说，任何5G应用，都可以套用这个架构。

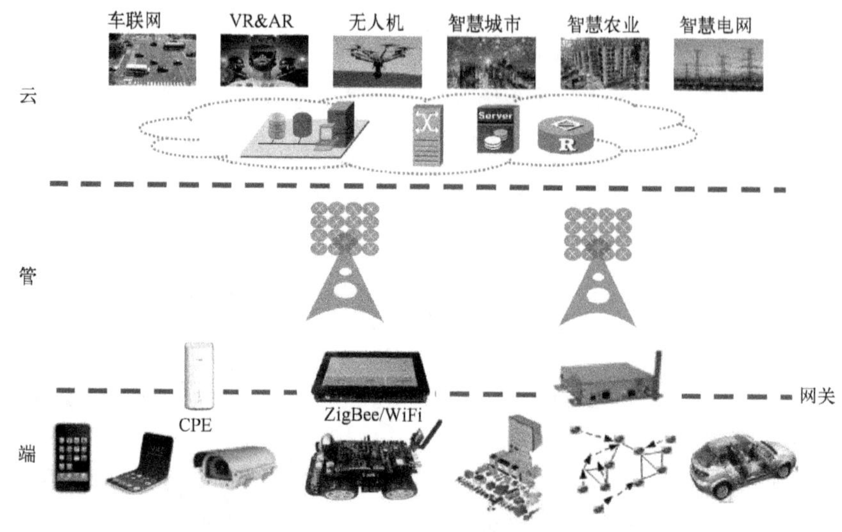

图4-2　5G端管云架构

从“端管云”的作用来看，“端”就是人、物和5G网络的界面和接口，是信息发送的源节点，也可以是信息接收的目的节点。人类的信息接收和发送，物联网感知层信息采集和控制命令接收都依赖于“端”侧。“管”就是5G网络，它满足了将“端”侧采集到的信息进行远距离快速传输和大范围共享的需求；“云”就是指平台层，借助“ABCD”技术满足随着连接数指数级增长带来的数据分析和计算的需求。随着5G的来临，传统运营商需要向综合平台运营商转型。如何提供一个能够面向各类应用、高效、灵活、低成本、易维护、开放、便于创新的网络平台，将是运营商在5G时代竞争力的核心所在。

举个例子。如果说终端侧是从各个地方汇集而来的各种配料、香料和食材；5G管道就是食材的运输大队；平台层的“ABCD”就是大厨，他把各种零散的、不成体系的食料根据不同菜品的特色进行分析归纳，然后开始烹饪各式各样的菜肴，以满足酒店大厅中的各式各样的食客（各种应用）。

5G端管云架构的最终目标是实现三个“泛在”、四个“万物”，如图4-3所示。

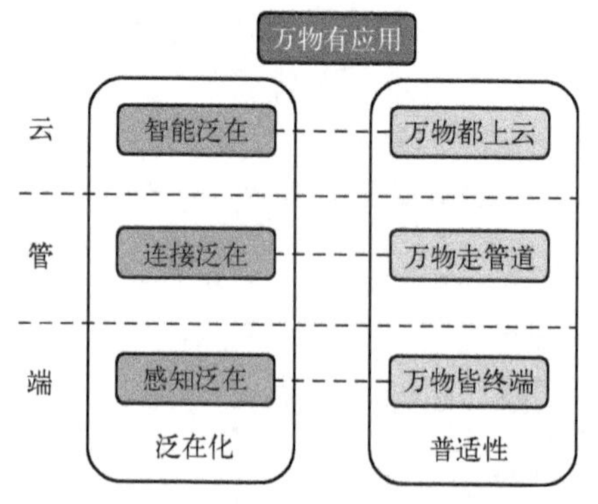

图4-3　三个泛在、四个万物

（1）感知泛在、万物皆终端

5G时代，感知无处不在、无时不有；5G时代，终端精彩纷呈、形态各异。

智能手机已成为日常生活中不可缺少的工具，但 5G、6G 时代，终端将呈现多元化的形态，除手机、电视等个人通信设备之外，各种类型的传感器、物联网芯片、通信模组也会越来越成熟。可穿戴设备（智能手环、智能眼镜、跑鞋等）、智能家居领域（智能机顶盒、智能家电、智能开关等）、车联网、工业控制等各个领域都将有形态各异的终端。5G、6G 时代，终端将不断向支持高移动性、高安全性、高稳定性、高集成度、低时延、低功耗、低成本、多种接入方式的方向发展。这就是所谓的“四高、三低、一多”趋势。

（2）连接泛在、万物走管道

5G 无线覆盖是“连接泛在”的基础，以实现随时随地的连接。在中国，首先实现的是大带宽流量的泛在连接，随后是低时延的连接和大规模的连接。为了实现连接的泛在化，各种复杂场景的无线覆盖尤为重要。5G 不但要考虑传统的“五高一地”（高层、高校、高架、高铁、高速、地铁）难点区域的覆盖，还要考虑智能家居、工业物联网、智慧城市、无人机等以前没有重视的使用环境的覆盖。4G 时代，家里需要无线信号的地方，主要是卧室和大厅；而 5G 时代，厨房和卫生间的智能家居也需要无线信号的覆盖。4G 时代，在石油、化工、发电等工业生产区域，是禁止打电话和上网的，因此无须无线信号覆盖；而 5G 时代，推动工业物联网，需要特定的 5G 覆盖。4G 时代，下水管道、供暖供电线路、隧道、地下室、楼宇竖井等地方无须无线信号覆盖；而 5G 时代推进智慧城市建设，城市里无处不在的 5G 信号是智慧城市建设的前提。4G 时代，没有无人机的应用；而 5G 时代，无人机的应用需要考虑无线信号的空中覆盖需求。总之，万物走管道、连接泛在的前提，就是无处不在的 5G 信号覆盖。

（3）智能泛在、万物都上云

智能泛在是指云平台的能力。云平台能力其实包含两个方面的能力：平台能力和场景应用能力。

平台能力就是人工智能（A）、区块链（B）、云计算（C）、大数据（D）等智能技术能力。“ABCD”的作用就是铸就“平台”，憋粗“管道”，放飞“感知”，增强“应用”。

场景应用能力，即万物皆上云，就是指各行各业的应用软件能够在云平台上运行。

5G 要完成对垂直行业的整合，满足各行各业细分化、差异化和定制化的需求。“万物有应用”的基础是三个“泛在”，“万物皆终端、万物走管道、万物都上云”最终就能促成“万物有应用”。

“万物有应用”就是把感知层采集的大量数据，通过 5G 网络逐渐汇集成大数据，通过云平台按照人工智能的要求进行计算和处理，形成有商业和工业价值的应用。

4.1.3　行业方案设计思路

跨界融合是 5G 应用的关键词，垂直行业是 5G 施展网络能力的关键所在。5G 垂直行业解决方案如何设计呢？

首先根据垂直行业的特征，来选定基本的应用功能。如图 4-4 所示。一个行业可能需要多个通用的应用功能。比如交通行业，需要车联网功能，需要道路、车辆上的大量传感器的监测采集功能，也需要高清视频功能，当然也有时候，需要无人机进行路障查看，需要VR/AR进行远程操作控制。再比如农业领域，可能需要无人机喷洒农药，远程控制农业机器，也需要对农业植被、湿度、温度、病虫害进行传感器监测，还需要高清视频监测等。

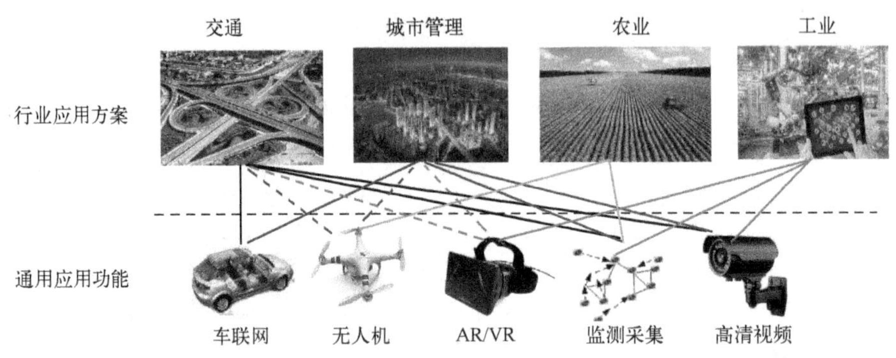

图4-4　根据垂直行业特征选定应用功能

基本的应用功能确定后，再根据覆盖环境和应用场景来确定业务类型，根据业务类型来选择网络支撑能力，即网络切片，如图4-5所示。所谓网络切片就是满足业务需求的特定的组网架构和关键技术。

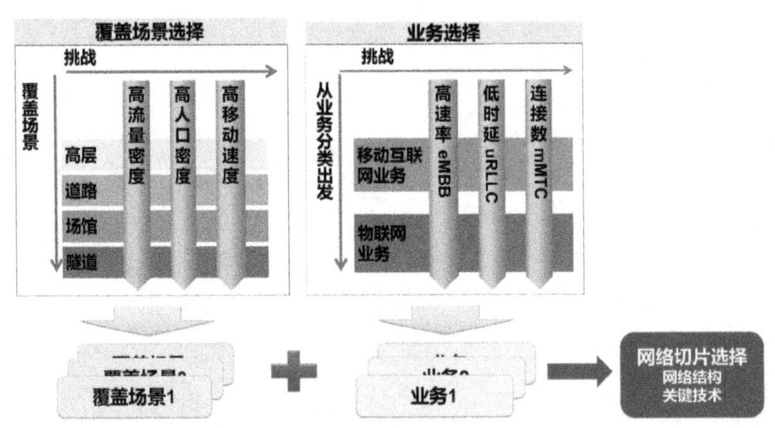

图4-5　选择支撑应用功能的网络能力

常见的覆盖难度比较大的场景如图4-6所示。之所以覆盖难度大，就是因为流量密度、人口数密度较大，导致有较大的容量需求，同时又由于覆盖场景特殊，难以保证均匀无缝覆盖，或者覆盖成本较高。

从应用的角度，5G有三大场景：大带宽eMBB、低时延uRLLC、大连接mMTC。每个应用场景有不同的指标能力，在不同的行业背景下，不同的功能考虑会产生不同的业务

图 4-6　常见的覆盖难度较大的场景

类型需求。

5G 的大带宽 eMBB 能力能促使高清视频体验的提升。会话类业务、流媒体类业务、交互类业务都会有高清视频业务。从人眼可视角度、手臂长度、舒适性来看，手持移动设备最大视频显示极限是 5K 分辨率，那么一路视频只需要 20 Mbit/s 的流量。这是移动互联网的典型业务。但在 5G 条件下，未来的视频显示终端将会有更大的发展动力。居民客厅的电视屏幕将越来越大，清晰度越来越高，将支撑 8K 以上分辨率的片源。在 5G 条件下，视频业务也会用在物联网行业解决方案上：即观看者不仅是人，还有机器。如人工智能机器视觉在云端的应用，使得无人机可以实时识别车牌、油气泄漏、电力线故障。无线工业相机实时识别位置、产品检错。机器看视频，7×24 小时不停歇。

5G 还将促使远程低时延应用的大量出现，如基于移动互联网应用的交互类业务，VR/AR 游戏、远程监视控制类应用。自动驾驶是典型的物联网类应用，既有采集类业务需求，又有控制类业务需求。假设以 120 km/h 的速度行驶的汽车刹车，如果在 4G 通信时延下，汽车至少行驶 1 m，这个距离足以导致事故的发生；但是换在 5G 通信条件下，汽车仅行驶了几厘米。在这个过程中，汽车上的很多传感器、路边的传感器时刻要采集很多信息送到平台侧；平台的处理结果又要反馈在汽车的刹车控制器上。

5G 海量物联能力必将促进各行业不断创新：如 ICT、媒体、金融、保险、零售、汽车、油气化工、健康、矿业、农业等领域。在 5G 时代，移动互联类的业务和物联网类的业务往往同时存在。由于 5G 网络的单位面积支撑的可靠连接数极大，势必促进传感器技术和各行各业的垂直整合，向更加智能、更加智慧的方向发展，如智慧城市、智能家居、智能楼宇等。这些应用虽然主要是物联网类的业务，但也会给人类呈现数据、图表和视频，也可以考虑设计移动互联网类的业务类型，如会话类、浏览类、交互类、背景类的业务。

一个垂直行业解决方案如果能说清楚它有哪些应用功能，适合哪些覆盖场景，支持哪种应用场景，相应的设计指标是多少，使用哪些业务类型，这样就可以确定需要的网络支撑能力，即可以确定切片设计的输入参数，从而确定相应的网络结构和关键技术。

4.2 新场景、新应用

4G以前，移动制式上的应用主要属于个人消费型的，5G、6G则逐步完成产业型应用场景的全覆盖，如车联网、智能交通、VR+AR、全息成像、智慧城市、智能电网、工业互联网、智能物流等。

各行各业的信息交互场景和业务需求，与5G、6G的管道能力一组合，会产生各行各业的专用的产业型应用，如智能电网、智能物流、智慧医疗、工业物联网；也可以产生许多行业共用的智能型应用，如车联网、VR+AR、无人机、智慧城市等。

当然，除了产业型应用的规模发展外，个人消费型的应用也将在5G和6G能力的助力下迅猛发展。人工智能（AI）辅助型的个人应用将会指数级地扩展个人的智慧，使人们在从事个人活动的时候可以做到“手眼通天”，耳听六路、眼观八方不再是神话。

我们体验一下5G时代的工作和生活。一天早上9:00，你要出发去工程现场。一键约车，因为你所在的位置已经精确定位，你要去的地方也已经设置好位置。一辆无人驾驶的网约车已经在小区门口等你。你上车后，坐在车辆后排，这时公司领导召集一个工程分析会议，带上VR眼镜，俨然进入了会议现场，大家对工程的现状和问题解决思路进行充分的沟通交流。

会议上，你启动了电力高架线路的无人机巡检。无人机拍摄回来的清晰图片投影在大家的VR屏幕上。与会者结合现场情况以及智慧电网应用呈现的数据进行分析。根据大家的分析判断结果，你到现场后，很快解决了问题。

下午，你想约客户出去参观一个盐场的自动化生产装备，要了解目的地附近的交通状况、环境污染状况，以及水质情况，带上AR眼镜，这些信息很快呈现在眼前。整个盐场的生产车间里，空无一人，忙忙碌碌的是各种机器设备。工程师在控制室就可以完成必要的操作。

晚上7:00，家里的自动物流出货口推送出一个快件，你给年迈失明的父亲订购的导盲头盔到了。这时，父亲突然感觉身体不适，身上的可穿戴设备把身体的指标数据上传给了远程的医生，医生通过诊断，给出了治疗意见。

晚上9:00，有一个精彩的足球赛，你打开家里的8K高清电视收看，你可以设置自己的观看视角，设置你喜欢的球员为画面焦点。你开始尽情享受足球给你带来的快乐。

上面这段故事涉及的5G应用，按照出场先后顺序有：车联网、自动驾驶、云AR/VR、联网无人机、智慧电网、智慧城市、工业物联网、智慧物流、AI辅助、远程医疗、无线家庭娱乐等。当然，各行各业还会涌现出很多新的应用。下面我们介绍一下这些常见的、代表性的5G应用。

4.2.1　车联网

贵州公交车坠湖事件，21 条生命逝去，让很多人痛心。如果在 5G 时代，车联网已经运行良好的情况下，要是司机猛打方向盘，使得车辆驶入对侧车道，这是一个危险的驾驶动作。车辆把信息上报到平台，平台立刻做出判断，给这辆公交车发送紧急停车指令。同时，平台给同向和对侧车道附近的几十辆车也发送紧急停车指令。距离更远一些的车辆，也会收到前方事故、减速慢行的通知。整个过程在 10 ms 时间内完成。所以，这种事件在 5G 车联网时代，就不会发生。

车联网（Internet of Vehicle，IoV）是指车与车、车与路、车与人、终端设备与车路人动态信息的交互网络。车联网的本质就是物联网与移动互联网的融合。车联网的应用就需要通过整合车、路、人的各种信息与服务，最终都是为人（车内的人及关注车内的人）提供服务的。车联网是能够实现智能化交通管理、智能动态信息服务和车辆智能化控制的一体化网络。车联网是物联网在智能交通系统领域的延伸。

车联网根据不同的需求对车辆进行有效引导与监管，给驾乘人员提供专业的移动多媒体应用服务，给交通管理单位、车辆运营服务单位、车辆生产销售厂家、保险公司等提供完善的行业应用。

车联网常见的应用分三类：安全类、交通效率类和信息服务类。如表 4-1 所示。

表 4-1　车联网常见应用

场景划分	安全类	交通效率类	信息服务类
eMBB （业务速率>1 Gbit/s）	车载视频监控 疲劳驾驶监测	实况直播 全景合成 无人机巡查	车载视频通话 车载 VR/AR 视频移动会议
mMTC （连接密度>100 万/km^2）	车辆防盗 路况提示 违章告警	运行监控 车位共享 智慧停车	车载智慧城市 汽车运行监测 汽车维护诊断
uRLLC （时延<10 ms）	自动驾驶 碰撞预警 行人防碰撞	编队行驶 协同导航	AR 导航 高清地图

作为车主来说，一个完美的车载系统不仅是一个导航系统或一个大屏幕，还是车辆使用维护中的专家系统和服务支撑系统。在用户的车载终端和手机上，同时可以看到车辆的工况列表：行驶里程、当前油量、累计用油量、当前电压、紧急刹车次数、紧急加速次数等等信息，这些信息都可按期生成统计报告，车主可以使用，汽车生产厂家、维修厂家或保险公司均可以使用。

用户不需要成为汽车维修诊断专家，系统能主动给出发动机、自动变速箱、刹车系统、防盗系统、安全系统、空调等系统的远程诊断结果，然后准确地提醒驾驶者车辆存在什么样的故障，安排保养计划和维修方案。

用户不需要成为驾驶高手，系统能根据路况，还有车主的行程安排合适的路线，在合适的路况，还可以启动自动驾驶、远程控制驾驶模式；用户不需要动手，只需要张口，系统能主动帮你拨打救援电话，或提供自驾游建议等。

车联网还可以用于城市智能交通中。交通管理部门可以实时提供事故地段预警、可能碰撞预警、电子路牌、红绿灯警告、道路湿滑检测，为安全驾驶保驾护航，如图4-7所示。通过提供交通拥塞检测、路径规划、公路收费、公共交通管理，可改善人们的出行效率，缓解交通拥堵。

图4-7　可能碰撞预警

为了实现车联网的这些应用，需要收集车辆、道路和环境、司机和乘客的各种信息，通过5G网络传到平台层，在平台上对通过多种来源采集的信息进行加工、计算、共享和呈现。也就是说，车联网的构成也遵循端管云架构，如图4-8所示，包括先进的传感技术、5G通信技术和平台技术。

（1）车联网中“端”侧的技术

车联网中“端”侧的技术主要是车的传感器、路的传感器，还有一些车载终端技术。传感器技术是车联网的一项很基础的支撑技术。一般车辆上的传感器有上百种，F1方程式赛车上的传感器会有数百种。车辆上的传感器向人们提供关于车的运行状况的信息。比如车速的监控、温/湿度、刹车、燃料的监控，远程诊断就需要通过这些状况信息来分析判断车的状况。再比如，安全系统传感器，主要有碰撞传感器、安全传感器、中央安全气囊传感器、安全带传感器、乘客区传感器等。位置信息是车联网的关键信息，每辆车都有定位传感器。图像传感器模拟人类的眼睛来感应车外环境状况，如利用几个摄像头合成汽车周围的环境图像，立体摄像头还能生成3D图像。除此之外，图像传感器还能识别距离，识别颜色和字体，这样可以认识交通指示灯与指示牌，可获取辅助驾驶的信息。

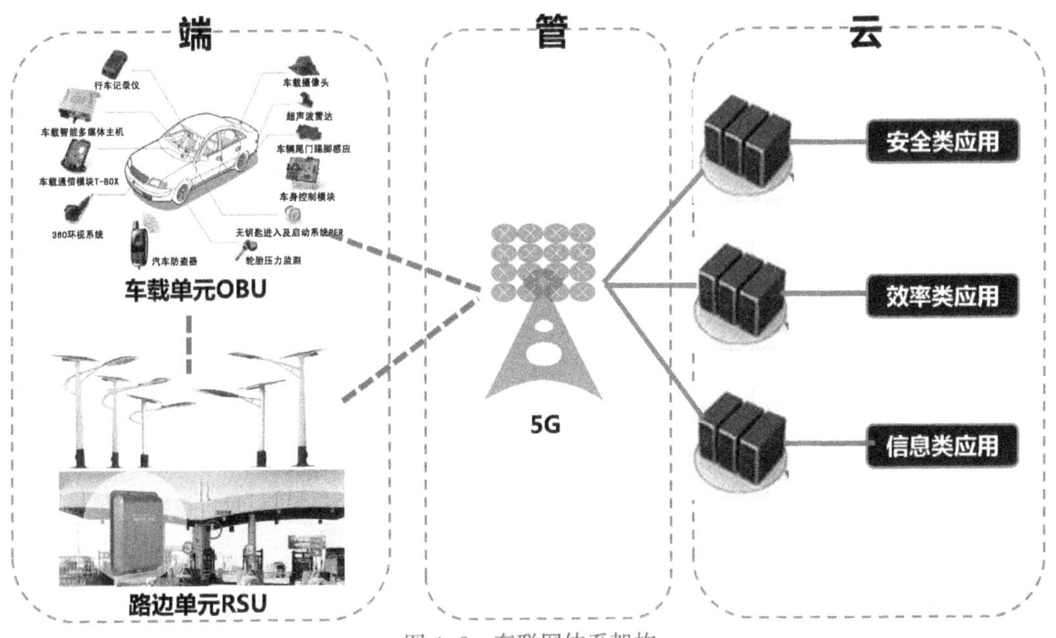

图 4-8　车联网体系架构

路的传感器指那些铺设在路上和路边的传感器，这些传感器用于感知和传递路的状况信息，如车流量、车速、路口拥堵情况等。这些信息都能让车载系统获得关于道路及交通环境的信息。

（2）车联网中“管”侧的技术

车联网中“管”侧的技术是指车、路、人之间的网络通信，如图 4-9 所示，简称 V2X（也叫 C2X），即车-X，其中 X 可以是车、路、行人、通信、服务平台。

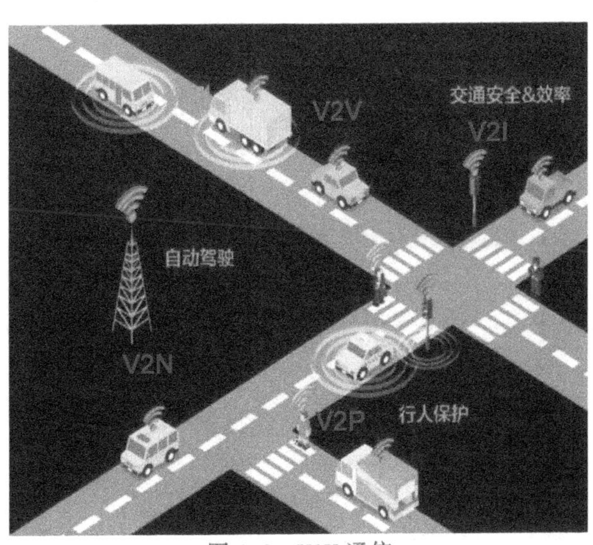

图 4-9　V2X 通信

V2N（Vehicle-to-Network）通信，包括动态地图下载、自动驾驶相关线路规划、远程控制等。

V2V（Vehicle-to-Vehicle）通信，包括核心防碰撞、避拥塞等安全类应用，V2V安全类应用不应受限于网络覆盖。

V2P（Vehicle-to-Pedestrian）通信，车与人之间通信，主要用于行人安全。

V2I（Vehicle-to-Infrastructure）通信，用于车与道路设施之间通信，提供或接收本地道路交通信息。

车联网的网络结构主要由车车之间的通信和车路之间的通信组成。车辆通过安装的车载单元（Onboard Unit，OBU）与其他车辆或者固定设施的路侧单元（Roadside Unit，RSU）进行通信。车载单元包括信息采集模块、定位模块、通信模块等。路侧单元一方面将车辆的信息上传至管理控制中心，另一方面也可将控制中心下发的指令和相关信息传给车辆。

远控驾驶、编队行驶、自动驾驶、远程维护、高阶道路感知和精确导航服务等车联网应用都需要直连V2X（Direct）和蜂窝V2X（C-V2X、Cellular V2X）两种通信方式，如图4-10和图4-11所示。

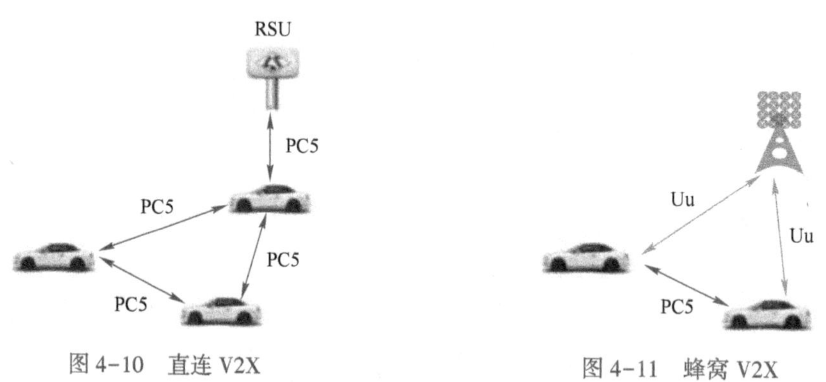

图4-10　直连V2X

图4-11　蜂窝V2X

直连V2X采用车联网专用频段（如5.9 GHz），通过PC5接口实现车车、车路、车人之间的直接通信，属于点对点通信（V2V），时延较低，支持的移动速度较高，但需要有良好的资源配置及拥塞控制算法。蜂窝V2X则通过蜂窝网络Uu接口转发，采用蜂窝网频段（如3.4 GHz、2.1 GHz、1.8 GHz），属于点对网络通信（V2N），支持大范围调度、管理和控制。

V2X通信包括两种模式：管理模式和非管理模式。当网络参与车辆调度时称为管理模式，在管理模式下，通过Uu接口的控制信令由基站辅助进行流量调度和干扰管理；当车辆独立于网络时称为非管理模式，在非管理模式下，通过车辆间的分布式算法来进行流量调度和干扰管理。

在车与车间进行通信，用车载传感器进行无线通信的延迟高达300 ms，使用WiFi技术的时延为50 ms，使用LTE-A技术的时延约42 ms，而使用5G技术的话时延仅为1 ms。

至于车与基础设施之间（V2I）的通信，若使用LTE-A技术，延迟为37 ms，而使用5G技术延迟仅为2.5 ms。

（3）车联网的“云”侧技术

车联网的“云”侧技术主要是基于人工智能、大数据、云计算的平台层来提供基础能力。车路协同、车车协同、车人协同需要云平台的计算能力。行车安全或其他车联网信息服务，也需要平台层海量的存储和高速的计算能力，以便完成路况计算、大规模车辆路径规划、智能交通调度、基于庞大案例的车载自动诊断（On Board Diagnostics，OBD）计算等。

车主、乘客、汽车生产/销售厂家、车辆运营服务公司、交通管理部门、车辆保险公司需要的应用和服务是不一样的。车联网和互联网通过服务整合，可以使车载终端获得更有价值的服务，如呼叫中心服务与车险业务整合、远程诊断与现场服务预约整合、位置服务与商家服务整合等。这些服务的提供也需要云平台的计算和存储能力的支撑，如图4-12所示。

图4-12 车联网云平台服务整合

（4）自动驾驶

2030年左右，中国将有数百万自动驾驶汽车联网，自动驾驶汽车包括公交车、校车、工业园区车、私家车、物流货车、矿山车辆、厂区车辆和无人机等。自动驾驶汽车联网可减少交通拥堵、减少尾气排放、提升客流或物流效率，提高驾驶安全性。

自动驾驶是车联网发展的重要场景，目前国际自动机械工程师协会将自动驾驶技术分为0~5个级别，如图4-13所示。

要实现完全自动驾驶，需要车辆像人一样具有“环境感知、分析决策、行动控制”这三大功能。而每项功能都需要分解到每一个微小环节，达到极致安全和可靠的地步。

实现完全自动驾驶的技术突破方向如下：

1）传感器的探测精度、距离、面对恶劣天气的补充功能。

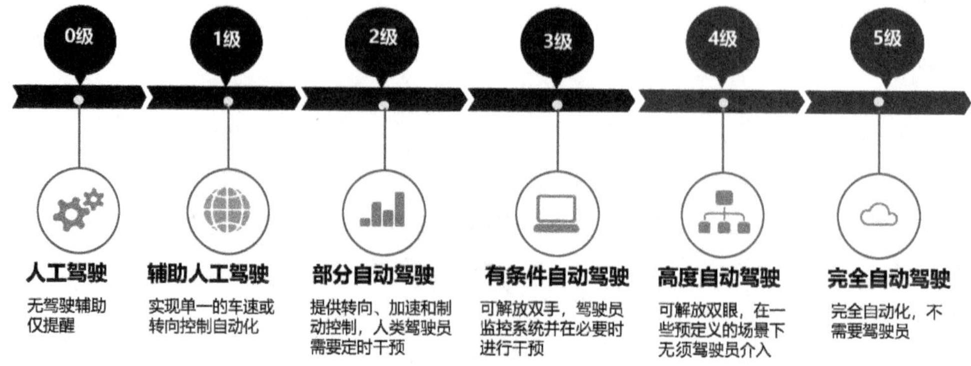

图 4-13　自动驾驶发展进程

2）高精地图对路况的全面输入和及时更新。

3）机器视觉的升级和精度（对图片、数字、信号灯甚至模糊路标的识别能力，在某些信息缺失下的经验判断）。

4）车联网平台对大数据处理的及时程度和人工智能分析决策能力。

5）5G 网络低时延技术、99.999%可靠性技术和安全技术达到要求。

4.2.2　VR+AR

假作真时真亦假，
无为有处有还无。
幻中幻何以为幻，
情中情谁又无情。

贾宝玉梦游太虚幻境，进入了一个现实与虚幻难以分辨的世界，这个世界具有沉浸性、交互性和构想性等特征。置身于其中，情景逼真，有人和你互动，故事情节还不断向前发展。

利用现代技术，也可以将人置于虚拟世界中。这就是 VR（Virtual Reality）技术，即虚拟现实技术，又称灵境技术。如图 4-14 所示。

VR 技术集合了计算机图形学（Computer Graphics，CG）、多媒体技术、全息成像技术、人工智能技术、云计算技术和多传感器技术等多种技术，模拟人的视觉、听觉、味觉、触觉等多种感官的功能，使人感觉身临其境，具备多感知性（Multi-Sensory）；人们沉浸在人为制造的虚拟世界中，无法识别出真实环境和虚拟环境的界限，让人们感到进入感和沉浸感，这就是浸入性（Immersion）；人们能通过语言、手势、面部表情等和环境中人或物进行实时交流，比如：当用户用手去抓取虚拟环境中的物体时，手就有握东西的感觉，而且可感觉到物体的重量，人们头部的转动、眼睛的转动或其他人体行为动作会让虚拟的事物有所响应，这是 VR 技术的交互性（Interaction）；虚拟环境可使用户沉浸

图 4-14 VR 技术

其中并且获取新的知识，让人在感受真实世界逼真的同时，提高感性和理性认识，从而使人们突破时空条件限制，冲破人们想象力的束缚，萌发新的联想，启发人的创造性思维，具有构想性（Imagination）。VR 技术的四种特性如图 4-15 所示。

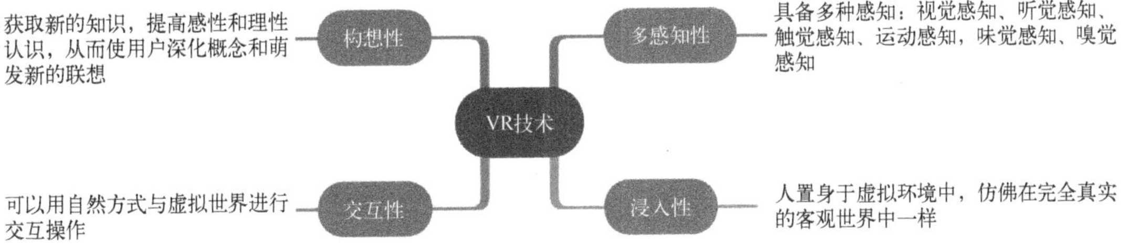

图 4-15 VR 技术的四种特性

VR 技术提出来很久，但是一直没有流行起来，原因就在于以前移动制式网络带宽不足、速率支撑不够，网络延迟较高，导致视频卡顿、画面质量差等情况。5G 网络的高带宽和低时延，恰恰解决了 VR 技术的这些问题。

AR（Augmented Reality，增强现实）这项技术是实时地计算摄影机影像的位置及角度，然后利用计算机图形技术将虚拟的信息叠加到真实世界，让真实的世界与虚幻的图像完美结合，结合后的画面通过 5G 网络实时传递，通过手机、平板电脑等设备显示出来，不会让用户有分离感。从而实现真实与虚拟的大融合。简而言之，就是将本身平面的内容“活起来”，赋予实物更多的信息，增强立体感，加强视觉效果和互动体验感。

在 VR 和 AR 的技术中，计算机图形技术非常重要。人看周围的世界时，由于两只眼睛的位置不同，得到的图像略有不同，视差就产生了立体感。这些图像在脑子里融合起来，就形成了一个关于周围世界的立体景象。随着用户位置的变化和头（眼）方向的不同，用户看到的景象也在变化，也就是说可以做到景随人动、移步换景。

虚拟现实技术（VR）是用来创建和体验虚拟世界的技术，而增强现实技术（AR）是虚拟世界和现实世界融合并可进行互动的技术。

VR和AR虽都是基于现实，但VR技术则是彻底地改变现实，AR技术是在现实中改变。二者的主要区别就在这里。VR的技术是以假乱真，AR技术则是真假相融。

VR和AR技术对比如表4-2所示。

表4-2　VR和AR技术对比

比　较　项	VR技术	AR技术
作用	创建和体验虚拟世界	虚拟世界和现实世界融合
实现方式	1. 阻断人原有的视觉输入 2. 用虚拟影像光线占据全部视觉 3. 与影像的交互，达到欺骗大脑的效果	1. 计算机获取现实世界影像 2. 生成虚拟影像并叠加于现实影像之上 3. 与增强后的现实影像交互
目的	改变现实，以假乱真	在现实中改变，真假相融
网络指标要求	高	稍低
主要技术	计算机图形学 CG（Computer Graphics）	计算机视觉技术 CV（Computer Vision）
交互方式	用户与虚拟场景的互动交互	用户在虚拟与现实结合的场景中互动
设备	封闭式，较重，包括位置跟踪器、数据手套（5DT之类的）、动捕系统、数据头盔	半开放式，轻便，如眼镜、摄像头
应用场景	电子游戏、电子作品、比赛直播	教育、购物、商务办公

AR与VR技术两者结合成为混合现实技术（Mixed Reality，MR）。它是通过在虚拟环境中引入现实场景信息，将虚拟世界、现实世界和用户之间搭起一个交互反馈信息的桥梁，从而增强用户体验的真实感。MR技术的关键点就是与现实世界进行交互，信息可以及时获取。

VR和AR应用也可以基于端管云架构来构建。

（1）VR业务和AR业务的“端”侧技术

VR业务和AR业务中，用户佩戴的设备（“端”侧设备）是不一样的。VR设备全封闭的，比较重，使用头部、动作监测技术来追踪用户的动作，如一个大头盔或一个数据手套，如图4-16所示。AR佩戴的设备一般以眼镜的形式出现，利用手机摄像头扫描现实世界的物体，通过图像识别技术在小小的镜片中呈像，如图4-17所示，比较轻便。

（2）VR业务和AR业务的“管”侧技术

5G作为“管道”承担大带宽、低时延的数据传送任务。但是VR技术和AR技术对网络指标要求是不同的。一般情况下，VR业务对网络指标的要求比AR业务要高数倍，如表4-3所示。主要是因为在同样的情况下，VR要传的是全量信息，而AR传送的是局部信息。

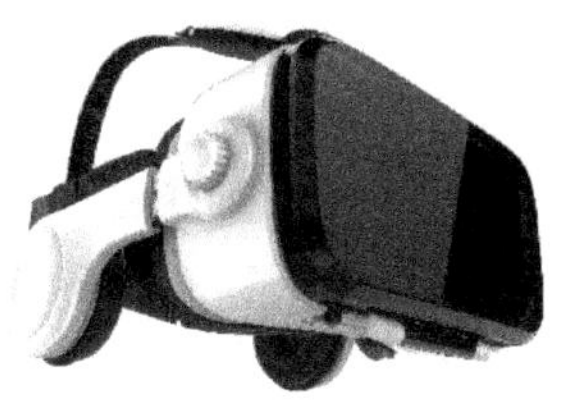
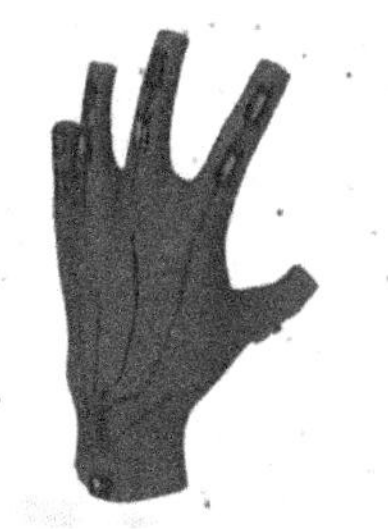

图 4-16 VR 设备

图 4-17 AR 设备

表 4-3 VR 和 AR 技术对网络指标的要求

	场 景	速率要求	时延要求
VR 业务	初级体验	40 Mbit/s	<40 ms
	中级体验	100 Mbit/s	<10 ms
	极致体验	1000 Mbit/s	<2 ms
AR 业务	初级体验	20 Mbit/s	<100 ms
	中级体验	40 Mbit/s	<50 ms
	极致体验	200 Mbit/s	<5 ms

(3) VR 业务和 AR 业务的"云"侧技术及应用

VR 和 AR 的"云"端提供人工智能、大数据、云计算的平台能力。但基于平台的能力，VR 和 AR 的应用也是有区别的。VR 所呈现的是一种完全虚拟的图像，它更适合应用在电子游戏、电影作品、比赛直播等应用领域，如图 4-18 所示。

VR 技术在仿真模拟训练方面有广泛的应用前景。例如，在航天航空领域，宇航员必须经过培训才能上太空。但是太空环境地面上没有，这时就可以使用 VR 技术，让宇航员提前找到太空工作的感觉。

AR 是现实和虚拟的无缝结合，是真实世界和虚拟世界的信息集成，适合在教育、购物、商务办公等领域。我们经常在网上商城购物。但很多网上的东西看起来很炫，但买到家里却不怎么合适，让你捶胸顿足，后悔不已。怎么办？可以用 AR 技术试用一下。例如，买一个家具，把网上看到的家具和家里的摆设通过 AR 技术合在一起看看效果，如图 4-19所示。再如，要买一件衣服，不知道自己穿上好不好看，合不合适，可以把网上的衣服通过AR技术让自己穿上，看看如何。基于AR技术的购物，可以让你购买之前看效果，买定离手不后悔，对自己对商家都少了很多麻烦。

图4-18　VR游戏

图4-19　利用AR技术购买家具

4.2.3　无人机

无人驾驶飞行器（Unmanned Aerial Vehicle，UAV）简称为无人机，是无线遥控或程序控制的，用于执行特定航空任务的不载人的飞行器。它和常规飞机最大的区别就是飞行器上面是否搭载了人员。无人机的价值在于形成空中平台，结合其他部件扩展应用，替代人类完成空中作业。

无人机的历史已经有上百年，第一次世界大战时期就已经出现并应用在战争中。之后，无人机一直用于军事领域作为靶机、侦察机等。进入21世纪，军用无人机成为战场的主角，可以直接参与重大军事行动。

近些年，无人机技术开始向民用领域发展，民用机型种类繁多，用途广泛。按飞行平台构型，可以分为无人直升机、固定翼无人机、旋翼无人机、扑翼无人机、伞翼无人机、无人飞艇等，如图4-20所示。

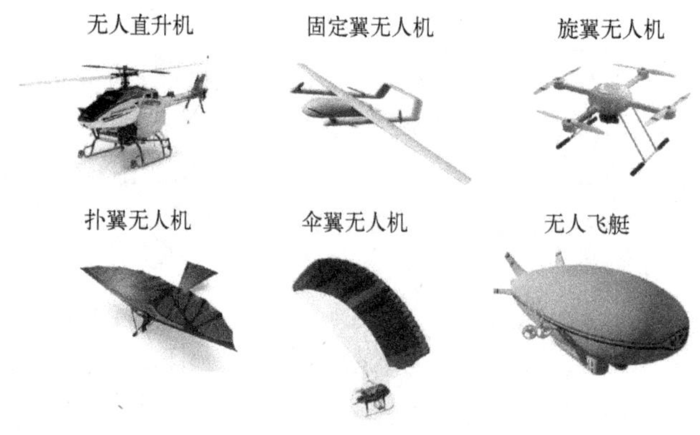

图4-20　无人机种类

无人机应用方案也遵循端管云架构。以无人机 VR 赛事直播应用为例，如图 4-21 所示。

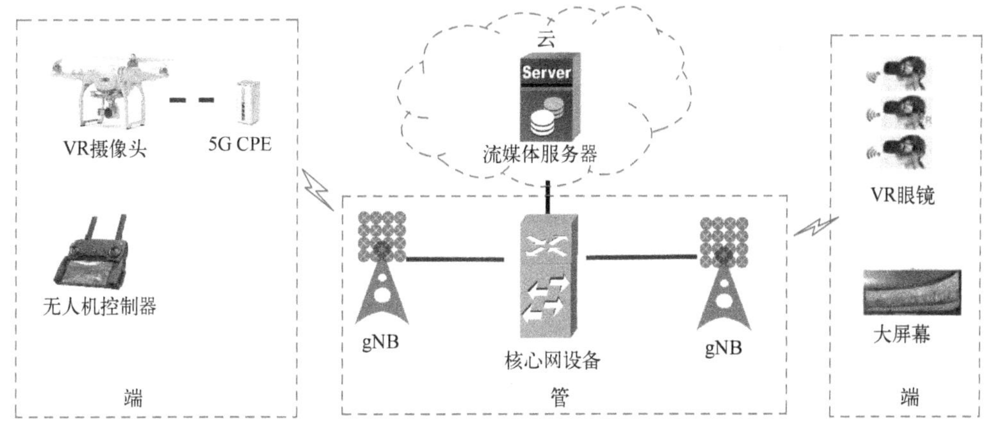

图 4-21　VR 直播端管云架构

（1）无人机应用的“端”侧技术

无人机系统包括不载人飞机、任务设备（如摄像头、传感器）和地面控制系统（控制器和通信网）。不载人飞机的机身由机架、动力系统、飞控系统、挂载系统组成，如图 4-22所示。旋翼、电机，还有机架内的电池，都属于动力系统。

在比赛现场，挂载在无人机机体上的 360 度 VR 全景相机（端侧）进行比赛视频的拍摄，全景相机配有移动通信模组（5G），通过 CPE 连入 5G 网络，将 4K 全景视频通过上行链路传输到云端的流媒体服务器中，用户再通过 VR 眼镜、PC（端侧）连接到网上观看。

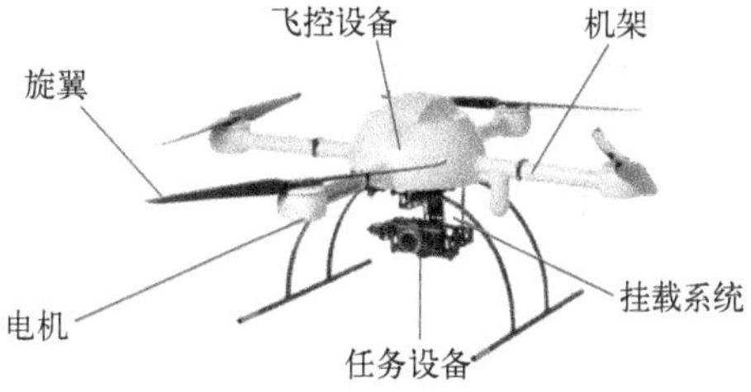

图 4-22　无人机系统

（2）无人机应用的“管”侧技术

遥控器和无人机之间的通信有两种方式：点对点通信和蜂窝网通信。

点对点通信就是数据传输采用 WiFi 或蓝牙的方式，如图 4-23 所示，缺点是通信距离非常有限。以 WiFi 为例，只能保证在 300~500 m 的视距范围内的通信，蓝牙通信距离则更短。在这种情况下，无人机如果飞得太远，会导致无人机和飞手之间的通信中断，发生坠毁。所以点对点通信无人机的飞行范围受限。

无人机通过蜂窝网进行通信控制，也称网联无人机，如图 4-24 所示，相对于 WiFi，蜂窝基站拥有更大的覆盖范围，对无人机的飞行控制将更加灵活、可靠。

图 4-23　点对点通信

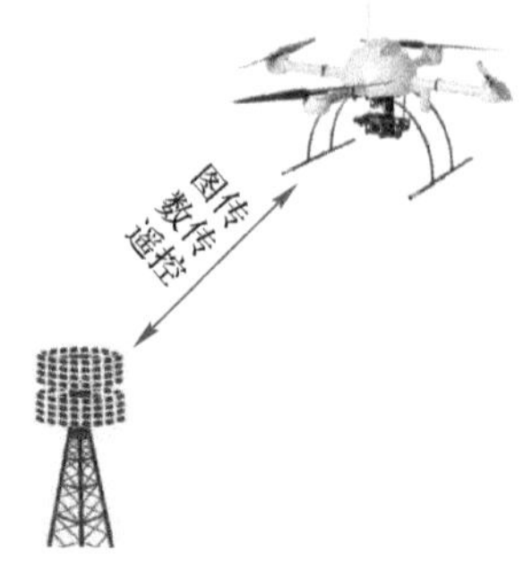

图 4-24　网联无人机

无人机与地面基站进行交互，主要是三种目的：图传、数传和遥控。“图传”，就是传输图像，将无人机吊舱相机拍摄的视频或图像画面传回到地面上。“数传”，就是传输无人机上面的传感器数据和飞行数据，将这些数据传回到地面。“遥控”就是通过蜂窝网进行无人机的飞行控制。无人机和5G基站之间，有两种数据流要进行传送，一是飞行控制和传感器监测数据流，即数传和遥控需求，这个需要600 kbit/s的空口数据吞吐能力；另一个是高速视频业务流，即图传需求，这个需要30~100 Mbit/s的空口数据能力。作为管道的5G网络，上行单用户体验速率要达到100 Mbit/s以上，空口时延要在10 ms以下。

图传对无人机和地面基站的通信带宽要求比较高。如果使用WiFi通信，图传能力可以达到每秒30帧、1080p（分辨率1920×1080）；如果用LTE进行无人机网联通信，图传能力只能支持每秒30帧、720p（分辨率1280×720）。720p或1080p的分辨率并不算清晰，无法支持图像或视频的精确识别。总之，4G网络和WiFi网络下的无人机应用场景限制太多，民用领域普及缓慢。

5G的体验速率可达1 Gbit/s以上，支撑4K、8K的超高清视频的传送，满足无人机很多场景下的图传速率要求。同时，5G支持海量连接（100万/km^2），5G网络可以同时接入的无人机数量也是惊人的，可以支撑大规模机群作业。5G所提供D2D（Device to Device）通信能力，可以让无人机与无人机之间实现直接通信，再加上5G的低时延特性，可以更好地服务于自动驾驶和机群协同。

不同的无人机应用对5G网络的带宽和时延要求不同，如图4-25所示。当然了，在图中，可由4G和WiFi承载无人机应用；如果用5G网络，会支撑更高视频质量、更低时延。

（3）无人机应用的“云”侧技术及应用

网联无人机的应用，还需要强大的平台支撑能力。结合云计算，网联无人机的地面平台可以提供更大容量的数据存储，更强大的计算能力，为异地的更多地面人员提供服务（例如视频观看）。在云计算、大数据和AI人工智能的支持下，无人机未来一定会朝

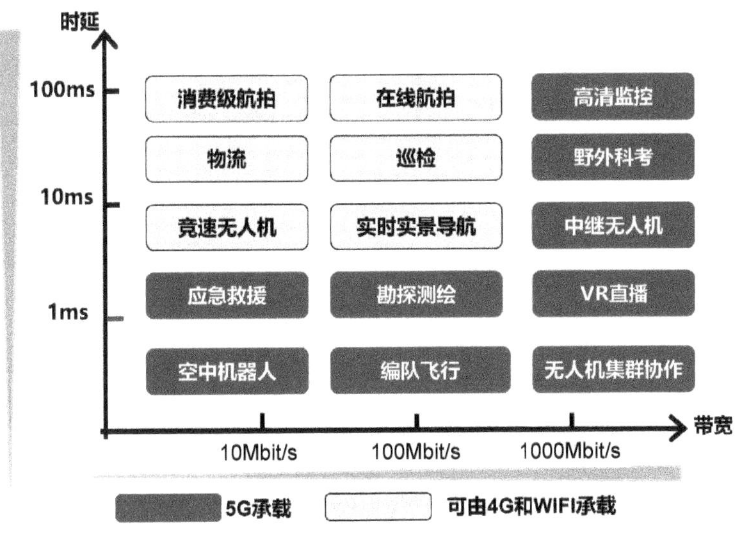

图 4-25　无人机应用对时延和带宽的需求

着智能化的方面发展。

以无人机的飞行控制为例，以前的无人机是遥控飞行。后来有了传感器辅助，能够更好地控制飞行姿态。再后来，无人机可以实现初步的自动飞行和避障。最终无人机将实现全面自主飞行。也就是说，它的飞行轨迹和过程将完全由无人机系统来设定。这有点像车联网中安全自动驾驶。无人机想要实现安全自动驾驶，肯定离不开云平台的支持，包括传感信息共享、飞行线路共享、飞行环境感知、智能避障等。

5G 还可以帮助无人机更好地实现集群协同作业、编队表演，让很多无人机按照预定程序进行编队、自主飞行、协同完成某项工作，无须人为干预，如图 4-26 所示。

图 4-26　无人机集群

无人机采集的视频可以在各行业专业的平台层视频应用服务器上进行处理分析，处理过的视频可以通过 VR 眼镜来观看，如无人机拍摄电影、无人机旅游探险、消费娱乐等应用；也可以在大型监控屏幕上进行观看，如抢险救援、野外科考，农牧场监控；还可以通过人工智能进行垂直行业应用的分析，如电力巡检、基站巡检等。无人机可以挂载不同的任务设备，用于各个垂直行业，如无人机播洒农药、无人机物流、无人机消防、无人机高空应急通信基站、自主作业等。无人机的应用示例如图 4-27 所示。

无人机拍摄

无人机喷洒农药

无人机电力巡检

无人机物流

无人机消防

无人机高空应急通信基站

图 4-27　无人机应用

(4) 制约无人机应用规模发展的问题

目前制约无人机应用规模发展的问题有两个：无人机续航问题和无人机黑飞问题。

困扰无人机发展的最大问题，就是电池的续航问题。目前的民用旋翼无人机，续航时间基本在 20~30 分钟之间，这显然制约了无人机的使用和普及。借助无线充电技术，不再需要安排人工去给无人机更换电池，而是直接让无人机停在充电平台进行快速充电。无人机的无线充电平台如图 4-28 所示，该平台占地面积并不大，可以设置在高楼的楼顶。在电池技术还没有得到突破的情况下，这是最为合理的解决方案。

图 4-28　无人机的无线充电平台

无人机的飞行是需要民航局许可的。没有取得私人飞行驾照或者飞机没有取得合法身份的飞行，就是“黑飞”。“黑飞”会对公共安全造成威胁。因此，无人机飞行之前要获取许可，进行申报；飞行过程中，要进行飞行鉴权和实时监控；飞行后要上传飞行日志，进行事故备案。

网联 5G 无人机时代，地面平台对飞行信息（位置、高度、速度、方向、电量）的掌握更加准确，“黑飞”现象会得到有效遏制，空中安全管理能力会大大提升。对没有得到飞行许可的无人机，实行“三不”策略：入不了网，飞不起来、控制不了。其次，当无人机在空中飞行时，从一个基站小区飞到另一个基站小区（发生小区切换），基站侧可以通过多普勒频移、飞行轨迹等特征，判断出它是不是无人机，立刻通报网络侧的管理平台，设置禁飞区或电子围栏，从而禁止它违规飞行，如图 4-29 所示。

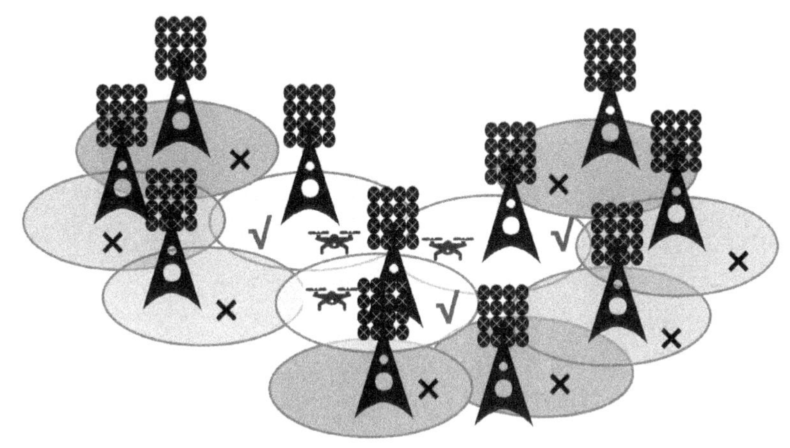

图 4-29　管理无人机的允许飞行区

4.2.4　工业物联网

我们经常听说智能马桶、智能热水器、联网冰箱、联网灯泡等智能家居，这都属于个人消费领域的物联网。工业物联网是物联网的另一个子集。和个人消费领域的物联网不同的是，工业物联网规模较大，结构复杂，系统故障和停机会导致生命危险或生产流程中断。

早在 2011 年德国提出了工业 4.0 概念，旨在实现制造业的智能化转型，达到工业生产的个性化与定制化。万物互联的工业物联网（Industrial Internet of Things，IIoT）是智能化转型的前提，是实现“工业 4.0”的基石。

工业物联网连接了交通运输、能源电力、医疗保健和工业部门等行业中的仪器仪表、传感器和机器设备。工业物联网是通过工业组成单元的网络互联、数据互通和系统互操作，实现制造原料的灵活配置、制造过程的按需执行、制造工艺的合理优化和制造环境的快速适应，达到资源的高效利用，从而构建服务驱动型的新工业生态体系。

工业领域包括众多垂直行业，比较大的行业有制造业、运输业、能源、建筑业、采掘业等，每个行业的特性差异巨大，知识壁垒很高，物联网与每个行业的结合，也都要根据行业自身特性来调整。工业制造流程对可靠性和稳定性要求非常高，目前的运营商网络还很难满足工业物联网对性能方面的要求。因此物联网在工业领域的进展一直比较缓慢，还没有产生比较成熟的商业模式和相对大体量的公司。

举例来说，一个全自动的大规模生产线，可以存在成百上千个，甚至几十万个单独的端点，通过一个巨大的多层网络进行跟踪维护、生产、甚至订购和配送。生产线的仪器可以使公司在非常精细的层次上跟踪和分析其过程，资产跟踪可以提供对大量材料的快速、可访问的概览，而预测性维护可以实现在问题变得严重之前解决问题，从而为公司节省大量维护资金。潜在用例的数量是巨大的，而且还在与日俱增。

1. 工业物联网的端管云架构

工业物联网的组成架构，也可以分成“端、管、云”三部分来理解，如图 4-30 所示。PLC（Programmable Logical Controller，可编程控制器）是自动化领域常见现场设备；LoRA（Long Range，远距离）是一种自动化工厂中低功耗、远距离的局域网无线标准；RFID（Radio Frequency Identification，射频识别）是工业现场进行产品或原料标签识别的设备；MES（Manufacturing Execution System，制造执行系统）是一套面向制造企业车间执行层的生产信息化管理系统；ERP（Enterprise Resources Planning，企业资源规划）是一个对企业资源进行业务级管理的系统，可以促进企业资源安全共享与高效利用。

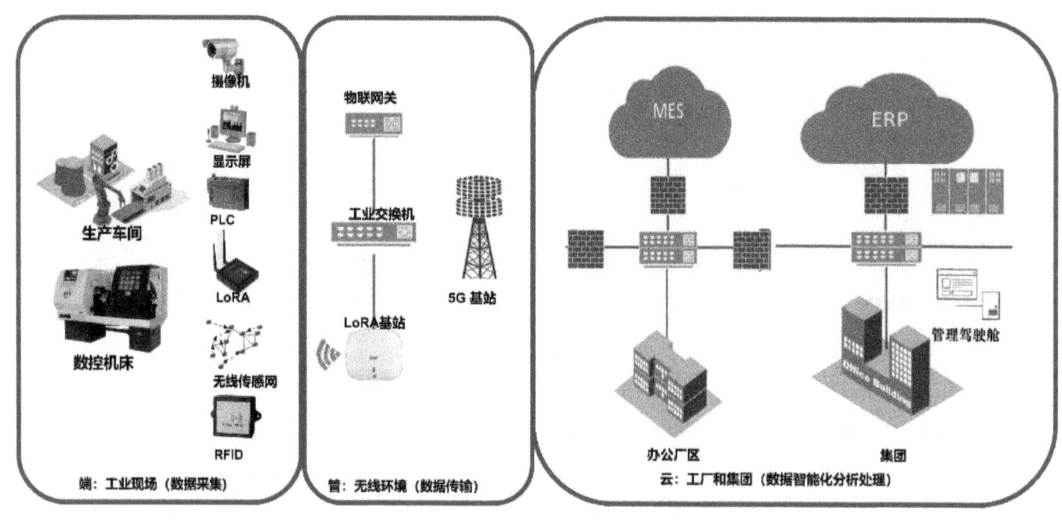

图 4-30　工业物联网端管云架构

（1）工业物联网的“端”侧主要负责数据采集和数据呈现

工业设备各节点上的传感器负责采集数据，手机、计算机、显示屏、VR/AR 等终端设备负责将数据呈现出来。现在的大部分工业设备，例如数控机床、风力发电机、工业车辆等，自身就带有大量传感器，并提供集中的数据接口，只有一小部分老旧设备，或者有特殊的数据需求场景，需要单独加装传感器和数据采集装置。数据采集业务的难点在于，面对大量不同种类的品牌的工业设备时，设备数据协议的适配和兼容。

（2）5G 是使能工业物联网的主要管道

工业物联网中的传感器单元需要配置 5G 通信模组，用于将采集的数据通过 5G 网络发送出去，也可以用来接收网络侧发送的控制命令。

对于普通消费者来说，5G 大带宽带来的上网体验提升是最直观的，更低的时延与更高的可靠性对体验的改善，相对来说小很多。而在工业领域情况则完全不同，时延和可靠性的要求相当苛刻。工业互联网的概念提出很多年，一直没有普及，目前移动互联网在时延和可靠性方面还达不到要求。5G 的低时延和高可靠性是工业物联网加速发展的利器。

（3）工业物联网的“云”侧，可以进行数据分析和控制决策

对采集到的设备数据进行基本数据分析，不涉及具体领域的行业知识，这样有助于了解设备故障情况，方便后续维修。如设备性能指标异常的告警分析、故障代码查询、故障原因的关联分析等。工业物联网相当于设备和机器的 24 小时贴身“医生”，各种安装于工业现场的传感器相当于医生的“眼睛”和“耳朵”。5G 管道可以将车间的操作人员与生产过程连通起来，相当于医生的“神经系统”。

深度的数据分析，则涉及具体领域的行业知识，需要特定领域的行业专家来根据设备的领域和特性建立数据分析模型，如故障预测领域。大型工业设备的故障预测一直是难以解决的问题，比如机床、风机等，一旦有大的故障发生，带来的影响以及随后产生的修复成本都是巨大的，实时采集数据并预测设备故障，可以大幅度降低设备故障带来的影响。这种自下而上的数据收集和数据分析，可以杜绝车间现场管理人为故障，提高工业设备的运行可靠性。在大量数据的基础上，使用人工智能技术进行机器学习，结合行业专家的知识，可以产生深度的行业应用，比如改进制造工艺、优化制造流程等，可以提高工业设备使用效率。

工业过程实施精准控制是工业物联网的主要目的。基于前述传感器数据的采集、展示、建模、分析、应用等过程，在云端形成决策，并转换成工业设备可以理解的控制指令，对工业设备进行操作，可实现工业设备资源之间精准的信息交互和高效协作。

2. 工业物联网的应用

工业物联网的应用有很多，如远程采矿、生产流程改进、批量智能机器人生产控制等。

（1）远程采矿

矿场的作业区通常在离城区较远的地方，采矿人员需要现场操作钻机、挖掘机，驾驶采矿车。矿石要通过钻孔爆破获得，每次爆破都会产生有毒气体。这些都是影响采矿效率和采矿安全的因素。

对矿场进行工业物联网改造，升级控制系统，加装 5G 通信模组，安装监控摄像头，可以实现自动化钻孔、远程挖矿、自动驾驶矿车等功能。

自动化钻机可以按照预设的路径自动从一个钻孔移动到下一个目标钻孔，并且可以

自动重复任务。挖矿工人可以在远程控制位于现场的挖掘机，让挖掘机前后、旋转运动，控制大臂、小臂和挖斗进行挖掘装车，操作台的大屏幕可以把挖掘机在现场的工作情况通过高清视频同步传送到远程工作间。矿车装满后，可以自动驶离作业区，如图4-31所示。

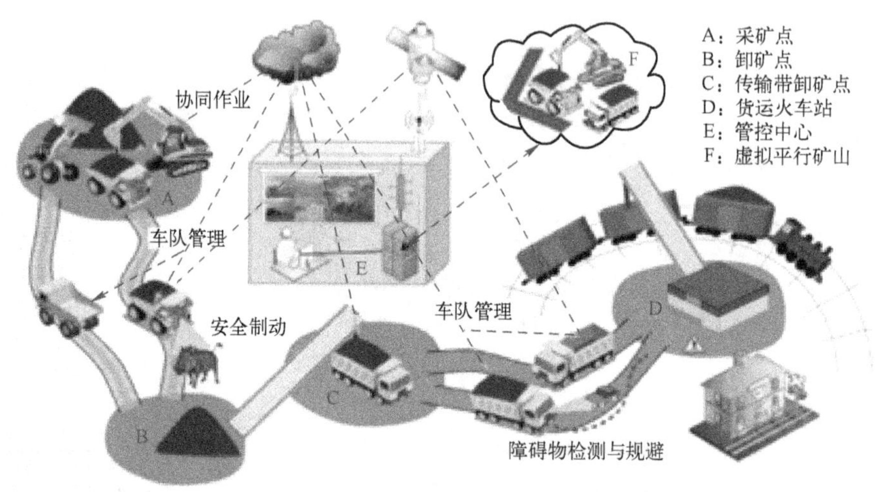

图4-31　远程采矿和矿车自动行驶

远程采矿减少了对人员数量、服务站、停车区的需求，降低了矿区内繁忙运输路线的压力。因为人员的减少，也降低了矿区内人员安全的风险。远程采矿系统中，5G系统的大带宽能够助力高清视频的传输，低时延可以大幅提高远程操控的精度，从而实现远程高度复杂的自动化任务。

（2）生产流程改进

叶盘是喷气式航空发动机中涡轮的重要组成部分，如图4-32所示。但是由于铣刀或机床自身的振动导致叶盘的次品率高。如何改进生产流程来降低加工缺陷呢？可以对系统进行工业物联网的改造，以便对生产过程进行实时监测和实时控制。

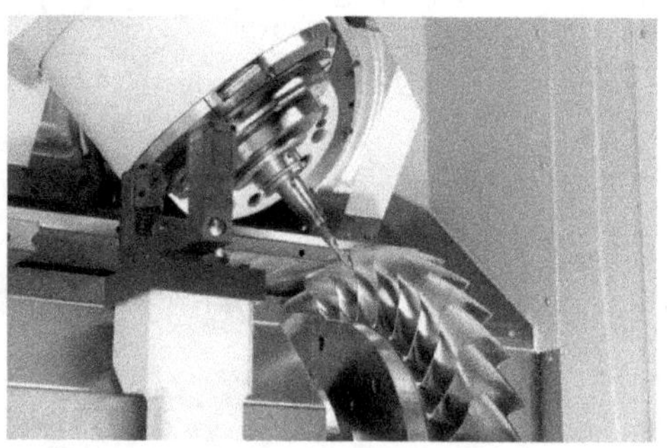

图4-32　飞机叶盘及加工过程

实时监测：在叶片、转轴或铣刀部分装上振动传感器、转速传感器、位移传感器等，实现智能感知；在轮盘部分加入通信模组，支持泛在连通；这样可以实时收集叶盘加工过程各种传感器的监测结果，一旦有加工缺陷产生，及时停止对有缺陷部件的进一步加工，或者一定位到缺陷就启动返工。

实时控制：通过对加工过程建立数据模型，对加工过程产生的数据进行实时分析，叶盘生产企业可以对加工过程进行实时精确控制，比如改变铣刀转速等，以避免加工缺陷的产生。叶盘生产企业通过对叶盘生产系统进行基于 5G 的工业物联网改造，对加工过程不断迭代优化，促进生产流程不断完善，如图 4-33 所示，叶盘的次品率可大幅下降。

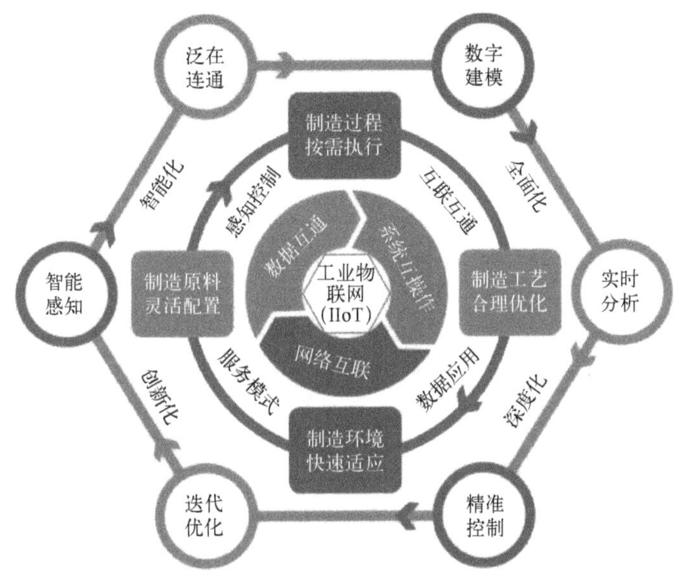

图 4-33　生产流程改进过程

（3）批量智能机器人生产控制

智能机器人是工业物联网中的常见设备，具备三个要素：感觉要素（传感器）、运动要素（效应器）和思考要素（中央处理器）。多个智能机器人也可以组织起来，由云端的行业应用软件进行集中控制，完成特定的工作，如图 4-34 所示。智能机器人有一定的自主处理手头工作的能力。与此同时，工作过程中会产生大量的数据，送往云端。云端的软件对收集的大量数据进行自我学习和训练，逐渐会产生对生产过程中的残次品的识别能力，也会有对现场突发情况的应变能力。云端的智能还可以组成大规模的智能机器人分工协作，完成比较复杂的现场生产管理工作。云端平台代替了组织协调生产的领导工作，现场机器人代替了现场生产线的工人。最终人类会从制造类企业的车间工作中彻底解放出来。

图 4-34　批量智能机器人生产控制

4.2.5　智慧城市

路灯井盖和茶杯，
城市生活有智慧。
强政惠民与兴业，
智能平台万物归。

一时间，我们听到身边很多事物前加了“智慧”或“智能”二字，如智慧交通、智慧校园、智慧农业、智慧能源、智慧医疗、智慧物流、智慧环保、智能电网、智能楼宇、智能餐厅、智能家居、智能安防、智能路灯、智能井盖等。可谓一机在手，全城竟有，如图 4-35 所示。这些智慧或智能实体作为一个个的子系统，组成智慧城市。“智能”是有输入有输出的固定机械的程序模式；而“智慧”是依据大数据知识库进行深度学习，能够对现实的新状况进行推理判断，给出结果。

有人说“智慧城市”这个概念太大了，但是 IBM 提出的“智慧地球”的概念更大。这两个概念都是包罗万象，包含城市生活、城市管理、垂直行业的方方面面。

1. 智慧城市的端管云架构

智慧城市又叫数字城市，是一个典型的物联网概念，是物联网的靶心。智慧城市由三个要素构成：感知精细化、连接海量化、平台智慧化；目的是实现三个“更”，更透彻的感知、更全面的互联、更深入的智能。这本质上就是“端管云”架构在城市生活的应用，如图 4-36 所示。

图 4-35　手机上的智慧城市

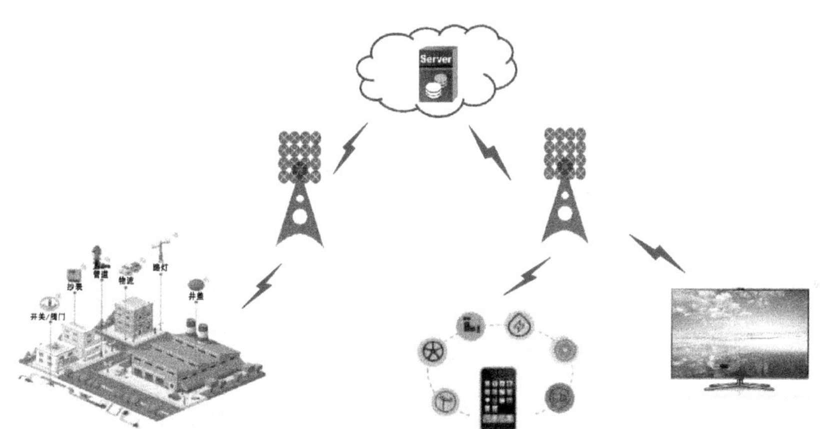

图 4-36　智慧城市的端管云架构

首先万物皆有感。需要各种低成本、高精度的传感器装备到城市生活的各个方面：医院、电网、铁路、桥梁、隧道、公路、建筑、供水系统、大坝、油气管道、民生、环保、公共安全、城市服务、工商业活动等。通过环境感知、水位感知、照明感知、城市管网感知、物体位置感知、移动支付感知、个人健康感知、无线城市门户感知、智能交通的交互感知等，每时每刻、随时随地进行大量数据采集，为市政、民生、产业等方面的智能化管理提供数据支持。

应用 5G、4G、WiFi 等通信技术将采集到的海量信息送到超级计算机或云计算平台中。智慧城市的云计算平台利用人工智能、大数据或区块链的技术，对信息进行处理分析，形成决策，实现各个行业方向的协同工作。云计算平台可以实现资源的按需分配、按量计费、按需服务。智慧城市的云计算平台的最终目的是帮助人们精细化地做好城市管理，高质量地完成工作，轻松愉悦地生活。

物联网的普遍感知能力是智慧城市的基石，大连接是智慧城市5G场景的典型特征（大带宽、低时延场景也存在），平台层是智慧城市智能、智慧的体现，也是智慧城市的“中央司令部”，丰富的应用则是智慧城市能力的对外展现形式。智慧城市的四层架构如图4-37所示，和端管云架构是相对应的，“普遍感知”是“端”侧具备的能力；“大连接”是管道的必备能力，“平台和应用”是“云”的能力。

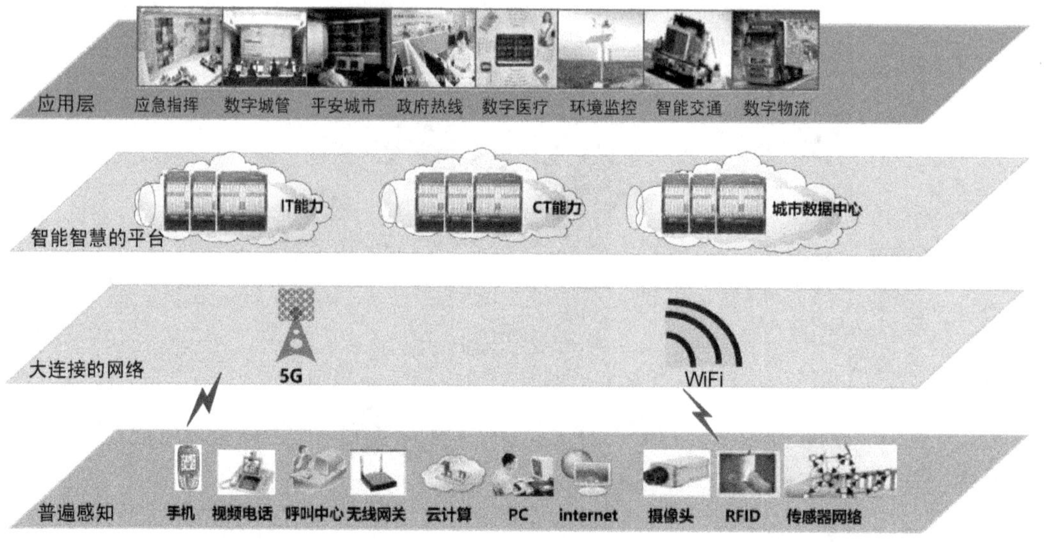

图4-37　智慧城市的分层结构

有的人有分析推理能力，但没有现场感；有的人有现场感，但没有分析推理能力。只有同时具有细腻的现场感和强大的分析推理能力，并且把二者灵活高效结合的人做事才容易成功。

智慧城市方案就需要同时具有“现场感”和“分析推理能力”，而5G网络就是连接智慧城市这两种能力的快速通道。

2. 智慧城市的应用

智慧城市的应用和前面提到的车联网、AR/VR、联网无人机、工业物联网应用并不是严格隔离的，而是互相渗透的。智慧城市涉及的子系统有很多，按照服务对象的不同，可以分为强政（智慧政府）、兴业（智慧企业）、惠民（智慧生活）三大领域，如图4-38所示。

（1）强政（智慧政府）

智慧政府目的是促进政务处理的数字化转型，提高政府的城市管理能力，提升政府办公、监管、服务、决策的智能化水平。

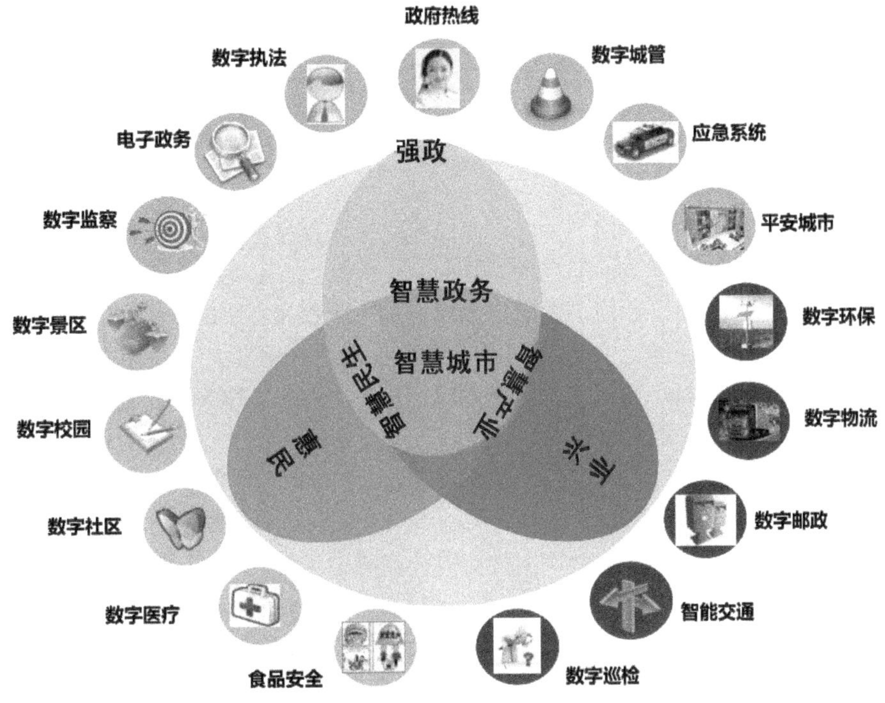

图 4-38　智慧城市的应用领域

举例来说，城市基础设施实现 5G 联网后，城市管理就可以高效便捷。城市的管理者可以精确地知道每个基础设施的状态，比如路灯哪一盏坏了，水管哪一段漏了，垃圾桶哪一个满了，很快就可以生成工单并指派相关人员进行处理。

（2）兴业（智慧企业）

智慧企业以智能生产、智能能源、智能物流、智能环保为切入点，充分开发和利用企业内部或外部各种数字化资源，提高企业管理和运行效率。

举例来说，一个企业想知道各个厂房、各个生产车间的能源消耗情况如何，只要在手机上点开相应的 APP 就可以看到。如果哪个环节能耗异常，平台也会给出问题分析结果和处理建议结论。这样企业领导很清楚提高能效的着力点在哪里。

（3）惠民（智慧生活）

智慧生活从方便居民生活的角度出发来设计应用，如智慧餐厅、智能购物、智能出行、智能医疗、智能娱乐、智能家居等。智慧生活可以为城市居民提供涵盖餐饮购物、旅游出行、医疗健康、消费娱乐、家庭生活等各方面的便利和高效的生活体验。

举例来说，我们现在网上购物都是看图片下单，很容易买错，退换货过程给商家和客户双方带来很多不便。基于 5G 的 AR 购物过程可以改善这个问题。客户在购买衣服之前，可以先进行 AR 试衣，将虚拟的衣服穿上看一下效果，合适了才下单。

再比如，你下班快回到家之前，可以提前打开空调和热水器。家里冰箱里鸡蛋、水果没有了，自动生成订单。等你回到家里，室温已经达到舒适的程度；洗澡水的温度也已经合适；等洗完澡，鸡蛋和水果已经送到了家里的物流收货柜里。这就是5G时代的智能生活。

4.3 5G应用商业模式探讨

商业模式是什么？一句话，如何持续不断地赚钱。这是商业模式的核心。如何识别一个好的商业模式呢？那一定是成本结构合理、可以规模复制、可持续营利。

成本和价格是商业模型的两个基本点。成本和价格决定了产品的利润空间。要想持续不断地营利还需要把握产品的三个关键点：客户、价值、资源。三者缺一不可，任何一点不可持续，商业模式就不可持续。

商业模式必须是清晰明确的，必须是可复制的。说不清楚的商业模式，定位不清楚的产品，市场一定也看不清楚，其规模可复制性就一定存在疑问，持续营利性就要打折扣。

为了说清楚一个产品的商业模式，我们需要清晰地回答四个问题。

第一：卖什么？

我们要清晰地定义自己的产品。有的人出来创业，卖什么都说不清晰，让人为他的创业捏了一把冷汗。

第二：卖给谁？

我们要清晰地知道谁会出钱买单，即客户是谁。客户的核心痛点是什么？要解决什么问题？客户是否持续存在这样的需求。

第三：怎么卖？

我们要清晰地知道产品的销售模式、付费模式、价格策略。比如说，一个内容提供商，他需要清晰地知道他的内容是订阅付费模式、广告付费模式还是免费吸引流量的模式。

第四：谁在用？

我们要清晰地定义产品的使用特性。有人说，“谁在用”不就说的是客户么？不对。在日常生活中，有很多情况是谁买的谁用。但也有例外。比如一个少儿编程的课程，家长买了，小孩在用。针对企业客户的产品，往往是出钱买的人和使用产品的人不是一回事。“谁在用”关注的是产品给最终用户带来的使用价值和使用体验。

综上所述，商业模式的思考模型如图4-39所示。

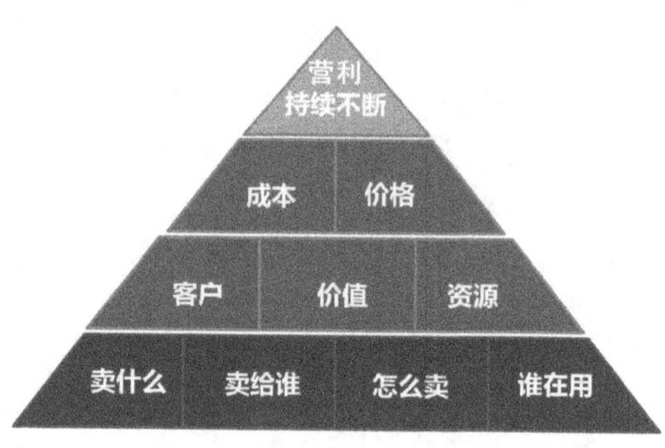

图4-39 商业模式的思考模型

4.3.1　5G 时代商业发展趋势

5G 的成功一定包括商业模式的成功。运营商愿意规模投资网络，除了竞争、技术驱动以外，本质上还是商业驱动。庞大的投资需要大规模、可持续的现金流。5G 业务如何经营，业务如何发展，收入如何增长是行业最为关注的问题。没有领先的商业模式，就没有 5G 的可持续发展。我们知道，4G 改变生活，5G 改变社会，5G 的应用将冲破个人消费领域，在各个垂直行业上大展身手。按照基本的商业规律，5G 时代的商业发展趋势有如下特征。

（1）5G 市场从 2C（个人消费）单一领域发展到 2B（企业应用）和 2C 双领域并重，如图 4-40 所示。

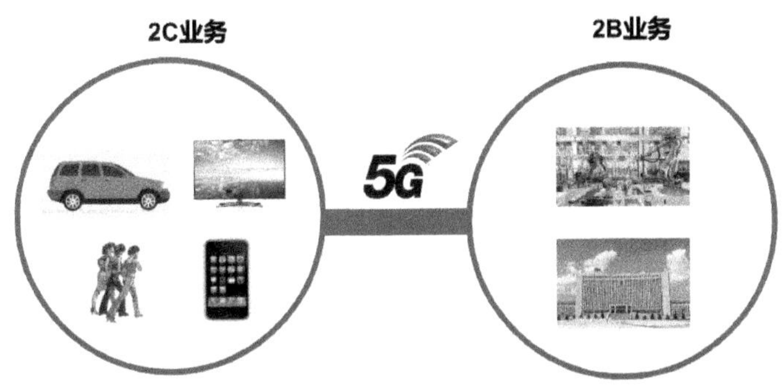

图 4-40　5G 移动通信市场 2C 和 2B 并重

（2）在基础网络运营商之外各行各业将会产生大量虚拟运营商（Virtual Network Operator，VNO），如图 4-41 所示。

图 4-41　5G 市场三大运营商与虚拟运营商并存

（3）终端形态将千变万化，终端功能将上移到云端，如图4-42所示。

（4）硬件基础设施、行业终端所有权和使用权分离，免费和租赁的模式并重，如图4-43所示。

（5）面向企业的平台能力和面向最终用户的应用价值是5G的两大市场卖点，如图4-44所示。

图4-42　终端商业趋势　　图4-43　硬件基础设施的商业趋势

图4-44　5G的两大市场卖点

（6）软件服务、数据价值挖掘（Data Technology，DT）是5G产业的最大贡献者，如图4-45所示。

从以上5G商业发展趋势可以看出，5G商业模式必然要改变用户的使用模式；必然要改变客户的经营模式；必然要改变产品、服务、终端的形态。5G最终要为高价值用户提供专业服务，改变行业客户在产业链中的位置。5G要促使低价值客户群转向高价值客户；同时5G要以更低的成本覆盖4G无法触达的市场。

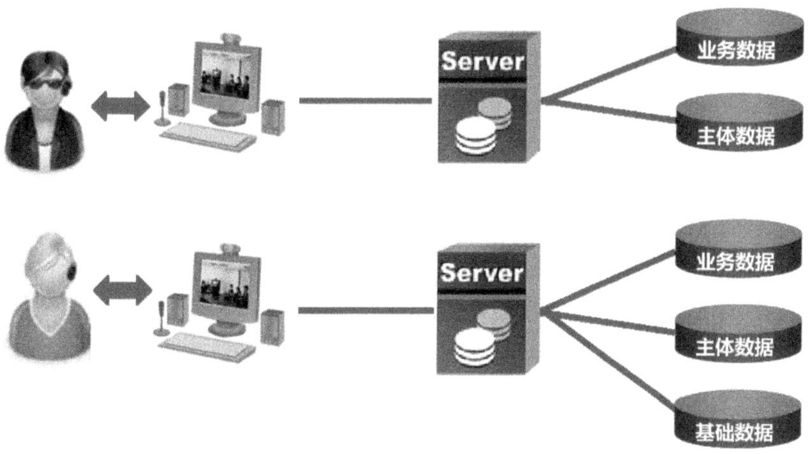

图 4-45　软件服务和数据价值挖掘

4.3.2　5G 时代商业模式

5G 产业的成功，依赖于很多的因素，如技术、解决方案、网络部署、终端、业务、产业链生态体系、商业模式等。其中，商业模式是影响最大的因素之一，也是最难构建的。相比较技术方面的快速进展，商业模式的创新要缓慢得多。

5G 核心商业价值点有两类：对于面向个人的 2C 业务来说，从单一连接为主的流量价值走向连接为核心，以速率、时延、切片等多维并举的流量价值；对于面向企业的 2B 业务来说，从单一的流量管道走向智能化的平台+服务价值，走向切片价值。如图 4-46 所示。

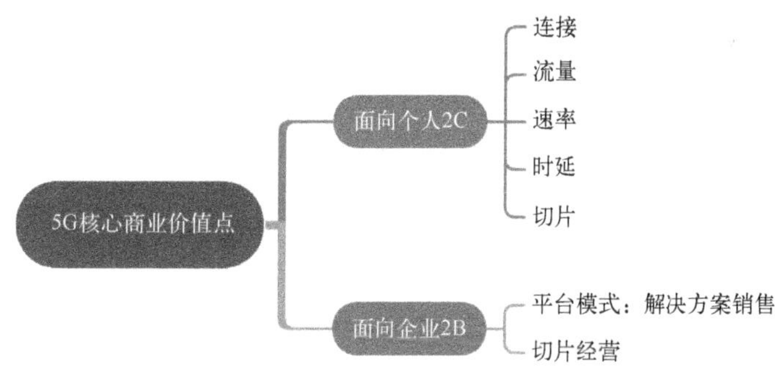

图 4-46　5G 核心的商业价值点

1. 面向个人的 2C 业务

在 2G/3G/4G 时代，运营商面向最终用户的基本业务是语音、短信、彩信和数据，因此通信业务基本商业模式就是按照语音时长、短彩数量和数据流量收费。

运营商收入=连接数×(语音时长×单价+短彩数×单价+流量×流量单价)

运营商只要不断发展新的用户（连接），增加用户的使用量，就可以获得持续的收入。换句话说，用户（连接）数的多少、流量的多少，决定了运营商收入的多寡，如图4-47所示。

图4-47　收入与连接规模成正比

到了5G时代，面向个人的2C业务仍然是运营商的核心业务，并且连接数会持续增长。业务上以eMBB业务为主，如车联网、车载娱乐、VR、高清视频、无人机应用、游戏等。5G网络提供了更高的容量、更低的时延，以及更加丰富的业务和按需定制的网络，为个人提供了更加优质的体验。

如果按照以往的方法简单地按时长和流量来计费，将无法体现出高质量网络和业务的价值。而且5G时代，不限流量将是基本的套餐配置，流量会进一步爆发，面向个人的商业价值体系将被重塑。单一靠管道经营的运营商可能会过得比较惨。因此，5G定价的量纲必须改变，需要把速率、时延、业务等因素考虑在内。面向个人的2C业务，要从单一的流量经营转向多维的流量价值经营模式。具体来说，是以连接为核心，构建起连接服务平台、内容运营平台的多层级化的商业模式。

5G具体计价考虑因素包括如下几个方面。

（1）连接价值

连接是一切商业模式的基础。在5G时代，面向个人的连接会持续增长。一方面人口红利会持续释放，会有越来越多的人接入网络；另一方面，面向个人的IoT连接也在增加。如可穿戴设备、VR、智能车载设备、个人办公设备等，都会随技术的进步逐步普及。这就是连接红利的持续释放，如图4-48所示。这类连接的收费模式，或按时长，或按次数，或者包月等，与现有的模式接近。

（2）流量价值

随着高质量业务的增加，如高清视频、VR、直播等业务进一步丰富，将消耗更多的流量。运营商可以用定向业务的设计，设计出单独的流量资费包，体现出大流量业务的价值。如图4-49所示。

5G的流量如果从时间角度分，可以分为实时流量和非实时流量。比如在体育赛事直播中其流量具有实时性。在实时流量中，流量的价值应该参照内容时间的价值定价，而不应该按照使用量来定价。再进一步考虑到无线替代有线所带来的便利，流量的价值还应该比有线

图 4-48　连接价值

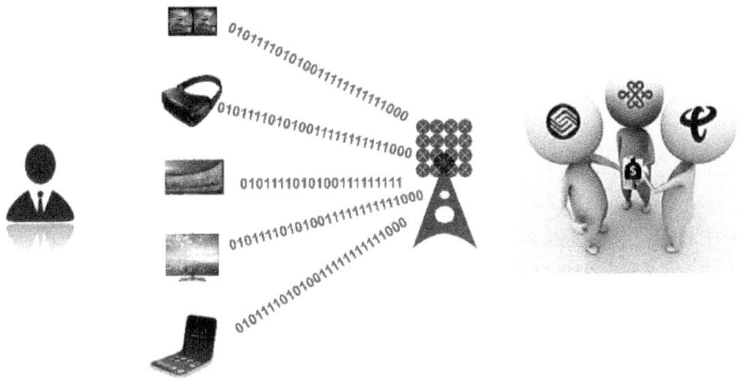

图 4-49　流量价值

的方案高一点。此类行业还包括视频监控、交通监控、仓储监控等行业视频领域。

5G 流量如果从可用性角度分，可以分为可靠流量和非可靠流量。比如在工业制造领域的控制，如果 5G 嵌入到生产工艺流程中，那么对流量的可靠性要求将占据第一位。这需要电信运营商在网络、设备、系统上提供高可靠性的流量服务。在此场景下流量的价值应该按照现有数据传输采集系统的建设和运维价值评估和定价。

（3）速率价值

固网运营商很早就体现了速率的价值，不同的速率，比如说，1 Mbit/s、2 Mbit/s、10 Mbit/s，价格不同。国外移动运营商已经有基于不同速率的业务套餐，如 4G 不限量的套餐中，设计了 300 Mbit/s 和 400 Mbit/s 这样的差别套餐，有的运营商根据视频的质量（如 DVD480P、HD 720P）来设计不同的收费模式。这是一种体验经营模式。

由于不同的业务对带宽的要求千差万别，5G时代基于速率的体验经营模式变得更加普遍。运营商将依据用户使用的业务速率不同，收取不同的费用，如图4-50所示，比如VR（xGbit/s），或者2K/4K/8K高清视频，价格是不一样的。

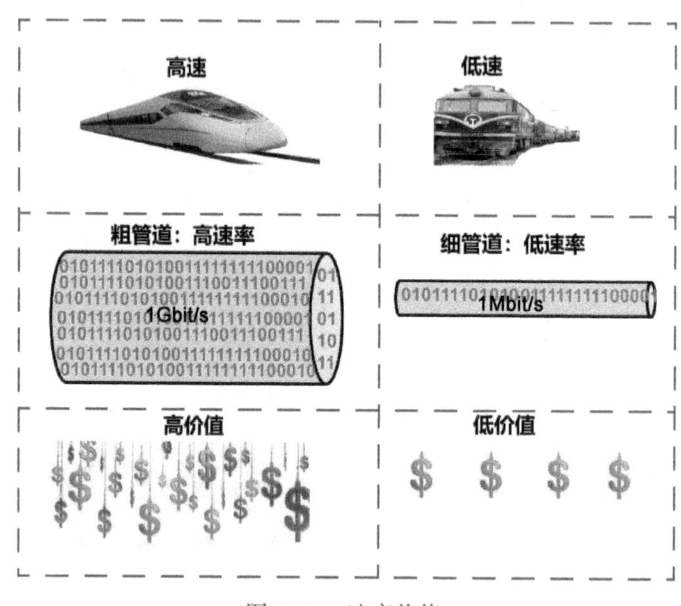

图4-50　速率价值

（4）时延价值

在4G时代，时延的价值已经初步体现，5G时代会更加明显，如图4-51所示。主要是游戏和支付领域。由于游戏对时延的要求很高，因此端到端时延越低，网络的价值就越强。运营商需要实现时延价值变现。比如中国联通+腾讯王者荣耀，15元/月的游戏加速包。其基本业务模式是，用户支付费用给游戏公司，游戏公司支付分成给运营商，运营商完成针对特定业务的网络优化。

未来随着CloudVR等业务的普及，这种模式会得到进一步的推广。未来运营商可以选择对特定区域网络或特定业务完成网络优化，提供更低的网络时延；也可以选择跟游戏公司合作，进行业务分成。网络时延价值的实现模式可以有多种。

（5）切片价值

随着个人需求的多元化，切片在2C场景中也将得到应用。比如临时性的音乐会，或VR直播等，完全可以通过切片网络提供，消费者可以购买一个时间段、一个区域的流量包，或一个特定业务的流量包，如图4-52所示，这就是网络切片。当然，切片更大的价值还是在行业。

2. 面向企业的2B业务

面向企业的2B市场包括各行各业，如市政、交通、物流、能源、电力、教育、安

图 4-51　时延价值

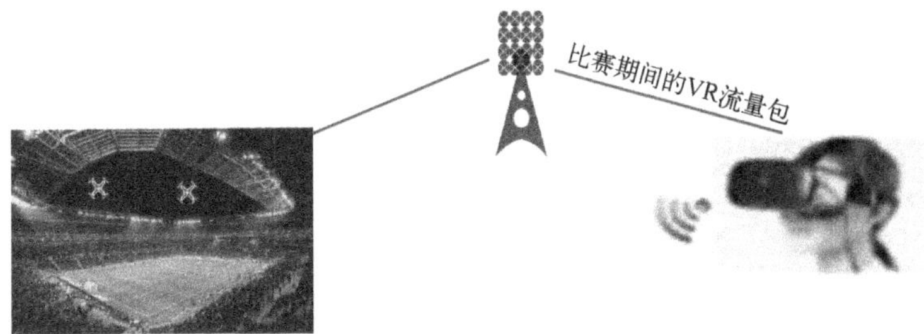

图 4-52　切片价值

全、金融、医疗保健、工业和农业等，是 5G 时代运营商的客户主体，也是最大的增收来源。与 2C 业务相比，2B 业务可以算是一片真正的蓝海，这是 5G 业务的市场引爆点，也是 5G 商业模式需要重点发力的领域。

面向企业的 2B 市场和面向个人的 2C 市场不同，如图 4-53 所示，有以下几个特点。

图 4-53　2B 市场的特点

（1）需求的多样性

不同的行业有各自的特点，对于通信能力有不同的诉求。如车联网对带宽、时延和可靠性都有很高的要求；如医疗对带宽的要求就不高，但对于实时性、可靠性等方面要求就很高。不同的行业需求，适合的商业模式也不同。

（2）网络的质量要求普遍较高

面向企业的2B用户对数据安全性、服务可靠性普遍有较高的要求。通常情况下，面向企业的2B用户愿意为更高质量的服务付费。因此面向企业的2B用户，在5G时代可以给运营商带来更高的ARPU（Average Revenue Per User，每用户平均收入）值和收入增长。

（3）数量大，种类多

各行各业，万物互联，大到大型自动化设备，小到一个进入血管的纳米探测器，可连接的对象以万亿计。这将成为运营商增收的最大来源。

在5G之前，运营商给企业（2B）提供的主要服务就是光纤接入。5G时代，运营商将助力行业客户进行数字化转型。5G时代，运营商的角色有所扩展，三重角色合一：资产提供者、连接服务者、平台应用服务提供者。其中，平台应用服务提供者是5G时代运营商要重点强化的角色。

在面向2B的通信市场产业链中，设备商在下层，运营商在中层，而广大的2B用户在上层。由于行业的差异性，运营商不可能把所有的行业抓在自己手上。因此要实现2B市场的成功，关键是要与垂直行业建立起合作关系，培育本地生态链。而运营商成功的关键是要建立起平台的能力，作产业的价值中枢。

平台模式是销售解决方案的一种模式。基于5G网络的平台能力是一种多共享的商业生态系统的重要一环，也是整合上下游产业链资源的核心节点。

平台模式有三个关键特征，如图4-54所示。

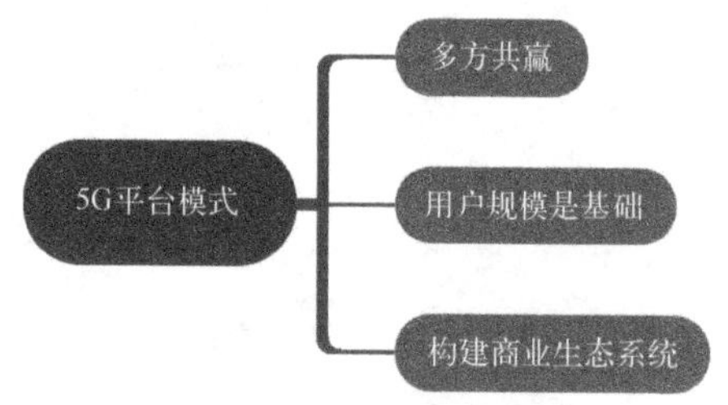

图4-54　平台模式的特征

1）平台模式是多方共同参与、多方共赢的模式，是多对多的商业关系。但是在这个多方关系中，平台提供方居于主导地位，负责资源的整合。

2）模式的核心任务是利用用户规模基础，构建和放大网络效应，这是平台模式的核心价值所在。平台模式能否成功，取决于用户规模基础带来的网络效应能否形成并发展。

网络效应持续扩大，有利于团结多方客户持续参与业务。

3）平台模式的最终目标是构建商业生态系统，形成持续营利的产业链。

5G 切片应该具备可定制、可交付、可测量、可计费等四大特性。在面向企业 2B 市场中具有最大的收入潜力。在切片商业模式中，运营商的关键任务是向各个垂直行业销售各种逻辑网络，即行业切片。构成通信服务的所有组件（如通信带宽、专用处理能力、数据采集、安全模型等）都可以由 5G 网络切片的管理系统进行更改和配置，而这个更改和配置也是可销售的服务。

面对复杂多样的行业客户，切片为运营商提供了一把万能钥匙，可以为客户定制各种特定的“专属”网络。网络即服务（Network as a service，NaaS）是切片商业模式的核心思想。

有三种切片提供的方式被业内人士讨论，分别是：运营商托管应用、能力开放和与客户现有系统集成，如图 4-55 所示。

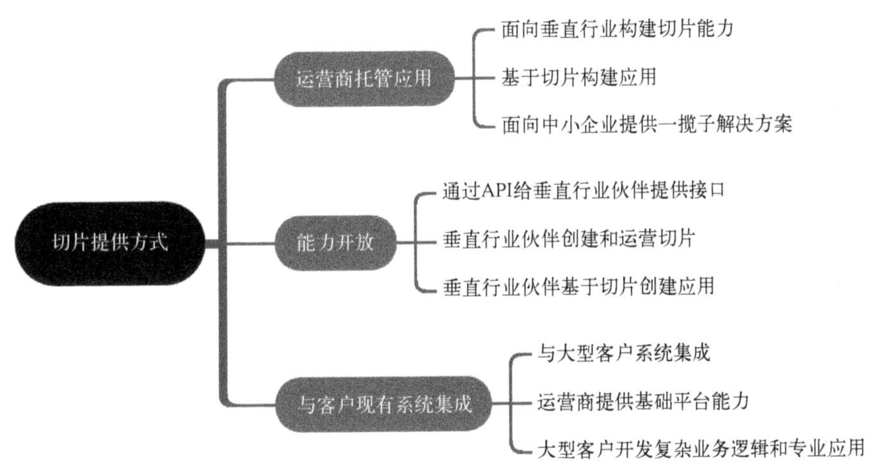

图 4-55　2B 市场运营商切片提供方式

1）运营商托管应用，即有运营商整合行业知识、工具、资源，基于网络切片，建立面向垂直行业的应用，卖切片的同时卖应用，是一种一揽子解决方案的模式。由于切片赋予了电信运营商更灵活地匹配细分垂直行业的专用网络构建能力，运营商可以为很多细分行业，尤其是中小企业，创造很多的基于切片的应用。

2）能力开放，是一种电信运营商提供 API 的方式，把切片的创建和运营权交给行业伙伴、开发者或者客户。这些伙伴基于切片整合行业知识、工具、资源，形成基于切片的应用。

3）与客户现有系统集成，主要是满足大型客户的需要。此类客户拥有成熟、复杂、规模庞大的系统，尤其是自身业务流程复杂，这需要电信运营商提供与这些系统对接的 API，以完成切片与客户系统的融合。

4.3.3 5G典型应用商业模式

5G的应用有很多，我们以无线家宽业务和车联网业务为例，分析一下可能的商业模式。

1. 无线家宽业务的商业模式

无线家宽（Wireless To The x，WTTx）业务属于一个典型的2C业务，可以承载智能家居、家庭高清电视、游戏、娱乐等很多业务，在LTE网络上发展了很多年，有不错的用户基础。

在4G时代，WTTx主要有如下几种计费模式。

1）按流量计费，不限速。如沙特STC、科威特VIVA、西班牙ORANGE等，类似于MBB流量套餐。这种模式适合在网络质量较好、资源比较丰富的情况使用。

2）按带宽速率收费，不限量。软银AIR类似于固网FTTx套餐。该模式考虑到市场竞争的因素，这种模式更容易与FTTx对比。

3）按照速率+流量计费，如菲律宾Globe、斯里兰卡Dialog、奥地利T-Mobile等。这种模式是速率与流量的综合，既保证一定的体验，又不至于对网络带来太大压力。

但是在4G时代，由于难以提供与固网家宽（Fiber To The x，FTTx）相媲美的QoS质量保证，无线家宽业务（WTTx）只是固网家宽（FTTx）业务的补充，难以进入核心城区，缺少高价值用户等。

5G可以提供xGbit/s用户体验速率，在容量、连接数、时延和QoS质量保证方面较4G有指数级提升。无线家宽业务WTTx将是5G最早成熟和最早商用的业务。

实现5G时代的无线家庭连接，无线接入是基本要求，高清视频是标准配置，智慧应用是价值高地。无线家宽的基本业务发展模式如下：

1）5G WTTx必须要具备支持高清视频（TV）的能力。这个是基础，也是当前阶段最常见和可落地的场景。

2）家庭VR教育、VR游戏、AR购物类应用是接下来的无线家宽业务方向。

3）智慧家庭，包括智能家电、智能安防、远程医疗等是无线家宽业务的开拓重点和难点，也是价值高地。最终把单一的家宽业务扩展到整个家庭所有5G终端的连接。

5G家宽业务的计费模式如下：

1）不限量是5G WTTx的基本商业设计。一方面由于有了高清视频、VR等业务的介入，流量的增长使得限量已经不可能；另外一方面，无线家宽WTTx想要跟固网FTTx正面竞争，必须在解决方案能力、资费、成本等方面，和固网FTTX全方面对齐。不限量，可以进行一定程度的速率限制，进行体验经营。

2）平台+服务将成为5G WTTx核心。运营商要建立起自己的平台，对这些家庭设备做更深入的管理，并提供更多的延伸服务。一方面，家庭连接的增加，可以进一步增加收入；另一方面，对设备的管理运维，可以增加更多的管理服务收入，比如可以将设备的状态实时通知用户，并收取一定的费用。隐含在智能家庭背后的业务，如医疗、健康、教育、安防等，运营商可以通过这些业务的深度挖掘，进一步拓宽自己的业务范围，提供更多的增值服务。

为了说清楚 5G 无线家宽业务的商业模式，我们给出了如图 4-56 所示的概述性总结。

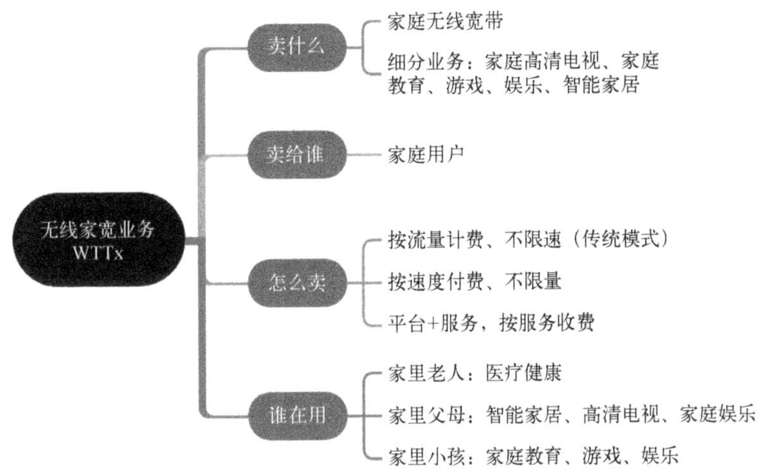

图 4-56　无线家宽业务商业模式的四个问题

2. 车联网业务的商业模式

车联网业务是 2B、2C 都可以有的业务。在 2B 市场，公共交通的车联网服务、矿厂的运输车管理都可以使用车联网业务。在 2B 市场，运营商的车联网平台能力是合作的基础。

对于运营商而言，通过提供基本的连接服务，可以获取基于连接的收入。但面向 2B 市场，运营商不仅限于一个管道，还通过平台+服务，通过综合解决方案的提供获取更大的价值空间，最终向智能化平台服务商转型，与垂直行业深度合作。

对于企业用户来说，车联网解决方案可以提供四个层面能力的价值。

（1）信息处理服务能力

一方面包括汽车本身的信息，如车流控制信息、行驶状态等，大部分是要靠汽车自己本身处理完成的。这是安全和可靠性的要求。

另一方面包括车载娱乐信息、道路交通信息，如信号灯、路灯、交通监控、车流量、周围车辆的行驶信息。从这个层面上，运营商可以收取信息服务费。

（2）平台智能处理能力

这是指支持基于人工智能、大数据、云计算和云存储的车联网应用的平台支撑能力。从这个层面上，运营商可以收取平台服务费或解决方案销售费用。

（3）5G网络切片能力

自动驾驶场景即是一种海量连接场景，又是可靠性要求高、时延要求苛刻的场景。车辆的行驶、车与车之间、车与路之间的信号控制需要高可靠的性能要求，车辆的视频监控也需要大带宽的支撑。在这种情况下，车联网的收费应该依据5G网络的切片所提供的安全可靠等级和网络能力来确定。

（4）道路监测及平台基础设施提供能力

运营商可以出租车联网的道路监测基础设施的使用权，平台基础设施的使用权。

为了说清楚2B市场的5G车联网业务的商业模式，我们给出了如图4-57所示的概述性总结。

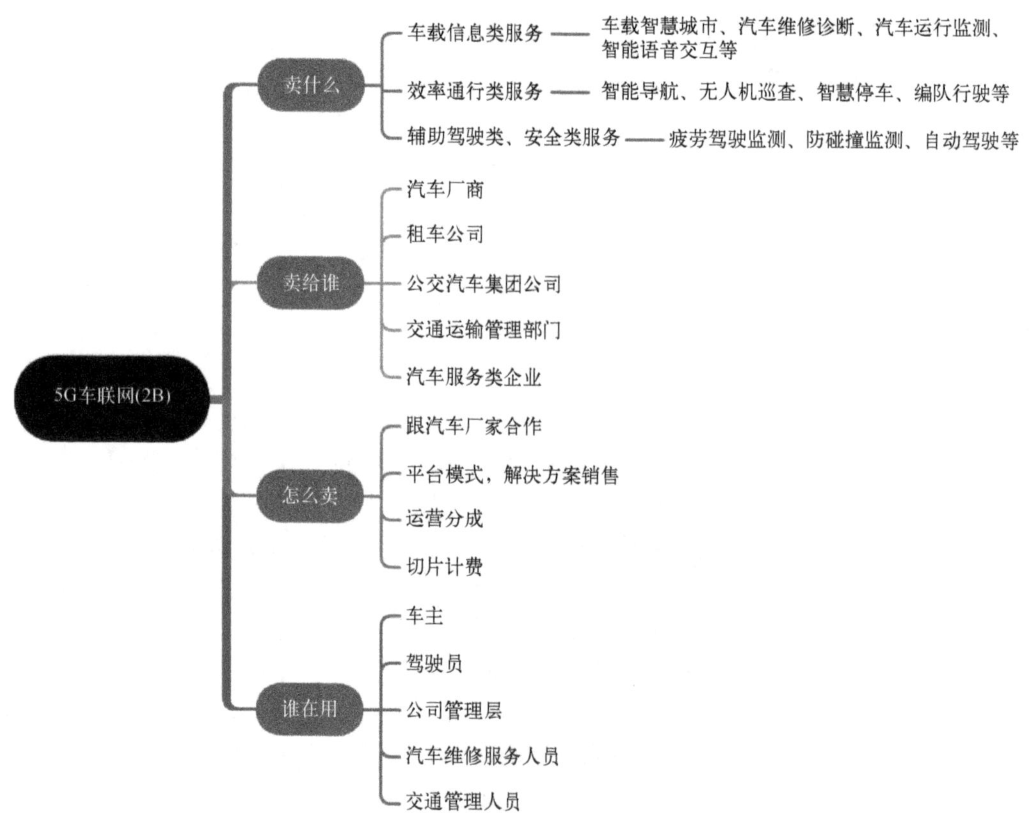

图4-57　5G车联网业务的商业模式的四个问题

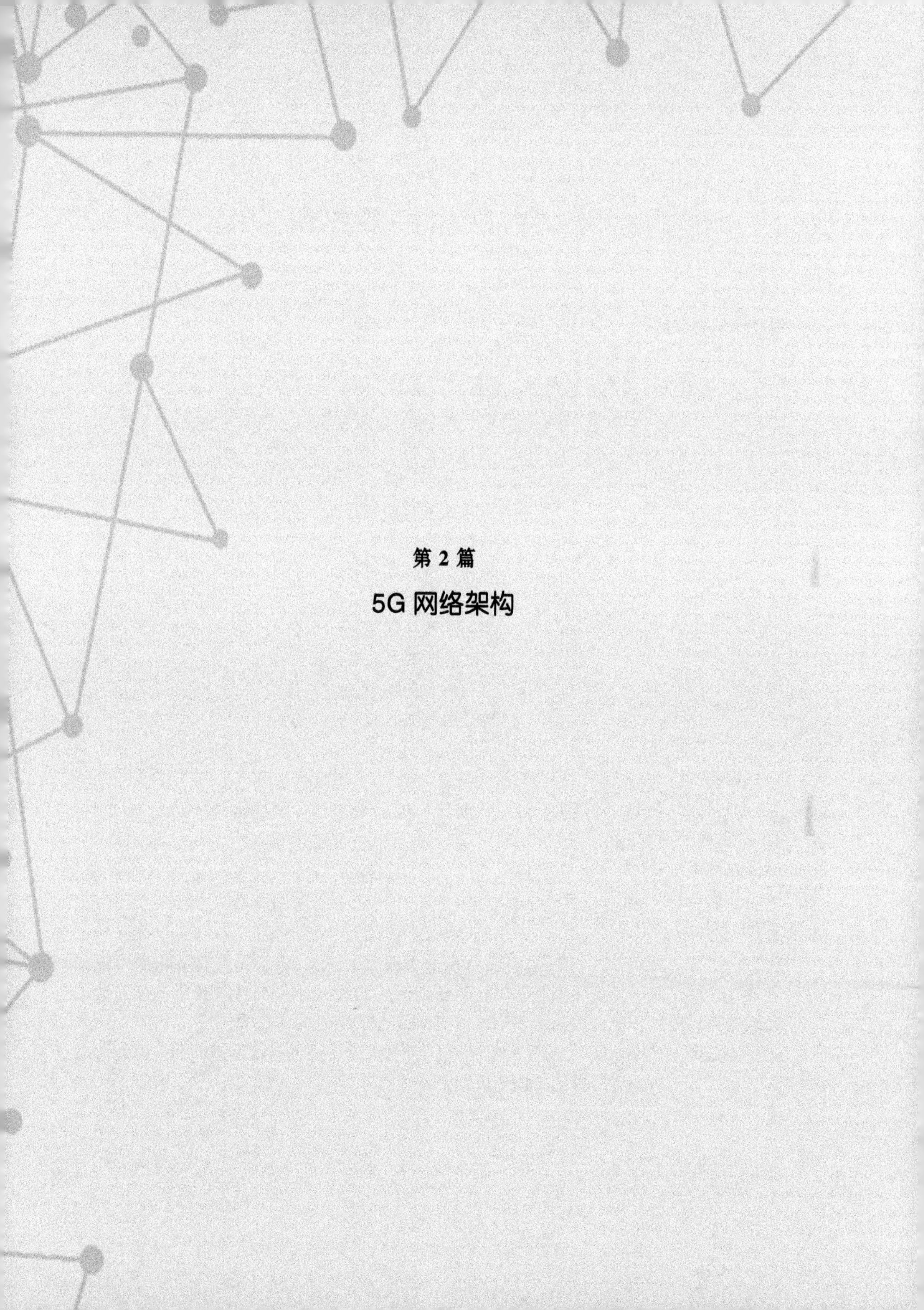

第 2 篇

5G 网络架构

第 5 章　两侧三云架构

本章我们将掌握：

（1）从 2G 到 5G 网络架构演进的技术脉络。

（2）5G 网络架构变革的技术基础：NFV、SDN 和云。

（3）5G 网络主设备视角的“三朵云”和承载网视角的“三朵云”。

《5G 架构》
无线核心两侧分，
承载传输一手抓。
五代网络三朵云，
接入控制和转发。
灵活开放和解耦，
实现基于虚拟化。
无线空口关键多，
网络架构变化大。

5G 有大带宽、大连接、低时延三大应用场景，要满足九大指标，使用户享受极致的业务体验，最终实现“万物互联”的愿景。这就要求 5G 的网络架构进行较大的变革。5G 网络架构变革的核心理念是网络业务融合和按需提供服务。为了实现网络架构的两个核心理念，5G 网络架构需要 6 个“更”：更扁平的网络架构、更高效的资源管理、更简洁的移动性管理、更快捷的内容分发、更灵活的网络编排、更安全的网络开放体系。

从无线侧的角度来看，网络架构变革重要的是支持广泛的、各种类型的接入能力，提供更灵活的无线控制、业务感知能力；从核心网的角度看，要支持服务化的网络架构，实现网络控制和转发分离，这样便于构建更灵活、更开放的网络架构。

5G 网络架构变革的最终目的是为不同用户和垂直行业提供高度可定制化的网络服务，构建资源全共享、功能易编排、架构更灵活的开放体系。

5.1　网络架构演进

移动通信系统从1G开始，历经2G、3G、4G，一路走到5G、6G，发展演进之迅速，令人眼花缭乱。但是整个移动通信网络的逻辑架构，如图5-1所示，主要包括四个部分：终端、无线接入网、核心网、外网。站在用户的角度，移动网只有用户侧和网络侧之分。用户侧就是终端，网络侧则包含了无线接入网、核心网、外网。站在运营商的角度，网络分为内网和外网，内网又分为两侧：无线侧（无线接入网）和核心网侧。到了4G、5G时代，无线侧只有一种网元：基站。

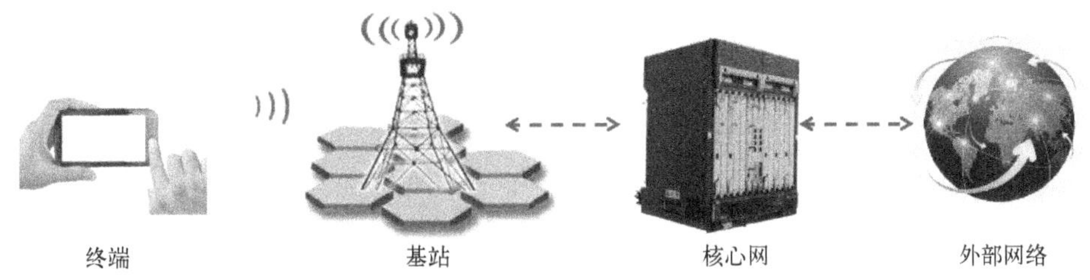

图5-1　移动通信网络的组成

终端是用户端设备；无线接入网（Radio Access Network，RAN）是所有手机或终端设备在网络侧的接入点；核心网（Core Network，CN）的主要作用就是处理无线接入网上的呼叫请求或数据请求，主要包括呼叫的接续、数据业务的接续（可接续到不同的网络）、计费、移动性管理，以及补充业务的实现等。

我们考虑逻辑架构的时候，没有考虑一个幕后英雄，那就是承载网。承载网是无线接入网内部、无线接入网和核心网之间、核心网内部以及到外网的数据业务发送和接收的通路。承载网对移动网络的作用，类似于交通网络对社会经济生活的作用。

移动通信过程的本质，就是信息发送端对信息进行编码、加密、调制，信息接收端对信息进行解调、解密、解码。在网络侧，从信息发送端到信息接收端的传输媒介，就是由承载网提供的。

举例来说，两个手机通话，信息传送的过程包括：手机→接入网→承载网→核心网→承载网→接入网→手机。

5.1.1　无线侧视角

站在无线侧工程师的角度看，我们能够了解到终端、核心网和无线侧设备直接有接口的网元。至于核心网内部有哪些网元，网元之间有哪些接口我们就不关心了。2G、3G、4G、5G的无线侧视角的网络架构都遵从如图5-2所示的通用结构，手机终端和无线接入网通过空中接口（Air Interface，简称空口）与无线接入网（RAN）连接，无线接入网

（RAN）又通过地面接口与核心网相连。不同的网络制式，网元和接口的具体名称不同，网元之间的关系也稍有不同，但通用架构类似。

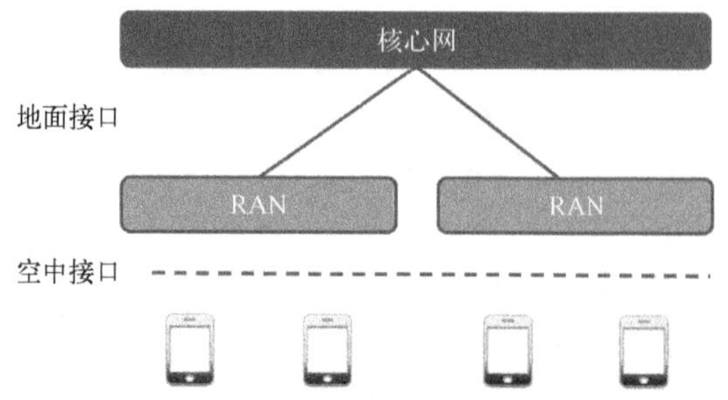

图5-2　无线侧视角的通用网络架构

（1）2G网络RAN视角

如图5-3所示，2G网络的终端叫MS（Mobile Station，移动台），由移动设备（Mobile Equipment，ME）和SIM卡组成。

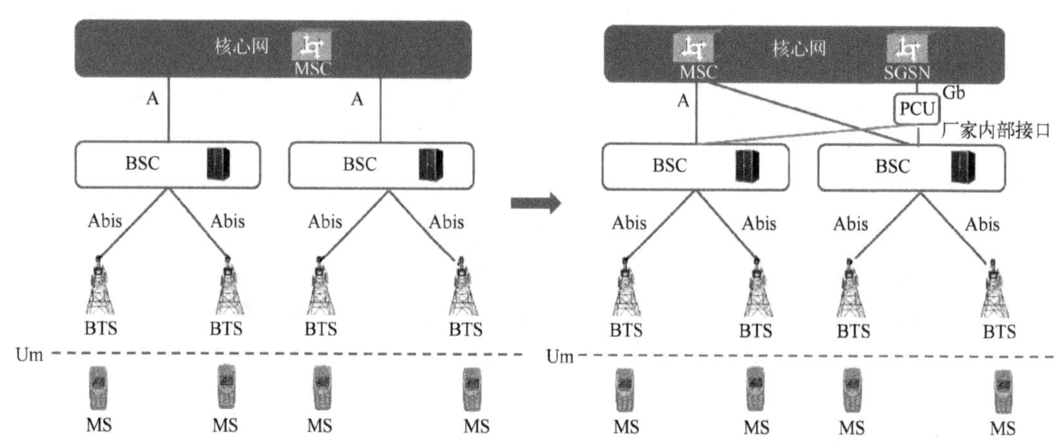

图5-3　2G无线侧视角的网络架构

无线侧RAN包括两个网元，分别为BSC（Base Station Controller，基站控制器）和BTS（Base Transceiver Station，基站收发信机）。BTS，也叫BS、基站，负责无线信号的收发，MS通过空中接口Um与BTS进行信息交互；BSC负责处理所有与无线信号有关的工作：小区切换、无线资源管理等，BTS通过地面接口Abis接口和BSC进行信息交互。

核心网的网元MSC（Mobile Service Switching Center，移动业务交换中心），为移动用户提供交换功能，负责移动用户的语音呼叫建立，BSC与MSC之间通过地面接口A接口相连。

随着GSM网络对数据业务的支撑，核心网侧增加了负责数据包交换的设备SGSN

（Serving GPRS Support Node，服务 GPRS 支持节点）。在无线侧，为了把数据业务从 GSM 语音业务中分离出来，增加了 PCU（Package Control Unit，分组控制单元），用于控制传送数据业务的无线链路，并允许用户接入和语音业务相同的无线资源。无线侧 BSC 和 PCU 通过厂家的内部接口相连，换句话说 PCU 和 BSC 必须是同一厂家的；PCU 和 SGSN 通过地面接口 Gb 口相连。

（2）3G 网络 RAN 视角

3G 时代，智能终端已经出现，手机不再是唯一的终端形态，考虑到终端也不都处在移动状态，3G 终端的名称改为 UE（User Equipment），并且一直沿用到 5G。UE 通过 Uu 接口与 3G 接入网进行数据交互，空口的名字 Uu 也一直用到 5G。

3G 网络架构基本与 2G 相近，同样采用 3 级网络架构，即 NodeB－RNC－CN，如图 5-4所示。由于 2G 是窄带系统，3G 是宽带系统，为了区别，3G 无线侧（RAN）叫 UTRAN（UMTS Terrestrial Radio Access Network，陆地无线接入网），分为基站（NodeB）和无线网络控制器（Radio Network Controller，RNC）两部分。

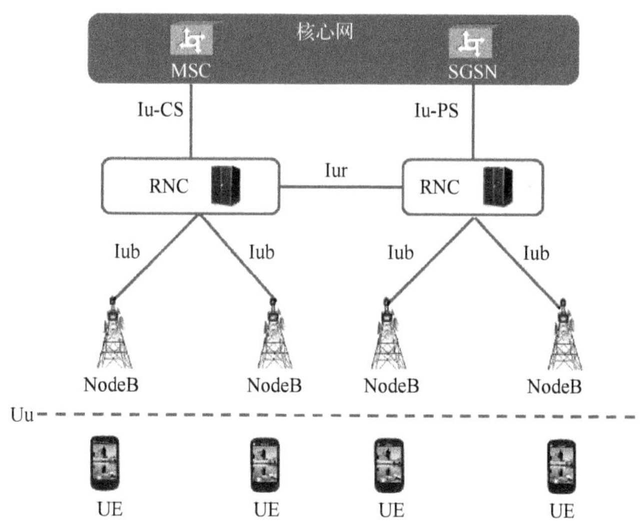

图 5-4　3G 无线侧视角的网络架构

NodeB 是 WCDMA 和 TD-SDMA 系统的基站，主要完成空口 Uu 物理层协议的处理，包括无线收发信机和基带处理部件两部分。NodeB 通过标准的 Iub 接口和 RNC 互连。RNC 主要完成连接建立和断开、切换、宏分集合并、无线资源管理控制等功能。RNC 和核心网的地面接口叫 Iu 口。由于 3G 核心网同时包含 CS 域和 PS 域，所有 Iu 口又分为 Iu-PS 和 Iu-CS。

2G 的 BSC 之间是没有接口的，而 3G 的 RNC 之间增加了 Iur 接口。这样，终端在同一个 MSC，不同 RNC 之间进行移动，流程路径缩短了很多，同时 Iur 接口有利于 RNC 之间负载均衡的实现。

（3）4G网络RAN视角

4G时代，为了降低端到端时延，无线侧架构进行了扁平化调整，将2G、3G的3级网络架构“扁平化”为2级：eNodeB-核心网，取消了3G时代的RNC。RNC的功能一部分分割在eNodeB（evolved NodeB，演进型基站，也简写为eNB）中，一部分移至核心网中。4G核心网，即EPC（Evolved Packet Core，演进分组核心网），只包含PS域。

4G的无线侧（RAN）叫eUTRAN（Evolved UTRAN，演进型RAN），如图5-5所示，包含多个eNodeB，eNodeB之间底层采用IP传输，在逻辑上通过X2接口互相连接，属于网状网（Mesh）型结构，网状网结构可以保证UE在4G网络内的移动时，实现无缝切换。

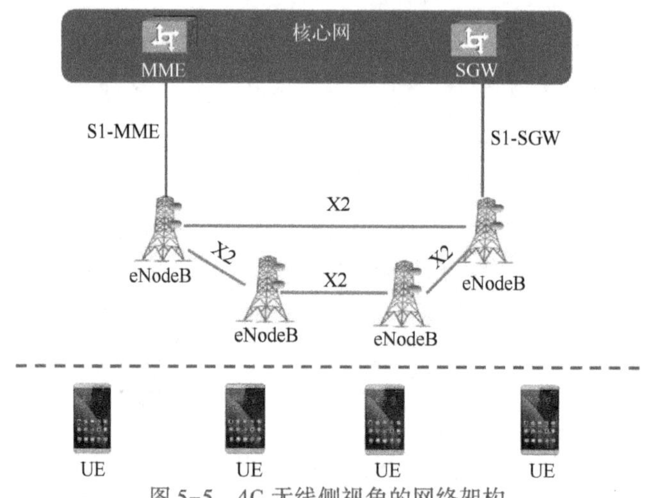

图5-5　4G无线侧视角的网络架构

eNodeB通过地面接口S1接口连接到EPC中。在EPC侧，SGW是LTE网络数据业务在核心网的锚点，主要负责数据业务的转发；MME（Mobility Management Entity，移动管理实体）主要负责处理移动性管理等控制功能。eNodeB通过S1-U（S1-SGW）接口和SGW相连，通过S1-C（S1-MME）接口和MME相连。S1-U和S1-C可以分别看作S1接口的用户平面和控制平面。

（4）5G网络RAN视角

5G无线侧视角的网络架构如图5-6所示，乍一看，和4G无线侧视角的网络架构差不多，也是两级架构，gNodeB-核心网，不同的是有些网元和接口的名称变了。

从终端侧看，UE的形态多种多样，有传统形态的手机，也有折叠屏的手机，有物联网的各种终端以及无线传感网（WSN），也有类似于家庭网关的CPE等。CPE是一种将4G或者5G无线信号和WiFi信号互相转换的设备，支持同时上网的移动终端数量较多，在智能家居、智能楼宇、智慧工厂等场景应用比较多。

5G终端侧和RAN侧的空中接口还叫Uu口，但5G的空中接口还有个别名叫NR（New Radio）接口。新空口新在哪里，我们后面介绍。

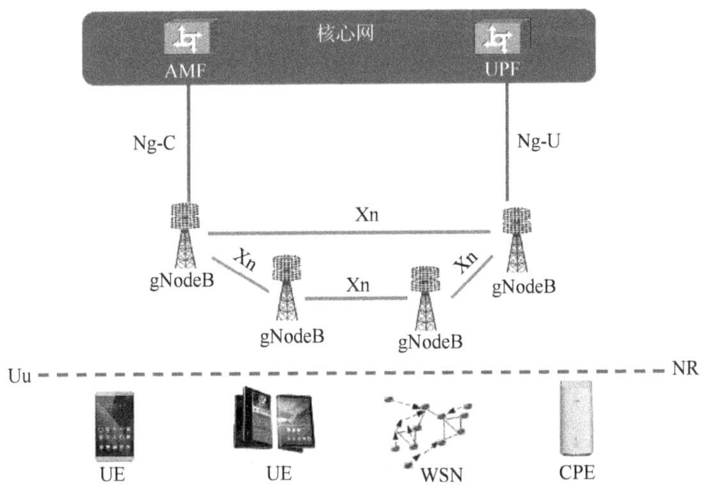

图 5-6　5G 无线侧视角的网络架构

5G 的 RAN 侧包含多个 gNodeB（5G RAN NodeB，5G 基站，简写 gNB），gNodeB 之间在逻辑上通过 Xn 接口互相连接，也属于网状网（Mesh）型结构。gNodeB 通过地面接口 Ng 接口连接到 5GC（5G Core，5G 核心网）中。在 5G 核心网侧，UPF（User Plane Function，用户面功能）是 5G 网络数据业务在核心网的锚点，主要负责数据业务的转发，属于用户面功能；AMF（Access and Mobility Management Function，接入和移动性管理功能）主要负责统一的接入管理和移动性管理等控制功能，属于控制面功能。gNodeB 通过 Ng-U 接口和 UPF 相连，通过 Ng-C 接口和 AMF 相连。Ng-U 和 Ng-C 可以分别看作 Ng 接口的用户平面和控制平面。

（5）RAN 视角网元和接口小结

总结一下，2G、3G、4G、5G 无线侧视角的网元如表 5-1 所示，无线侧视角的网络接口如表 5-2 所示。

表 5-1　无线侧视角的网元

网络位置	网　　元	2G	3G	4G	5G
终端侧	终端	MS	UE	UE	UE、CPE、WSN
RAN 侧	基站	BTS	NodeB	eNodeB	gNodeB
	基站控制器	BSC、PCU	RNC	—	—
核心网网元	与 RAN 接口	MSC、SGSN	MSC、SGSN	MME、SGW	AMF、UPF

表 5-2　无线侧视角的网络接口

接口分类	网 元 关 系	2G	3G	4G	5G
空中接口	终端-基站	Um	Uu	Uu	Uu、NR

（续）

接口分类	网元关系	2G	3G	4G	5G
地面接口	基站-基站控制器	Abis	Iub	—	—
	基站控制器-基站控制器	无	Iur	—	—
	基站控制器-核心网	A	Iu（Iu-CS、Iu-PS）	—	—
	基站-基站	—	—	X2	Xn
	基站-核心网	—	—	S1（S1-C、S1-U）	Ng（Ng-C、Ng-U）

5.1.2 核心网侧视角

从核心网工程师的角度看，他们关心的是核心网内部网元的构成和相互的接口协议关系。当然，核心网与RAN侧和外网的接口，也是核心网工程师要关注的。

（1）2G核心网

如图5-7所示，MSC就是GSM核心网的最主要设备。图上面写的是“MSC/VLR”，主要是因为VLR（Vistor Location Register，拜访位置寄存器）是一个功能实体，但是物理上，VLR和MSC是同一个硬件设备。相当于一个设备实现了两个角色，所以画在一起。MSC/VLR的主要功能是提供CS域的呼叫控制、移动性管理、加密等功能。

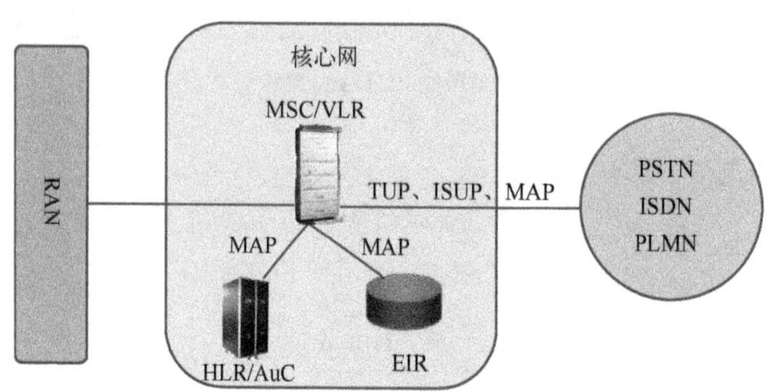

图5-7 GSM核心网网络架构

HLR的主要功能是提供用户身份、业务签约信息的存放、新业务支持、增强的鉴权等功能。移动鉴权中心（Authentication Centre，AuC），专门用于GSM系统的安全性管理。HLR和AuC功能上有所分别，物理设备上却合二为一。

EIR（Equipment Identity Register，设备标识寄存器）存储的是移动台（MS）的IMEI号码，负责终端的合法性检测。EIR有白清单、黑清单、灰清单三种用户，白清单中存储的是所有合法的IMEI号码，可以正常使用，黑、灰清单中的用户则不行，例如那些水货手机、未经型号认证的手机、偷来的手机都可以通过EIR鉴别出来，然后MSC/VLR可以确定移动台的位置，并将其连接阻断。

GSM 初期的外部网络主要包括 PSTN（Public Switched Telephone Network，公共交换电话网络）、ISDN（Integrated Service Digital Network，综合业务数字网）、PLMN（Public Land Mobile Network，公共陆地移动网络），都属于电路域（CS）的外网。

PSTN 是以模拟技术为基础的电路交换网络，即我们日常生活中常用的固定电话网；ISDN 俗称“一线通”，除了可以用来打电话，还可以提供诸如可视电话、数据通信、会议电视等业务；PLMN 就是指另一个运营商的移动网络。

GSM 核心网早期基于 No. 7 信令进行设备间信息交互，比如 A 接口是基于 No. 7 信令的 BSSAP 协议，MSC/VLR 和 HLR、EIR 是基于 No. 7 信令的 MAP（Mobile Application Part，移动应用部分）协议，MSC/VLR 和外网是基于 No. 7 信令的 TUP（Telephone User Part，电话用户部分）协议或者 ISUP（ISDNUser Part，ISDN 用户部分）协议。

2G 和 3G 之间，还有一个 2. 5G，就是 GPRS（General Packet Radio Service，通用无线分组业务）。核心网增加了 PS（Packet Switch，分组数据包交换）域。从此，人们使手机除了打电话、发短信之外，还可以进行数据业务（上网）了。核心网 PS 域包括 SGSN（Serving GPRS Support Node，服务 GPRS 支持节点）、GGSN（Gateway GPRS Support Node，网关 GPRS 支持节点）。这两个网元是为了实现 GPRS 数据业务而新增的网络节点，如图 5-8所示。由于用户投诉、多家运营商竞争等因素，EIR 设备在国内并没有用起来，因此此后的网络结构中不再出现这个设备。

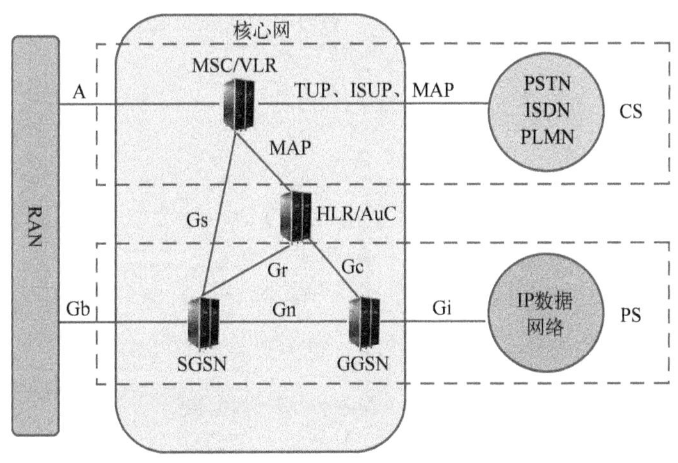

图 5-8　GPRS 核心网网络架构

SGSN 执行移动性管理、安全功能、接入控制和路由选择等功能；GGSN 相当于一个网关设备，负责提供与外部 IP 网络的接口，并提供必要的网间安全机制（如防火墙）。SGSN 和 GGSN 通过 Gn 接口相连，GGSN 和外部 IP 数据网络通过 Gi 接口交互。HLR 设备和 SGSN 的接口是 Gr，和 GGSN 的接口是 Gc。MSC 和 SGSN 的接口是 Gs。

（2）3G核心网

3G核心网在R99版本基本上沿用了GPRS的核心网架构。在之后的版本，3G核心网的架构有了变化。主要变化的思路有两点：IP化和分离（控制和承载）。

IP化就是用网线、光纤代替粗重的E1线缆，使设备的内部和外部的接口都开始围绕IP地址和端口号进行。

3G阶段的分离主要是承载和控制的分离。主要是在3GPP的R4版本，MSC网元设备的功能开始细化，不再同时完成承载和控制两类功能，而是一分为二：MGW和MSC-Server。如图5-9所示。

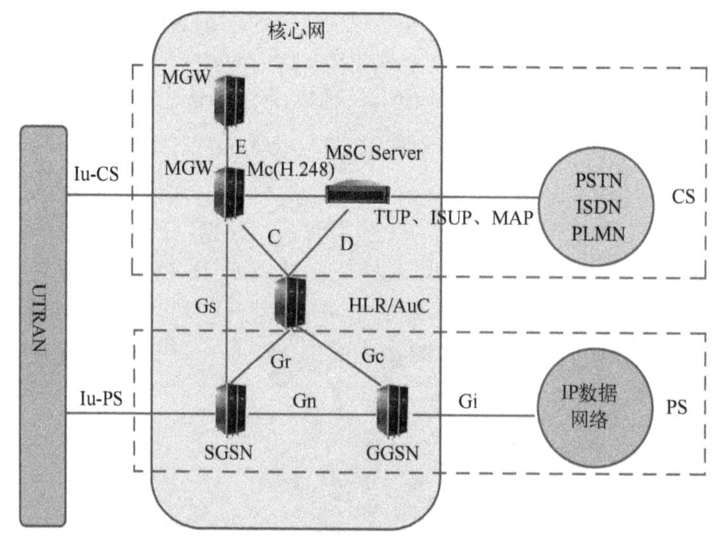

图5-9　3G R4版本核心网网络架构

在移动通信系统中，存在两个平面：用户面（User Plane，UP）和控制面（Control Plane，CP），如图5-10所示。用户面就是用户的实际业务数据，如语音数据、视频流数据之类的；而控制面是为了管理数据走向的信令、命令。不能理解两个面，就无法理解通信系统。2G时代，用户面和控制面没有明显分开。3G时代的R4版本这两个平面进行了初步的分离——控制和承载，但还没有完全分离的控制面和用户面。

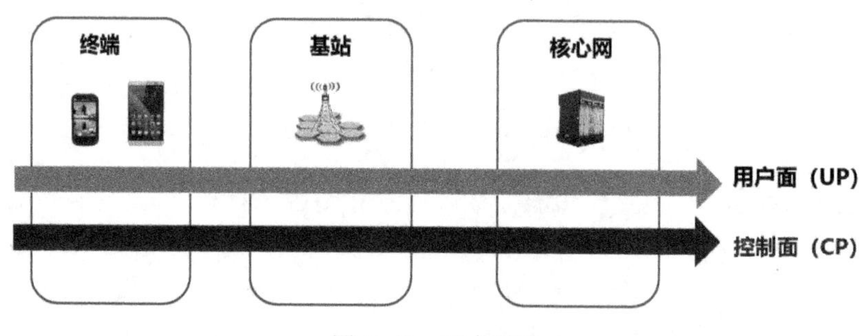

图5-10　两个平面

MGW（Media Gateway）是承载面的设备，负责来自电路交换网络的 TDM 承载和来自多媒体流网络的 IP 或 ATM 承载，如话务交换、回音控制、铃音的广播等。MSC Server 通过基于 H.248 协议的 Mc 接口控制 MGW。

MSC Server 是控制面设备，主要职责是链接管理，负责指挥 MGW。所有呼叫的控制信令的发送，例如呼叫建立、呼叫转移、位置更新、路由、切换、计费、话务统计等需要通过 MSC Server。两个 MSC-Server 之间通过 Nc 接口传输呼叫控制信令，用于建立各种类型承载时，在不同 MSC-Server 之间控制协调信令的传递。

MGW 和 MSCServer 分别通过 C 和 D 接口与 HLR/AUC 相连，通过 E 接口与其他 MGW 相连。

（3）4G 核心网

4G 时代，核心网取消了 CS 域，实现了全分组化，并且控制面和用户面进一步分离，3G 的 SGSN 演变成 4G 的 MME（Mobility Management Entity，移动管理实体），成为一个纯粹的控制面网元。如图 5-11 所示。3G 的 GGSN 演变成 4G 的 SGW（Serving Gateway，服务网关）和 PGW（PDN Gateway，PDN 网关），这两个网元主要是用户面网元，也有少量控制功能。MME 通过 S11 接口来控制 SGW。SGW 和本地的 PGW 的接口是 S5，和漫游地的 PGW 的接口是 S8。

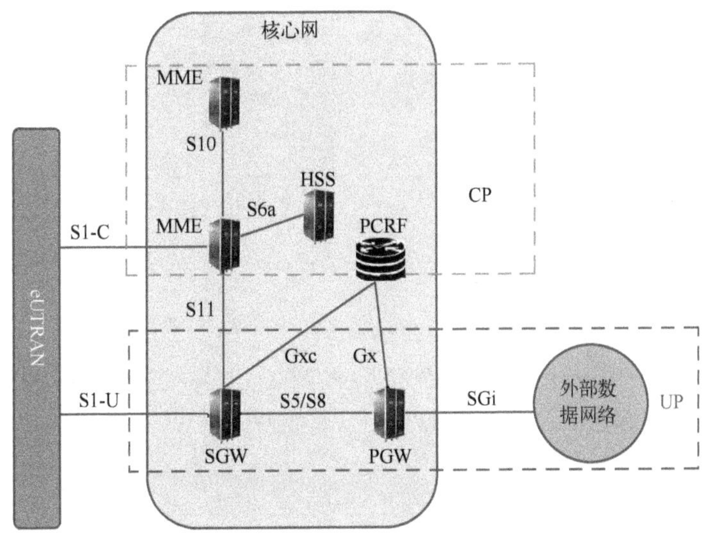

图 5-11　4G 核心网网络架构

4G 的 HSS（Home Subscriber Server，归属签约用户服务器）由 3G 的 HLR 演变而来。除了原来 HLR 功能外，还存储 IMS（IP Multimedia Subsystem，IP 多媒体子系统）业务相关的数据。HSS 的功能包括存储用户的业务签约信息、业务触发信息，可用于用户的认证、鉴权和寻址。

PCRF是业务数据流和IP承载资源的策略与计费控制策略的决策点，通过Gxc接口和SGW连接，通过Gx接口和PGW连接。

由于4G是全分组化结构，为了在4G网络上支撑语音业务，推出了VoLTE（Voice Over LTE）。在核心网架构上，增加了IMS子系统，如图5-12所示。IMS的主要网元包括SBC（Session Border Control，会话边界控制）、CSCF（Call State Control Function，呼叫会话控制功能）、MGCF（Media Gateway Control Function，媒体网关控制功能）等。IMS还有很多其他配合网元，我们这里不重点介绍。

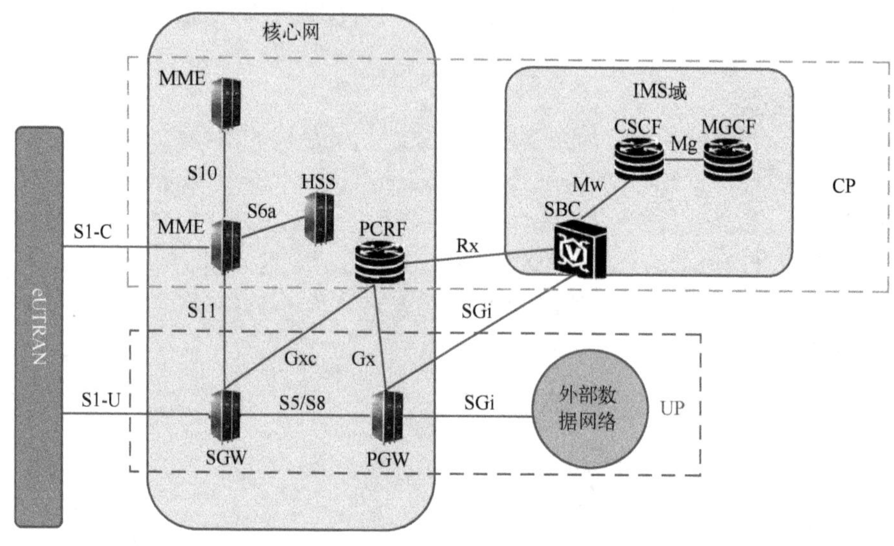

图5-12　VoLTE网络架构

SBC是IMS域的一个重要节点，处于IMS域的边界，负责给终端用户提供VoLTE业务的接入许可。

CSCF是整个IMS域的核心，是多媒体呼叫会话过程中的信令控制中枢，其重要性相当于固网里的软交换，或者是3G核心网络里的MSC，它负责管理IMS域的用户鉴权、业务服务质量（QoS）、业务协商、资源分配，以及业务计费等。

MGCF具有网关功能。数据转发和协议适配是网关的两大功能。MGCF是IMS域的用户和CS域的用户之间进行通信的关口部门。IMS域和2G/3G的CS域的上层应用协议不同。如果两个网络的用户需要进行相互通信，必须有一个中间人，负责把IMS网络中的SIP信令转化为ISUP信令，或者把ISUP信令转化为SIP信令。这个中间人就是MGCF。

SBC和PGW的接口为SGi口，SBC和PCRF的接口为Rx；SBC和CSCF之间的接口为Mw，CSCF和MGCF之间的接口为Mg。这是主要接口，还有许多和其他网络节点的接口，大家在需要的时候进行查阅便可。

（4）5G 核心网

5G 时代，核心网逻辑架构从大的方面看变化主要有两点：一是用户面 UP 和控制面 CP 的分离更加彻底；二是核心网不再关注网元物理实体，而关注网络的逻辑功能，所以核心网的网元多以 F（Function，功能）结尾。如图 5-13 所示。也就是说，5G 核心网将网元功能进一步打散、拆分，把具有多个功能的一个网元（整体）拆分为具有独自功能的多个个体。一个个体表现为一个服务功能。

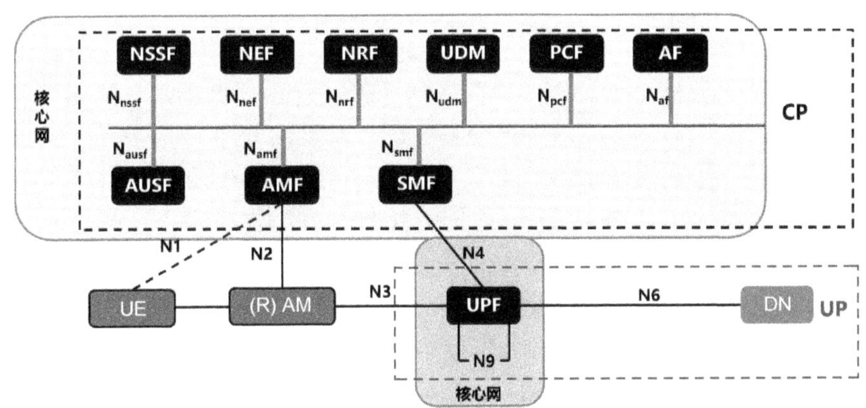

图 5-13　5G 核心网基于 SBA 的网络架构

5G 核心网的用户平面只有一个网络功能，即 UPF（User Plane Function，用户平面功能）。UPF 和其他 UPF 之间的接口为 N9，UPF 和外部直连网络（Data Network，DN）之间的接口为 N6 接口。我们在 4G 网络看到外部数据网络用 PDN（Packet Data Network）表示；到了 5G，用 DN 表示，说明了 5G 志向远大，非运营商的 PDN 网络，比如说第三方网络，5G 都可以连接。UPF 和无线侧的接口为 N3，在无线侧看就是 Ng-U。

5G 核心网的控制平面如表 5-3 所示。5G 核心网的控制平面内部是基于服务化的接口（Service Based Interface，SBI）。举例来说，大写 N，跟着小写的网络功能名称，如 Namf 就是网络功能 AMF 基于服务的接口。5G 的服务化架构（Service Based Architecture，SBA）和服务化接口是 5G 核心网的关键技术。

表 5-3　5G 核心网控制平面功能

5G 网络功能	英 文 名 称	中 文 名 称
AMF	Access and Mobility Management Function	接入和移动性管理功能
SMF	Session Management Function	会话管理功能
AUSF	Authentication Server Function	鉴权服务器功能
PCF	Policy Control function	策略控制功能
NEF	Network Exposure Function	网络开放功能

（续）

5G网络功能	英文名称	中文名称
NRF	NF Repository Function	NF存储功能
NSSF	Network Slice Selection Function	网络切片选择
UDM	Unified Data Management	统一数据管理
AF	Application Function	应用功能

5G网络功能之间基于服务化的接口表示方式说明接口之间是多对多的关系。2G/3G/4G网络中，如果我们说出一个接口的名称，就一定知道是哪两个网元之间的接口，这是业内人士通用的表示方式。比如说S5接口，大家都知道这是4G中SGW和PGW之间的接口。但是如果表达两个网元之间的接口使用5G基于服务化的接口表示方式，就比较烦琐。比如要表示AMF和SMF之间的接口，就需要说两个：接口Namf和接口Nsmf。

为了清晰地表达这种两个网元间的接口关系，3GPP也定义了5G网络功能之间点对点的接口表达关系，如图5-14所示。现在我们只要说N11，大家就知道是表示AMF和SMF之间的接口，即N11=Namf+Nsmf。

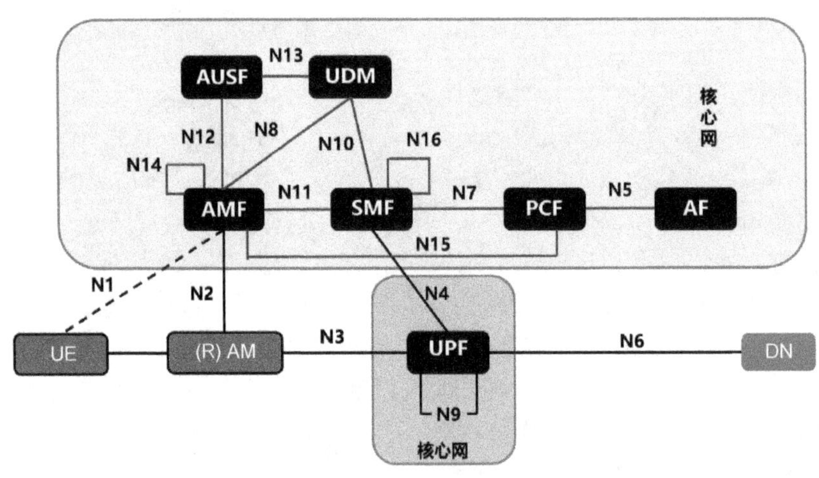

图5-14　5G核心网点对点架构

由于5G网络功能很多，而且还在不断增加（网络架构开放），再加上多对多的关系，相互组合起来点对点的接口会很多。现在5G点对点的接口从N1、N2、N3，一直定义到N58、N59，将来会更多。我们现在只重点掌握N1、N2、N3、N4、N5、N6、N7、N8、N9、N10、N11、N12、N13、N14、N15、N16、N26、N33这几个就可以了。其中N26，N33将在第7章再次介绍。

从接口功能的角度上看，5G核心网多数接口都有对应的4G核心网的接口，功能也类似，但不完全等价，如表 5-4 所示。比如说 N3 接口功能类似于 4G 的 S1-U 口，但并不是说 N3 接口和 S1-U 接口的功能完全相同。也有一些 5G 核心网的接口在 4G 网络没有对应的接口，属于 5G 核心网新增的接口，如 N12、N13、N16、N33。

表 5-4　5GC 各接口和 4G EPC 接口的对应关系

5GC 接口			4G EPC 接口		
5GC 点对点接口	网络功能关系	协议	4G EPC 接口	网元关系	协议
N1	UE-AMF	5G NAS	—	UE - MME	NAS
N2	gNodeB-AMF	NGAP	S1-MME	eNodeB - MME	S1AP
N3	gNodeB-UPF	GTP-U（GTPv1）	S1-U	eNodeB - SGW	GTP-U（GTPv1）
N4	SMF-UPF	PFCP（CUPS）	Sxa/b	SGW/PGW-C - SGW/PGW-U	PFCP
N5	PCF-AF	Http2	Rx	PCRF - AF（P-CSCF）	Diameter
N6	UPF-DN	纯 IP 协议如 https	Sgi	PGW - PDN	用户 Payload
N7	SMF-PCF	Http2	Gx	PGW - PCRF	Diameter
N8	AMF-UDM	Http2	S6a	MME - HSS	Diameter
N9	UPF-UPF	GTP-U（GTPv1）	—	—	—
N10	SMF-UDM	Http2	—	—	—
N11	AMF-SMF	Http2	S11+MME 内部	MME - SGW-C	GTPv2
N12	AMF-AUSF	Http2	—	—	—
N13	AUSF-UDM	Http2	—	—	—
N14	AMF-AMF	Http2	S10	MME - MME	GTPv2
N15	AMF-PCF	Http2	个别厂家私有接口	MME -PCRF	Diameter
N16	SMF-SMF	Http2	—	—	—
N26	MME-AMF	GTPv2	Gn、S3、S4	MME（Gn）、SGSN（S4）跨系统互操作	GTPv1、v2
N33	API-AF	Http2	—	—	—

（5）核心网视角网元和接口小结

总体来说，运营商核心网的现网设备可分为 3 类：CS、PS、IMS，如图 5-15 所示。CS 类的设备主要是 2G、3G 时代的设备；PS 类的设备 2G、3G、4G 和 5G 的设备都存在；IMS 类的设备则主要是 4G、5G 设备。

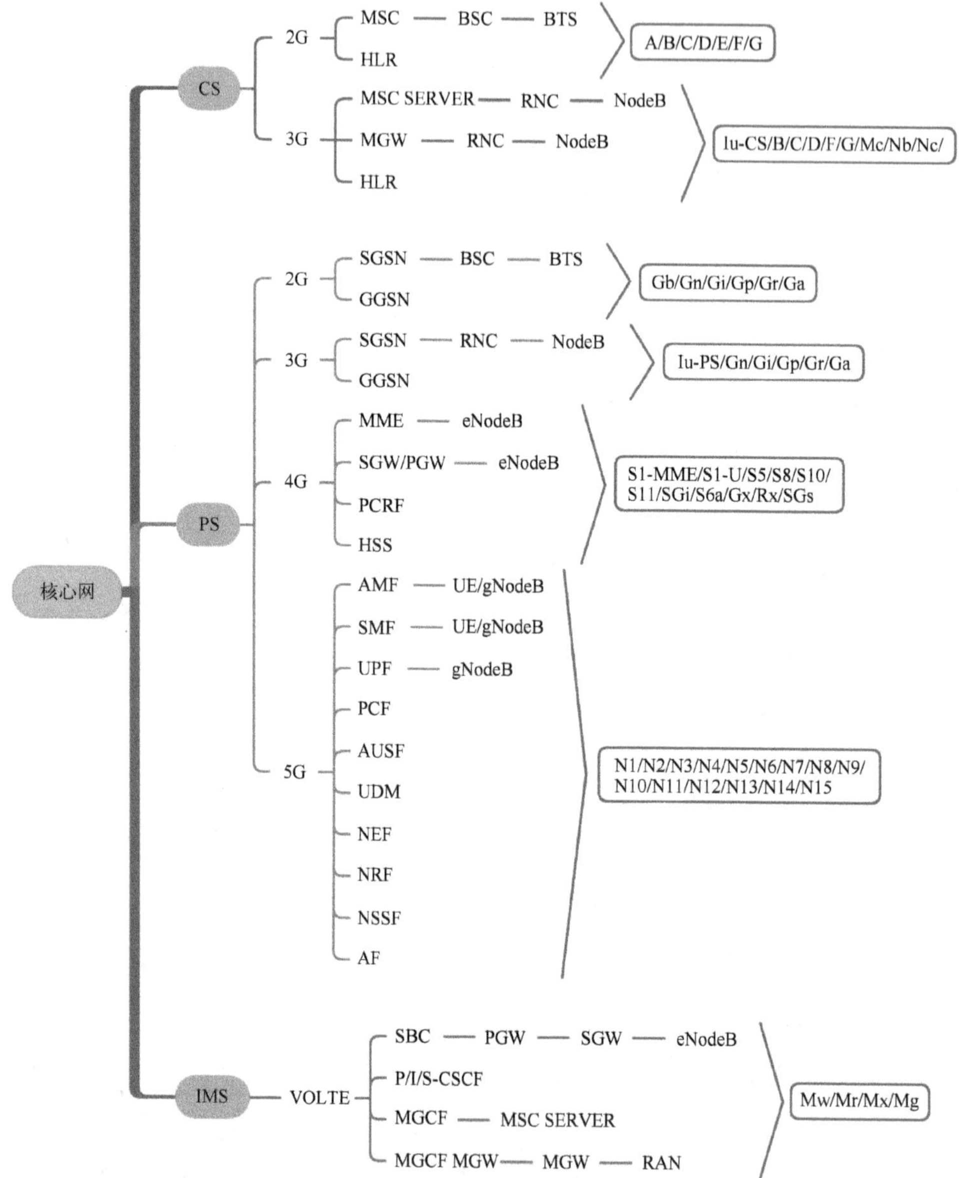

图 5-15　运营商现网核心网主要设备和接口汇总

5.1.3　主要功能视角

5G 的网络架构是从 4G 的网络架构演变而来的，4G 无线侧 eNodeB 和 5G 无线侧的 gNodeB 功能差不多，但 4G 和 5G 核心网的功能分布有所差别。图 5-16 和图 5-17 列出了 4G、5G 主要网元的主要功能。注意，这里是主要功能，而不是全部功能。

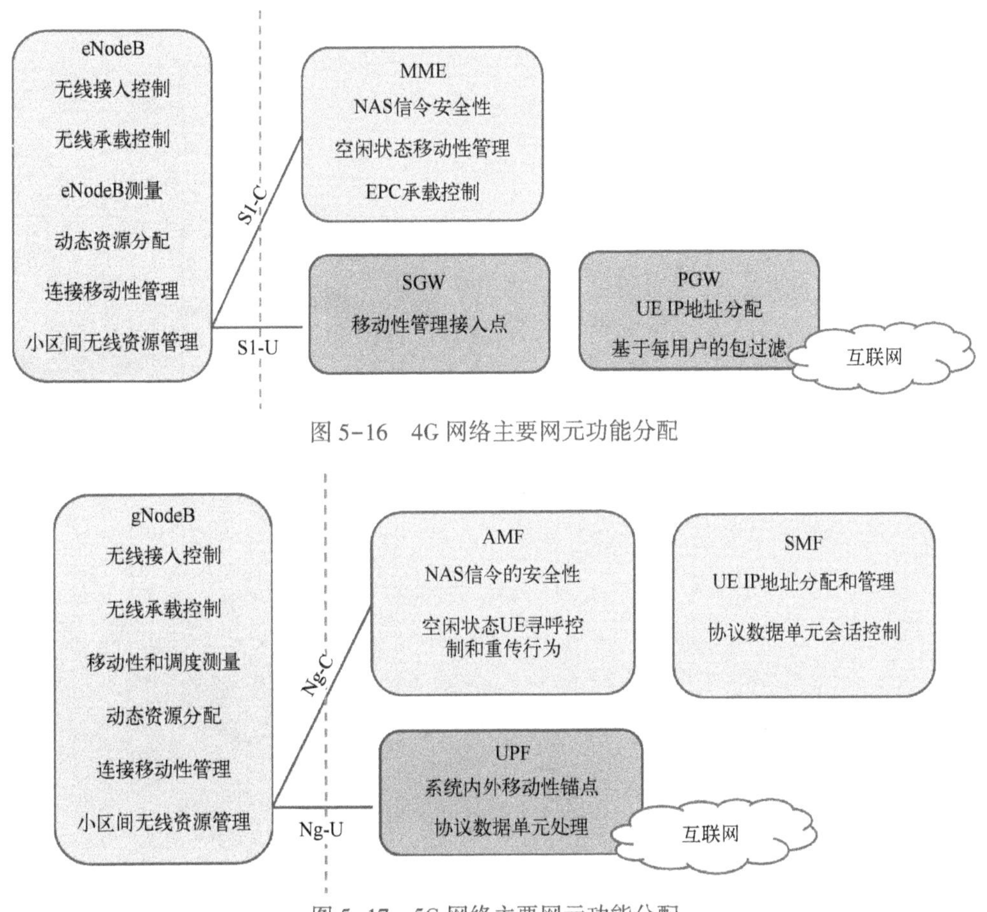

图 5-16　4G 网络主要网元功能分配

图 5-17　5G 网络主要网元功能分配

在无线侧，eNodeB 和 gNodeB 的主要功能可以按照一个手机进行数据业务的过程顺序来记忆。一个手机要进行数据业务，基站首先要进行无线接入控制；基站允许这个手机的数据业务接入后，需要对数据业务的无线承载进行控制；为了跟踪无线环境的动态变化，基站要完成一些测量，同时也要对手机的测量进行控制和配置。基于测量结果，基站可以对这个数据业务的无线资源进行动态分配；基于测量结果，基站可以决定是否触发切换，需要完成手机的移动性管理；基于测量，基站可以对多个小区的基带资源和射频资源进行分配和管理。

5G 核心网的网络功能分布相对于 4G 来说变化比较大。4G 中 MME 的 NAS（Non Access Stratum，非接入层）信令安全功能和空闲态的 UE 移动性管理功能，在 5G 中被分布到了 AMF 中；而 4G 的 MME 中的承载控制、SGW 和 PGW 中的会话控制功能被集中在了 5G 的 SMF 中，形成一个协议数据单元会话控制的功能，PGW 的 UE IP 地址分配和管理的功能在 5G 被放在了 SMF 里；4G 中 SGW 和 PGW 的用户面功能组合在一起变成了 UPF 的功能。如图 5-18 所示。

4G中的HSS和MME中的用户鉴权功能抽离出来，合并构成了5G的AUSF；4G中的HSS的用户签约数据功能被抽离出来，作为5G的UDM，如图5-19所示。

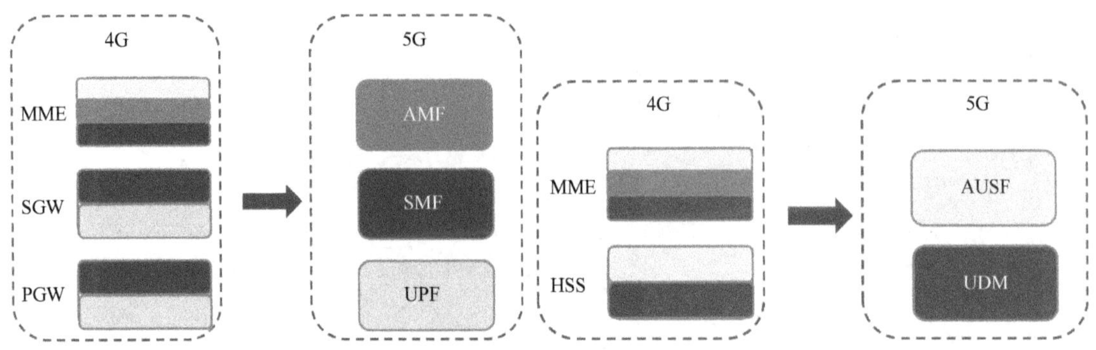

图5-18　网元功能打散重组

图5-19　AUSF和UDM功能的形成

总体来说，5G网络功能和4G核心网网元的对应关系如表5-5所示。

表5-5　5G网络功能和4G核心网网元的对应关系

5G网络功能	类似于4G核心网的网元
AMF	MME中NAS接入控制功能
SMF	MME、SGW-C、PGW-C的会话管理功能
AUSF	HSS中的鉴权功能
PCF	PCRF里的策略控制功能
NEF	SCEF的网络开放功能
NRF	5G新增功能，类似于4G的DNS功能
NSSF	5G新增功能，用于网络切片选择
UDM	HSS的用户签约数据管理功能
AF	5G新增功能，第三方应用

5.2　架构变革技术

5G网络架构变革技术最根本的有三个：NFV、SDN和云。可以这么说，从5G网络架构变革的角度看，5G完成的就是网络功能的NFV化、网络控制的SDN化、网络部署的云化。NFV实现软硬件解耦，硬件标准化，软件功能虚拟化，可以更灵活地实现网络服务化的架构，加快新功能和新业务推出的速度。SDN实现转发和控制分离，简化了整个网络的配置和调整过程，减少了维护成本、提高了网络结构调整的灵活性。云计算具备按需自助服务、广泛的网络访问、资源共享、快速的可伸缩性和可度量的服务等特征，可以为用户提供随时随地、动态灵活的按需收费的云服务，降低用户本地部署平台的购买成本和服务成本。

5.2.1　软硬件解耦——NFV

NFV（Network Function Virtualization，网络功能虚拟化）是通过 IT 虚拟化技术，采用业界标准通用的大容量服务器、存储和交换机，来承载各种各样的网络软件功能。在 NFV 之前，NF（Network Function，网络功能）就早已存在。一个物理上独立的网元依附于一个专用硬件提供多个有交互关系的网络功能（NF）。一个网元内的 NF 相互之间耦合性较强，对外提供统一的接口和服务。

V（Virtualization）是虚拟化。所谓虚拟化，就是完全用软件的方式实现传统的网络功能，让软件、硬件实现解耦，即软件和硬件互不依赖，软件的变更不会要求硬件也做出改变；硬件的升级换代不需要软件的配合，硬件和软件独立扩展，独立升级。

1. NFV 的两化

这就需要 NFV 完成“两化”，如图 5-20 所示。

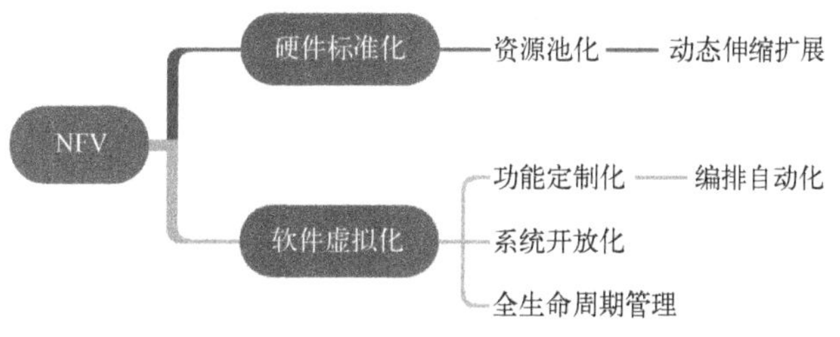

图 5-20　NFV 两化要点

（1）硬件标准化

网络功能不再依赖于专用硬件。组网时，用通用标准的硬件代替专用硬件。标准通用的硬件便于资源池化，便于硬件的动态伸缩和动态扩展。

（2）软件虚拟化

软件不依赖于专用硬件，在虚拟基础架构中实现软件的功能定制化、编排自动化、系统开放化，同时便于软件功能的全生命周期管理。

NFV 不是凭空产生的，而是运营商网络发展面临的挑战和技术的进步共同促进的。

运营商网络中的专用的、非标准化硬件设备大量增加，种类繁多，备品备件需求量大，网络的维护成本居高不下。运营商采购的硬件设备使用周期逐渐缩短，缺乏灵活性和敏捷性，不能实现随时按需调度网络资源。在这种情况下，新业务系统建设需要集成很多专用硬件、上线调试工作量大、周期长。因此运营商需要大量的资本来建设和维护网络，与此同时收入增长却受限。

虚拟化技术是从 IT 领域发展起来的，而且比较成熟。现在的趋势是 IT 机房里已经在使用通用的 X86 架构的服务器，或者基于 COTS（Commercial Off-The-Shelf，商用现成品或技术）硬件的设备，如图5-21所示。这些标准化的硬件技术有开放的标准接口定义。在此基础上，虚拟化软件，如VmWare发展也比较成熟，CPU计算资源、存储资源、网络带宽资源、输入/输出（I/O）资源都可以完成虚拟化，支持这些硬件资源独立扩展和动态伸缩。

图5-21　从传统服务器架构到IT通用硬件

传统设备的一体化架构是一种软件和专用硬件紧耦合的架构，如图5-22所示。我们使用标准化硬件，组成共享资源池；然后引入虚拟化层，对物理资源如CPU、存储、网络、I/O等资源进行抽象，以便让上层操作系统更加灵活地使用资源。上层操作系统通过虚拟化层与硬件解耦，操作系统可以通过虚拟化层使用和调配硬件资源。

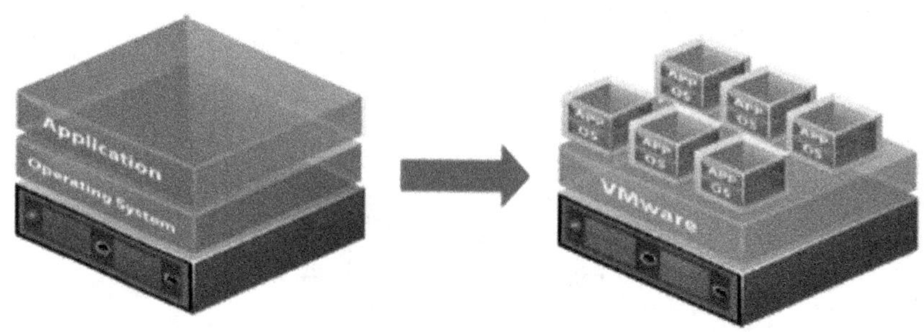

图5-22　从传统设备到虚拟化设备

引入虚拟化可以提高硬件资源的利用效率，降低设备的能源消耗，有利于应用的快速开发和上线部署，有利于资源的动态调配，降低运营成本。

2. NFV网络架构

全球各大运营商极力主张将IT领域的虚拟化技术引入CT领域。2G/3G/4G时代，运营商有各种各样的专用设备，如MSC、SGSN、GGSN、MME、SGW、PGW、HSS等，这些设备的硬件都是专用的。引入虚拟化后，硬件资源要求可以使用X86架构的服务器，实现网络设备的统一化、通用化和普遍适配性。这样的硬件资源虚拟化后，可以实现网络能力的灵活配置，加快网络部署和调整的速度，降低业务部署的复杂度和成本，提高管理、维护效率，同时能够节能，有利于网络的开放和技术的创新。如图 5-23 所示，我们在 4G 的核心网首先引入虚拟化技术，将传统的 IMS 域的设备、EPC 的设备和 HSS 的设备都换成通用的 X86 服务器，在虚拟化层上部署软件化的网络功能，如 vIMS、vEPC、vHSS 等。

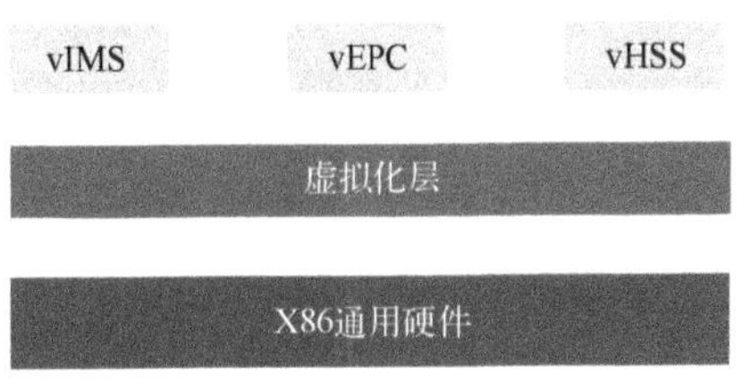

图 5-23　4G 核心网引入虚拟化技术

使用虚拟化技术后，运营商的网络从传统的垂直解耦的竖井状架构演变成上下解耦的水平分层架构，如图 5-24 所示。以前厂家是按照垂直方向切分市场的，虚拟化后，厂家按照水平方向切分市场。通用硬件资源层可以云化，部署在集中的数据中心（Data Center，DC）网络中。虚拟化层使用基于云的操作系统（Cloud OS）。在这之上，可以部署各种纯软件化的网络功能。

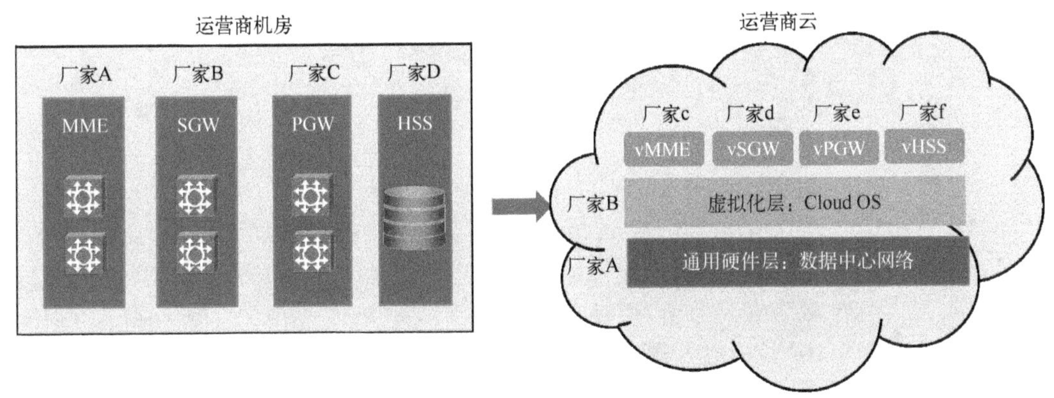

图 5-24　从竖井状架构向水平分层状架构的演变

通用硬件资源和云操作系统一起构成 NFVI（NFV Infrastructure，NFV 基础设施层），提供虚拟化和计算、存储、网络、I/O 通用资源池化的能力。纯软件化、虚拟化的网络功能，如 vMME、vSGW、vPGW、vHSS 等称作 VNF（Virtualized Network Function，虚拟化的网络功能）。NFVI 支持上层 VNF 的运行，为上层 VNF 提供运行环境。

VNF 是 NF 从硬件资源抽象解耦成软件形成的，从设备提供商（Vendor）的角度来说，VNF 是一个或者多个内部相连的功能模块；从操作人员（Operator）的角度来说，VNF 是一个 vendor 提供的软件包。VNF 的组合连接方式可以非常灵活。我们可以将一个大级别的 VNF 拆分成一些颗粒度更细的 VNF，这样能够提供更灵活的应用，更快的响应；也可以将一些颗粒度太细的 VNF 组合成一个大级别的 VNF，这样能减少管理的难度，并适当降低结构复杂性。

这样网络功能（NF）是可以组合调整的。运营商的一个业务往往需要多个 VNF 交互、相互配合，有一定的业务逻辑。上层的业务或应用需要调用 VNF 实现相应的功能。这个业务逻辑需要运营商根据需求来定制。

NFVI、VNF 和上层业务逻辑组成网络运行的三层架构，再加上管理面，就形成了标准的“三横一竖”网络架构，如图 5-25 所示。

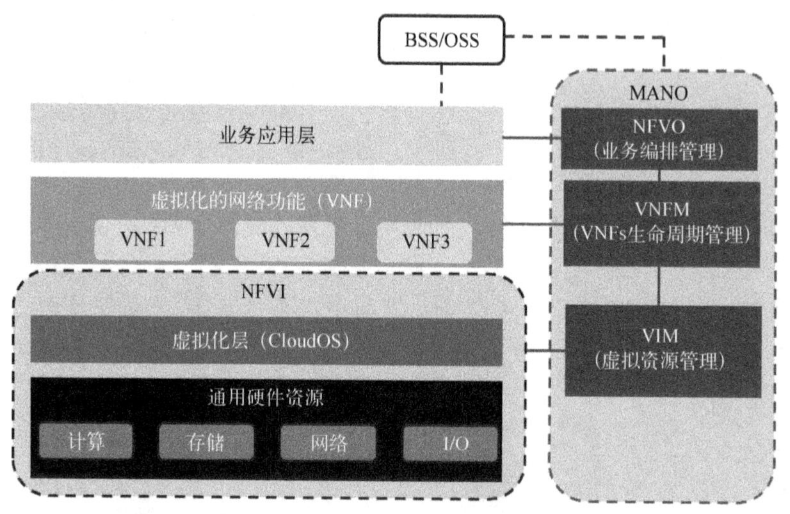

图 5-25 NFV 组成架构

VIM（Virtualised Infrastructure Manager，虚拟化基础设施的管理者）是 NFVI 的管理者，VIM 控制着 VNF 的虚拟资源如虚拟计算、虚拟存储和虚拟网络的分配，包括权限管理、增加/回收 VNF 的资源、分析 NFVI 的故障、收集 NFVI 的信息等。Openstack 和 VM-Ware 都可以作为 VIM，前者是开源的，后者是商业的。

VNFM（VNF Manager，VNF 管理者）负责管理 VNF 的生命周期，如上线、下线，以及进行状态监控等。

NFVO（NFV Orchestrator，NFV 编排者）：用于管理网络业务生命周期，并协调 VNF 生命周期的管理（需要 VNFM 的支持）、协调 NFVI 各类资源的管理（需要 VIM 的支持），以确保所需各类资源与连接的优化配置。

NFVO、VNFM 以及 VIM 三者共同组成 NFV MANO（Management and Orchestration，管理和编排）。MANO（Management and Orchestration）提供 NFV 的整体管理和编排，向上接入 OSS/BSS。这里的 Orchestration，本意是管弦乐团，在 NFV 架构中，凡是带“O”的组件都有一定的“编排”含义，各个 VNF 及各类资源只有在合理的编排下，在正确的时间做正确的事情，整个 NFV 系统才能正常运行。

运营商的 BSS/OSS（Business Support Systems and Operation Support Systems）系统，是运营商本来就有的管理系统，为 NFV MANO 提供数据存储管理的功能，数据包括 VNF 部署模板、业务相关信息和 NFVI 数据模型等，还可以对业务应用层进行监控管理。

5.2.2 控制转发分离——SDN

在设计 IP 网络的时候，美国军方希望不能存在中心节点，避免中心节点遭受毁灭性打击，而导致网络崩溃。这种网络的生存能力很强，单点故障的影响范围有限。但是随着网络规模越来越庞大，设备种类越来越多，这种网络维护配置的工作太复杂了。而且每修改或者增加一个网络节点，相关节点的配置都要重新配合修改。

举例来说，运营商要部署一个功能，如 VPN（Virtual Private Network，虚拟专用网），每一个网络节点都需要进行的配置有 MPLS（Multi-Protocol Label Switching，协议标签交换）、BFD（Bidirectional forwarding detection，双向转发检测机制）、IGP（Interior Gateway Protocol，内部网关协议）、BGP（Border Gateway Protocol，边界网关协议）、VPNV4（VPN Version 4，VPN 版本 4）和要绑定接口等。

如果一个工程师想成为 IP 网络方面的专家，需要掌握的命令行超过 10000 条，而且其数量还在增加。如果他想成为 IP 骨灰级的专家，他需要阅读网络设备相关的 RFC（Request For Comments）文件有 3000 多篇。如果一天阅读一篇，需要 6 年多才能看完。

在 IP 网络方面，运营商还有更大的痛点，就是业务部署慢。新的业务需求从提出，到定义标准、互通测试，最后到现网部署设备，一般要个 3~5 年才能完成。由于 IP 网络是分布式无中心节点的组网结构，要部署一个需求，就需要很多设备进行互通，控制面很多节点的网络设备同时升级。这样的速度显然不能满足移动互联网时代网络调整的需求。

协议多、命令行多、RFC 文件多、维护配置复杂、需求标准化慢、业务部署慢，这些问题如何解决？SDN（Software Defined Network，软件定义网络），是目前系统性地解决以上问题的最好方法。推出 SDN，并不因为有什么需求通过传统方法做不到，而是 SDN 做得更快、更好、更简单。

SDN 并不是一个具体的技术，它是一种网络设计理念，规划了网络的各个组成部分（软件、硬件、转发面和控制面）及相互之间的互动关系，目的是实现网络业务的自动化控制。

传统的网络设备（交换机、路由器）的固件是由设备制造商锁定和控制的，将网络控制与物理网络拓扑分离，可摆脱硬件对网络架构的限制。如图 5-26 所示。

1. SDN 的三个法宝

SDN 实现对网络架构的颠覆有三个法宝：转控分离、集中控制、开放可编程。从架构的角度出发，SDN 需要实现控制平面与数据平面分离，控制逻辑集中管理；从业务的角度上看，低层网络资源被集中控制，抽象成服务，实现了应用程序与网络物理设备解耦；从网络运营的角度看，网络可以通过编程的方式来访问，从而实现应用程序对网络的维护和配置，节约了运营成本。

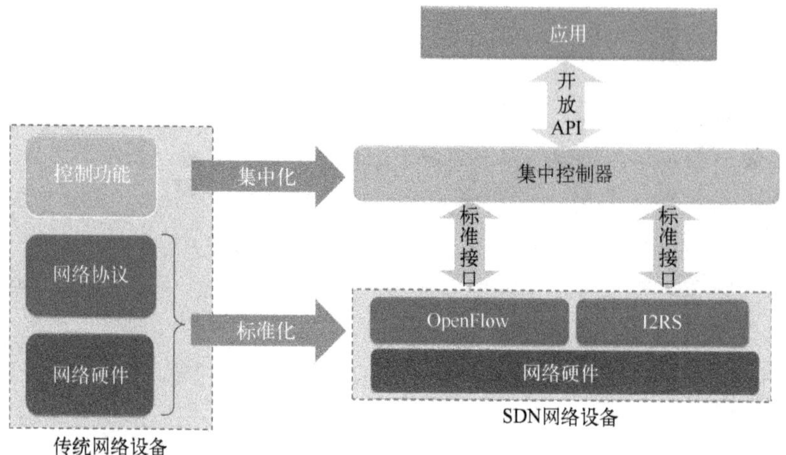

图 5-26　网络设备 SDN 化

(1) 控制面与转发平面分离

传统网络设备的控制面（Control Plane，CP）与转发平面（Data Plane，DP）不分离，设备之间通过控制协议交互转发信息，如图 5-27 所示。

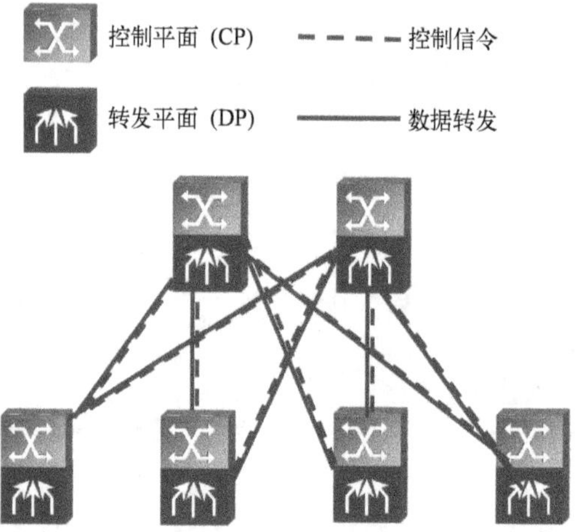

图 5-27　传统网络结构

SDN 的思路是将网络设备的控制平面集中收到控制器（Controller），网络设备上只保留转发平面（转发表项），通过控制器（Controller）实现网络统一部署和网络自动化，如图 5-28 所示。

控制平面和转发平面的分离是 SDN 最核心的设计理念。

(2) 集中化的网络控制

SDN 控制器集中了所有的网络控制功能，SDN 可以通过其内部的各种程序控制网络

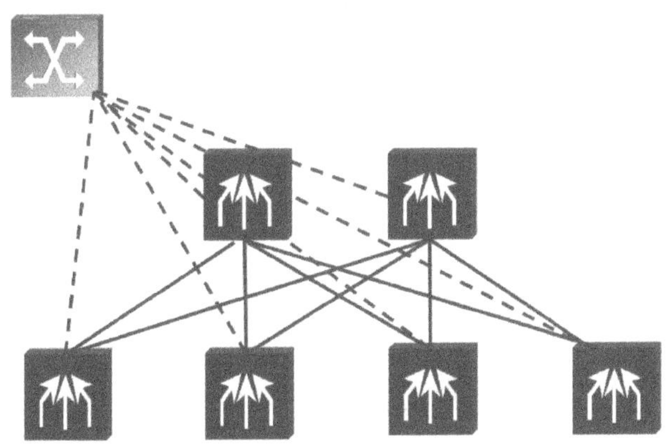

图 5-28　SDN 化的网络结构

资源管理、路径计算，然后下发路由表给转发器就可以了。SDN 时代，路由器的用户平面被称为转发器。这样，传统网络上大量的分布式控制面所需要的 IP 协议（如各种路由协议）就不需要了。

SDN 控制器实现了对基础网络设施的抽象，从应用程序的角度看 SDN 控制器，看到的是它抽象的各种网络服务，屏蔽了底层硬件的复杂性。

对转发平面来说，SDN 控制器是管理控制者的角色，如图 5-29 所示；对于应用层来说，SDN 控制器又是服务提供者的角色，如图 5-30 所示。

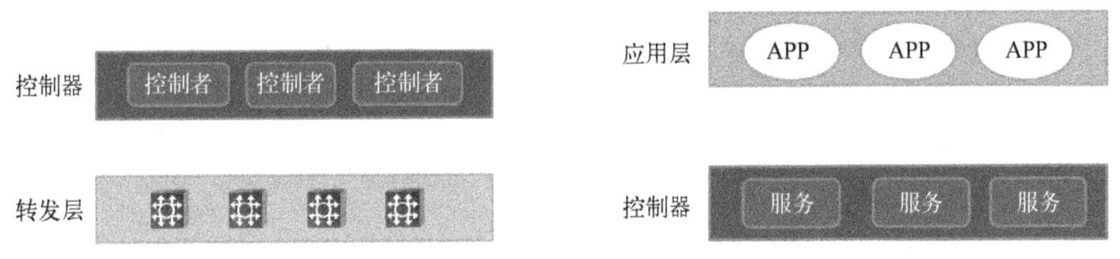

图 5-29　SDN 控制器的转发平面视角　　图 5-30　SDN 控制器应用层视角

SDN 就是让管理员从功能的角度来管理整个网络。SDN 把网络流量的管理层与底层控制流量的数据层分隔开来，但保持着管理层与数据层之间的联系。如此的分隔可以提高网络基础设施的灵活性和可控性，管理起来也更容易。这也意味着在进行网络的整体设计时，可以无视底层的物理资源，而只在管理层进行灵活、智能的调整。

（3）开放的可编程接口

在 IT 行业，需求提出后，短时间内就可以交付、测试验证、部署，业务特性升级的时间可以精确到周，甚至天。其本质就是 IT 的应用软件化。

SDN 转控分离、网络集中控制后，控制面的功能集中到 SDN 控制器的一个软件上。这样，新特性的部署，新性能的上线，仅需要修改和升级控制器软件，不需要升级转发器。SDN 的本质就是网络软件化，提升网络可编程能力，是一次网络架构的重构，而不是一种新特性、新功能。

通过开放的可编程接口，进一步增加了SDN的灵活性。新业务上线无须在控制器上直接操作，仅需通过网络应用程序编程即可完成。所以SDN的业务特性上市时间会大大缩短。

企业对整个网站架构进行调整、扩容或升级，底层的转发面设备如交换机、路由器等硬件则无须替换，通过SDN控制器，像升级、安装软件一样对网络架构进行修改，摆脱硬件对网络架构的限制，节省大量成本的同时，网络架构迭代周期将大大缩短。

我们可以在手机上安装升级自身程序，同时还能安装更多更强大的手机应用APP。如果把现有的网络看成手机，那么SDN的目标就是做出一个网络界的Android系统，在控制器上可以安装升级自身程序，同时能灵活提供很多应用。

2. SDN架构

从上面的描述可以知道，SDN架构可以分为三层：转发层、控制层、应用层，如图5-31所示。

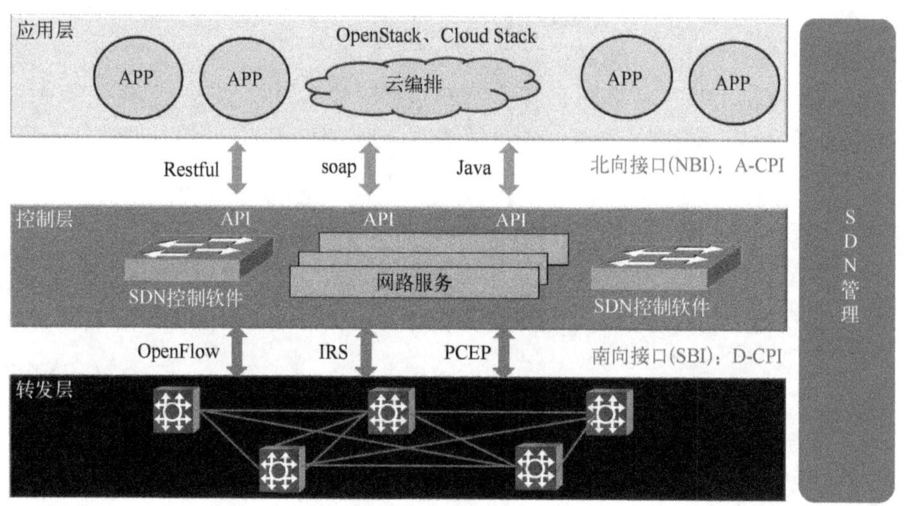

图5-31 SDN架构

控制层为应用提供的编程接口叫北向接口（North Bound Interface，NBI），也可以叫作A-CPI（应用-控制平面接口，Application-Control Plane Interface）。常用的协议有Restful、soap、Java。

控制层控制底层设备的转发行为是通过南向接口（South Bound Interface，SBI）来完成的。南向接口又叫D-CPI（Data-Control Plane Interface，数据-控制平面接口）。常用的协议有OpenFlow、IRS、PCEP等

3. SDN 和 NFV 的区别和联系

一方面，NFV 和 SDN 是两个概念，彼此之间没有必然联系。

SDN 和 NFV 最明显的区别是，SDN 处理的是 OSI 模型中的 2~3 层，NFV 处理的是 OSI 模型的 4~7 层。

SDN 技术促使网络设备从低级管理工具管理的分布式架构向高级管理工具管理的集中式架构系统转变。SDN 主要的优势是调整网络基础设施架构，比如以太网交换机、路由器和无线网络等。

NFV 的本质是上层业务软化、云化，底层硬件标准化；分层运营，加快业务上线与创新。NFV 主要的优势是优化网络功能的实现，比如负载均衡，防火墙，WAN 优化控制器等。NFV 可使网络工程师的工作从现场配置专用设备变为远程配置虚拟化设备。

NFV 即使脱离 SDN 也能实现。在传统的网络架构中，将专用设备功能替换成通用设备+虚拟化的网络功能，再辅以传统的连接方式，也能实现 NFV。

而 SDN 也可以脱离 NFV 实现。在传统网络设备中，把控制功能集中在一个控制器中，网络设备只做转发器，就可以成为一个 SDN 架构的网络。

另一方面，NFV 和 SDN 又可以是相互结合、相互补充的关系。SDN 不仅可以支持传统的网元连接方式，还可以提供更高效的 NFV 实现方式。因为 SDN 提供的控制层和转发层的分离，使得网络组合变得极其灵活。NFV 也能够提供 SDN 的运行环境，使得 SDN 更高效地实现控制功能。

SDN 和 NFV 的关系如图 5-32 所示。

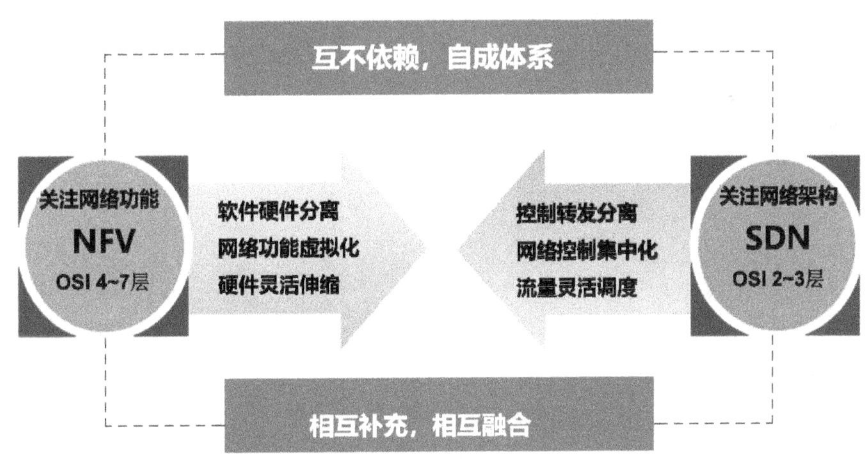

图 5-32　NFV 和 SDN 的区别和联系

SDN 和 NFV 对网络工作的作用是不同的。

SDN 可以简化整个网络的配置和调整过程。即使网络是由成千上万个路由器、交换机组成的，来自几个不同供应商、有着不同 API，SDN 使得整个网络配置和调整操作大大简化，减少了维护成本，提高了网络结构调整的灵活性。

NFV在不改变硬件的情况下，加快了新功能和新业务推出的速度。大家知道，硬件的修改开发测试周期长、成本高。硬件标准化以后，采购、设计、集成和基础设施的维护过程大大简化，维护成本大大降低；又由于有了动态分配硬件资源的能力，增加网络功能变得非常方便灵活。

我们举例说明SDN和NFV的使用场景的区别。比如说，现在有一个复杂的碎片化的网络系统，已经部署到了好几个数据中心，这种情况下，主要使用SDN来简化对于网络功能、流量分布的控制就比较合适。如果现有的网络环境比较统一，但需要实现特定的网络功能比如负载均衡，则可以考虑使用NFV来降低开销、提高资源利用效率。

5.2.3 天涯咫尺——云

大众脑海里“云”的概念如图5-33所示。

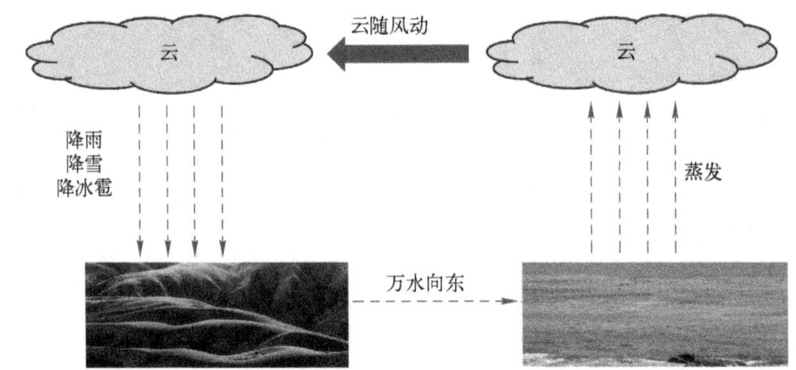

图5-33 云的概念

在ICT行业的人眼里，“云”的概念如图5-34所示。

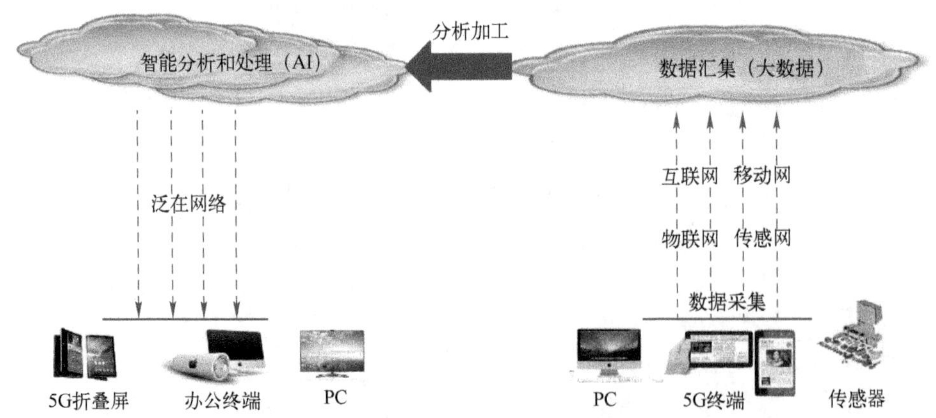

图5-34 ICT的云

为了讲清楚 ICT 里云的概念，我们先介绍云计算的产生历程。刚发明计算机（PC）的时候，还没有网络。每个计算机就是一个单机，如图 5-35所示。这台计算机，包括 CPU、内存、硬盘、显卡等硬件。用户在计算机上安装操作系统和应用软件，独立完成自己的工作。

图 5-35　单机

逐渐地，出现了网络（Network），计算机与计算机之间，可以交换信息，配合工作，如图 5-36所示。

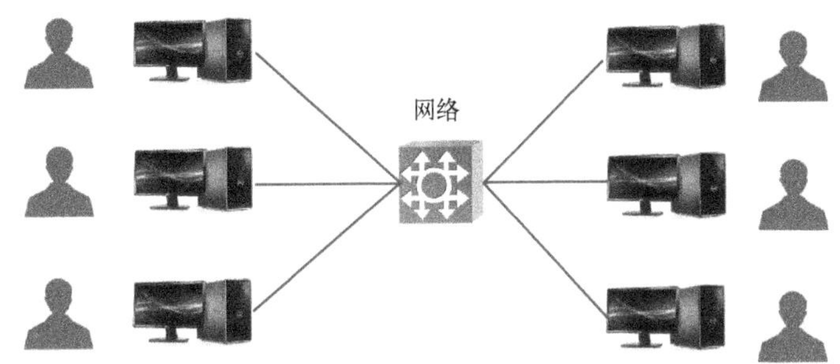

图 5-36　计算机网络

随着计算机性能的提升，服务器（Server）出现了。服务器可以集中起来，放在一个机房里统一管理，用户可以通过网络去访问和使用机房里的服务器资源。

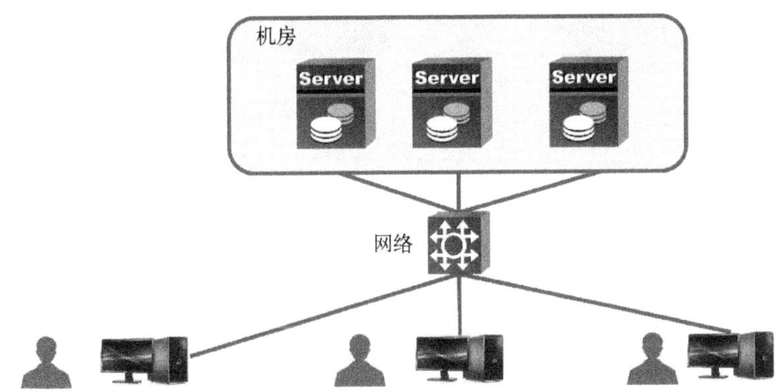

图 5-37　基于服务器的网络架构

传统的应用正在变得越来越复杂：需要支持更多的用户、需要更强的计算能力、需要更加稳定安全等。而为了满足这些不断增长的需求，企业不得不去购买各类硬件设备（服务器、存储、带宽等）和软件（数据库、中间件等），随着网络规模的不断发展，小型网络变成了大型网络，小型机房变成了大型机房。这就需要组建一个完整的运维团队来支持这些大型机房和设备的正常运行，这些维护工作包括安装、配置、测试、运行、升级以及保证系统的安全等。对于一般企业来说，支持这些应用的开销非常巨大，而且它们的费用会随着应用的数量或规模的增加而不断提高。这就是为什么大企业的IT部门在不断地抱怨他们所使用的系统难以满足他们的需求。对于中小企业，甚至个人创业者来说，创造软件产品的运维成本就更加难以承受了。

IDC（Internet Data Center，互联网数据中心）可以代替企业完成在建设、运维计算机网络中繁杂的工作，同时可以降低成本。当越来越多的服务器资源、计算资源、存储资源、网络资源、带宽资源被集中起来，就变成了ICT里的“云”，“云”可以完成的工作叫作云计算（Cloud Computing）。无数的大型机房，人们称之为“云端”，如图5-38所示。

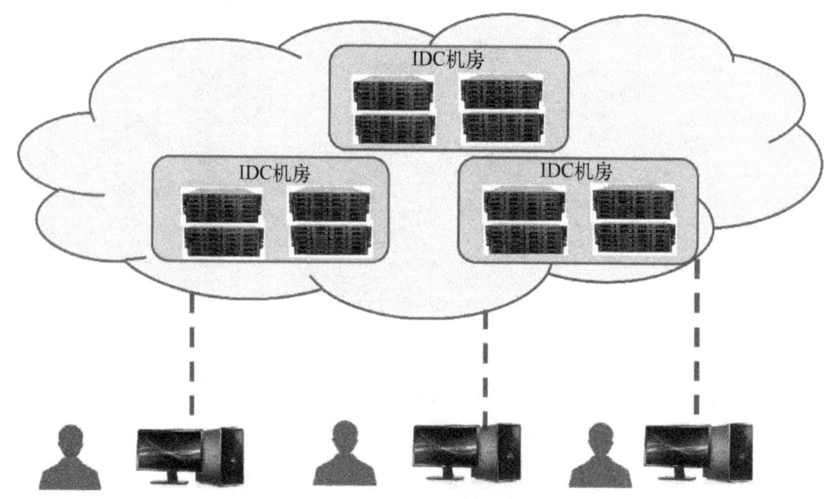

图5-38　云计算架构

云计算能够让用户通过互联网访问IT资源共享池，IT资源包括网络、服务器、存储、应用和服务。这些资源可以快速部署、动态收缩、按需使用，按需付费。企业使用云计算不需要和云服务提供厂家进行太多沟通，只需要很少的维护管理成本。

企业使用云计算服务，可以使用企业的IT工作模式，从传统自建IT机房、自己维护IT网络的工作模式转向以5G网络为依托的云平台租用或云服务购买的工作模式。

云计算具备以下5个基本特征（按需自助服务、广泛的网络访问、资源共享、快速的可伸缩性和可度量的服务）、3种服务模式（SaaS、PaaS和IaaS）和3种部署方式（私有云、公有云和混合云）。如图5-39所示，下面分别介绍。

1. 云计算的5个特征

（1）按需服务、按需付费

企业用户可以根据自己的需要来购买服务，按照使用量来进行精确计费。比如，购

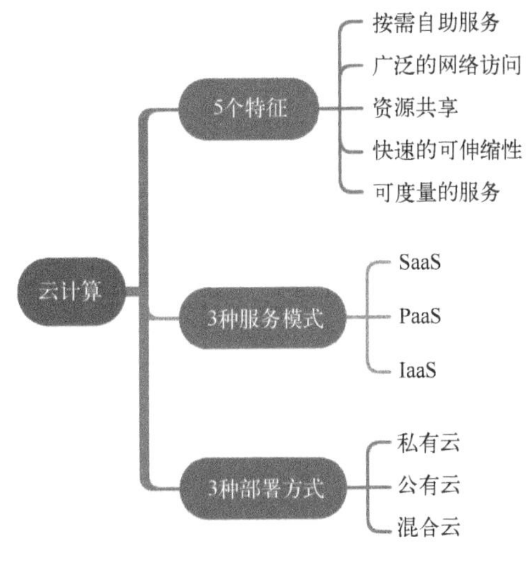

图 5-39　云计算

买弹性云主机，CPU 大小、存储空间大小、内存多少、网络出口带宽需要多少，都可以自己根据需要来确定。这些资源使用多长时间，也可以自己确定。企业只需要按照使用的资源及时长来付费便可。这样资源的整体利用率大大提升，IT 成本大大降低。

（2）广泛的网络访问

“云”一般具有相当的规模，依靠这些分布式的服务器所构建起来的“云”能够为使用者提供足够的计算能力，可以支持大规模的网络接入。通过 5G 网络，可以随时随地接入高质量的云服务，可以支持大范围的终端接入。

（3）资源共享

IT 的硬件资源（包括网络、服务器、存储空间）都可以标准化、资源池化。云平台可以采用虚拟化技术，用户并不需要关注具体的硬件实体，只需要选择自己所需要的云服务便可，比如云服务器、云存储、CDN（Content Delivery Network，内容分发网络）。在云端的 IT 资源，用户不需要知道地理位置，也不需要知道和谁共享同一个服务器、同一个云存储和同一个 CDN。给用户提供服务的这朵云远在天边，但用户享受的云服务近在眼前。一片云下的雨，很多人可以感觉到；一个云端的 IT 资源，很多人可以同时共享使用。

（4）快速可伸缩性

假如我们的应用用户发展过快，申请的云存储不够，想再增加 100 GB，怎么办？或者我们的应用暂时没有多少用户，不需要那么多存储资源，又怎么办？云资源是可以动态伸缩的。也就是说，只需要在手机上登录云服务厂家的网站，通过设置就可以动态增加或减少云存储资源的大小。

（5）可度量的服务

云服务的 IT 资源是可以度量的，使用的时长也是可以度量的。你需要的服务都是可以从资源大小和使用时长两个方面来衡量。比如，你要申请一个弹性云主机的服务来运行自己开发的游戏，你可以购买主频为3.5 GHz的CPU计算能力，8 GB的内存，加上1 TB的存储空间，100 Mbit/s的出口带宽3个月。在“双11”的淘宝购物节，全球几十亿用户要访问阿里巴巴的淘宝网站，单日几十PB（1 PB = 1024 TB = 1024×1024 GB）的访问量，每秒几百GB的流量，这种情况，上面那些IT资源就不能支撑了，需要申请超大容量、超高并发（同时访问）、超快速度、超强安全的云计算系统，但申请的时长估计只需要一周，这段时间过去后，可以释放不需要的资源。

2. 云计算的服务模式

计算机资源放在云端，根据资源所处的层次不同，可以分为三种不同的服务模式，如图5-40所示。

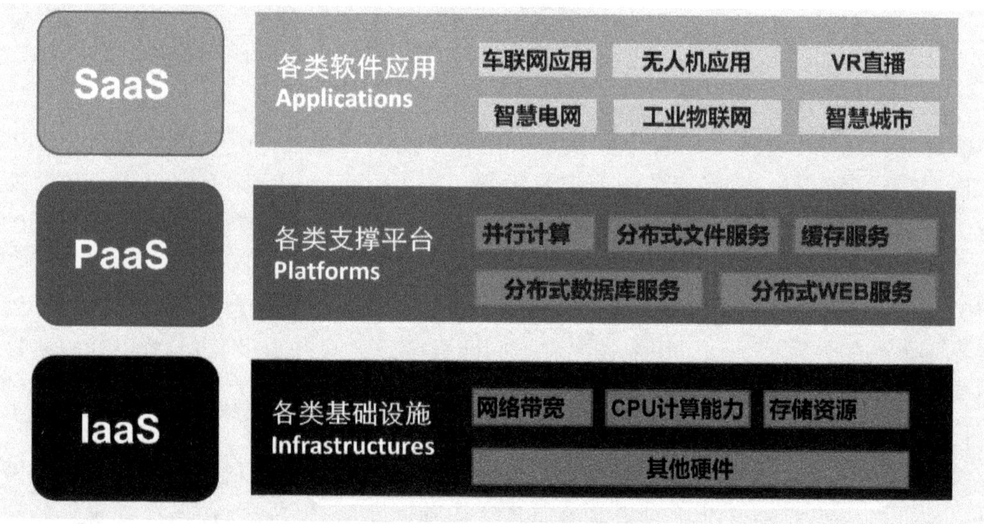

图5-40　云计算的3种服务模式

第一种模式，是提供最底层的硬件资源，主要包括CPU（计算资源）、硬盘（存储资源），还有网络带宽资源等。这种模式叫IaaS（Infrastructure as a Service、基础设施即服务）。

第二种模式，用户不直接购买CPU、硬盘、网络带宽资源，他希望购买一个软件运行环境，包括操作系统（例如Windows、Linux）、数据库软件，甚至人工智能的软件。在购买的平台运行环境上，用户自己搭建应用和服务。这种模式叫PaaS（Platform as a Service，平台即服务）。

第三种模式，用户直接购买应用服务能力，而不是平台能力。比如用户要购买一个车联网的编队行驶服务，云服务供应商不但具备一定的平台能力，还要有车联网编队行驶的应用服务提供能力。这种模式叫SaaS（Software as a Service，软件即服务）。

这三种云计算服务模式，用户和云服务提供商负责管理的界面是不同的，如图 5-41 所示。

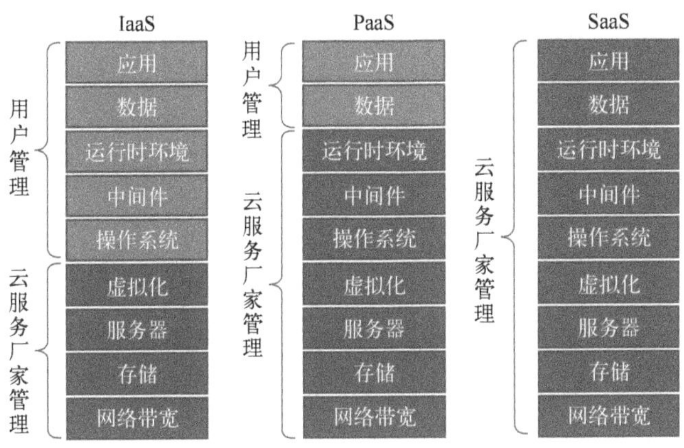

图 5-41　云服务提供商和用户的界面

3. 云的部署方式

因为云计算的灵活性、易用性、定制性给企业带来了很多好处，越来越多的企业选择了部署云计算方案，但公司该选择公有云、私有云还是混合云？各有什么优劣势？哪个性价比最高？下面我们理解一下三者之间的区别以及联系。

举例来说，Lisa 自己在家里装了个保险柜，把全部财产放在这个保险柜里。这种部署方式就相当于私有云。自装保险柜是就相当于自己搭建的机房，如图 5-42 所示。

Jenny 家没有装保险柜，把所有的财产放到银行。这种部署方式相当于公有云。银行相当于云服务提供商，如图 5-43 所示。

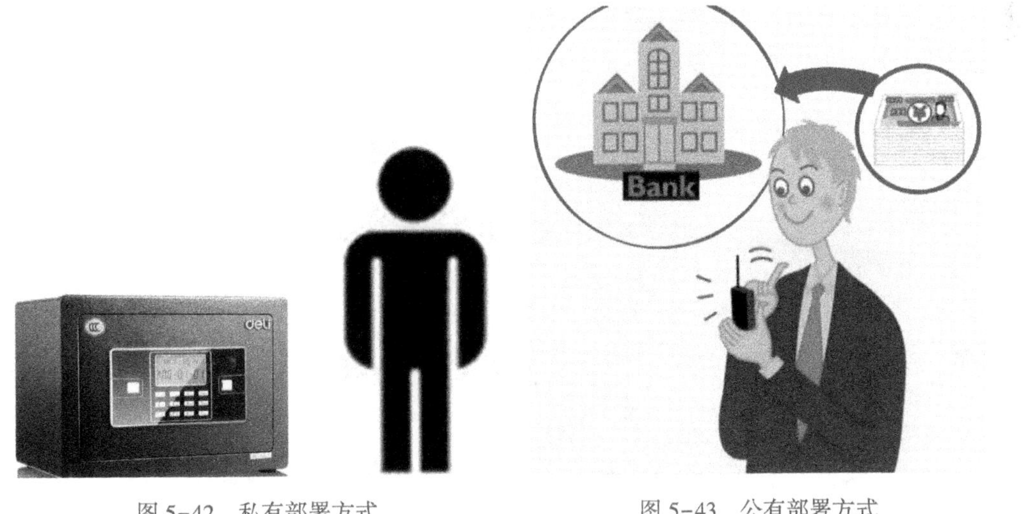

图 5-42　私有部署方式　　　　图 5-43　公有部署方式

Tom 家里条件不错，家财万贯，一部分财产放在了自己家装的保险箱里，另外一部分放在了银行。这种部署方式，就相当于混合云的部署方式。

公有云、私有云与混合云的区别是什么？如图 5-44 所示。

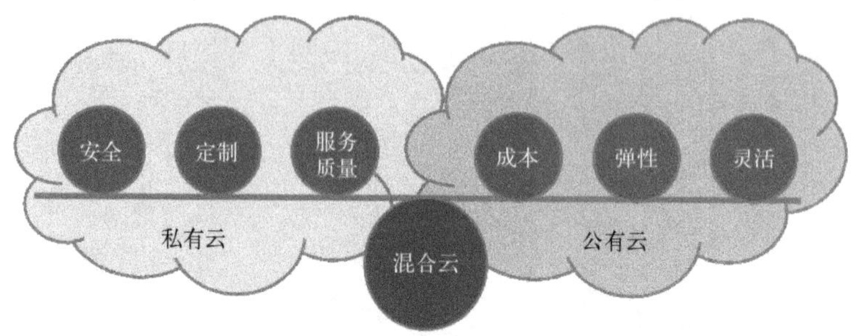

图 5-44 三种云部署方式比较

所谓私有云，就是自己构建云平台。私有云对数据保密、数据安全、服务质量都能有效控制，所以最大的特点是安全性与私有性，企业如果对于数据的安全与稳定、定制化服务解决方案有强烈的要求，可以选择私有云建设方案。但是私有云建设方案，所有的软硬件资源及安防资源都需自己购置，而且公司内部需要配置自己的维护团队，所有购置成本和维护成本都比较高。

所谓公有云，就是企业租用云服务提供商的公共云服务，优势是成本低，伸缩性好；缺点是对于云端的资源缺乏控制，对于大企业来说，有数据安全隐患。很多大型客户，尤其是敏感行业的客户，担心公有云的安全问题。但对于一般的中小型客户，不管是数据泄露的风险，还是停止服务的风险，公有云的风险都远远小于自己架设机房的风险。

所谓混合云，就是集公有云的灵活便捷与私有云的安全稳定为一体的部署方式。企业出于安全考虑，同时又要使用公有云的弹性资源，可以混合使用公有云与私有云的部署方式。企业可将敏感数据或是关键性的工作运行负载放在私有云上面，而一般的工作或是需要扩展的工作放在公有云上面，这样就可以达到安全和成本兼顾的目的。

5.3 5G 三朵云

5G 网络架构要重构，要向性能更优质、功能更灵活、运营更智能、网络更友好的方向发展。但面临着很多问题和挑战。

网元或网络功能的“集中”和“分布”如何选择？分布式部署与集中式管理之间各有利弊，一直存在争议与分歧。集中式有利于全局资源调度和优化，分布式有利于贴近用户，提升用户体验。

接入网存在各种形态：网状网、D2D、宏站、小站、Relay（中继）站、WLAN、多种移动制式、多种移动终端等同时存在，如何组网、如何拓扑？

NFV 和 SDN 将对架构产生何种程度的影响？NFV 彻底颠覆网元形态，实现网络功能可编程，5G 的网络功能如何划分，如何开放发展？SDN 完全改变传统网络架构设计模式，实现网络连接和网络结构的可编程，5G 的 SDN 应如何实现？

网络架构的云化和本地化将如何设计？接入网及核心网的界限是否会被打破？

5G 网络架构变革不管面临什么样的挑战，有四项原则要坚守。

1）灵活：要满足不同业务的要求（超高可靠、超低时延）、要实现以用户（个人、企业、M2M）为中心的组网，要便于更快的功能引入。

2）高效：要有更低的数据传输成本，更易于扩展的网络架构；简化运行状态管理、简化信令交互。

3）智能：能够支持网络资源的自动分配和调整，实现网络自配置、自优化。

4）开放：软硬件解耦，释放了软件开发的创造性和灵活性，网络能力向第三方开放，打造新的生态环境，创新盈利点。

三朵云架构可以在遵守四项原则的情况下，应对 5G 网络架构重构面临的问题和挑战。

5.3.1　主设备视角

基于 NFV、SDN、云技术来设计 5G 网络架构，要实现以下 4 点。

1）网络虚拟化（Virtualized）：接入网小区逻辑虚拟化，核心网网络功能虚拟化。

2）转发和控制分离化：核心网侧 UPF 就是一个具有转发能力的网络功能；其他网络功能如 AMF、SMF、NRF、NEF、AUSF 等就是属于控制面的网络功能。

3）功能模块化、微服务化：核心网不再以网元为单位进行组网，而是以网络功能为单位进行组网。每个网络功能提供多个服务（Services）。接入网侧的网元功能也进行模块化，支持按需组合。

4）资源部署分布化（Distributed）：在接入网侧，射频收发资源要尽可能分布化；在核心网侧，内容分布、低时延控制和处理单元也尽量分布化。分布式部署可以使网络资源靠近用户，实现网随人动、人随心动。

从主设备的角度看 5G 网络架构，可以概括为“2 网 3 平面”。“2 网”是指核心网、接入网。“3 平面”是指接入平面、控制平面和转发平面，如图 5-45 所示。

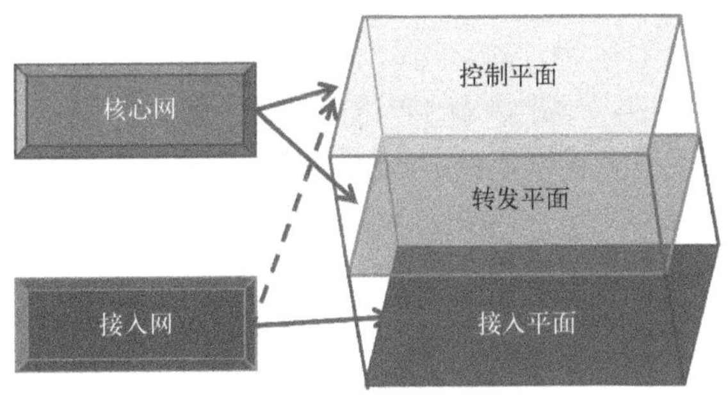

图 5-45　2 网 3 平面

接入平面、控制平面和转发平面云化部署以后，就可以形成“3朵云”，分别是接入云、控制云、转发云。如图5-46所示。

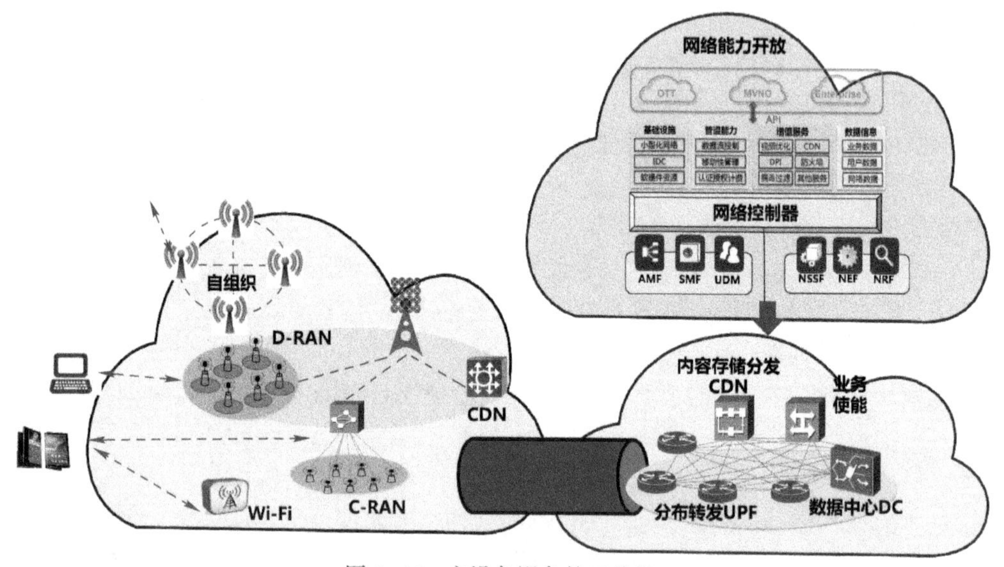

图5-46　主设备视角的三朵云

接入云要实现两个主要的技术需求：统一灵活的多制式无线接入和无线资源调度与共享。

5G接入云可以接入2G、3G、4G、5G的无线制式，也可以接入WiFi等非3GPP（Non-3GPP）网络；5G接入云支持集中的基带资源（Centralized RAN，C-RAN），也可以支持分布式的基带资源（Distributed RAN，D-RAN）；5G接入云可以包括宏站、微蜂窝站，还可以包括数字化室分站点，支持多种部署场景（集中/分布/无线Mesh）；无线传感网、自组织网络、D2D（Device to Device ）网络也可以连到5G接入云上，支持灵活的网络拓扑结构。

无线资源的调度遵循以用户为中心、以应用体验为目标的原则。无线接入云有着很强的现场感，对无线环境和用户行为有着敏锐的感知能力，而且可以依据感知到的现场情况，进行动态的无线资源调度。

控制云支持基于服务的架构，网络控制功能集中化、简单化、虚拟化、软件化、可重构；通过控制云，实现5G网络架构的智能和开放，第三方应用可以通过5G网络的开发接口进行业务逻辑的定制和网络资源的调度，实现差异化、个性化的应用功能。

转发云剥离控制功能，实现业务能力与转发能力的融合。转发功能越靠近基站，越靠近用户，用户体验越好，但运营商的成本就越高。运营商要建立高效低成本的转发云，转发功能要设计合适的下沉位置。

5.3.2　承载网视角

通信行业有句话，5G建设，承载先行。网元之间数据的传递离不开它的传送通道——承载网（Bearer Network），如同我们出门工作和学习离不开铁路、公路、飞机航道构成的交通网一样。现在的交通网纵横交错、快速便捷，虽然非常重要，但是在人们的日常工作和学习中，已经不是重点考虑的事情了，因为默认它不会出现问题。同样地，承载网也是各运营商构建的一张专网，是移动通信网各个网元之间的信息交通网，是运营商非常重要的基础资源，用于承载各种语音和数据业务，如图 5-47 所示。现在通常以光纤作为传输媒介。

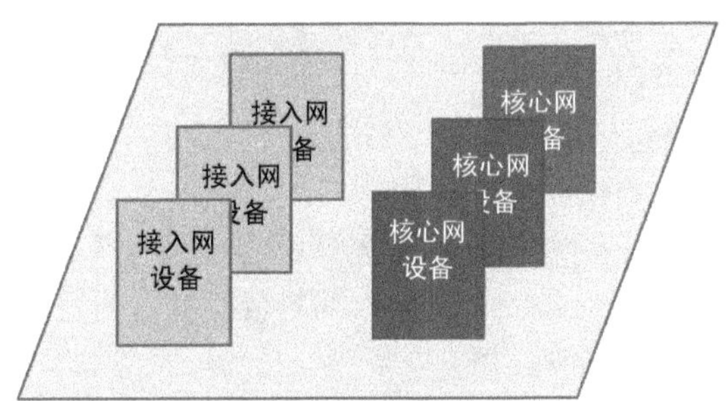

图 5-47　承载网的作用

5G 需要实现大带宽、大连接、低时延的场景需求，承载网的升级改造是必需的。

现阶段，承载网融合了 SDH（Synchronous Digital Hierarchy，同步数字体系）/MSTP（Multi- Service Transport Platform，多业务传送平台）、PTN（Packet Transport Network，分组传送网）、IPRAN 和 WDM（Wavelength Division Multiplexing，波分复用）/OTN（Optical Transport Network，光传送网）等多种传输技术，逻辑上可以分为 4 个层次：接入层、汇聚层、核心层和骨干层，如图 5-48 所示。

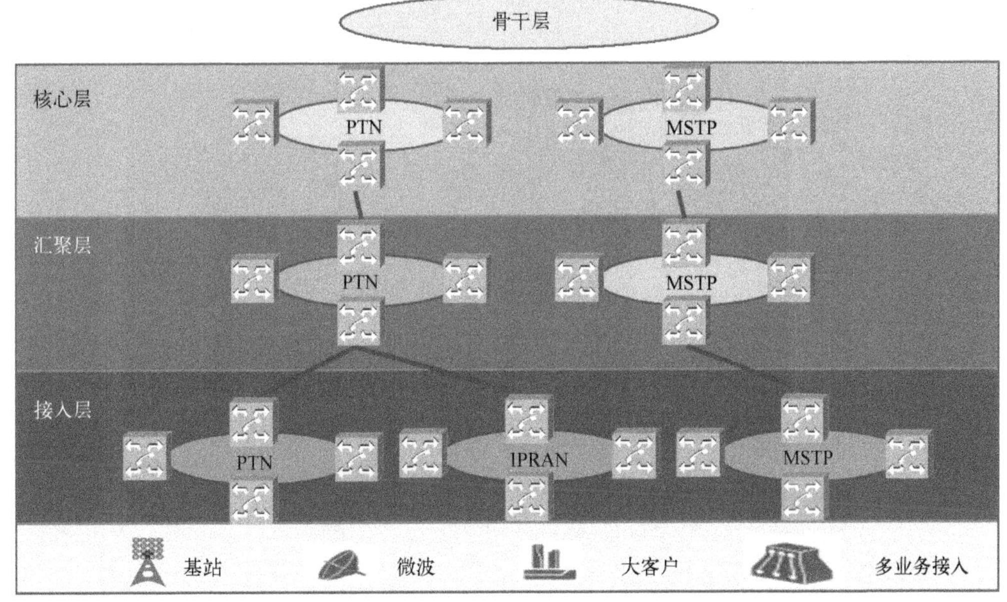

图 5-48　承载网的分层结构

接入层是承载网中离用户最近的一段，基站和其他接入设备可以连在接入层上。通过基站，手机发出的无线信号就变成了 IP 数据包，可以在承载网中传输了。接入层就好比家门前的小路，人们进进出出都需要走这条小路。小路很窄，能容纳的车也少。类似地，接入层的速率也比较低。但在5G网中，接入层的速率需要达到20 Gbit/s以上。

汇聚层在接入层的上面，好比城市的大马路，多条小路汇聚成一条大马路，其上跑的车也更多一些。因此，汇聚层的速率比接入层要高。在5G网中，承载网汇聚层的速率在200 Gbit/s以上。

核心层就如城市的主干道，道路更宽、运送的货物更多。5G承载网核心层的速率通常在400 Gbit/s以上。。

骨干层就如省际高速公路，包括省干和国干。只有跨省的数据才需要进入骨干层传输，如果只是一个地区内部的数据业务是不需要进骨干层的。骨干层的速率在400 Gbit/s以上，1 Tbit/s左右。

承载网的每一层都会挂接相应的5G设备。基站或其他接入设备连在承载网的接入层上，运营商或授权的第三方公司可以通过网上获取这些资源。所有挂接在接入层的设备就形成了接入云。

一些核心网的设备，以及一些应用平台可以挂接在承载网的汇聚层，形成汇聚层的网络资源，也就是形成了汇聚云。

一些应用平台或者核心网的设备由于服务的地理范围比较大，可以挂接在承载网的核心层上，形成核心云。

一个本地的5G网络，主设备挂接的承载层位置通常在接入层、汇聚层、核心层这三层，形成接入云、汇聚云、核心云三朵云，如图5-49所示。

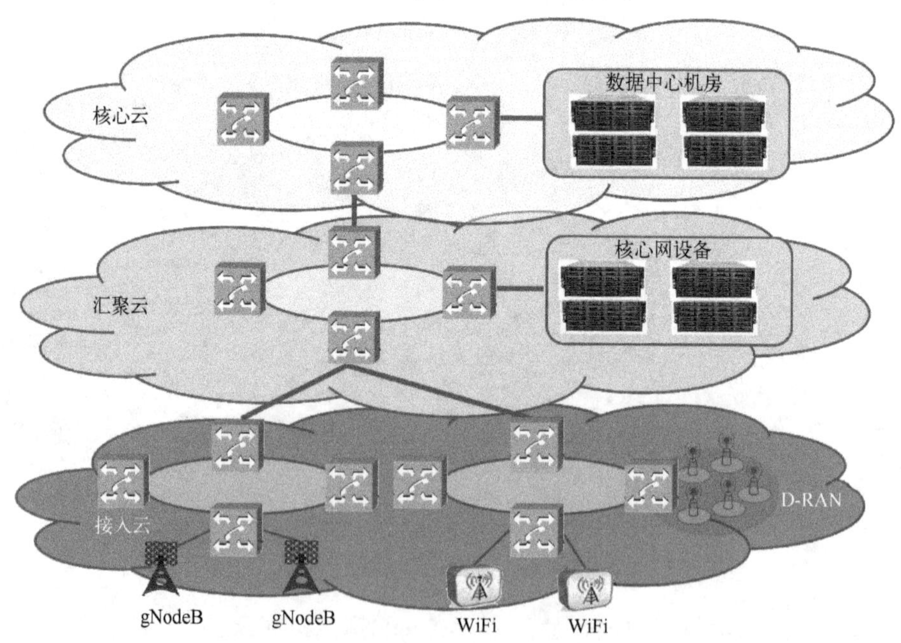

图5-49 承载网视角的三朵云

第 6 章　5G 无线网架构

本章我们将掌握：

(1) 5G RAN 架构：一体式基站架构、分布式基站架构和集中式基站架构。

(2) 5G RAN 网络架构的关键技术，5G 首次提出网随人动的理念。

(3) 5G 基站形态如何演进。

(4) 载波聚合和双连接的区别和联系

(5) 独立组网和非独立组网的分类及各类组网方式的特点。

《5G 无线网》
集中分布两手出，
综合接入单网布。
主辅载波双连接，
虚实小区一用户。

基站是无线网的重要组成部分，数量足够、配套完善的站址资源是无线信号良好覆盖的重要保证。机房资源是站址资源的必要条件，机房配套包括电源、蓄电池、空调、监控、传输等资源，如图 6-1 所示。有利于覆盖的机房资源越来越难以获取，而且租赁成本越来越高。5G 网络需要建设的基站数量多，站址资源需求量较大，站址资源成为城乡快速建网的瓶颈。同时，基站机房资源是运营商地理位置上分布最广的基础设施资源，是运营商能耗的主要来源。

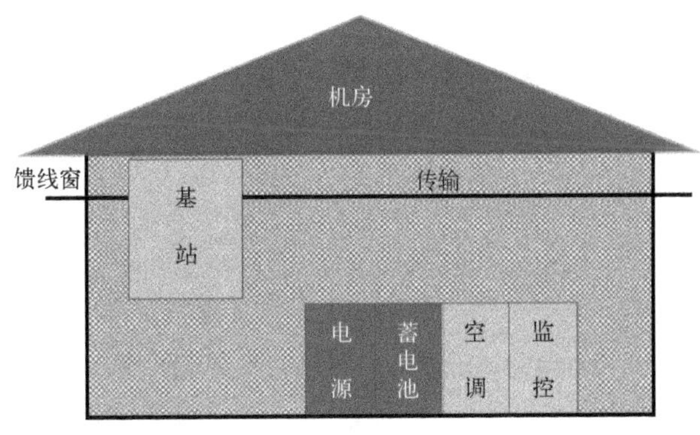

图 6-1　基站机房

5G基站的需求量大，但机房资源却供不应求，且成本巨大。因此，充分利用现网机房及配套资源是低成本建设5G网络的关键。5G RAN的网络架构需要最大限度降低对机房的新需求，遵循绿色演进的路线，以便达到高容量、低能耗、低成本的目的。

5G无线网络要改变传统的以基站为中心的建网思路，实现以用户为中心的RAN架构变革，实现网随人动。5G无线网的关键技术包括网络架构的关键技术和空口的关键技术（见第三篇）。本章将介绍5G RAN的网络架构。5G RAN网络架构变革的技术基础是NFV、SDN和云。在此基础上，5G无线网实现C-RAN架构，实现基带资源的集中单元（CU）和分布单元（DU）的分离。

5G网络的建设和部署，在很长时间内，都需要考虑和已有4G网络的共存问题，这就涉及组网问题。本章也给大家介绍一下5G的组网方式。

6.1 RAN的集中和分布

什么资源集中，什么资源分布？这是无线网络架构设计时绕不开的关键问题。

以人为例，人本身是一个完美的大脑集中控制、五官和四肢分布式感知和执行的系统。大脑负责对各个器官及肢体所收集的信息进行汇总、综合分析和处理，相当于网络的控制中枢；五官和四肢负责感知现场环境，并且根据大脑的指令进行行动，相当于感知层的功能。

对于无线网络架构来说，基站的基带资源池集中化、控制功能集中化和射频资源池分布化、天线分布化的趋势同时存在。从无线网元间的协作角度看，基站的基带资源池集中程度越高，实时处理效率就越高，协作化增益就越大，也就更易减少重叠覆盖的干扰。可是另一方面，从传输资源来看，基带资源池越集中，对基带资源池和射频资源间的传输成本的要求也越高。此外，射频资源越分布，所需的系统安装和部署的数量就会越多，成本也会越高。

因此，无线网网络架构的设计是无线资源的管理控制能力、无线网络的集中优化能力和传输成本、分布式射频资源成本的折中。5G无线网络架构是采用集中式架构还是分布式架构，以及何种程度的集中或分布，是5G RAN网络架构设计重点考虑的问题。

6.1.1 一体式基站架构

一体式基站架构是2G移动通信制式最初采用的主要形态。这种一体化基站架构的天线位于铁塔上，其余部分位于基站旁边的机房内。天线通过馈线与室内机房连接。一体式基站架构如图6-2所示。

一体式基站需要在每一个铁塔下面建立一个机房，同时需要具备传输、电源、空调等配套资源，建设和维护成本高，建设周期较长，更严峻的问题是，新增或减少基站节点，调整无线网络架构困难，不利于灵活地网络伸缩。

图 6-2　一体式基站

6.1.2　分布式基站架构

一体化基站和天线之间需要很长的馈线相连，增加了无线信号的衰减，也增加了部署成本。分布式基站架构将基站分为 RRU（Radio Remote Unit，射频拉远单元）和 BBU（Base Band Unit，基带资源单元）两个物理设备，如图 6-3 所示。其中，RRU 主要是射频资源模块，包括四大模块：中频模块、射频收发模块、功放和滤波模块。BBU 主要负责上下变频、基带处理、协议栈处理，以及和上级网元的接口等。

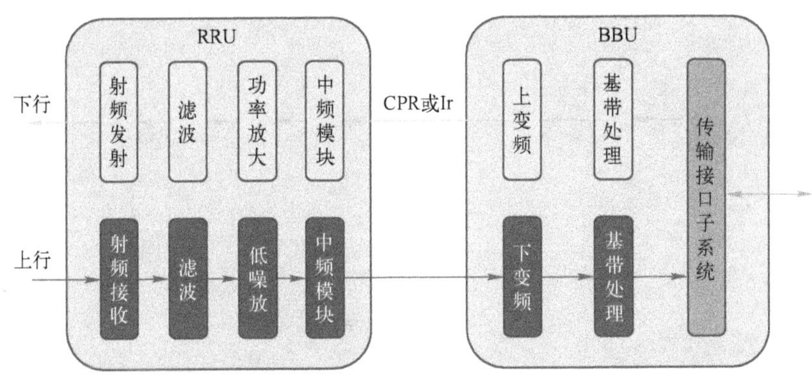

图 6-3　基站功能划分为两部分

RRU 是射频子系统，可以放置在铁塔上，位于天线近端的位置，和天线子系统相连；而 BBU 叫基带子系统，放置在室内机房。BBU 和 RRU 可以用光纤连接，RRU 和 BBU 之间的接口为 CPRI（Common Public Radio Interface，通用公共无线电接口）接口或 Ir 接口，传送数字中频信号，如图 6-3 所示。每个 BBU 可以连接多个 RRU，根据厂家的产品规格不同，支持的 RRU 的级联数目不同。1 个 BBU 可以最多连接 12 个 RRU。

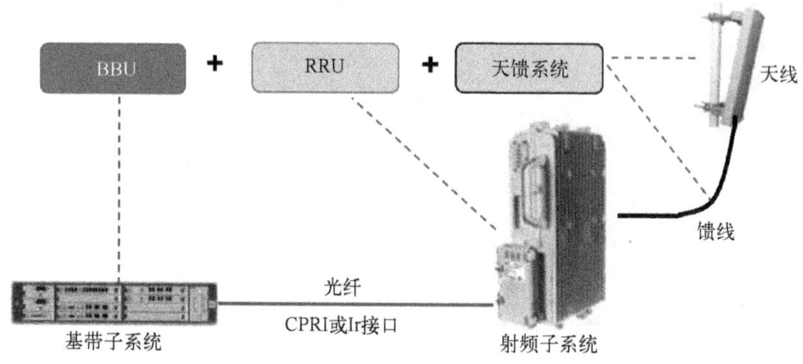

图 6-4　分布式基站结构

这时，我们的无线接入网（RAN）就变成了 D-RAN（Distributed RAN，分布式无线接入网），如图 6-5 所示。通过光纤实现 RRU 的射频拉远，可以减少馈线长度，节约馈线成本，降低由于使用馈线带来的信号传播损耗；另一方面，可以让无线网络规划更加灵活，毕竟 RRU 加天线比较小，可以灵活放置，有利于实现无缝覆盖，提高网络覆盖性能。

无线网络架构的发展演进，无非是两个驱动力，如图 6-6 所示，一是为了更高的性能，二是为了更低的成本。D-RAN 馈线信号传播损耗的降低可以带来更高的覆盖性能，馈线的减少以及网络规划部署的简单化降低了成本。有时候运营商更看重成本，如果一项技术又能提升性能，又能降低成本，那么就可以得到广泛的应用。

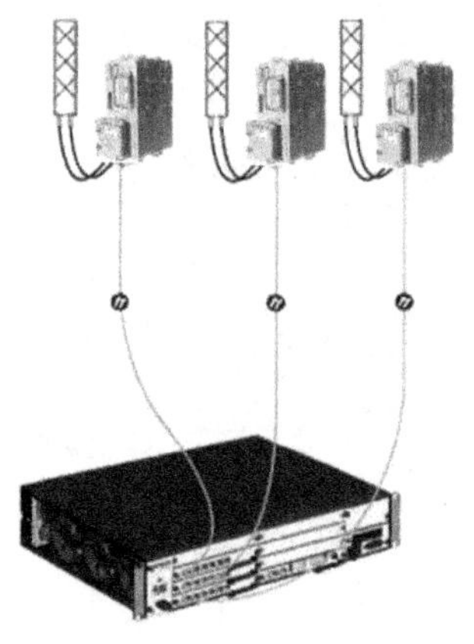

图 6-5　D-RAN 的好处

图 6-6　无线网络架构演进的两个驱动力

6.1.3　C-RAN 架构

分布式基站架构从 2G 开始出现，3G 大量使用，4G 完全成熟化。随着 NFV+SDN+云的技术的成熟，无线侧 C-RAN 架构也逐渐成熟起来。C-RAN 架构将基带资源的功能

(BBU) 进一步虚拟化、集中化和云化，如图 6-7 所示，每个 BBU 可以连接 10~100 个 RRU，进一步降低机房资源的需求量、网络的部署周期和成本。

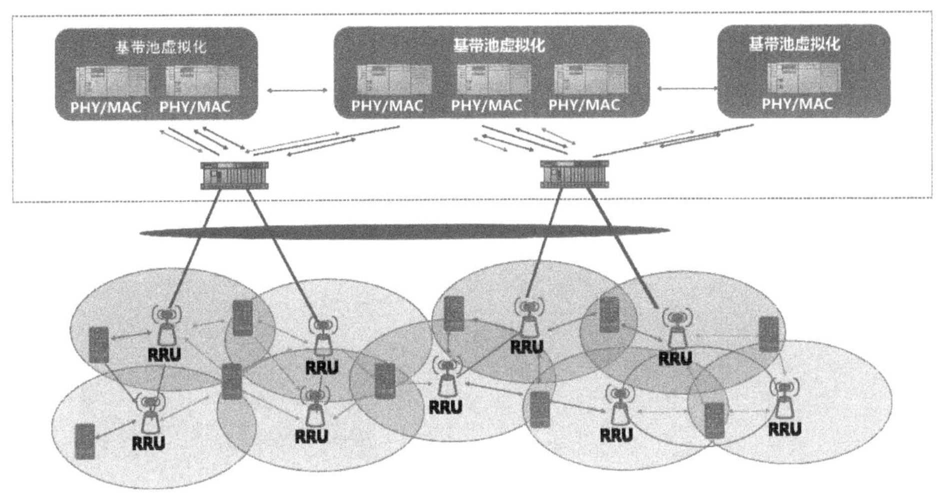

图 6-7　C-RAN 架构

在传统的分布式基站架构中，基带资源池 BBU 和远端无线射频单元 RRU 之间的关系是固定的，是一对多的关系。C-RAN 的基带处理单元 BBU 和远端无线射频单元 RRU 之间不再是固定连接关系，是多对多的关系。每个远端无线射频单元 RRU 不属于任何一个基带处理单元 BBU 实体，远端射频单元 RRU 上发送和接收信号的处理都是在一个虚拟化的基带池中完成的。

C-RAN 里的“C”有 4 个含义：实时云计算构架（Real-time Cloud Infrastructure）、基带集中化处理（Centralized Processing）、绿色无线接入网架构（Clean system）和协作式无线电（Collaborative Radio）。

云计算为 C-RAN 提供强大的基带处理能力；基带集中处理便于根据整个区域的数据业务需求，规划总体基带池的容量，基带资源可以在各小区间动态调度，从而高效地应对话务潮汐，提高基带资源的利用率；基带资源集中，还可节省设备及配套投资，大大减少机房数量，减少电力消耗，实现绿色节能减排、降低资本和运维开支；C-RAN 可以实现多标准，多制式共存的基带池系统，协作式无线电，可以根据无线环境实现多个无线制式的频谱共享，提高频谱效率；C-RAN 实现无线侧多个站点的协作通信，减少小区间的干扰，提高无线信号的质量。

6.1.4　5G RAN 架构

5G 基于 C-RAN 网络架构进行了进一步的演进，引入 NFV 技术实现无线资源的虚拟化，引入 SDN 技术实现网络功能的集中化。针对 5G 的高频段、大带宽、多天线、海量连接和低时延等需求，5G对基站功能的分布进行重新划分，对无线侧的架构进行了重构。

5G基站gNodeB的基带功能单元（BBU）由DU（Distributed Unit，分布单元）、CU（Centralized Unit，集中单元）共同组成。在4G网络中，C-RAN相当于BBU、RRU 2层架构；在5G系统中，C-RAN相当于CU、DU和RRU 3层架构。5G基站gNodeB的逻辑架构可以分为2种，即CU-DU融合架构（见图6-8）和CU-DU分离架构（见图6-9）。同一个基站的CU和DU合并时，就类似于4G的基站eNodeB的基带部分。CU和DU分离，DU分布式部署，几个基站的CU可以合并到一起、集中部署，当然不同基站的CU也可以各自独立部署。

图6-8　CU和DU融合架构

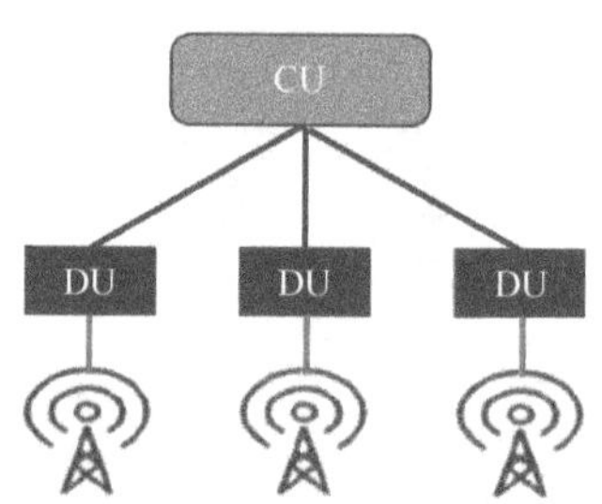

图6-9　CU-DU分离架构

每个CU可以连接1个或多个DU。1个CU目前最多可以下挂100个DU。一个机房可以对应更多更远的小区，实现中心化的管控。5G的射频单元（RRU）和天线子系统共同构成AAU（Active Antenna Unit，有源天线单元），主要负责将基带数字信号转为模拟信号，由天线发射出去。5G的基站架构如图6-10所示。

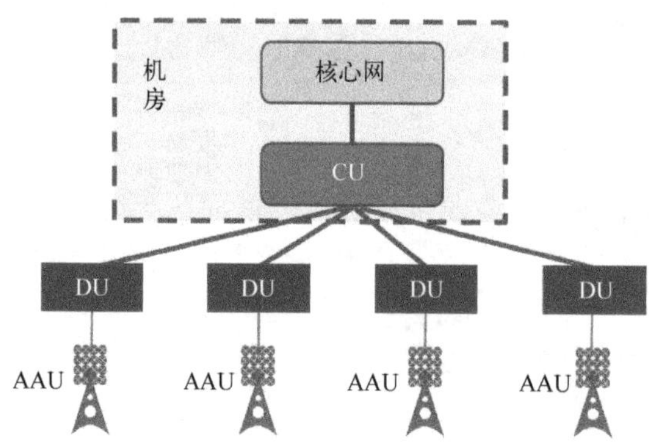

图6-10　5G RAN架构

RRU和BBU之间的接口是CPRI或Ir。5G的接口功能需要增强，DU和AAU之间的接口为eCPRI（evolved Common Public Radio Interface，演进的通用公共无线电接口），也称为下一代前传网络接口（Next-Generation Fronthaul Interface，NGFI）。CU和DU之间的

新增接口叫 F1。CU 是集中单元，可以分为用户面和控制面。用户面和控制面在一个物理实体里，使用厂家内部接口便可，但如果分开在两个物理实体（CU-CP 和 CU-UP）里，3GPP 协议定义了二者的接口，叫 E1 接口。5G 基站和基站之间的接口表现为 CU 和 CU 之间的信息交互接口，叫 Xn 接口。5G 无线网的主要接口如图 6-11 所示。

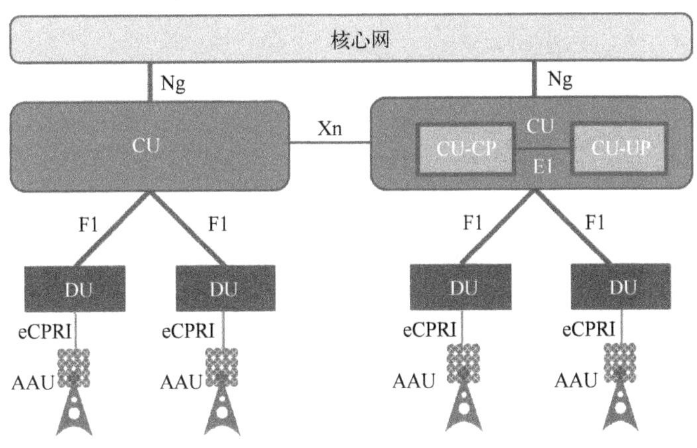

图 6-11　5G RAN 的主要接口

虽然 CU 和 DU 融合部署有利于实现高实时、大带宽类的业务，但是 CU 和 DU 分离架构有利于提高硬件资源的利用效率，有利于灵活的资源协调和配置，便于扩容和在线迁移。CU 虚拟化可以有效地降低前传带宽的需求。

CU 和 DU 分离部署之后，5G RAN 可以基于 NFV、SDN 的基础上进行云化，将控制协议和安全协议集中化，如图 6-12 所示。云化后的 5G RAN 称为 Cloud RAN。Cloud RAN 的核心思想是功能抽象，实现资源与应用的解耦，增加 RAN 侧的功能扩展性。云化有两层含义：一方面是指基带资源池的云化；另一方面是指无线资源和空口技术的解耦。

在传统的无线网络中，基带资源的分配是在一个基站内进行；在 Cloud RAN 架构下，资源分配是在一个“逻辑资源池”的层面上进行。这样，可以最大限度地获得资源的复用共享的增益，降低整个系统的成本，并带来功能灵活部署的优势。基带资源池的集中部署有两个含义：一个是硬件设备的集中，一个是高层协议栈功能的集中。CU 作为无线业务的控制面和用户面锚点，有利于 2G、3G、4G、5G 等多制式的融合；CU 内部的移动性对核心网来说是不可见的，便于无缝移动性管理。CU 的集中，可降低核心网的信令开销和复杂度，提高频谱资源的协作化水平。

空口的无线资源也可以抽象为一类资源。无线资源与无线空口技术解耦后，可以实现空口资源的动态灵活调度，满足特定业务的定制化要求。

云化后的 RAN，基带资源、空口资源可以根据实际业务负载、用户分布、业务需求等实际情况，动态实时分配和处理，实现按需的无线网络能力。无线侧的小区不再是一个静态的概念，而是以用户为中心的虚拟化小区，真正实现“网随人动”。云化后的RAN有利于提升小区间内的协作能力，实现多小区/多数据发送点间的联合发送和联合接收，提升小区边缘频谱效率和小区的平均吞吐量。

云化RAN同样可以减少运营商对无线机房的依赖，降低配套设备和机房建设的成本，降低综合能耗，降低5G数据业务的单比特服务成本。

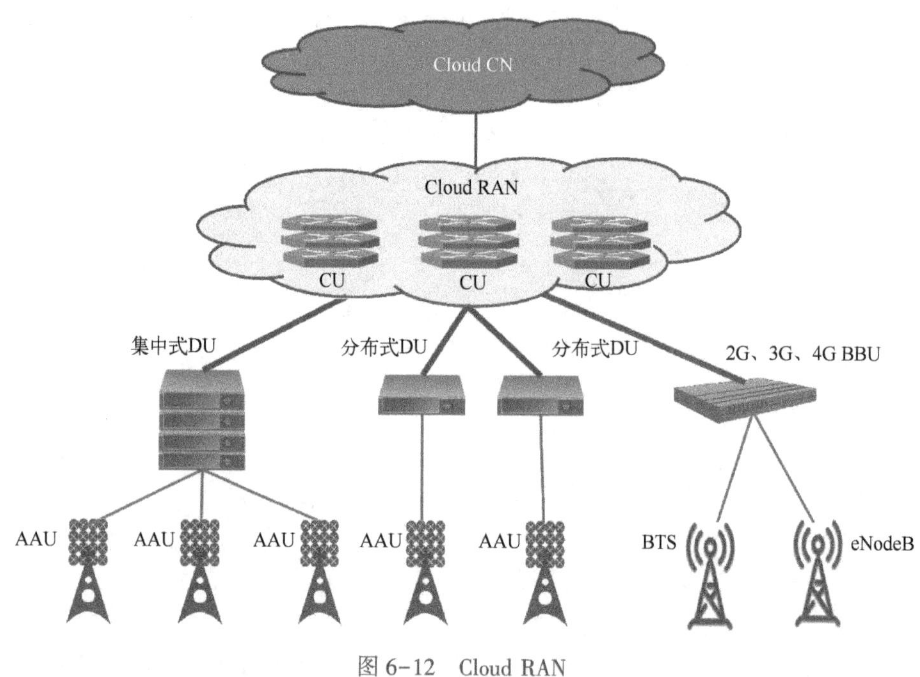

图6-12　Cloud RAN

CU和DU之间存在多种功能分割方案，可以适配不同的通信场景和不同的通信需求。CU和DU功能的切分以处理内容的实时性进行区分，如图6-13所示。不同协议层实时性的要求和带宽支持能力是不一样的。分布越靠底层的功能，越有利于低时延业务的实现；分布越往高层的功能，越有利于大带宽业务的实现。

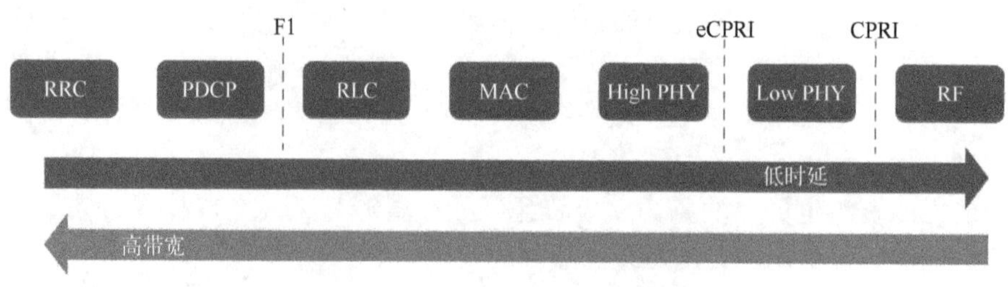

图6-13　CU和DU的功能分割方案

CU 设备主要包含实时性要求不高的无线高层协议栈功能（PDCP 层及以上），同时也支持部分核心网功能下层和边缘应用业务的部署；而 DU 设备主要处理物理层功能和实时性要求较高的、RLC 层及以下协议层的功能。也就是说，CU 和 DU 之间的 F1 接口可以设在 PDCP 层和 RLC 层之间。为了节省 RRU 和 DU 之间的传输资源，部分物理层功能（Low PHY）也可下沉到 AAU 中实现。这时，CPRI 就变成了 eCPRI。当然，不同功能的划分，在不同的组网中不是一成不变的，可以根据业务的要求进行调整。相对于 4G RAN 功能分布，5G RAN 功能在不同网络实体间的分布有了很大的变革，如图 6-14 所示。

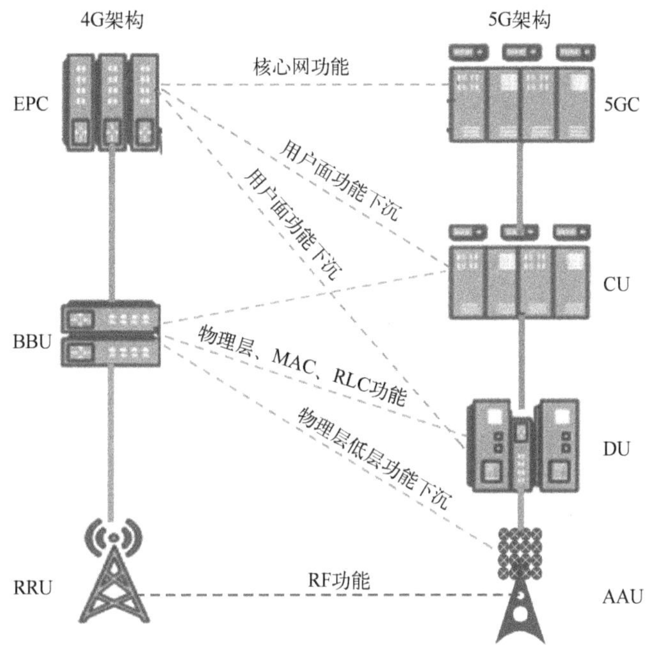

图 6-14　从 4G 到 5G RAN 功能分布

从具体的实现方案上，CU 设备采用通用平台实现，这样不仅可支持无线网功能，也具备了支持核心网功能和边缘应用的能力；DU 设备可采用专用设备平台或通用+专用混合平台实现，支持高密度实时底层运算能力，如图 6-15 所示。

5G RAN 基于 NFV+SDN 的云化架构下，传统的操作维护中心（Operating and Maintenance Center，OMC）功能组件，可以升级为带有 MANO 功能的操作维护管理编排器，统一对 RAN 的资源进行管理和编排，实现包括 CU/DU 在内的端到端灵活资源编排和配置管理，满足运营商快速按需部署业务的需求。

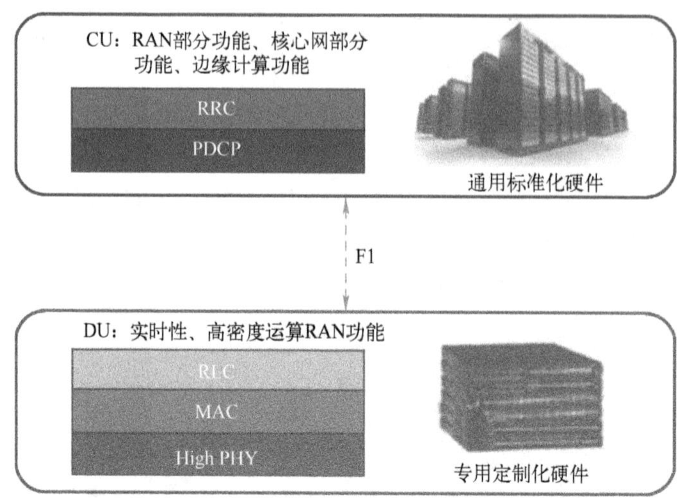

图6-15　CU和DU的具体实现

6.2　5G RAN网络架构关键技术

在NFV、SDN、云技术的基础上，5G C-RAN架构实现了CU和DU的分离，可以更灵活地适应不同带宽、不同时延的应用和业务。5G网络是多种无线接入技术融合共存的网络，同时要适配不同场景、不同协议架构的部署。为了实现自适应接入控制和灵活的资源调度，5G RAN需要具备对无线环境的感知能力和智能分析能力。在5G网络里，逻辑小区不是RAN架构关注的重点，用户是RAN架构变革的中心。实现以用户为中心的RAN架构，需要比较成熟的无线感知和灵活的智能控制技术，以及协议的定制化部署技术。

6.2.1　统一接入技术

5G时代，是多种无线接入技术（Radio Access Technology，RAT）共存的时代。如何协同使用各种RAT的无线资源，在提升整体无线网络运营效率的前提下提升用户体验，是5G RAN网络架构演进最终所需要解决的问题。

多RAT之间可以通过集中的无线网络控制功能来实现统一的接入和管理，无线资源可以通过集中的无线网络控制功能进行分布式协同调度。

统一的多RAT融合技术包括四个方面。

（1）支持多制式/多形态接入

2G、3G、4G、5G多种移动制式（Multi-RAT）共存，再加上WiFi、固网、广电网多种接入类型，要想实现统一接入，5G RAN需要具备自适应的无线接入方式，也需要支持灵活的网络拓扑和各种各样的接入形态，比如集中式和分布式、有线和无线的组合、超密集的网络部署、无线传感网、D2D（Device to Device，设备到设备）等。如图6-16所示。

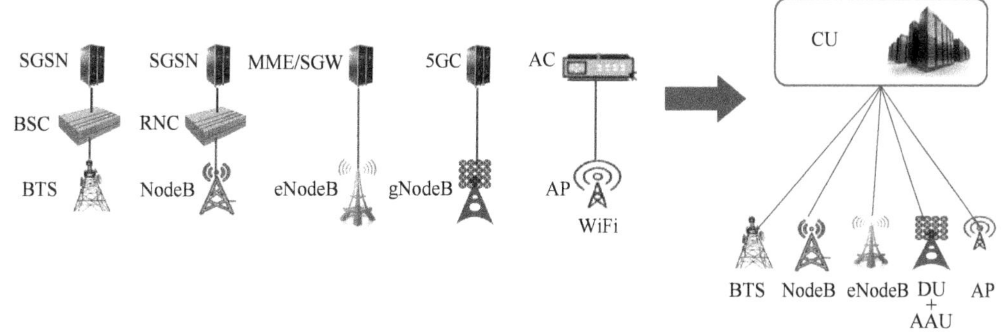

图6-16 多制式多形态接入

（2）支持多连接

多连接技术是指终端同时接入多个不同制式的网络节点，实现不同制式的多个数据流给同一终端的并行传输，以提高吞吐量，提升用户体验，实现业务在不同接入技术间的动态分流和汇聚。

（3）支持多RAT无线资源管理

依据业务类型、网络负载、干扰水平等因素，对多RAT之间的无线资源进行联合管理与优化，实现多RAT间的干扰协调，以及多RAT之间无线资源的共享及分配。

（4）多RAT间室内外协同定位

在室内、室外各种场景下，多RAT之间可以进行联合定位，大幅提高用户的定位精度。

6.2.2 协议定制化部署

为了让5G RAN能够满足不同制式、不同业务的接入需求，需要构造更灵活的网络接口关系，支撑动态的协议功能分布，增强接入网接口能力。

软件定义协议栈（Software Defined Protocol，SDP）数据可以基于集中的无线网络控制功能对可编程的协议栈进行定制化配置，如图6-17所示，以此构建敏捷的业务处理能力，支持简单、友好、兼容的接口，实现灵活性和易用性的统一。

5G RAN可以根据不同的场景需求和差异化特性，采用不同协议栈特性功能，支撑自适应接口技术。根据不同的业务场景和不同的数据流特征，5G RAN动态协商接口配置方式和数据处理的协议，然后控制面生成协议配置模式的指令，指示用户面对不同的数据流进行不同协议功能的处理。如图6-18所示。通过协议定制化的部署，5G RAN可以根据不同的应用需求，实现无线数据的动态灵活的分发和汇聚，对不同的接口类型进行动态的适配。

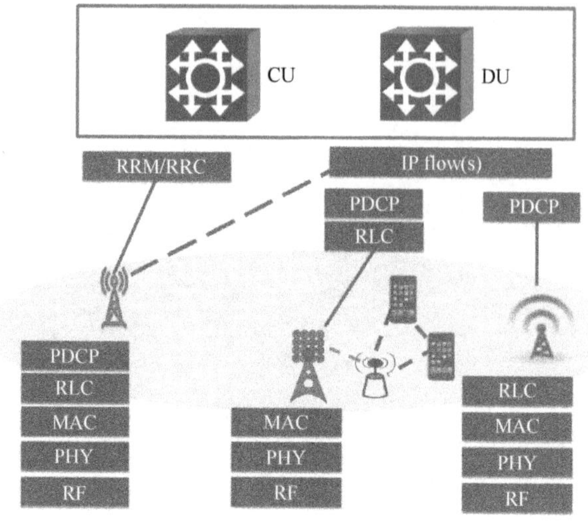

图 6-17 软件定义协议栈

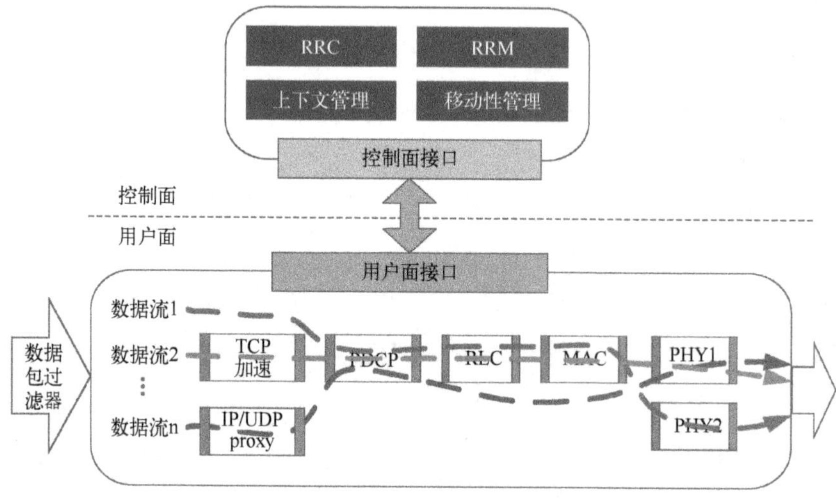

图 6-18 动态协商数据处理协议

6.2.3 无线感知和智能控制

智能、灵活、自动化、自适应，这几个词离不开“现场感”，也就是说对现实状况的感知。智能灵活的接入控制和管理，需要实时监测网络状态、无线环境、用户行为、终端能力以及业务和应用的状况。自适应的无线接入和协议定制化部署依赖于无线感知的能力。根据现场感知到的情况，在网络侧进行智能分析和判断，来控制接入类型、管理和分配无线资源，将不同的业务数据流映射到最合适的接入技术、最合适的无线资源上，提升用户的业务体验和网络的资源使用效率。

空口无线资源的协调、多点协作以及空口干扰的抑制也离不开“现场感”，以及基于“现场感”的智能控制和管理。根据无线环境的状况、空口资源的使用情况，为了保障业务体验，RAN 侧可以选择链路质量最好的一个或几个站点完成用户的接入请求，在业务进行过程中，选择干扰最小的空口资源进行动态调度和干扰协调抑制。

认知无线电（Cognitive Radio，CR）技术，依赖于无线侧对无线环境中频谱分布情况的感知能力。哪些频谱资源已经被占用，哪些频谱资源干扰较大？感知到的频谱情况汇报到无线侧智能控制中心，进行频谱分析和决策，最终将射频单元调整到新的工作频点上。认知无线电的原理如图 6-19 所示。基站使用认知无线电技术，频点调整过程如图 6-20 所示。

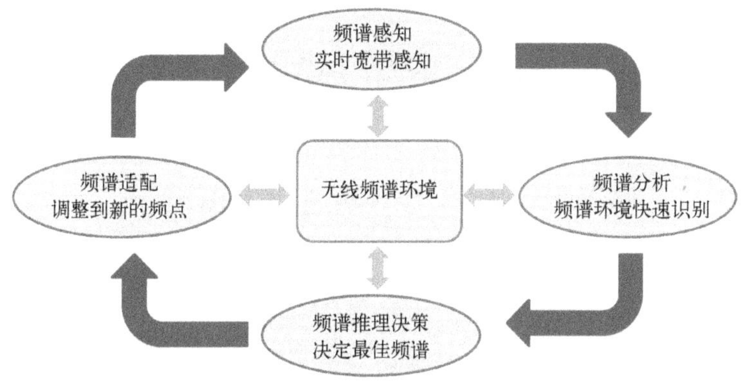

图 6-19 认知无线电原理

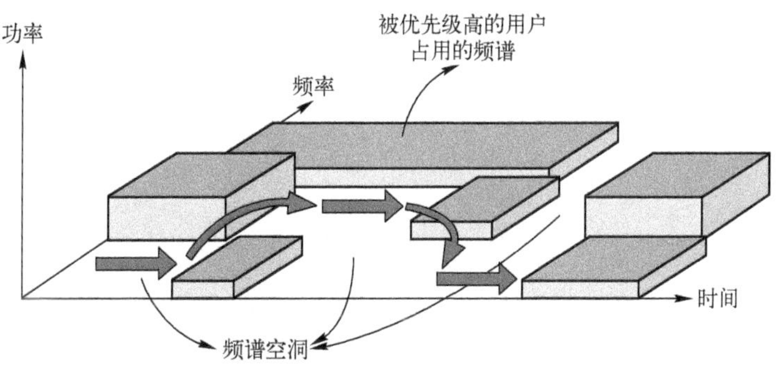

图 6-20 频率调整过程

无线感知和智能控制的逻辑结构如图 6-21 所示。

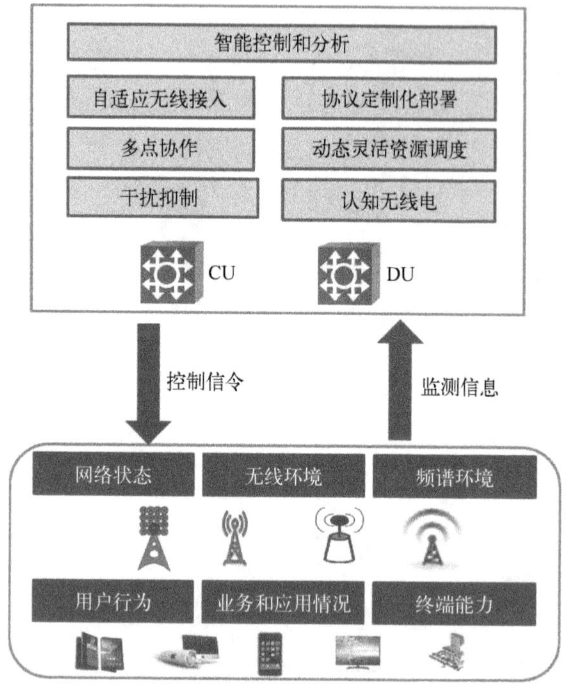

图 6-21　无线感知和智能控制

6.2.4　以用户为中心的接入网

5G RAN 不再以小区为无线网络架构设计的主要关注点，而是以用户为中心来设计网络架构。这就是所谓的 UCNC（User Centric No Cell，面向用户无小区）技术，如图 6-22 所示。UE 的无线资源调度和无线通信链路建立与服务这个 UE 的逻辑小区是解耦的。5G RAN 直接以 UE 为单位管理无线链路和无线资源的。为 UE 服务的逻辑小区是一种可调度的无线资源（小区域），类似于空口可调度的资源，如时间域、频率域和空间域。在 UE 需要提供服务的时间内，系统要根据感知的无线环境和网络状态，确定服务的小区，然后再确定频域和空域的资源。

UCNC 的技术基础是虚拟化小区技术和 Cloud RAN 技术。

随着用户规模的增加和业务应用的不断发展，站点越来越密集，基于小区的 RAN 架构在小区重叠度增大的时候，干扰控制比较困难。4G 时代的 CoMP（Coordinated Multiple Points，协作多点传输技术）的实质是在不同基站之间通过协同处理干扰，或者避免干扰，或者将干扰转化为有用信号，为边缘用户提供更高速率。但 CoMP 比较适用于小区重叠度不高的情况下解决小区边缘干扰问题。在 5G 密集组网时代，小区重叠度非常高，CoMP 就不太适用了，需要将相邻小区合并为一个虚拟化的逻辑小区，从而降低整个网络的干扰。

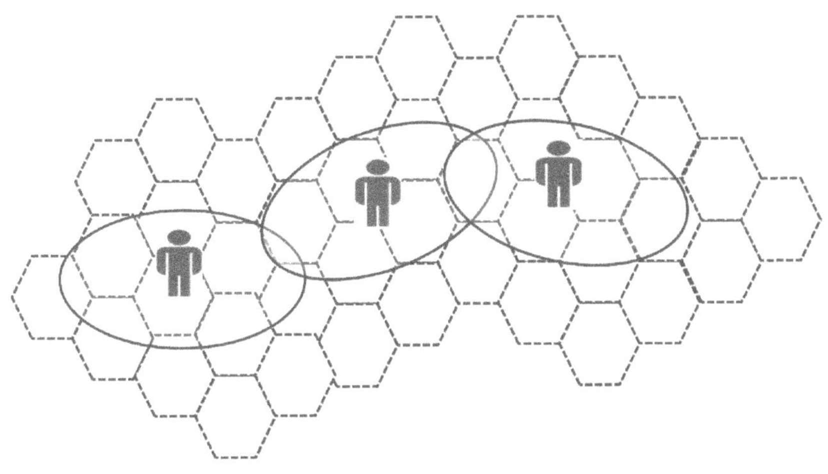

图 6-22　UCNC 技术

虚拟化小区技术是指打破小区的边界限制，提供无边界的无线接入技术，如图 6-23 所示，围绕用户建立覆盖、保证无边缘的用户体验。用户走，虚拟小区也跟着走，相应的资源调度也跟着变化。虚拟化小区包括两层：一个是虚拟层，一个是实体层。虚拟层提供广播、寻呼、移动性管理等控制信令，实体层承载数据传输。在同一个虚拟层移动的时候，用户不会发生重选和切换。

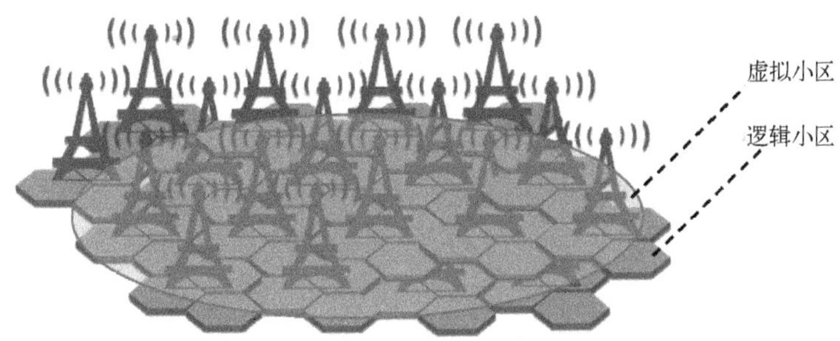

图 6-23　虚拟小区和逻辑小区

Cloud RAN 技术可以把多个 RAT（2G、3G、4G、5G、WiFi 等）的基带资源池化、云化。在同一个 RAN 架构下，让不同制式、不同位置、不同形态的站点有效协同起来。用户在一个城市内移动时，业务体验如同在单一小区下移动，没有明显的变化，也没有明显的切换延迟，如图 6-24 所示。这种无缝的移动性，不仅适用于不同 RAT 之间的移动，更适用于微微站间、宏基站间、宏微站间的组网。

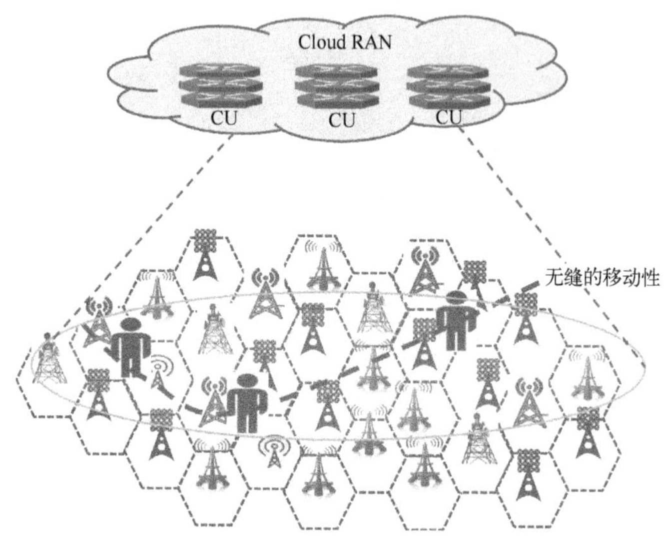

图 6-24　Cloud RAN 提供以用户为中心的无缝移动性

6.3　5G 基站形态演进

5G 网络要实现 4G 同样的信号覆盖水平，并且满足 5G 的性能指标需求，需要建设更多的基站。不过，这并不意味着要用更多的机房。随着基站硬件集成度的大幅提升，现在 5G 基站已经能做成了一个旅行箱大小，一个人就可以完成运输和部署工作，对供电、传输等配套资源要求简单，新增射频单元无须专门的机房资源。这就相应地减轻了密集部署带来的基础设施投资压力。

5G 时代初期，多数运营商的无线网络复杂、设备的规模数量和厂家种类越来越多。大多数运营商的网络是多制式共存的状态。一个典型的无线网络会出现四代（2G、3G、4G、5G）、六制式（GSM、UMTS、LTE FDD、LTE TDD、NB-IoT、NR）共存的场景。一个运营商一个站点的频谱可能超过 10 个频段，总带宽超过 1000 MHz（C-Band 典型 100 MHz，mmWave 典型 400~800 MHz，Sub3G 存量频段 100~300 MHz）。运营商网络维护费用居高不下。

如何提升网络资源利用效率，简化站点部署方案，降低维护成本是 5G 基站形态演进的关键目标。

5G 基站形态和技术演进的方向有以下几个。

（1）资源共享与效率提升

无线网络的发展最终向 SingleRAN 的方向发展，即单个物理基站多频段、多制式共存成为趋势。通过频谱共享、功率共享和通道共享，最大程度的复用运营商的无线资源，提高资源使用效率；同时通过多扇区、多通道、Massive-MIMO 等技术最大化频谱效率。

（2）站点易部署

基站的形态演变的重要方向就是尽量使站点基础设施的改造最小化，包括天线整合、供电改造、传输改造等，降低 5G 站点的部署成本，提升 5G 站点部署效率。

（3）绿色节能

“网络”“站点”“板件”三个层级的设计都瞄准能耗降低的方向，降低单比特的能源效率。

（4）可持续演进

所有硬件，包括射频器件、天线、电源都支持迭代式、模块化的演进。为了提升运营商投入产出比，逐步关断 2G、3G 网络，将语音、数据和 IoT 业务向更高频谱效率的 4G、5G 网络迁移，逐渐减少并存的网络制式，是网络发展的大势所趋。5G 时代，无线网络最终会演进成仅有两个重要组成制式：LTE（4G）与 NR（5G）。这两种制式将长期并存。

6.3.1　5G 基站形态

按照基站安装部署和覆盖场景，基站可以分为宏基站、微基站、皮基站、飞基站等，如表 6-1 所示。宏基站单载波发射功率大，覆盖范围大，对机房配套有一定的要求，适合大覆盖场景。相应地，微基站发射功率小，覆盖范围小，适合密集组网的小功率多点部署场景，适合大容量场景。皮基站和飞基站发射功率更小，体积也小，安装方便，部署灵活，分别适合企业或家庭环境下的 5G 覆盖。

表 6-1　5G 基站分类特征

类　别			单频波发射功率（20 MHz 带宽）	覆盖能力（覆盖半径）
名　称	英文名	别　称		
宏基站	Macro Site	宏站	10 W 以上	200 m 以上
微基站	Micro Site	微站	500 mW～10 W 以上	50～200 m
皮基站	Pico Site	微微站、企业级小基站	100～500 mW	20～50 m
飞基站	Femto Site	毫微微站、家庭级小基站	100 mW 以下	10～20 m

5G 的基站也叫 gNodeB、gNB，可以是一体化的形态，也可以是各个组成部分（CU、DU、RRU、天线）的组合。最典型的基站形态是 CU+DU+AAU 的 3 级分离架构。如果 CU 和 DU 分设，CU 设备可以基于通用硬件设备，DU 设备就相当于具有分布单元功能的 BBU 专用设备。在 5G 发展的初期，NFV+SDN+云的技术在无线侧应用得并不成熟，一般采用 CU 和 DU 合设的架构。CU 和 DU 合设相当于基带资源单元（BBU）。AAU 设备也可以分为 RRU 和天线单元，可以分别进行部署，也可以合设。5G 的基站形态分类如图 6-25 所示。

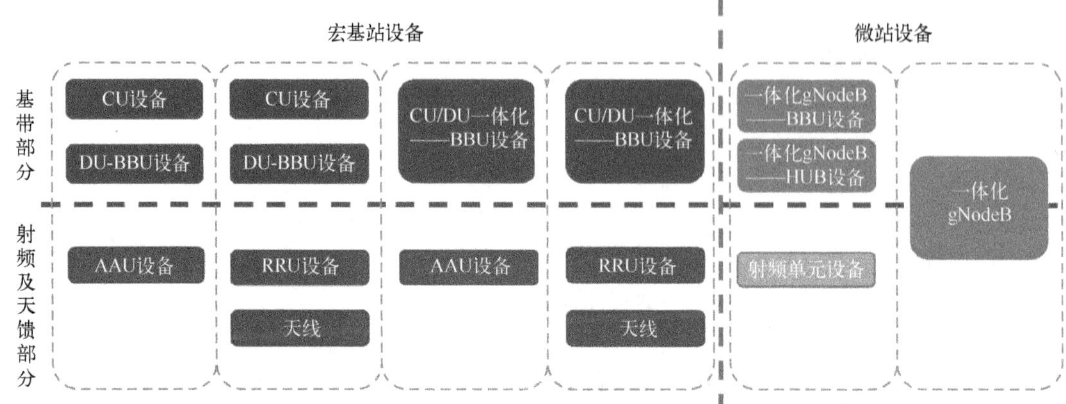

图6-25　5G基站形态分类

目前2G、3G、4G站点主流基站的形态是BBU+RRU+天线的形式。5G时代初期，主流基站形态则变成BBU+AAU的形态，也就是CU和DU合设成为BBU产品，RRU和天线合设成为AAU产品，如图6-26所示。

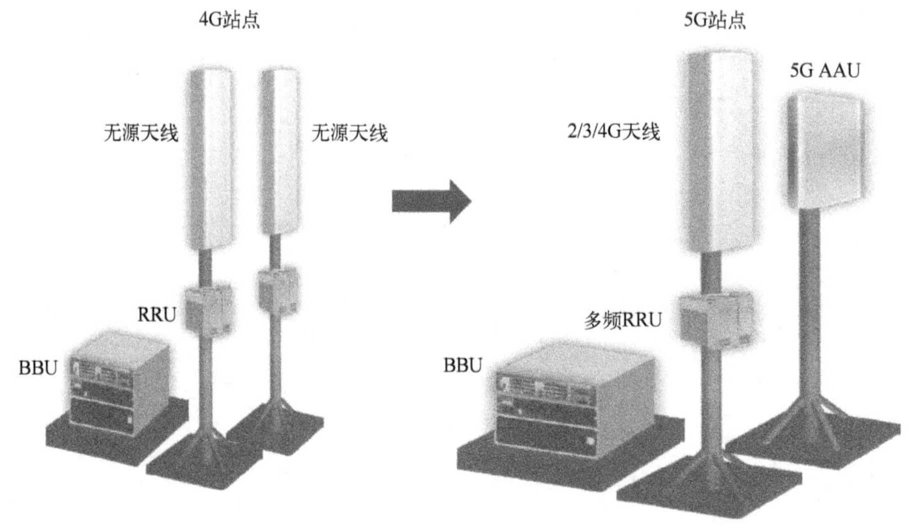

图6-26　传统站点向5G站点的演进

5G时代的BBU需具备如下特点。

1）超大容量：5G时代BBU模块要具备较强的处理能力，以匹配C-Band、毫米波等大容量、大带宽的需求。

2）灵活配置：BBU需要支持4T4R、8T8R、Massive MIMO不同规格小区的灵活、按需配置。

3）方便演进：5G时代BBU需要满足灵活演进的需求，一次网络建设应满足未来5~

10 年网络发展。演进仅按需插卡扩容即可实现，避免供电、散热等配套的重复改造。

4）容易部署：5G BBU 需要支持灵活的部署方式。如果存量站点有空间支持，则直接叠加 5G BBU；如果是新建或者存量站点空间受限场景，支持 5G BBU 收编存量 BBU，或者采用在存量室内 BBU 基础上直接新增 5G 室外 BBU 的方式灵活部署，从而避免对机柜、机房的改造。

华为 BBU5900 产品外观如图 6-27 所示，一共 11 个槽位，主要有 4 种类型的单板：主控板、基带版、电源模块、风扇。主控板（如 UMPTe、UMPTg）支持 G、U、L、NB-IoT、NR 几种制式，槽位是 6 和 7，优先配置 7 槽位，主控板最多配置 2 块；基带板（如 UBBPg），支持 NR，可以配置槽位有 0~5，但优先配置在 4 槽位，最大配置 6 块；电源模块（UPEUe）的槽位是 18、19，优先配置在 19 槽位，最大配置 2 块。风扇模块主要配置在 16 槽位。

BBU 5900

SLOT16 FANf	SLOT0	SLOT1	SLOT18 UPEUe
	SLOT2	SLOT3	
	SLOT4	SLOT5	SLOT19 UPEUe
	SLOT6（主控）	SLOT7（主控）	

BBU 5900槽位分布示意图

图 6-27　BBU 5900 产品

举例来说，5G NR 初期最典型的基站配置是 S111_64T64R，BBU 最低配置就是 1 个 UMPTe，1 个 UBBPg，1 个 UPEUe，1 个风扇，单板槽位如图 6-25 所示。

风扇			
	基带板UBBPg		电源模块 UPEUe
		主控板UMPTe	

图 6-28　典型 S111_64T64R BBU 的最低配置

新频谱（C-Band、mmWave）的引入以及 Massive MIMO 形态的普及，导致塔上的安装盒的数量越来越多，越来越重，给铁塔空间和承重带来了更严峻的挑战。5G 时代，射频模块 AAU 必然朝着多频段、多通道、有源无源一体化（Active+Passive，A+P）的趋势发展，主要有以下几点。

1）多频段：超宽频技术可以让一个射频模块同时支持多个频段，并提供足够的发射功率。多频模块可以有效地降低塔上安装盒数量，在减少铁塔租金的同时也减少了工程安装的成本。低三频模块（700 MHz+800 MHz+900 MHz）和高两频模块（1800 MHz+2100 MHz）是主流的射频模块。

2）C-Band 和毫米波的支持：有源无源一体化技术，使天线空间极端受限的站点可以持续演进，为毫米波的部署预留空间。在初期，无源天线支持 3000 MHz 以下全频段 4T4R，有源 Massive MIMO 支持 C-band 64T64R，最大限度地解决了天面空间受限问题。

3）多通道技术：大规模天线阵列是多通道技术的必然选择，是应对流量爆炸式增长的最有效的手段。

5G AAU集成度高，体积小，可以节约天面空间，降低站点安装复杂度，节省维护费用。华为的AAU5613是一款5G初期建网时常见的AAU产品，如图6-29所示，大小为795 mm×395 mm×195 mm，重量仅为35 kg，发射功率为200 W，支持的频段范围为3400~3600 MHz，天线模式64T64R。现在AAU5613与BBU的接口为eCPRI。

图6-29　AAU5613

5G AAU（64T64R）挡风面积为0.4 m²，比4G时代的天线面积平均降低了21%；重量约为43 kg，相比4G时代的天线重量平均增加了27%。5G基站AAU采用了64T64R天线阵列，相比8T8R的4G天线，单通道的平均功耗有所下降，单比特的功耗下降明显。但由于通道数量大幅度提升，数据业务速率大幅提升，作为一个整体，AAU功耗明显上升。

6.3.2　5G无线目标网

5G时代，无线网的建设目标是LTE+NR双网各司其职。一方面，逐渐将基础的语音、低密度的IoT、低速数据业务迁移到LTE网络，使LTE成为基础业务的承载网络；另一方面，在5G NR上，大力发展高清视频、VR/AR等大带宽业务，自动驾驶、工业自动化、远程医疗等低时延业务，以及智慧城市等大连接业务，最终打造极简的LTE+NR目标网架构。

按照部署方式分类，无线接入网的站点可以分为：塔站（天面塔、绿地塔）、灯杆站、室内站等。根据5G大带宽、低时延、大连接的业务特征，5G目标网具有如下特点。

1）站点密度大：5G 主流频段覆盖比 4G 差，边缘速率要求更高，需要更大的站点密度。

2）杆/宏比高：5G 室内或者街道盲区覆盖问题更为突出，需要使用杆站协同宏站快速完善室外连续覆盖和局部的室内深度覆盖。

3）室分同步建设：5G 穿透损耗大，室外站点覆盖室内环境非常困难。为保证 5G 业务体验，需要同步建设室内数字化网络。

基于这些特点，再加上 5G 时代多制式将长期共存，业务发展不均衡的情况，无线网络需要考虑三层立体组网的架构，如图 6-30 所示。

1）基础覆盖容量层（底层网）：以宏站（塔站）为主的连续覆盖网络，满足基本的覆盖和容量吸收，主要用于室外普遍的业务承载。如，LTE 宏站使用 4T4R 全网覆盖，5G NR 使用大规模天线阵列（Massive MIMO，MM）全网覆盖。在站点部署方面，可以考虑刀片式室外站的方案。刀片式站点，包括刀片式 RRU、刀片式 AAU、刀片式 BBU、刀片式电源模块等。这种室外站点减少了机房资源的需求，对站点基础设施的需求简化为“零”，降低了运营商对基础资源的依赖。在降低成本的同时，提高了部署效率。

2）容量体验层（中层网）：以杆站等简易站为主的非连续覆盖和容量网络。为了特定场景的容量吸收，为了满足体验一致性需求，中层网主要部署在宏站边缘区域或流量高地，如道路、高层建筑、居民区、大型集会、风景区等。

3）价值室分层（室内覆盖）：以室内数字化分布系统为主的网络。为了吸收室内流量，保证高价值用户的业务体验，运营商需要在 CBD，大型场馆、交通枢纽、商场等大型建筑的室内场景进行数字化室分系统的建设。

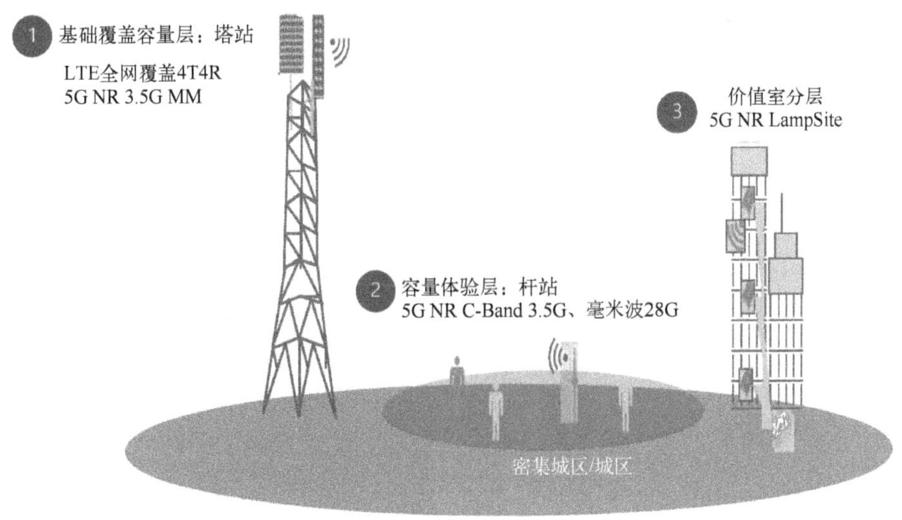

图 6-30　5G 无线网目标架构

6.4 5G组网方式

5G是移动通信网部署的大势所趋，但4G仍是现网网络设备的主流。建设和部署5G网络包括两个部分：无线接入网（Radio Access Network，RAN）和核心网（Core Network，CN）。无线接入网主要由基站组成，为用户提供无线接入功能；核心网则主要为用户提供互联网接入服务和相应的控制管理功能等。由于5G核心网和无线网同步部署，投资巨大。且在5G部署的初期，NFV、SDN、通用硬件等技术并不成熟，核心网组网和协议制定还面临很多挑战，所以最早冻结的5G协议——5G RAN无法单独工作，仅仅是作为4G的补充，用于分担4G的流量。这个时候的5G组网，就是非独立组网（Non-Stand Alone，NSA）。5G独立组网（Stand Alone，SA）的标准化足足比非独立组网慢了半年多。

非独立组网方式下，5G NR基站和LTE基站同时接入升级以后的4G EPC，涉及4G基站和5G基站同时给UE提供连接服务，这就是双连接。其实，双连接技术在LTE-A阶段就有协议支撑了，可是在LTE组网中应用很少；到了5G时代，5G NR基站非独立组网的情况下，5G NR和4G基站之间双连接技术开始大放光彩。5G NR和5G NR的双连接技术也在协议制定过程中。在双连接的概念下，又涉及诸如MeNB、SeNB、MgNB、SgNB、MCG和SCG等概念。

6.4.1 CA与DC

CA（Carrier Aggregation，载波聚合）顾名思义就是将多个载波聚合起来发送。由于每个运营商能分到的频段有限，而且不一定连续，如果每个UE都只能用其中某个频段的话，那么UE的速率将会受到限制。载波聚合技术就是把相同频段或者不同频段的频谱资源聚合起来给UE使用，以提高UE的数据业务速率。3GPP R10版本为了提升数据业务速率，提出了LTE-A载波聚合（CA）技术。在后续的版本中载波聚合技术陆续得到了功能上的增强，可以聚合的载波数越来越多，支持的载波频段可以很离散，载波类型也可以不同。如图6-31所示，假设运营商有两个频段：频段A和频段B，运营商可以使用载波聚合技术将频段A和频段B同时分配给UE聚合使用。载波聚合时，每个载波都对应一个小区（Cell）。

DC（Dual-Connectivity，双连接）顾名思义就是UE同时与两个基站保持着连接。双连接类似于我们常用的耳机，两路数据可以通过左右一对耳机传送在一个人的脑子中。DC技术最早出现的时候是为了解决小区边缘用户的覆盖问题，后期也会瞄准提升数据业务速率的目标。如图6-32所示，UE处于小区边缘，如果仅靠主基站A，UE的信号强度可能不够。运营商可以在小区边缘部署基站B，通过把基站A和基站B配置成双连接模式以增强覆盖。UE同时与基站A和基站B保持连接。

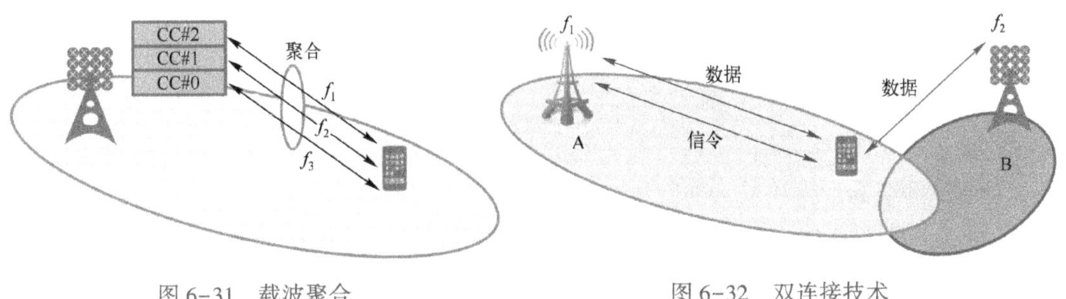

图 6-31　载波聚合　　　　图 6-32　双连接技术

双连接中，负责控制面的基站就叫作控制面锚点。这里的控制面锚点就像耳机线上的控制按钮，既可以控制播放，也可以发送数据。

用户的数据需要分到双连接的两条路径上独立传送，但是在哪里分流呢？这个分流的位置就叫分流控制点。

3GPP R12 版本中提出了 LTE 双连接（Dual Connectivity）技术。后续版本又陆续提出了 LTE 基站、5G NR 基站的双连接以及两个 5G NR 基站的双连接。双连接技术也会逐渐发展为多连接技术。多连接技术的主要目的在于实现 UE（用户终端）与宏微多个无线网络节点的同时连接。不同的网络节点可以采用相同的无线接入技术（RAT），也可以采用不同的无线接入技术。

双连接和载波聚合有不同之处有以下几点。

1）双连接下数据流在 PDCP 层分离和合并，随后将用户数据流通过多个基站同时传送给用户，而载波聚合下数据流在 MAC 层进行分离和合并。DC 与 CA 的区别在于：DC 下的两个基站独立调度，这也就意味着 UE 必须得有两个不同的 MAC 实体，一个对应基站 A，另一个对应基站 B；而 CA 下所有的 CC 都对应一个 MAC 实体。

2）双连接是发生在不同站点之间的聚合（通常为一个宏基站和一个微基站，两者之间通过 X2 或 Xn 接口相连），而载波聚合是发生在一个站点的聚合。

图 6-33 总结了 CA 和 DC 的关系。

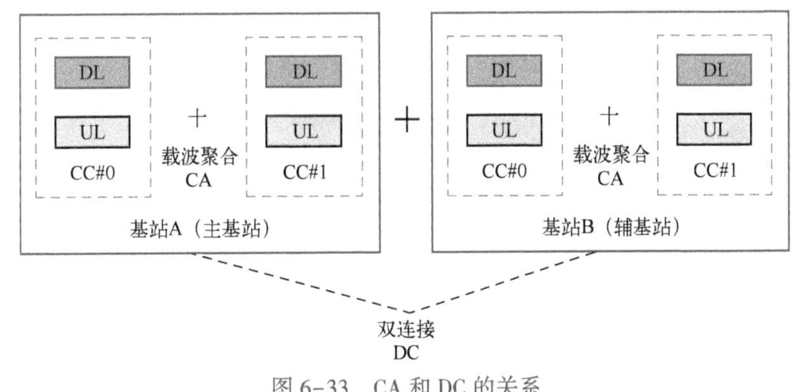

图 6-33　CA 和 DC 的关系

6.4.2 MCG与SCG

在学习5G NR和LTE技术的时候，我们经常看到MeNB、SeNB、MgNB、SgNB、MCG、SCG、PCell、PSCell、SCell和sPCell等概念。对刚刚接触CA和DC概念的人来说，会对这些概念产生比较大的困扰。现在我们举例进行说明。

给UE提供双连接服务的两个基站中，从UE到基站，再到核心网的控制面信令由哪个基站负责，或者说，UE从哪个基站首先发起随机接入过程，哪个基站就是主节点（Master Node，MN）、主基站或者锚点站。主要任务是提供数据业务流承载，而不承载控制面信令的基站就是从节点（Secondary Node，SN）、辅基站。

主基站是LTE的基站称为MeNB（Master eNodeB）；主基站是5G NR的基站称为MgNB（Master gNodeB）。辅基站是LTE的基站称为SeNB（Secondary eNodeB）；辅基站是5G NR的基站称为SgNB（Secondary gNodeB）。

有了双连接的概念，就有了MCG和SCG的概念，如图6-34所示。从信令交互角度来看，UE首先发起随机接入过程的小区（Cell）所在的组（Group）就是MCG。假若5G NR基站和LTE基站一起给UE提供双连接服务，LTE作主基站，5G NR基站作辅基站，那么LTE所提供的多个小区就是MCG（Master Cell Group，主小区组），5G NR提供的多个小区就是SCG（Secondary Cell Group，辅小区组）。MCG的小区和SCG的小区应该配置成邻小区关系。

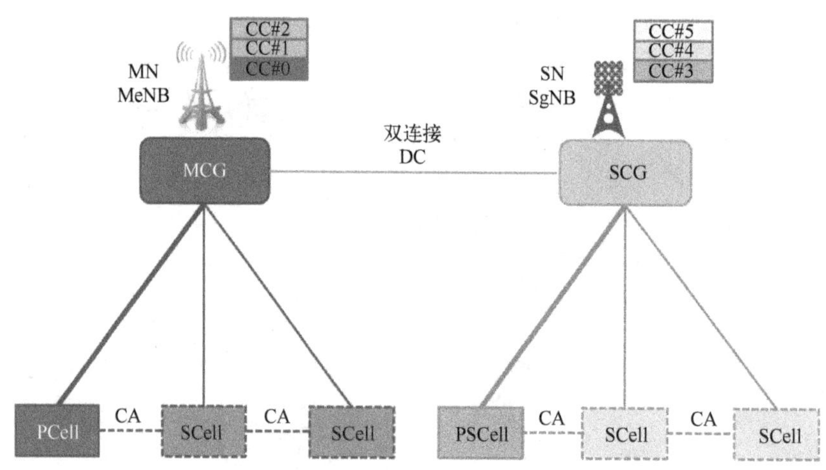

图6-34 主小区组和辅小区组

在MCG下，可能会有很多个小区，其中有一个用于发起初始接入的小区，这个小区称为PCell（Primary Cell，主小区），PCell是MCG里面最“主要”的小区。其他小区就是SCell（Secondary Cell，辅小区）。MCG下的PCell和MCG下的SCell通过载波聚合（CA）技术联合在一起。

同样地，在 SCG 下也会有一个最主要的小区，也就是 PSCell，也可以简单理解为在 SCG 下发起初始接入的小区。SCG 下的 PSCell 和 SCG 下的 SCell 也是通过 CA 技术联合在一起。

因为很多信令只在 PCell 和 PSCell 上发送，为了描述方便，协议中也定义了一个概念 sPCell（special Cell），如图 6-35 所示。

sPCell = PCell + PSCell

图 6-35　sPCell 的概念

6.4.3　NSA 与 SA

5G 网络部署方式有两种：非独立组网模式（NSA）和独立组网模式（SA）。

非独立组网（NSA）指的是使用现有的 4G 基础设施，进行 5G 网络的部署。基于 NSA 架构的 5G 载波仅承载用户数据，其控制信令仍通过 4G 网络传输。在 NSA 组网中，大多是以 LTE 为锚点来实现 5G NR 与 LTE 的双连接的。

独立组网模式（SA）指的是新建 5G 网络，包括 5G 基站、5G 回程链路以及 5G 的核心网。SA 组网在引入了全新网元与接口的同时，还将大规模采用网络 NFV、SDN 等新技术，并与 5G 无线侧的关键技术结合，其协议开发、网络规划部署及互通互操作所面临的挑战是巨大的。

将 4G 和 5G 组网部署方式结合起来考虑，在 3GPP 协议上，提出了 8 个选项，如图 6-36 所示。其中选项 1、2、5、6 是独立组网，选项 3、4、7、8 是非独立组网。非独立组网的选项 3、4、7 还有不同的子选项。在这些选项中，选项 1 就是 4G 网络的结构。选项 6 和选项 8 仅是理论上存在的部署场景，不具有实际部署价值。

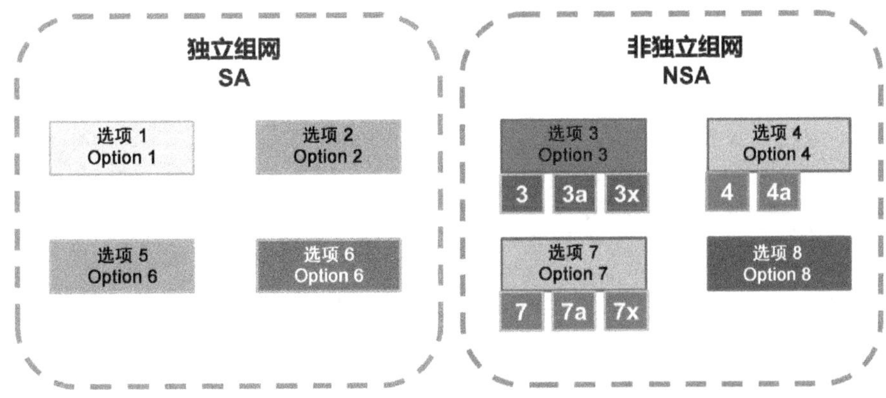

图 6-36　独立组网和非独立组网方案

（1）独立组网（SA）选项

选项1，如图6-37所示，这是纯4G的组网架构。注意图中连接手机、4G基站和4G核心网的各有一条实线和一条虚线。其中虚线代表控制面，实线代表用户面。控制面，就是用来发送管理、调度资源所需的信令通道；用户面，直观理解就是发送用户的业务数据的通道。用户面和控制面是完全分离的。然而，选项1和5G并没有什么关系！

选项2，如图6-38所示，架构很简单，就是5G基站连接5G核心网，这是5G网络架构的终极形态，可以支持5G的所有应用。虽然架构简单，但在现有的网络条件下，要实现这种架构需要新建大量的基站和核心网，运营商投资巨大。可以说选项2组网方式就是“不差钱”的运营商或者从零开始的运营商的选择。

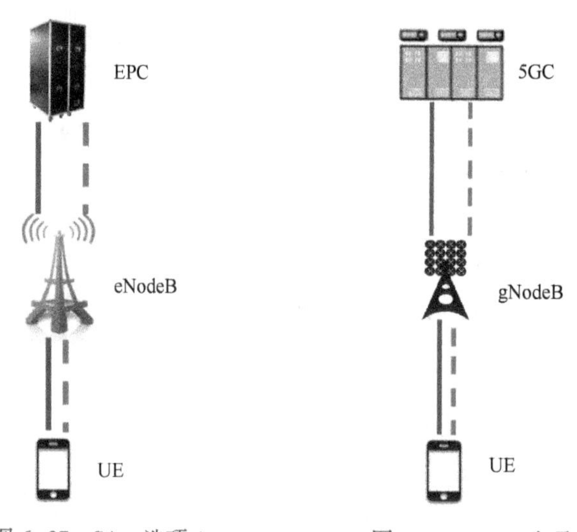

图6-37　SA：选项1　　图6-38　SA：选项2

把现有的4G基站升级一下，变成增强型4G基站。然后把它们接入5G核心网，这样可以利旧，多少也能省点钱。这是选项5。4G基站升级增强之后连到了5G核心网之上，本质上还是4G。但新建了5G核心网之后，原先的4G核心网也该慢慢退服，一定会出现4G基站连接5G核心网的需求。但是，改造后的增强型4G基站和5G基站相比，在峰值速率、时延、容量等方面依然有明显差别。

把5G基站连到4G核心网，然后不用和4G基站配合，也没有5G核心网，就是选项6。如图6-40所示。这种情况下，5G基站“有力使不出”，相对于核心网来说，5G基站是花钱的大头，竟然不建相对是小头的5G核心网？因此，这个架构不具有实际部署意义。

总结起来，5G可能的独立组网方案只有选项2和选项5，其中选项2是5G网络的终极架构。选项2的优势有：一步到位引入5G基站和5G核心网，不依赖于现有4G网络，演进路径最短；全新的5G基站和5G核心网，能够支持5G网络引入的所有新功能和新业务。有利就有弊，选项 2 对应的劣势有：5G 频点相对 LTE 较高，初期部署难以实现连续覆盖，会存在大量的 5G 与 4G 系统间的切换，用户体验不好；初期部署成本相对较高，无法有效利用现有 4G 基站资源。

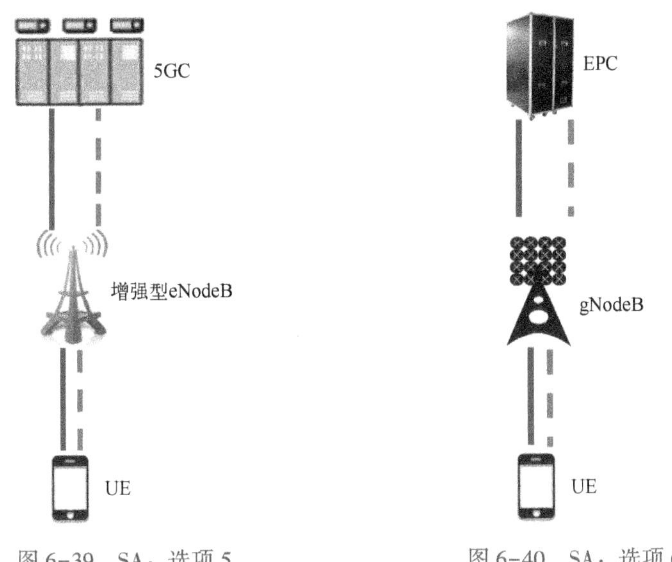

图 6-39　SA：选项 5　　　图 6-40　SA：选项 6

（2）非独立组网（NSA）选项

5G 非独立组网有诸多选项，有的选项又有很多子项。不同方案的差别，都是需要回答三个问题。将这三个问题的答案排列组合，就可以形成不同的方案。

1）基站连接的是 4G 核心网还是 5G 的核心网？

2）控制信令走 4G 基站还是 5G 基站？

3）数据分流点是在 4G 基站，还是 5G 基站，还是核心网？

选项 3 主要使用的是 4G 的核心网络，控制面锚点都在 4G，适用于 5G 部署的最初阶段，覆盖不连续，也没太多业务，纯粹是作为 4G 无线宽带的补充而存在。由于传统的 4G 基站处理数据的能力有限，需要对基站进行硬件升级改造，变成增强型 4G 基站，该基站为主站，新部署的 5G 基站作为从站来使用。

选项 3 又分为 3、3a 和 3x 子项，为什么有这样的区分呢？关键在于数据分流控制点的不同。

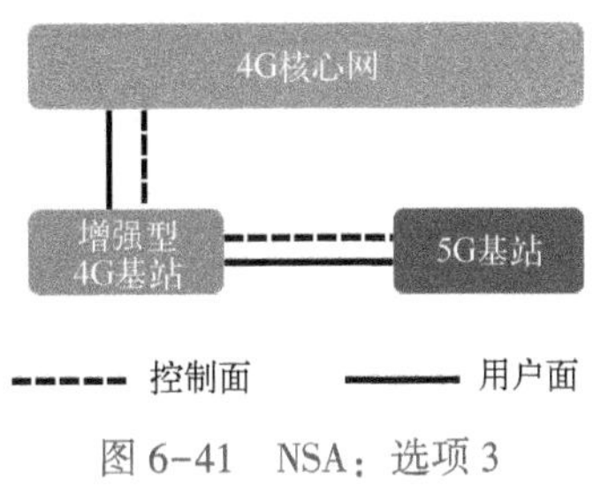

图 6-41　NSA：选项 3

5G 基站是无法直接连在 4G 核心网上的，所以 5G 基站通过 4G 基站接到 4G 核心网。这种组网方式，就是选项 3 的第一种方式，如图 6-41 所示。选项 3 的数据分流控制点在 4G 基站上，也就是说，4G 不但要负责控制管理，还要负责把从核心网下来的数据分为两路，一路自已发给手机，另一路分流到5G去发给手机。

由于部分4G基站建设时间较久，4G基站须进行彻底的软硬件升级才能具备这样的能力。然而，基站硬件能否扛得住5G的流量，是一个问题。而且运营商不愿意花资金进行4G基站（毕竟都是旧设备，迟早要淘汰）改造，于是需要想出另外的方案：选项3a和选项3x。

选项3a就是5G基站的用户面数据直接传输到4G核心网，4G核心网进行数据分流控制，如图6-42所示。而选项3x是5G基站将自己用户面的数据分为两个部分，一部分是4G基站不能传输的数据，这部分数据使用5G基站进行传输；剩下的一部分数据转给4G基站进行传输，如图6-43所示。两者的控制面命令仍然由4G基站进行传输。选项3a和选项3x的4G基站无须增强。

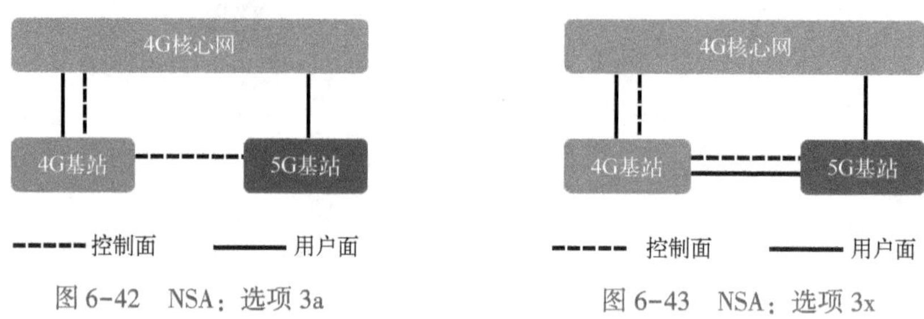

图6-42　NSA：选项3a　　图6-43　NSA：选项3x

我们把选项3组网方式里面的4G核心网替换成5G核心网，这就是“7系”的组网方式，如图6-44所示。毕竟，很多优质的5G体验，必须基于5G核心网才能实现。因为核心网是5G，所以在“7系”的组网方式中，4G基站都需要升级成增强型4G基站。

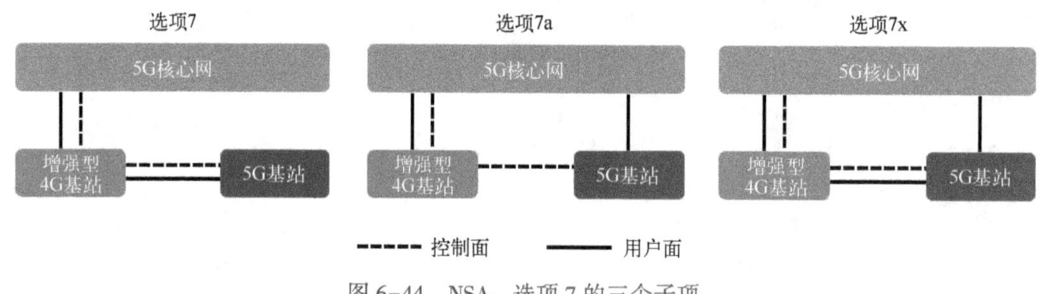

图6-44　NSA：选项7的三个子项

选项4组网方案中，4G基站和5G基站共用5G核心网，5G基站为主站，4G基站为从站。唯一不同的是，选项4的用户面从5G基站走，选项4a的用户面直接连5G核心网。如图6-45所示。

选项8组网，就是4G基站和5G基站共用4G核心网，5G基站为主站，4G基站为从站。这种组网现实意义不大，3GPP协议已经放弃。

非独立组网中，3/3a/3x组网方式是目前国外运营商最喜欢的方式，原因很简单：利旧了4G基站，省钱；部署起来很快很方便，有利于迅速推入市场，抢占用户。

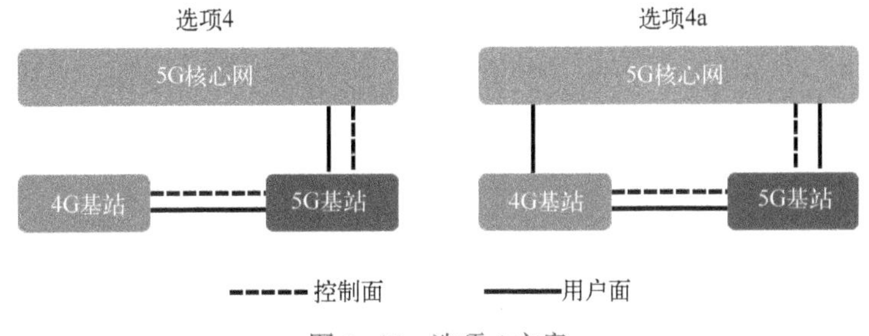

图 6-45　选项 4 方案

综上所述，目前运营商可选的 5G 部署方案为选项 2、选项 3、选项 4、选项 5 和选项 7。几种方案的比较如表 6-2 所示。对于 LTE 网络比较有优势的运营商来说，选项 3 是初始阶段可以考虑的。对于一些想在 5G 建设中一步到位、迅速赶超竞争对手的运营商来说，选项 2 是一个重要选项。

表 6-2　5G 组网方式各选项比较

比较项	选项 2	选项 3	选项 4	选项 5	选项 7
架构	适合演进	演进困难	可能的目标架构	适合演进	可能的目标架构
核心网	5GC	Upgrade EPC	5GC	5GC	5GC
LTE 无线	N/A	升级支持双连接（dual connectivity）	升级支持 eLTE	升级支持 eLTE	升级支持 eLTE
5G 无线	NR	NR	NR	eLTE	NR
频谱资源	低频资源用于连续覆盖	高频 NR 用于热点覆盖	低频 NR 用于连续覆盖	低频 eLTE 用于连续覆盖	高频 NR 用于热点覆盖
网络影响	影响小	影响中等	影响大	影响大	影响大
运营维护	容易	复杂	复杂	简单	复杂
部署	中高	快速	慢	慢	中等

第7章　5G核心网架构

本章我们将掌握：

（1）5G核心网的服务化架构和服务化接口。

（2）5G无状态设计的理念。

（3）服务化架构下，NF的发现和选择。

（4）第三方如何使用服务化架构。

（5）控制面和用户面分离架构。

（6）用户面数据包的转发方式。

（7）网络切片的技术特征和组网架构。

（8）边缘计算的关键技术和部署架构。

（9）5G QoS管控机制和4G的不同。

（10）5G语音方案和4G语音方案的区别和联系。

《5G核心网》
控制用户相分离，
核心网络服务化。
切片边缘无状态，
能力编排有开发。

不管怎么演进，核心网有三大功能始终存在：移动管理、会话管理和服务管理。

4G时代，从业务承载的角度，核心网可以分为EPC（用户数据业务、彩信业务等）、IMS（高清语音/视频业务、短信业务等）和软交换专业（传统固网语音业务、短信业务）三大类。根据核心网的类别不同，其业务流程、信令协议、网元配置以及人员技能储备等方面都是不同的。

从4G的核心网演变到5G核心网，网络架构变化巨大。4G核心网由各个网元组成，这些网元是软件和专用硬件紧耦合的物理网元实体；到了5G时代，所有网元功能模块全部“软”化，以便构建基于服务化的核心网架构。传统核心网网元的物理形式从此在我们眼前消失了。5G核心网是由VNF组成的，VNF是构建在通用硬件上的软件包。4G核心网的架构是单体式架构，网元之间的接口是点对点的通信接口；而5G核心网是基于微服务的架构，网络接口也是服务化的接口。5G核心网模块化、软件化，目的是使网络灵活、伸缩自如，能力开放、解耦、可编排。

4G 核心网控制面（CP）和用户面（UP）实现了初步的分离，MME 是控制面网元，SGW/PGW 主要是用户面网元，但是其中还是有会话控制的功能；5G 核心网控制面（CP）和用户面（UP）实现了彻底的分离，核心网分为两个平面：控制平面和转发平面。转发平面（用户面）只有 UPF，其他的 NF，如 AMF、SMF、AUSF、UDM、NRF 等都是控制面的 NF。从软件模块化的设计理念来看，这种架构必然会使控制平面不仅会继承 EPC-C 的功能，还有整个 IMS-C 面功能，甚至包括软交换的控制功能也集成进来。而用户面网元功能 UPF 也是不只是继承 EPC-U，而且也集成 IMS-U、软交换用户面的功能。

4G 核心网对外呈现的是一个网络的整体性能，5G 核心网针对不同应用可以提供逻辑上相互隔离、性能不同的网络切片（Network Slice，NS）。

SBA、CUPS、网络切片是 5G 核心网网络架构的三大关键基础技术。而边缘计算、QoS 管控机制、VoNR 是 5G 核心网这三个关键基础技术之上的重要特征。

5G 核心网和 4G 核心网网络架构的特征比较如图 7-1 所示。

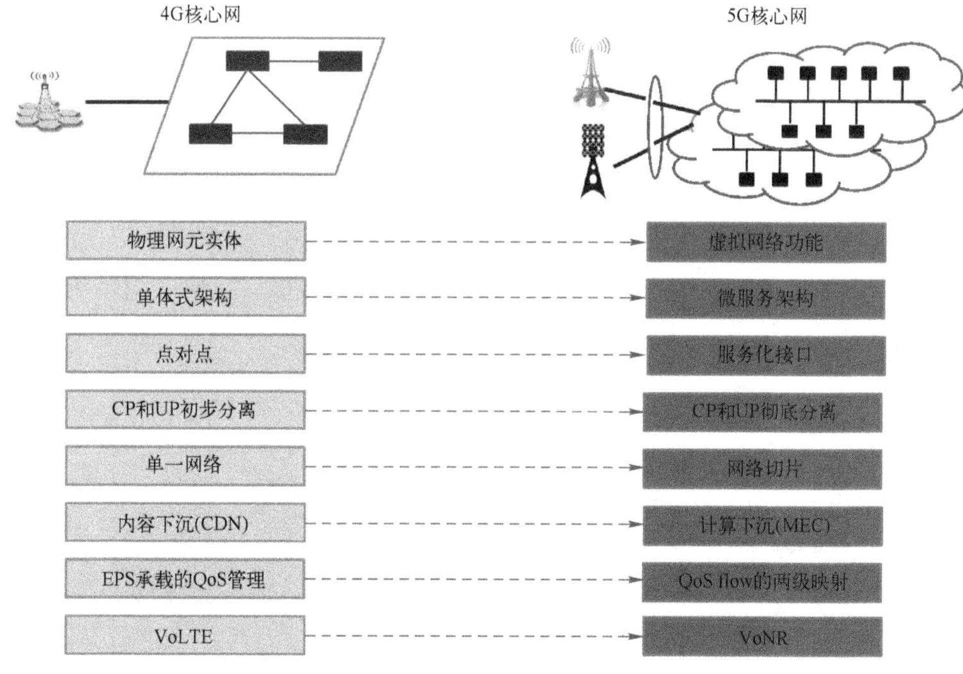

图 7-1　4G、5G 核心网网络架构特征对比

7.1　服务化架构

下面我们通过一个去饭店就餐的例子，来说明一下服务化的概念。站在客户的角度

上看，饭店作为一个整体，就是吃饭的地方，客户点餐，饭店上菜，如图7-2所示，如此而已。

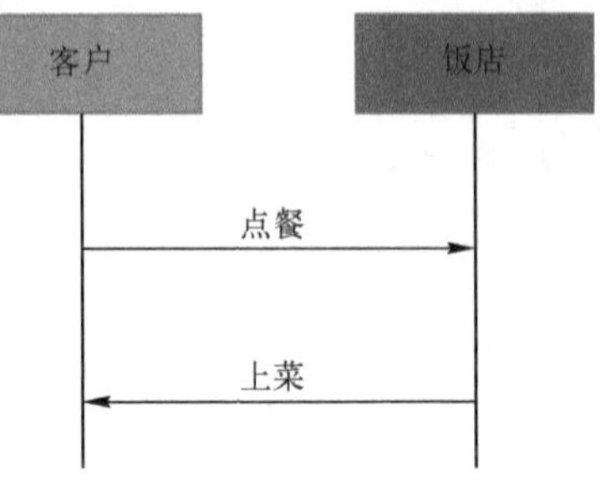

图7-2　饭店的整体功能

但是站在饭店的角度则不然，为了及时响应众多客户的定制化要求，饭店必须把自己的整体服务功能打散，角色化整为零，比如大厅服务、结算服务、配菜服务、炒菜服务，如图7-3所示。当然对于小餐厅来说，这么多角色可以合而为一；但对于客户量较大的大型饭店来说，客户的需求千奇百怪，饭店的角色需要分得很细才能够灵活快速地适应客户的需求。

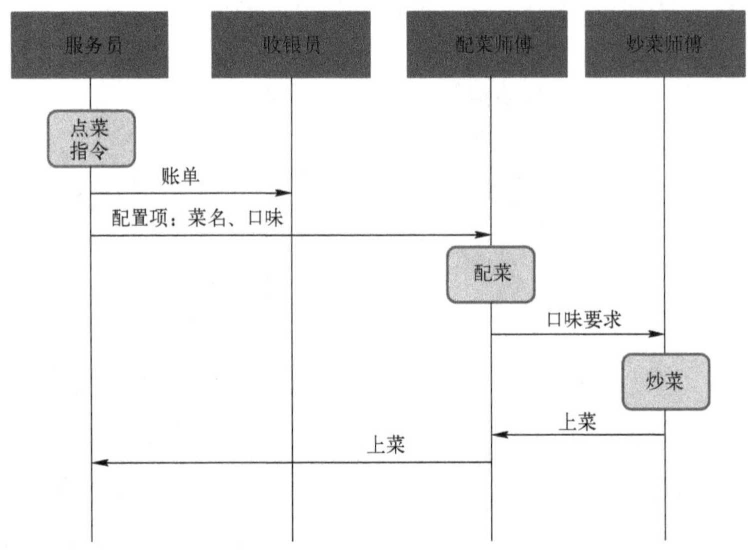

图7-3　饭店角色化整为零

服务化架构是一种在云架构中部署应用和服务的新的IT技术。把单体式架构（Monolithic）分解成微服务架构（Microservices），一个服务应该具备单一职责，能够独立构建、独立部署和独立扩展。这种服务化的架构应该是受业务驱动，支持迭代开发、不断演进。

总之，服务化架构的核心有以下三点。

1）微服务：一个整体的结构要打散为颗粒度很细的微服务，每一个微服务是具有单一职责，可以独立伸缩的功能单元。

2）接口：微服务之间通过标准开放的接口进行信息交互，一个服务的动态升级扩展，不影响和其他服务之间的接口关系。

3）云原生（Cloud Native）：云原生是在云架构下开发的服务或功能。IT领域的云原生概念包含很多特征，比如快速迭代开发（DevOps）、敏捷、动态编排、虚拟化、容器化、独立扩展、可重用、开放。

简单地说，服务化架构就是化整为零、软硬件解耦和云架构。如图 7-4 所示。

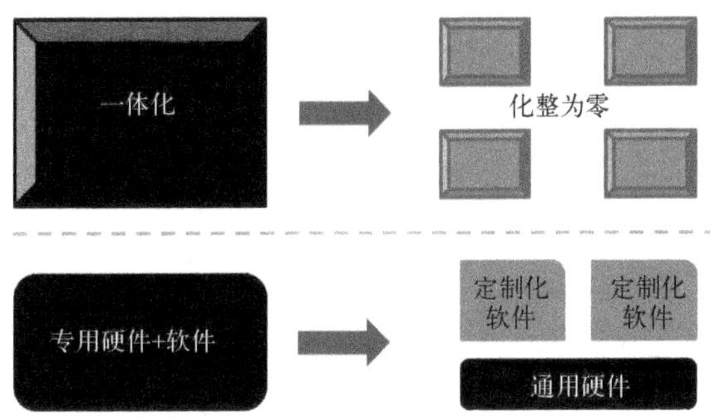

图 7-4 微服务化

5G 核心网的黑盒子已经被打开，核心网网元的功能要进行服务化架构的重构。总体来说，有两个方向的重构：基于应用的垂直重构和基于功能的水平重构，5G 核心网网元功能一定会按照这两个方向进行拆分，如图 7-5 所示。

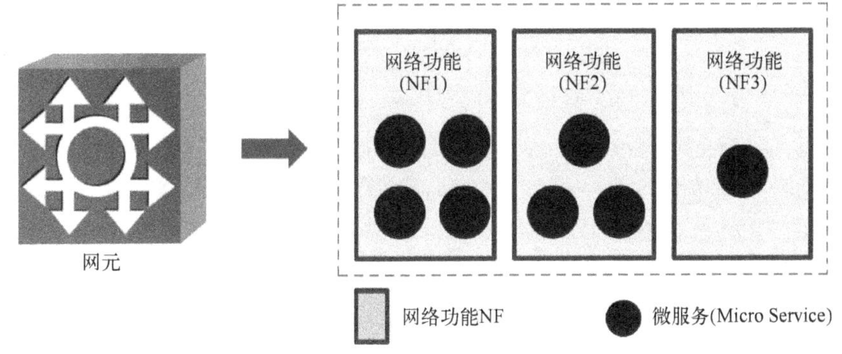

图 7-5 5G 网元服务化

5G 核心网的硬件和 IT 行业的硬件一样都是通用的服务器（如 X86 架构）。核心网网元的职能被打散成一个个的网络功能（Network Function，NF），每个网络功能又分为若干个服务（Services），每个服务又提供几个操作（Operation）。一个网络功能就是一个软件包，如同手机上面的 APP 一样，可以方便地安装在通用硬件上。每个服务提供的可用操作，就是对外接口。其他服务通过这个标准的接口使用这个服务。

在 2G、3G、4G 时代，我们一走进核心网机房，可以清晰地辨别出哪些设备是 MSC、SGSN、MME，哪些设备是 HSS、SGW、PGW。但是到了 5G 时代，虚拟化的网络功能安装在通用的物理硬件设备上，我们在核心网机房看到的是外观上一模一样的物理设备，很难通过设备的外观来判断出是什么设备。

7.1.1 SBA和SBI

现网的网元种类有很多。按专业细分：有软交换网元、EPC网元、承载网网元、IMS网元、增值业务网元等；按照所处的网络位置分：有边界网关、接入端局、互联互通关口局、长途汇接局、信令转发点等。同样，现网各类网元的厂商也很多，有华为、中兴、爱立信、诺基亚等知名厂商。但是，无论什么类型的网元，无论由谁来提供，网元内部处理逻辑都可归纳为三部分：消息接口和分发逻辑单元、业务处理逻辑单元、数据库逻辑单元，如图7-6所示。

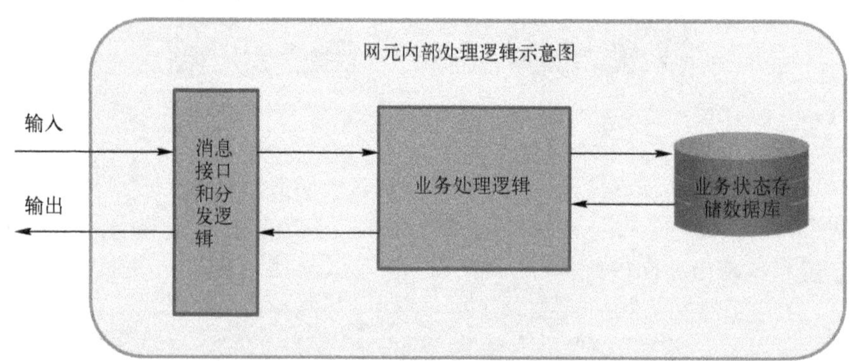

图7-6 网元内部处理逻辑图

消息接口和分发逻辑主要用来接收各类信令/媒体消息，按照一定的过滤机制分发给内部的业务逻辑处理单元。业务处理逻辑单元完成处理后，将业务状态缓存到内部的数据库逻辑单元，并将处理结果转发给消息接口和分发逻辑单元，然后消息接口单元按照一定路由策略转发给外部其他网元的消息接口单元。网上的各类型网元内部基本上都是类似的处理逻辑，这种逻辑处理机制同样符合软件模块化设计的思想。

5G核心网采用的是SBA架构（Service Based Architecture，基于服务的架构）。所谓SBA，可以用图7-7来通俗地表示。SBA架构本身就采用软件模块化设计的思想，不仅将各类网元功能“软”化，同时将传统网络各网元的逻辑功能进行了拆分和重组，使得每个“软”化的网元功能单元能力更加清晰。

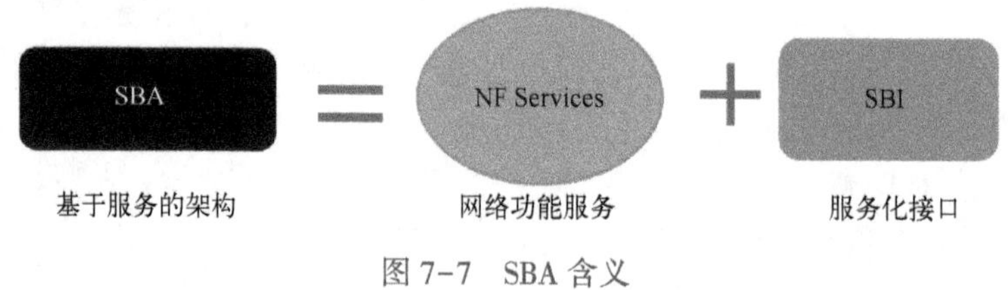

图7-7 SBA含义

5G中的网络功能NF，指的就是第5章介绍的AMF、SMF、AUSF、UDM、NEF、

NRF、NSSF、UPF等。网络结构这样的变化，在核心网有一个明显的结果，就是网络功能（NF）的数量增加了很多。网络功能的数量虽然增加很多，实际上很多网络功能是在虚拟化平台运行的软件包，可以集成在一个通用硬件设备上。比如，我们可以将2G、3G的SGSN、4G的MME的功能虚拟化以后，和5G的AMF整合到同一个物理节点之中，从而实现一个同时支持GSM、WCDMA/HSPA、LTE和5G的通用核心网。

每个网络功能NF相互之间解耦，可以分布式部署、独立扩展、独立升级、独立割接，按需编排，如同在一个手机上更新或卸载APP一样。由于是服务化解耦的架构，单个网络功能的更新、演进，对彼此的影响降到最低。当然也支持所有网络功能NF全面灵活的扩容，这简直是核心网工程师的福音。

每个NF都会有若干个服务（Services），NF Services就是网络功能对外提供的服务，是NF的基本组成单元。服务拆分的原则是自包含，可重复使用，自管理，可被消费。如图7-8所示。

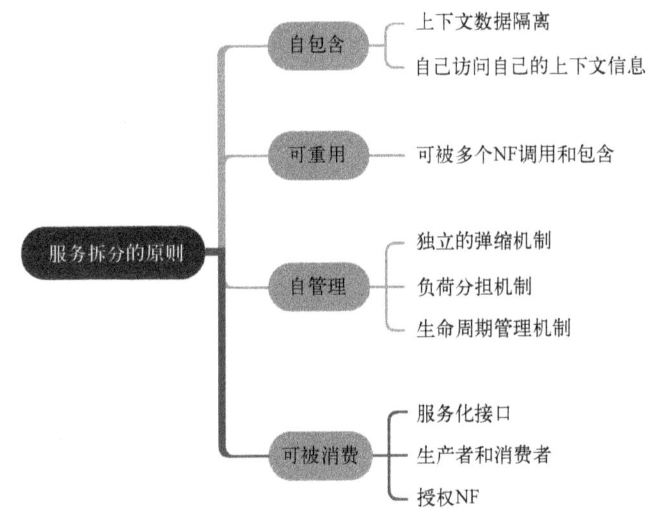

图7-8 服务拆分的原则

所谓自包含（Self-contained），主要指每个服务只能访问自己的上下文信息（Context），一个NF中，可能存在多个上下文（Context），但同一NF内不同服务的上下文数据上是隔离的。

所谓可重用（Reusable），主要是指一个服务要满足被多个NF调用或者包含的要求。举例来说，AMF定义的服务A，应该可以直接被SMF包含，SMF只需要将相关的参数配置到服务A中，服务A将成为SMF中的一个服务。

所谓自管理（Management Schemes Independently），对于服务来说包括独立的弹缩机制、负荷分担机制、生命周期管理机制等。

NF的服务是可被消费的。一个NF的功能价值在于给其他NF提供服务。提供这个服务的NF叫生产者，调用这个服务的NF叫消费者。NF通过服务化接口给其他授权NF消费。NF的拆分是以提供给其他NF的服务化接口为中心，而非按照本身的功能拆分。

在3GPP的23.501协议中的7.2节Network Function Services（网络功能服务）里详细列出了每个NF对外所提供的服务。下面以AMF、SMF为例，介绍一下NF所提供的服务，如表7-1和表7-2所示。

表7-1　AMF所提供的服务

服务名称	描　　述
Namf_Communication	其他NF可以通过这个服务和UE或者接入网网元交互。SMF也可以通过这个服务和4G的EPS进行交互
Namf_EventExposure	其他NF可以通过这个服务订阅（Subscribe）移动性相关的事件或统计结果，事件发生后或统计结果出来后接受通知（get Notified）
Namf_MT	NF可以通过这个服务确认UE是否可达
Namf_Location	NF可以通过这个服务请求目标UE的定位信息

表7-2　SMF所提供的服务

服务名称	描　　述
Nsmf_PDUSession	这个服务使用从PCF接收到的策略和计算规则管理PDU会话。其他NF可以调用这个服务的操作来处理PDU会话
Nsmf_EventExposure	这个服务把PDU会话发生的事件暴露给其他NF
Nsmf_NIDD	这个服务用在SMF和其他NF之间进行非IP的数据转发（Non-IP Data Delivery，NIDD）

“网络功能服务”可以被授权的NF通过“基于服务的接口”（Service Based Interface，SBI）灵活使用。SBI就是网络功能对外暴露的可供调用的接口（API），HTTP2是SBI接口的唯一协议。5G核心网的接口关系，从4G的网元间的固定连接关系变为网络功能服务间的关系。

第5章介绍过，一个NF对外的SBI用大写N+小写的网元名来表示。举例来说，4G核心网的HSS功能被抽象为UDM的多种服务。在4G中，仅有MME可通过S6a接口访问HSS；而在5G中，Nudm代表UDM对外暴露的SBI（API），其他符合条件的NF都可以通过SBI来调用UDM的服务，这里SBI就是Nudm的服务及操作，如表7-3所示。

表 7-3 HSS 和 UDM 功能和接口对应表

4G 网元	网元主要功能	对应的流程	对应的消息举例（Diameter）	5G 对应的网元	NF 提供的对应服务	功能描述	对应的操作举例（HTTP2）
HSS（S6a 接口）	位置管理	位置更新	ULR/ULA	UDM（N_{udm}）	UECM	UE 信息登记注册及查询服务。如登记 UE 在某个 AMF 下的注册信息	Nudm_UECM_Registration
		取消位置更新	CLR/CLA				Nudm_UECM_DeregistrationNotification
		UE 清除	PUR/PUA				Nudm_UECM_DeregistrationRequest
	签约数据管理	签约数据更新	IDR/IDA		SDM	5G 终端签约数据管理	Nudm_SDM_Notification
	鉴权管理	鉴权参数获取	AIR/AIA		UEAuthentication	5G 终端鉴权数据管理	Nudm_UEAuthentication_Get

注：

ULR/ULA（Update Location Request/Answer）：更新位置请求/回应。

CLR/CLA（Cancel Location Request/Answer）：取消位置请求/回应。

PUR/PUA（Purge UE Request/Answer）：UE 清除请求/回应。

IDR/IDA（Insert Subscriber Data Request/Answer）：插入签约数据请求/回应。

DSR/DSA（Delete Subscriber Data Request）：删除签约数据请求/回应。

AIR/AIA（Authentication Information Request/Answer）：鉴权信息请求/回应。

可以这么说，网络功能（NF）+提供的服务（Service）+可用的操作（Operation）就等于网络功能对外的接口，以 SMF 为例，如图 7-9 所示。

那么，知道了一个网络功能提供的服务，如何查找调用这个服务的接口呢？3GPP 协议的 23.502 的 5.2 节，有调用每个网元的某个服务时，对应的具体操作和参数，以及接口的说明。例如表 7-4 是 AMF 所提供的服务 Namf_Communication 的调用接口说明，包括这个服务有哪些服务操作（Service Operation）、怎么操作（Operation Semantic），以及谁可以访问这些服务（Know Consumer）。

表 7-4 服务操作接口

服务名称 Service Name	服务操作 Service Operations	操作方式 Operation Semantic	调用者 Known Consumer（s）
Namf_Communication	UEContextTransfer	Request/Response	Peer AMF
	CreateUEContext	Request/Response	Peer AMF
	ReleaseUEContext	Request/Response	Peer AMF
	RegistrationCompleteNotify	Subscribe/Notify	Peer AMF
	N1MessageNotify	Subscribe/Notify	SMF，SMSF，PCF，LMF，Peer AMF
	N1MessageSubscribe		SMF，SMSF，PCF
	N1MessageUnSubscribe		SMF，SMSF，PCF
	N1N2MessageTransfer	Request/Response	SMF，SMSF，PCF，LMF

（续）

服务名称 Service Name	服务操作 Service Operations	操作方式 Operation Semantic	调用者 Known Consumer（s）
Namf_Communication	N1N2TransferFailureNotification	Subscribe/Notify	SMF，SMSF，PCF，LMF
	N2InfoSubscribe	Subscribe/Notify	NOTE 1
	N2InfoUnSubscribe		NOTE 1
	N2InfoNotify		AMF，LMF
	EBIAssignment	Request/Response	SMF
	AMFStatusChangeSubscribe	Subscribe/Notify	SMF，PCF，NEF，SMSF，UDM
	AMFStatusChangeUnSubscribe	Subscribe/Notify	SMF，PCF，NEF，SMSF，UDM
	AMFStatusChangeNotify	Subscribe/Notify	SMF，PCF，NEF，SMSF，UDM

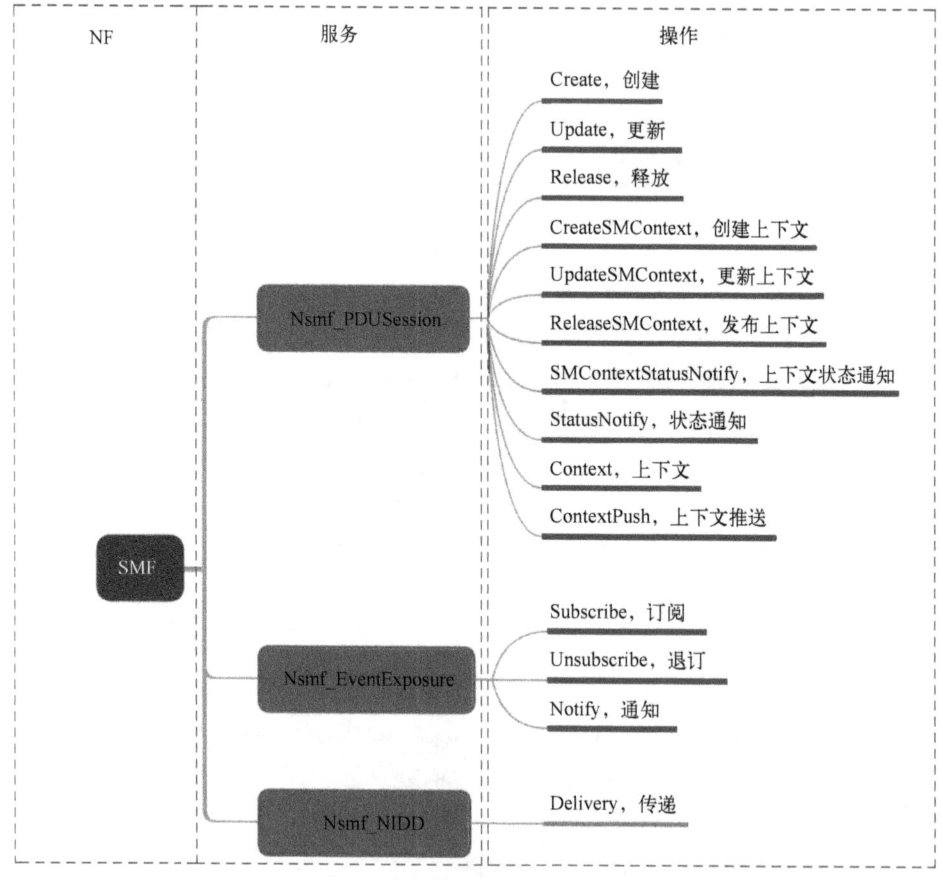

图7-9　服务功能对外的接口

由于 NF、NF Services 以及服务的操作有很多，如何调用这些接口，涉及核心网的相关流程和参数，内容较多，需要专门著书介绍。大家先了解这些入门知识。需要深入了解的读者，可以查阅 3GPP 23.501 和 23.502 相关章节。

7.1.2　无状态设计

移动通信网络的 2G/3G/4G 网元本质上是一种有状态的设计理念，业务状态在本网元内部存储。一旦本网元故障，而业务数据没有异地灾备机制的情况下，就会发生业务中断。

“有状态”和“无状态”在 IT 领域的程序设计中，是非常常见的一个概念。

“状态”就是一组数据，这组数据记录了一个请求/响应事务（Transaction），一个流程（Procedure），或者一个会话（Session）中需要记录、访问、调用或存储的信息。这些信息会被其他的事务、流程或者会话在运行时访问。状态数据有可变与不可变之分，被访问的状态数据必须是被共享的，而且在本次访问中对状态的修改，在下次的访问中是可见的。

简单地说，有状态代表具有数据存储功能。无状态仅仅是一次操作，自身没有保存数据。也就是说，可以通过服务器端是否存在状态信息（或叫上下文信息）来判断是否为有状态。

在两次或多次不同的进程（或线程）有目的地引用了同一组数据，这样的调用就叫有状态调用。有状态服务（stateful service）会在服务器自身上保存一些数据信息，先后的请求是有关联的，前一个进程对于自身服务器上数据的访问和修改对后面的进程结果是有影响的。

不同进程之间没有共同要访问的数据，就是无状态调用。无状态服务（stateless service）对单次请求的处理，不依赖其他请求，也就是说，服务器处理一次请求所需的全部信息，要么都包含在这个请求里，要么可以从外部获取到（比如说数据库），服务器本身不存储任何信息。IT 领域的实践表明，无状态设计在负载均衡、水平扩展、无中断容灾备份中性能优于有状态设计。

在 5G 的核心网中，每个 VNF 可以分解为一组 VNFC（VNF Componet，VNF 组成部分），那么不需要处理状态信息的 VNFC 是无状态的 VNFC；需要处理状态信息的 VNFC 有两种情况：一个是有状态的 VNFC，另一个是具有外部状态的无状态 VNFC。

要想实现具有外部状态的无状态 VNFC，有一个关键技术就是：计算和存储解耦。早期的网吧里的无盘工作站，就是计算和存储解耦的雏形，如图 7-10 所示。

无盘工作站的原理就是在网内有一个服务器，这台服务器上除了有它本身运行所需的操作系统外，还需要有一个工作站运行所需的操作系统。无盘工作站的机箱中没有硬盘，其他硬件都有（如主板、内存等）。而且无盘工作站的网卡必须带有可引导芯片。在无盘工作站启动时网卡上的可引导芯片从系统服务器中取回所需数据供用户使用。简单点一句话就是，无盘工作站其实就是把硬盘和主机分离，无盘工作站只执行操作不执行存储。

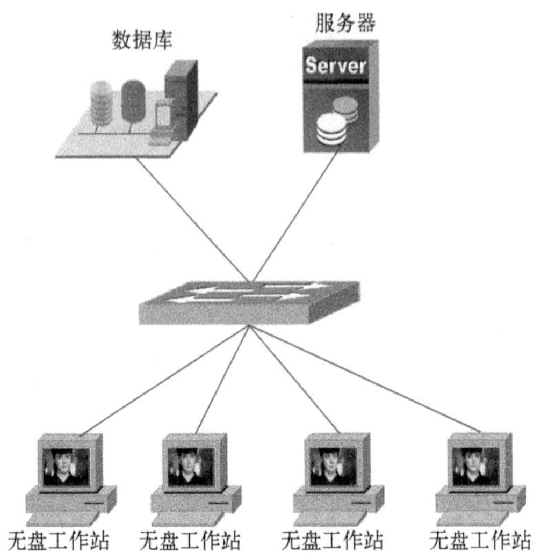

图 7-10 计算和存储解耦的雏形——无盘工作站

4G 的核心网 MME 网元设计时，计算和存储紧耦合，也就是说，MME 是有状态设计，UE 在 MME1 中完成附着以后，MME1 存储了 UE 的上下文（状态），包括 MM（Mobility Management，移动性管理）和 SM（Session Management，会话管理）上下文信息，还有 UE 的位置、GUTI（Globally Unique Temporary UE Identity，UE 在 4G 核心网的全球唯一临时标识）、UE IP 等参数。MME1 发生意外宕机以后，由于 MME1 将 UE 上下文存储在本地，MME2 上没有 UE 的上下文信息，UE 无法切换到 MME2，需要 UE 重新开机，重新进行附着，才能继续业务。如图 7-11 所示。

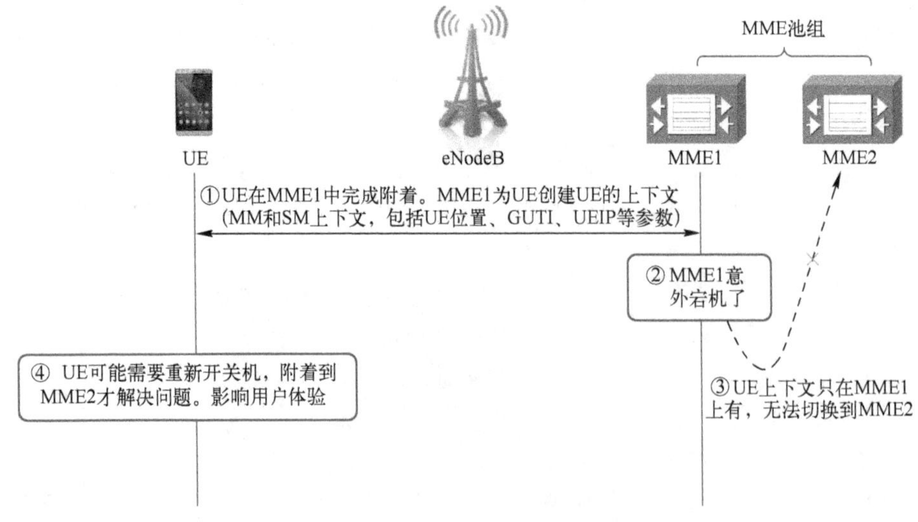

图 7-11 4G MME 的容灾问题

在 5G 中网络功能（NF）可以选择无状态设计，即计算与存储分离。这需要新增一个网络功能：UDSF/SDSF（Unstructured/Structured Data Storage Function，非结构化/结构化数据存储功能）。5G 的无状态设计的原理是将传统网元内部数据库逻辑单元统一进行集群化部署，统一的数据库单元与各业务功能单元采用高可靠、负载均衡的对接架构，从而保证业务的高可用性，提高业务的可靠性。

这里以 UDSF 为例说明无状态设计。任何 NF 都可以通过 N18 接口（Nudsf）将状态信息、上下文信息（非结构化数据）存放在 UDSF，如图 7-12 所示。

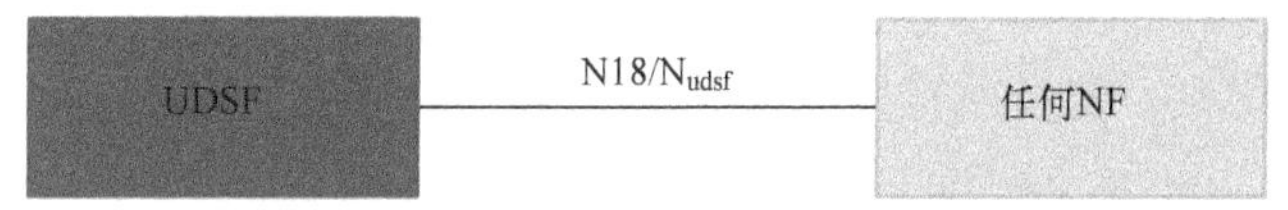

图 7-12 UDSF 存储状态信息

在已部署了 UDSF 的 5G 核心网，AMF 的容灾方案如图 7-13 所示。这是 AMF 计算和存储解耦，也就是说，AMF 是无状态设计，5G UE 在 AMF1 中完成注册以后，AMF1 生成了 UE 的上下文（状态），包括 MM 上下文信息、UE 的位置，以及 GUTI、UE IP 等参数。AMF1 将这些 UE 的上下文信息存储在 UDSF 里。AMF1 发生意外宕机以后，5G 接入网会检测到 AMF1 宕机，然后它会重新选择 AMF2 为 UE 服务。此时 AMF2 可以在 UDSF 上获取 UE 的上下文。整个从 AMF1 到 AMF2 的切换过程 UE 是无感知的，不影响用户体验。

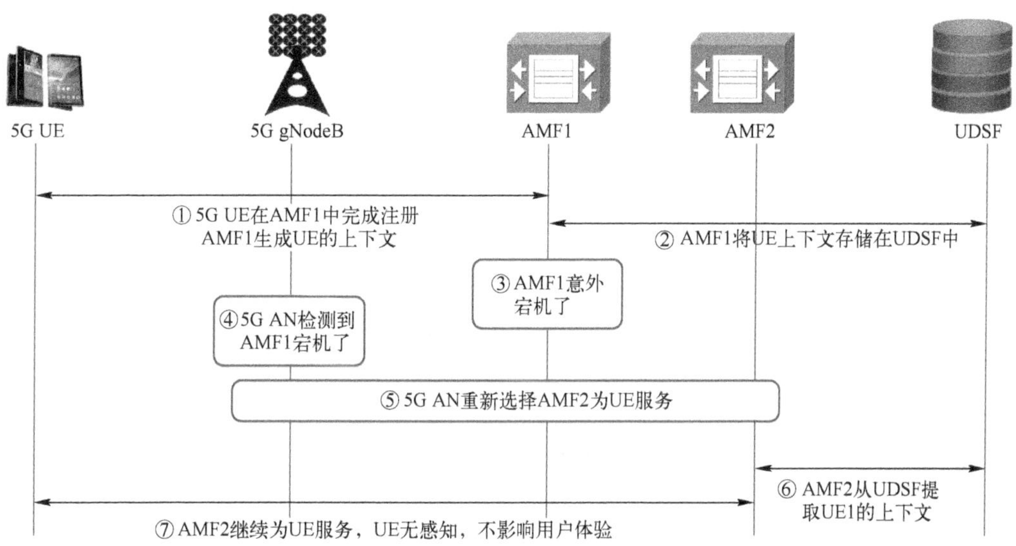

图 7-13 5G AMF 基于无状态设计的容灾方案

5G 核心网的无状态设计框架如图 7-14 所示。UDSF/SDSF 使用云数据库（Cloud DataBase，CDB），可以实现基于数据切片的数据复制和迁移。核心网的 NF 实现计算与存储的分离，NF提供无状态服务，产生的所有上下文数据通过本地缓存上传到云数据库中，本地删除上下文数据。5G核心网也会提供一些有状态服务，有状态服务本地可以缓存一些轻量级的上下文信息。但是有状态服务和无状态服务在逻辑上要解耦。

相对于有状态服务来说，无状态更容易实现负荷均衡，可以保证流量在无状态服务之间更加平衡。这是因为对于有状态的网络设备，由于用户的业务逻辑和其运行状态紧耦合，用户的流量迁移必须考虑到这一点，所以负荷均衡算法会受到限制。但对于无状态的网络设备来说，比如AMF，UE在任何AMF上的业务逻辑都是一样的，它的状态也可以在云数据库中获取，流量迁移只需考虑负荷，不用考虑上下文的存储位置。

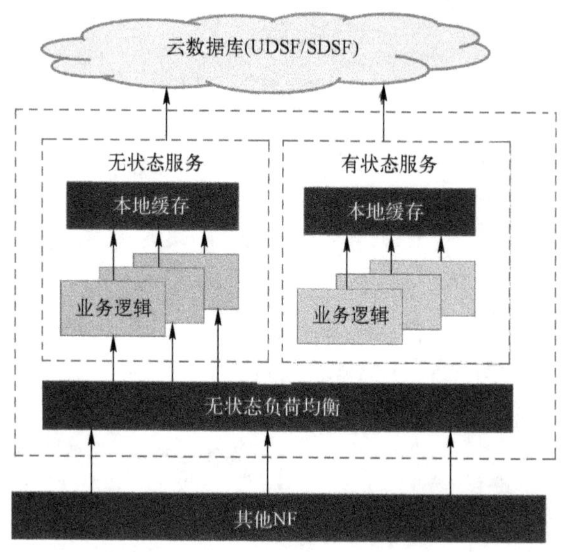

图7-14　5G核心网无状态设计框架

7.1.3　NF的发现和选择

求职者如何才能找到自己合适的岗位？用人单位如何发现自己所需要的人才？我们看一下求职过程，如图7-15所示。

1）求职者准备好简历，在招聘网站注册。

2）招聘网站登记求职者信息（联系方式、特征、能力等）。

3）雇主通过招聘网站找到求职者，和合适的应聘者联系。

招聘网站的作用就是支持人才的注册登记，招聘单位对人才进行测评、在职状态的跟踪，对人才的能力进行分类管理，帮助用人单位最快找到合适的人。

5G核心网中，NRF（NF Repository Function，NF存储功能）支持网络功能NF的注册登记/注销、NF服务的状态检测等，实现网络功能服务自动化管理、自动选择和自动扩展。新的 NF 入网，首先要在 NRF 中完成注册登记，登记的信息包括如何找到这个 NF（IP 地址，FQDN）、这个 NF 有哪些功能，如图 7-16 所示。其中，FQDN（Fully Qualified Domain Name，全限定域名）是 NF 同时带有主机名和域名的名称。

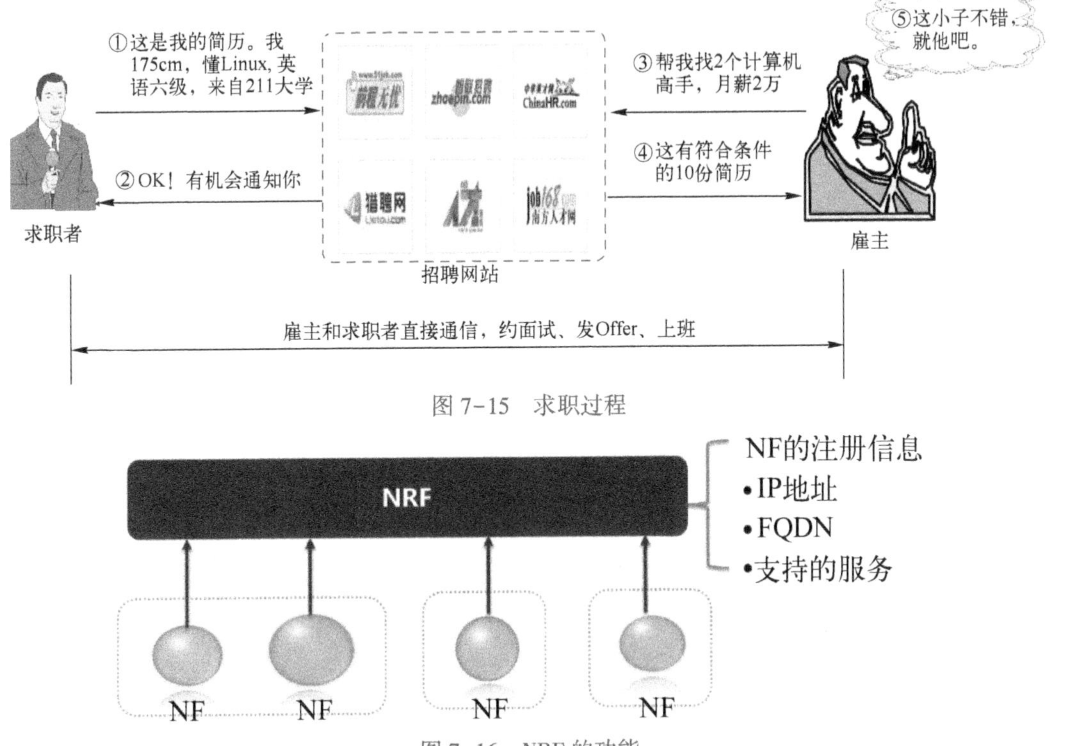

图 7-15　求职过程

图 7-16　NRF 的功能

NF（网络功能）被拆分成多个 NF Services（网络功能服务）后，核心网的组成从几个网元变成上百个 NF Services（网络功能服务）。如果是传统的手工管理方式，对于维护工程师来说，无异于一场灾难。还好，NRF 具有 NF Services（网络功能服务）的自动化管理功能，是维护工程师的福音。

NRF 的功能支持的几个主要功能如下。

1）NF Services 的自动注册、更新或去注册。每个网络功能服务在上电时，会自动向 NRF 注册本服务的 IP 地址、域名、支持的能力等信息。在 NF Services 信息变更后自动同步到 NRF，在下电时 NRF 对这个服务进行去注册。NRF 维护着整个核心网内所有 NF Services 的实时信息，负责 NF Services 的全生命周期管理。

2）NF Services 的自动发现和选择。在 2G/3G/4G 的核心网，通过本地配置的方式固化通信路径和通信双方的关系。5G 核心网则不然，每个 NF Services 都会通过 NRF 来寻找合适的对端服务。NRF 会按照请求者的要求返回相应的 NF Services 列表，请求者在此范围内进行选择。

3）NF Services 的状态检测。NRF 可以与各网络功能服务之间进行双向定期的状态检测，当某个 NF Service 异常，NRF 将异常状态通知到与其相关的 NF Service。

4）NF Service 的认证授权。5G 网络的安全机制非常关键。为了防止非法网络功能服务劫持核心网的业务，NRF 需要对新入网的网络功能服务进行鉴权。

5G 核心网中，NF Services 间的通信双方分为生产者和消费者模式。生产者（Producers）在 NRF 发布相关能力，并不关注消费者是谁、在什么地方。消费者（Consumers）在 NRF 订阅相关能力，并不关注生产者是谁、在什么地方。这是一种从 IT 领域借鉴过来的机制，非常适用于5G 核心网信息交互的 NF 双方的接口解耦。

在 3GPP 23.502 协议中，NRF 有两个主要的服务：Nnrf_ NFDiscovery 和 Nnrf_NFManagement。如表 7-5 所示。Nnrf_NFDiscovery 是业务发现功能，接收其他网元来的发现请求，并返回查询结果。Nnrf_NFManagement 维护所有 NF 以及它们所支持的服务信息。

表 7-5　NRF 的主要服务和操作

服务名称 Service Name	服务操作 Service Operations	操作语法 Operation Semantics	允许的消费者 Consumer（s）
Nnrf_NFDiscovery	Request	Request/Response	AMF，SMF，PCF，NEF，NSSF，SMSF，AUSF，CHF，NRF，NWDAF，I－CSCF，S－CSCF，IMS-AS，SCP，UDM，AF
Nnrf_NF Management	NFRegister	Request/Response	AMF，SMF，UDM，AUSF，NEF，PCF，SMSF，NSSF，UPF，BSF，CHF，NWDAF，P－CSCF，HSS，UDR
	NFUpdate	Request/Response	AMF，SMF，UDM，AUSF，NEF，PCF，SMSF，NSSF，UPF，BSF，CHF，NWDAF，P－CSCF，HSS，UDR
	NFDeregister	Request/Response	AMF，SMF，UDM，AUSF，NEF，PCF，SMSF，NSSF，UPF，BSF，CHF，NWDAF，P－CSCF，HSS，UDR
	NFStatusSubscribe	Subscribe/Notify	AMF，SMF，PCF，NEF，NSSF，SMSF，AUSF，CHF，NRF，NWDAF，I－CSCF，S－CSCF，IMS-AS，SCP，UDM
	NFStatusNotify		AMF，SMF，PCF，NEF，NSSF，SMSF，AUSF，CHF，NWDAF，I-CSCF，S-CSCF，IMS-AS，SCP，UDM
	NFStatusUnSubscribe		AMF，SMF，PCF，NEF，NSSF，SMSF，AUSF，CHF，NRF，NWDAF，I－CSCF，S－CSCF，IMS-AS，SCP，UDM

4G EPC 中也有网元发现和选择的机制，主要是通过查询 DNS 完成的，DNS 需要事先静态配置好相应的数据。从表 7-6 可以看到，4G 中并不是所有的网站都需要做网元选择，只有 MME 需要网元选择服务。

表 7-6　4G EPC 中网元发现和选择

谁来选	选谁	信令流程	根据什么来选	选择方法
New-MME	Old-MME	附着和 TAU	GUMMEI-FQDN	查询 DNS
Source-MME	Target-MME	切换	TAI-FQDN	
MME	SGW	附着/TAU/切换	TAI-FQDN	
MME	PGW	附着	APN-FQDN	

不同的对象，选择方式和原则不同。就像前面求职的例子，雇主总得有个招聘要求，比如要求应聘者懂国际贸易、能长期出差。在附着和 TAU（Tracking Area Update，跟踪区更新）的流程中，新的 MME 根据 GUMMEI（Globally Unique MME Identifier，MME 全球唯一标识）信息在 DNS 中查找旧 MME 信息；在切换流程中，源 MME 通过 TAI（Tracking Area Identifier，跟踪区标识）信息在 DNS 中查找目标 MME 信息；在附着、TAU、切换流程中，MME 根据 TAI 信息在 DNS 中查找新的承载用户面数据的 SGW 信息；在附着流程中，根据 APN 信息在 DNS 中查找用户面数据出口的 PGW 信息。

5G 核心网的 NF 选择和发现不再依赖于 DNS，而是需要 NRF 来完成，类似于求职过程，也是分为以下几步：

1）新 NF 上线后，主动向 NRF 注册自己的信息（地址和能力信息）。

2）NRF 发布该 NF 信息，供其他 NF 选择。

3）其他 NF 查询 NRF，选择自己需要的 NF Service。

NF 请求者需要提供给 NRF 一些参数（类似于雇主对招聘者的要求）去发现和选择自己所需要的 NF Services。NRF 根据提供的参数要求来查询和返回结果，如表 7-7 所示。

表 7-7　NRF NF 发现和选择依据

选择谁	需要提供给 NRF 的主要参数
SMF	DNN、S-NSSAI、PLMN-ID 等
AUSF	MCC/MNC、SUCI 中的路由标识等
AMF	GUAMI、TAI 等
PCF	DNN、SUPI 范围、PDU 会话所属的 S-NSSAI 等
UDM	SUPI、SUCI 中的路由标识等

4G EPC 和 5G 核心网的网元/NF 的发现和选择方面的主要异同如表 7-8 所示。

表 7-8　4G EPC 和 5G 核心网网元/NF 的发现和选择的对比

比较项	4G EPC	5GC
网元/NF 选择方法	查 DNS	查 NRF
协议	DNS（服务器通常为 Bind 程序）	HTTP2

（续）

比　较　项	4G EPC	5GC
网元/NF登记方法	DNS静态预配置	新NF主动到NRF注册
网元/NF信息变化的更新方法	DNS修改配置	NF主动向NRF发送更新
网元/NF下线的处理方法	DNS删除该网元配置	NF主动通知NRF自己下线
服务对象	主要为MME服务	所有网元（如AMF、SMF、AUSF、UDM等）
部署方式	分层部署（例如省内、省间、边界等）	

7.1.4　网络开放功能

5G应用从消费者个人领域向各行各业拓展，5G网络要服务于垂直行业的各种需求，这就需要5G核心网与第三方应用能够灵活地互动，从而提升网络资源利用率和用户业务体验，达到产业链共赢的目的。一个新增的第三方应用，不需要去人工配置5G的网络功能，就可以自动上线、自动配置、自动运维、自动优化；第三方应用和5G网络之间应该有通用的标准规范，不是某一个具体行业或具体厂家的私有方案。5G核心网的NEF（Network Exposure Function，网络开放功能）就是各行各业的应用和5G核心网的一个标准化的桥梁，如图7-17所示，它能够帮助第三方应用AF（Application Function，应用功能）自动适配5G核心网的对外开放功能。

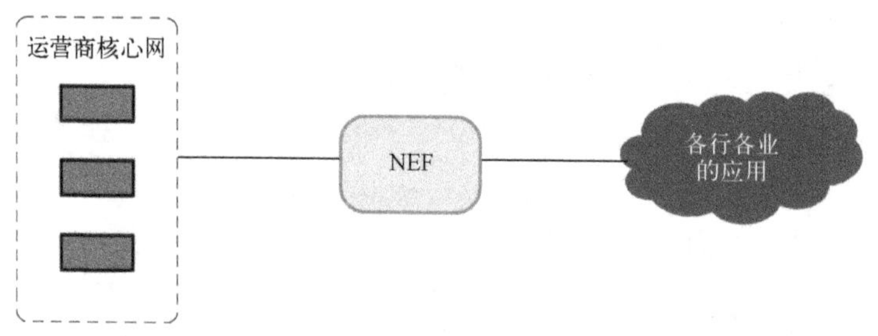

图7-17　NEF是各行各业应用和运营商核心网的桥梁

NEF在网络架构中处于网络能力层的位置，如图7-18所示，具备三个功能：资源编排、网络使能、开放互通。网络能力层和应用层之间是北向接口，网络能力层和网络层之间是南向接口。网络层的基础设施资源、管道能力、增值服务和一些价值信息可以通过能力层向第三方应用开放。

我们将网络层的功能进一步细化，如图7-19所示。“开放能力”功能将第三方应用的需求导入网络，向应用层提供与需求匹配的网络能力。网络能力来源于“编排能力”和“使能能力”。“编排能力”将网络层可开放的具体功能按需调度给上层应用；“使能能力”完成网络层可开放具体功能的封装和适配，实现第三方应用需求与网络能力的映射。

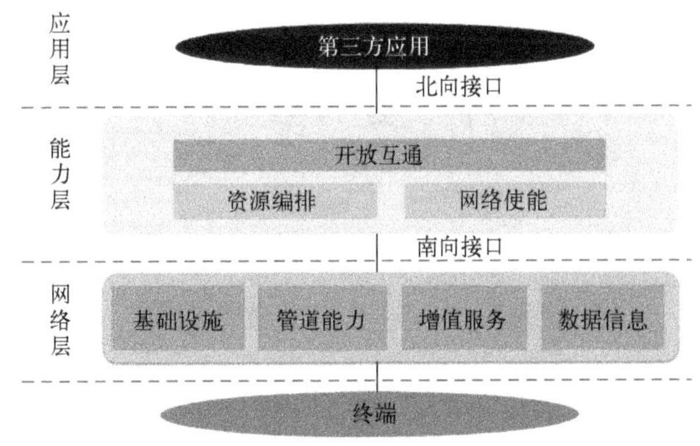

图 7-18　网络能力开放架构图

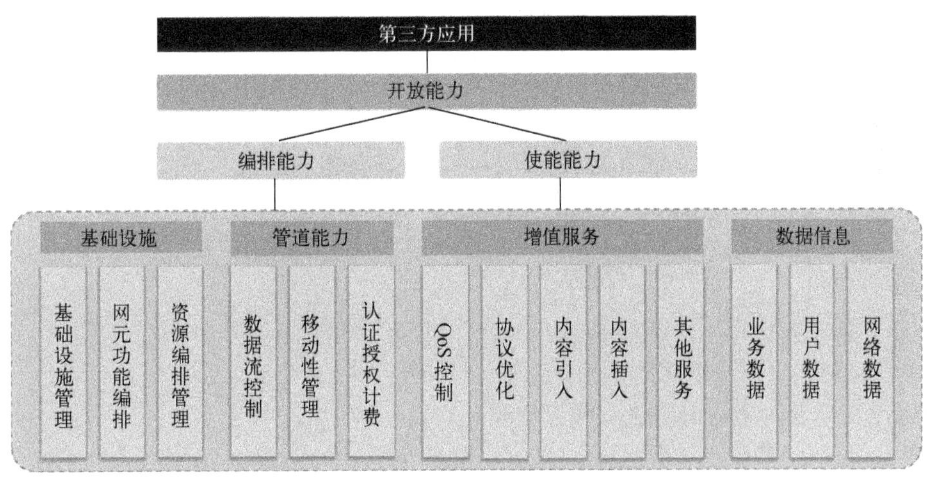

图 7-19　网络能力开放功能细化图

开发人员或维护人员可以利用编排工具，根据不同的需求进行能力编排和实例化部署。这样可以使得 5G 网络具有可编排、开放、灵活的特点。

当然，与 NEF 北向接口 N33 连接的应用 AF，泛指应用层的各种应用。从归属权的角度来看，这个应用可以分成运营商自有的 AF（如 VoLTE AF）和第三方的 AF（如爱奇艺视频服务器）。如图 7-20 所示，运营商自有的 AF3 处于运营商可信域中，而第三方的 AF1 和 AF2 在不可信域中，接入网络时，需要进行安全控制。NEF 和 5G 核心网的各个 NF 之间的接口叫南向接口，南向接口有多个，如 N29 接口（NEF-SMF），N30 接口（NEF-PCF）等。

通过 NEF 对外开放的能力有很多。现阶段在实际网络中，NEF 的主要功能有以下几种。

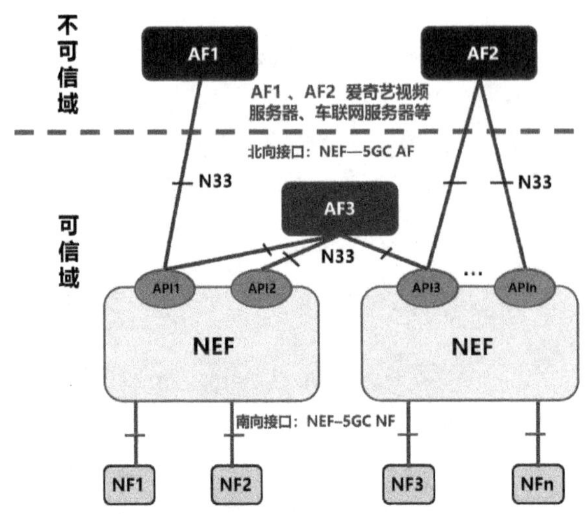

图 7-20　NEF 能力开放架构

（1）Qos 能力开放

例如：第三方应用请求网络为自已的视频业务流量进行加速，或提供保障。

（2）移动性状态事件订阅

只要某个应用对某个 UE 的移动性状态感兴趣，且是经过授权的，NEF 就把这个事件开放给这个应用。

例如：第三方应用可向 5G 核心网订阅了 UE 的可达性、某个跟踪区范围内 UE 的总数、漫游状态等。5G 核心网的相关 NF 通过 NEF 把这些事件提供给第三方应用。

（3）AF 请求的流量引导（或叫流量疏导）

例如：用户访问某个视频 APP，该应用请求 5G 核心网对视频业务流重定向到离用户最近的 UPF 下。

（4）AF 请求的参数发放

例如：某个第三方应用可通过 NEF 来获取或修改 UDM 中的用户参数，如期望获取或修改 UE 移动轨迹的参数。

（5）PFD（Packet Flow Description，数据包流量描述）管理

例如：由第三方应用提供的应用检测规则，可通过 NEF 下发给 SMF，SMF 再发给 UPF 用于应用检测。通过 NEF 的 PFD 管理功能可以做更精准的应用检测。

7.1.5　网络通信路径优化

2G/3G/4G 的核心网的网元之间信息交互有固定的通信路径，不管是处理什么应用的业务逻辑，网元之间的接口关系是不变的，信息交互经过的路径是固定的。例如，在 4G 网络中，UE 的位置信息，一定是从无线侧获取，然后上报给 MME，然后再由 MME 通过 SGW 传递给 PGW，最后传递给 PCRF 进行策略的更新。

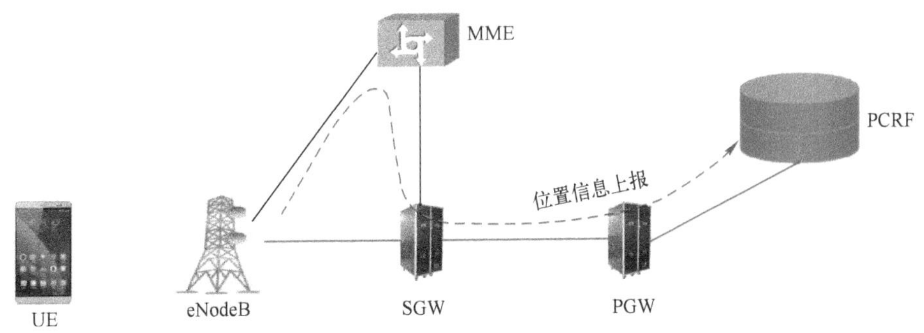

图 7-21　4G 网络 UE 位置信息上报路径

在 5G 核心网的服务化架构下，根据业务需求的不同，各 NF Services（网络功能服务）之间可以任意组合，不同的业务，信息交互的路径会有很大的不同。网络通信路径可以根据用户的位置、应用平台的位置、业务的需求进行优化，用户位置的变化、应用平台的不同、业务需求的变化，网络通信路径也会相应地优化和更新。

还是以用户位置信息策略为例。PCF 可以提前在 AMF 中订阅用户位置信息变更事件。当 AMF 中的 NF Services 检测到用户发生位置变更时，就会发布用户位置信息变更事件，PCF 可直接实时接收到该事件，不需要其他 NF Service 进行信息中转。

5G 核心网各 NF 之间通信路径关系灵活、自动更新、自动优化，是 5G 核心网的服务化架构的重要优势，是网络架构解耦、可编排、开放的技术基础。

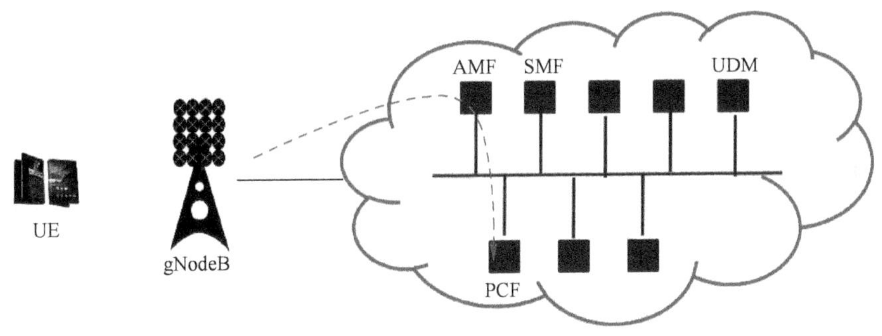

图 7-22　5G 网络 UE 位置信息上报

7.2　CUPS

控制面负责建立、控制和管理转发业务数据的通道，用户面负责转发用户的业务数据。CUPS（Control Plane User Plane Separation）技术就是控制面与用户面分离的技术。CUPS 有利于业务逻辑的集中控制，还可以让核心网的用户面功能摆脱“中心化”的禁锢。在 CUPS 结构下，用户面的功能既可以部署于核心网某数据中心，也可以部署位于接入网的边缘数据中心，最终实现分布式部署。

人体是典型的CUPS结构，如图7-23所示。大脑是控制平面，把身体各个部位的控制功能集中在一起。而五官和四肢相当于用户平面，分布在身体的各个位置，按照大脑的控制命令执行相应的动作，把感知到的环境情况反馈给大脑。

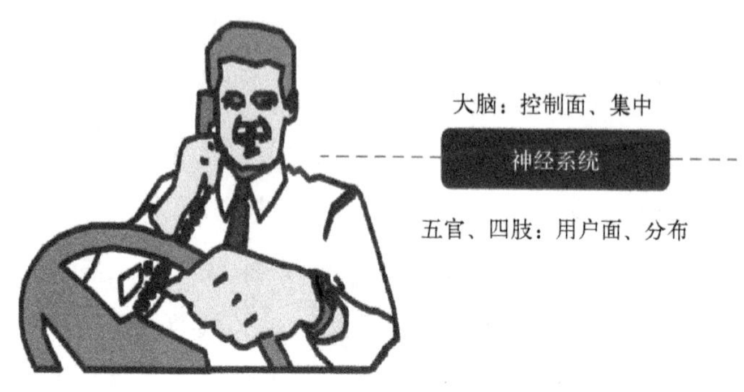

图7-23 人体控制平面和用户平面的分离

某著名通信设备厂家的大佬也曾说过：砍掉高层的手脚、砍掉基层的大脑。这也是一种控制面和用户面分离的CUPS思想。

那么，控制面和用户面分离有什么好处呢？

首先，控制面和用户面解耦后，各自可以独立扩展、独立升级更新，互不影响。控制面的资源和用户面的资源可以独自伸缩，独立部署，二者在部署的地理位置上互不相关。

其次，控制面和用户面可以独立演进，例如控制面演进到虚拟机/容器，用户面演进到SDN、有效转发的用户平面数据。CUPS架构是边缘计算、切片、分布式云化部署和SDN技术的基础。

再次，核心网的用户面去中心化后，可以更灵活地分布在各处。根据应用场景的需求，用户面可以向无线侧靠近，向用户靠近，降低业务访问延迟。分离架构，可以在不改变控制面的情况下，增加用户面的吞吐量。

最后，控制面集中化可以方便获取全局拓扑、全局信息。在控制面无须固定锚点，便于资源池化、路径优化。无用户面隧道，有利于实现控制面与无线接入制式的去相关。

7.2.1 CUPS的架构

从3G开始，核心网一直沿着控制面和用户面分离的方向演进。从3GPP的R7版本开始，通过直连隧道（Direct Tunnel）技术将控制面和用户面进行了初步分离，即在3G无线侧的RNC和GGSN之间建立了直连用户面隧道，用户面的数据流量不需要经过SGSN，直接在RNC和GGSN之间传输。到了R8，出现了MME这样的纯控制面信令节点。但是SGW和PGW同时包含控制面（如会话控制）功能和用户面（数据转发）功能。

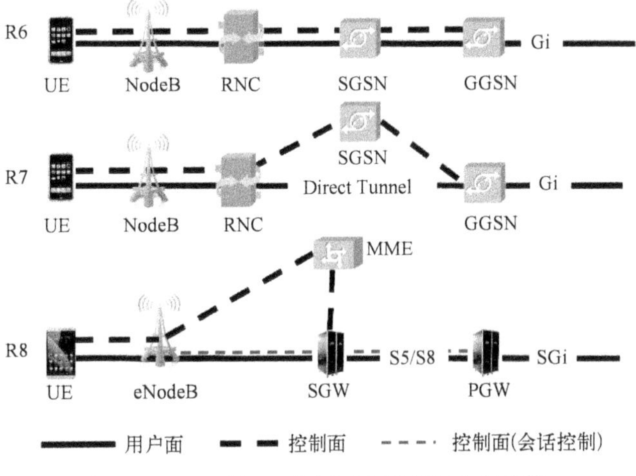

图 7-24　3G 到 4G 控制面和用户面分离趋势

在 5G 以前，核心网的控制面和用户面已有分离趋势，但分离得还不彻底，经常有集成揽和在一起的情况。在 3GPP 的 R14 版本，定义了 CUPS 架构，将 SGW 和 PGW 的网络功能拆分为控制面和用户面，如图 7-25 所示；到了 5G 的 R15 版本，基于 SBA 技术，彻底将控制面和用户面分离，控制面的功能由多个 NF 承载，用户面的功能由 UPF 承载。UPF 作为独立的用户面实体，既可以灵活部署于核心网的各个位置，也可以部署于更靠近用户的无线网络侧。

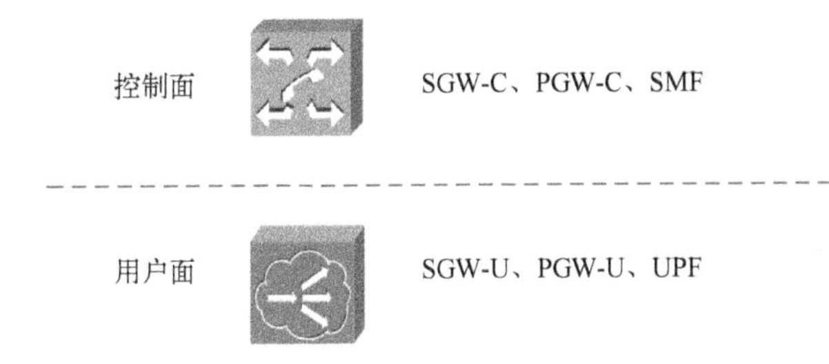

图 7-25　R14 版本后的控制面和用户面分离

CUPS 架构可用于 4G EPC、5G EPC（非独立组网）和 5G 核心网（独立组网）。在 4G EPC、5G EPC 中，SGW 和 PGW 用户面和控制面分离后的接口为 Sx 接口，如图 7-26 所示。

在 5G 核心网中，MME、SGW 和 PGW 这些网元消失了。4G 中的 MME 在 5G 核心网里，接入、移动性功能和会话控制管理功能实现了分离，被分在 AMF（接入和移动管理功能）和 SMF（会话管理功能）两个 NF 里。AMF 和 SMF 是 5G 控制面的两个主要节点，配合它俩的还有 UDM、AUSF、PCF，以执行用户数据管理、鉴权、策略控制等。此外，还有 NEF 负责网络功能开放，NRF 负责网络功能的选择和发现。

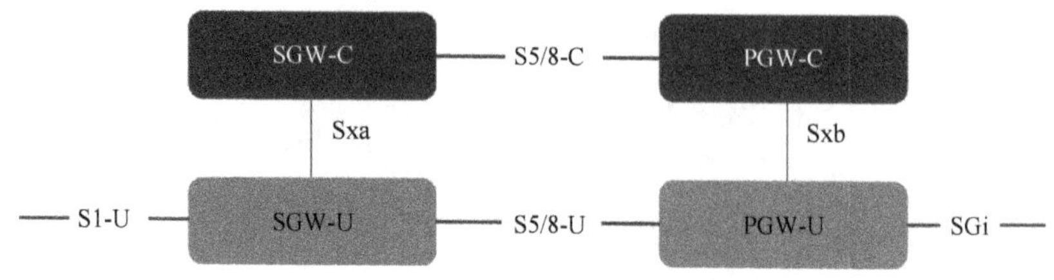

图 7-26　4G EPC 和 5G EPC CUPS 架构

5G 核心网的用户面由 UPF（用户面功能）节点负责数据包物流的实施。UPF 也代替了 4G 核心网中 SGW 和 PGW 的用户面功能，负责执行数据包路由和转发功能。

5G 核心网中控制面和用户面的接口是 N4 接口，如图 7-27 所示。

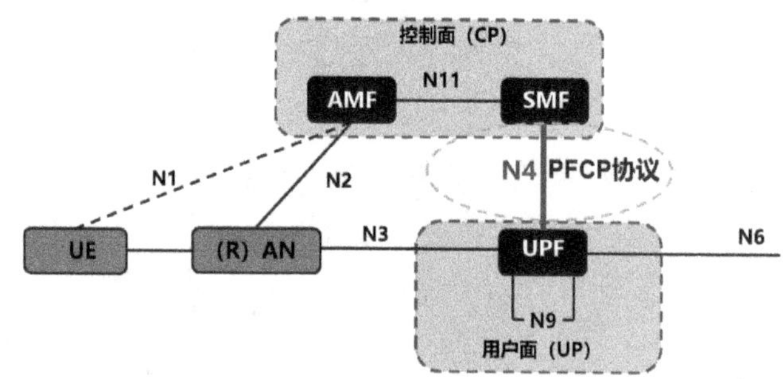

图 7-27　5G 核心网 CUPS 架构

Sx 接口和 N4 接口的协议都采用 PFCP（Packet Forwarding Control Protocol，报文转发控制协议），在 3GPP 29.244 协议中有相应规范。

7.2.2　CUPS 的数据包转发

控制面（CP）引导用户面（UP）完成数据包的转发处理。如何引导呢？这是通过 5 个“R”实现的：PDR（Packet Detection Rule，包检测规则）、URR（Usage Reporting Rule，使用报告规则）、FAR（Forwarding Action Rule，转发动作规则）、BAR（Buffering Action Rule，缓存动作规则）、QER（QoS Enforcement Rule，QoS 执行规则）。控制面要给用户面通过 Sx 接口或 N4 接口下发 5 个“R”（PDR、URR、FAR、BSR、QER）的规则，指示用户面完成数据包的处理，如图 7-28 所示。以 5G 核心网为例，SMF 从 PCF 那里获取到了数据包处理的规则，然后通过 N4 接口下发给 UPF，UPF 按照这些规则完成数据包的转发。

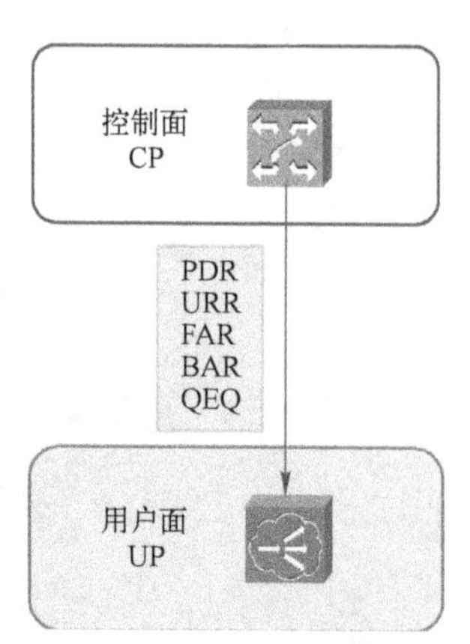

图 7-28　CP 控制 UP 的数据包转发

用户面（4G 的 SGW-U、PGW-U，5G 的 UPF）接收到了来自控制面的 5 个“R”规则。在有数据包进入用户面的时候，用户面首先检查数据包，看是否有匹配的 PDR 规则，如果有多个 PDR 规则，就选择一个优先级最高的 PDR 对数据包进行检测，然后按照 FAR、QER、URR、BSR 的要求处理这些数据包，最后把数据包送出用户面。整个过程如图 7-29 所示。

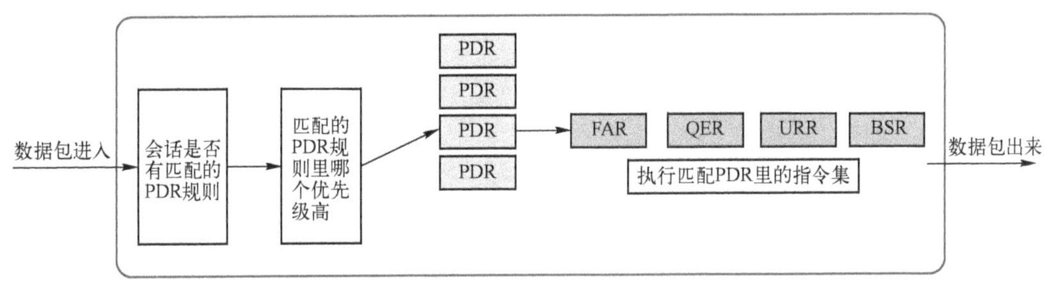

图 7-29　用户面的数据包处理过程

PDR 用来告诉用户面如何对数据包进行检测和分类。如何检测和分类呢？用户面要查看 PDR 中的包检测信息（Packet Detection Information，PDI），包检测信息包括入方向数据包的源接口、UE IP 地址、F-TEID（Full Qualified TEID，全量隧道端点标识）、网络实例、应用 ID、QoS 流的标识（QoS Flow Identity，QFI）、业务数据流过滤器（Service Data Flow Filter，SDF Filter）等参数的任意组合。对于满足数据包检测规则的业务流，可以提前预留带宽，也可以进行转发参数配置。

URR 用来告诉用户面如何做流量测量和使用量的上报。用户面按照 URR 要求的测量方法（是基于流量、时间，还是基于事件来测量），测量和统计用户实际使用的数据流量。当条件满足时，把用户实际使用量报告给控制面。这里的条件包括：流量到达门限值、配置的周期时刻到达或者某种事件触发。使用 URR，可以实现网络流量的实时监控和智能调度，即实时统计网络带宽利用情况，可视化网络流量；根据负载情况和业务需求智能动态选路。

FAR 用来告诉用户面如何处理通过 PDR 匹配到的报文。根据 FAR 的设置，可以丢弃报文、转发报文、缓存下行报文、复制报文等等。

BAR 用来告诉用户面如何完成数据包的缓存，设置的参数包括缓存时间长度、缓存的数据包数量及上报的时间间隔等。

QER 用来告诉用户面对通过 PDR 匹配到的报文执行相应的 QoS 规则。QoS 规则有以下几种：

1）MBR（Maximum Bitrate，最大比特率），包括 APN-MBR、bearer-MBR、QoS-flow MBR、SDF-MBR。

2）GBR（Guaranteed Bitrate，保障速率），包括聚合的 GBR、QoS 流的 GBR、业务数据流的 GBR。

3）针对某个 PDR 匹配的报文的最大上下行转发速率（Packet Rate）等。

控制面用来引导用户面流量的 5 个主要规则如图 7-30 所示。

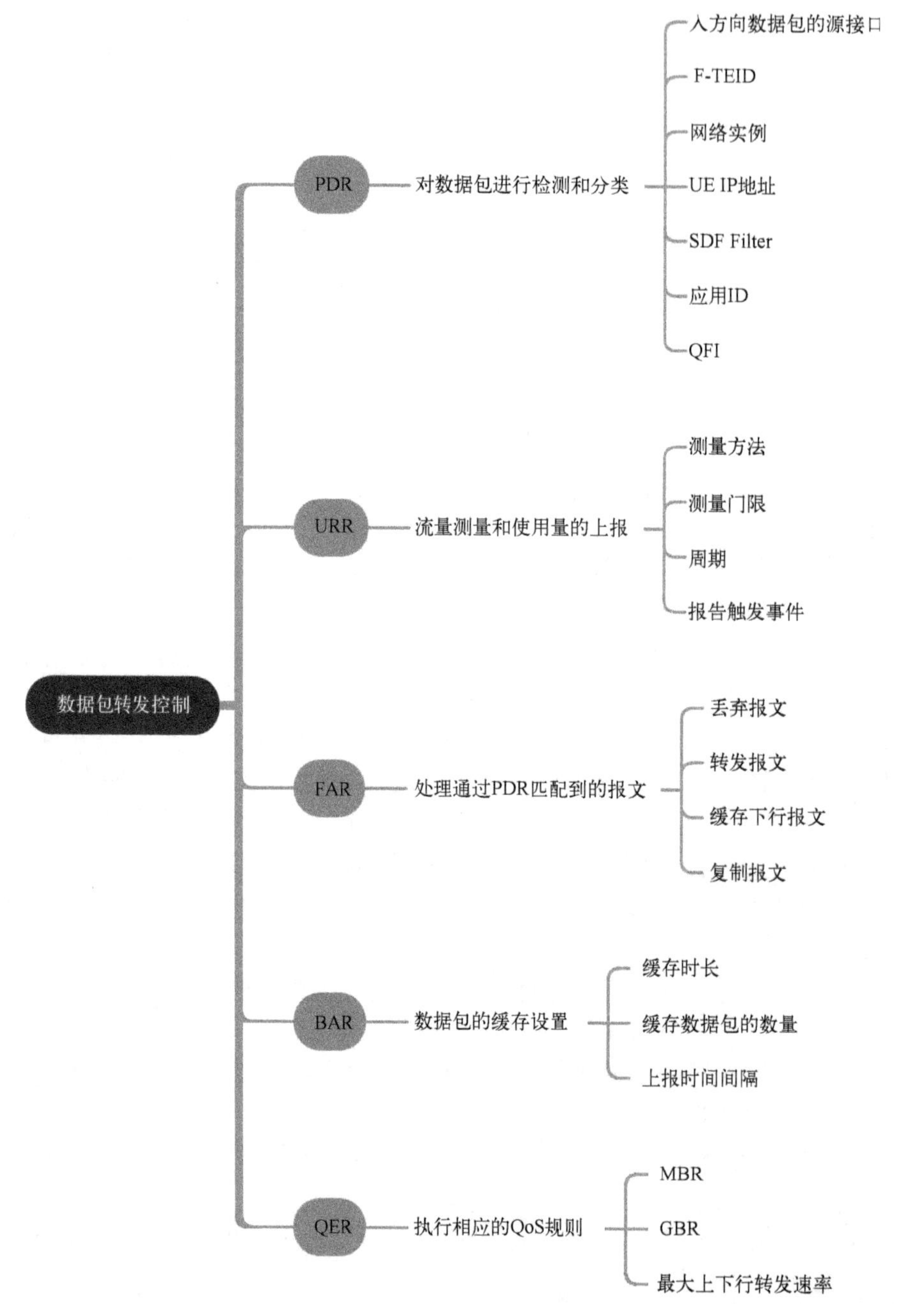

图 7-30　数据包转发控制的主要规则

7.3　网络切片

什么是切片呢？如果规定要么吃整个苹果，要么就不能吃，对于那些吃不了整个苹果，只想吃几片苹果的人来说就比较不友好了。这时，你可能想到了苹果的切片，如图7-31所示。这样，可以满足对苹果的量有比较小的需求的人。

如果把4G网络比作只有一个形态的刀，那么5G网络就是瑞士军刀，有多种形态，可以满足不同场景的不同需求。

图7-31　苹果切片　　图7-32　从普通的刀到瑞士军刀

在不分车道的道路中，在繁忙时段，城市道路会变得拥堵不堪。为了缓解这种拥堵的状况，交通部门会根据车辆的不同、运营方式的区别、速度的高低进行分流管理。如图7-33所示。

5G网络，有三大场景的需求：eMBB场景主要满足人与人之间大带宽的数据业务通信需求；uRLLC场景主要用于智能无人驾驶、工业自动化等需要低时延高可靠连接的业务；mMTC场景主要用于类似智慧城市这种大连接的海量物联业务。从场景需求的角度来看，2G/3G/4G网络无法满足新场景的业务需求。既然场景需求不同，就不能用传统的固定网络结构去应对，而是要根据场景需求进行功能裁剪、按需部署、灵活组网。5G网络面向多连接和多样化业务时，应能够像积木一样灵活部署，如图7-34所示，以便于实现新业务快速上线/下线。

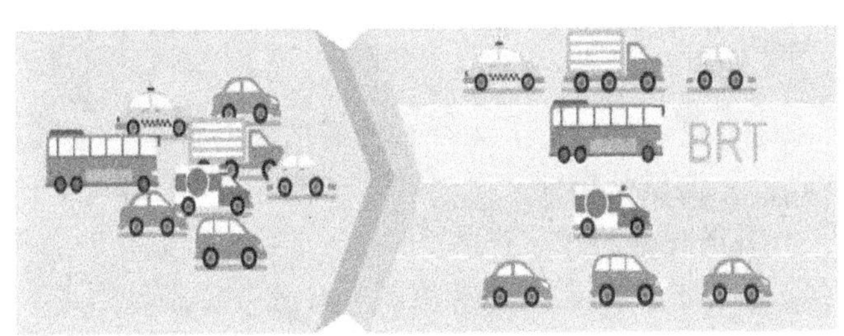

图7-33　道路交通分流管理

图7-34　组网如同搭积木

7.3.1 网络切片的技术特征

网络切片是指一组3GPP协议定义的特征和功能，可以按需组合、灵活地进行功能裁剪，向UE提供特定服务的某个子网络。网络切片是根据应用场景和业务指标需求的不同，将从无线接入网到承载网，再到核心网的物理网络，切成多张相互独立的端到端逻辑上隔离的虚拟网络，来适配各种指标要求的业务应用。网络切片就是一个网络有多种不同的网络特性，如图7-35所示。

5G的网络切片有3个特征：按需定制、逻辑隔离、端到端。这3个特征的支撑技术就是基于NFV+SDN+云的SBA（服务化架构）技术。

按需定制，就是对核心网的功能和服务进行裁剪，如图7-36所示。核心网的功能和服务可以梳理出一个列表。假若有一个远程抄表的应用要在5G上实现，我们就在这个列表上进行服务裁剪。服务裁剪时，针对远程抄表这个应用要回答几个问题：是不是需要移动性？是不是需要策略控制？是不是需要安全控制？是不是需要会话控制？是不是需要用户数据？根据对这些问题的回答，就可以选定需要哪些服务，不需要哪些服务。

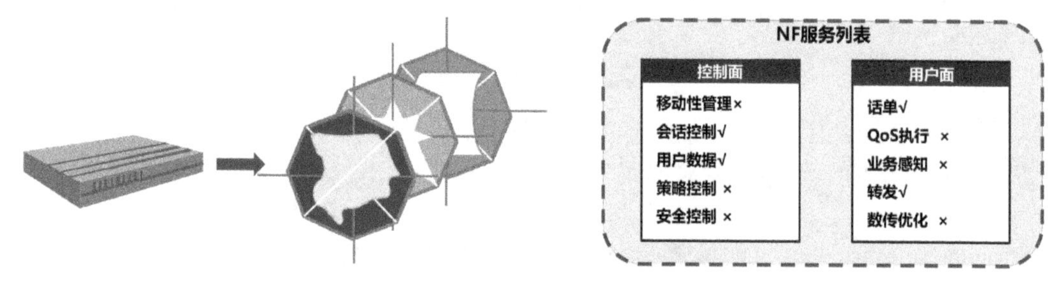

图7-35 一个网络不同性能的切片

图7-36 服务裁剪

2G/3G/4G是一刀切的网络资源提供方式。5G则不然，可以按照业务需求提供不同的QoS（业务质量）、SLA（服务等级标准）的网络资源，还可以按照业务的持续时间、容量需求、速度需求、延迟要求、可靠性要求、安全性要求、可用性要求进行切片定制，真正可以做到同一网络、不同切片来满足各行各业。

切片的逻辑隔离是业务安全和稳定运行的要求。切片之间做到安全隔离、操作隔离、资源隔离，如图7-37所示，一个切片的异常不会影响另外一个切片。但是这个隔离，不是物理上的隔离，而是逻辑上的隔离。

网络切片不仅是要求核心网做灵活地资源划分，为了支持各种类型的垂直行业应用，需要无线侧、承载网也支撑网络切片功能。这就是端到端网络切片的概念，如图7-38所示。核心网采用SBA架构对功能裁剪来实现网络切片；在无线侧，可以通过对空口协议栈进行按需分割来实现CU和DU的灵活分布；时域、频域和空域资源进行动态分配来实现无线子切片；承载网子切片运用虚拟化技术，将网络的链路、节点、端口等拓扑资源虚拟化，在数据平面每个切面做到端到端的硬管道隔离，在控制平面每个切面都需要一个控制器来管理拓扑、资源和协议栈，各虚拟承载网络之上可独立支持各种业务，以此实现不同业务之间的隔离。

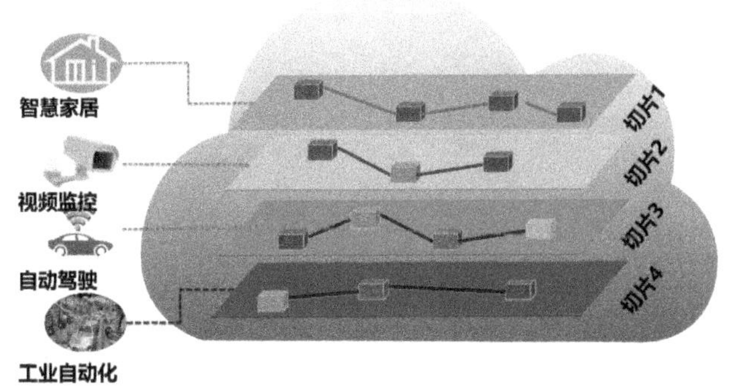

图 7-37　切片之间逻辑上隔离

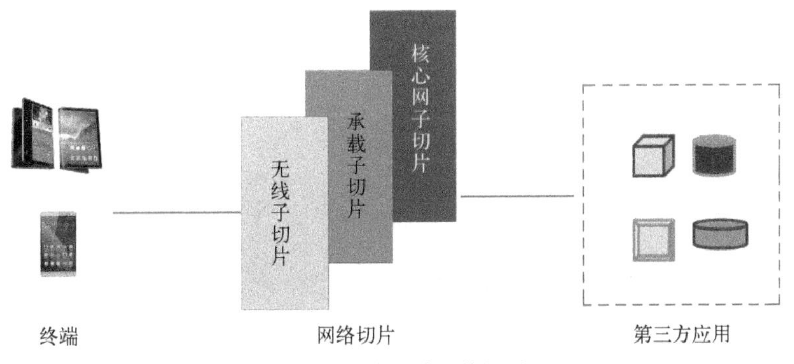

图 7-38　端到端网络切片

网络切片要满足不同业务的差异化服务需求，问题的关键是网络切片到底需要切割到什么程度？切片的颗粒度越精细越好吗？

大家可以推理，如果切片颗粒度过粗，网络切片的灵活性就会变得很差，差异化服务的需求难以满足；如果切片颗粒度过细，切片切割的隔离度过高，虽容易满足业务的差异化需求及独立运营要求，但会造成不同切片间的动态管理和资源共享的难度增加，对平台能力、编排复杂度、管理水平来说要求都比较高。因此一定要基于业务需求来选择切分网络资源的粒度，尽量把同种类型的业务合并在一个切片里面。

7.3.2 网络切片架构

网络切片可以分为公有切片和私有切片，如图 7-39 所示。公有切片是每个应用都可以共同调用的功能，一般包括签约信息、鉴权、策略等相关功能模块；私有切片是每个切片按需定制的功能，一般包括会话管理、移动性管理、QoS 策略执行等相关功能模块。

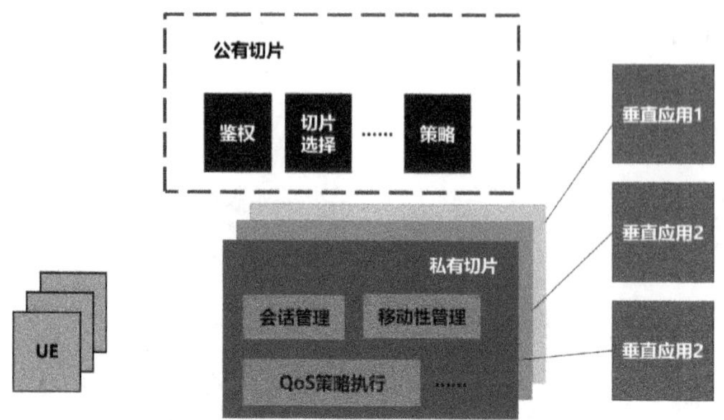

图7-39　公有切片和私有切片

5G核心网分隔好的每一个切片功能，都有一个标识：S-NSSAI（Single Network Slice Selection Assistance Information，单一网络切片选择辅助信息），NSSF（Network Slice Selection Function，网络切片选择功能）可以依据这个标识来帮助应用组建切片，如图7-40所示。

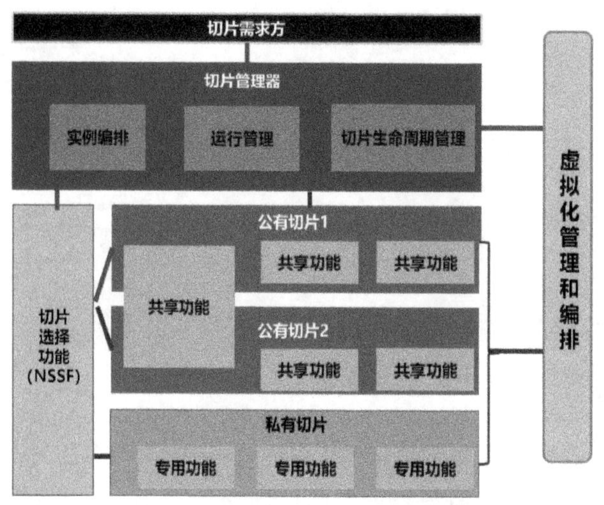

图7-40　网络切片管理框架

S-NSSAI由两部分组成，包括：

（1）切片/服务类型（Slice/Service Type，SST），即所需切片的功能、业务特性与业务行为。

（2）切片差分器（Slice Differentiator，SD），即在SST的基础上进一步区分接入切片所需的补充信息。

我们可以使用虚拟化管理和编排工具根据垂直行业的应用逻辑对网络切片进行编排和管理。一个应用往往既会用到公有切片，又会用到私有切片。在网络切片运行时，切片需求方会调用切片管理器的实例编排能力，依靠 NSSF 完成对业务逻辑所需切片的调用和维护管理。

网络切片架构是 5G 核心网在 NFV（网络功能虚拟化）+SDN（软件定义网络）基础之上进行切片功能编排部署的架构，如图 7-41 所示。统一的底层物理设施基础实现了多种网络服务，降低了运营商多个不同业务类型的建网成本。网络切片逻辑隔离可以实现业务功能定制。公有切片、私有切片是由控制面 VNF、用户面 VNF 或其他服务的 VNF 编排而成，位于虚拟化平台之上的虚拟网络功能层。在 NFV 的管理面 MANO 和 SDN 的管理面 SDNO 基础上可以构建网络切片的管理面。网络切片管理实现了切片的设计、实例化、运行时业务保障和退服的全生命周期管理，提升了运维效率。

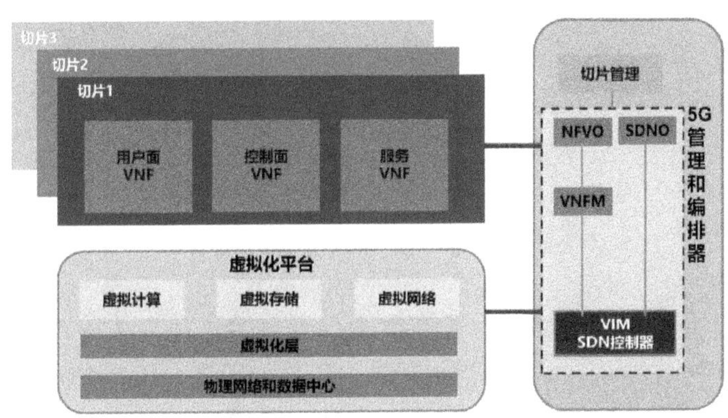

图 7-41　基于 5G 虚拟化平台的切片视图

总体来说，网络切片实现了统一物理设施支撑多种垂直行业，逻辑隔离的网络切片为不同应用场景提供一定服务水平保证的 NaaS 服务。

7.3.3　网络切片应用部署

从指标要求的角度，切片可以分为大带宽类切片、大连接类切片、低时延类切片等；从应用的角度，切片可以分为语音切片、高清视频类切片、物联网切片、车联网切片等。网络切片技术的应用促使 5G 网络与其他垂直行业进行深度融合，加速各行各业数字化转型步伐。

根据切片的类型不同，平台、核心网、无线侧的功能分布也是不同的，从而网络部署也有区别，如图 7-42 所示。网络部署的位置可以有 3 个：靠近用户的边缘数据中心、离用户有一定距离的区域数据中心，远离用户但覆盖范围广的中央数据中心。

对于语音业务来说，带宽要求不大，时延要求也不苛刻，网络功能无须靠近用户，无线侧的 CU（集中单元）和 DU（分布单元）可以合设在区域数据中心，核心网的 CP（控制面）和 UP（用户面）以及 IMS 可以放置在云中央数据中心。

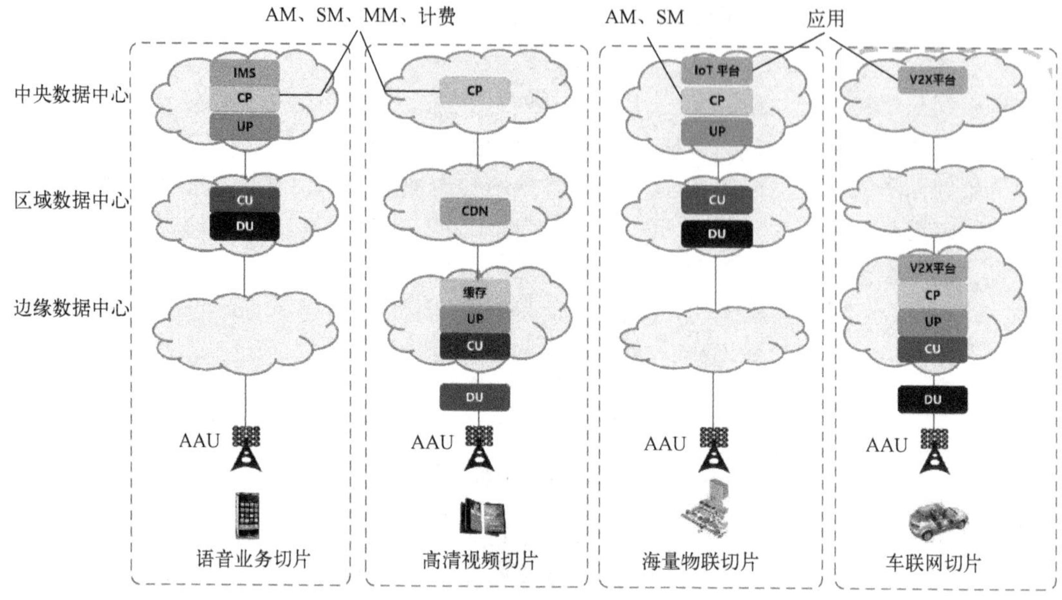

图 7-42　网络切片部署示例

但是对于高清视频类业务来说，带宽需求量大，为了避免大带宽流量对汇聚层和核心层的承载网管道造成冲击，需要尽量将用户面下沉到靠近用户的地方。为了避免不同用户不断向远端平台请求视频源，可以利用 CDN（Content Delivery Network，内容分发网络）的内容存储和分发技术，将平台视频源分发到靠近用户的地方进行缓存，使用户就近获取所需视频资源，降低网络带宽占用，提高用户访问响应速度。

对于语音业务和视频业务的核心网控制平面，需要的功能主要是 AM（接入管理）、SM（会话管理）、MM（移动性管理）和计费等功能。

物联网切片，需要收集大范围传感器采集数据，这些数据是小包业务，数据量不大，但信令交互频繁，允许一定的延迟，在规定的时间内完成状态更新、下载便可，实时性要求不高，但需要较高的安全级别、高可用性和可靠性。这种情况，无线侧功能可以在离用户较远的区域数据中心部署，而核心网功能和物联网应用平台则可以在中央数据中心部署。对于像智慧城市这样的物联网业务来说，核心网的控制功能是不需要 MM 的，也不适合按流量或时长进行计费，所以计费功能也无须部署，主要部署 AM 和 SM 等功能便可。

对于自动驾驶、重型机械的遥控、远程手术等低时延场景，为了满足时延的苛刻要求，核心网和无线侧的功能，尤其是用户面和分布单元的功能，需要尽可能地靠近用户。这就是所谓的“下沉”。“下沉”的好处是有利于满足应用的低时延指标需求，但付出的代价就是硬件和基础设施的投资增加。对于低时延类应用，往往近端和远端都需要有平台支撑，近端平台处理的是实时性要求较高的业务逻辑，比如自动驾驶中的安全类业务；

远端平台处理的是大范围大连接的业务逻辑，比如车联网中信息类和效率类的一些业务。

7.4 边缘计算

《边缘》
各行各业在边缘，
车联梯联万物联。
云端适合大连接，
边缘适合低时延。
大智能集中云端，
小智能分布边缘。
边缘计算贴地行，
边缘智能近终端。

章鱼研究者分享了一次喂章鱼的经历。章鱼喜欢吃新鲜的鱿鱼。一次，一个研究人员把一个不太新鲜的鱿鱼丢在章鱼的水箱里，那只章鱼一动不动，眼睛盯着研究人员。与此同时，章鱼把这条不新鲜的鱿鱼藏在触手内侧，缓慢地朝水箱一角移动，然后以迅雷不及掩耳之势，把食物扔进了下水口。整个过程表明，章鱼眼、触角可以同时完成这一连串的动作。进一步研究表明，章鱼的头部只分布了 40%的神经元，还有 60%的神经元分布在了触手上，如图 7-43 所示，触手对周边环境的感知反应能力处于重要地位。

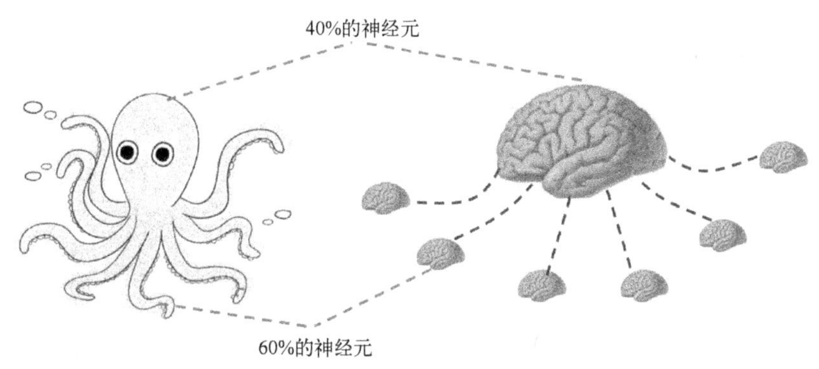

图 7-43　章鱼的边缘智能

你可能有过这样的经历，你的手不小心被开水烫了，你会立即移开自己的手。这个反应是人的自组织条件反射。如果手被开水烫后由大脑汇集信息再做出反应，这个时延会让手受伤更加严重。这里，人手的条件反射就类似于边缘计算，人大脑的反应就类似于云计算。

那么，为什么需要边缘计算呢？先看几个实际案例。

案例1：延时即事故。工业物联网场景中，有大量的智能化终端和设备通过5G网络接入，企业应用需要计算和处理的日常业务数据量非常庞大。有时一天可达到TB或PB级。与此同时，工业自动化领域有大量需要毫秒级实时响应的场景，比如炼油厂生产环境的温度控制，慢一秒则意味着爆炸事故的概率大幅提升。

案例2：延时即生命。无人驾驶汽车需要在高速移动状态对周围环境做出反应，所以时延指标要求苛刻。假若一辆汽车在高速公路上以100 km/h的速率行驶，突然前面车辆并入自己的车道，紧急制动响应时间即便只慢了几毫秒，汽车也会多行驶几米，导致事故的发生。

案例3：海量即拥堵。通过大量传感器，对油田生产数据实现自动化采集，但如果每个传感器都向云端发送联接，海量的数据会给网络带来巨大压力。

案例4：无网无服务。假若我们家里的空调是依托于云计算的智能家具，如果没有电，智能家具就无法联接到云端，就无法进行云端控制。

以上案例说明，云计算架构难以满足低时延、大带宽、大连接应用的要求。为了解决以上问题，面向边缘设备所产生的海量数据的边缘计算模型应运而生。

7.4.1 边缘计算的关键技术

边缘计算（Edge Computing，EC）是相对于云计算而言的，如表7-9所示。边缘计算是指收集并分析数据的行为发生在靠近用户的本地设备的网络中，无须将数据传输到计算资源集中化的云端进行处理。边缘计算不需要构建集中的数据中心，需要依靠大规模分布式节点的计算能力。边缘计算又称作分布式云计算、雾计算或第四代数据中心。

表7-9　云计算和边缘计算的对比

	云计算	边缘计算
位置	远端	靠近用户、设备或网关
计算方式	集中式	分布式
计算能力	由性能强大的服务器组成	有分散的各种功能的服务器组成，是云计算的补充
功能不同	大范围数据分析和控制逻辑生成	近端数据的及时分析，指令执行、现场响应
智能	云智能	本地场景的智能
时延特性	时延大，数十毫秒到数百毫秒	时延小，最低可达1 ms
隐私性和安全性	需要额外的安全措施	隐私性和安全性较高
单个节点部署成本	高	低

边缘（Edge），就是靠边站，但靠边站并不是不用干活了，也是有清晰明确的任务的。如同小区里有了ATM取款机，我们取钱的时候不必再到远处的银行柜台。如果腾讯的服务器和运营商的核心网网关合在一起放到小区门口，这样腾讯的应用就靠近用户了，用户使用应用就会快速方便，体验也会大幅提升。这种网络结构叫作去中心化结构，也

叫边缘化架构或分布式结构。

计算（Computing），就是网络的处理分析能力，譬如大数据分析、视频编解码处理、VR/AR 渲染、视频分析、人工智能等。

边缘计算就是把网络的计算能力分布到边缘位置，这样可以更及时地完成数据分析任务。举个例子，地下停车应用服务需要对车辆、车牌等进行视频监控。这类应用大部分画面静止不动，没有价值，如果所有的视频画面都上传到中心平台，回传流量的带宽需求太大了。我们可以利用边缘计算能力，对视频内容进行分析，动态编解码，提取有变化、有价值的画面和片段上传到中心平台，大量无价值的监控内容暂存在本地，定期删除，从而有效地优化了视频流量，节省了传输带宽。

边缘计算，本质就是“贴地”的云计算，能够就近提供的边缘智能服务。边缘计算是在靠近物或数据源头的网络边缘侧，融合网络、计算、存储、应用核心能力的分布式开放平台（架构），满足各行各业在数字化转型过程中，在敏捷联接、实时业务、数据优化、应用智能、安全与隐私保护等方面的关键需求。

边缘计算主要有以下几个优势，如图 7-44 所示。

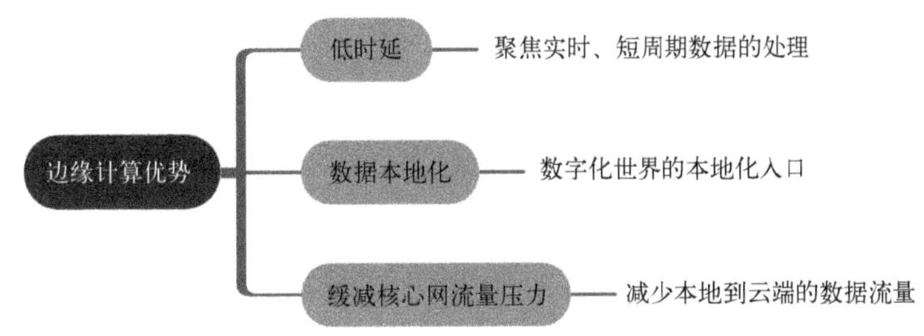

图 7-44　边缘计算的优势

（1）低时延

之所以需要边缘计算，主要是为了满足 5G 网络毫秒级的时延要求。前面讲过，光在光纤中传播的速度是 200 km/ms。数据在相距几百公里以上的终端和集中的云端之间来回传送，显然是无法满足 5G 毫秒级时延要求。物理距离受限，这是硬伤。由此，边缘计算应运而生。边缘计算聚焦实时、短周期数据的处理，能够更好地支撑本地业务的实时智能化处理。

（2）靠近用户、数据本地化入口

由于边缘计算距离用户更近，是物理世界和数字世界的桥梁，应用、内容、人工智能、服务能力等下沉到靠近用户侧，在边缘节点处就近提供对数据的过滤和分析，是数字化世界的本地化入口。

（3）缓解核心网流量压力

通过边缘节点对本地数据进行数据处理分析，必要的数据汇聚以后上报云端，减少本地到云端的数据流量。

MEC（Multi - access/Mobile Edge Computing，多接入移动边缘计算）是ETSI（European Telecommunications Standards Institute，欧洲电信标准化协会）提出的边缘计算用于移动通信网络的概念。在边缘计算（EC）前加上M，有两层意思：一个Multi-Access，表示多接入技术；另外一个是Mobile，代表移动制式。多接入技术有两层含义：从用户的角度看，用户可以通过不同接入网络统一接入5G的MEC，接受网络的统一管理控制；另一方面，从各行各业应用的角度上看，MEC作为统一业务平台，可以承接各种途径接入的应用。多接入可以实现无处不在的一致性用户体验。

在5G网络架构下，MEC的关键技术特征如图7-45所示。

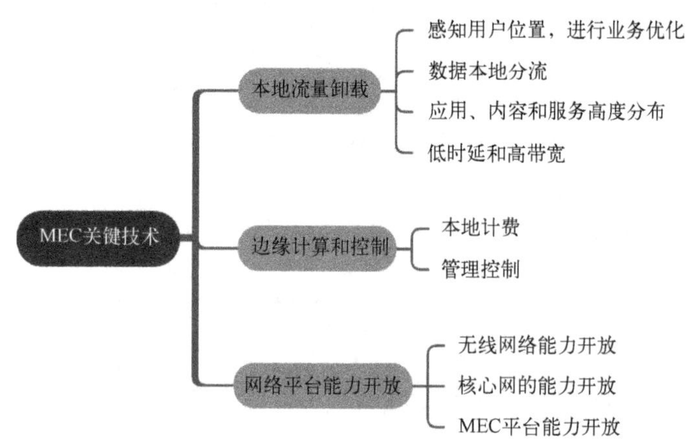

图7-45　MEC关键技术特征

（1）本地流量卸载

对于区域性的业务，下沉部署的MEC可以在靠近移动用户的位置上提供信息技术服务环境和云计算能力，业务能感知用户的具体位置，根据用户所在位置进行优化，将本地业务的数据直接分流到本地部署的服务器，将应用、内容分发推送到靠近用户侧（如基站），这样应用、内容和服务都部署在高度分布的环境中，避免了流量在核心网的迂回，减少了业务传输时延。可以更好地支持5G网络低时延和高带宽的业务要求。

（2）边缘计费和控制

边缘部署的MEC支持与核心网的控制面对接协同，实现对本地流量的计费和策略控制。如在视频监控数据上传场景，监控的数据可以直接上传到本地服务器，而不需要上传到远端的因特网，由MEC服务器进行边缘计费和应用控制，增强了计费的准确性和监控的实时性。

（3）网络平台能力开放

边缘与核心网协同的网络能力开放主要包含如下三方面。

1）无线网络能力开放。无线网络（RAN）的接口（API）与MEC接口网关（API GW）协同，将用户位置信息、Cell/用户/承载带宽信息开放给本地应用（APP）。

2）核心网的能力开放。MEC 接口网关向中心 NEF 获取用户计费、QoS、业务控制等策略。用户策略更新后，中心 NEF 将策略下发到 MEC 接口网络上，或者由 SMF 下发到 UPF 上。

3）MEC 平台能力开放。编解码转换、IPSec（IP 安全协议）、AI（人工智能）等能力，通过开放接口（API）提供给本地应用（APP）。在边缘节点的 MEC 平台上可以集成不同种类的第三方 APP，来应对不同的 MEC 商业场景。而且，MEC 平台包含了防火墙（Firewall，FW）、NAT（Network Address Translation，网络地址转换）等网络功能，不需要额外部署，从而减少了网络设备投资。同时，本地 APP 的统一运维、生命周期管理均可以托管给 MEC 平台。

7.4.2 边缘计算部署和架构

从网络架构上看，边缘计算关注的是内容、服务、功能和应用的“边缘”位置，如图 7-46 所示，至于是什么内容、服务、功能和应用，这个需要看业务需求设计。边缘计算是一种本地化的计算模式，专注于终端设备端和本地用户行为，而不必把大量的原始数据发送到云网络，可以提供更快的响应速度，更低的时延。

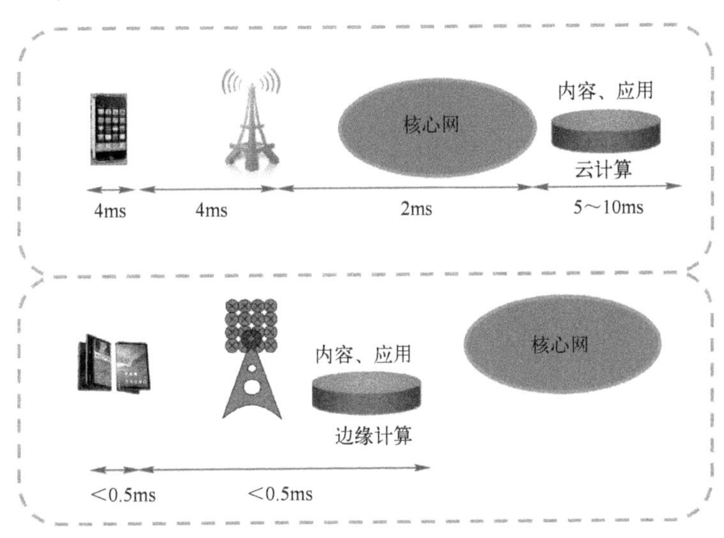

图 7-46 云计算和边缘计算的位置

为了降低传输时延和对网络回传带宽的需求，原本在远端部署的网络实体都可以根据需求向靠近用户的方向迁移、进行边缘化部署，如图 7-47 所示。举例来说，以前在互联网远端的视频服务器，为了支持高清视频、VR 游戏，可以部署在边缘，实现应用服务和内容的本地化；为了支持机器人集群作业，人工智能也可以下沉到边缘，实现人工智能的本地化；5G 核心网控制面和用户面分离后，核心网的用户面 SGW-U/PGW-U/UPF 可以下沉到边缘，实现用户面的本地化；网络的安全功能、数据服务和管理功能也可以下沉到边缘。移动边缘应用可以调用MEC平台开放接口（API）的网络能力，就近提供前端服务。

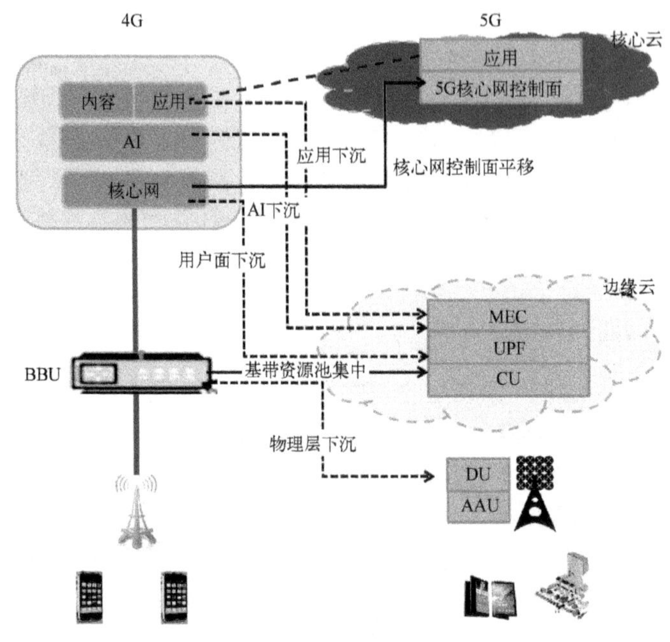

图7-47　边缘化部署

边缘计算已成为5G网络架构的关键特性。MEC通信架构支持网络和应用双向交互，支持用户面的灵活部署，支持应用对用户面的灵活选择，支持本地和云端同时接入的多锚点会话，适应多种业务的灵活QoS机制。

各行各业的应用场景如此之多，都需要下沉部署到边缘吗？实际上，并非如此。大部分用户面数据由边缘MEC就近处理，可以提升用户体验，但还有少部分全局性的用户面数据仍然需送到核心网进行全局处理。那么，哪些应用业务需要部署MEC，哪些应用不需要部署MEC？这就需要针对不同的应用诉求，如时延要求、本地分流要求，制定不同的MEC部署策略，使MEC和用户面功能部署在不同的位置。

边缘计算是连接物理世界和虚拟世界的一道“桥梁”，边缘计算系统有四大组成部分：边缘设备、边缘控制器、边缘云、边缘应用和服务。如图7-48所示。

（1）边缘设备

如边缘网关、5G CPE、无线的接入点、基站等。边缘设备通过5G网络、协议转换等功能将物理世界接入数字世界，对物理世界感知的信息进行实时数据分析和管理。比如在制造领域，可以收集设备实时监控的数据，在边缘计算架构内实现预防性维护；视频采集、音频采集的数据通过边缘网关接入，进行智能识别等。

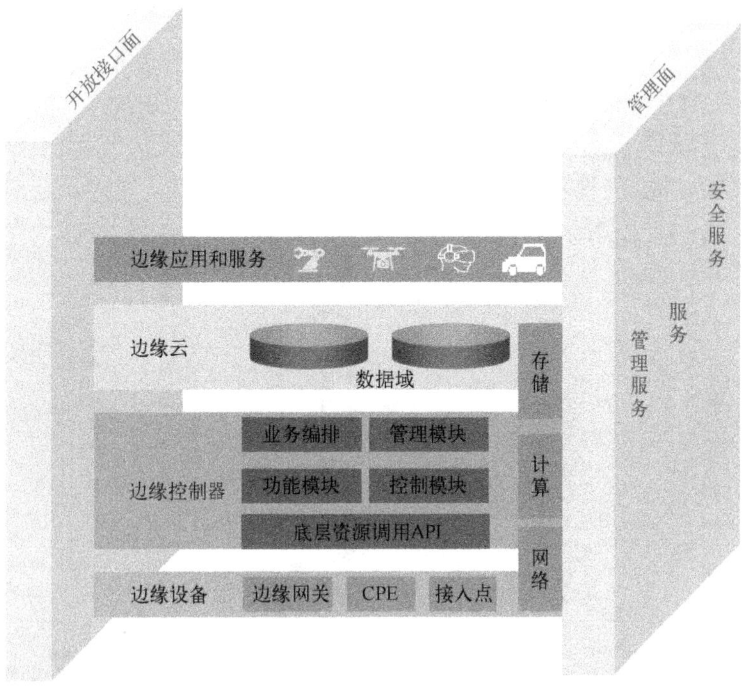

图 7-48　边缘计算逻辑架构

（2）边缘控制器

融合网络、计算、存储等 ICT 能力，实现边缘计算管理范围内的自主化和协作化。通过标准接口（API）可以调用底层的网络、计算、存储资源，也可以采集底层设备的数据，还可以和云数据库进行信息交互。网络接口实现各网络协议的自动转换，对数据格式进行标准化处理，可以解决物理网中数据异构的问题。边缘控制器具备对底层资源的控制和管理功能，在此基础上，可以进行自动化的业务编排。

（3）边缘云

基于多个分布式云服务器，提供弹性扩展的存储、计算、网络能力。边缘云使得数据管理更智能、存储方式更灵活。首先，边缘计算可以对数据的完整性和一致性进行分析，并进行数据清洗工作，消灭系统中的“脏”数据。其次，边缘计算可以对计算和存储能力以及系统负载进行动态部署。还有，边缘计算还能和云端计算保持高效协同、合理分担运算任务。

（4）边缘应用和服务

边缘计算提供属地化的业务逻辑和应用智能。它使得应用具有灵便、快速反应的能力，并在和云端失去联系的离线情况下，仍能够独立地提供本地化的应用服务。

边缘计算四层架构可以简化为硬件、平台和应用的三层架构，如图 7-49 所示。网络、存储、计算资源和边缘设备都属于 MEC 硬件层（叫 MEC IaaS）；在此基础上，MEC

平台层（MEC Platform，MEP），提供服务和功能的注册、发现、注销以及平台控制能力和服务能力的开放。MEC平台层相当于边缘控制器和边缘云的功能。在MEC平台上，由运营商对第三方APP提供的增值业务（Value-added Service，VAS），如地址解析、防火墙、安全防护、各种管理服务等。各行各业的APP，通过MEC平台的API，调用MEC平台开放的网络能力和平台能力，提供基于云计算的边缘应用，如工业自动化、无人机、AR/VR、V2X Server、CDN。

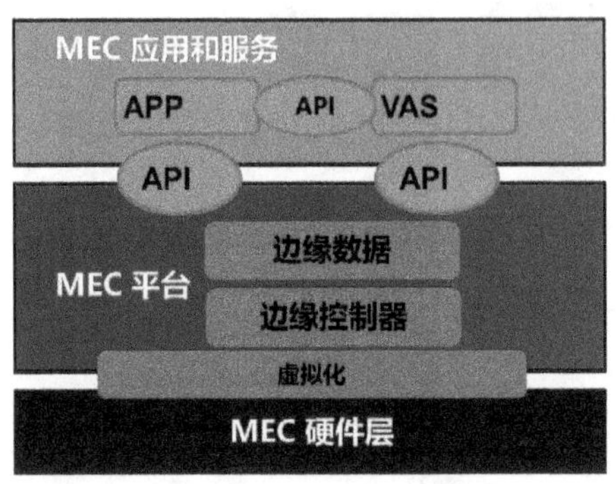

图7-49　MEC组成架构

7.4.3　MEC的典型应用

本地云和远端的云各有各的适用场景。覆盖范围大、带宽需求不大、时延要求不严格的应用，可以放在远端的云上，可以更好地进行集中的数据分析和控制管理功能。但是对于小范围内，带宽要求大、时延要求苛刻的应用，计算、存储、内容、服务、用户面的功能就尽可能地靠近边缘。具体来说，MEC到底有哪些神奇的应用呢？我们根据产业的成熟度，由近及远地给出主要的应用场景。

（1）企业园区/校园的本地分流

随着台式计算机被智能手机、平板电脑、笔记本电脑等便携式移动终端取代，企业/校园内部应用和公网业务同时存在。企业/校园内部应用主要在本地产生、本地终结，数据不外发。员工进行移动办公，学生进行移动学习，以自有设备接入企业/校园专用网络，这类场景的应用流量是主要部分。同时员工/学生在通过企业园区/校园部署的小基站/小小区来访问公网业务。部署MEC可以对企业的各级员工或学校的学生进行接入控制，可以为不同等级的用户提供差异化服务，可以对新业务的接入做高效配置，可以实现低时延、高带宽的虚拟局域网体验，如图7-50所示。

（2）内容分发网络（CDN）

第三方的应用，如爱奇艺、腾讯、阿里等，应用平台要是设在骨干网的远端，会导致传输浪费和体验不佳。MEC部署到地市，CDN节点的功能也可以下沉到MEC上，如图7-51所示，这样可以减少传输迂回，降低时延，提升用户体验。

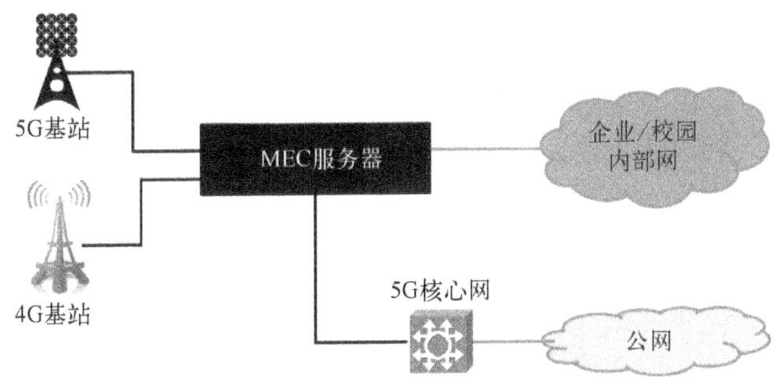

图 7-50　企业园区/校园网的本地分流

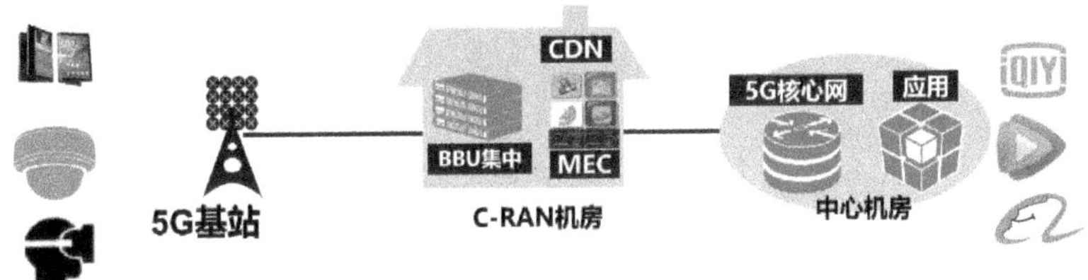

图 7-51　内容分发网络下沉

（3）视频流分析和优化

视频监控业务的传统处理方式有两种，一种是把视频流全部上传到远端服务器；另一种是在摄像头处就地进行视频处理。如果在远端处理，需要大量从摄像头到平台的回传流量；如果在摄像头处就地处理，就会大幅增加摄像的成本。这两种方式的部署成本都很大、效率都较低。

在 RAN 网络中部署 MEC 服务器，MEC 服务器将视频分析本地化，提取其中有价值的视频片段流经移动核心网络，回传到应用服务器，这样可以有效地节省传输资源，同时对摄像头要求也大幅降低。

例如，在基于视频监控的车牌识别中，MEC 服务器进行视频识别，无须给远端应用平台上传大量的视频，仅把识别的结果和关键事件上传到应用平台，如图 7-52 所示。

（4）云 VR/AR

云 VR/AR 可以有效弥补终端能力不足的缺点，但是云平台分布过远，会使业务出现卡顿现象，使用户有眩晕感。譬如，在大型球赛直播现场，通过 MEC 平台，可以调取全景摄像头拍摄的视频，进行视频的分析裁剪、组合视角、实时回放，如图 7-53 所示，MEC 的低时延高带宽特点可以有效解决用户使用 VR/AR 时的眩晕感，提升了观看体验。4K VR，8K VR 对 MEC 的能力要求也是不同的，4K VR 对 MEC 平台及相关配套设备的要求较低，生态成熟较早，较早地在市场上得到商用。

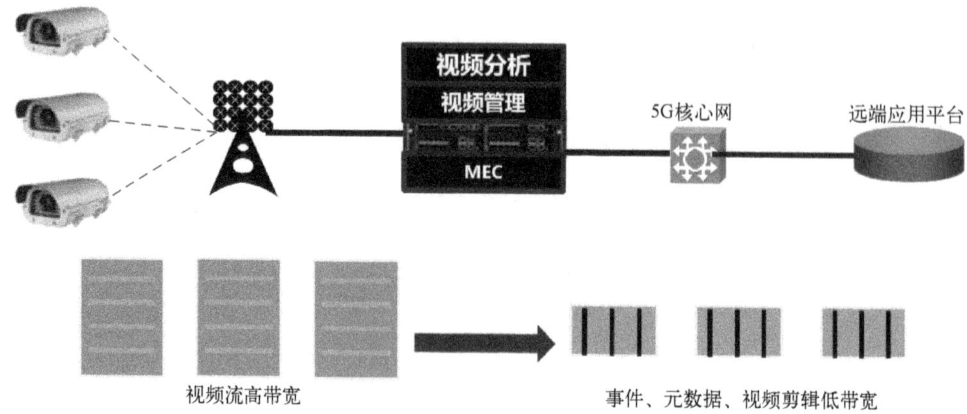

图 7-52　MEC 进行视频分析和优化

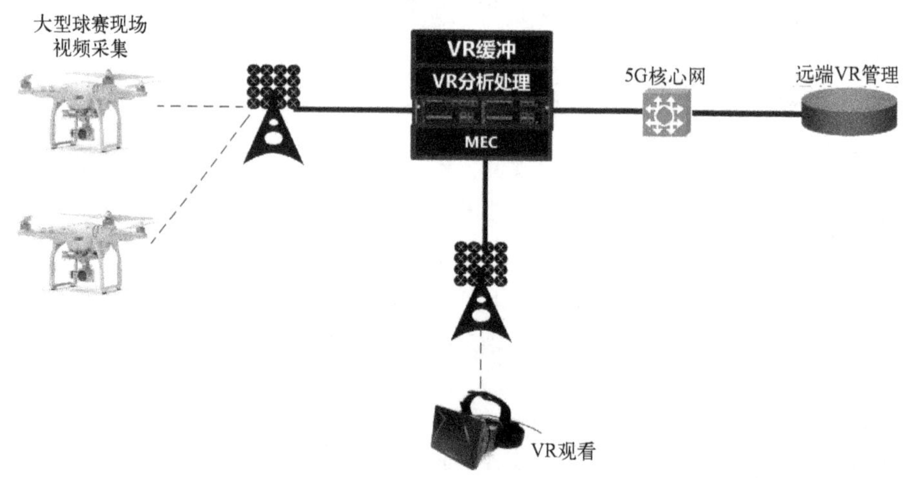

图 7-53　VR 直播 MEC 应用

（5）车联网

在车联网的安全类应用中，如自动驾驶，应用平台需要实时获取周围车辆的车速、位置、行车情况等信息，并进行实时的数据处理和决策。如果这些信息先上传至远端平台，然后进行分析处理，再控制车辆，将造成信号传输的延迟，紧急情况下极易发生交通事故。部署 MEC，可以使车联网满足大带宽、低时延和高可靠性的业务需求，如图 7-54 所示。

（6）物联网

在智慧城市、智慧家居、智慧楼宇、智慧路灯等典型的物联网场景，中心云可以对大连接产生的数据进行分析，但是 MEC 在这些应用中也会有特殊的用途，如图 7-55 所示。

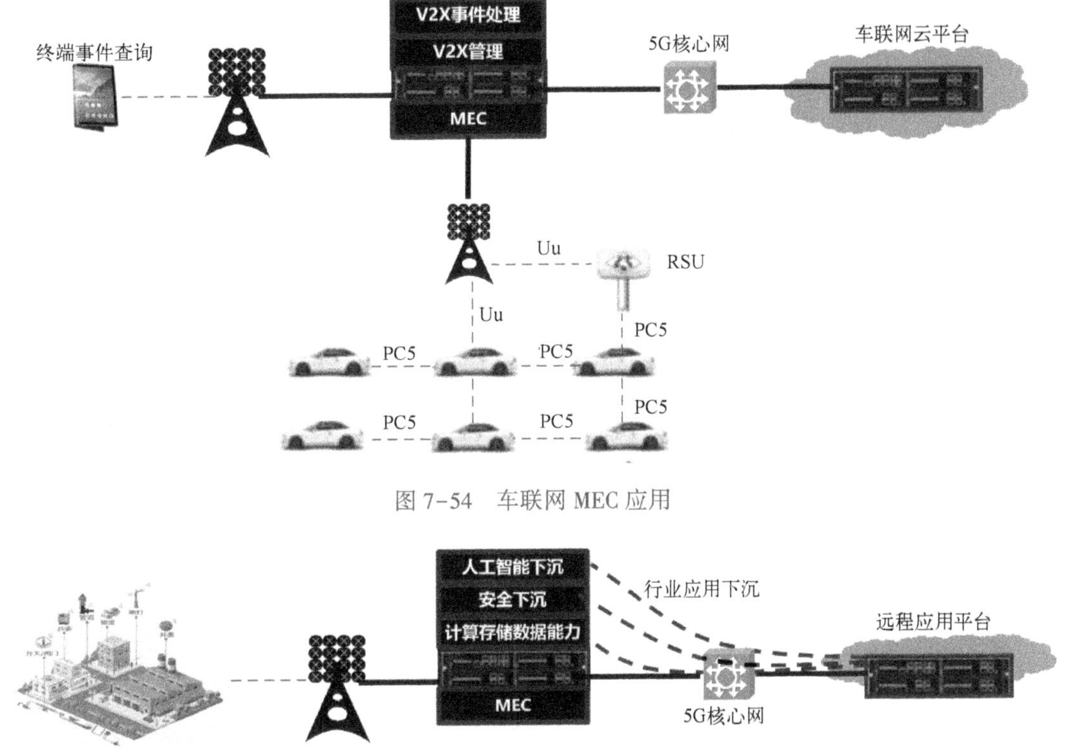

图 7-54　车联网 MEC 应用

图 7-55　物联网 MEC 应用

比如，智慧城市应用中，MEC 可以将人工智能下沉到城市的传感网节点附近，组合成城市的神经末梢，可以高效实时地处理城市运营过程中产生的大量数据，如城市路面信息，检测空气质量、光照强度、噪声水平等环境数据，分析出对城市居民有价值的信息。

对于智慧家居的应用来说，接入网络的安全性和私密性非常重要，MEC 可以将网络安全能力下沉到用户侧，在智能家居的网关和数据中心之间建立加密通道，提高智能家居应用的安全性和隐私性。

智慧楼宇和智慧路灯会有很多监测环境的传感器，如烟雾传感器、空气质量传感器、光强度监测传感器、温度传感器、湿度传感器等，在一些大规模城市中，这些传感器产生的数据，发送到中心云中处理，这种做法实时性差，对远端云的压力大。部署 MEC 可以使计算、存储和数据处理能力下沉到边缘，对于传感器产生的数据直接聚合处理，可以直接及时地对楼宇或道路的特殊情况进行处理。比如大楼某层某个区域有烟雾，MEC 经过数据分析直接指示执行器启动灭火设备；路灯内的传感器检测到白天突然乌云密布，天暗下来了，MEC 可以直接指示打开路灯，又过了一会儿拨云见日，MEC 又指示执行器关闭路灯。

7.5 QoS管控机制

所谓QoS（Quality of Service，服务质量），对运营商来说，就是带宽，就是钱，就是成本。带宽是目前运营商最宝贵的资产，也需付出最大的成本。QoS是带宽成本的直接表现形式。对用户来说，QoS就是用户要付出的费用。说白了给的钱越多，QoS体验越好。不额外付费，则只能享受尽力而为（Best Effort，BE）的QoS服务。

根据QoS的付费特征，QoS可以分为以下几种：

1）需额外付费、有额外QoS保障：通常是GBR（Guaranteed Bit Rate，保证比特速率）业务，如某些运营商和在线游戏厂商合作推出的业务，如王者荣耀等。

2）不额外付费、无额外QoS保障：通常是Non-GBR（非保证比特速率）业务，如微信、QQ、网易云课堂、抖音小视频等。手机里99%的APP都属于此类。

3）不额外付费也有Qos保障的业务：通常是运营商希望大力扶持的自有业务，如VoLTE（Voice Over LTE、LTE承载语音）、VoNR（Voice Over New Radio、5G承载语音）。

5G核心网采用控制和转发分离的架构，同时实现了接入管理和会话管理的解耦。4G的QoS管理的对象是端到端的承载（Bearer），在5G核心网的用户面取消了承载的概念，QoS参数直接作用于会话中的不同数据流（Flow）。QoS控制的颗粒度更细。

举个例子，以前我们用“两”作单位来衡量黄金的重量，现在用“克”来衡量黄金的重量，颗粒度更细，对黄金重量的衡量更加精细。承载的QoS控制就相当于用“两”来衡量黄金的重量，流（Flow）的QoS控制就相当于用“克”来衡量黄金的重量。

在5G的核心网网络架构下，不同的用户面网元（UPF）可同时建立多个不同的会话，每个会话又可由多个QoS流组成，可以由多个控制面的SMF进行QoS控制，可实现本地分流和远端流量的并行操作。

7.5.1 4G QoS和5G QoS架构对比

4G的QoS是基于EPS承载（Bearer）进行控制的，QoS控制的最小颗粒度是承载。QoS保障的范围是UE到PGW，如图7-56所示。一个EPS承载是由同样的一组QoS参数控制。

端到端业务是由EPS承载和外部承载两部分组成，只有EPS承载，4G的QoS控制机制才起作用。外部承载不在4G核心网的QoS控制范围内。

EPS承载的组成有下面的关系：

1个EPS承载=1个E-RAB+1个S5/S8-U隧道

1个E-RAB=1个DRB(无线数据承载)+1个S1-U隧道

也就是说，EPS承载内部是一对一的关系。1个EPS承载，对应1个DRB、1个

S1-U 隧道、1 个 S5/S8-U 隧道，也对应着同样的一组 QoS 参数；N 个 EPS 承载，就有 N 个 DRB、N 个 S1-U 隧道和 N 个 S5/S8-U 隧道，也对应着 N 组 QoS 参数。

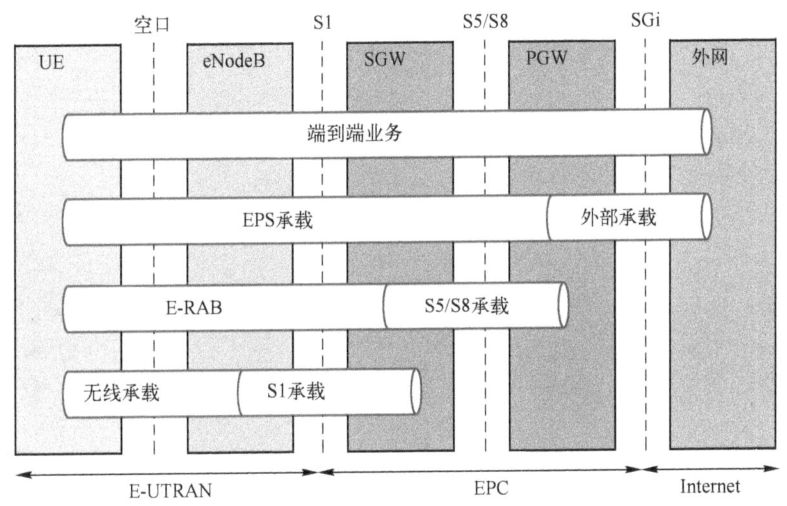

图 7-56　4G 网络的 QoS 架构

5G 的 QoS 是基于 QoS Flow（流）进行控制的，QoS 控制的最小颗粒度是 QoS Flow，比基于 4G 承载的 QoS 控制颗粒度更细。5G 的 QoS 保障的范围是 UE 到 UPF，如图 7-57 所示。5G 的端到端业务是由 5G 系统内部的 PDU 会话和外部 PDU 会话组成。只有 5G 系统内部的 PDU 会话，QoS 控制机制才起作用。外部 PDU 会话不在 5G 核心网的 QoS 控制范围内。

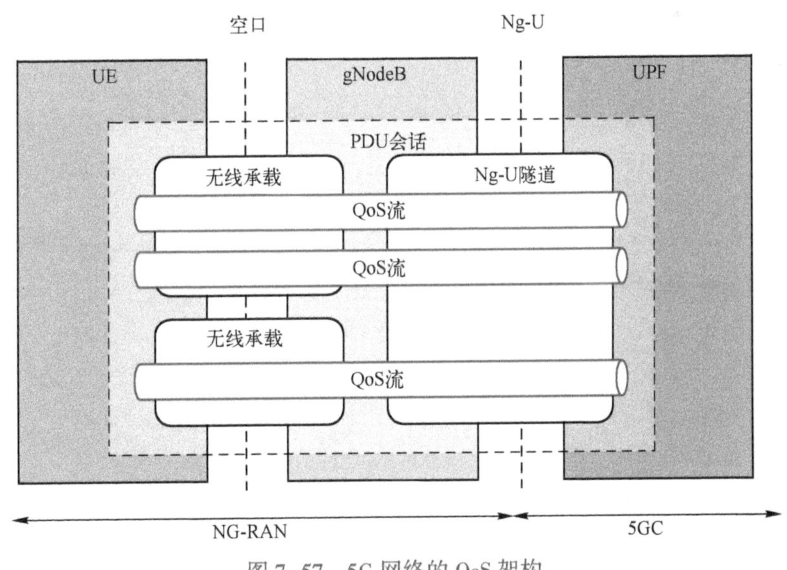

图 7-57　5G 网络的 QoS 架构

1个系统内部PDU会话，有下面的组成关系：

1个PDU会话=1到多个DRB(数据无线承载)+1个N3隧道(即Ng-U隧道)

1个PDU会话在无线侧可以映射到多个DRB（数据无线承载）上，当然也可以映射在一个DRB上。5G在核心网侧取消了承载的概念，但在无线侧，还存在承载（Bearer）的概念。

1个PDU会话承载1个或多个QoS Flow

1个DRB（数据无线承载）可以承载1个或多个QoS Flow

1个PDU会话无论有多少个QoS Flow，N3隧道只有1个。

N个PDU会话有N个N3隧道。

也就是说，PDU会话和N3隧道之间是一对一的关系，但PDU会话和DRB、QoS Flow之间是一对多的关系。1个QoS Flow对应着一组QoS参数，N个QoS Flow对应着N组QoS参数。一个PDU会话可以对应多组QoS参数。这也说明，QoS控制的颗粒度更细。

4G和5G QoS控制架构的区别如表7-10所示。

表7-10　4G和5G QoS控制架构的区别

	4G QoS	5G QoS
最小颗粒度	承载（Bearer）	QoS Flow
保障范围	UE到PGW	UE到UPF
对应关系	承载和QoS：一对一	PDU会话和N3隧道之间：一对一 PDU会话和QoS Flow之间：一对多 PDU会话和DRB之间：一对多

7.5.2　4G QoS和5G QoS参数对比

4G中针对承载（Bearer）进行QoS控制，5G中针对QoS Flow进行QoS控制。二者都需要一组QoS参数。5G的QoS参数是在4G的QoS参数基础之上发展而成的。在4G中，可以作用于每个承载上的QoS参数包括：

1）QCI（QoS Class Identifier，QoS等级指示）。

2）ARP（Allocation and Retention Priority，分配保留优先级）。

3）GBR（Guaranteed Bit Rate，保证比特速率）。

4）MBR（Maximum Bit Rate，最大比特速率）。

5）AMBR（Aggregated Maximum Bit Rate，组合最大比特速率）。

在图7-58所示的5GC QoS参数中，我们也能发现4G QoS参数的影子，但是也会发现有些不同。最大的不同就是5GC QoS的参数作用在QoS Flow（数据流）上。我们具体介绍一下。

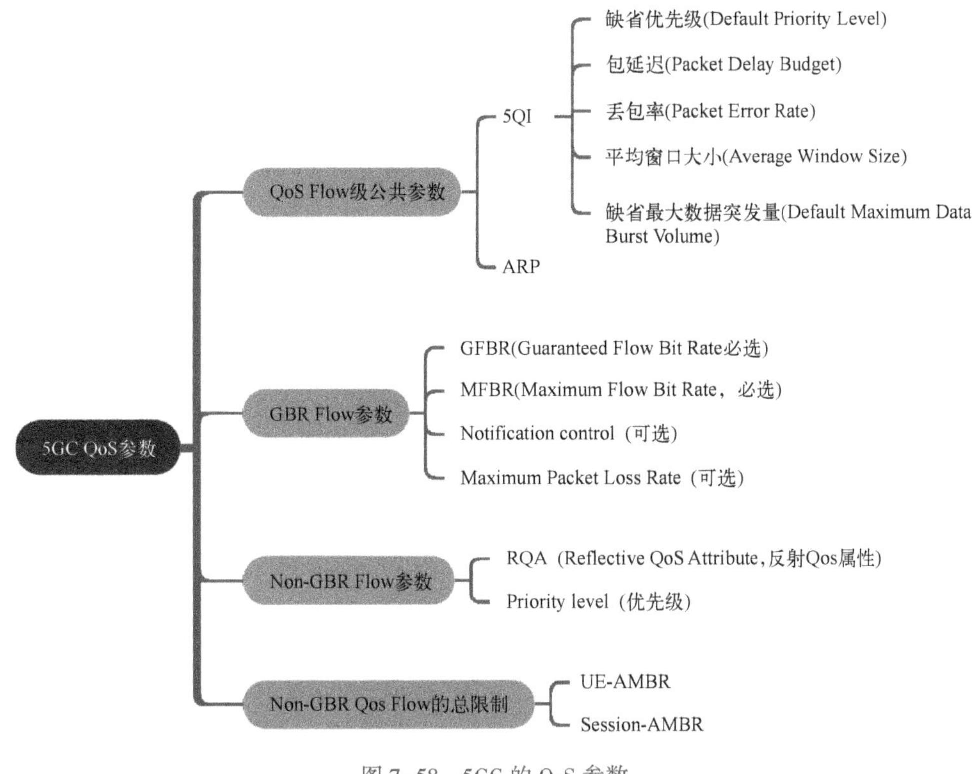

图 7-58　5GC 的 QoS 参数

每个 Qos Flow 都必须包含的 Qos 参数，就是 QoS Flow 级的公共参数，有两类：5QI 和 ARP。

5QI（5G QoS Identifier）是 5G 中的 QoS 等级标识，由 4G 的 QCI 演进而来。

4G 中的一个 QCI 值对应着相应的 QoS 属性，包含缺省优先级（Default Priority Level，值越小优先级越高）、包延迟（Packet Delay Budget）、误包率（Packet Loss Rate）等指标。在 4G 的最初版本的协议中定义了如表 7-11 所示的 9 种不同的 QCI 值。

表 7-11　4G 的 QCI 值

QCI	QoS 保证资源类型	缺省优先级	包延迟	丢包率	业务类型示例
1	GBR	2	100 ms	10^{-2}	会话类语音业务
2		4	150 ms	10^{-3}	会话类视频（实时流业务）
3		5	300 ms	10^{-6}	非会话类视频（缓冲流业务）
4		3	50 ms	10^{-3}	实时游戏类业务

（续）

QCI	QoS保证资源类型	缺省优先级	包延迟	丢包率	业务类型示例
5	Non-GBR	1	100 ms	10^{-6}	IMS（IP多媒体系统）信令
6		7	100 ms	10^{-3}	语音、视频（实时流业务）、交互类游戏
7		6	300 ms	10^{-6}	视频（缓冲流业务）、基于TCP的业务（如WWW、E-mail、chat、ftp、P2P文件共享等）
8		8			
9		9			

5GC中的5QI的值，兼容4G的QCI值，也有1~9的取值。但除此之外，依据5G的应用场景，还有扩展，如表7-12所示，如65、66、67、69、70~76、79、80、82~85等(定义还可能在以后的协议版本中进一步扩展)。4G的QCI有两种资源类型：GBR和Non-GBR；5QI增加了一种资源类型，共有3种：GBR、Non-GBR和时延敏感的GBR。时延敏感的GBR是为了适应5G物联网的低时延场景而新定义的。

和4G的QCI相比，5QI对应的参数值增加了2列：缺省最大数据突发量和平均窗口大小。缺省最大数据突发量主要在时延敏感的GBR中有定义，对物联网低时延场景的最大数据突发的字节数进行了规定。平均窗口大小用于GBR和时延敏感的GBR，指示速率计算的窗口，一般取值为2000 ms，即2 s。

表7-12　5GC中的5QI值（部分）

5QI值	资源类型	缺省优先级	包延迟	丢包率	缺省最大数据突发量	平均窗口大小	业务类型示例
1	GBR	20	100 ms	10^{-2}	N/A	2000 ms	会话类语音
2		40	150 ms	10^{-3}	N/A	2000 ms	会话类视频（直播视频流）
3		30	50 ms	10^{-3}	N/A	2000 ms	实时游戏、V2X消息、过程自动化监控、电力分布中压
4		50	300 ms	10^{-6}	N/A	2000 ms	非会话类视频（缓冲流）
65		7	75 ms	10^{-2}	N/A	2000 ms	关键任务用户平面一键语音
5	Non-GBR	10	100 ms	10^{-6}	N/A	N/A	IMS信令
6		60	300 ms	10^{-6}	N/A	N/A	视频、缓冲流，基于TCP的业务
7		70	100 ms	10^{-3}	N/A	N/A	语音、视频、直播视频、交互类游戏
8		80	300 ms	10^{-6}	N/A	N/A	视频（缓冲流），基于TCP的业务
9		90	300 ms	10^{-6}	N/A	N/A	视频（缓冲流），基于TCP的业务
69		5	60 ms	10^{-6}	N/A	N/A	关键任务时延敏感信令类业务

（续）

5QI 值	资源类型	缺省优先级	包延迟	丢包率	缺省最大数据突发量	平均窗口大小	业务类型示例
82	时延敏感 GBR	19	10 ms	10^{-4}	255 B	2000 ms	离散自动化
83		22	10 ms	10^{-4}	1354 B	2000 ms	离散自动化
84		24	30 ms	10^{-5}	1354 B	2000 ms	智能运输系统
85		21	5 ms	10^{-5}	255 B	2000 ms	电力分布高压

ARP 是分配和保持优先级，主要用于在资源受限的条件下，建立和保持的 QoS Flow 的优先级别，在 4G 中指的是承载（Bearer）的优先级别。5G 系统按照 ARP 的优先级所确定的先后顺序决定是否接受相应的 QoS Flow 的建立请求，是否抢占已经存在的 QoS Flow 资源。

GBR Flow（保证比特速率流）必选的参数有 GFBR 和 MFBR，在 4G 中对应的是承载级别的 GBR 和 MBR。可选的参数有 Notification control（通知控制）、（上行/下行）Maximum Packet Loss Rate（最大可容忍的丢包率）。

GFBR 为 Qos Flow 的保障比特速率，网络侧承诺的最低保障速率。拥塞时超过 GFBR 的流量会被丢弃，不拥塞时超过 GFBR 但小于 MFBR 的流量可通过。

MFBR 为 Qos Flow 的最大比特速率，超过 MFBR 时，流量将被丢弃。

Notification control，当 RAN 侧无法为 GFBR 提供保障时（如无线网络质量不佳），需要给核心网侧发送通知。

Maximum Packet Loss Rate，超过这个丢包率，业务将无法正常进行，系统将产生报警，需要通过优化的方式解决。

Non-GBR QoS 参数有 RQA（Reflective QoS Attribute，反射型 Qos 属性）和优先级。其中 RQA 用于指示该 QoS Flow 是否应用反射型 QoS（见 7.5.3 节）。

对于 Non-GBR 业务还可以有针对 UE 或会话（Session）的总的速率限制。其中 UE-AMBR 是 UE 的所有 Non-GBR Qos Flow 最大比特速率上限；Session-AMBR 是 UE 单个 PDU 会话下所有 Non-GBR Qos Flow 最大比特速率上限。

7.5.3　5G QoS 流量映射

SDF（Service Data Flow，业务数据流），就是手机里各种 APP 产生的各种流量，如微信、爱奇艺、IMS 语音等，如图 7-59 所示。

SDF 按照一定的规则映射成 QoS Flow。Qos Flow，如图 7-60 所示，是 5G 网络中实现 QoS 差异化保障的最佳颗粒度（4G 则是基于 EPS 承载的）。不同的 Qos Flow 对应不同的 QoS 转发待遇。

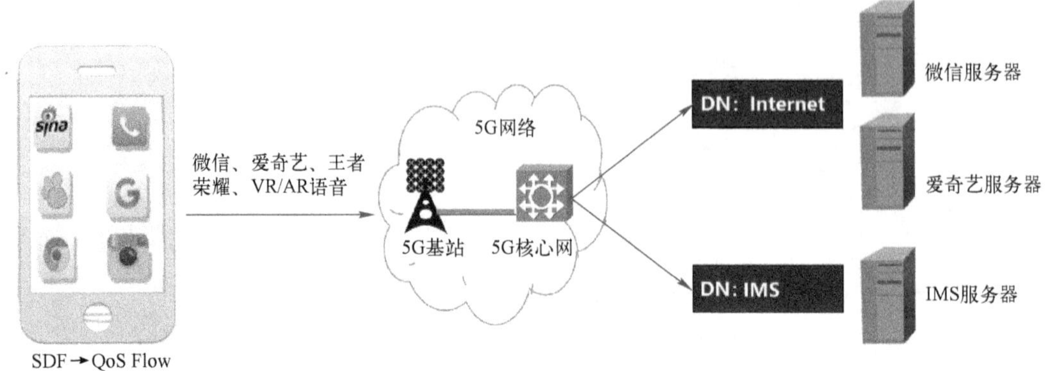

图 7-59　手机 APP 的业务数据流

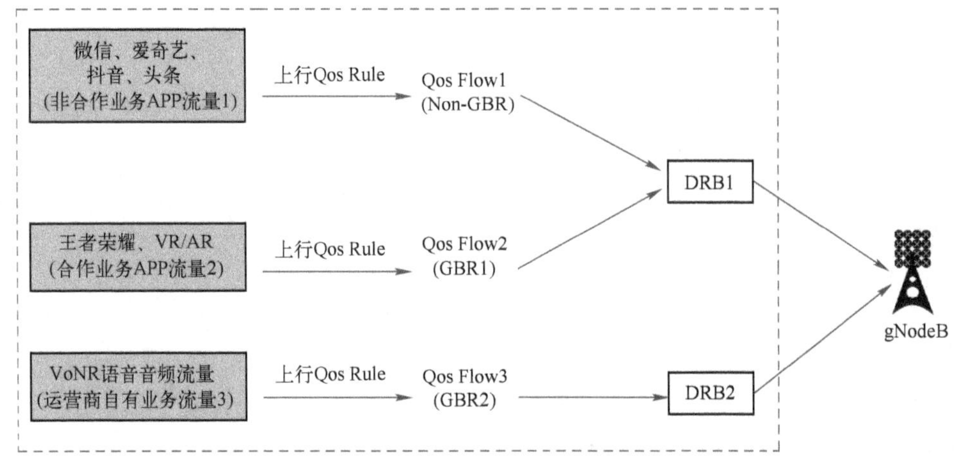

图 7-60　从 SDF 到 QoS Flow 再到 DRB 的映射

注：QoS Flow1 和 2 映射到 DRB1 仅为举例。也可以映射到独立的 DRB，由 gNodeB 控制。

从 SDF 到 QoS Flow 的规则是 QoS Rule 和 PDR，如图 7-61 所示，是终端和网络侧对上行/下行的数据报文进行分类和映射的规则。1 个 QoS Rule 和 PDR 包含 1 组包过滤集（Packet Filter Set），1 组包过滤集又包含 1 个或多个包过滤器（Packet Filter）。1 个包过滤器规定了一个数据包从哪里来，要到哪里去（源和目的 IP 地址，源/目的端口号），还有 IP 头协议号、业务类型（Tos）或流量类型、流标识、IPSec 安全参数索引 SPI，以及数据流的方向。

下行方向，由 UPF 根据 SMF 下发的 PDR 执行具体的分类映射任务。如果没有匹配的 PDR，UPF 将丢弃下行数据报文。

上行方向，由 UE 负责执行具体的分类和映射，可根据网络侧下发的 QoS Rule 或 UE 自己派生出的 QoS Rule 进行分类映射，如图 7-62 所示。UE 自己派生出的 QoS Rule 称之为 UE Derived QoS Rule，就是 UE 根据收到的下行用户面数据派生出来的 QoS 规则，用于对上行数据报文进行分类和映射，对应的概念称之为反射型 QoS。

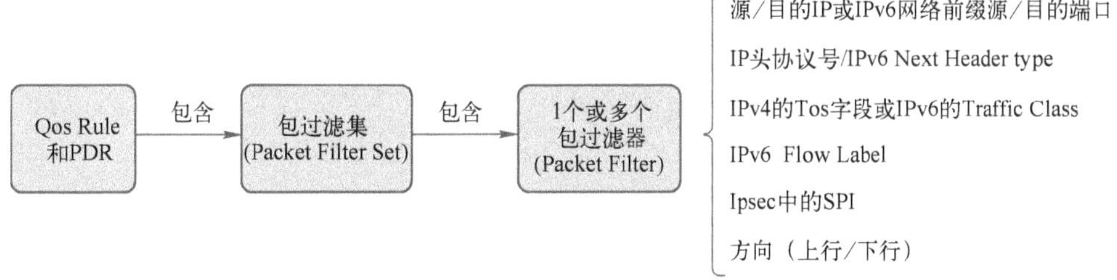

图 7-61 映射规则

注：

① Tos（Type-of-Service、业务类型）字段，描述了 IP 包的优先级和 QoS 选项。

② SPI（Secure Parameter Index、安全参数索引）字段，用来告知接收端主机要使用的 IPSEC 密钥

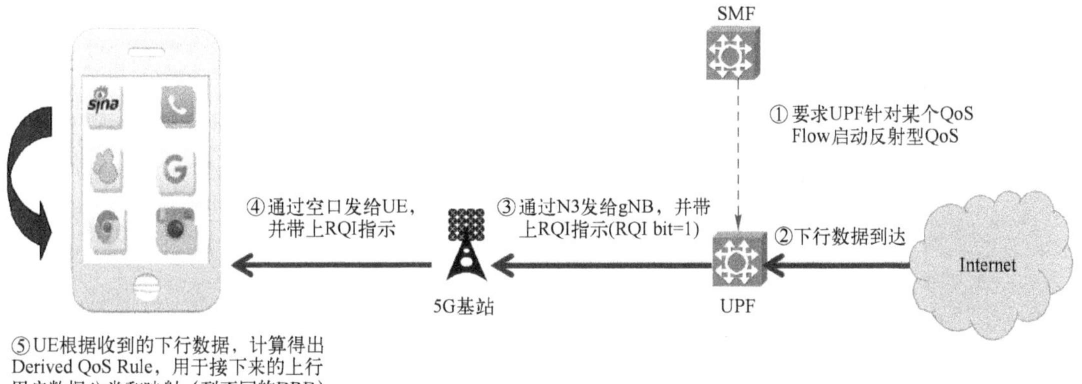

图 7-62 UE 派生 QoS Rule

反射型 QoS 是指 UE 根据收到的下行用户面数据派生出上行 QoS Flow 的分类规则，无须网络侧下发，从而减少网络信令开销。涉及的相关参数有：RQI（反射型 QoS 指示）、UE Derived QoS Rule 等，需要终端支持。

由运营商来决定如何划分 QoS Flow，通常是将同质类的 SDF 映射到 1 个 QoS Flow 里。同质类的 SDF 即 QoS 需求（带宽、延迟等）。另外还要看是否付费，如果没额外付费，即便 QoS 需求相同，也不一定划分为同一种 QoS Flow。如微信电话本和 VoNR 语音即便是同质业务，但也可能被划到两个不同的 QoS Flow。

QFI（QoS Flow ID，QoS Flow 的标识），取值范围是 0~63。具有相同 QFI 的用户面业务流获得相同的转发待遇。

5G 端到端的 QoS 控制，分核心网（UPF）和无线侧（gNodeB）两级进行，如图 7-63 所示，从应用/业务层的数据包到 QoS Flow 的映射核心网和无线侧都起作用。这一点和 4G 不同，4G 端到端的 QoS 控制是一级完成，如图 7-64 所示，即从应用/业务层的数据包

到承载的映射一次完成。4G 核心网分配的一次 QoS 策略在整个 EPS 承载上起作用，而 5G 核心网分配的一次 QoS 策略在无线侧还可以根据空口资源的情况进一步进行调优，这样 5G 的 QoS Flow 的 QoS 策略更加精细。

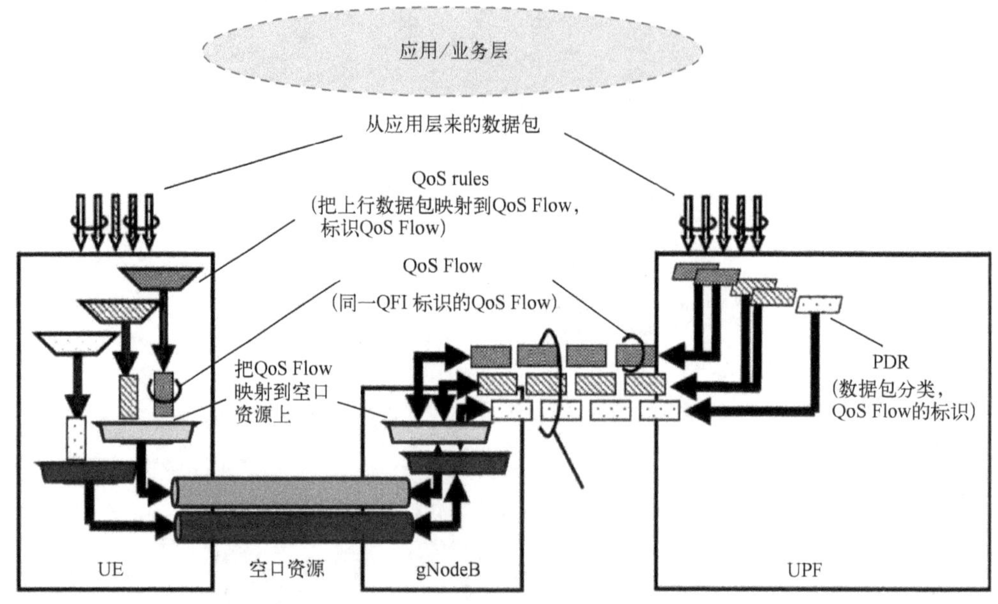

图 7-63　5G 业务数据流和 QoS Flow 端到端映射关系图

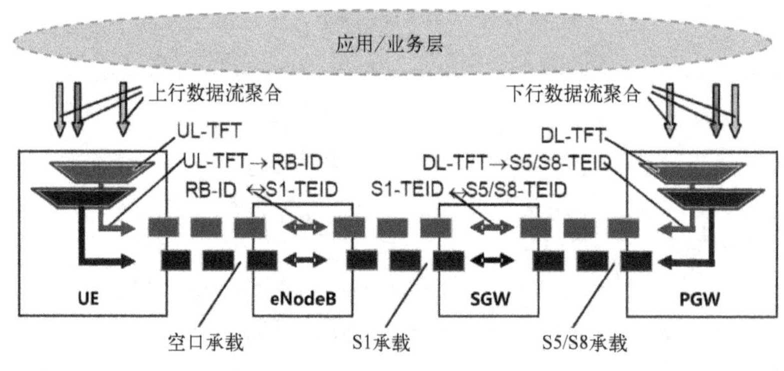

图 7-64　4G 业务数据流和承载的映射关系图

4G 和 5G 业务流量分类和映射规则也不同。4G 是基于 UL/DL TFT（Traffic Flow Template，数据流模板）完成业务流量分类和映射；而 5G 上行基于 UL QoS Rule，下行基于 PDR 完成业务流量分类和映射。

4G、5G QoS 控制和流量映射机制对比如表 7-13 所示。

表7-13　4G、5G QoS控制和流量映射机制对比

比　较　项	4G QoS	5G QoS
QoS控制点	端到端一级	端到端两级
业务分类和映射规则	TFT	上行基于UL QoS Rule，下行基于PDR

7.6　从VoLTE到VoNR

5G基于大带宽、大连接、低时延三大场景整合垂直行业，实现万物互联，但是语音、视频等会话类业务仍然是5G非常重要的业务。如果使用了5G，却不能打语音电话，用户体验会非常糟糕，会逼着人们使用类似OTT类的语音电话，将会降低运营商的语音业务收入，这无论从用户的角度还是运营商的角度，也说不过去。

除了用户有使用5G手机打语音电话的需求之外，许多物联网场景也需要支持语音业务，而且语音业务的质量只能提升不能下降。举例来说，5G车联网需要具备自动紧急呼叫系统，在发生交通事故的时候，即使司机和乘客失去知觉无法拨打语音电话，这个系统也能自动呼叫紧急救援；在工业物联网场景，机械手臂有故障，不仅需要通过应用平台进行告警呈现，还需要通过语音业务呼叫相关责任人，通知相关故障。

5G网络的语音视频会话类业务如何实现，成为运营商重点关注的一个问题。

众所周知，2G/3G主要为语音而设计，采用电路交换（Circuited Switched，CS）技术来提供语音类会话业务，就是语音通话前在网络中建立一条虚拟电路，端到端地独占通信资源，直到通话结束才拆除。

4G网络采用全分组架构，分组交换技术（Packet Switched，PS）取代了电路交换技术。分组交换是将数据打包传输，这就像快递打包一样，只在需要的时候才将包裹传送到收件者手里。比如将语音每20 ms打一个数据包传送，不讲话就不打包发送，无须独占端到端通信资源，这样能大幅提高通信资源利用效率。VoLTE，即Voice over LTE，就是把语音业务和相关信令、数据业务一样，都使用数据包在LTE网络上传输。为了更好地管理语音数据包中的信令和语音部分，也为了给用户提供多样化的多媒体服务，VoLTE还需在LTE网络引入了IMS（IP多媒体子系统）域。

5G仍然采用分组交换技术，语音业务不能退回到2G/3G的电路交换时代，5G如何利用分组网络架构提供语音业务呢？我们把利用5G网络提供语音业务的方案叫VoNR（Voice over New Radio，5G语音），也可以叫Vo5G（Voice over 5G，5G语音）。下面我们介绍VoNR的方案。

7.6.1 VoNR方案

3GPP的R8版本明确，4G提供语音、视频会话类业务是基于IMS控制的VoLTE架构。5G的第一个3GPP的R15版本中要求5G的无线基站（NR）支持语音、视频会话类业务，5G的核心网支持IMS域，R15不对IMS域进行架构上的改变。也就是说，在5G初期，承载语音（视频）会话类业务，仍沿用IMS域作为业务控制域；5G初期的核心网仍然分成PS和IMS两大领域，语音（视频）会话类业务实际上起主要作用的核心网是IMS域。

结合5G初期网络发展部署的节奏，5G语音（视频）会话类业务的部署方案可分为2个阶段，共5种方式。在3GPP R15中，5G无线侧（NR）有两种部署选择：NSA（Non-StandAlone，非独立组网）和SA（StandAlone，独立组网）。

NSA组网模式，考虑到尽量减少5G基站部署后对4G基站的影响，采用5G NR加EPC升级的架构支持eMBB业务。5G NR不独立部署，控制面锚定于eLTE。5G NR必须依靠eLTE提供控制信道，没有独立工作的5G核心网，如图7-65所示。NSA组网模式在5G部署初期可作为核心网和无线的过渡方案，满足运营商建设5G网络初期只需实现提升个人用户MBB带宽的经营模式。

在5G的NSA组网模式下，终端需支持4G+5G双连接，同时支持5G和4G无线接入网上的数据收发。5G NR支持大带宽（eMBB）业务，大带宽数据业务可通过5G NR发送，语音会话类业务需要在2G/3G网（① CSFB）上或4G网（② VoLTE）上承载。这里的两种情况，严格来说，不属于5G语音方案。

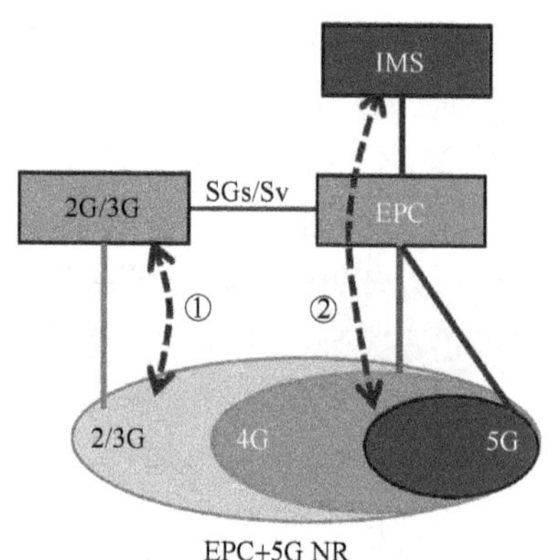

图7-65 NSA架构下语音视频会话类业务提供方案

① CSFB（CS Fallback，CS回落）：当4G网络不支持VoLTE（或终端未开通等）时，终端将回退到2G/3G网络上进行CS语音业务（视频业务不支持这种方式）。这时，4G的MME和2G/3G的MSC之间的SGs接口负责传递CSFB的相关信息。

② VoLTE（Voice Over LTE，LTE语音）：4G网络已支持VoLTE（且终端已开通），此时终端在4G网络上进行语音或视频会话类业务。这时，如果使用VoLTE业务的终端离开4G覆盖区域，进入只有2G/3G覆盖的区域，语音业务要进行基于eSRVCC的切换，4G MME和2G/3G的MSC之间的Sv接口负责传递eSRVCC（enhanced Single Radio Voice Call Continuity，增强的单一无线语音呼叫连续性）的相关信息。

在5G的SA组网模式下，5G NR独立组网，核心网是基于服务化架构的全新5GC网络。在这种组网条件下，语音（视频）会话类业务方案有如图7-66所示3种。

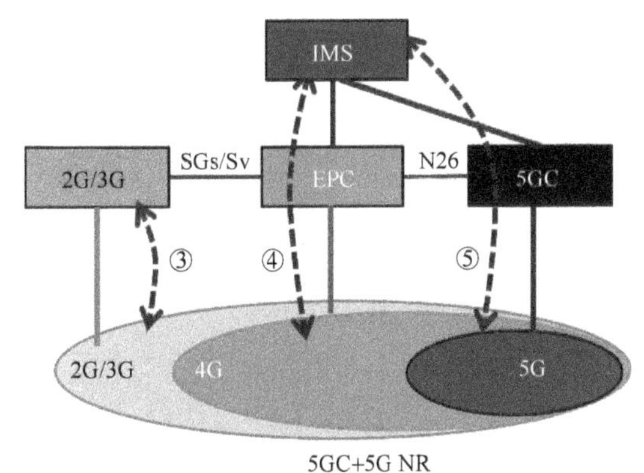

图 7-66　SA 组网模式下语音视频会话类业务提供方案

③ EPSFB（EPS FallBack，EPS 回退）+CSFB：5G 网络不支持 VoNR，4G 网络又不支持 VoLTE（或终端未开通等），在这种情况下，由于协议规定不支持从 5G 直接回退到 3G/2G，终端需要两次回退，最终回退到 2G/3G 网络上进行 CS 语音（视频业务不支持这种方式）。

④ EPSFB：5G 网络尚未支持 VoNR，而 4G 网络已支持 VoLTE（且终端已开通）。EPSFB 方案允许 5G 终端驻留在 5G NR 使用数据业务，回退到 4G 网络上进行语音业务（VoLTE）。当 5G 覆盖区域的终端发起语音呼叫时，NR 通过切换流程将终端切换到 LTE 上，通过 4G VoLTE 提供语音业务。5GC（EPS Fallback）语音方案和 EPC NSA（VoLTE）方案基本相同，呼叫建立时延相比传统 VoLTE 增加 400ms，用户基本无感知，语音连续性可保障。该方案是 5G 部署初期 NR 热点覆盖的语音过渡方案，要避免频繁切换引起的语音中断，影响用户感受。

⑤ VoNR：是通过 5G NR 承载语音的技术方案，要求 5G 网络已支持语音（VoNR），终端也支持 VoNR。在 5G 覆盖区域，语音（视频）会话类业务直接在 5G 网络下由 5G NR、5GC、IMS 完成。在 5G NR 的边界语音（视频）会话类业务切换到 LTE 网络上。

以上语音（视频）会话业务方案的对比如表 7-14 所示。从表中可以看出，语音（视频）会话类业务接通时延与网络覆盖质量、网络架构本身的时延、切换时延等有关。几种方案的呼叫建立时延从低到高依次为：

⑤ VoNR < ② VoLTE < ④ EPSFB< ① CSFB < ③ EPSFB+CSFB

语音（视频）会话类业务通话过程的质量与网络制式、编码方式、覆盖水平等有关，从高到低依次为

⑤VoNR > ② VoLTE = ④ EPSFB > ① CSFB = ③ EPSFB+CSFB

总而言之，VoNR 方案是在 5G SA 组网模式下，呼叫建立时延短，用户感受最好的目标语音方案。

表7-14　语音（视频）会话类方案比较

比较项	NSA		SA		
方案	CSFB	VoLTE	EPSFB+CSFB	EPSFB	VoNR
场景	4G网络不支持VoLTE、终端没开通VoLTE功能	4G网络已支持VoLTE，终端已开通VoLTE功能	5G网络不支持VoNR，4G网络又不支持VoLTE（或终端未开通等）	4G网络已支持VoLTE，终端已开通VoLTE功能	5G网络已支持VoNR，终端已开通VoNR功能
覆盖水平	2G/3G语音连续覆盖	4G语音连续覆盖	2/3G语音连续覆盖	4G语音连续覆盖，NR热点覆盖	NR语音连续覆盖
核心网+RAN架构	MSC+2G/3G基站	IMS+EPC+eNodeB	5GC+gNodeB IMS+EPC+eNodeB MSC+2G/3G基站	5GC+gNodeB IMS+EPC+eNodeB	IMS+5GC+gNodeB
语音连续性	语音在2G/3G网络连续	语音在4G网络连续，基于eSRVCC切换到2/3G	语音在2G/3G网络连续	语音在4G网络连续，基于eSRVCC切换到2G/3G	语音在5G网络连续，基于N26切换到4G
QoS保障	2G/3G水平	4G水平	2G/3G水平	4G水平，高清语音	由于4G水平，高清语音
呼叫建立时延	7s以上	空闲态：<3.5s； 连接态：<2.5s	7.5s以上	单注册支持N26的情况，呼叫建立时延比VoLTE多400ms	<2s

运营商选择哪个语音（视频）会话类业务的网络部署方案，和5G网络的组网模式、覆盖水平、终端的成熟度、用户行为有关。

运营商5G网络部署早期采用NSA组网，而且4G网络已支持VoLTE，然后逐步发展到SA组网。在这种情况下，主流方案选择路线是从5G初期VoLTE方案逐渐过渡到5G成熟期的VoNR（②→⑤）。5G初期热点覆盖，为减少5G和4G之间的话音切换，IMS简单软件升级配合5GC EPS Fallback提供VoLTE语音服务。随着5G覆盖逐步扩大，实现连续覆盖，可逐步采用VoNR提供5G语音。

运营商5G网络部署直接采用SA组网，且4G网络已支持VoLTE，那么5G语音（视频）会话类业务先使用EPSFB方案支撑，要逐步开通VoNR（④→⑤）。

但是，还有一种特殊情况，运营商5G网络部署NSA组网，且4G网络不支持VoLTE，最终逐步发展到SA组网。在这种情况下，运营商在5G网络部署初期，语音提供方案是CSFB，逐渐过渡到EPSFB+CSFB方案，随着5G SA组网方案逐步扩大，5G实现连续覆盖，最后完成VoNR的部署（①→③→⑤）。

7.6.2　IMS域的5G架构演进

IMS域刚开始用于固网VOBB（Voice Over BroadBand）、政企和家庭固话业务的承载。

到了 4G 时代，由于 IMS 成为 VoLTE 高清语音/视频通话业务的核心控制域，且在 IMS 的架构下，语音/视频质量（清晰度、保真度）和接续时延等用户感知大幅提升，IMS 在移动通信核心网的地位一下飙升到和 EPC 并列的位置。

IMS 域的网络架构，从 3GPP R5 开始，一直保持着以网元中心、僵化的“烟囱式”的网络架构：网元功能静态分配，网元间接口复杂，网络扩展以网元为粒度。新增业务部署，需要通过增加网元或扩展已有网元的功能来实现。

IMS 是实现固定和移动网络的融合，为用户提供丰富多彩的多媒体业务的必备条件。复杂的网元“烟囱式”IMS 架构，如图 7-67 所示，不可避免地导致 IMS 网络部署和新业务开发周期长。5G 时代将无法灵活、高效地满足用户及垂直行业“极度差异化”的多媒体通信需求。

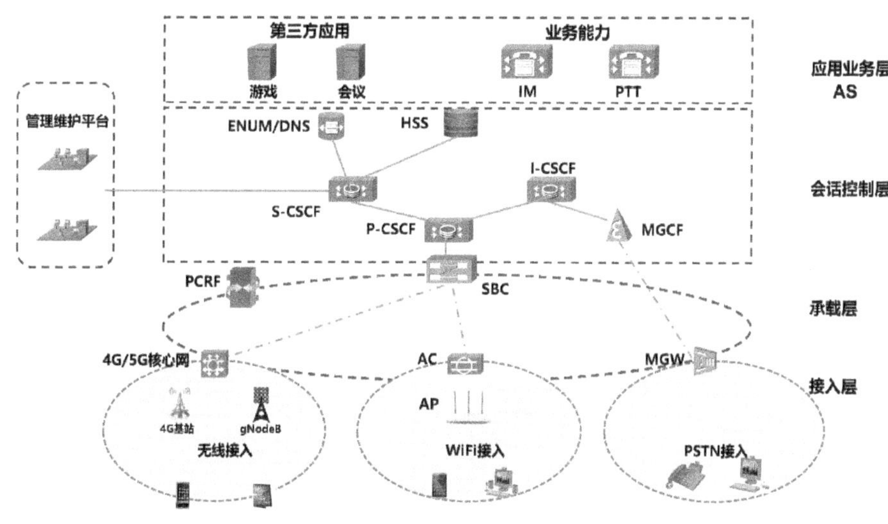

图 7-67　IMS 网络架构图

传统 IMS 网络架构可以分为接入层、承载层、会话控制层和应用业务层共 4 层。从 VoLTE 业务角度来看，接入层就是 4G/5G 的核心网部分，承载层就是 IP 专网，会话控制层包括了 IMS 的主要网元：SBC、CSCF（P-CSCF、S-CSCF、I-CSCF）、MGCF、HSS、ENUM/DNS 等。应用业务层第三方应用和 IMS 网络内部所具备的业务能力，在不同的应用服务器（Application Server，AS）上实现。

5G 网络完成基于 SDN/NFV +云化技术的架构变革。5G 提供的超带宽能力，也为迅速发展基于超高清视频为基础多媒体业务提供了可能，例如超高清视频会议、超高清视频实时共享等。多媒体通信向垂直行业的不断拓展，不可避免地会对现有 IMS 带来新的挑战。IMS 网络架构也要 SDN/NFV 化、云化，最终和 5G 核心网的架构彻底融合，演进路线如图 7-68 所示。

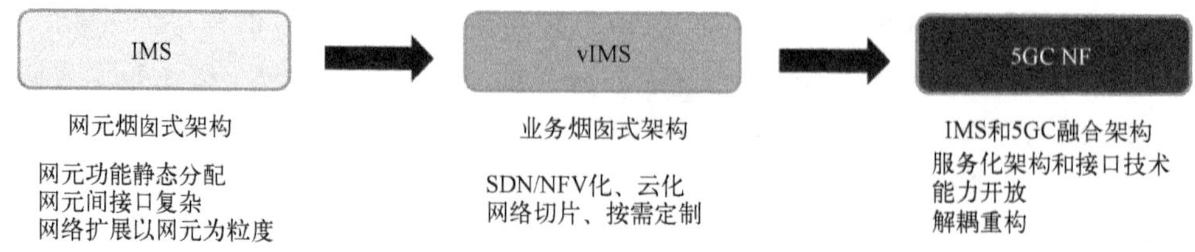

图 7-68　IMS 域 5G 架构演进

（1）IMS 的 NFV 化和云化

IMS 演进的方向是在现有 IMS 网络的基础上，基于 SDN/NFV 技术，进一步融入 IT 领域的创新成果，构建一张云化的 IMS 核心网。IMS 演进的目的是实现从“网元烟囱式”架构到“业务烟囱式”架构的网络功能（NF）的重构，实现“5G IMS 即服务”（IMSaaS）的多媒体通信创新平台。

在 IMS 演进的方向上，3GPP R16 版本更好地利用 5GC 的新特性，满足实时通信业务/垂直行业不断变化的新需求。IMS 的新特性包括 IMS NFV 化和云化、通过 IMS 网络切片实现业务和网络的按需定制、IMS 部分功能实现基于服务化的架构（SBA）和服务化接口（SBI）、利用 NEF 能力开放接口获取网路能力进行业务适配等，如图 7-69 所示。

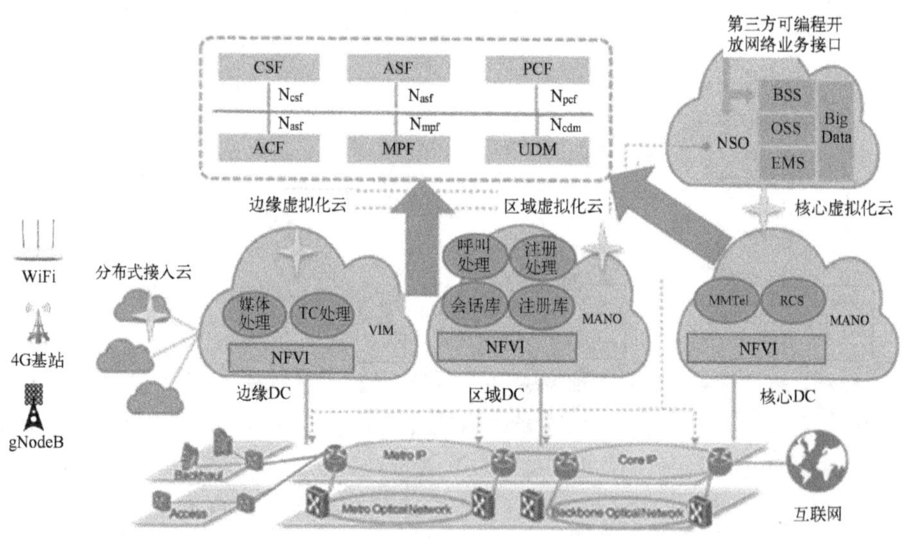

图 7-69　IMS 网络的 NFV 化和云化

这张 IMS 网络使用 NFV 技术实现软硬件解耦后，硬件即通用的基础设施，采用统一的基于 X86 的服务器，天然具备向虚拟化/云化方向演进的能力。通过软件升级，可以实现硬件资源池化、弹性伸缩等功能，可平滑演进为虚拟化/云化网络。IMS 就成为一个应用 APP，通过软件调试即可为用户提供服务。在 5G 网络发展的初期，传统 IMS 网络与虚拟化/云化 IMS 网络需支持异构混合组网。

IMS域在5G制式下也要和各行各业的实际应用场景结合，根据业务的不同指标要求，IMS的资源或功能可以分布在不同的位置。语音视频等媒体资源和TC（Transaction Capability，事务能力）处理功能可以放在边缘云，这样可以降低边缘云到区域云、核心云之间的带宽需求，同时可以降低用户IMS业务的时延；IMS域的呼叫处理功能、注册处理功能可以放在区域云中；MMTel（MultiMediaTelephony，多媒体电话业务）、RCS（Rich Communication Suit，富通信套件）等业务实时性要求不高，可以放在核心云中。

IMS功能分布位置的不同可以构成不同的基于5G的IMS网络切片，从而实现IMS业务和IMS网络的按需定制。IMS网络切片是基于底层公共云平台，满足特定场景需求的逻辑IMS网络。采用IMS切片，不仅可以为不同的虚拟运营商创建不同的IMS切片，还可以为不同的行业应用创建不同的IMS切片。对于类似大型运动赛事、极少数偶发或异常事件等具有特殊通信需求的场景，可以实时地动态创建和删除切片，极大地提升网络的资源利用效率。

（2）基于SBA的IMS和5GC融合

在IMS网络规划时，为了应对极少数偶发场景或发生概率很低的异常场景，通常采用“预留冗余资源”的方式，使得网络容量和处理能力足够大，但导致网络资源利用效率低、网络结构复杂。

基于SBA架构，借助IT领域“生产者/消费者”（Producers/Consumers）理念，各网络功能（NF）模块之间通过一条逻辑总线（SBI）互联，NF之间无强依赖关系，是松耦合的关系。这样网络结构清晰，网络资源利用效率可大幅提高。

在5G部署的初期，仍然区分IMS域和PS域，只不过在IMS域框架下进行虚拟化、服务化架构演进。

IMS的接入控制/呼叫状态/会话/媒体处理/用户数据/策略等功能包含在ACF、CSF、ASF、MPF、UDM、PCF等多个组件中，通过轻量级虚拟化技术，支持分布式部署，也可以实现集中化编排和运维，同时为最终与5G核心网的服务架构融合奠定基础。通过IMS提供的服务化接口，可以实现服务和基础设施共享。

DevOps为基于微服务的IMS网络切片提供了“闭环”式的自动设计、自动开发、自动部署、自动运维环境。这样IMS的网络切片，可以通过能力开放，深度介入到第三方业务，掌控移动互联网的核心价值链。

伴随着5G NFV化、云化技术、网络切片技术、服务化架构和接口技术、能力开放技术的不断创新和成熟，5G时代的语音视频业务将给用户带来更新的能力、更新的体验。

4G网元的功能通过解耦重构，形成5G NF的功能。比如，接入控制和会话控制解耦重构形成AMF和SMF，数据转发从相关网元解耦出来重构形成UPF、全网路由寻址统一的功能解耦出来重构形成NRF，鉴权功能解耦出来重构形成AUSF、用户数据管理控制和存储解耦出来重构形成UDM/UDR、业务和应用功能解耦出来，提供标准接口面向第三方开放形成 NEF、AF 等。现有 IMS 网络架构已经实现了控制、承载、业务三分离，这与 5GC 基于 SBA 架构的生产者/消费者的设计思路并行不悖。这也为 5GC 最终统一语音视频会话类业务和数据类业务的网络架构，不再细分 IMS 域和 PS 域奠定了基础。

基于云原生的 IMS 演进架构，基于虚拟化技术，具备微服务架构、支持 IMS 网络切片、支持 DevOps、支持能力开放，这就必然促进 IMS 网络和 5G 核心网（5GC）最终基于 SBA 架构实现完全融合。从技术角度来看，IMS 网元功能的软化、虚拟化，与 5G 核心网相应 NF 融合，不存在根本上无法解决的技术难题。但 IMS 网络和 5G 核心网的融合并不符合设备厂商的利益，设备厂商会从网络可靠、安全的角度或者就一些细节问题提出异议，这也无可厚非。

IMS 网元的逻辑功能结合不同应用场景，解耦重构后并入 5G 核心网已有的 NF，IMS 网元中不适合并入 5GC 已有 NF 的逻辑功能进行重组，抽象成模块化、可重用和自包含的组件，作为一种应用功能（AF）部署在网上。这种 AF 可以针对不同的行业特点，为用户提供灵活而开放的业务设计、开发、部署和运维的一体化环境。

IMS 系统的 SBC 网元是接入层与会话控制层之间的边界网关，类似于计算机网络里的路由器功能。它的功能主要有用户接入控制、业务代理鉴权和数据包的路由转发。SBC 网元是一个控制信令数据包和用户面媒体数据包都进行转发的网元。从 SBC 网元的具体功能来看，用户接入控制的功能可以解耦出来并入 5GC 的 AMF，业务代理鉴权功能并入 5GC 的 AUSF，业务路由控制功能并入 5GC 的 SMF，用户面数据包转发功能可以并入 UPF，如图 7-70 所示。

会话控制层，主要有 CSCF、ENUM/DNS、HSS、MGCF 等网元。在 3GPP 协议中，CSCF 又分为三个逻辑功能网元：P-CSCF、I-CSCF 和 S-CSCF。CSCF 融入 5GC NF 的对应关系如图 7-71 所示。

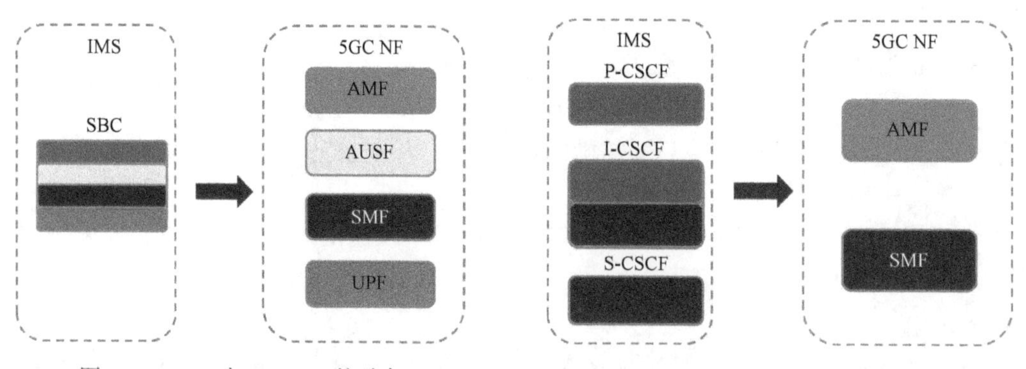

图 7-70　SBC 与 5GC NF 的融合

图 7-71　CSCF 与 5GC NF 的融合

P-CSCF 网元用于业务的接入控制，是 IMS 核心控制层的入口，是一个纯信令控制面网元。现网从安全角度考虑，为了跨网络层对接，设置了边界网关 SBC。在固网业务网内，P-CSCF 是独立设置的，与边界网关 SBC 采用星形拓扑连接，目的就是对不同业务区域的用户接入进行统一集中管理。在 VoLTE 业务网内，P-CSCF 与 SBC 合设为一个网元。P-CSCF 的接入控制功能可以并入 5GC 的 AMF。

I-CSCF 网元是用户归属域的入口，用于跨 IMS 核心控制层互通，本质上也是一种接入和会话控制类网元。I-CSCF 网元具有拓扑隐藏的功能，从其他 IMS 核心控制层来的业务请求消息只能找本端的 I-CSCF，本端核心网的其他网元对外来的业务请求消息是不可见的。从网元功能的角度来看，I-CSCF 网元的接入功能可以并入 5GC 的 AMF，会话控制功能可以并入 5GC 的 SMF。

S-CSCF 网元主要用于信令的路由控制和业务逻辑的触发，从这点来看，是个典型的会话控制类网元。所以，S-CSCF 网元可以并入 5GC 的 SMF 上，即 5GC 的 SMF 不仅继承 EPC-C 面功能，同样也要集成 IMS-C 的会话控制功能。5GC 的 SMF 只能处理 PS 业务流程，为了集成 IMS-C 的会话控制功能，需要在 SMF 的内部业务处理逻辑单元中增加 SIP 信令处理单元、Diameter 信令处理单元、HTTP 信令处理单元。这样，在 SMF 上就可以实现 S-CSCF 的功能。

ENUM/DNS（简写 ENS）从名字上就知道它是由 ENUM 和 DNS 两个逻辑网元组成。

ENUM（E. 164 Number and DNS 、E. 164 号码和域名系统）定义了将 E. 164 号码转换为域名形式放在 DNS（Domain Name System，域名系统）服务器数据库中的方法。每个由 E. 164 号码转换而成的域名可以对应一系列的统一资源标识，从而使国际统一的 E. 164 电话号码成为可以在互联网中使用的网络地址资源。ENUM 可以利用电话号码来查找注册人（Registrant）的电子邮件、IP 电话号码、统一消息、IP 传真或个人网页等多种信息。

DNS 系统是互联网的重要基础，可以实现域名到 IP 地址的转换。用户的电话号码通过 ENUM 转换成域名，再通过 DNS 转换成 IP 地址，如图 7-72 所示。ENUM 将两者结合起来，有益于传统电信服务向基于 IP 包交换的方向发展，对促进两网最终融合具有重要意义。

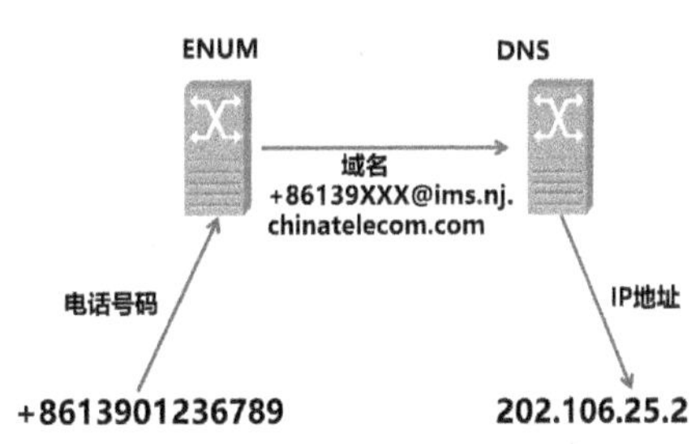

图 7-72　通过两次查询完成电话号码到 IP 地址的映射

ENUM/DNS 在 IMS 域内用于全网的路由寻址，但是不做路由转发，而是将寻址到的被叫用户归属域入口地址（对端的 I-CSCF 地址）发给本端的 S-CSCF，由本端的 S-CSCF 负责路由转发，实现业务从主叫端到被叫端的 E2E 接续。由于 IMS 网络主要用于会话类语音业务，这就涉及电话号码的翻译问题。在 2G/3G 时代，用户拨打电话，是通过纯号码分析功能完成全网路由寻址的；在 VoLTE 时代，由于语言业务承载在 IP 上，就涉及将电话号码翻译成 IP 地址的需求。这就是 ENUM/DNS 网元的功能职责。

从ENUM/DNS的网元功能来看，它与5GC的NRF功能相似，但是NRF没有用户数据存储的功能，这就需要UDM/UDR一起来帮忙了。也就是说，ENUM/DNS全网路由寻址的网元功能并入NRF，用户数据存储的功能并入UDM/UDR，如图7-73所示。

HSS网元，又名“用户数据中心”，用于用户签约数据的存储，用户接入的合法性鉴权/授权等功能。5GC的UDM/UDR功能与HSS类似，也用于用户签约数据的存储，但它没有用户接入的合法性鉴权/授权功能。HSS网元的用户签约数据存储功能可以并入5GC的UDM/UDR上，而鉴权/授权功能可以并入5GC的AUSF，如图7-74所示。两个NF可以通过SBI交互消息。

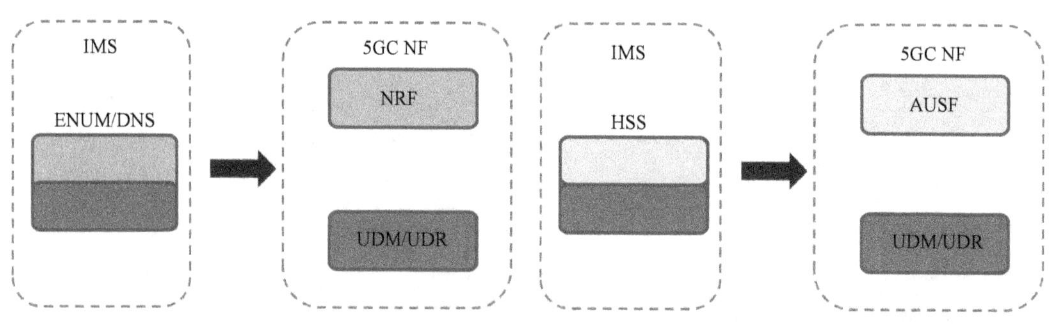

图7-73　ENUM/DNS与5GC NF的融合　　　图7-74　HSS与5GC NF的融合

媒体网关控制功能（MGCF）是使IMS用户和CS用户之间可以进行通信的网关。IMS和CS网络的上层应用协议不同，IMS是SIP信令，CS是BICC（Bearer Independent Call Control，承载无关呼叫控制）/ISDN协议。如果两个网络的用户需要进行相互通信，那么必须要有一个中间人，即把IMS网络中的SIP信令转化为BICC/ISUP信令传输到CS网络中，或者将BICC/ISUP信令转化为SIP信令，信令之间的互相转换就通过MGCF完成。所有来自CS用户的呼叫控制信令都指向MGCF，MGCF完成协议转换，将会话转发给IMS。从网元功能上看，MGCF有接入控制、会话控制、数据转发的功能，可以分别并入5GC的AMF、SMF和UPF中，如图7-75所示。

应用业务层主要是各类业务服务器、应用服务器。这些业务和应用服务器通过标准接口与会话控制层对接，只用于业务逻辑的生成和下发，并不涉及业务路由的控制，所以它们与会话控制层是一种解耦关系。也就是说，任何第三方应用和业务厂家只要按照统一接口标准开发自己的产品，就可以与会话控制层完成对接，实现特色业务的提供。在5GC的网络架构下，应用业务层可以并入AF，其中的能力开放，还可以拉着NEF一起来完成，如图7-76所示。

综上所述，我们通过对IMS网络主要网元功能进行解析，指出了IMS网元功能与5GC NF功能合二为一，最终完成基于SBA架构融合的必然趋势。

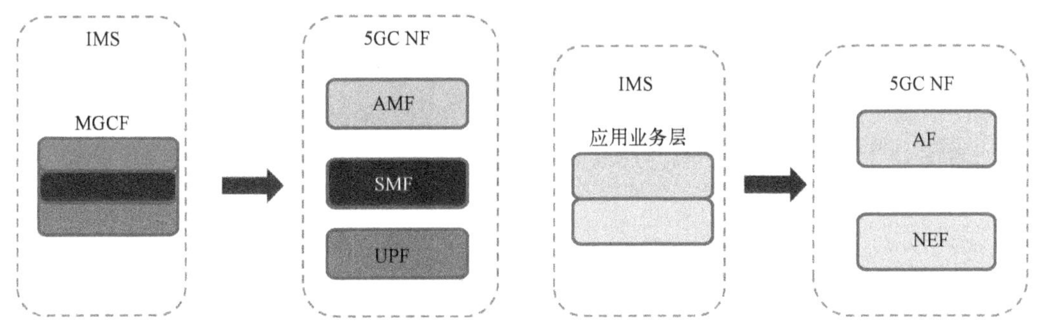

图 7-75 MGCF 与 5GC NF 的融合

图 7-76 应用业务层与 5GC NF 的融合

7.6.3 VoLTE 和 VoNR 业务承载建立

用户在 LTE 网络里开机，打 VoLTE 语音（Voice）电话或者视频（Video）电话，需要建立有 QoS 保障的端到端承载，如表 7-15 所示。

表 7-15 VoLTE 用户在 4G 开机业务承载建立

建立的 Bearer 顺序	APN	PDN 类型	UE 被分配几个 IP	EBI	对应的 E-RAB	对应的 DRB	对应的 S1-U 隧道	对应的 S5-U 隧道	Bearer 类型	是否为 GBR 承载	承载业务举例	QCI
第 1 个	internet	双栈	1 个 IPv4 私有地址 +1 个 IPv6 公有地址	5	E-RAB1	DRB1	S1-U 隧道 1	S5-U 隧道 1	缺省承载	Non-GBR	微信、爱奇艺等	8 或 9
第 2 个	IMS	IPv6	1 个 IPv6 公有地址	6	E-RAB2	DRB2	S1-U 隧道 2	S5-U 隧道 2	缺省承载	Non-GBR	SIP 信令如 INVITE	5
第 3 个				7	E-RAB3	DRB3	S1-U 隧道 3	S5-U 隧道 3	专有承载	GBR	VoLTE 音频	1
第 4 个				8	E-RAB4	DRB4	S1-U 隧道 4	S5-U 隧道 4	专有承载	GBR	VoLTE 视频	2

首先，用户在 LTE 网络注册时，需要建立一个数据业务的 QCI 为 8 或 9 的默认承载（AM DRB），这是 VoLTE 业务进行之前需要建立的第一个承载。

接下来，用户要使用 VoLTE 语音和视频，一定要借助 SIP（Session Initiation Protocol，会话触发协议）信令进行会话交互控制。使用 VoLTE 业务要建立的第 2 个承载就是 QCI=5 的默认承载，用以支持用户完成 IMS 注册、支持 SIP 信令承载及短信、彩信传输。这是一个没有比特速率保证的业务承载，但其优先级是最高的。

VoLTE 语音业务建立的第 3 个承载就是 QCI=1 的专用承载。如果是 VoLTE 视频业务，还需要建立第 4 个承载：QCI=2 的专用承载。QCI=1 的语音业务或 QCI=2 视频业务是有比特速率保证的业务承载。QCI=5 的 SIP 信令承载建立一定是先于 QCI=1、QCI=2 的承载。

每个EPS承载有两种模式：非确认模式（UM）和确认模式（AM）。如果承载是确认模式（AM），接收侧需要反馈接收是否成功（ACK/NACK）。语音业务和视频业务对时延很敏感，对丢包相对不敏感。所以，QCI=1的语音业务和QCI=2的视频业务，选择UM模式。对于QCI=5的IMS信令，对于准确性要求很高，所以要求配置为AM模式。QCI9和QCI5资源类型为non-GBR，即不保证比特速率，使用TCP传输，支持重传。QCI1和QCI2资源类型为GBR，即保证比特速率，使用UDP传输，不支持重传。

一般情况下：QCI为8或9、5、1、2分别对应相应的EBI（E-RAB Bearer Identity，E-RAB承载标识）为5、6、7、8。

用户在5GNR+5GC+IMS的网络（5GC和IMS未融合）里开机，打VoNR语音（Voice）电话或者视频（Video）电话，需要建立2个PDU会话，包含4个QoS Flow，如表7-16所示。

表7-16　VoNR用户在5G开机业务承载建立

建立的Qos Flow顺序	DN	DN类型	UE被分配几个IP	PDU SessionID	承载的QFI	对应的DRB	对应的N3隧道	Qos Flow类型	是否为GBR Qos Flow	承载业务举例	5QI举例
第1个	internet	双栈	1个IPv4私有地址+1个IPv6公有地址	1	1	由gNB决定DRB数量<=QFI数量	N3隧道1	缺省Qos Flow	Non-GBR	微信、爱奇艺等	8或9
第2个	IMS	IPv6	1个IPv6公有地址	2	2		N3隧道2	缺省Qos Flow	Non-GBR	SIP信令如INVITE	5
第3个					3			非缺省QosFlow	GBR	VoNR音频	1
第4个					4			非缺省QosFlow	GBR	VoNR视频	2

第1个PDU会话包含1个5QI为8或9的缺省QoS Flow（AM DRB），VoNR业务进行之前需要建立的第一个QoS Flow，对应一个N3隧道，用于支持数据业务访问Internet。

接下来，用户要使用VoNR语音和视频，需要和IMS域交互，要建立第2个PDU会话，对应一个N3隧道，包含3个QoS Flow。VoNR业务要建立的第2个QoS Flow就是5QI=5的缺省QoS Flow，用以支持用户完成IMS注册、支持SIP信令承载及短信、彩信传输。这也是一个没有比特速率保证的业务承载，但其优先级是最高的。

VoNR语音业务建立的第3个QoS Flow就是5QI=1的非缺省QoS Flow。如果是VoNR视频业务，还需要建立第4个QoS Flow，5QI=2的非缺省QoS Flow。5QI=1的语音业务或5QI=2视频业务是有比特速率保证的业务数据流。5QI=5的SIP信令数据流的建立一定是先于5QI=1、5QI=2的QoS Flow。5QI=1的语音业务和5QI=2的视频业务，选择UM模式。对于5QI=5的IMS信令，对于准确性要求很高，所以要求配置为AM模式。

一般情况下：5QI为8或9、5、1、2分别对应相应的QFI为1、2、3、4。

第 8 章　5G 承载网架构

本章我们将掌握：

(1) 5G 承载网面临着大带宽、低时延高可靠、高精度同步、网络切片、敏捷网络等需求。

(2) 5G 承载网的前传、中传和回传。

(3) 5G 承载网的分层关键技术。

《5G 承载网》

五代承载大带宽，

前传之后中回传。

高精同步无时延，

敏捷灵活有切片。

在了解承载网之前，我们先了解一下早期通信网的一个常见概念：TDM。TDM 是在时间上将信道划分为不同的时隙，在不同的时隙上发送不同的脉冲信号，从而实现时域上多路信号的复用。举例来说，承载网中的 TDM 信号，就是将一个标准时长（1 s）分成若干段小的时间段（8000），每一个小时间段（1/8000 = 125 μs）传输一路信号。

2G/3G 时期承载网，常见的 SDH 系统就是以 TDM 为基础的电路调度。所以从当时专业人士的视角来看，SDH 业务就是 TDM 业务。就在 SDH 在移动通信承载网大行其道的时候，以 IP 数据包为基础的以太网技术和以信元分组交换复用为基础的 ATM（Asynchronous Transfer Mode，异步传输模式）技术在发展过程中产生了碰撞，导致了不同商业利益的厂家激烈的征战，都想在承载网的下一步发展过程中主导局面。

在 IP 和 ATM 的战争中，IP 取得全面胜利，移动通信制式 IP 化的趋势就此明朗。接入侧、业务侧都宣称自己要 IP 化，承载网当然也不能落后。可是 SDH 正当红，运营商要保护已有投资，询问专家们能否考虑一下现实情况？于是，IP 网和现网的 SDH 和 ATM 合作，汲取各方优点，形成一个新的技术 MSTP，如图 8-1 所示。

MSTP = SDH + IP + ATM

图 8-1　MSTP 技术的来源

MSTP 技术的主体还是 SDH，内核还是 TDM。因此，MSTP 在继承了 SDH 优点的同时，也保留了 TDM 的一切劣势，如刚性管道。在此基础上，MSTP 为了进一步融合 IP 的优点，推出了MSTP+技术。MSTP+可以看作是SDH向以太网IP方向的妥协方案。

一个道路一个时段只能通过一个小汽车，且每个汽车限5位乘客。只有3个乘客通过这个道路，也需要一辆车；有6位乘客，就得分2次来运送。这就类似于刚性管道。刚性管道的利用率不高。

由于业务的发展，需要运送的客人越来越多，需要的车辆也越来越多。传统的道路越来越拥堵，需要新建高速公路，在高速公路上划分出不同限速的车道，以提高通行效率，同时装有摄像头进行交通监控，如图8-2所示。

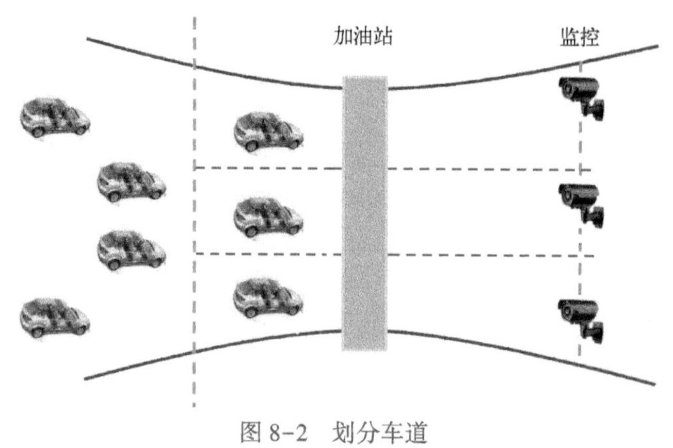

图8-2　划分车道

WDM就是将多个比特数据的信号（车辆）在同一个光纤（高速公路）的多个不同波长的波道（车道）进行传送。波道间隔为20 nm的，为稀疏波分，又称粗波分（Coarse Wavelength Division Multilexer，CWDM）。波道间隔≤0.8 nm的称为密集波分（Dense Wavelength Division Multiplexing，DWDM）。

WDM技术不仅在城市承载网中使用（城域波分），还在跨市跨省骨干网上使用（长途波分）。为了延长光信号的传送距离，需要在光纤传送通路上增加光放站OLA（Optical Line Amplifier，光线路放大器），类似于高速公路旁设置的加油站和服务区。

但是人们数据传送需求量还是在不断增加，波道数也由刚开始的16或32，扩充到40、80、160，而且还在不断增加。波道增加后，WDM技术的维护管理水平表现越来越不行。WDM的初衷就是为了解决传输带宽不足的问题，没有考虑到带宽提高后出现的管理问题；而且WDM的调度不够灵活，全程波道数目必须一致，不能适应不同路段业务量的不同情况。例如，从北京经郑州到西安的高速公路全部是三车道，车道数目不能更改，这显然不合理。

SDH看到WDM缺乏维护管理能力，且调度不够灵活，就开始“嘲笑”WDM。但WDM也有自信：我的容量比你大啊。WDM也想通过增加OAM（Operation Administration and Maintenance，操作维护管理）开销来增加业务调度能力（包括光层调度和电层调度），于是SDH伸来了橄榄枝，两个技术门派握手言欢，优势互补后一个新的承载网技术——OTN诞生了，如图8-3所示。

OTN 技术在 SDH 技术的基础上，统一了运货车辆（传输数据块）的大小、规格和容量，兼容异厂家的不同传输模式，通过提高发车（数据块）频率大幅提高了容量。

以 IP 为基础的以太网一直想拓展自己在移动通信网的势力范围，可 MSTP 技术中 SDH 比重也太大了。与此同时，ATM 也自觉有高深的内功却无人赏识。于是二个昔日的对手，优势互补，共同发布了一个新的传送模式 MPLS（Multiprotocol Label Switching，多协议标签交换），如图 8-4 所示。MPLS 在操作管理方面进行了增强，又对 IP 进行了优化，形成了 MPLS-TP 协议。

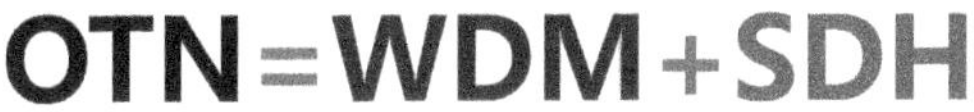

OTN=WDM+SDH

图 8-3　OTN 技术

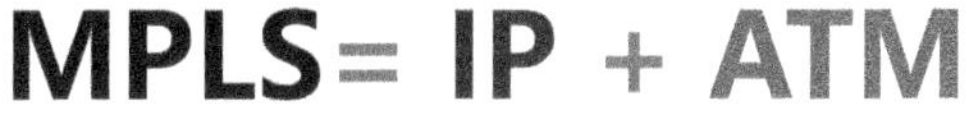

MPLS= IP + ATM

图 8-4　MPLS 技术

随着货物运送需求越来越多，IP 也想脱离 MSTP 的发展轨道，成立自己的技术门派，不想再受制于 SDH 了。这时，有两个发展道路。一种观点认为 IP 自己成立的技术门派在无线侧使用，纯粹的以太网服务，不让 SDH 的客户（TDM 业务）上车，如果一定要进来，必须改头换面（重新封装），而且不给时间同步的服务。这个技术门派名叫 IP-RAN（IP Radio Access Network，IP 无线接入网）。

另外一种观点认为 IP 应该吸收一些 SDH 的客户，SDH 经营了这么多年，还有很多 TDM 业务需求，有很多它的客户。当然，SDH 客户在 IP 上承载，也需要改头换面（重新封装），出了 IP 网后再还原成自己原来的模样。这个门派叫 PTN。

由于各技术门派经常互相交流学习，IP-RAN 技术和 PTN 技术的差别也越来越小了。IP-RAN 的优势是三层无连接服务，PTN 技术也可以实现了；PTN 技术为了传输 SDH 的 TDM 业务，专门开发了时钟同步系统（称作 1588 系统），IP-RAN 现在也学了过来。总之，IP-RAN 技术和 PTN 技术逐渐趋同。

承载网的技术发展脉络如图 8-5 所示。后续我们主要以 OTN 和 IP-RAN 为基础介绍 5G 承载网。

SDH
IP
ATM
RAN
WDM
MSTP
MPLS
IPRAN
PTN
OTN
MSTP+
MPLS-TP

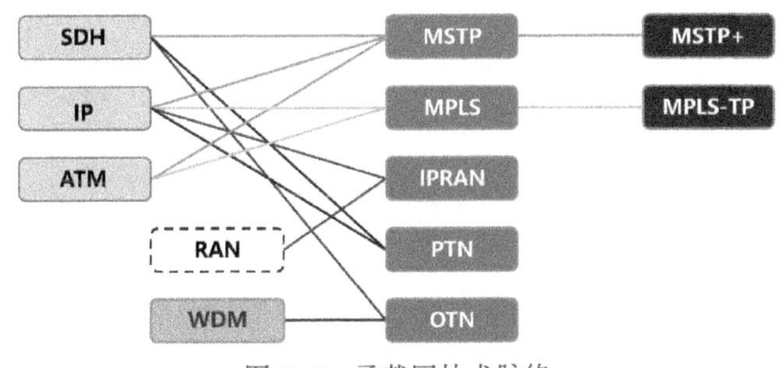

图 8-5　承载网技术脉络

8.1　5G 承载网需求

我们前面介绍了 5G 三类典型的应用场景：增强型移动宽带（eMBB）、大规模机器类通信（mMTC）、超可靠低时延通信（uRLLC），分别用来描述爆炸性的移动数据流量增长、万物互联的超大规模连接，以及自动驾驶、工业自动化等场景。5G要想在各垂直行业大放异彩，不仅对无线网、核心网的架构变革、业务特性提升提出了要求，而且对现有基础承载网络提出了新的更严格的要求。承载网的现有技术指标、网络架构及功能都无法完全满足5G三大应用场景。5G承载网的技术发展和组网演进面临着以下挑战。

1）超高清视频、虚拟现实（VR）/增强现实（AR）、高速移动上网等大流量移动宽带应用，需要大幅增强移动端到端带宽，单用户无线接入带宽需要达到固网宽带的量级，接入速率增长上百倍，承载网的发展面临着大带宽需求的挑战。

2）以传感器数据采集为目标的物联网应用场景，具有小数据包、海量连接、更多基站间协作等特点，连接数将从亿级向千亿级跳跃式增长，承载网的发展面临着多连接通道、高精度时钟同步、低成本、低功耗、易部署及运维等要求的挑战。

3）面向自动驾驶、工业自动化、远程医疗等垂直行业应用，要求5G网络具备超低时延和高可靠等处理能力。当前承载网的网络架构在时延保证方面存在不足，承载网技术需要在网络切片、灵活组网、低时延网络等方向有所突破，这就给承载网的芯片、硬件、软件、解决方案的发展带来很大的挑战。

为了应对5G各行各业、各种应用场景的挑战，5G承载网在大流量应对、多业务接入、组网架构、关键技术等方面必须有所突破。5G时代，移动通信网络的指标相比4G提升了十几倍到上百倍，只靠无线空中接口部分和核心网的技术变革是办不到的，还对5G承载网提出了的发展演进需求。

5G峰值带宽和用户体验带宽比4G提升数十倍甚至上百倍；远程医疗、自动驾驶等新型业务对承载提出毫秒级超低时延及高可靠性的需求；5G TDD制式为了避免上下行时隙的干扰，为了进行多站点协同和载波聚合，对时间同步有严格的要求；垂直行业的多元化需求，多种对时延、带宽、连接数、可靠性等诉求各不相同的业务接入需求要求5G网络架构支持网络切片，而只依靠核心网或无线网不能实现端到端的网络切片，5G承载网必须支持网络切片来提供差异化的传输；5G系统以SDN作为基础技术，实现控制面和转发面分离，使整个网络更加智能、高效、开放和敏捷，作为端到端网络的一部分，承载网也必须是敏捷网络，实现传输资源按需适配、网络的灵活部署，提升业务运维效率。

图8-6　5G承载网需求

总体来说，5G承载网的重要需求有如图8-6所示的5点。

8.1.1　大带宽

一个管道的流量能力取决于管道最细的地方。承载网是 5G 端到端管道中最重要的一环。毫无疑问，带宽是 5G 承载网最基础和最重要的技术指标。5G 承载网常常是端到端管道的瓶颈。5G 的空口速率提升了几十倍，承载网的带宽需求相应也要大幅提升。在 5G 部署期间，eMBB 是首先要实现的应用场景。这个时候，带宽是承载网的第一需求。5G 时代，承载网设备数量大，Mesh 组网拓扑结构复杂，要求 5G 系统的承载网必须具有大带宽、大容量、多接口能力。

从单站的规划带宽来看，4G 不同站型的单站点带宽需求参考表 8-1。对于 S222 的站型来说，单站均值传输带宽需求为 200 Mbit/s，单站峰值传输带宽需求为 650 Mbit/s。

表 8-1　4G 承载网单站带宽规划参考数据（仅供参考）

站型	S111	S222	室分站
单站均值带宽/(Mbit/s)	80	200	80
单站峰值带宽/(Mbit/s)	320	650	180

5G 单站均值和峰值的传输带宽需求峰值相比 4G，有十多倍到几十倍的提升，如表 8-2 所示，对承载网的接入层设备带来巨大挑战。这里，一个站点 3 个小区，配置为 64T64R，单站传输带宽需求的均值是 3 个小区均值速率之和；单站峰值带宽需求可以考虑 1 个小区的峰值速率和 2 个小区的均值速率，如下式：

$$单站峰值=单小区峰值+单小区均值\times(N-1)$$

表 8-2　5G 承载网单站带宽规划参考数据（仅供参考）

	5G 低频（Sub 6G）		5G 毫米波（6G 以上）
频谱资源	3.4~3.5 Gbit/s，100 MHz 频宽		28 Gbit/s 以上频谱，800 MHz 带宽
基站配置	3 Cells，64T64R	3 Cells，16T16R	3 Cells，4T4R
小区峰值	6 Gbit/s	5 Gbit/s	9.0 Gbit/s
小区均值	1.5 Gbit/s	500 Mbit/s	3.0 Gbit/s
单站峰值	单站峰值=单小区峰值+单小区均值×(N-1)		
	6 Gbit/s+(3-1)×1.5 Gbit/s=9 Gbit/s	5 Gbit/s+(3-1)×0.5 Gbit/s=6 Gbit/s	9.0 Gbit/s+(3-1)×3 Gbit/s=15 Gbit/s
单站均值	单站均值=单小区均值×N		
	1.5 Gbit/s×3=4.5 Gbit/s	0.5 Gbit/s×3=1.5 Gbit/s	3 Gbit/s×3=9 Gbit/s

我们已经知道单站均值和峰值的传输带宽需求，需要计算的是承载网接入环、汇聚环和核心环的带宽需求，如图 8-7 所示。

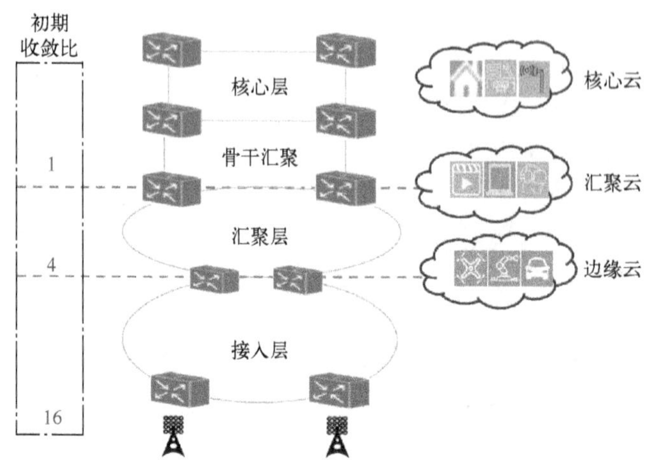

图8-7　5G承载网带宽规划模型

由于4G的数据业务在核心层终结，所以在4G网中，从接入环到汇聚环，再到核心环的南北向流量比重相当大，接入环到汇聚环的流量收敛的程度不大，收敛比可按4∶3计算；但是到了5G，存在比较大比例的东西向（Xn口）流量，南北向流量的比重（80%）下降很多。而且不同的应用，根据指标需求不同，可以分别终结在接入层、汇聚层和核心层，所以接入环到汇聚环的流量收敛的程度较大，在5G建网初期收敛比可按4∶1计算，如表8-3所示，4G网络以S222站型为例，5G网络以3 Cells 64T64R站型为例。

表8-3　从接入层到汇聚层带宽规划参数（仅供参考）

	4G承载网	5G承载网
每站最大速率，平均速率	650 Mbit/s，200 Mbit/s	9 Gbit/s，4.5 Gbit/s
S1或Ng业务占比	97%	80%
业务在核心层终结	业务在核心层终结	业务分层终结
接入汇聚收敛比	4∶3	4∶1

同理，4G承载网从汇聚层到核心层的流量收敛比可以设为4∶3，而5G承载网汇聚层到核心层的流量收敛比在5G建网初期也可达4∶1。

5G承载网接入环、汇聚环和核心环的带宽规划与站型、站密度和每个层级的承载网环汇聚节点数目和流量规模有关，存在较大的不确定性。5G承载网的结构要能够支持根据业务传输需求的不同，环路容量可以平滑扩展。

5G承载网带宽需求计算的思路如图8-8所示。

我们以表8-4所示的承载网带宽规划参数为例，来计算接入环、汇聚环和核心环的传输带宽需求。

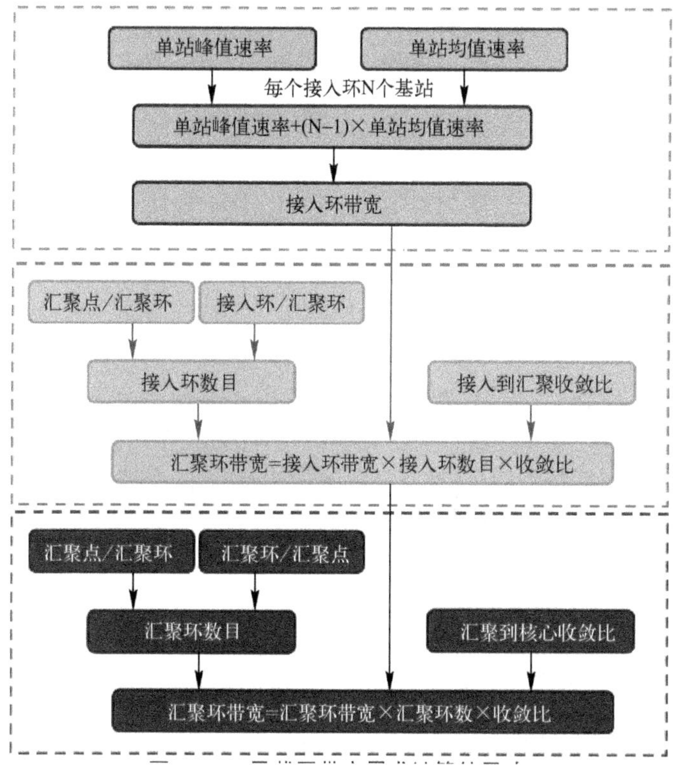

图 8-8　5G 承载网带宽需求计算的思路

表 8-4　5G 承载网接入环、汇聚环、核心环带宽规划参数（仅供参考）

	规 划 参 数	计 算 公 式
接入环	接入环 4 个节点，平均每个接入节点接入 2 个 5G 基站	接入环带宽 = 单站均值×(N−1)+单站峰值
汇聚环	每个汇聚环有 6 个汇聚节点；每对汇聚点下挂 4 个接入环，收敛比 4:1	汇聚环带宽 = 接入环带宽×接入环数目×收敛比
核心环	每个核心环 1 个汇聚点，下挂 6 个汇聚环；收敛比 4:1	骨干汇聚点下行方向端口需求 8×400 Gbit/s 骨干汇聚点上行方向带宽 = 汇聚环带宽×汇聚环数×收敛比

接入环带宽 = 单站均值×(N−1)+单站峰值 = 4.5 Gbit/s×(4×2−1)+9 Gbit/s = 40.5 Gbit/s

汇聚环带宽 = 接入环带宽×接入环数目×收敛比 = 40.5 Gbit/s×6×4×0.25 = 243 Gbit/s

核心环上行带宽 = 汇聚环带宽×汇聚环数×收敛比 = 243 Gbit/s×6×0.25 = 364.5 Gbit/s

我们知道，4G 时代，承载网接入环 50% 左右都是 GE 接入，随着流量增长正在向 10GE 环发展。5G 时代，根据前面的计算，考虑一定的冗余，接入环带宽应该 50GE 左右，并能够支持到 100GE 的演进。显然，4G 现网的承载网接入环带宽，无法满足 5G 建网对承载网带宽的需求。汇聚环的传输带宽需求的量级在 200～300 Gbit/s 左右、核心层的传输带宽需求的量级在300 Gbit/s以上，因此汇聚层和核心网传输带宽需求在考虑三大场景应用的需求，并满足一定冗余的情况下，可以用M×200/400 Gbit/s（M为整数倍）来表示。

8.1.2 低时延高可靠性

我们知道，车联网自动驾驶、工业自动化等垂直应用，对网络的时延和可靠性要求苛刻。5G实现毫秒级的端到端时延，6个9级别（99.9999%）的端到端可靠性要求，承载网作为端到端的一部分，也要分摊一部分时延和可靠性指标的压力。

超低时延要求是5G业务相对于4G的一个重要变化。5G应用在本地DC上终结的时延最短，而在远端核心DC上终结的时延较长，如图8-9所示。承载网对时延的影响主要有两个方面：光纤传输时延和承载节点的处理时延。1 km光纤传输时延大约是5 μs，每个承载节点的处理时延大约是20~50 μs。但也不能因为降低时延，提升用户体验，将所有业务都终结在本地，这是因为由于本地部署MEC、UPF，部署规模会指数级增长，导致成本攀升；可是如果把应用平台和核心网UPF统一部署在远端核心云上，总成本会降低，但时延会增加，用户体验会降低。

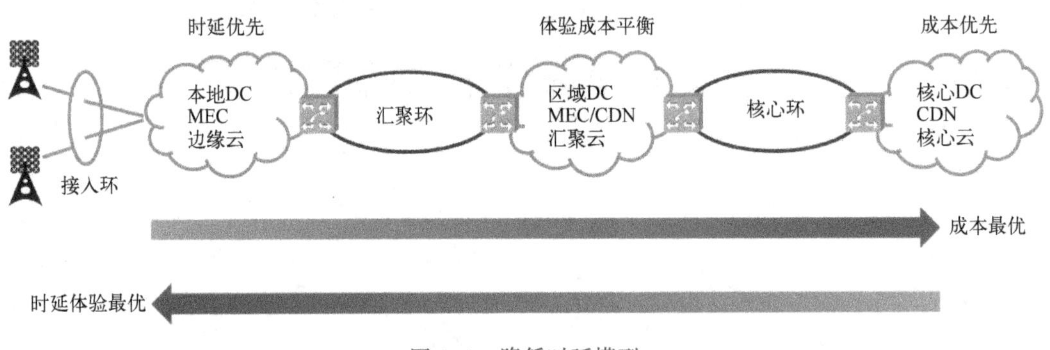

图8-9 降低时延模型

我们知道，eMBB业务要求端到端时延要求10~20 ms，端到端时延构成如图8-10所示：

$$(T0+T1+T2+T3+T4+T5+T6)\times 2+T7<20\,\text{ms}$$

其中，承载网时延需求为$(T1+T3+T5)\times 2+T7<14.4\,\text{ms}$（参考值），eMBB场景承载网单向时延需求为$T1+T3+T5<6.2\,\text{ms}$（参考值）。

uRLLC业务要求端到端时延严格到5~1 ms，相对当前的4G业务有一个数量级的提升。uRLLC端到端时延构成如图8-11所示：

$$(T0+T1+T2+T5+T6)\times 2+T7<5\,\text{ms}$$

其中，承载网时延需求为$(T1+T5)\times 2+T7<3.2\,\text{ms}$（参考值），uRLLC场景承载网单向时延需求为$T1+T5<1.1\,\text{ms}$（参考值）。

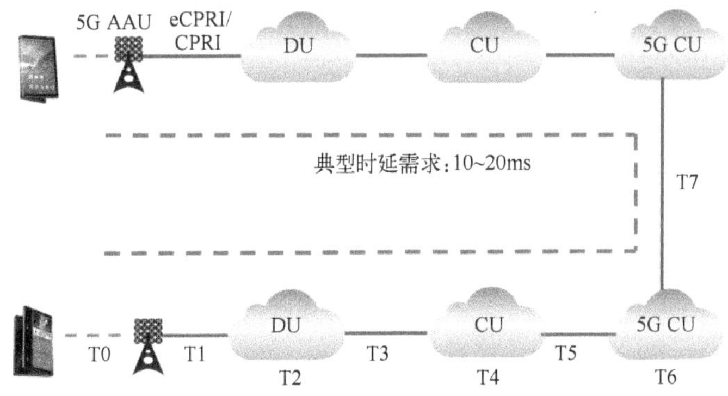

图 8-10 eMBB 时延预算模型

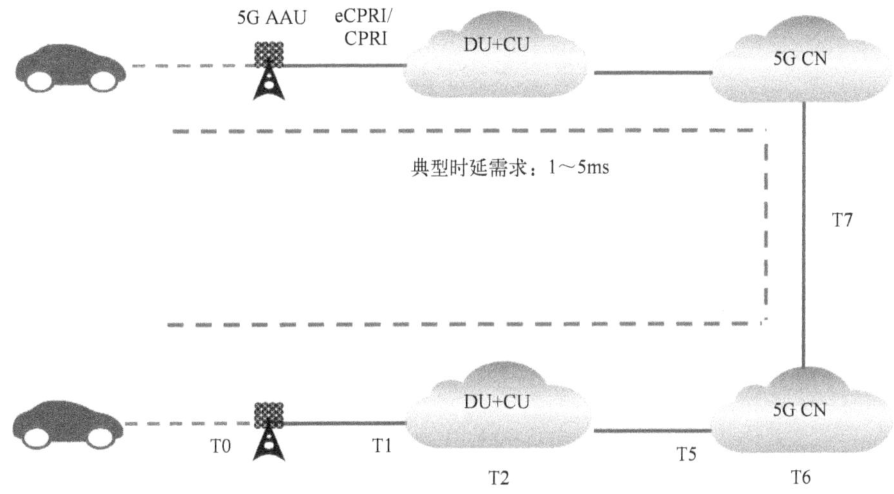

图 8-11 uRLLC 时延预算模型

如果 uRLLC 业务想达到 1 ms 的极限时延，业务处理必须在用户近点的站点完成，承载网不参与，就没有承载网的光纤传输时延和承载网的节点处理时延。

从以上时延预算模型可以看出，要想降低 5G 业务的承载网时延，需要结合路径优化，从减少光纤传输距离和承载节点的数目上着手。核心网 UPF/CDN 的下沉、部署 MEC、CU/DU 合设都可以减少承载网节点数目，减少光纤长度，成为目前降低时延的关键措施。

自动驾驶、机器人、工业自动化、远程医疗等行业对可靠性要求高，可靠性出现问题，可能造成巨大的经济损失和安全责任事故。在 5G 的这些应用场景下，可靠性要求非常苛刻。承载网也必须服务于这样的可靠性要求，要有足够强大的容灾能力和故障恢复能力，具体体现在以下几方面。

1）核心网各网关（GW）虚拟化、资源池化、云化，网络各节点之间的承载路径动态可调，灾难可快速响应，各网关（GW）之间的承载网要做到多路径、多层次的协同保护。

2）在无线网 C-RAN 架构下，基带资源池化后，也要支持容灾备份，当归属某一C-RAN 的 DU 或 AAU 发生故障后，可以实时切换到其他 C-RAN。

3）DU 和 CU 之间需要支持点到点、点到多点、多点到多点的承载网传输模型，提供灵活的转发和调度能力。

8.1.3 高精度同步

5G 对承载网的频率同步和时间同步能力提出了更高的要求。那么同步到底是干啥用的？

首先，5G 的基本业务采用时分双工（TDD）制式，为了颗粒度更细的上下行时频资源灵活配置和调度，避免上下行时隙干扰，需要更精确的时间同步。5G 基本业务要求不同基站空口间的时间偏差小于 3 μs，最好能达到 1.5 μs 的水平。

再次，5G 的大规模 MIMO、载波聚合（CA）、多点协同（CoMP）和超短帧都是需要不同物理实体进行协同的技术。协同技术就需要满足一定精度的同步要求。无线侧的协同技术通常应用在下面几种场景：

1）同一 RRU/AAU 的不同天线。

2）共站的两个 RRU/AAU 之间。

3）不同站点之间。

根据 3GPP 规范，在不同应用场景下，同步需求可包括 65 ns/130 ns/260 ns/3 μs 等不同精度级别。其中，260 ns 或优于 260 ns 的同步需求多发生在同一 RRU/AAU 的不同天线上，部分百纳秒量级时间同步需求场景（如带内连续 CA）可能发生在同一基站的不同 RRU/AAU 之间，需要基于前传网进行高精度同步。发生在同一基站的不同 RRU/AAU 之间的带内非连续载波聚合以及带间载波聚合，时间同步要求可以宽松一些，精度可以减少到 3 μs。

还有在车联网的自动驾驶、工业自动化、无人机等应用中，需要基站具有高精度的定位能力，至少能达到 3 m 或 1 m 的定位精度。基于到达时间差（TDOA）的基站定位业务，由于地理定位精度和基站之间的时间相位偏差直接相关，需要更高精度的时间同步需求。比如，3 m 的定位精度对应的基站同步误差约为 10 ns。再有就是室内定位增值服务等，也需要精确的时间同步。

高精度时间同步技术主要包括超高精度时钟源和超高精度的时间传送。超高精度时钟源包括：全球定位系统（GPS）、北斗卫星同步技术等。单一时钟过渡到时钟组，可以提高卫星的时间保持精度。超高精度的时间传送技术通过优化接口时间戳处理、1588 时间同步协议演进和使用单纤双向改进链路对称性来提升设备的传输时间同步精度。

GPS 部署到每个站点可以提高时间同步精度，但是 GPS 天线安装难度大：要求 120°

净空，同时能定位到 3 颗卫星，馈线长，敷设困难；GPS 易受干扰，信号劣化、信号丢失、伪 GPS 干扰的问题较为严重；而且问题排查困难，需要通过逐个站点关闭信号进行排查；再加上基站数目多，GPS 维护成本高。

在同步组网架构方面，可考虑将同步源头设备下沉，减少时钟跳数，进行扁平化组网，这样可以降低时间同步的偏差，如图 8-12 所示（130 ns 精度设计图）。

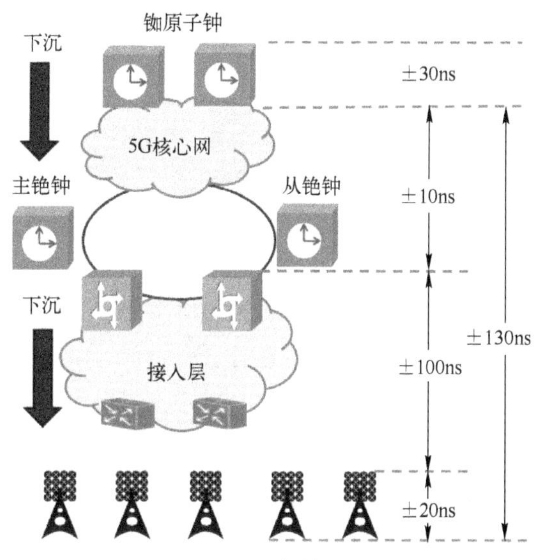

图 8-12　纳秒级高精度同步设计

通过提高 BITS（Building Integrated Timing Supply System，大楼综合定时供给系统）时钟（如同步源铷原子钟、铯钟）精度，BITS（同步源头设备）下沉到边缘，缩减站点到 BITS 间的跳数。每减少一跳，时间同步偏差可以降低 5 ns。

8.1.4　网络切片

从手机经无线网、承载网到核心网，再到业务平台的端到端切片，自然要求承载网也支持切片。5G 承载网切片需要将承载网的物理资源组织在一起，使用 NFV 虚拟化技术，形成一个完整、自治、独立运维、一网多用的虚拟网络，如图 8-13 所示。SDN 技术可实现承载网转发面和控制面的分离，转发面根据 eMBB、mMTC、uRLLC 应用的不同指标需求，实现对承载资源的隔离和动态分配，从而满足业务差异化的承载需求。承载网控制面可以实现对承载网虚拟资源的管理和转发面切片的控制和管理，也可以给应用层开放接口，支撑承载网业务的统一编排。

5G 承载网需要支持硬隔离和软隔离的层次化网络切片方案，以便满足不同业务传输等级的 5G 网络切片需求，如图 8-14 所示。承载网的层 1（L1）可以实现基于 TDM 的硬隔离，实现网络硬切片，适合要求独享承载资源、时延敏感和高可靠性的业务，如 uRLLC 业务和政企金融专线等应用，但承载网的硬切片对承载资源的利用效率较低；承

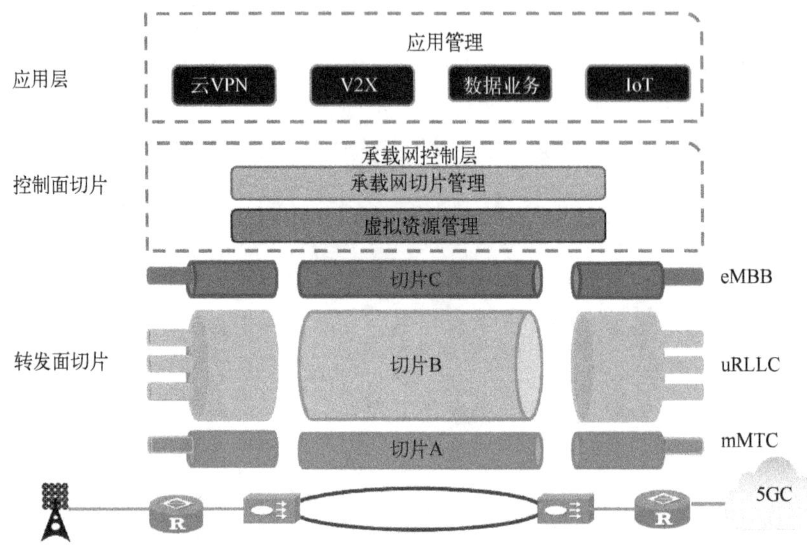

图 8-13 承载网切片架构

载网的层2（L2）和层3（L3）可以实现逻辑隔离的软切片，通过开放接口可以动态编排基于层2或层3的VPN承载和QoS保障控制，适合动态突发、大带宽的eMBB应用和时延不敏感、普通可靠性、大连接的mMTC应用。

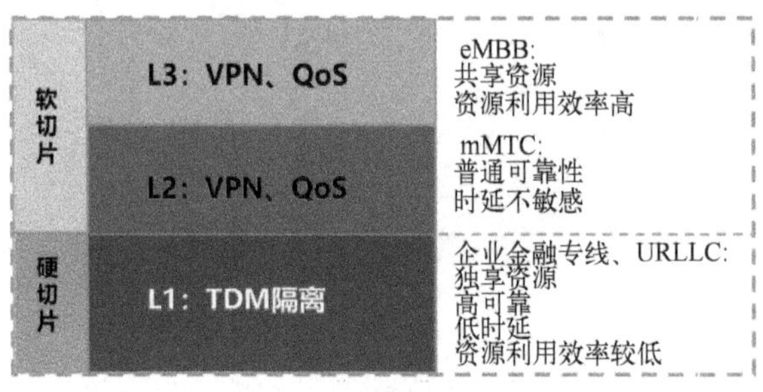

图 8-14 5G承载网层次化网络切片

8.1.5 敏捷网络

4G网络，承载业务流量只有S1、X2两种类型，且S1流向固定。相对于4G网络来说，5G网络核心网和基站云化带来流量流向的多元化，出现了DC间的流量，Ng流量根据核心网部署位置的不同，存在多种流向。5G网络采用超密集组网技术（UDN），基站密度更高，站间协作是必选功能，4G和5G融合组网需要支持双连接，需要灵活的泛在连接，Xn、N2/N3、N4/N6/N9都呈现出网状网的多对多连接的特性。核心网云化也促使5G时代的承载网需要具备节点灵活连接的能力。可以这么说，5G承载网趋向于Full Mesh（全网状网）的全连接。

核心网云化后部署在边缘 DC 中，边缘 DC 之间的东西向流量需要动态疏导；MEC 下沉到边缘汇聚层，MEC 之间会产生东西向流量；同时 MEC 和边缘 DC 之间也产生南北向流量（如内容下载）。但总体上看，东西向流量带宽需求相比 4G 网络来说会增加很多。

5G 承载网的流量模型变得复杂，如图 8-15 所示。

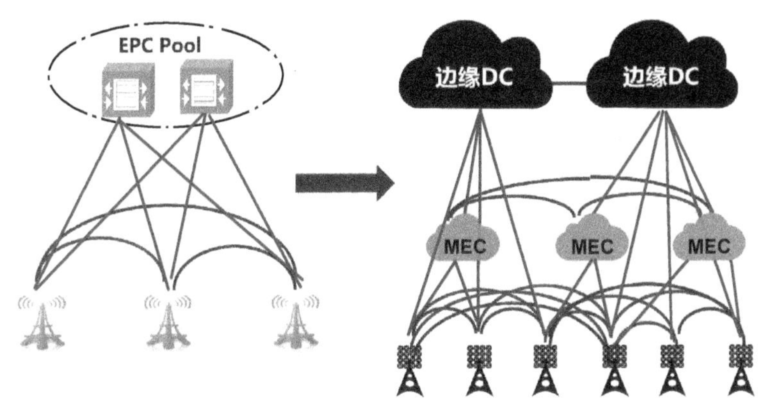

图 8-15　从 4G 到 5G 流量模型变得复杂

总之，5G 承载网需要支持灵活敏捷的连接和多层级的组网，同时要具备冗余保护、动态扩容和负荷分担能力，还需支持全网路径的动态管理，承载资源灵活的调度、可编程和新增业务的快速部署。因此，现有承载网架构需要重新设计，迫切需要适应灵活敏捷需求的 5G 承载网关键技术。

灵活敏捷的 5G 承载网具有智能灵活组网、资源协同管控、4G/5G 智能运维能力，从而满足 5G 差异化业务承载需求。

根据 5G 网络的业务特性，承载网要基于 SDN 实现端到端的智能灵活组网，支持集中的拓扑管理、动态流量控制、集中路径计算控制、快速业务发放，提升承载业务部署效率，构建基于 IP+光的跨域跨层的网络协同，如图 8-16 所示。

5G 承载网管控系统应能够和上层的编排器、业务系统进行协同交互，接收来自上层系统的需求，完成自上而下的自动化业务编排。为此承载网管控系统应能够提供开放、标准的北向管控接口，以便实现和上层管控系统的能力交互、数据交互、告警和性能检测交互等功能。

SDN 控制器系统的引入会增加运营商运维人员维护界面的工作量，管理操作维护更复杂，将提高运维成本。因此，基于云化、弹性的部署方案，将管理、控制、智能运维等功能协调统一，提供统一的维护界面，以提高运维的效率。

随着网络功能层次的增多、网络结构的复杂，以及网络切片管控等需求的引入，人工维护的复杂性越来越高。5G 承载网要能够提供智能化运维功能，以降低运维的复杂度。通过引入 AI 等智能化技术，对网络配置、流量、告警、操作等网络数据进行采集和分析，以实现告警快速定位分析和排障、流量预测分析和网络优化等智能化运维功能。

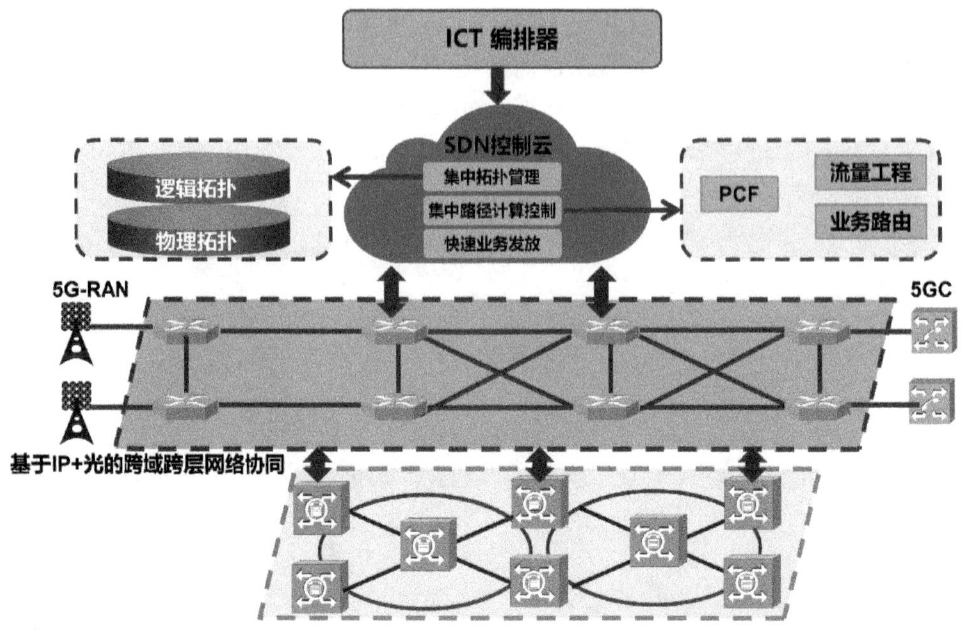

图 8-16　基于 SDN 的 5G 承载网灵活组网和智能管控

8.2　5G 承载网架构

一个省的4G 网络，核心网大都在省会城市集中部署，云化的 BBU 部署在各地市（一个城市可以有多个部署位置）。5G 核心网实现云化演进，根据不同业务的需求，5G 核心网支持更加灵活的网络架构，实现网关下移、协同就近转发、流量本地终结，5GC 的一部分 NF 可以集中部署在省会城市，还有一部分 NF 可以下沉到各个地市。有些在核心网平台侧的功能可以下移到边缘服务器（MEC）上。如图 8-17 所示。

5G 无线基站的密度更大，为了应对 5G 基站之间的协同和移动性切换问题，4G RAN 侧的 BBU 与 RRU 功能在 5G RAN 侧重新切分为 AAU、DU 和 CU 三个部分。CU 主要包括非实时的无线高层协议栈功能，同时也支持部分核心网功能下沉和边缘应用业务的部署。时延不敏感处理部分放到 CU，这样 CU 可以放到适当高的网络位置，提升基站之间协同的能力和资源共享。DU 主要处理物理层功能和有实时性需求的层 2 功能，对时延处理要求严格的功能放到 DU，DU 需要尽量靠近 AAU；AAU 是射频部分和天线的结合体，考虑节省 AAU 与 DU 之间的传输资源，部分物理层功能也可移至 AAU 实现。

4G 网络中，RRU 和 Cloud BBU 之间的承载网称为前传，Cloud BBU 和 EPC 之间是回传。5G 接入网的 AAU、DU 和 CU 之间，需要 5G 承载网负责连接，除了前传和回传之外，承载网增加了 DU 和 CU 之间的中传，俗称 5G 承载网的三“传”，如图 8-18 所示。

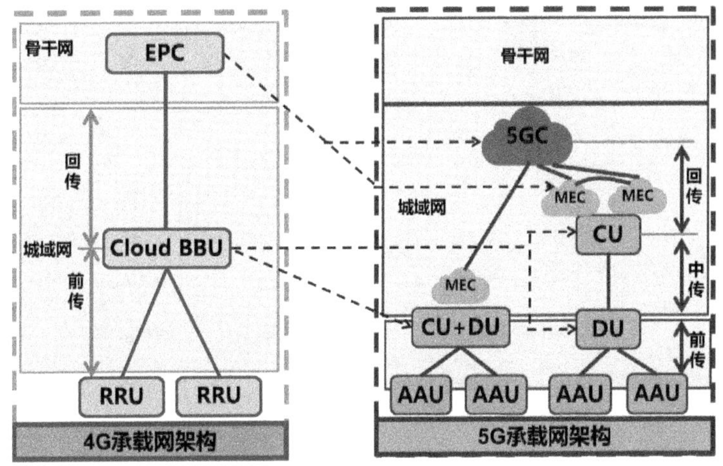

图 8-17　4G 到 5G 承载网架构的变化

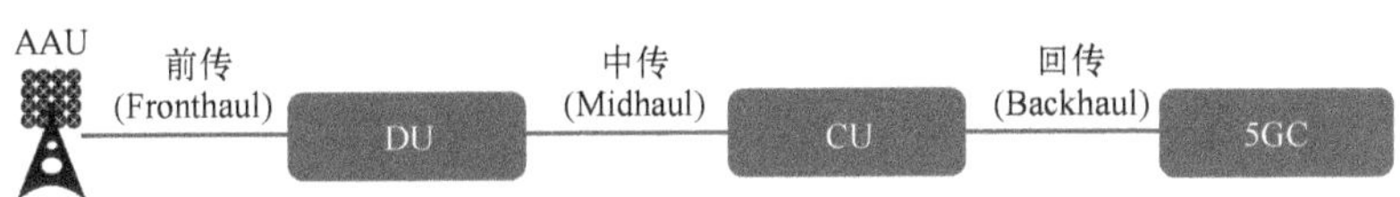

图 8-18　5G 承载网的三“传”

AAU 和 DU 之间，是前传，要求低时延组网，时延需求小于 100 μs，甚至 50 μs。4G 网络从 RRU 到 BBU 的前传接口基于 CPRI 或 Ir 协议。5G 时代在大带宽、多流、Massive MIMO 等技术发展的驱动下，对前传接口的传输带宽要求太高，如果使用 CPRI 接口，在低频 100M/64T64R 配置下，需要 100 Gbit/s 以上的带宽，这种前传带宽需求显然是无法接受的。为了降低带宽需求，使用 eCPRI（5G AAU 与 DU/CU 间接口）标准对前传接口重新定义，带宽需求可降低到 25G 接口，支持以太封装、分组承载和统计复用。

DU 和 CU 之间的中传网，采用 IP 接口，带宽需求比回传稍大，但不超过 10%，对 uRLLC 业务存在低时延需求。CU 和核心网之间的回传网，要求支持 4G/5G 双连接、基站协同、DC 互通，流量就近转发，承载网层三（L3）部署到边缘等。

8.2.1　5G 承载网的部署方式

从整体上来看，除了前传之外，承载网主要由城域网和骨干网共同组成。而城域网又分为接入层、汇聚层和核心层。所有接入网过来的数据，最终通过逐层汇聚，到达顶层骨干网。如图 8-19 所示。

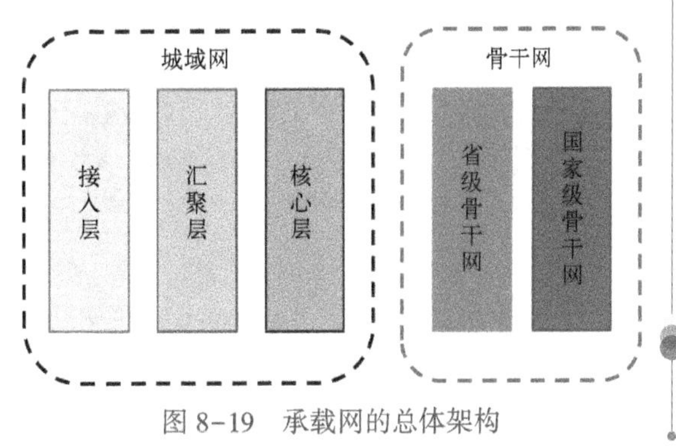

图 8-19　承载网的总体架构

通信运营商在不同的地方有不同等级的机房。大城市的电信大楼机房，往往是核心机房；普通办公楼里面的基站机房，就是站点（接入）机房；小城市或区级电信楼里，也有机房，可能是汇聚机房。承载网不同层级的设备分布在不同级别的机房里，如图8-20所示。

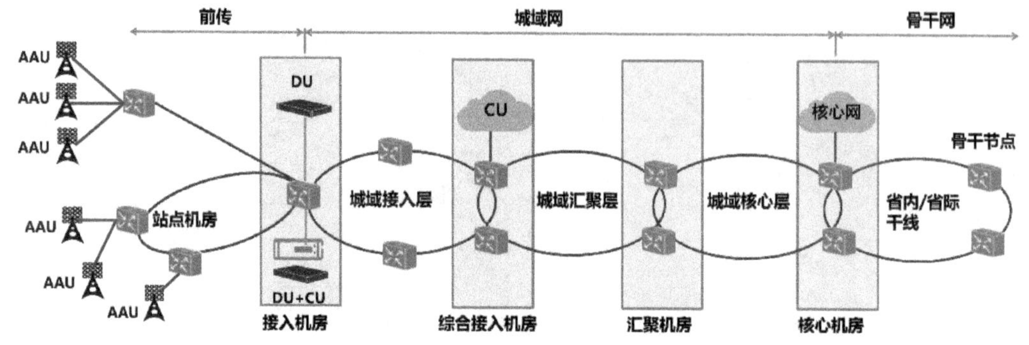

图8-20　承载网的组成及所在机房

5G网络，DU和CU的位置并不是严格固定的。运营商可以根据环境需要，灵活调整。所谓分布和集中，在4G网络中指的就是BBU的分布或集中；5G网络中，由于CU、DU功能的分离，分布和集中的关系指的是DU的部署。这种集中还分为“小集中”和“大集中”。5G RAN可以有多种组网方式，包括传统的D-RAN（Distributed RAN）部署方式、DU小集中的C-RAN（Centralized RAN）部署方式及CU云化DU大集中的Cloud-RAN部署方式，如图8-21所示。

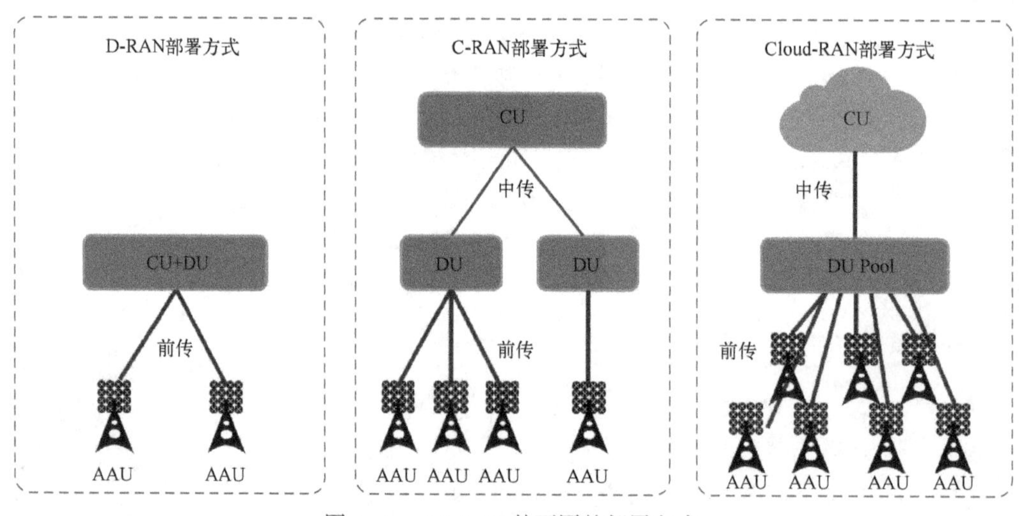

图8-21　5G RAN的不同的部署方式

不同的5G RAN部署方式=不同的5G承载网位置。

由于5G RAN部署方式的多样性，使得5G承载网前传、中传、回传的位置也随之不同，如图8-22所示。

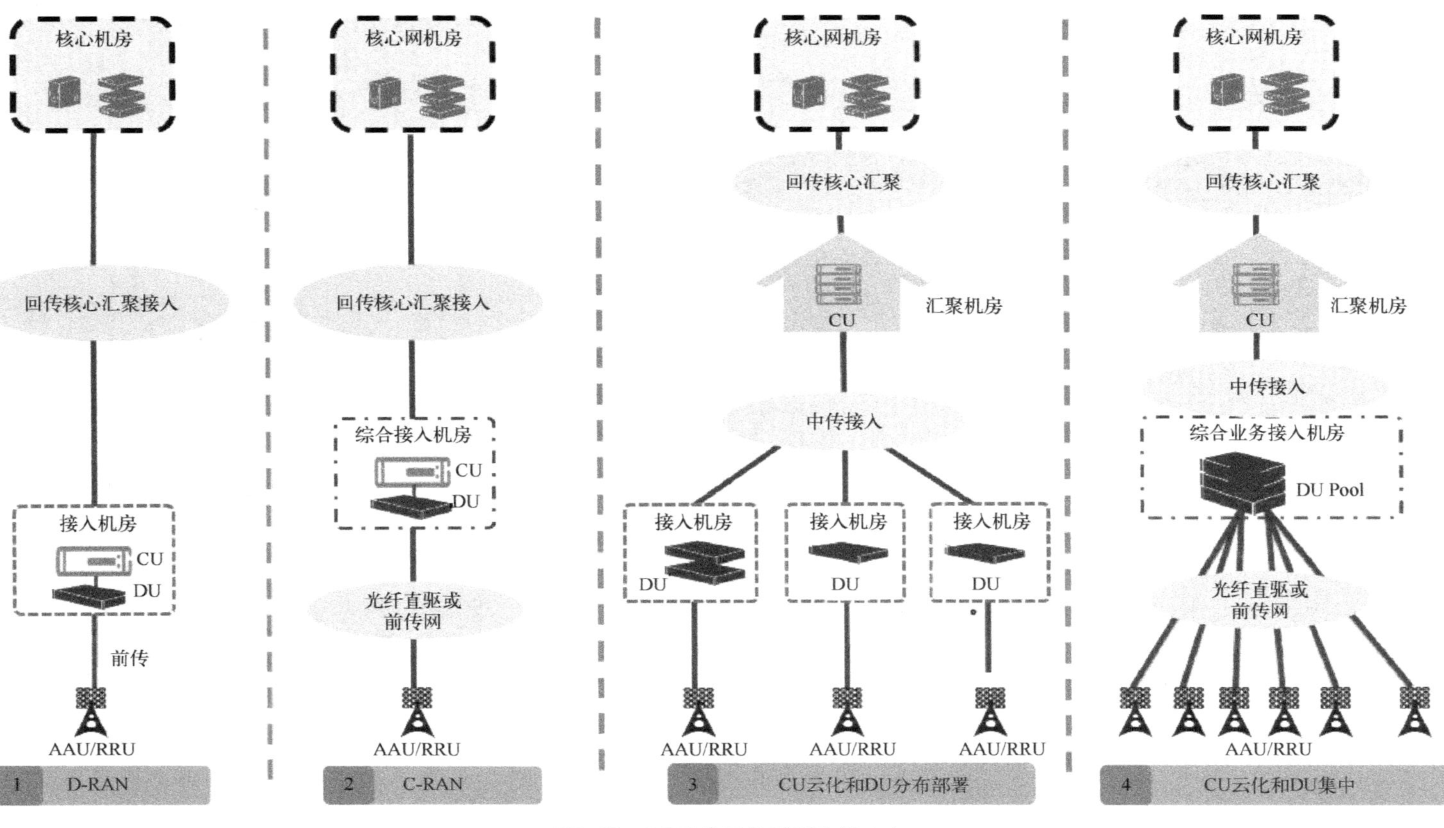

图8–22　5G承载网的不同位置分布

8.2.2 5G前传

5G前传场景的基本特征是大带宽、低时延、10 km以内的传输距离、无须路由转发功能、热点区域高密度站点分布。从4G演进到5G，CPRI接口带宽从10 Gbit/s以内增加到100 Gbit/s，通过CU/DU灵活切分的方式，前传采用eCPRI技术，单AAU的带宽需求从100 Gbit/s降低到25 Gbit/s。CPRI单向传输时延不高于100 μs，但5G对单向传输时延要求高，前传设备转发时延单跳不能大于5 μs。5G应用对时钟精度要求较高，前传设备的时延抖动要小于50 ns。

由于5G前传传输距离较近且无须路由转发，可以采用光纤直连的方案，即AAU和DU之间全部采用点到点光纤直连组网，如图8-23所示。光纤直连方案实现简单，但光纤资源占用多。但是随着基站密度的增加，光纤直连方案对光纤资源需求急剧增加。由于部署光缆的难度大、成本高、周期长，光纤直连方案不适合在光纤资源紧张的地方使用。

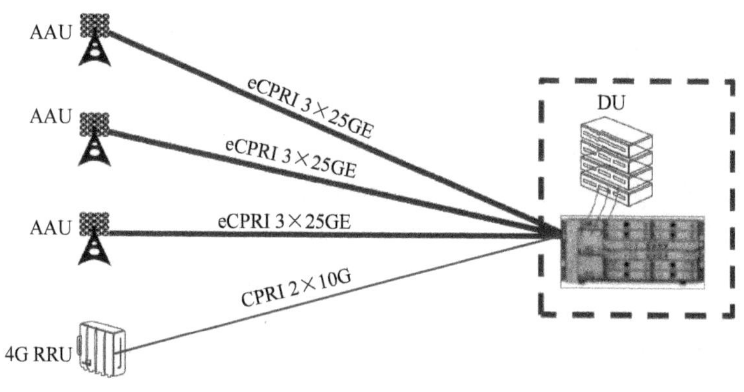

图8-23 光纤直连方案架构

通过光设备采用光纤复用的方案，最大程度降低主干光纤的数量。目前主流复用方案包括无源WDM（Wavelength Division Multiplexing，波分复用）方案和有源WDM/OTN方案。

无源WDM方案将彩光模块安装到AAU和DU上，通过无源设备完成WDM功能，利用一对或者一根光纤提供多个AAU到DU的连接，如图8-24所示。其中，彩光模块是光复用传输链路中的光电转换器，也称为WDM波分光模块。不同中心波长的光信号在同一根光纤中传输不会互相干扰，所以彩光模块实现将不同波长的光信号合成一路在光纤中传输，大大减少了链路成本。采用无源WDM方式，虽然节约了光纤资源，但是也存在着运维困难，不易管理，故障定位较难等问题。

有源WDM/OTN方案，在AAU站点和DU机房中装配有相应的WDM/OTN设备，多个前传信号通过OTN技术共享光纤资源，组网更加灵活，支持点对点（见图8-25）方案和组环网方案（见图8-26）。有源方案使用的光纤资源并没有增加，但可提供完善的操作维护管理功能，如性能监控、告警上报和设备管理。有源方案可以满足大量AAU的汇聚组网需求；如果有冗余路由，可提供 1+1 保护，支持自动倒换机制；有源方案可实现 20 km 左右的可靠无损传输，支持业务的硬管道隔离。

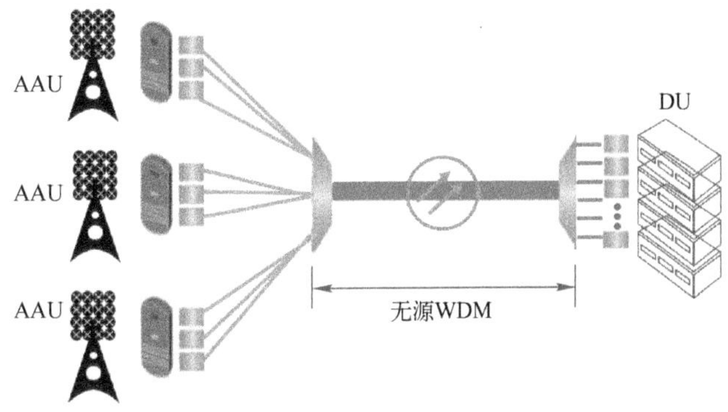

图 8-24　无源 WDM 方案

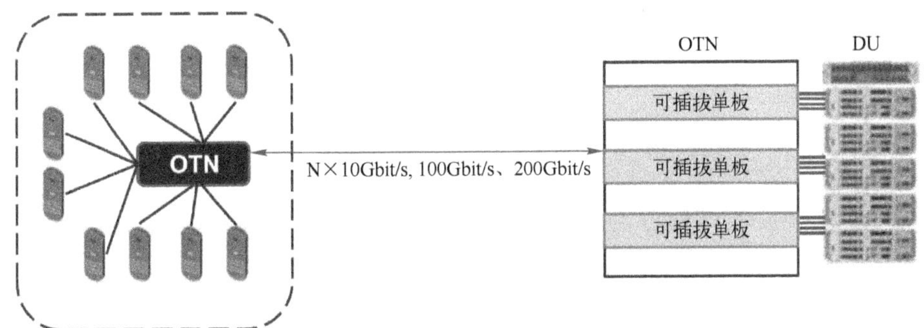

图 8-25　有源 WDM/OTN 点对点架构

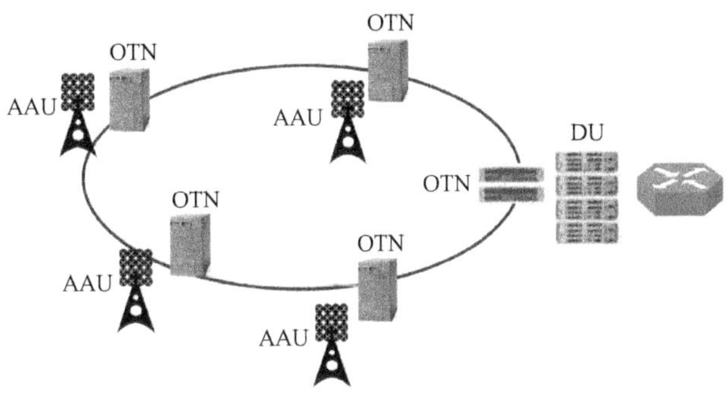

图 8-26　有源 WDM/OTN 方案环网架构

在一些边远的地方，机房、供电、光纤管道等基础设施不完善，光纤铺设难度大，光纤设备安装困难，维护成本高，可以使用如图 8-27 所示的微波方案，降低对通信基础设施的依赖。

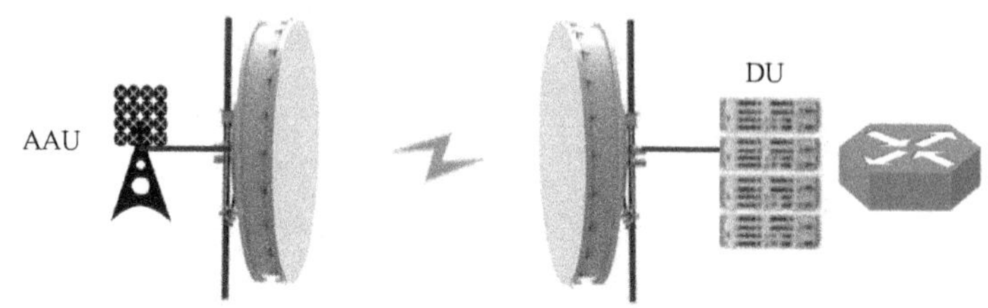

图 8-27　微波方案

IPRAN、PTN 等组网方案部署成本过高，5G 前传不能选用。上述 5G 前传方案优缺点对比如表 8-5 所示。

表 8-5　前传方案优缺点对比

比较项	光纤直连	无源 WDM	有源 WDM/OTN	微波
组网	点到点组网	无源波分+彩光直连点到点	AAU 和 DU 间部署 OTN 点到多点星状 环形、树形、Mesh 型	AAU 和 DU 间使用微波点到点组网
优点	光纤资源丰富的情况下，可以快速低成本部署	可以降低光纤资源的占用	组网灵活 可维护性强 安全可靠（环网保护） 消耗光纤资源较少	部署光纤的基础设施不完善的边远地区，快速建网
缺点	1. 光纤资源消耗大 2. 传输距离小 3. 网络部署挑战大，需要提前储备机房、管道、光缆等基础资源	1. 需提前规划无线基站的彩光口，避免波长冲突 2. 传输距离小	1. 成本高昂、投资较大 2. 部署地点条件要求高	1. 容易被阻挡 2. 可靠性、安全性差

8.2.3　5G 中回传

由于 5G 承载网的中传与回传在带宽、组网灵活性、网络切片等方面需求是基本一致的，所以可以使用统一的承载方案。

在 2G/3G 时代，无线侧（RAN）主要承载 TDM 语音业务，数据业务需求量较低，接口主要是 E1（2 Mbit/s），SDH/MSTP 可以满足承载需求。到了 4G 时代，数据业务承载需求量大幅增加，LTE 需要满足高带宽、低时延、高可靠的要求，无线侧（包括 S1 和 X2 接口）需要进一步 IP 化，MSTP 承载方案无论在接入层、汇聚层都无法满足 LTE 的需求。于是，在已有 IP/MPLS 等技术的基础上，提出了 IPRAN 的承载方案。

IPRAN 技术是实现 RAN 的 IP 化传送技术的总称。在 LTE 的回传承载网上得到了广泛的应用。IPRAN 技术支持二、三层灵活组网，产业链成熟、具有跨厂家的设备组网能力，可以支持 4G/5G 的混合业务统一承载。我们可以在现有 4G 成熟的 IPRAN 承载网的基础上，通过扩容和升级满足 5G 的回传需求。

OTN 技术以波分复用技术为基础，在光层组织网络的传送网。OTN 结合了 SDH 和 WDM 技术的优势，实现了包括光层和电层在内的完善的管理监控机制。为了适应 5G 的承载需求，OTN 进一步增强，称之为分组增强型的 OTN 设备。5G OTN 技术应该有强大的组网能力和端到端维护管理能力。

5G 承载网的中回传方案在现阶段主要有两种：OTN+IPRAN 和端到端 OTN 组网方案。

OTN+IPRAN 方案是指在回传网上基于现有 4G IPRAN 回传网进行 5G 承载网的增强，在中传网上新建 OTN 网络，如图 8-28 所示。这样可以最大程度的保护运营商在 4G IPRAN 回传网上的投资。这种方案适合有庞大的 IPRAN 承载网资源的运营商。

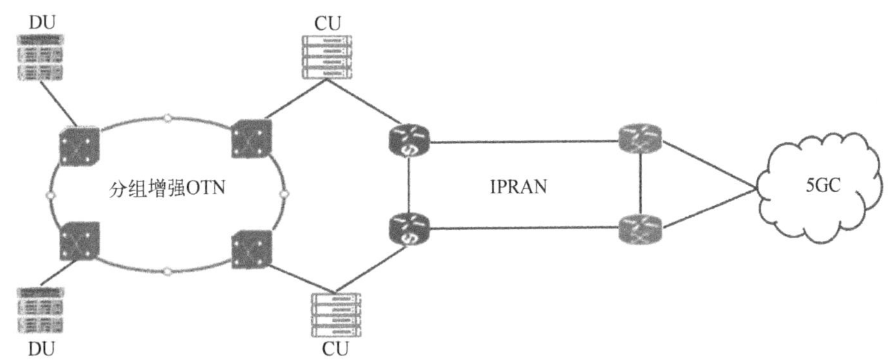

图 8-28　OTN+IPRAN 中回传方案

5G 回传网的 IPRAN 技术，需要引入 25GE、50GE、100GE 等大带宽接口技术，并引入 FlexE（Flexible Ethernet，灵活以太网）技术以支持回传网的网络切片，进一步简化 IPRAN 的控制协议，基于 SDN 架构实现回传业务的自动发放和灵活调度能力。

利用分组增强型 OTN 设备组建 5G 中传网络，需引入超 100 Gbit/s 的大带宽、全光组网的调度技术、灵活带宽调整技术、FlexO（Flexible Optical，灵活的光网络）技术、基于 SDN 的网络切片技术。

对于已有 OTN 承载网资源的运营商，5G 中传与回传网络全部使用分组增强型 OTN 设备进行组网，即端到端的 OTN 组网方案，如图 8-29 所示，可以大幅降低中回传网的时延，提高中回传网的带宽；全光网也便于统一的维护管理，降低运维成本。

OTN+IPRAN 方案和端到端 OTN 方案的组网特点对比如表 8-6 所示。

表 8-6　OTN+IPRAN 和端到端 OTN 组网特点对比

	OTN+IPRAN	端到端 OTN
核心技术	以 IPRAN 为主 大带宽接口技术 FlexE SDN	全光组网 灵活带宽调整技术 FlexO 技术 SDN
带宽	25GE、50GE、100GE	超 100 Gbit/s 带宽

（续）

	OTN+IPRAN	端到端 OTN
成本	保护已有投资，短期建网成本低	初期建网成本高
时延	时延较大	全光网，时延小
配套设施	两套设备，机房空间占用大	融合设备，节省机房空间
产业链	IPRAN 和 OTN 两条产业链	OTN 一条产业链

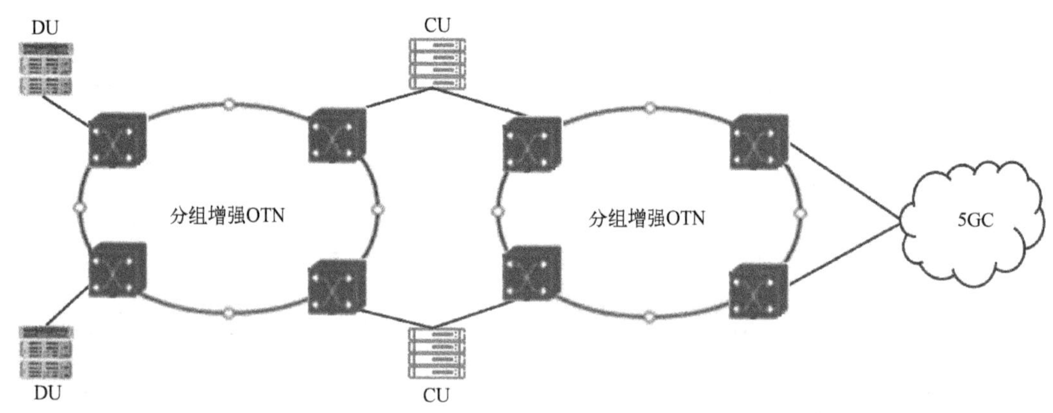

图 8-29 端到端分组增强型 OTN 方案

8.3 5G 承载网关键技术

了解任何通信系统的关键技术，先看协议的分层框架，就像 OSI 七层模型一样，不同的层级对应不同的功能，每个层级都有自己的作用，每个层级又有自己的关键技术。这里，我们先看一下 5G 承载网协议的整体分层结构，如图 8-30 所示。

业务适配层

L2、L3: 分组网络转发层

L1: TDM通道路层

L1: 数据链路层

L0: 光波长传送层

图 8-30 5G 承载网分层结构

5G 承载网的所有关键技术，在承载网的分层架构中都有自己的位置。如果要了解承载网的一项关键技术，首先要了解它在分层架构中所处的层级，如表 8-7 所示。

表 8-7 承载网关键技术分层架构

层 级	增强型 IPRAN	增强型 OTN
业务适配层	L2VPN 和 L3VPN	CBR，L2VPN，L3VPN
L2L3 分组转发层	SR-TE，SR-BE，MPLS-TP	SR-TE，SR-BE，MPLS-TP

（续）

层　级	增强型 IPRAN	增强型 OTN
L1-TDM 通道层	-	ODUk，ODUFlex
L1 数据链路层	FlexE	FlexO
L0 WDM 光层	灰光或 WDM 彩光	灰光或 WDM 彩光

8.3.1　灰光和彩光

最下面是物理层，包括光层（L0 WDM 光层）。光层分为传输、复用、通道，简单理解，就像公路运输，需要发动车辆，需要划分车道，还要编排车队。最终，面向顶层提供服务支撑。对于 5G 来说，这一层的主要作用就是提供单通路高速光接口，还有多波长的光层传输、组网和调度能力。因为光纤在数据传输方面的巨大优势，所以现在不管是哪家运营商，都会采用光纤光接口作为自己的物理传输媒介。

WDM 系统使用的光属于不可见光，位于近红外区域，波长范围为 1260 ~ 1611 nm。WDM 系统采用的光都具有标准波长，我们把这种光称为“彩光”（Colored Light）。普通光系统的光的波长在某个范围内波动的，没有特定的标准波长，称为灰光（Grey Light）。

波分设备的客户侧光口一般属于灰光接口，波分侧光信号属于彩光，可直接上合波设备。如图 8-31 所示。

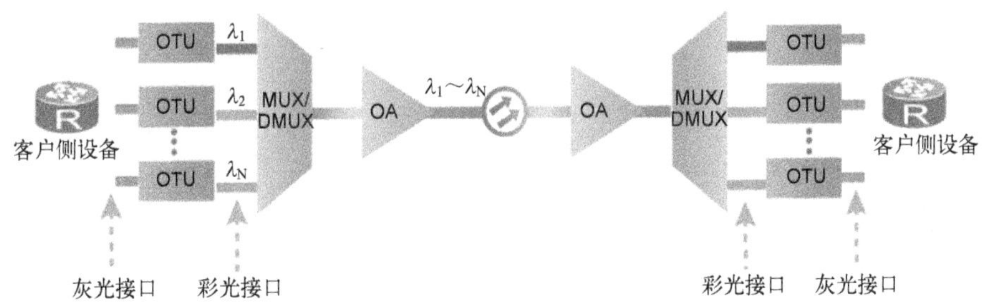

图 8-31　灰光和彩光

注：

OTU（Optical Transform Unit）：光转换单元，用于对接入光信号进行波长转换。

MUX/DMUX（Multiplexer/Demultiplexer）：复用/解复用器。

OA（Optical Attenuator）：光衰减器。

对于光模块来说，如果想要实现速率提升，要么增加通道数量，要么提高单通道的速率。PAM4（4 Pulse Amplitude Modulation）就是一个提高单通道速率的“翻倍”技术。传统的数字信号最多采用的是 NRZ（Non-Return-to-Zero）信号，即采用高、低两种信号电平表示要传输的数字逻辑信号的 1、0 信息，每个信号符号周期可以传输 1 bit 的逻辑信息。而 PAM 信号则可以采用更多的信号电平，从而每个信号符号周期可以传输更多的逻辑信息。PAM4 信号就是采用 4 个不同的信号电平来进行信号传输，每个符号周期可以表示2bit的逻辑信息（0、1、2、3）。可以在相同通道物理带宽情况下，PAM4传输相当于NRZ信号2倍的信息量，从而实现速率的倍增。

8.3.2 FlexE和FlexO

L1数据链路层的作用是提供L1通道到光层的适配。5G IPRAN的FlexE技术和基于OTN的ODUflex+FlexO技术是5G承载网切片的两种主要方案。结合高层L2和L3层技术可实现软切片承载方案。

FlexE（Flex Ethernet，灵活以太网）和FlexO（Flex Optical，灵活光网）就是把多个物理端口进行“捆绑合并”，形成若干虚拟的逻辑通道，以支持更灵活的业务速率。FlexE用于IPRAN，处理的是以太网信号；FlexO用于OTN网络，处理的是OTUCn[⊖]信号。两者都是通过多端口绑定实现大颗粒度信号的传输的。

FlexE和FlexO技术分别在以太网技术和光传送技术的基础上实现了业务速率和物理通道速率的解耦，物理接口速率不必再等于客户业务速率，可以是灵活的其他速率。由于高速率物理接口的实现成本比较高，采用FlexE和FlexO有助于解决高速物理通道性价比不高的问题。

FlexE和FlexO的逻辑类似，都是完成信号的拆分、映射、绑定、解绑定、解映射过程，以此规避物理通道的带宽限制以及成本过高的问题。FlexE和FlexO可以支撑承载网带宽的按需扩展，可以支持一虚多、多虚一、多虚多等多种情况。

以FlexE为例，一虚多就是1个总速率可以分成若干个子速率，如图8-32所示，一个100GE（Gigabit Ethernet，千兆以太网）的物理通道分成多个虚拟的逻辑通道，包括2个25GE的MAC端口和1个50GE的MAC端口。

图8-32　子速率通道化（一虚多）

多虚一就是多个速率可以组合成1个总速率，如图8-33所示，4个100GE的物理通道合成1个虚拟的逻辑通道，总速率可达400GE。

多虚多就是n个速率可以灵活变成m个速率，如图8-34所示，2个100GE的物理通道可以变成3个虚拟的逻辑通道，包括1个25GE的MAC端口、1个50GE的MAC端口和1个125GE的MAC端口。

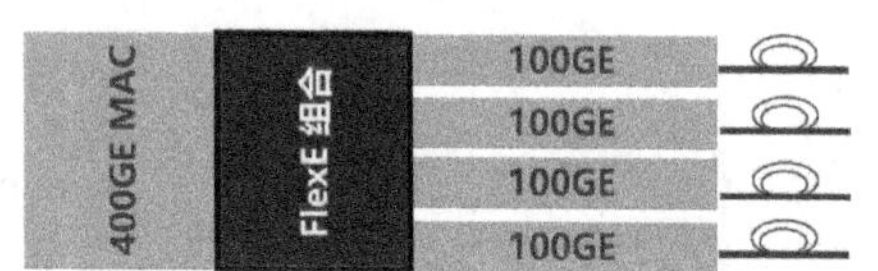

图8-33　端口绑定（多虚一）

图8-34　混合应用（多虚多）

⊖ OTUCn信号即传输速率超过100 Gbit/s的OTN信号，OTUCn=n×OTUC1。

举例来说，客户业务速率是 400GE，但承载网物理通道端口的速率多数是 100GE。那么，FlexE 技术通过灵活的端口捆绑和时隙交叉技术，就能轻松将 4 个 100GE 的物理速率组合成 400GE 的客户业务速率，如图 8-35 所示。

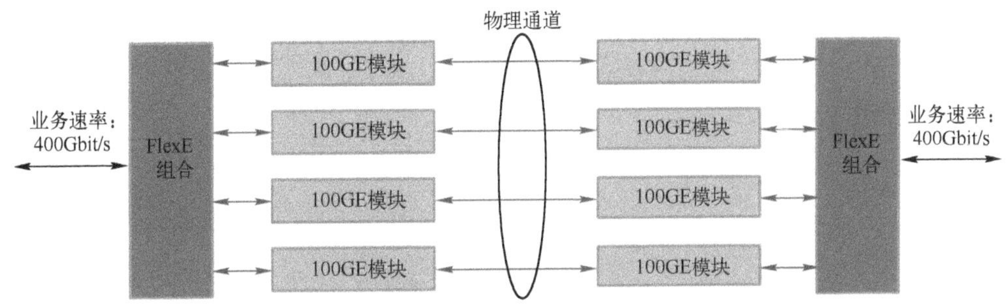

图 8-35　4 个 100G 组合成 1 个 400G

8.3.3　灵活带宽调整技术

5G 承载网的 TDM 通道层的任务，就是服务于承载网网络切片所需的硬管道隔离，提供低时延保证。在 OTN 网络中，这一层对应的就是光通道层，如图 8-36 所示。ODU 是光信道数据单元，属于光通道层网络的一部分，它提供和信号无关的连通性、连接保护和监控等功能。

ODUk（k＝0，1，2，3，4，flex）信号，即 ODU0、ODU1、ODU2、ODU3、ODU4 和 ODUflex，不同的 k 对应不同的通道带宽，其帧结构是基于字节块，共由 4 行和 3824 列组成。前 14 列为 ODUk 开销区域，其他列是数据区域。

ODUflex，即灵活速率光数字单元，也叫灵活带宽调整技术。传统的 ODUk 是按照一定标准进行封装，容易造成资源浪费。ODUFlex 可以灵活调整通道带宽，调整范围是 1.25～100 Gbit/s，用户可根据业务大小，灵活配置容器容量，如图 8-37 所示，是灵活可变的速率适应机制，带宽利用率高，每比特传输成本大幅降低。ODUflex 可以兼容视频、存储、数据等各种业务类型，也可以兼容 5G 垂直行业应用的传送需求。

目前有两种形式的 ODUflex，基于固定比特速率 CBR（Constants Bit Rate，固定码率）业务的 ODUflex 和基于包业务的 ODUflex。CBR 业务映射到 ODUflex 使用 BMP（Bit-synchronous Mapping Procedure，比特同步映射规程方式）方式，从包业务映射到 ODUflex 使用 GFP（Generic Framing Procedure，通用成帧规程）方式。ODUflex 再使用 GMP（Generic Mapping Procedure，通用映射规程）映射成上层的高阶 OPUk 信号。如图 8-38 所示。

CBR 业务的 ODUflex 速率为 239/238×客户信号比特率，只有客户信号比特率大于 2.488Gbit/s 时，客户信号才能通过 BMP 方式映射到 ODUflex，如图 8-39 所示。

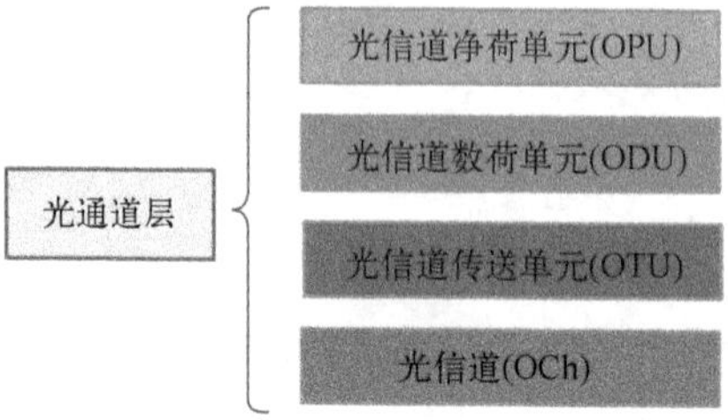

光通道层
光信道净荷单元(OPU)
光信道数荷单元(ODU)
光信道传送单元(OTU)
光信道(OCh)

注：
OCh（OpticalChannel）：光信道。
OTU（OpticalTransportUnit）：光信道传送单元。
ODU（Optical Data Unit）：光信道数据单元。
OPU（Optical Payload Unit）：光信道净荷单元。

图 8-36　光通道层

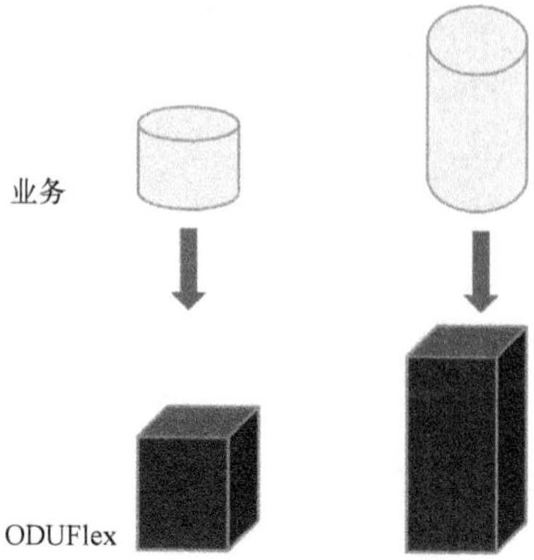

业务
ODUFlex

图 8-37　灵活可变的速率适应机制

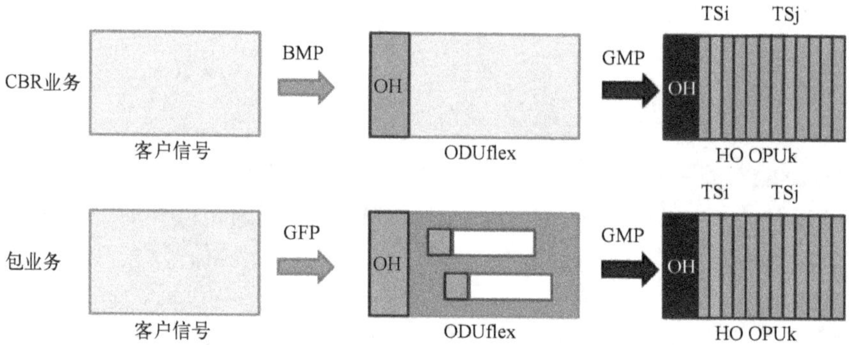

CBR业务　客户信号　BMP　OH　ODUflex　GMP　OH　TSi　TSj　HO OPUk

包业务　客户信号　GFP　OH　ODUflex　GMP　OH　TSi　TSj　HO OPUk

注：
OH（Overhead）：开销。
HO（HighOrder）：高阶。
TS（TimeSlot）：时隙。

图 8-38　ODUflex 映射

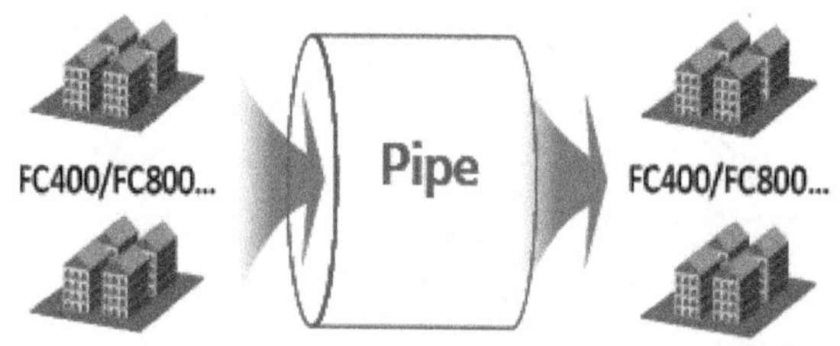

注：
FC（FiberChannel）：光纤通道。
FC400/FC800:光纤通道400/800MB/s

图 8-39　CBR 业务映射到 ODUflex

基于包业务的 ODUflex 信号，任何比特速率都有可能。考虑效率最大化，建议将 ODUflex（GFP）填充到承载 ODUk 通道的 n（整数）个支路时隙，故速率为 n×ODUk. ts（k=2,3,4），约等于 n×1. 25 Gbit/s。其中，n 代表 ODUflex（GFP）所占用的支路时隙数量。如图 8-40 所示，光纤通道 FC 4G 业务，通过 GFP 方式映射到 ODUflex。其中，ODUflex 映射到 ODU2（k=2）中 4 个时隙，4×1.25 Gbit/s=5 Gbit/s（考虑开销），剩余时隙可用来承载其他业务，时隙占用可以非常灵活。

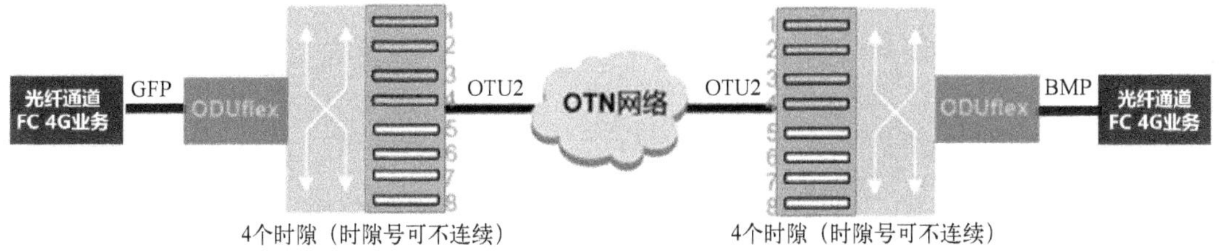

图 8-40　包业务映射到 ODUflex

8.3.4　分组转发层技术

L1 的 TDM 通道层再往上，是分组转发层，涉及的是路由转发相关的能力。对 5G 来说，这一层的主要作用是提供灵活连接调度和统计复用功能。

传统 IP 网络中，路由技术是不可管理、不可控制的。IP 逐级转发，每经过一个路由器都要进行路由查询（可能多次查找），速度缓慢，这种转发机制不适合大型网络。而 MPLS 是通过事先分配好的标签，为报文建立一条标签交换路径，在通道经过的每一台设备处，只需要进行快速的标签交换即可（一次查找），从而节约了处理时间。

SR（Segment Routing，分段路由）技术是分组转发层的主角，源自 MPLS 技术，它也是一种“不管中间节点”，灵活性更高，开销更少，效率更高的路由技术。

分段路由（SR）技术是一种源路由机制，如图 8-41 所示，通过内部网关协议（Interior Gateway Protocol，IGP）扩展收集路径信息，头节点根据收集的信息组成一个显式/非显式的路径，路径的建立不依赖中间节点，从而使得路径在头节点即创建即生效，避免了网络中间节点的路径计算。

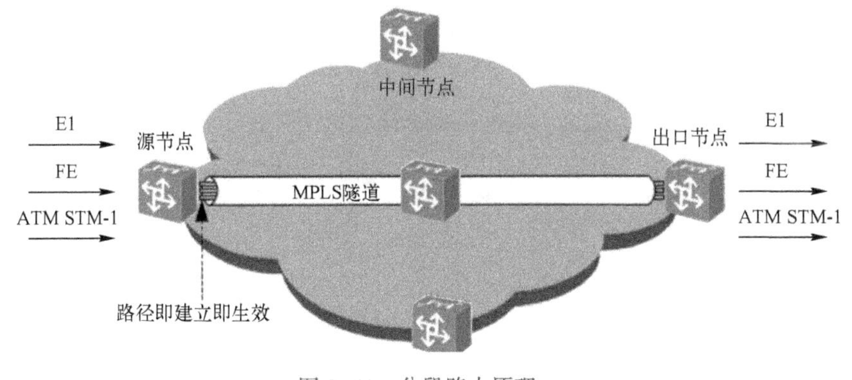

图 8-41　分段路由原理

SR-TP 和 SR-BE 是隧道扩展技术。SR-TP 隧道用于面向连接的、点到点业务承载，提供基于连接的端到端监控运维能力；SR-BE 隧道用于面向无连接的、Mesh 业务承载，提供任意拓扑业务连接，并简化隧道规划和部署。SRv6 的话，很好理解：传统的 SR 是基于 IPv4 的，也是基于 MPLS 的；而 SRv6 是基于 IPv6 的。

MPLS-TP（Multiprotocol Label Switching Transport Profile，多协议标签交换传输配置）是借鉴 MPLS 技术发展而来一种分组传送技术。其数据是基于 MPLS-TP 标签进行转发的，可以承载 IP、以太网、ATM、TDM 等业务，其不仅可以承载在 PDH/SDH 物理层上，还可以承载在以太网物理层上。MPLS-TP 解决了传统 SDH 在以分组交换为主的网络环境中的效率低下的问题。

MPLS-TP 技术的特点如下。

1）面向连接。

2）多业务承载，可以运行于各种物理层技术之上。

3）引入了 OAM 机制。

4）省去了 IP 层不必要的处理功能。

可以这么说，MPLS-TP 是 MPLS 的一个子集，去掉了基于 IP 的无连接转发功能，增加了端到端的 OAM 功能。MPLS-TP 技术的特点可用图 8-42 所示的一个简单公式表述。

MPLS-TP = MPLS + OAM – IP

图 8-42　MPLS-TP 的特点

MPLS-TP 技术应用于运营商 PE 设备经 P 设备到达另外一端的 PE 设备的传输路径上，如图 8-43 所示。

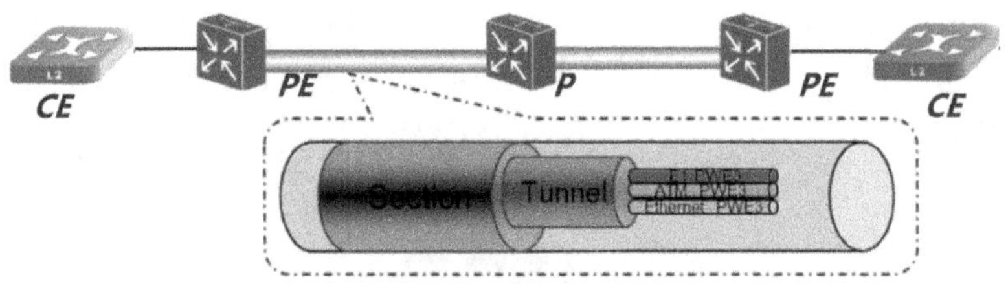

注：

CE(Customer Edge)：客户侧边缘设备，用于接入用户网络或业务，并与PE连接。

PE(Provider Edge)：运营商网络边缘设备，用于连接CE和运营商承载网。

P(Provider)：运营商网络内部设备，负责用户业务在运营商内的转发。

图 8-43　MPLS-TP 部署架构

MPLS-TP 数据转发过程，如图 8-44 所示。利用网络管理系统或者动态的控制平面，建立从 PE1 经过 P 节点到 PE2 的 MPLS-TP 双层标签交换路径 LSP（Label Switch Path，标签交换路径）。

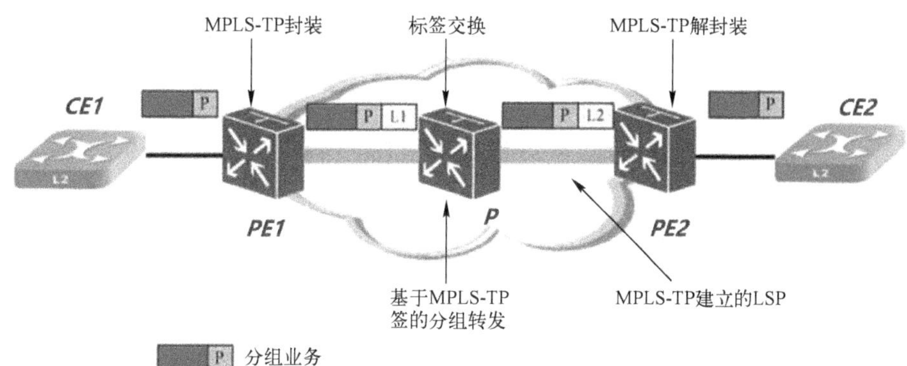

图 8-44 MPLS-TP 数据转发过程

客户 CE1 的分组业务（以太网、IP/MPLS、ATM、FR 等）在 PE1 边缘设备加上 MPLS-TP 标签 L1（双层标签），经过 P 中间设备将标签交换成 L2（双层标签、内层标签可以不交换），边缘设备 PE2 去掉标签，将分组业务送给客户 CE2。这里，从 PE1 到 PE2 之间的 MPLS 连接称为 MPLS-TP 建立的 LSP。

8.3.5 L2VPN 和 L3VPN

业务适配层的目的是提供多业务映射和适配支持。5G 承载网业务适配层的技术是 L2VPN、L3VPN。VPN（Virtual Private Network，虚拟私有网）是运营商通过其公网向用户提供的虚拟专有网络。站在用户的角度，VPN 如同用户的一个专有网络，比自建一个专网部署和维护成本要少很多；站在运营商的角度，VPN 利用的是公网的传输资源，提高了承载网的利用效率，增加了收入。

对于运营商来说，公网包括公共的骨干网和公共的运营商边界设备。地理上彼此分离的 VPN 成员站点，通过客户端设备（CE）连接到对应的运营商边界设备（PE），通过运营商的公网组成客户的 VPN 网络。如图 8-45 所示。

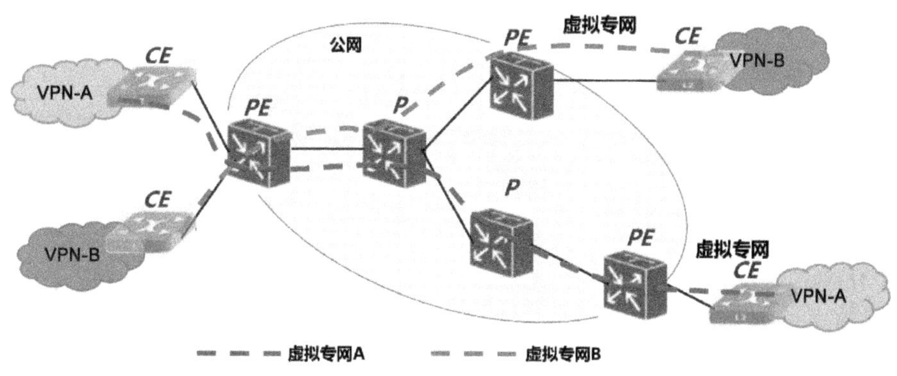

图 8-45 VPN 结构示意

VPN 就是为了在公网环境中传递私网信息或报文，或者说是封装一种报文，在一个隧道中传递，达到端到端传送的目的，中间承载环境不需要感知报文类别。从 VPN 实现的协议层次上分，可以分为 L3VPN 和 L2VPN。

L3VPN 在三层网络环境中搭建的 VPN 业务，承载 IP 报文，具体技术有 IPSec L3VPN（常用于接入侧）和 BGP/MPLS L3VPN（常用于网络侧）。现在有一个技术趋势，接入侧设备逐渐支持 MPLS，所以 L3VPN 从骨干网技术开始逐渐应用到接入网技术中。L3VPN 是将公网模拟为一台私有的路由器，客户的接入设备通过这个路由器进行 IP（L3 层）数据包转发。至于 IP 层以上承载什么业务，是 VOD、VoIP 的单播，还是数字电视的多播，这些 L3VPN 不关注。

L2VPN 是在二层网络中搭建的 VPN 业务，承载链路层 MAC 报文，分为 VLL（Virtual Leased Line，虚拟租用线路）和 VPLS（Virtual Private LAN Service，虚拟专用局域网服务）。VLL 在 MPLS 网络上提供的一种点到点的 L2 VPN 业务，也叫 VPWS（Virtual Private Wire Service，虚拟专用线业务），将公网模拟为一根私有电话线，可以连接 ATM、Ethernet 等不同的 L2 接入方式，不感知数据包的具体业务，完全透传到远端。VPLS 在 MPLS 网络上提供的一种点到多点、多点到多点的 L2 VPN 业务。VPLS 将公网模拟为私有的二层交换机，具有 MAC 学习、限制、老化、同步等二层特性。

L3VPN 可以当作是一个超级私有路由器，一般作为国干网的核心，起到连接各个大区节点的作用。L2VPN 如果相当于一个超级私有交换机，一般是省市城域网里面用；L2VPN 如果模拟的是点到点的私有电话线路，可以在地市接入网内使用。

具体选择何种 VPN，需要将公网模拟成路由器、交换机还是电话线，主要取决于用户的接入设备的情况，看客户接入公网的设备是 L3 接入还是 L2 接入。选择何种 VPN，和 VPN 上承载什么类型的业务关系不大。

在具体使用中，如果这个业务使用 L3 转发性能更高、可靠性更好，例如语音和视频，就可以使用 L3VPN；如果业务经常是电话会议和数字电视，涉及多播业务较多，可以利用以太网的 VPLS 来达到降低成本的效果，因为以太网基因上就支持广播和多播，维护成本更低。

L3VPN 和 L2VPN 对比分析如表 8-8 所示。

表 8-8　L3VPN 和 L2VPN 对比分析

比　较　项	L3VPN	L2VPN
接入层级	L3	L2
转发数据类型	IP 数据包	MAC 数据包
公网作用	超级私有路由器	超级私有交换机或私有电话线
位置	骨干网	城域网、接入网

（续）

比　较　项	L3VPN	L2VPN
常见技术	IPSec、BGP/MPLS	点到点 VPWS、多点到多点 VPLS
多播支持能力	协议开销大，转发开销小	协议开销小，转发开销大
适合承载业务	语音、视频	电话会议、数据会议
协议独立性	只能承载 IP 协议	承载任何 3 层协议
隧道的类型	支持 LSP/GRE/IPSec	支持 LSP/GRE
可管理性	外包路由、分权管理	外包拓扑、集中管理

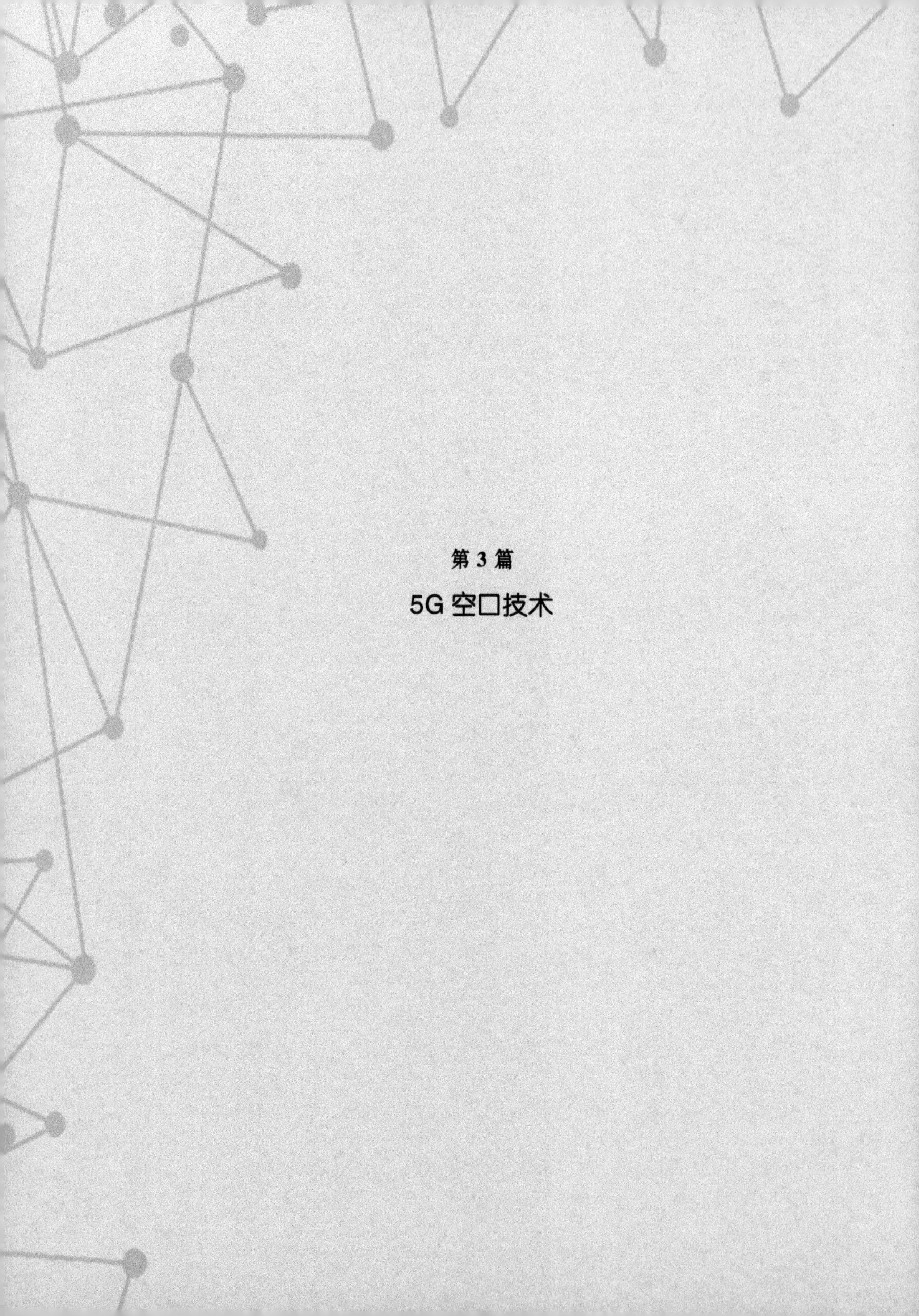

第 3 篇

5G 空口技术

第 9 章　5G 无线关键技术

本章我们将掌握：

(1) 5G 无线侧关键技术有哪些。

(2) 大规模天线阵列的原理和技术优势。

(3) 密集组网的主要挑战和关键技术。

(4) 毫米波和可见光通信。

(5) 4 种非正交接入技术。

(6) 灵活双工和同频同时双工技术。

(7) D2D 技术特点和应用。

(8) 上下行解耦技术。

《5G 无线》

大规模阵列天线，

小微站密集组网。

大气窗口毫米波，

室内热点可见光。

非正交多址接入，

全双工同频同时。

点对点设备连接，

上和下链路独立。

随着智能终端日益丰富，各行各业的应用数据量大幅增长，数据业务速率需求也呈指数级增长。容量不足一直是各个无线通信制式面临的主要问题，也是新的无线通信制式主要突破的方向。

香农公式指明了增加容量的途径：增加信道数、增加带宽、提高信噪比（见图 9-1）。

大规模天线阵列、密集组网技术、D2D 通信技术就是通过增加信道数来达到大幅增加容量的目的。毫米波和可见光的使用大幅增加了系统可使用的带宽。非正交多址接入技术通过串行干扰消除技术，降低了系统干扰，提升了系统容量。灵活双工技术能够灵活地配置上下行无线资源，大幅提高了资源效率；同频同时双工在相同的时频资源提供上下行传输，增加某一方向带宽资源的同时，也带来了干扰的增加，需要引入相应的干扰消除技术来提高信噪比，从而提高系统容量。密集组网条件下，通过小区间干扰协调来提升信噪比，也可以提升系统的容量。上下行解耦可以解决了上下行不平衡的问题，通过提高上行信号的信噪比，提高了上行容量；另外上行带宽的增加，也提升了上行的容量。

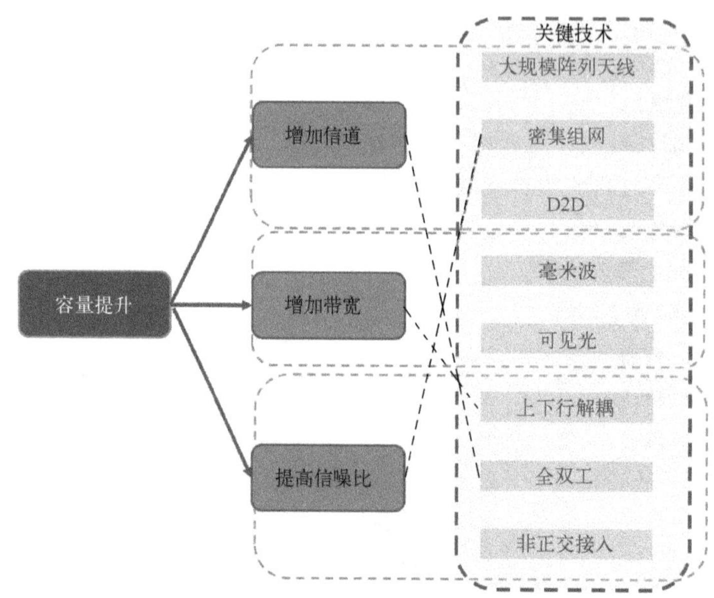

图 9-1　5G 容量提升的关键技术

9.1　大规模天线阵列

MIMO 就是“多进多出”（Multiple-Input Multiple-Output），多根天线发送，多根天线接收。LTE 时代，就已经有 2 进 2 出的 MIMO 了；LTE-A 阶段，最大可以支撑到 8 进 8 出（8×8 MIMO）。8T8R MIMO，在垂直方向上所有天线振子归属一个通道，因此无法实现垂直维度的赋形。在 3GPP 的 R13 阶段，提出了 3D-MIMO（三维多进多出天线）技术。相比传统的 8T8R 天线，3D-MIMO 不仅实现了水平面的赋形，同时通过垂直维度的通道隔离，实现不同通道内所含的很多振子进行垂直方向的独立电调，实现了垂直面的赋形。3D-MIMO 技术对波束的控制从水平的 2 个维度，增加到立体的 3 个维度，如图 9-2 所示。

TDD-LTE 网络的天线通道数目是 2 天线、4 天线或 8 天线；而到了 5G，受益于高频段技术、芯片技术及并行计算能力的突破性发展，天线的通道数目大幅增加，达到 64/128/256 个，地地道道的高增益大规模天线阵列（Large Scale MIMO）。所以 5G 的 MIMO 技术又称 Massive-MIMO。MIMO 技术的发展演进过程如图 9-3 所示。

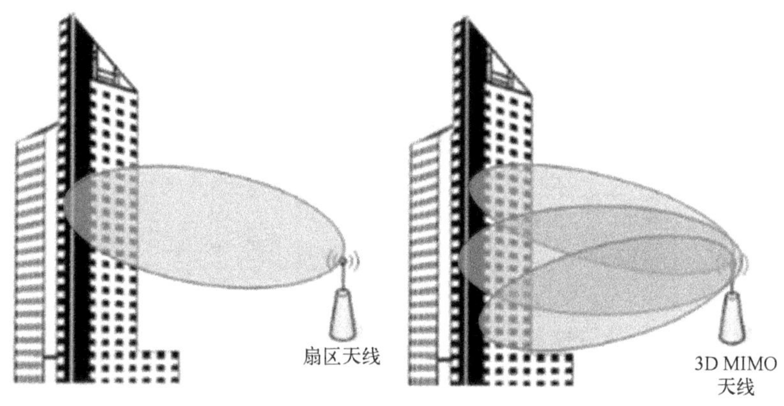

图 9-2　从二维天线到三维天线

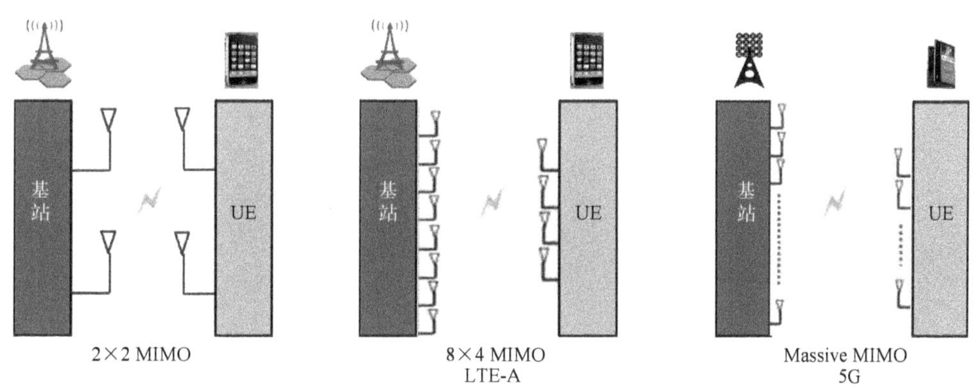

图 9-3　MIMO 技术的演进

由于 5G 使用的电磁波频率较高，天线振子的尺寸可以做得很小，单位面积的天线振子数目可以更多。Massive MIMO，就是在基站端安装几十上百根天线，从而实现大规模天线同时对多个用户发送数据，水平维度和垂直维度波束赋型都支持，最大下行速率可以高达 20 Gbit/s 以上。如图 9-4 所示，大规模天线被公认为 5G 关键技术之一。

根据工作方式的不同，可将 MIMO 工作模式分成传输分集、空间复用、波束赋型等类型。

1）传输分集：多根发射天线和接收天线间传送相同的数据流，如图 9-5 所示。传输分集有利于提高数据传送的可靠性。

2）空间复用：将高速数据流分成多个并行的低速数据流，并由多个天线同时送出，如图 9-6 所示。空间复用方式有利于提高数据传送速率。

3）波束赋型：通过不同通道电调振子幅值、相位的调整，从而使天线波束能量聚集在某一个方向上，形成特定的形状，如图 9-7 所示。波束赋型有利于增强某个用户的覆盖水平。

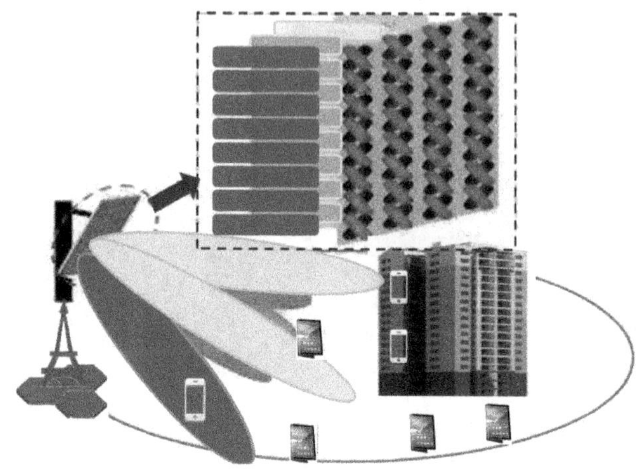

图 9-4 Massive MIMO 技术

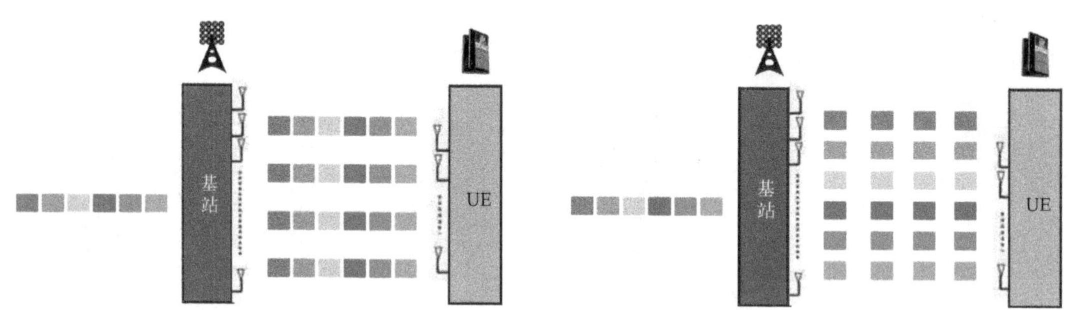

图 9-5 传输分集：无线信道传送相同信息

图 9-6 空间复用：无线信道传送不同的信息

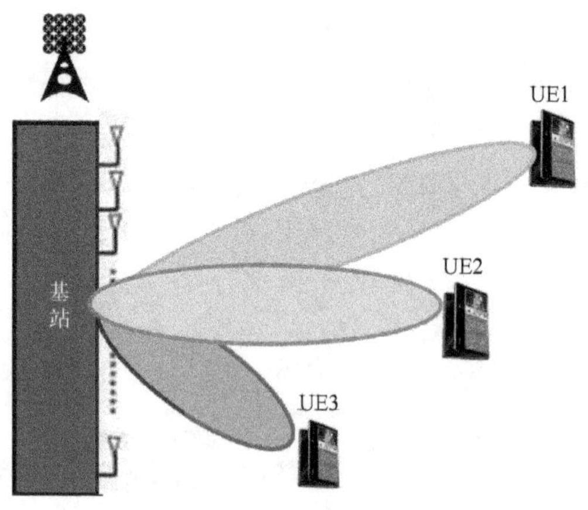

图 9-7 波束赋型

从是否需要接收天线反馈信道状态信息的角度，MIMO 技术又可以分为开环模式和闭环模式，如图 9-8 所示。在使用 MIMO 技术进行数据传输过程中，发送端无须接收端反馈信道状态信息，可以自行决定发送端振子的工作状态，这称为 MIMO 的开环传输模式；如果发送端需要接收端反馈信道状态信息，使用接收端的反馈信息来计算如何调整发送端振子的工作方式，这称为闭环传输模式。

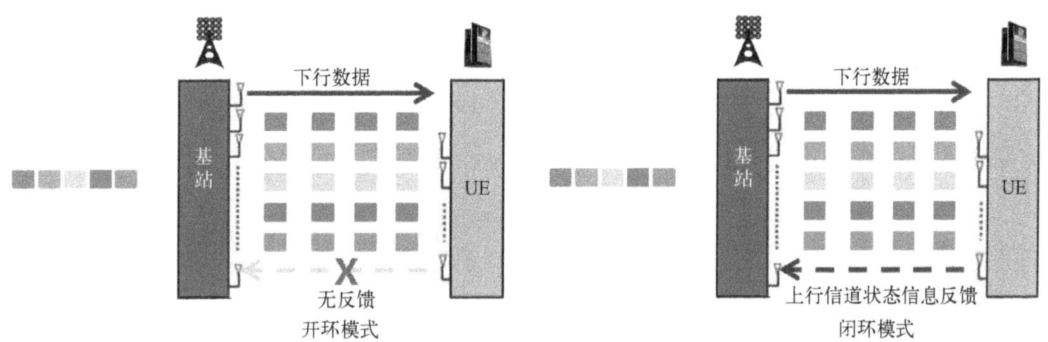

图 9-8　MIMO 的开环和闭环工作模式

9.1.1　Massive MIMO 技术原理

和 LTE 的 MIMO 相比，5G Massive MIMO（也叫 NR MIMO）的主要不同之处是基站侧的天线数远远大于用户端的天线数目。当发送端的天线数目足够大的时候，可以认为趋于无穷，这时基站到各个用户的空间无线信道趋于正交，空间信道容易区分，用户间干扰将趋于消失。

5G Massive MIMO 带来很大的阵列增益，能够有效提升每个用户的信号质量（信噪比）。于是，在相同的时频资源中，可以调度更多的用户。也就是说，基站侧采用大量天线可以提升数据速率和链路可靠性。

采用大规模天线阵列，信号可以在水平和垂直方向进行动态调整，因此能量能够更加准确地集中指向特定的 UE，可以支持多个 UE 间的空间复用，从而降低小区间干扰。采用大量收发信机（TRX）与多个天线阵列，可以将波束赋型与用户间的空间复用相结合，从而大幅提高覆盖范围内的频谱效率。如图 9-9 所示。

天线数目越大，为了保证通信系统的可靠性，MIMO 需要采用闭环工作模式，基站需要精确获取当前的信道状态信息（Channel State Information，CSI）。由于 TDD（Time Division Duplex，时分双工）系统的上下行信道间的互易性，基站能够在上行信道的相关时间得到相应的下行信道完整的非量化状态信息，从而能够采用更加灵活和准确的波束赋型技术提升小区覆盖和吞吐量。而 FDD（Frequency Division Duplex，频分双工）系统仅能依靠终端用户进行信道估计来获取下行信道状态信息，这种状态信息是并不完整的量化信息，制约了波束赋型和调度的灵活性。

大规模天线阵列的基础技术有三大类：大规模天线振子阵列、多波束、多频段。如图 9-10 所示。

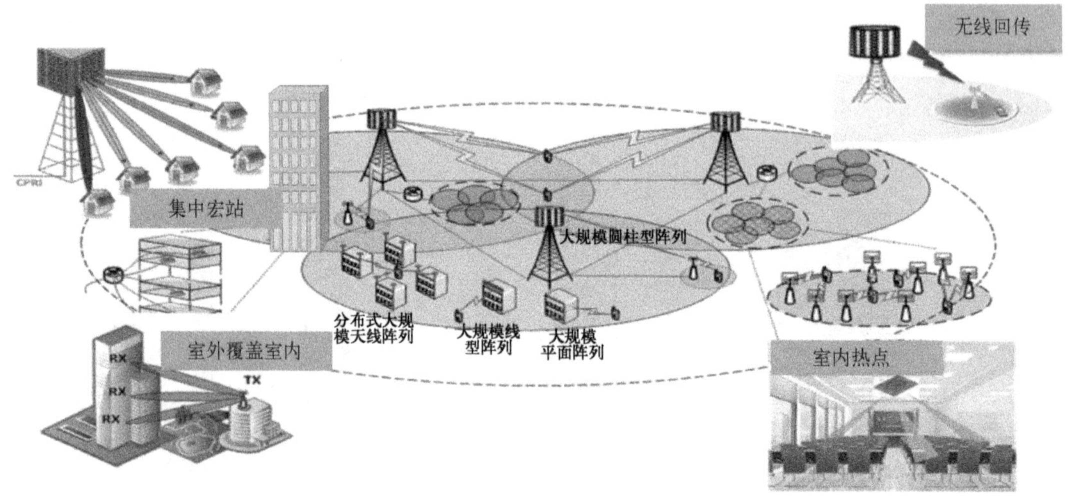

图 9-9　Massive MIMO 降低小区干扰提高频谱效率

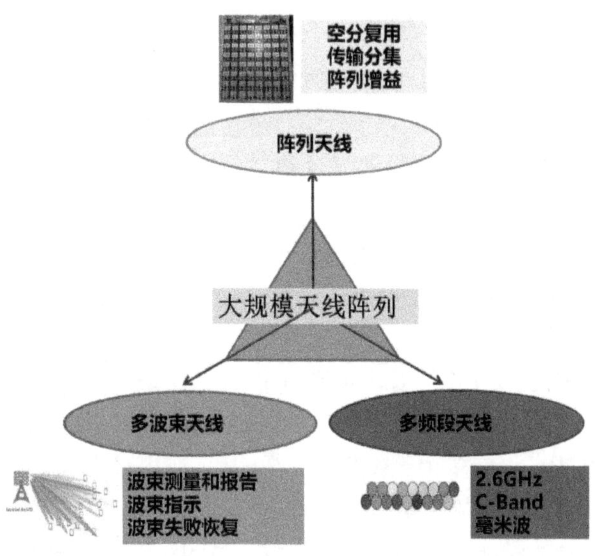

图 9-10　大规模天线的重要技术

天线大小与频率（波长）有关。

当 f=2.5 GHz 时，λ = 12 cm；当 f = 3.5 GHz 时，λ = 8.6 cm；当 f = 5.8 GHz 时，λ = 5.2 cm；当 f=28 GHz 时，λ=1.1 cm。

也就是说，随着使用的无线频率增高，无线波长 λ 会变小，一个天线振子的大小为 $\lambda/2$，那么天线的尺寸也会减少。

在大规模天线阵列系统中，天线振子的数目增多，在无线频率较低的情况下，会导致实际的天线阵列面积很大，这给基站的天面选址、天线安装、维护带来了挑战。大规模天线阵列在高频的情况下，阵列面积更容易设计得很小。

举例来说，在中心频率为 2.5 GHz 时，$\lambda = 12\,\text{cm}$，天线的间距是 $\lambda/2$，128 根天线组成的线性阵列（单一维度）的长度会达 7.7 m，这在工程上是不可接受的。

在单一维度上放置大量天线振子、工程建设是比较困难的，二维天线更易于实现，如图 9-11 所示。研究结论表明，当天线振子的垂直间距 $d_v = 2\lambda$，水平间距 $d_H = 0.5\lambda$ 时，天线阵列的分集效果、复用性能最优，如图 9-12 所示。

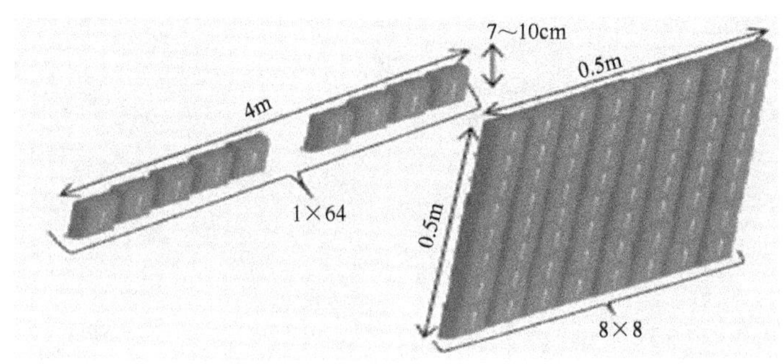

图 9-11　单一维度和二维天线阵列

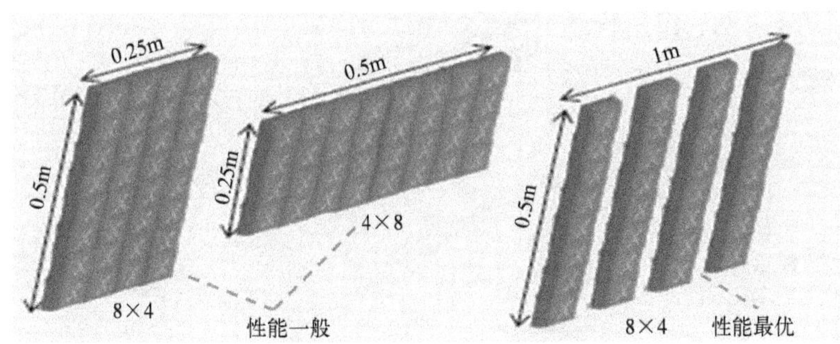

图 9-12　性能最优的天线阵列

随着天线数目的增多，天线阵列的波束赋型能力越来越强。天线阵列可以针对每个 UE 形成一个波束。天线数量越多，波束宽度可以做得越窄。不同的波束之间、不同的用户之间的干扰会比较少，因为不同的波束都有各自的聚焦区域，这些区域都非常小，彼此之间没有什么交集。

但是基站发出的窄波束不是 360°全方向的，该如何保证波束能覆盖到基站周围任意一个方向上的用户？这时候，便是波束赋型算法大显神通的时候了。简单来说，波束赋型技术就是通过复杂的算法对波束进行管理和控制，使之变得像可调方向的“聚光灯”一样。这些“聚光灯”可以找到手机都聚集在哪里，然后聚焦信号对其进行覆盖。

在低频段，一个波束就能提供较大的覆盖；但是在高频段，单个波束的覆盖范围降低，如图 9-13 所示。所以在高频段的时候，大规模天线需要多个波束协同操作才能扩展覆盖，如图9-14所示。

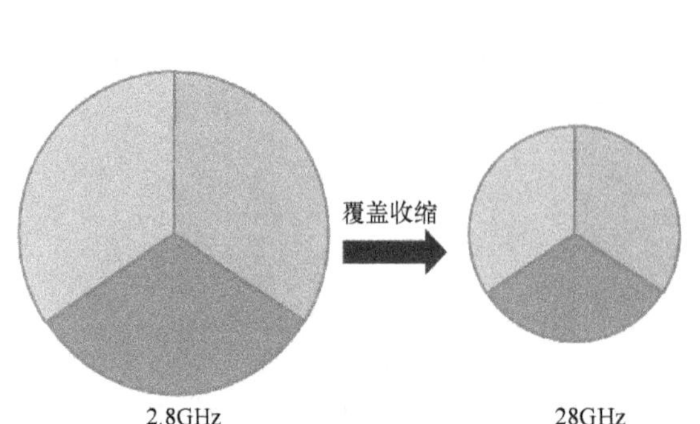

图9-13　每扇区一波束的覆盖

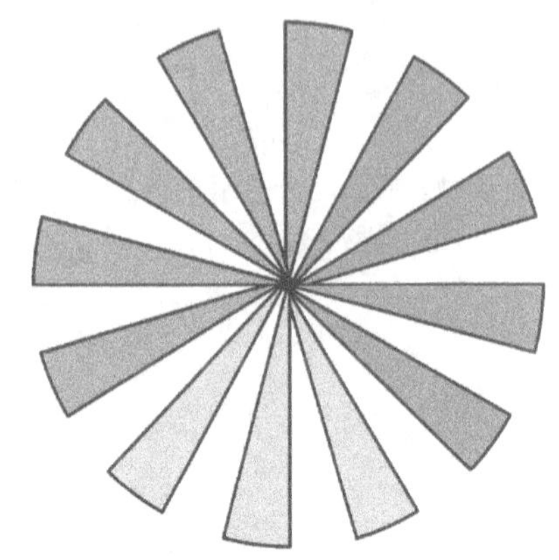

图9-14　多个波束协同操作扩充覆盖

多波束的协同操作，如图9-15所示，需要终端基于波束进行测量，测量的结果上报基站；基站根据多个波束的报告进行协同计算，指示下行参考信号的波束方向，以此来确定控制波束或数据波束的方向；如果终端和基站之间波束被突如其来的物体阻挡，基站和终端进行交互以便从波束故障中快速恢复。5G UE能够基于MIMO的波束进行测量，而4G UE仅能测量基于小区的参考信号，这也是5G MIMO的优势之一。

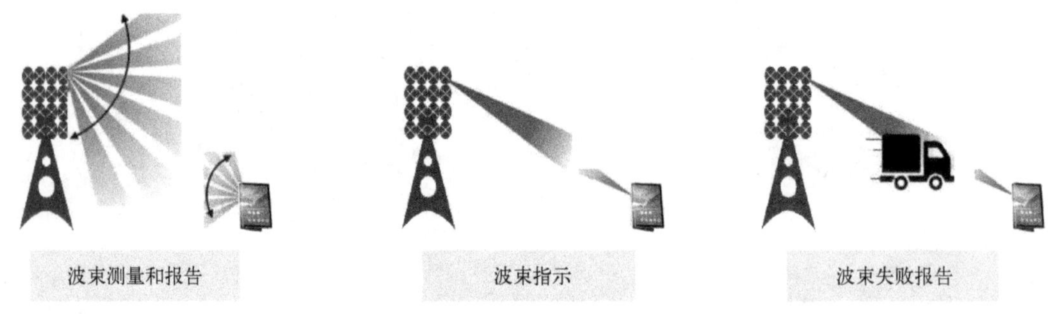

图9-15　多波束操作技术

Massive MIMO具有极精确的用户级超窄波束能力，并可以根据用户位置调整波束的方向，将能量精确地投放到用户所在的地方。相对传统宽波束天线来说，Massive MIMO超窄波束能力可提升信号覆盖、降低小区间的用户干扰。

天线波束赋型分为静态波束和动态波束。广播信道和控制信道，采用小区级静态波束，是一种窄波束，在合适的时频资源里发送窄波束，通过轮询扫描的形式覆盖整个小区，可以依场景进行波束定制和规划；数据业务的波束采用用户级动态波束赋型，无须进行波束定制。

在5G时代，每个运营商现网都拥有多个频段，有2 GHz以下的频段，2~3 GHz之间的频段，3～6 GHz 的频段，以及 6G 以上的毫米波高频段。这就要求基站和手机都要具备多种频段的能力，且可以支持不同频段间灵活配置和调度。5G 时代，无线侧可以感知无线频谱环境，根据无线频谱环境的情况，基站和手机可以选择干扰最小的频率作为工作频率，如图 9-16 所示。

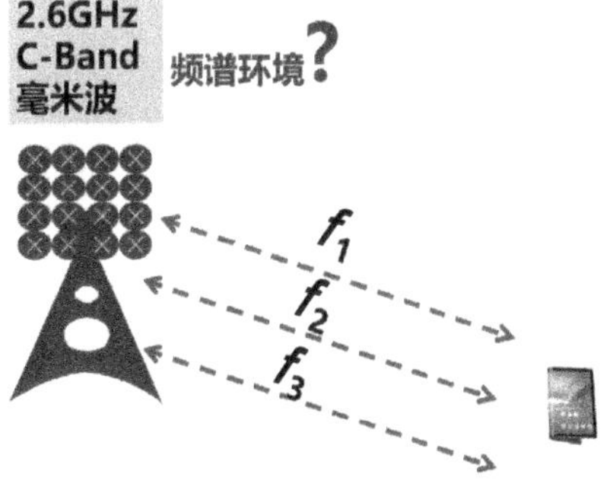

图 9-16　多频段天线

9.1.2　Massive MIMO 的技术优势

大规模天线，会给 5G 系统的性能带来哪些好处？不外乎增加系统覆盖、提高系统容量、提高用户峰值速率、增加链路质量（可靠性）。这些好处是由下面各种类型的增益带来的。

首先是阵列增益，大小和天线个数（M）的对数 lg（M）强相关。在单天线发射功率不变的情况下，增加天线个数，利用各天线上信号的相关性和噪声的非相关性，使接收端通过多路信号的相干合并，获得平均信噪比（SNR）的增加，从而改善系统的覆盖性能。

还有分集增益。同一路信号经过不同路径到达接收端，利用各天线上信号深衰落的不相关性，减少合并后信号的衰落幅度，可以对抗多径衰落，从而减少接收端信噪比（SNR）的波动。独立衰落的分支数目越大，接收端的信噪比波动越小，分集增益越大。分集增益，可以改善系统的覆盖，增加链路的可靠性。

空间复用增益。在相同发射功率、相同带宽的前提下，通过增加空间信道的维数，让多个相互独立的天线并行地发送多路数据流，可以提高极限容量和改善峰值速率。这个容量的增长和峰值速率的提升就是空间复用增益。

干扰抑制增益。在多天线收发系统中，空间存在的干扰有一定的统计规律性，利用信道估计的技术，选择合适的干扰抑制算法，可以降低接收端的干扰，提高信噪比。干扰抑制可以改善系统覆盖，提高系统容量，增加链路可靠性，但是对峰值速率没有贡献。

从理论上看，天线数越多越好，系统容量也会成倍提升。但是天线规模增大，对芯片计算能力、工艺水平的要求指数级增长，对同步精度的要求也会增加，付出的成本也会大幅提升，所以现阶段天线数目最大是 256 个。

5G Massive MIMO 天线的使用可以带来哪些好处？

1）提供丰富的空间资源，支持空分多址 SDMA。

2）相同的时频资源在多个用户之间复用，提升频谱效率。

3）同一信号有更多可能的到达路径，提升了信号的可靠性。

4）抗干扰能力强，降低了对周边基站的干扰。

5）窄波束可以集中辐射更小的空间区域，减少基站发射功率损耗。

6）提升小区峰值吞吐率、小区平均吞吐率、边缘用户平均吞吐率。

和 LTE MIMO 相比，NR MIMO 的优势如表 9-1 所示。

表 9-1　LTE MIMO 和 NR MIMO 对比

3GPD 标准	天线数目	作用	干扰抑制	多波束操作	天线逻辑端口
LTE R8	2×2，4×4	频谱效率提升	存在信道干扰	不支持	固定模式 4 个天线端口
LTE-A R13	8×8	频谱效率提升	较少的信道干扰	不支持	固定模式 32 个天线端口
NR R15	64×64、 128×128、 256×256	频谱效率提升 （对 6 GHz 以上的频率） 覆盖增强	信道间干扰 将趋于消失	波束测量和报告 波束指示 波束恢复	可配置模式 32 个天线端口 6 GHz 以上频段

3GPP 的 R16 版本中，对 NR MIMO 进行了增强，包括以下内容：

1）对多用户 MIMO 的闭环模式，权衡性能和开销，降低信道状态信息的开销。

2）针对毫米波，增强多波束操作功能和性能。

3）增强上下行链路控制信令的非相干联合传输性能，提高传输的可靠性和稳健性。

9.1.3　Massive MIMO 场景部署方案

Massive MIMO 适用于城区宏蜂窝小区和微小区联合部署的场景。微小区为大部分用户提供服务，而中心基站部署大规模天线为微小区范围外的用户提供服务。中心宏基站对微小区进行控制和调度。

根据不同场景需求配置不同的广播和控制信道波束，以匹配多种多样的覆盖场景，如图 9-17 所示。

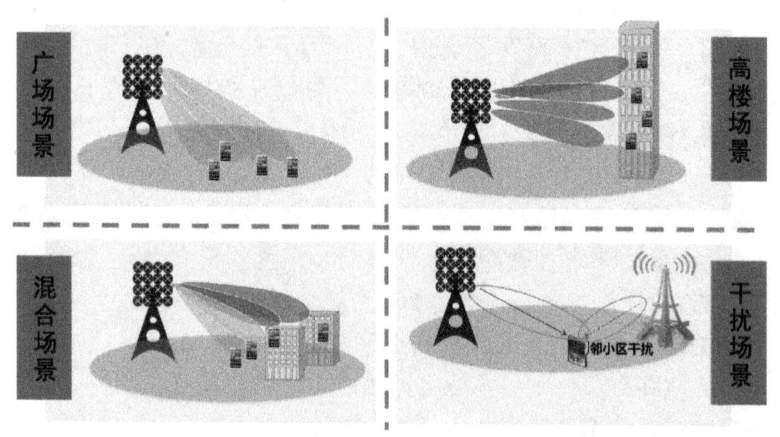

图 9-17　Massive MIMO 的场景部署方案

1）广场覆盖：近点使用宽波束，保证接入；远点使用窄波束，提升覆盖。

2）高楼场景：使用垂直面覆盖比较宽的波束，提升垂直覆盖范围。

3）混合场景：既有广场又有高楼，采用水平、垂直覆盖角度都比较大的波束。

4）区间干扰场景，可以使用水平扫描范围相对窄的波束，避免强干扰源。

我们把部署 Massive MIMO 的场景进一步细分，整理出 16 个子场景，如表 9-2 所示。

表 9-2　Massive MIMO 部署细分场景

覆盖场景 ID	覆盖场景	场景介绍	水平 3 dB 波宽	垂直 3 dB 波宽	倾角可调范围	方位角可调范围
场景_1	广场场景	非标准 3 扇区组网，适用于水平宽覆盖，水平覆盖比场景 2 大，比如广场场景和宽大建筑。近点覆盖比场景_2 略差	110°	6°	−2°～9°	0°
场景_2	干扰场景	非标准 3 扇区组网，当邻区存在强干扰源时，可以收缩小区的水平覆盖范围，减少邻区干扰的影响。由于垂直覆盖角度最小，适用于低层覆盖	90°	6°	−2°～9°	−10°～10°
场景_3	干扰场景	非标准 3 扇区组网，当邻区存在强干扰源时，可以收缩小区的水平覆盖范围，减少邻区干扰的影响。由于垂直覆盖角度最小，适用于低层覆盖	65°	6°	−2°～9°	−22°～22°
场景_4	楼宇场景	低层楼宇，热点覆盖	45°	6°	−2°～9°	−32°～32°
场景_5	楼宇场景	低层楼宇，热点覆盖	25°	6°	−2°～9°	−42°～42°
场景_6	中层覆盖广场场景	非标准 3 扇区组网，水平覆盖最大，且带中层覆盖的场景	110°	12°	0°～6°	0°
场景_7	中层覆盖干扰场景	非标准 3 扇区组网，当邻区存在强干扰源时，可以收缩小区的水平覆盖范围，减少邻区干扰的影响。由于垂直覆盖角度相对于场景_1～场景_5 变大，适用于中层覆盖	90°	12°	0°～6°	−10°～10°
场景_8	中层覆盖干扰场景	非标准 3 扇区组网，当邻区存在强干扰源时，可以收缩小区的水平覆盖范围，减少邻区干扰的影响。由于垂直覆盖角度相对于场景_1～场景_5 变大，适用于中层覆盖	65°	12°	0°～6°	−22°～22°
场景_9	中层楼宇场景	中层楼宇，热点覆盖	45°	12°	0°～6°	−32°～32°
场景_10	中层楼宇场景	中层楼宇，热点覆盖	25°	12°	0°～6°	−42°～42°
场景_11	中层楼宇场景	中层楼宇，热点覆盖	15°	12°	0°～6°	−47°～47°
场景_12	广场+高层楼宇场景	非标准 3 扇区组网，水平覆盖最大，且带高层覆盖的场景。当需要广播信道体现数据信道的覆盖情况时，建议使用该场景	110°	25°	6°	0°
场景_13	高层覆盖干扰场景	非标准 3 扇区组网，当邻区存在强干扰源时，可以收缩小区的水平覆盖范围，减少邻区干扰的影响。由于垂直覆盖角度最大，适用于高层覆盖	65°	25°	6°	−22°～22°

（续）

覆盖场景 ID	覆盖场景	场景介绍	水平 3 dB 波宽	垂直 3 dB 波宽	倾角可调范围	方位角可调范围
场景_14	高层楼宇场景	高层楼宇，热点覆盖	45°	25°	6°	-32°～32°
场景_15	高层楼宇场景	高层楼宇，热点覆盖	25°	25°	6°	-42°～42°
场景_16	高层楼宇场景	高层楼宇，热点覆盖	15°	25°	6°	-47°～47°

9.2 密集组网

我们来看这样一个场景：冬天的广场上，举行篝火晚会。所有人围站在一个大的篝火旁取暖效果好，还是分组围站在若干个小的篝火旁取暖效果好？大篝火只需要部署一次，火势强劲，靠近篝火的人会很热，但远离篝火的人会很冷，冷热不均匀，如图 9-18 所示。小篝火方案需要多点部署，人数虽然多，但被分组站在若干个小的篝火旁，不需要层层围站，每个小的篝火，火势一般，靠近篝火的人感觉自然舒适，如图 9-19 所示。

图 9-18　大功率方案

图 9-19　小功率方案

在移动通信网络中，基站体积越小，数量越多，就越可以多点部署。多点部署后，发射功率可以降下来，覆盖水平却可以提升很多，数据业务速率也会大幅提升。小功率天线多点覆盖可以实现无线信号的均匀、适度覆盖，信号覆盖水平远比大功率方案好。

5G 时代，在密集街区、密集住宅、办公室、公寓、大型集会、体育场、购物中心、地铁等流量热点场景，每平方公里的流量需满足 10 Tbit/s，每平方公里的连接数要满足 100 万，用户体验速率需要达到 1 Gbit/s。超密集组网（Ultra Dense Network，UDN），通过小功率基站多点部署，可以实现 5G 信号的均匀适度覆盖，大幅提升频率复用效率和网络容量，将成为热点高容量场景的关键技术，如图 9-20 所示。

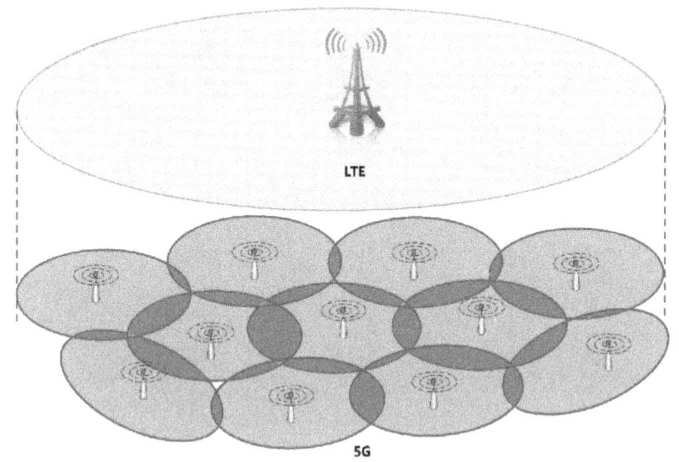

图 9-20 5G 热点区域的超密集组网

9.2.1 UDN 的主要特点

看到 UDN，有些工程师产生了密集恐惧症，总觉得会带来各种问题。

在 5G 时代，超密集组网的区域中，各种无线接入制式（Radio Access Technology，RAT）都会存在，有 2G/3G 小基站的接入，LTE 小基站的接入，5G 小基站的接入，WiFi AP 的接入、物联网无线传感网的接入、车联网的接入等。也就是说，5G 时代的超密集组网一定是异构网络，如图 9-21 所示。

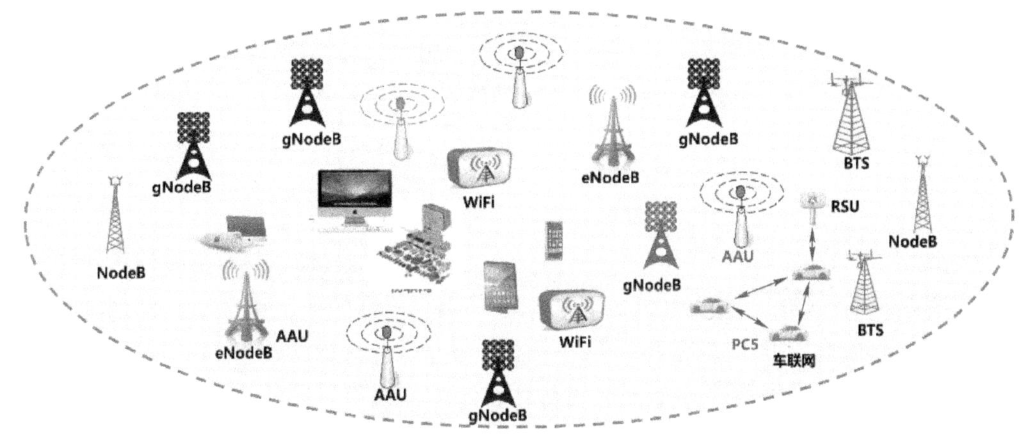

图 9-21 超密集异构组网

超密集组网通过超大规模低功率节点实现热点增强、消除盲点，从而改善网络覆盖、提高系统容量。但是随着站点密度的增加，高速移动的用户会频繁切换，同时一个用户会受到多个密集邻区的同频干扰，到了一定程度，用户体验速率将急剧下降。

超密集组网具有均匀覆盖、提升容量的好处，但是与此同时，移动性处理和干扰协调所产生的信令负荷会随着站点密度的增长呈二次方的增长，如图 9-22 所示。如何在不同小区间进行资源联合优化、负载均衡，是超密集组网必须解决的问题。

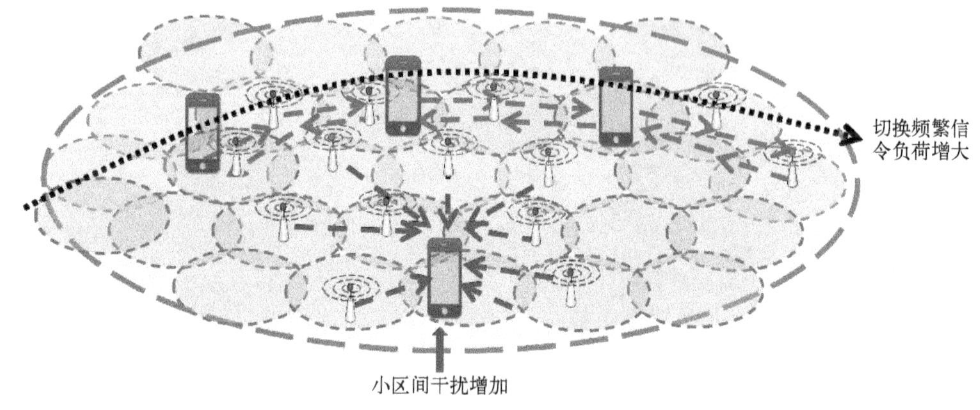

图 9-22　超密集组网带来的问题

超密集组网需要部署大规模的小基站，基站数目的增加，必然需要更多的站址资源、天面资源、传输资源，这样会增加运营商初期的建网成本和后期的运维成本。

综上所述，超密集组网带来好处的同时，也需要付出相应的代价，如图 9-23 所示。

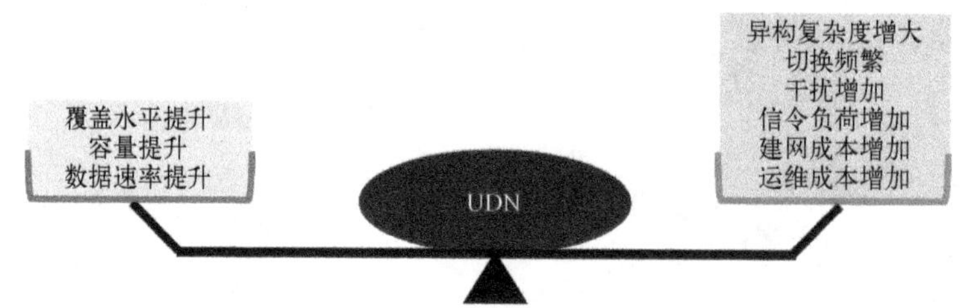

图 9-23　超密集组网的代价和收益

9.2.2　UDN 关键技术

6.2 节介绍了 5G RAN 是以用户为中心来设计无线网络架构，用虚拟小区的技术实现了网随人动。虚拟化小区技术是指打破小区的边界限制，提供无边界的无线接入技术；Cloud RAN 技术可以把异构网的基带资源池化、云化，实现了同一个 RAN 架构下，不同制式、不同位置、不同形态站点的有效协同。虚拟化小区和 Cloud RAN 技术是 UDN 最主要的关键技术，如图 9-24 所示。虚拟化小区由实体层（实体微基站小区）和虚拟层（虚拟小区）组成。虚拟层负责虚拟小区的控制信令，负责移动性管理、实体小区间的干扰协调和无线资源协同。实体微基站小区承载数据传输。

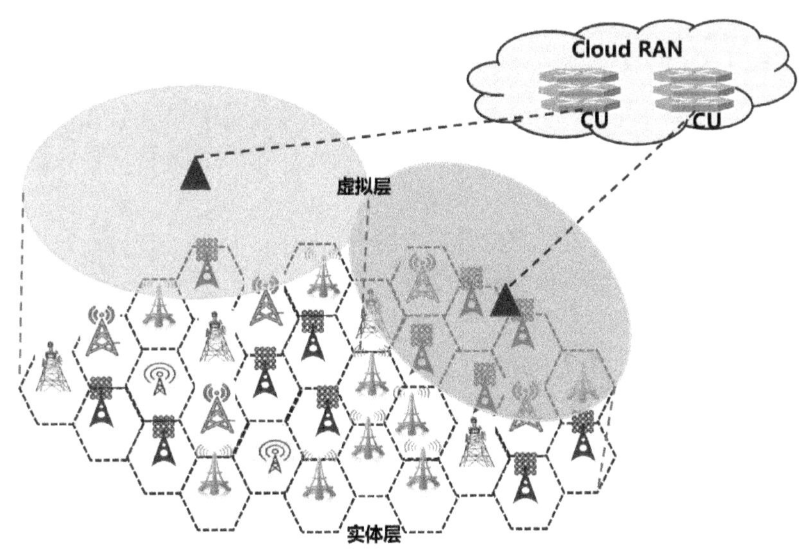

图 9-24　虚拟化小区+Cloud RAN 技术

通过 Cloud RAN 技术实现控制和承载分离，覆盖水平主要取决于控制面，容量水平主要取决于承载面。根据业务需求灵活扩展控制面和数据面资源，也就是说，覆盖和容量可以分别设计。通过 Cloud RAN 技术将基站部分的无线控制功能抽离，进行簇化集中式控制。一个虚拟小区可以分为一个或多个簇（Cluster）。

基于簇化集中式控制的虚拟小区技术的核心思想是“以用户为中心”分配资源，达到“一致用户体验”的目的。UE 在虚拟小区的不同小区簇间移动，不会发生小区切换/重选。簇化集中式控制，可以将实体小区间的干扰转化成有用信号，从而使干扰得到管理与抑制。

小小区簇是比簇更小的小区集合。通过调整每个子帧、每个小区的开关状态，从而动态形成小小区分簇。小小区动态调整技术也是 UDN 的关键技术，对于没有用户连接或者无须提供额外容量的小小区簇可以关闭，从而降低对临近小小区的干扰。在超密小区分簇的情况下，将话务量较低的小小区簇关断，使其进入休眠模式，这样可以提高无线网络的性能，提高无线资源的利用效率。

小小区动态调整技术也用于密集组网中应对突发话务。举例来说，对于展会或者大型比赛这种突发性质的集会和赛事，用户群体网络分享行为较为普遍，对上行容量要求较高。因此，根据实时话务的情况将上下行子帧配比动态调整为上行占优；电影音乐等大数据下载业务对下行资源需求较高的场景，需要使用小小区动态调整技术扩充更多的下行资源。

超密集组网的业务流量大，对从基站到核心网的承载网的回传带宽需求也较大。回传技术也是超密集组网的关键技术。回传的带宽需求在 10 Gbit/s 以上。超密集组网典型的回传网架构包括微基站、汇聚节点和核心网节点。汇聚节点可以由宏基站来做。

从回传网使用的传输媒介来分，回传网可以分为有线回传网（见图9-25）和无线回传网（见图9-26）。有线回传网需要铺设光纤线路，由于站点密度大，光纤铺设需求量大，工程成本高。无线回传技术灵活性较高，但是要求回传的两个节点之间间距小且没有遮挡物。密集分布的微基站到汇聚节点（宏基站）之间可以是点对点链路，也可以是多跳的树形或环形拓扑。

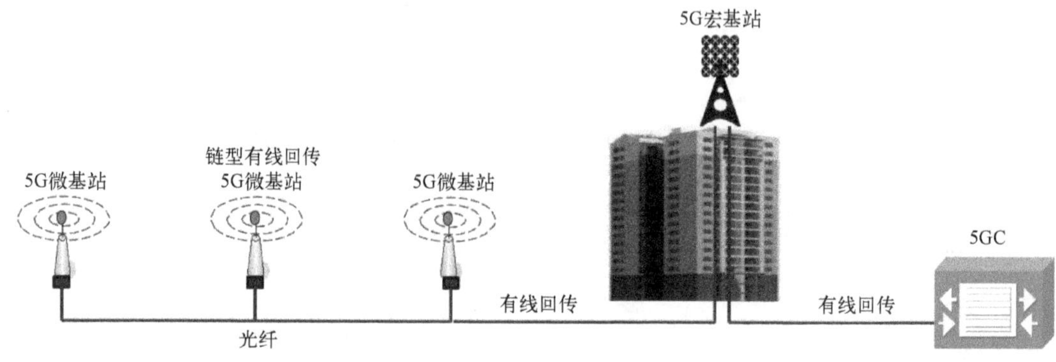

图9-25　UDN有线回传架构

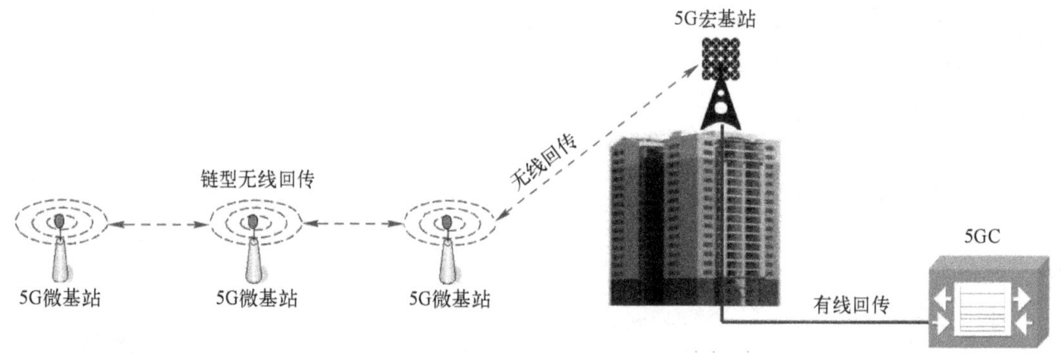

图9-26　UDN无线回传架构

9.2.3　UDN场景化部署

5G超密集组网（UDN）一般在城市热点和密集城区部署，如图9-27所示。5G超密集组网的部署场景特点有5“多”：多系统（异构），多分层（微覆盖层、宏覆盖层、簇、小小区簇），多小区（室内小区、室外小区）、多频段、多载波。

5G超密集组网可以分为两种场景化部署方案：宏基站+微基站方案、微基站+微基站方案。

（1）宏基站+微基站部署方案

在业务层面，由宏基站负责低速率、高移动性类的数据传输，微基站主要承载高带宽业务。宏基站负责覆盖以及微基站间资源协同管理、移动性管理等，微基站负责容量。

根据业务发展需求以及分布特性灵活部署微基站，提升用户体验，提升资源利用率。

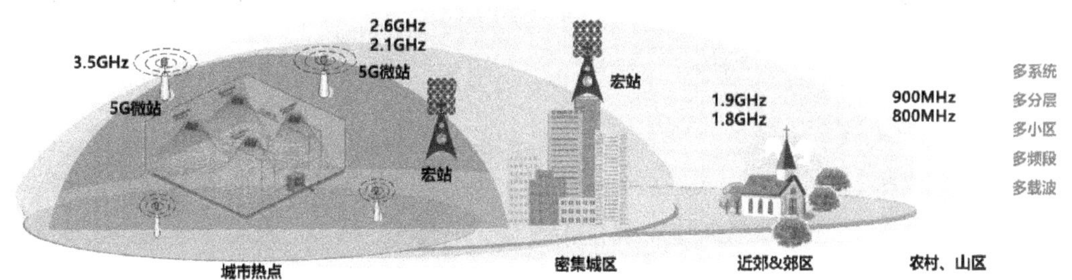

图 9-27　UDN 城市热点部署

（2）微基站+微基站部署方案

在网络负载低时，分簇化集中管理微基站，由同一簇内的微基站组成虚拟宏基站，负责覆盖和微基站间的资源协同管理。虚拟宏基站需要簇内多个微基站共享资源（包括信号、信道、载波等），在这些共享的资源上进行控制面信令的传输，以达到虚拟宏小区的目的。同时，各个微基站在其剩余资源上单独进行用户面数据的传输，终端可获得接收分集增益，提升了接收信号质量。这种方案本质上是虚拟宏基站和微基站组网，实现控制面与数据面的分离。但当网络负载高时，每个微基站成为一个独立的小区，发送各自的数据信息，实现了小区分裂，从而提升了网络容量。

9.3　毫米波和可见光

移动通信传统 6 GHz 以下的工作频段十分紧张，而且连续的可用带宽不大，不利于大带宽的实现。6 GHz 以上的高频段可用频谱资源丰富，能够有效缓解频谱资源紧张的现状，而且连续可用的带宽较大，有利于支持大带宽、高速短距离的通信，如图 9-28 所示。

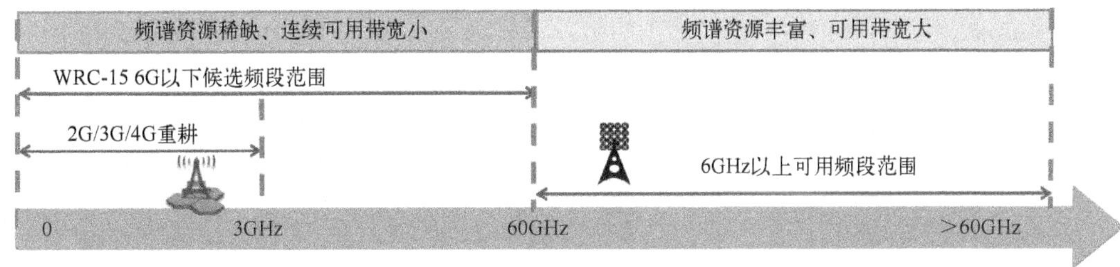

图 9-28　5G 移动通信系统候选工作频段

9.3.1　毫米波的优缺点

6 GHz 以上的频段都称之为高频段。毫米波是波长在 1～10 mm，频率在 30～300 GHz

之间的电磁波。广义的毫米波也包括20~30 GHz的电磁波。毫米波通信就是指以毫米波作为传输信息的载体而进行的通信。

毫米波频率高、波长短，具有如下优点：

1）波束窄、方向性好，以直射波的方式在空间进行传播，典型的视距传输。

在相同天线尺寸下毫米波的波束要比微波的波束窄得多。举例来说，一个12 cm的天线，在9.4 GHz时波束宽度为18°，而94 GHz时波束宽度仅1.8°。具有极高的空间分辨力，跟踪精度较高。在电子对抗中，通信系统使用毫米波窄波束，敌方难以截获。

2）可用频谱大、支持超大带宽。毫米波有上GHz的连续可用频谱。配合各种多址复用技术的使用可以极大提升信道容量，适用于高速多媒体传输业务。

3）由于频段高，干扰源很少，具有高质量、恒定参数的无线传输信道。

4）对沙尘和烟雾具有很强的穿透能力，几乎能无衰减地通过沙尘和烟雾。激光和红外在沙尘和烟雾的环境中传播损耗相当大，而毫米波在这样的环境中却有明显优势。

5）天线尺寸很小，易于在较小的空间内集成大规模天线阵。

毫米波的缺点也非常明显：

1）相对于微波来说，由于频率高，在大气中传播衰减严重。无线电波频率升高一倍，大气中的传播损耗增加6 dB，所以毫米波在大气中衰减严重。降雨时衰减大，降雨的瞬时强度越大、雨滴越大，所引起的衰减也就越严重。毫米波的单跳通信距离相对于微波来说较短。

2）毫米波器件加工精度要求高。与微波雷达相比，毫米波雷达的元器件目前批量生产成品率低。再加上许多器件在毫米波频段均需涂金或者涂银，因此器件成本较高。

毫米波目前的应用研究集中在几个“大气窗口”频率和3个“衰减峰”频率上。

“大气窗口”是指35 GHz、45 GHz、94 GHz、140 GHz、220 GHz频段，在这些特殊频段附近，毫米波传播受到的衰减较小。一般来说，“大气窗口”频段比较适用于点对点通信，已经被地空、空地导弹和地基雷达所采用。而在60 GHz、120 GHz、180 GHz频段附近的衰减出现极大值，高达20 dB/km以上，被称作“衰减峰”。通常这些“衰减峰”频段被多路分集的隐蔽网络和系统优先选用，用以满足网络安全系数的要求。

5G毫米波4个常见推荐频段为28 GHz、37 GHz、39 GHz和57~66 GHz，如图9-29所示，后期还可能拓展其他频点。这4个推荐频段能在多路径环境中进行相对较远距离的传播，并且能用于非可视距离通信。具有波束成形与波束追踪功能的高定向毫米波天线，能提供高度安全且稳定的无线通信。

在5G移动通信领域，毫米波主要应用于室内流量热点场景，也用于5G基站与5G基站之间的无线回传，还用于基于D2D（Device to Device，设备到设备）技术的高频通信、车载通信等场景，如图9-30所示。

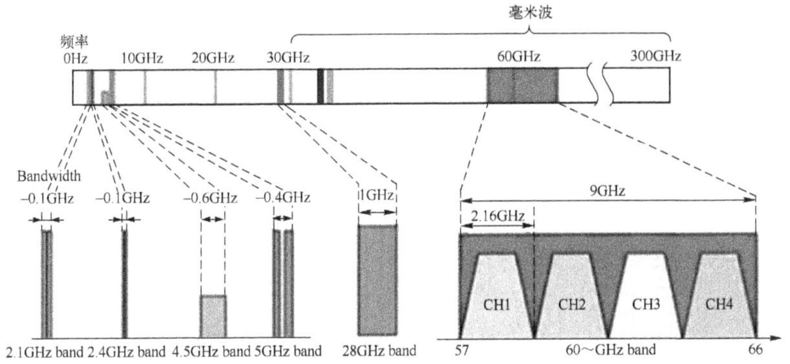

图 9-29　毫米波推荐频段

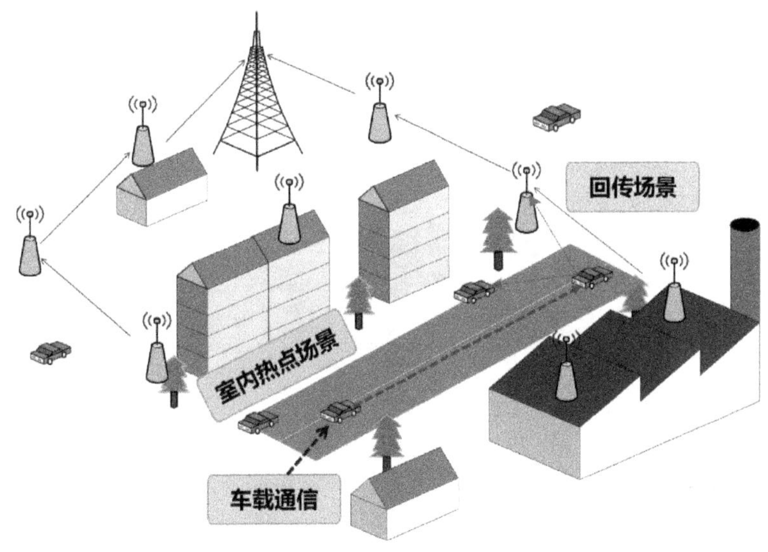

图 9-30　毫米波应用场景

9.3.2　可见光通信

可见光通信（Visible Light Communication，VLC）是利用荧光灯或发光二极管等发出的肉眼看不到的高速明暗闪烁信号来传输信息的。高速数据流传送到室内小微基站上，小微基站上装有 LED 照明装置，通电后打开开关即可使用。利用这种技术做成的系统能够覆盖室内灯光达到的范围，计算机不需要网线连接，因而具有广泛的应用前景，如图 9-31 所示。

给普通的 LED 灯泡装上微芯片，可以控制它每秒数百万次闪烁，亮了表示 1，灭了表示 0。由于频率太快，人眼根本觉察不到，光敏传感器却可以接收到这些变化。二进制的数据就被快速编码成灯光信号并进行了有效的传输。灯光下的计算机，通过一套特制的接收装置传输信号。有灯光的地方，就有网络信号。关掉灯，网络全无。

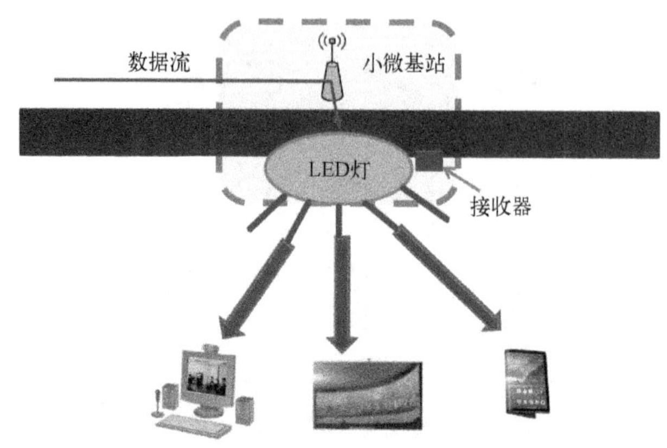

图 9-31 可见光通信示例

可见光的频率范围 $4\times10^{14}\sim7.9\times10^{14}$ Hz，对应的波长为 780~380 nm，如图 9-32 所示。光纤通信的光不是可见光，波长在 1200~1600 nm 区间，该区间的光在光纤中传播损耗最小。可见光在光纤中传导的损耗大，不适合在光纤中应用。

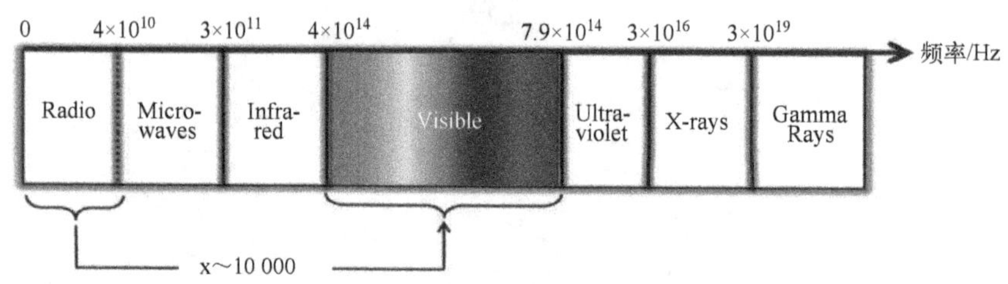

图 9-32 可见光频率范围

可见光通信有很多好处。可见光频谱带宽是无线电频谱带宽的上万倍，意味着更大的带宽和更高的速度。信号源为 LED，成本低、功耗低。可实现高速率传输，单个 LTE 最大可传送 3.5 Gbit/s 的速率，数据速率可能达到或超过光纤通信。可见光不易穿透障碍物，干扰小，可在照明的同时提供通信。

与 WiFi 相比，可见光通信系统可利用室内照明设备，代替 WLAN AP 基站，只要在室内灯光照到的地方，就可以长时间下载和上传高清视频数据，俗称“灯光上网”。该系统还具有安全性高的特点，用窗帘遮住光线，信息就不会外泄至室外。同时使用多台计算机也不会影响通信速度。可见光通信被称为 Lifi。

无线电信号需要数量庞大的基站来提供覆盖，能量利用效率低。相比之下，全世界使用的灯泡却取之不尽，尤其在国内 LED 光源正在大规模取代传统白炽灯。只要在任何不起眼的 LED 灯泡中增加一个微芯片，便可让灯泡变成可见光通信发射器。现已经实现，点亮一盏小的 LED 灯，4 台计算机即可同时上网、互传网络信号，即“一拖四”。

可见光通信在 5G 中可用于室内短距离通信、车联网通信等，如图 9-33 所示。

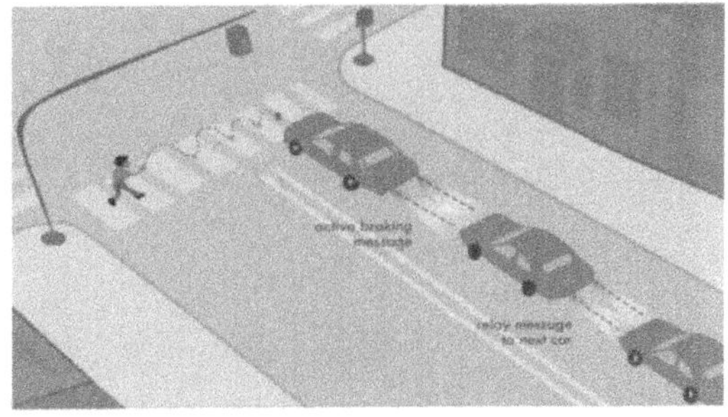

图 9-33　可见光通信使用场景

目前可见光通信的缺点是仅能实现单向通信，可见光通信无法与射频通信进行无缝切换。如何实现可见光双向通信，如何实现可见光通信与射频通信的无缝切换，是需要密切关注的技术动向。

9.4　新多址接入

多址接入技术是多用户进行信道复用的技术方式，即将多个用户要传送的数据分配到时间、频率、码字等资源上进行传送的技术。多址接入技术关系到空口资源、网络容量、频谱利用效率，从根本上影响基带处理能力和射频性能，进而影响到系统的复杂度和部署成本。

从 1G 到 4G 无线通信系统，大都采用了正交多址接入（Orthogonal Multiple Access，OMA）方式来避免多址干扰，如图 9-34 所示。接收端使用线性接收机来进行多用户检测、复杂度相对较低，但系统容量受限于可分割的无线资源的数目。5G R15 版本，主要是 eMBB 场景，仍然采用和 4G 一样的正交多址接入方式——OFDMA。但是 OFDMA 的多址接入方式已经接近点对点信道容量的极限，进一步提升的空间有限。

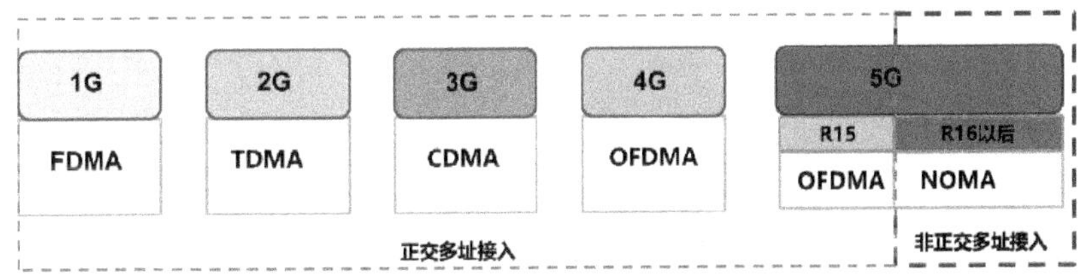

图 9-34　多址接入技术代际革新

基于正交多址接入技术，无法适应 5G 的大连接场景（mMTC）和低时延场景（uRLLC）。为了进一步增强频谱效率，提升有限资源下的用户连接数，满足低时延高可靠的应用需求，人们提出了很多非正交多址接入（Non-Orthogonal Multiple Access，NOMA）技术。

目前已经有十多种候选的非正交多址接入技术，其中比较有优势的技术如下：

1）滤波 OFDM：Filtered OFDM（F-OFDM）。

2）稀疏编码多址接入：Sparse Code Multiple Access（SCMA）。

3）多用户共享接入（仅用于上行）：Multi-User Shared Acess（MUSA）。

4）图样分割多址接入：Pattern Defined Multiple Access（PDMA）。

9.4.1 NOMA 的关键技术

正交多址技术只能为一个用户分配单一的时域、频域、空域、码域组成的无线资源，对接收机的要求比较简单，无法保证整体容量最优和所有用户的公平，如图 9-35 所示。非正交多址接入技术通过功率复用或特征码本设计，允许不同用户占用相同的时域、频域、空域等资源，相对于正交多址技术来说，系统容量可以取得明显的增益，尤其是在物联网大连接和低时延的场景下。

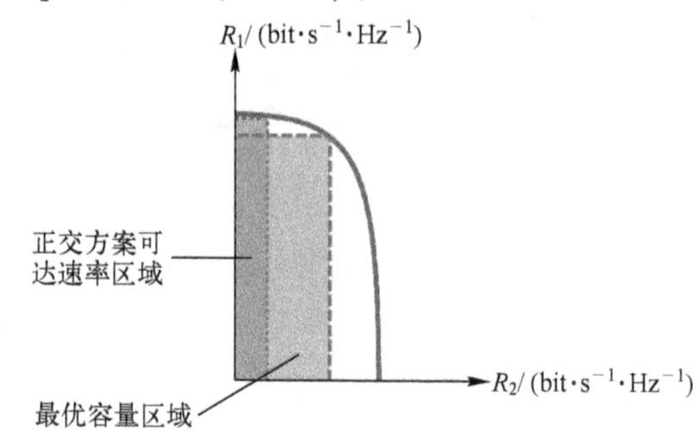

图 9-35　正交方案并非最优

注：用户 1 是 SNR 最强的用户。

对于上行密集场景，广覆盖多节点接入，远近效应明显，采用功率复用的非正交接入多址方式，多个用户同时占用相同的时频资源，弱信号用户先解码强干扰，消除干扰的影响，再解码自己的消息，多个用户均可提升自己的速率，可实现最优整体容量，并改善弱用户最大速率，如图 9-36 所示。由于时频资源的非正交分配，NOMA 具有更高的过载率，从而在不影响用户体验的前提下增加了系统总体吞吐量，满足 5G 的海量连接、低时延和高频谱效率的需求。

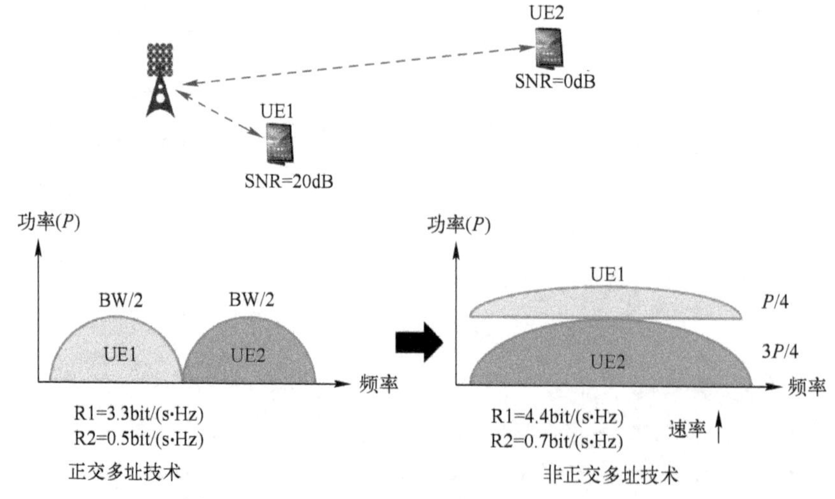

图 9-36　非正交多址技术提升每个用户的速率

由于NOMA技术中多用户在相同的无线资源上进行信号叠加发送，主动引入干扰信息，用户间存在严重的多址干扰，使得多用户检测的复杂度急剧增加，因此NOMA技术实现的难点在于NOMA接收机的设计，需要低复杂度和高效的接收机算法。也就是说，非正交接入的基本思想是利用复杂的接收机设计来换取更高的频谱效率。降低接收机复杂度是NOMA技术落地的关键。随着芯片处理能力的增强，非正交多址接入技术的实现成为现实。

实现NOMA技术的关键技术有以下几种。

(1) 串行干扰删除（Successive Interference Cancellation，SIC）

非正交多址接入的接收机的重要任务就是消除多址干扰（Multi-Address Interference，MAI)。串行干扰消除技术的基本思想是逐级减去最大信号功率用户的干扰，在接收信号中对多个用户逐个进行数据判决，检测出一个用户，进行幅度恢复后，就将该用户信号产生的多址干扰从接收信号中减去，并对剩下的用户再次进行判决，如此按照信号功率大小循环操作，直至消除所有用户的多址干扰。

在SIC接收机中，如图9-37所示，SNR最大的用户UE1放在第1级进行检测处理，它并不能从这种干扰消除算法中受益，但由于它是最强的信号，会精确地完成解码，然后把消除了UE1干扰的多用户信号发给第2级干扰消除模块处理；在第2级干扰消除模块中，已经清除了最强信号的干扰，对UE2次强信号的解码得益于UE1干扰的消除；在最后一级干扰消除模块中，UE3的最弱信号，剔除了所有强信号的干扰，解码降低了难度，可以从这种干扰消除算法中获得最大的好处。

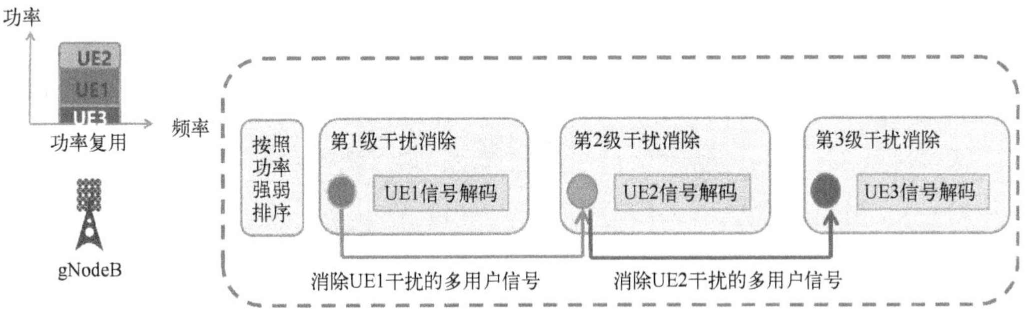

图9-37 SIC接收机的原理

SIC技术用于5G非正交接入时的多用户检测和多址干扰的消除，依赖于有强大的干扰消除算法的芯片。

(2) 功率复用

接收端使用SIC技术消除多址干扰，首先需要依据用户信号功率大小来排出消除干扰用户的先后顺序。为了获取系统最大的性能增益，基站在发送端会对不同的用户分配不同的信号功率，以此来达到区分用户的目的。这就是功率复用技术。功率复用技术与简单的功率控制不同，需要基站遵循相关的非正交功率复用的算法来进行功率分配。

9.4.2 几个重要的NOMA技术

5G的应用复杂多样，对空口技术的要求也是灵活多变的。多址接入技术是每一代移动制式革新的关键所在。不管3D全息影像要求的XGbit/s的带宽，还是自动驾驶要求的1 ms时延，抑或是每平方公里上百万的物联网传感器连接数，统一的空口多址接入技术都要有应变能力。非正交多址接入技术要适配这些业务需求。目前有很多种非正交多址接入技术，有竞争力的有F-OFDM、SCMA、MUSA、PDMA。下面分别介绍。

（1）F-OFDM

端到端1 ms时延的车联网业务，要求极短的时域符号和调度时间间隔，这就需要频域较宽的子载波带宽；而物联网的多连接场景，单传感器传送数据量极低，对系统整体连接数要求很高，这就需要在频域上配置比较窄的子载波带宽，而在时域上，符号的长度以及调度时间间隔都可以足够长，这时不需要考虑码间串扰问题，不需要再引入CP。不同的业务对OFDM的时频资源的配置要求是不同的。

F-OFDM能为不同业务提供不同的子载波时频资源配置，如图9-38所示。不同带宽的子载波之间，本身不再具备正交的特性了，就需要引入保护带宽。在LTE中使用OFDM，就需要10%的保护带宽。F-OFDM增加了空口资源接入的灵活性，频谱利用率会不会因为保护带宽的增加而降低呢？灵活性与系统开销看起来就是一对矛盾。通过使用优化的滤波器，F-OFDM可以把不同带宽子载波之间的保护频带最低做到一个子载波带宽，频谱利用率当然不会降低。

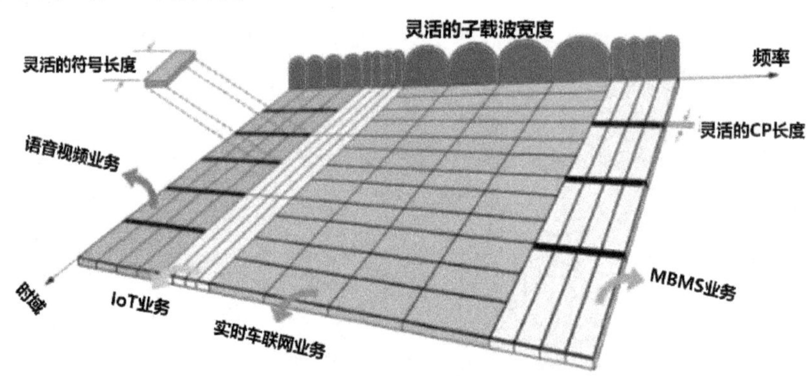

图9-38　F-OFDM时频资源分配

我们把5G的时频资源理解成一节火车车厢。采用OFDM方案生产的话，就相当于火车上只能提供一种固定大小的硬座（子载波带宽），所有人不管胖子瘦子、有钱没钱，都只能坐一样大小的硬座。采用F-OFDM，就相当于可以根据乘客的需求进行座位的灵活定制，硬座、软座、硬卧、软卧、包厢都可以选用。

（2）SCMA

F-OFDM解决了业务灵活性的问题，还得考虑如何利用有限的频谱，提高资源利用率，容纳更多用户，提升更高吞吐率。有限空间的火车里，如何装更多的人？

要提高资源利用率，哪些域的资源能够进一步复用？我们想到了 LTE 时代没有重用的码域资源。SCMA 技术，引入稀疏码本，通过码域的多址实现了频谱效率的 3 倍提升，相当于有限的火车座位上，坐了更多的用户。如同 4 个同类型的并排座位，坐 6 个人进去挤一挤，这就实现了 1.5 倍的频谱效率提升。

SCMA 的第一个关键技术就是低密度扩频。如图 9-39 所示，SCMA 的原理就是把单个子载波的用户数据扩频到 4 个子载波上，然后 6 个用户共享这 4 个子载波。之所以叫低密度扩频，是因为一个用户的数据只占用了其中 2 个子载波（图中有颜色的格子），另外 2 个子载波是空的（图中白色的格子）。这也是 SCMA 中 Sparse（稀疏）的由来。如果不稀疏，就是在全载波上扩频，那同一个子载波上就有 6 个用户的数据，或者一个用户的数据占用 4 个子载波，冲突太厉害，无法准确解调用户的数据。

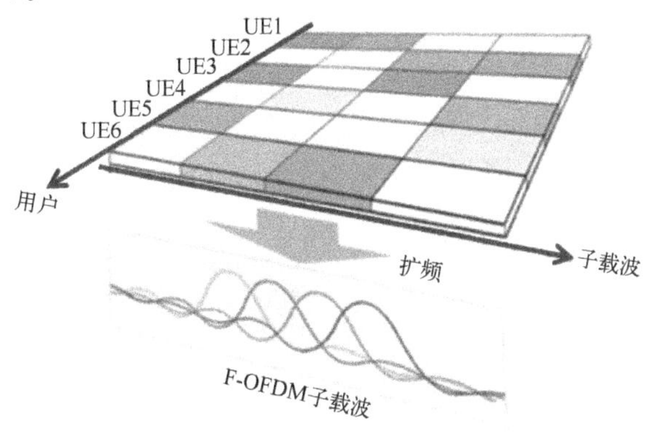

图 9-39　SCMA 原理

4 个座位（子载波）坐了 6 个用户之后，乘客之间就不严格正交了。这是因为每个座位有两个乘客了，没法再通过座位号（子载波）来区分乘客了。单一子载波上还是有 3 个用户的数据冲突，怎么把一个子载波上的多个用户数据解调出来？

这就需要 SCMA 第二个关键技术——高维调制。因为传统的 IQ 调制只有两维：幅度和相位，高维体现在哪里？如果两个乘客挤在一个座位上，没法再用座位号来区分乘客，但如果给这些乘客贴上不同颜色的标签，结合座位号，还是可以把乘客给区分出来。稀疏码本就是贴在不同用户上的标签，相当于乘客身上不同颜色的标签。高维调制技术是指每个用户的数据在幅值和相位的基础上，使用系统分配的稀疏码本再进行调制，接收端又知道每个用户的码本，这样就可以在不正交的情况下，把不同用户的数据解调出来。

SCMA 在使用相同频谱的情况下，通过引入码域的多址，大大提升了频谱效率，通过使用数量更多的载波组，并调整单用户承载数据的子载波数（即稀疏度），频谱效率可以提升 3 倍以上。

（3）MUSA

mMTC 场景下，对频谱效率的要求不高，但每平方公里需要支撑上百万的连接数。上行需要考虑数据包小且离散的特点，还要求成本低、功耗小的终端，因此调度和控制的开销应当尽量降低，以免增加终端复杂度和成本，同时增加终端耗电。

MUSA 是一种基于码域的上行非正交多址接入技术。每个终端调制后的数据符号采用特殊设计的序列进行扩展，这种序列易于采用后续的干扰删除算法。然后每个用户扩展后的符号采用共享接入技术，利用相同的无线资源进行发送。在基站侧，采用SIC技术从叠加信道中，对每个用户的数据进行解码，如图9-40所示。

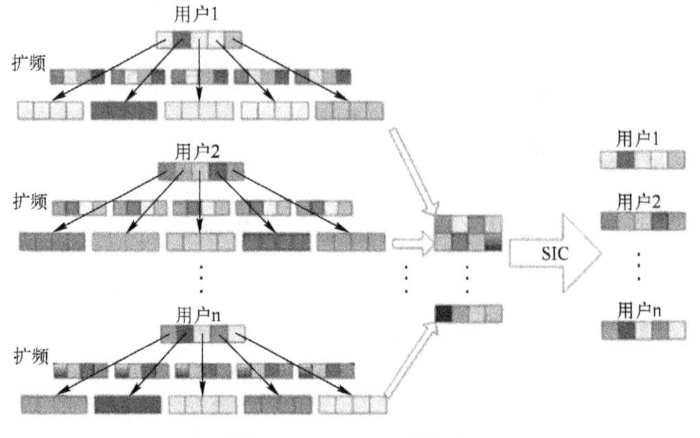

图9-40 MUSA原理

为了降低多个用户和系统间的干扰，MUSA中特殊设计的分布序列相关性要低；为了降低SIC实现的复杂度，要尽量使用短一些的伪随机序列。

（4）PDMA

PDMA技术在发送端使用功率/空间/编码等多种信号域的单独或者联合非正交的特征图样区分用户。PDMA的图样（pattern）就是在时频资源的基础上功率域、空域和码域等资源的组合。重叠用户信息依靠不同的pattern来区分。在接收端采用SIC方式实现准最优多用户的检测和解码。PDMA通过发送端和接收端的联合设计，实现多用户通信系统的频谱效率提升。

PDMA技术需要在多个维度上联合计算，才能获取更优的性能。某些图样会导致系统的峰均比增高，导致系统性能下降；有些图样，系统性能提升较大，但接收机复杂度也增加不少。因此多个域的联合图样设计，需要在系统性能和接收机复杂度二者之间进行均衡。

不同用户信号或同一用户的不同信号进入PDMA系统，PDMA系统分解为图样映射、图样叠加和图样检测三大步骤来处理。

在发送端，首先对用户信号按照功率域、空域和码域等方式组合的特征图样进行区分，完成信号到无线资源承载的图样映射。如图9-41所示。

然后，基站根据小区内通信用户的业务特征和无线环境情况，完成对用户信号的图样叠加，如图9-42所示（4个用户的信号分两个RE进行图样叠加），并从天线发送出去。

最后，终端接收到这些与自己关联的特征图样后，利用SIC算法分两组对这些图样进行检测，解调出不同的用户信号，如图9-43所示。

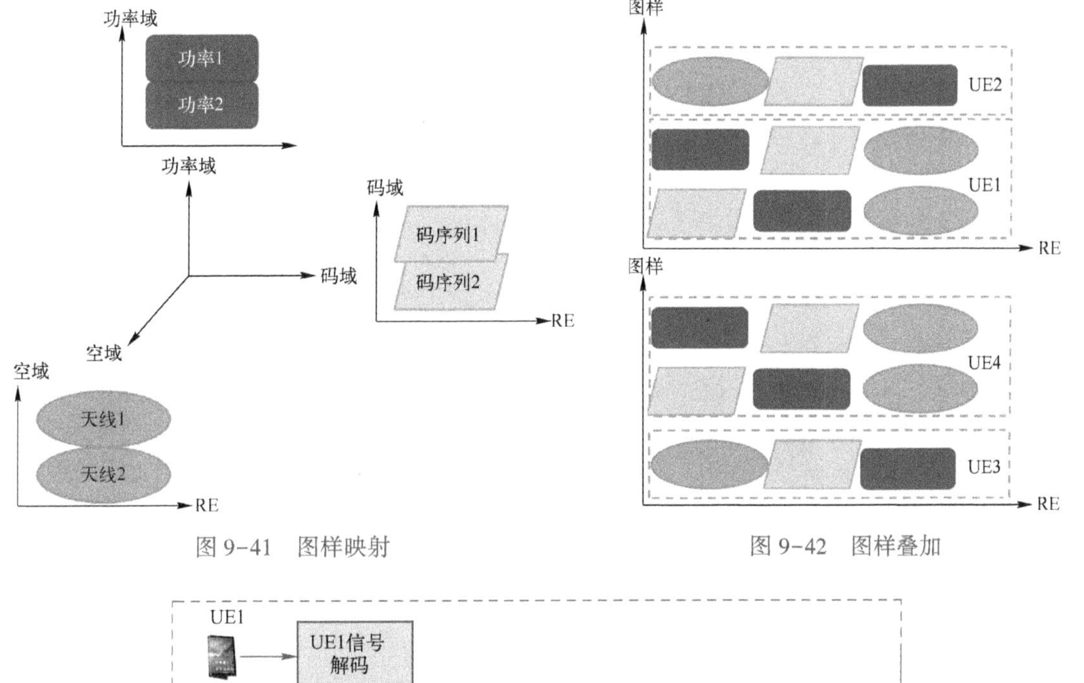

图 9-41　图样映射

图 9-42　图样叠加

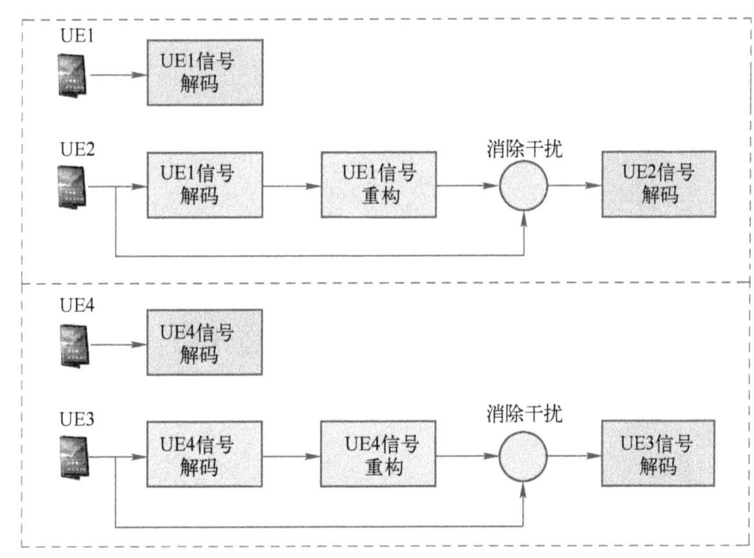

图 9-43　图样检测

9.5　双工技术

双工（Duplex）是一种在单一通信信道上实现双向通信的过程，通信双方都可成为发送端，也可成为接收端。双工是相对于单工（Simplex）来说的。单工是通信双方中，一方固定为发送端，一方则固定为接收端，数据传输只能沿一个方向传输，使用一根传输线。

双工包括两种类型：半双工和全双工。

在半双工系统中，通信双方使用单一的共享信道轮流发送数据，在一方发送数据时，另一方只能接收。

全双工则是指通信双方可以在同一频率或同一时刻收发数据。全双工技术又分为四种：频分双工（Frequency Division Duplexing，FDD）、时分双工（Time Division Duplexing，TDD）、灵活双工和同频同时双工。如图 9-44 所示。

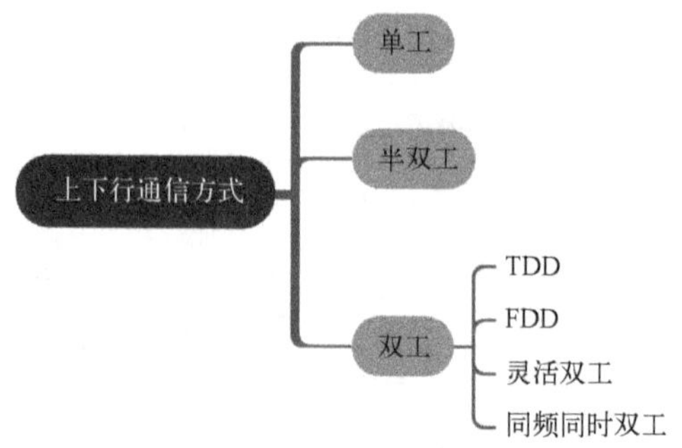

图 9-44　上下行通信方式

FDD 的关键词是“共同的时间、不同的频率”。FDD 在两个分离的、对称的频率信道上分别进行接收和发送。FDD 必须采用成对的频率区分上行（Uplink，UL）、下行（Downlink，DL）链路。FDD 的上、下行在时间上是连续的，可以同时接收和发送数据。

TDD 的关键词是“共同的频率、不同的时间”。TDD 的接收和发送是使用同一频率的不同时隙来区分上、下行信道，在时间上是不连续的。一个时间段由终端发送给基站（UL），另一个时间段由基站发送给终端（DL）。因此，基站和终端之间对时间同步的要求是比较苛刻的。

FDD 和 TDD 的上、下行复用原理如图 9-45 所示。

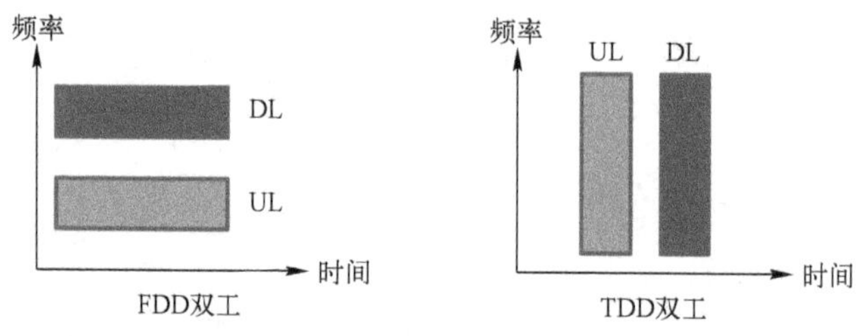

图 9-45　FDD 和 TDD

FDD 上、下行需要成对的频率且上下行频段之间要有保护带宽，而 TDD 无须成对的频率，上下行使用同一频段，频谱利用效率较高。

TDD 上、下行信道同频，无法进行干扰隔离，抗干扰性差。TDD 系统在发送机和接收机两端需要非常精确的时间同步，以确保时隙不会重叠，避免产生上下行时隙的干扰。FDD 系统无须严格同步，这就使得 TDD 可以灵活地配置频率，而使用 FDD 不能使用的零散频段。

TDD 的上、下时隙配比可以灵活调整，这使得 TDD 在支持非对称带宽的业务时，频谱效率有明显的优势。FDD 在支持对称业务时，能充分利用上、下行的频谱，但在支持非对称业务时，频谱利用率将大大降低。

TDD 上、下行的频率是一样的，这样上、下行无线传播特性是一样的，能够很好地支持联合检测、大规模 MIMO 等关键技术。FDD 在支持大规模 MIMO 和波束赋型技术时存在较大挑战。

FDD 对移动性的支持能力较强，能够较好地对抗多普勒频移，而 TDD 则对频偏较敏感，对移动性的支持较差。

TDD 和 FDD 优缺点对比如表 9-3 所示。

表 9-3　TDD 和 FDD 优缺点对比

比　较　项	FDD 缺点	TDD 优点
对频带的需求	上、下行成对的频率，需要保护带宽	频率配置灵活，无须成对频率
频谱效率	较低	较高
非对称业务的支持	非对称业务效率低	支持非对称业务
Massive MIMO 的支持	支持困难	很好的支持
比　较　项	FDD 优点	TDD 缺点
抗干扰性	强	较差
覆盖性能	大范围	小范围
对同步的要求	不严格	较为严格
移动性的支持	强	较差

从 1G 到 4G 中的 AMPS、TACS、GSM、CDMA、WCDMA、TDD LTE 都是 FDD 系统；TD-SCDMA、TD-LTE、5G NR R15 版本是 TDD 系统，后续的 5G 版本会逐步支持 FDD、灵活双工、同频同时双工。如图 9-46 所示。

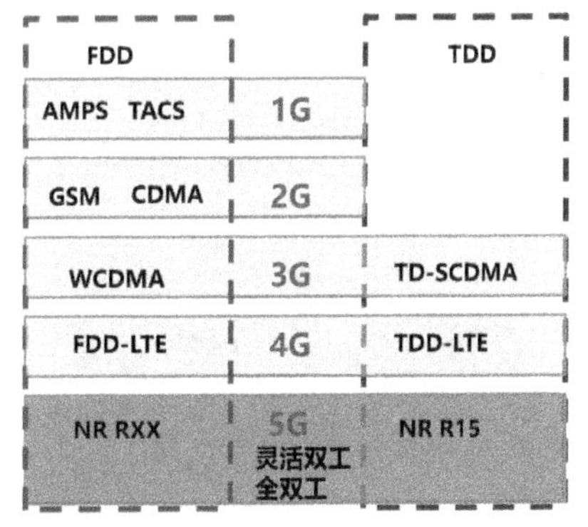

图 9-46　各制式的双工方式

9.5.1　灵活双工

灵活双工能够根据上下行业务变化情况动态分配上下行资源，比固定的时频资源分配有更高的系统资源利用率。

灵活双工可以在 TDD 系统和 FDD 系统中实现。

在 TDD 系统中，每个小区根据上下行业务量需求来决定用于上下行传输的时隙数目，可称为灵活双工，如图 9-47 所示。TD-LTE 和 5G NR 的 TDD 均可以动态配置上下行时隙，但 5G NR 的灵活度更大。

FDD 系统的灵活双工可以通过时域或频域的方案实现。时隙方案的灵活双工，每个小区可根据业务量的需求将上行频带配置成不同的上下行时隙配比，如图 9-48 所示。

频域方案的灵活双工，可以将原上行频带的位置根据上下行非对称业务的需求配置为下行频带，如图 9-49 所示。

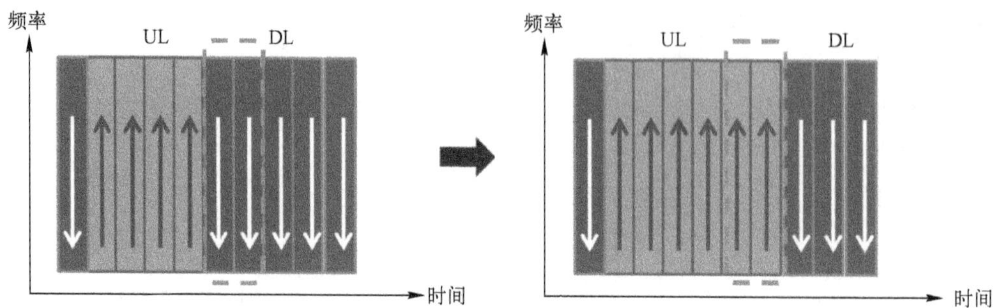

图 9-47　TDD 系统的灵活双工

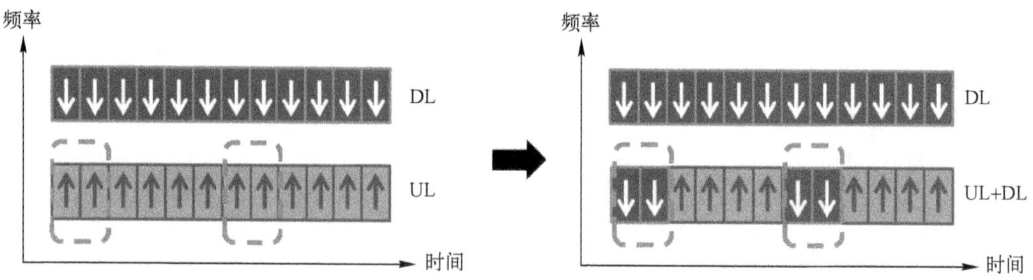

图 9-48　FDD 系统时域方案的灵活双工

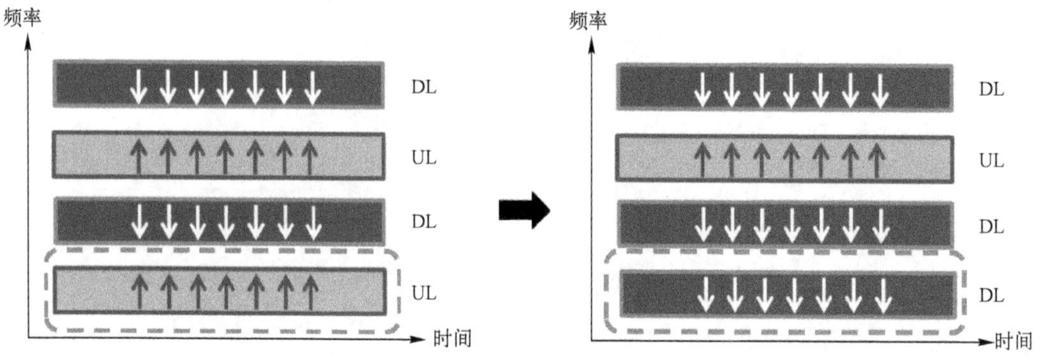

图 9-49　FDD 系统频域方案的灵活双工

灵活双工的主要技术难点在于不同通信设备上下行信号间的相互干扰问题。5G 系统为了支持灵活双工，抑制相邻小区上下行信号的干扰，需要上下行信道有全新的设计，包括子载波映射、参考信号正交性等。另外，降低基站发射功率的方式也可以抑制上下行信号间的互干扰。

灵活双工顺应了 5G 时代 TDD 与 FDD 融合的趋势，具有很好的业务适配性。灵活双工技术应用于低功率节点的小基站，也可以应用于低功率的中继节点，如图 9-50 所示。

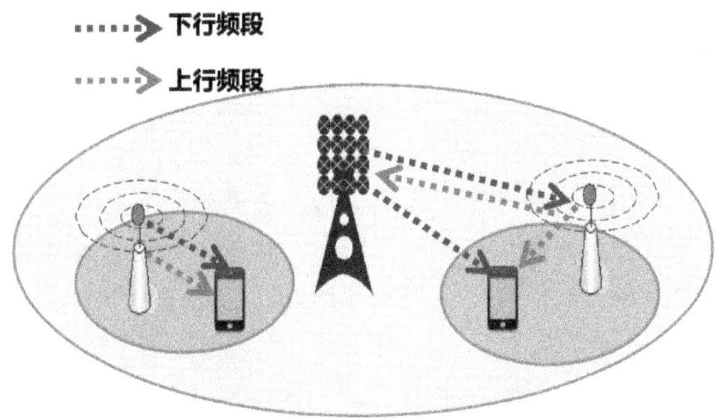

图 9-50　灵活双工的应用场景

9.5.2　同频同时双工

同时同频全双工（Co-time Co-frequency Full Duplex，CCFD）技术是指通信系统的发射机和接收机使用相同的时频资源进行通信，即上下行信号可以在相同时间、相同频率里发送。通信节点实现同时同频双向通信，频谱资源的使用更加灵活，突破了现有的频分双工（FDD）和时分双工（TDD）模式。

为了避免发射机信号对接收机信号在频域或时域上的干扰，同频同时全双工技术采用了干扰消除的方法，减少传统 TDD 或 FDD 双工模式中频率或时隙资源的开销，从而将无线资源的使用效率提升近一倍，如图 9-51 所示。

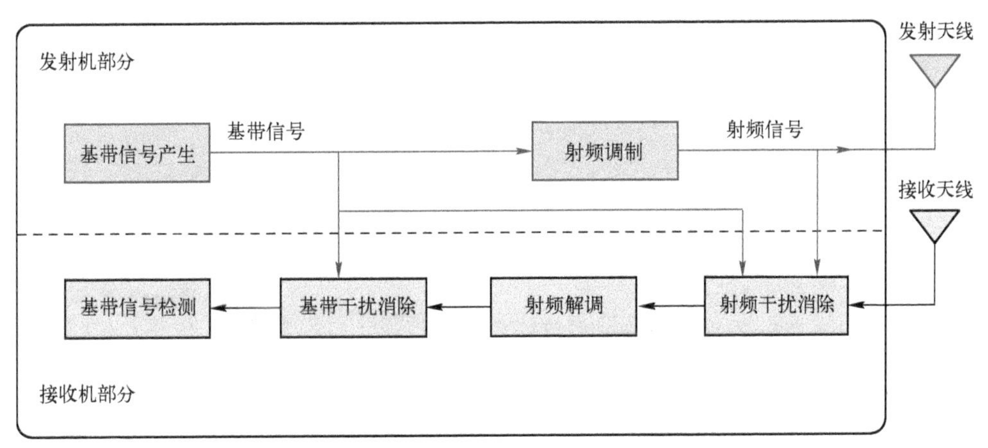

图 9-51　同频同时全双工节点结构图

所有同时同频发射节点对于非目标接收节点都是干扰源，同时同频的发射信号对本地接收机来说是强自干扰，尤其是在多天线及密集组网的场景下（当然仍存在相邻小区的同频干扰问题）。因此，同时同频全双工系统的应用关键在于发射端对接收端自干扰的有效消除。

根据干扰消除方式和位置的不同，有三种自干扰消除技术：天线干扰消除、射频干扰消除和数字干扰消除。

（1）天线干扰消除

天线干扰消除的方法是指将发射天线与接收天线在空间分离，使得两路发射信号在接收天线处相位相差180°的奇数倍，这样可以使两路自干扰信号在接收点处对消。相位相差180°，可以通过调整天线的布放位置实现，也可以通过在发射点或接收点安装相位反转器件来实现。如图9-52所示。

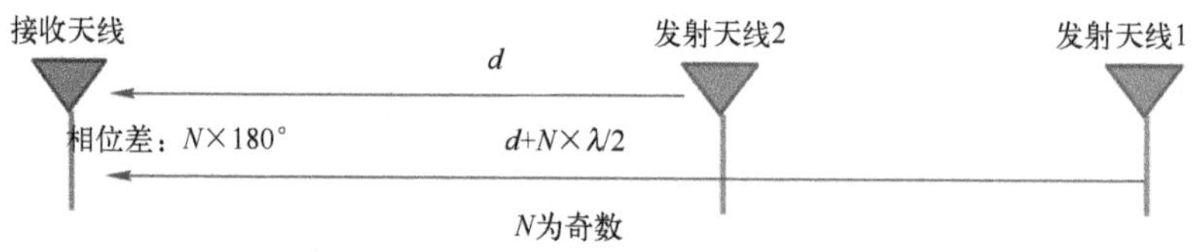

图9-52　天线干扰消除

（2）射频干扰消除

射频干扰消除的方法就是在发射端将发射信号一分为二，一路发射出去，另一路作为干扰参考信号，通过反馈电路将信号的幅值和相位调节后送到接收端，在接收端的信号中把干扰信号减去，实现自干扰信号的消除。如图9-53所示。

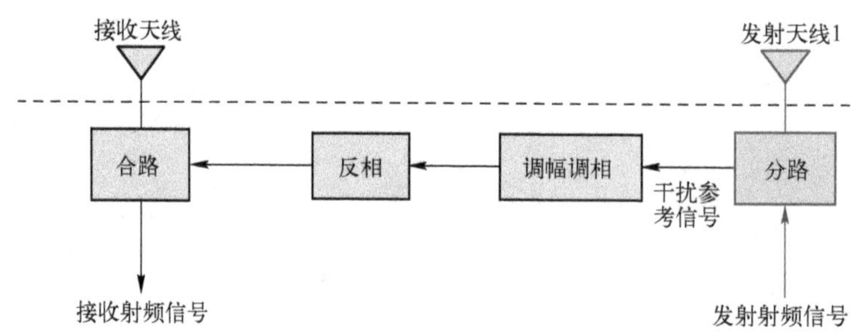

图9-53　射频干扰消除

（3）数字干扰消除

数字干扰消除是将发射机的基带信号通过数字信道估计器和数字滤波器，在数字域模拟空中发射信号到达接收点的多径无线信号，在接收点完成干扰对消。如图9-54所示。

5G要实现同一信道上同时接收和发送，主要有以下三大挑战：

1）电路板件设计，自干扰消除电路需满足宽频（大于100 MHz）和多MIMO（多于32个天线）的条件，且要求尺寸小、功耗低以及成本不能太高。

2）物理层、MAC层的优化设计问题，比如编码、调制、同步、检测、侦听、冲突避免、ACK等，尤其是针对MIMO的物理层优化。

3）对全双工和半双工之间动态切换的控制面优化，以及对现有帧结构和控制信令的优化问题。

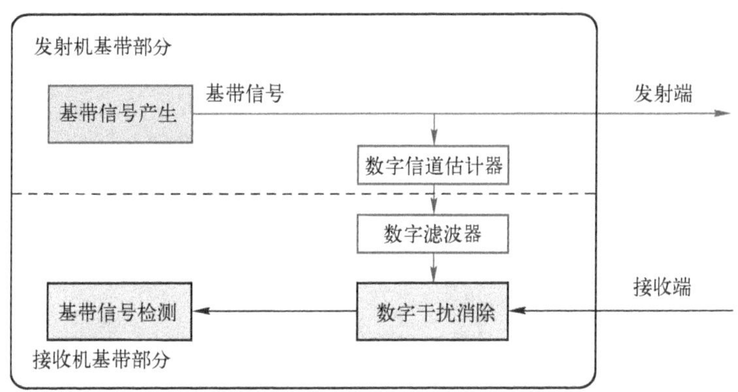

图 9-54　数字干扰消除

9.6　D2D

在现网的移动通信系统中，手机用户之间的通信都是通过基站来控制的，而且手机之间的数据发送也需要通过基站中转。凡事都需要通过基站，基站为了应对这么大数量的用户，实在是忙不过来，因为资源实在有限。虽然通过部署大量小型基站提升了系统容量，通过无线资源的复用提升了频谱资源的利用率，但是5G通信的双方不仅是人和人通信，还有大量设备和设备、机器和机器之间的通信需求，基站事无巨细，都参与其中，将是多么悲惨的事情。

就像在工作岗位上，如果两个平级同事之间的沟通事无巨细都经过主管，沟通效率低，而且占用主管精力多，如图9-55所示；如果两个同事能做到大多数事情直接沟通，少数大事经过主管，这样就能够提高沟通效率，降低主管资源的占用。事必躬亲的主管不是好主管，凡事甩锅的下属也不是好下属。

我们要想办法减少基站的工作负荷，好钢要用在刀刃上，让基站有限的无线资源用在要求苛刻的应用上。一些近距离的、点对点的通信尽量少占用基站资源。让基站不必“事必躬亲”，让终端不能“凡事甩锅”。

我们想到已经有通过蓝牙或者红外线进行数据交互的应用，比如共享单车开锁，通过遥控器控制电视，苹果手机之间直接进行数据传送等。但这些应用通信距离短，传输速率低，不能满足5G万物互联，高速数据传输的需求。

D2D（Device-to-Device，设备到设备）技术是指移动网络中相邻设备之间直接交换数据信息的技术。一旦设备和设备之间的直接通信链路建立起来，传输数据就无须基站设备的干预。这样可降低移动通信系统基站和核心网的压力，提升频谱利用率和吞吐量。D2D通信是一种设备到设备的直接通信技术，与蜂窝通信最主要的区别就是数据的交互不需要基站的中转，如图 9-56 所示。

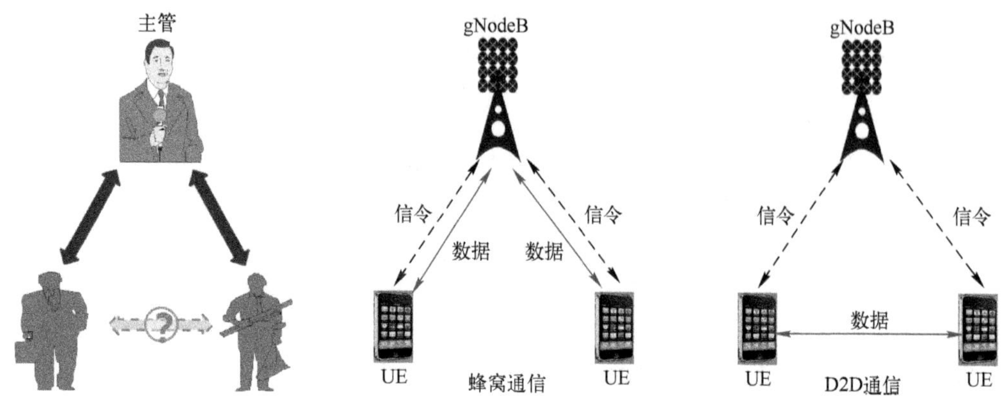

图 9-55　同事之间的沟通　　　　图 9-56　蜂窝通信与 D2D 通信

D2D 通信中的“D”（设备）既可以是人与人通信用的手机，也可以是物联网海量连接的设备或者是工业物联网中的机器，如图 9-57 所示。

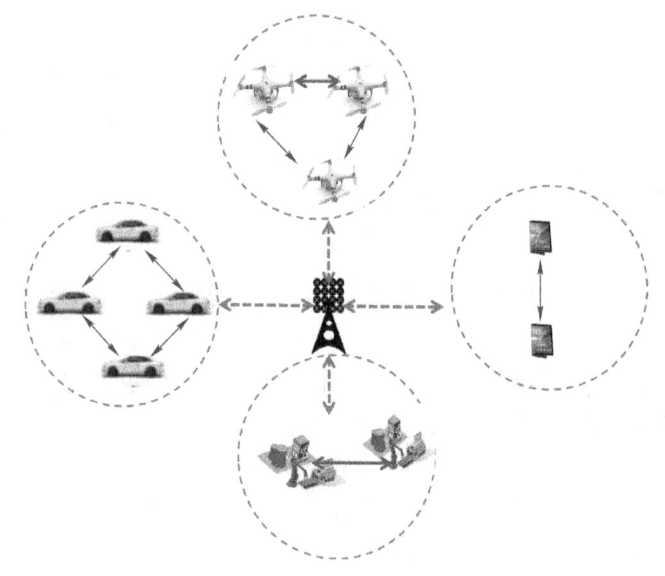

图 9-57　D2D 通信的设备

9.6.1　D2D 通信方式

按照蜂窝网络中基站参与设备通信的程度不同，D2D 通信分成 3 种方式：蜂窝网络控制下的 D2D 通信、蜂窝网络辅助控制下的 D2D 通信、不受蜂窝网络控制的 D2D 通信。如表 9-4 所示。

表 9-4　D2D 通信的三种方式

D2D 通信方式	基站参与度	技术特点
蜂窝网络控制	设备发现 会话建立 信道资源调度 干扰控制	干扰可控 通信质量高 设备复杂度高
蜂窝网络辅助控制	设备发现 引导会话建立 不插手信道资源分配	设备复杂度降低，业务体验受到影响
不受蜂窝网络控制	不参与	设备组网自由度高，设备具有中继节点功能，复杂度高，适用于无蜂窝网的场景

（1）蜂窝网络控制下的 D2D 通信

这种方式的 D2D 通信是指，蜂窝网络下，从设备的发现、会话的建立到通信资源的分配都严格在基站的管控下完成。

一般的通信过程如下。首先，有 D2D 功能的设备向基站发送"发现信号，请求配对"的信息；然后，基站通过控制信令指示目标 D2D 设备接收配对控制信令；D2D 设备之间通过 IP 检测的方法或者 D2D 设备专用信令建立连接，形成 D2D 设备对。最后基站为 D2D 设备分配无线信道资源，被分配的信道资源通常是复用蜂窝网络的资源。基站通过信令控制 D2D 设备的发射功率，也可以配置 D2D 设备能够复用哪些蜂窝网的信道资源，从而降低 D2D 设备对蜂窝通信设备的干扰。如图 9-58 所示。

（2）蜂窝网络辅助控制下的 D2D 通信

这种方式的 D2D 通信，基站只在开始阶段参与设备的发现和会话建立，引导设备双方建立连接，至于后续 D2D 设备信道资源的分配，基站不再插手，由 D2D 设备按照内置的资源分配算法自行选择信道资源。这种方式和蜂窝网络完全控制的组网方式相比，D2D 设备的复杂度低，但信道资源 D2D 设备自行分配，会导致对蜂窝网络通信干扰的增加，对蜂窝网用户的通信质量有所影响。如图 9-59 所示。

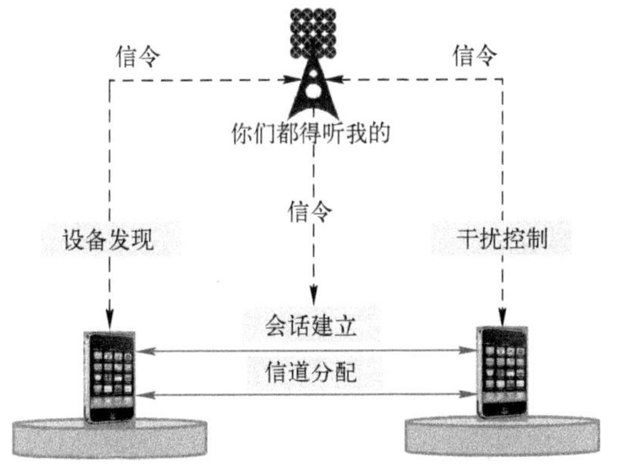

图 9-58　蜂窝网络控制下的 D2D 通信

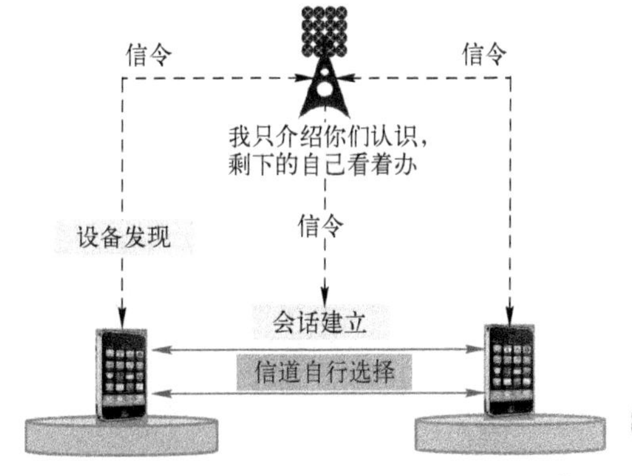

图 9-59　蜂窝网络辅助控制下的 D2D 通信

（3）不受蜂窝网络控制的D2D通信

这种方式适用于没有蜂窝网络覆盖或者蜂窝网络瘫痪的情况。这时，D2D通信的设备发现、会话建立及资源分配都由D2D设备自行完成，完全不需要基站的参与。这种方式D2D设备的复杂度最高。为了能和基站取得联系，D2D设备需要具备自动转发消息的功能，可以充当中继节点的角色。没有蜂窝网信号的D2D设备，可以通过中间D2D设备的消息转发，和远方的基站取得联系，从而通过多跳的方式接入蜂窝网。如图9-60所示。

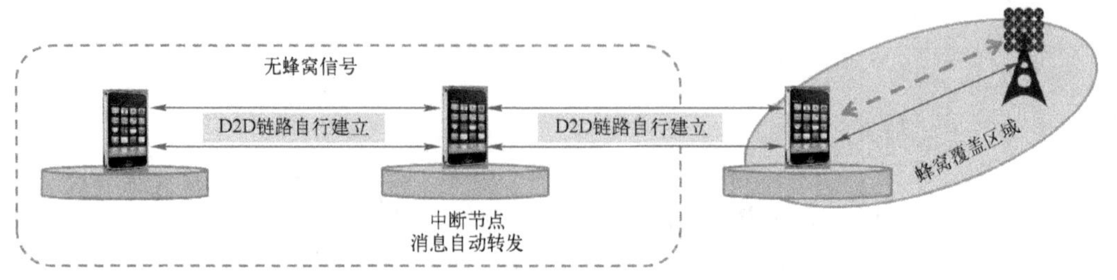

图9-60　不受蜂窝网络控制的D2D通信

9.6.2　D2D技术特点

D2D通信是指两个对等的设备节点之间直接进行数据转发的一种通信方式。在D2D通信设备组成的分布式网络中，每个设备节点都可以发送和接收信号，并具有自动路由和自动转发数据的功能，可以作为中继节点，在无蜂窝网络覆盖的情况下作为无线信号的跳板。每个设备节点为了组网可以共享自身拥有的一部分软硬件资源，包括信息处理、存储以及网络连接能力等。一个设备节点同时扮演服务器和客户端的角色，设备能够意识到其他节点的存在，自组织地构成一个网络。

在D2D通信之前应用比较广泛的设备之间短距离通信的技术是蓝牙。D2D通信与蓝牙技术相比，有一定的优势。

蓝牙的工作频段是2.4 GHz，覆盖范围只有10 m左右，数据传输速率很低，通常小于1 Mbit/s。而D2D设备使用的频段是运营商授权的频段，干扰可控，直接通信的距离可达100 m，信号质量更高，数据速率更大，能够满足5G大带宽、大连接和低时延的要求。

蓝牙设备需要用户手动配置网络，而D2D设备可以通过终端设备自动智能识别网络和目标对象，无须手工配置。

D2D设备既可以在蜂窝网络的控制下连接和分配无线资源，也可以在无蜂窝网络信号的场景下自动组网。近距离的设备直接通信，可有效减轻基站的负担，降低终端设备的发射功率，减小传输时延，提高无线资源利用效率。而蓝牙技术往往仅适用于点对点短距离通信，应用场景受限，对蜂窝网的组网性能没有直接影响。

从以上描述可以得出，D2D通信的关键技术有三个：资源分配、功率控制、干扰协调。

（1）资源分配

D2D 通信资源分配的方式包括蜂窝模式、专用资源模式和复用模式。蜂窝模式就是 D2D 设备的信道使用的是蜂窝小区的剩余时频资源；专用资源模式是指 D2D 设备的信道使用的是专用的时频资源，和蜂窝网的时频资源没有关系；复用模式是指 D2D 设备的信道复用上行或下行的时频资源。

（2）功率控制

静态功率控制是指 D2D 设备的发射功率在一定时间内恒定不变。静态功率控制不能反映信道环境的实时变化。

动态功率控制是指 D2D 设备的发射功率根据信道环境和用户位置的变化进行动态调整。D2D 设备在无线环境剧烈变换的场景使用动态功率控制，可以大幅提升 D2D 设备之间的通信质量，有效控制干扰。

（3）干扰协调

D2D 设备在蜂窝模式和专用资源模式下，各通信链路分配正交资源，设备可采用最大功率实现最佳性能，不必考虑干扰。

复用蜂窝链路资源会引入新的干扰，包括 D2D 链路对蜂窝通信的干扰和蜂窝链路对 D2D 通信的干扰。在复用模式下，可分为复用上行资源和下行资源，两种情形的干扰源和“受害者”有所不同。当 D2D 设备距离基站较远时，使用上行频段效果比下行频段好；当 D2D 设备距离基站较近时，使用下行频段比上行频段好。

9.6.3　D2D 技术的应用

D2D 技术成为 5G 的关键技术，已经超越了刚开始时的应用局限性，可以满足多种 5G 新兴应用的需求，如广告推送、应急通信、车载 D2D、智能家居等。

（1）广告推送

本地商家可以利用 D2D 技术向潜在的顾客推送商品打折信息、影院新片预告。如图 9-61 所示。

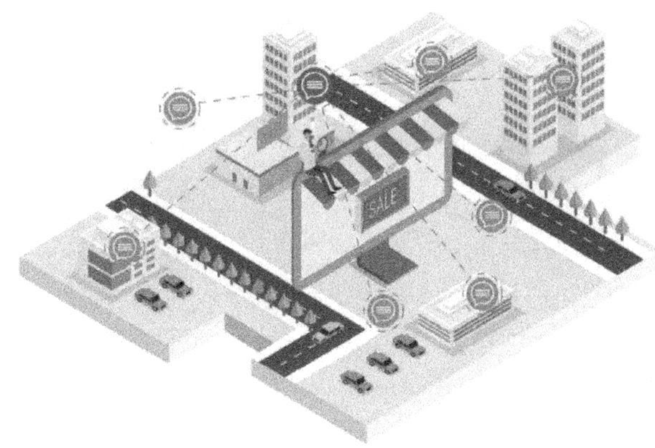

图 9-61　D2D 广告推送

（2）应急通信

在地震、海啸等自然灾害之后，通信设施被破坏，用户所在地没有蜂窝网络的信号，可以通过一跳或多跳D2D通信连接到有蜂窝网络信号的设备上，从而接入无线网络，取得与外界的联系。如图9-62所示。

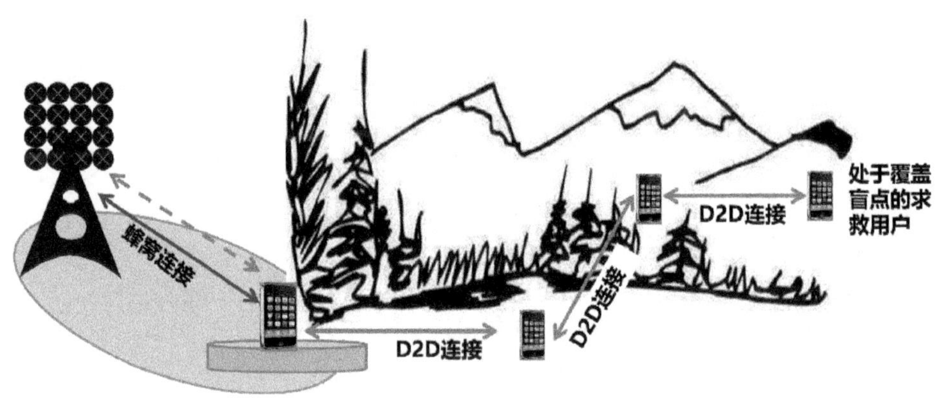

图9-62　D2D用于应急通信

（3）车载D2D

汽车和多数的物联网设备不一样，它没有耗电限制，而且活动范围大。如果每个汽车顶部装配上天线，利用D2D技术可以作为运营商的移动微基站，既可以提升车内用户移动应用的体验，又可以实时传递车对车、车对人、车对基础设施等多跳信号，辅助自动驾驶的实现。如图9-63所示。

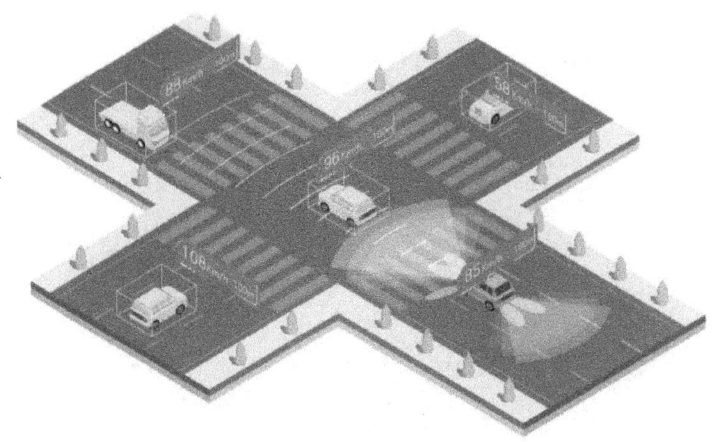

图9-63　车载D2D

（4）智能家居

家中有很多智能用电设备，通过 D2D 通信，直接进行数据交换，可以降低对蜂窝网对室内的覆盖要求，如图 9-64 所示。比如家中的空气温度计检测到温度超过 26°，通过 D2D 链路自动给空调发了一个启动命令；家中的空气质量监控装置检测到室内空气恶化，通过 D2D 链路自动启动空气净化器。

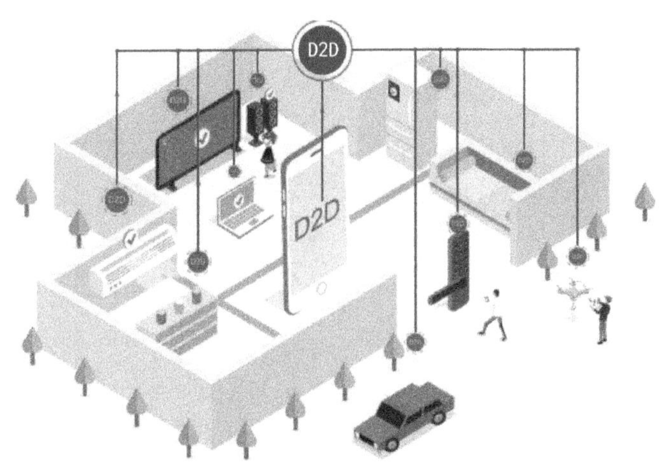

图 9-64 D2D 智能家居

9.7 上下行解耦技术

从 1G 到 4G，移动通信系统是按照上下行方向都是同一频段设计的，上下行覆盖的规划是绑定在一起的，不可分割的。FDD 上下行频段成对，TDD 上下行共用一段频段，但不管哪种情况，覆盖规划一直存在着上下行不平衡的问题。

这是因为下行链路上的宏基站与上行链路上的手机终端发射功率差异巨大。宏基站发射功率可以是几十瓦到上百瓦，而手机的发射功率通常仅在毫瓦级。手机发射功率太小限制了小区上行覆盖的范围。5G 使用的电磁波频率增高，在空气中的传播损耗也增加很多；再加上基站侧使用大规模阵列天线的增益、TDD 模式下时隙配比的差异，导致这种上下行覆盖不平衡现象更加严重。举例来说，5G 的 C-band 站点与 1.8 GHz 的 LTE 共站部署，上行覆盖受限严重，仅有小区中心的部分用户才能享受 5G 带来的高速业务体验，上行受限的区域 5G 业务体验受到严重影响。

使用高功率终端弥补上行覆盖，终端成本增加；通过增加基站侧天线的接收增益来弥补上行覆盖，网络部署的成本大幅增加。

上下行解耦就是针对上下行不平衡的问题提出的解决方案。5G NR 的上行链路和下行链路解耦，上行链路用 LTE 低频空闲频谱单独规划，弥补了 C-Band 和毫米波在上行覆盖上的不足，又充分利用了LTE的空闲频谱，如图9-65所示。使用单独频率进行规划的上行链路称为SUL（Supplementary UpLink，补充上行链路）。

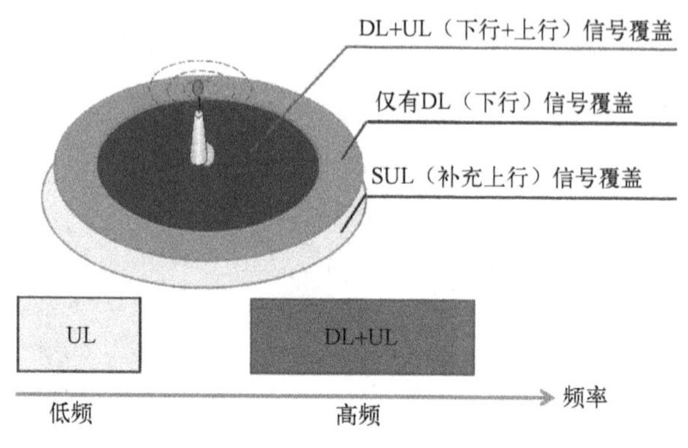

图9-65　上下行解耦技术

基于上下行解耦的技术思想，5G NR 3.5 GHz（C-Band）与LTE中低频1.8GHz的共站部署将会成为增强小区覆盖的一大利器。在实际组网中，下行采用3.5 GHz的无线电波覆盖，上行近端也采用3.5 GHz覆盖；上行远端3.5 GHz覆盖不到，需要共享LTE的空闲频段1.8 GHz，单独完成上行远端的覆盖，如图9-66所示。使用3.5GHz无线电波的上行覆盖比下行差了约14 dB，而使用1.8 GHz的无线电波能够提升上行覆盖约10 dB。

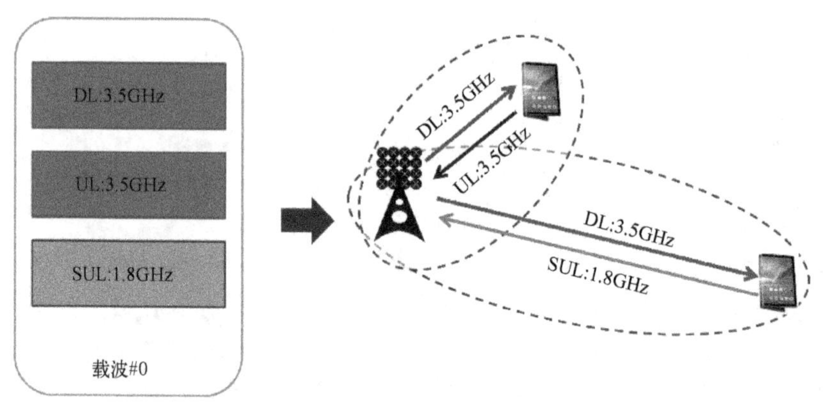

图9-66　5G NR 3.5 GHz与LTE 1.8 GHz组网

外场试验表明，使用上下行解耦后，在用户体验提升10倍的前提下，覆盖半径能提升约70%，上下行覆盖都能达到与1.8 GHz同样水平，有效解决了上下行不平衡的问题。

载波聚合（CA）与上下行解耦之上行补充链路（SUL）的区别如图9-67所示，具体有以下两点：

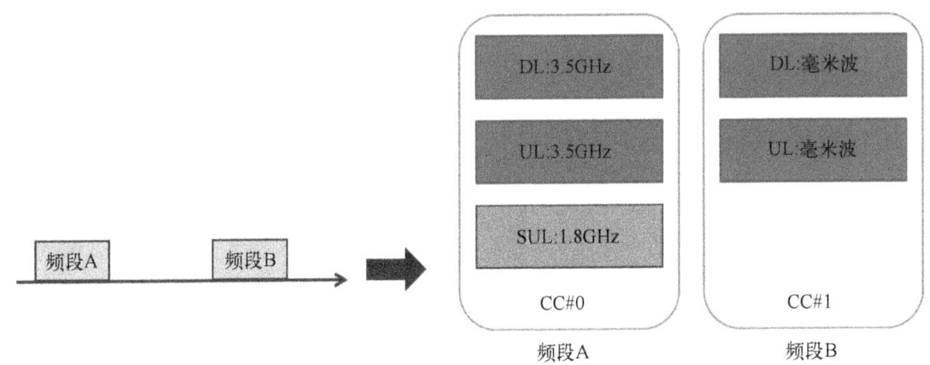

图 9-67　CA 与 SUL 的区别

1）SUL 只对应上行链路，而载波聚合下每个载波（CC）既可以有上行链路，也可以有下行链路。

2）SUL 属于同一个小区（Cell）内，而载波聚合下不同的频段（band）属于不同小区。

第 10 章　5G 空口资源

本章我们将掌握：

(1) μ 参数如何决定空口时频资源。

(2) 5G 空口资源框架

(3) 5G 的帧结构、时间单位和上下行时隙的灵活配置。

(4) 5G 的频率资源单位。

(5) 5G 终端的工作带宽。

(6) 5G 信道带宽和保护带宽。

(7) 5G 的空间资源：从码字、层到天线逻辑端口。

(8) 5G 准共址的概念。

《卜算子 · 空口》
空口要资源，
时频常来报。
已是五代万物催，
天线规模到。

参数定时频，
前缀加符号。
逻辑端口映射时，
手机带宽妙。

“资源总是有限的，对资源的需求却是无限的”。通信资源也是如此，无线网、承载网和核心网的设计容量再大，也是有限的，不是用之不竭、取之不尽的。

无线侧的资源包括空口资源和基带资源。空口资源是无线侧重要的资源，也叫射频资源，任何数据的发送和接收都必须通过无线信道映射到空口资源上才能完成。空口资源由时域、空域、频域、码域和功率域资源组成。

无线电波在一定功率下才能承载手机和网络之间的信息交互。移动通信制式通过功率控制或功率分配来完成对上下行物理信道功率的调度。CDMA 系统使用扩频码作为无线信道的可分配的码域资源，在 LTE 系统，取消了 CDMA 机制，码域资源不再是物理信道的资源维度。5G 系统的一些新型多址接入技术中，在重新考虑扩频码的应用。

5G 在 3GPP R15 版本，用于映射物理信道的空口资源主要是时间、频率、空间三个维度，如图 10-1 所示。

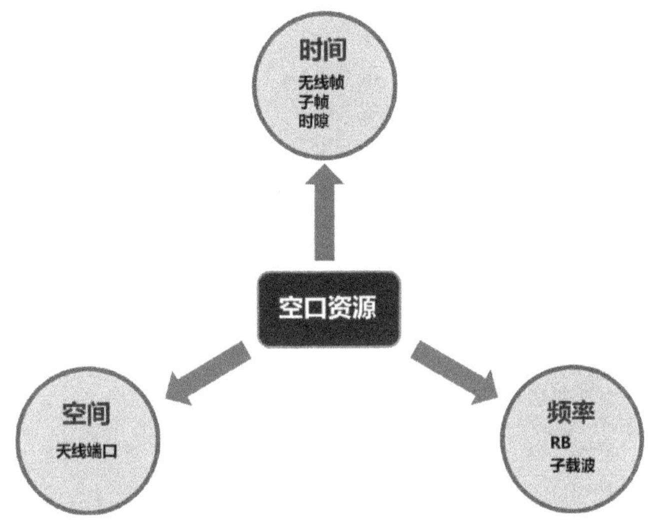

图 10-1 5G 空口资源的三个维度

时间资源是有特定时间长度的无线帧、无线子帧、时隙、符号。5G NR 和 LTE 的无线帧均为 10 ms，无线子帧均为 1 ms。不同的是，LTE 的 1 个子帧里包含的时隙数和符号数是固定的；而 5G NR 的 1 个子帧里包含的时隙数和符号数是灵活多变的，取决于一个叫作 μ 的参数配置集。

频率资源指的是可以灵活调度的子载波。在 LTE 里，子载波间隔（Sub-Carrier Space，SCS）为固定的 15 kHz；而 5G NR 的子载波间隔根据 μ 参数不同，可以有多种：15 kHz、30 kHz、60 kHz、120 kHz、240 kHz 等。5G NR 和 LTE 相比，信道带宽更大、可选数目更多。

5G NR 使用大规模天线阵列，空间资源更多。不同的物理信道对应的天线逻辑端口不同，5G NR 的物理信道对应的天线逻辑端口数目要多于 LTE 的。

此外，不同无线制式的无线资源调度的最小周期也是不一样的。在 LTE 中，最小的调度周期是一个子帧、两个时隙的长度为 1 ms。在 5G 中，最小调度周期可以更加灵活，而且调度的时间粒度更短，有 1 ms、0. 5 ms、0. 25 ms、0. 125 ms、0. 0625 ms 等多种周期可选，极大地提高了空口资源利用率和资源调度灵活性，但缺点是信令开销也随之增加。

5G NR 和 LTE 空口资源的比较，如表 10-1 所示。

表 10-1　5G NR 和 LTE 空口资源的比较

类别		5G NR	LTE
空口资源	时间	一个 10 ms 的帧、10 个 1 ms 子帧 1 个子帧里包含的时隙数和符号数，取决于 μ 参数	一个 10 ms 的帧、10 个 1 ms 子帧 一个 1 ms 子帧，2 个 0.5 ms 的时隙，14 个符号（常规 CP）。
	频率	子载波间隔 Δf = 15 kHz、30 kHz、60 kHz、120 kHz、240 kHz，取决于 μ 参数。 1 RB = 12 SCS 支持的系统带宽：5 MHz、10 MHz、15 MHz、20 MHz、25 MHz、30Hz、40 MHz、50 MHz、60 MHz、70 MHz、80 MHz、90 MHz、100 MHz、200 MH、400 MHz	子载波（SCS）间隔 Δf = 15 kHz 1 MRB = 12 MSCS 支持的系统带宽：1.4 MHz、3 MHz、5 MHz、10 MHz、15 MHz、20 MHz
	空间	massiveMIMO：64×64、128×128、256×256 PUSCH&PDSCH：8 或 12 个天线逻辑端口； CSI-RS：32 等	MIMO 系统：2×2、4×4、8×8 9 个天线逻辑端口
调度周期（TTI）		1 时隙，可以是 1 ms、0.5 ms、0.25 ms、0.125 ms、0.0625 ms	1 ms

10.1　μ 参数

OFDM 是一种正交频分复用技术。LTE 和 R15 的 5G NR 都使用 OFDM 技术。子载波之间的频率间隔 Δf 为 OFDM 符号（Symbol）周期 T 的倒数，每个子载波的频谱以子载波频率间隔为周期反复地出现零值，这个零值正好落在了其他子载波的峰值频率处，所以对其他子载波的影响为零，如图 10-2 所示。经过基带多个频点的子载波调制的多路信号，在频域中，是频谱相互交叠的子载波。由于这些子载波相互正交，原则上彼此携带的信息互不影响。

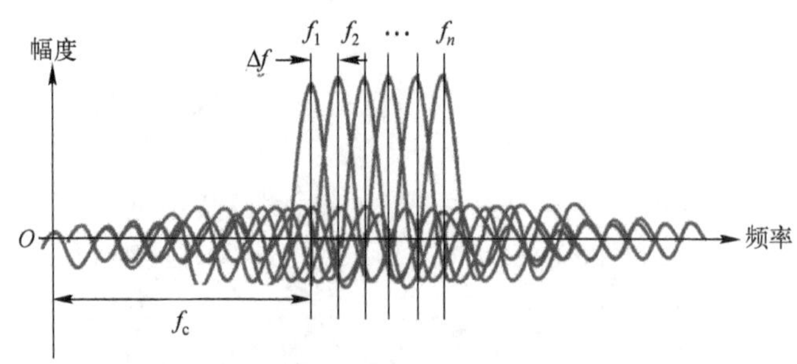

图 10-2　经过 OFDM 调制后的信号频谱

从时域的角度看，每个 OFDM 符号之间要使用的保护时间间隔是 CP（Cyclic Prefix，循环前缀）。所谓 CP，就是将每个 OFDM 符号的尾部一段复制到符号之前，如图 10-3 所示。加入 CP，比起纯粹的加空闲保护时段来说，增加了冗余符号信息，更有利于消除多径传播造成的 ICI（Inter-Channel Interference）干扰。加入 CP 如同给 OFDM 加一个防护外衣，携带有用信息的 OFDM 符号在 CP 的保护下，不易丢失或损坏。

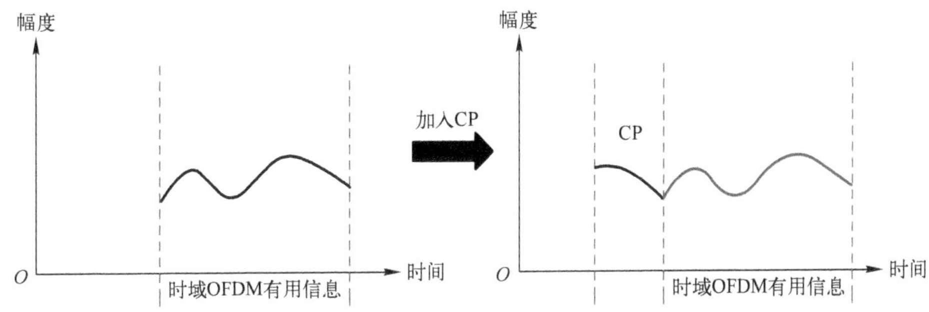

图 10-3 OFDM 符号加入 CP

NR 空口沿用 OFDM 技术，不同于 LTE，NR 的 OFDM 子载波间隔 Δf 支持多种配置集（Numerologies）。配置集的调节参数为 μ，如同空口资源的调节阀，μ 可以确定空口的时频资源的配置。

OFDM 系统的子载波的间隔 Δf 是影响 OFDM 性能的很重要的参数。Δf 不能设计过小，过小的话，对抗多普勒频移的影响能力下降，无法支撑高速移动的无线通信；当然，Δf 不能设计过大，Δf 过大的话，OFDM 符号周期 T 就会过小，于是为克服子载波间的干扰，加入 CP 的开销相对于有用符号来说就会过大，使传送效率受到影响。

10.1.1 μ 与频域

LTE 的常规符号的子载波间隔 Δf 为 15 kHz，5G NR 的子载波间隔 Δf 和配置集的调节参数 μ 的关系如图 10-4 所示。

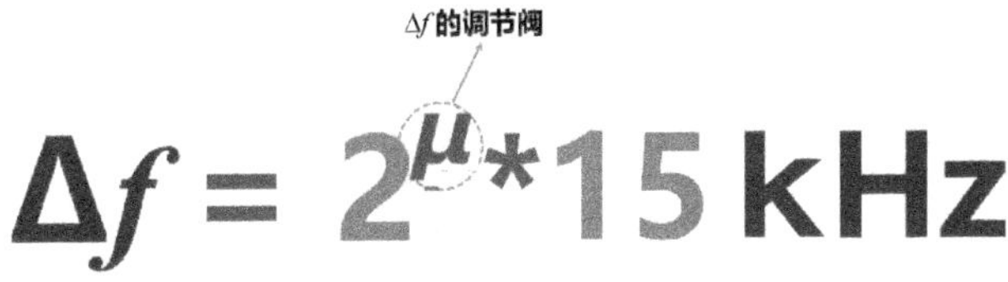

图 10-4 5G NR 的子载波间隔 Δf 和 μ

μ 取 0、1、2、3、4 不同的值，对应的子载波间隔 Δf 分别为 15 kHz、30 kHz、60 kHz、120 kHz、240 kHz。如表 10-2 所示。

表 10-2 μ 参数和 Δf、CP 的关系

μ	$\Delta f = 2^{\mu} \times 15$ kHz	循环前缀（CP）
0	15	常规
1	30	常规
2	60	常规、扩展

（续）

μ	$\Delta f=2^{\mu}\times 15$ kHz	循环前缀（CP）
3	120	常规
4	240	常规

5G NR 使用不同的频率，支持的子载波间隔 Δf 不同。

1）1 GHz 频率以下的 Δf：15 kHz，30 kHz。

2）1~6 GHz 频率的 Δf：15 kHz，30 kHz，60 kHz。

3）24~52.6 GHz 的 Δf：60 kHz，120 kHz。

4）R15 版本数据业务没有定义 240 kHz 的 Δf。

不同的子载波间隔 Δf 对覆盖性能、移动性、时延的影响也是不同的，如图 10-5 所示。15 kHz 的子载波，覆盖性能较好，但由于子载波间隔太小，对抗多普勒频移能力较差，移动性较差，时延也较大。而对于 120 kHz 的子载波间隔来说，移动性的支持能力就比较好、时延也可以很低，但覆盖性能较差。高频段存在相位噪声，120 kHz 的子载波间隔也能很好应对。所以在 3.5 GHz 的频率处，常使用的子载波间隔为：15 kHz、30 kHz、60 kHz；在 28 GHz 的频率处，常使用的子载波间隔为：60 kHz、120 kHz。240 kHz 的子载波间隔还没有在 eMBB 场景中定义，但在低时延场景可以考虑使用。

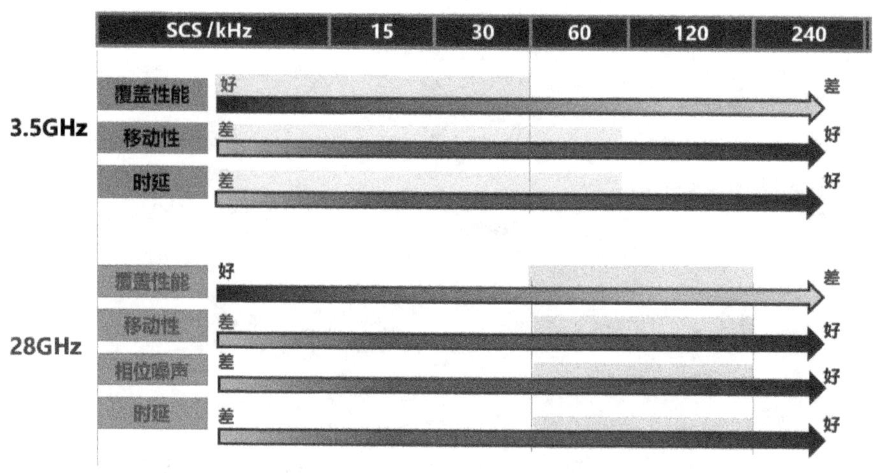

图 10-5　Δf 和系统性能的关系

10.1.2　μ 与时域

从表 10-2 中可以看到，有两种不同规格的 CP：常规 CP 和扩展 CP。在需要多小区协作的场景，使用扩展 CP，可以避免不同位置的基站多径时延的不同。但是大多数场景，需要使用常规 CP。只有在 $\mu=2$ 的时候，$\Delta f=60$ kHz 的时候才支持扩展 CP。

5G 帧和子帧的时间长度和 LTE 的保持一致，帧的时间长度是 10 ms，子帧的时间长度为 1 ms，1 帧共有 10 个子帧。5G NR 和 LTE 不同，不以子帧（Subframe）为单位调度，以时隙为单位进行调度。为了应对不同的业务时延要求，5G NR 支持灵活的时隙长度。通过 μ 参数的改变可以改变时隙（Slot）长度。μ 与每子帧时隙数（N）的关系如图 10-6 所示。在常规 CP 下，不管 μ 是多少，每个时隙的符号数都是 14，固定不变；但每个子帧的时隙数（N）依据参数 μ 变化，如表 10-3 所示。对于扩展 CP，每个时隙的符号数是 12，固定不变，μ 只能是 2，每个子帧有 4 个时隙，那么，每帧有 40 个时隙，如表 10-4 所示。

图 10-6　μ 与每子帧时隙数的关系

表 10-3　常规 CP 下参数 μ 与符号数、时隙数的关系

μ	每时隙符号数	每个子帧的时隙数	每帧的时隙数
0	14	1	10
1	14	2	20
2	14	4	40
3	14	8	80
4	14	16	160

表 10-4　扩展 CP 下参数 μ 与符号数、时隙数的关系

μ	每时隙符号数	每个子帧的时隙数	每帧的时隙数
2	12	4	40

我们知道，帧和子帧的时间长度是固定的，$T_{frame}=10$ ms，$T_{subframe}=1$ ms，那么一个时隙的时间长度可以用图 10-7 来表示。

$$T_{slot} = T_{subframe}/2^{\mu} \\ = T_{subframe}/(SCS/15kHz)$$

图 10-7　时隙长度计算

随着 μ 参数的增加，每个子帧的时隙数也会增加，那么每个时隙的时长会减少，比如 $\mu=0$ 时，1 个 1 ms 的子帧 1 个时隙，则 $T_{slot}=1$ ms；$\mu=1$ 时，1 个 1 ms 的子帧有 2 个时隙，则 $T_{slot}=0.5$ ms；以此类推，当 $\mu=4$ 时，1 个 1 ms 的子帧有 16 个时隙，则 $T_{slot}=0.0625$ ms，即 62.5 μs。根据不同的子载波带宽间隔 SCS 的配置，T_{slot} 的范围可从 1 ms（SCS = 15 kHz）到 62.5 μs（SCS = 240 kHz）。

μ 参数取值不同，对应的子载波间隔 Δf 和时隙长度 T_{slot} 所形成的图形如图 10-8 所示。子载波间隔越大，时隙长度越小，但是子载波间隔 Δf 和时隙长度 T_{slot} 的乘积为恒定值 15（kHz×1 ms/slot），如图 10-9 所示。

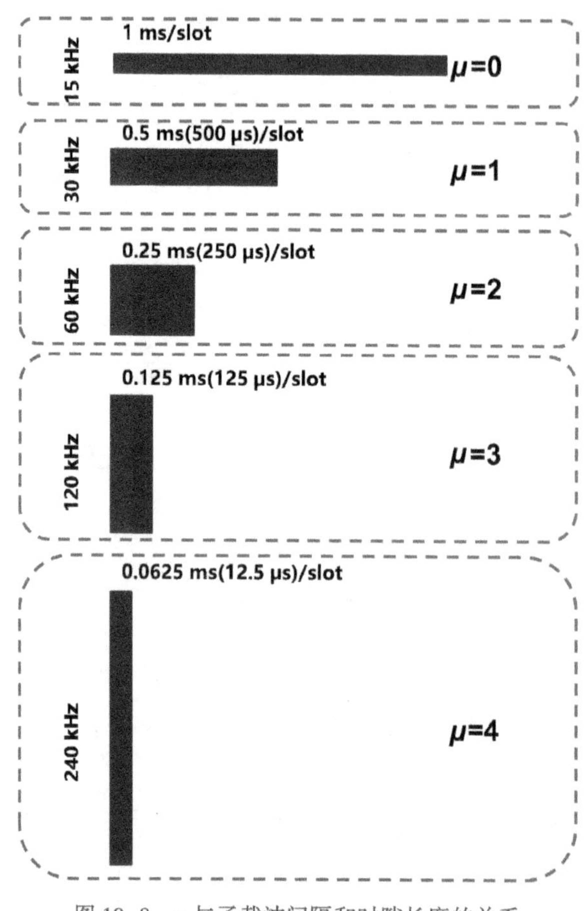

图 10-8　μ 与子载波间隔和时隙长度的关系

$$\Delta f \times T_{slot} = 15\ (\text{kHz}\cdot\text{ms/slot})$$

图 10-9　子载波间隔 Δf 和时隙长度 T_{slot} 的乘积为恒定值

10.1.3　5G 空口资源框架

μ 参数取值不同，对应着不同的空口时间和频率资源。空口时频资源和天线空间资源一起构成了 5G 的空口可调度资源，如图 10-10 所示。以 μ 参数为代表的参数集或系统参数实现了空口资源的配置和映射。

下面我们分别介绍时间、频率和空间这三类资源。

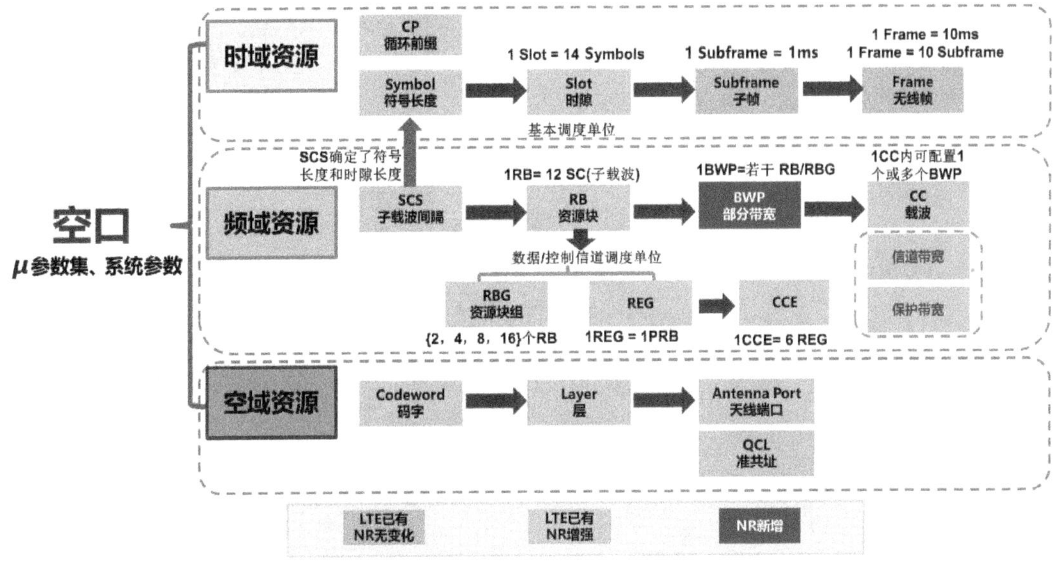

图 10-10　5G NR 空口资源框架

10.2　时域资源

三十功名尘与土，八千里路云和月。莫等闲，白了少年头，空悲切。

——（宋）岳飞《满江红》

岁月不饶人，时间不可逆转。时间是人一切财富中最宝贵的财富。时域资源也是移动通信系统中最宝贵、最基本的资源。

移动通信如果要想正常交互信息，就需要发送方在恰当的时间把信息发出去，而接收方也知道在什么时间接收自己的信息，这就需要双方遵循共同的时间使用规范，这个时间规范就是帧结构，描述了最基本的时域资源。

但是移动通信系统里的时间单位不能用日常生活的单位：天、小时、分、秒；而是需要颗粒度更小的单位：如毫秒（ms）、微秒（μs）。但在移动通信系统里，使用毫秒、微秒这样的时间单位，有时候存在太多小数位，不太方便，往往会定义一个颗粒度最小的时间度量单位，其他的时间用此来表示，都是整数。

5G NR 的上下行时隙配置比 LTE 更加灵活，同时 5G NR 支持一个帧同时包含下行数据和针对这个下行数据的上行反馈，这就是自包含结构。

10.2.1　5G NR 帧结构

LTE 和 5G 的帧结构都采用了四级组成架构：帧（Frame）、子帧（Subframe）、时隙（Slot）、符号（Symbol），如图 10-11 所示。LTE 的帧结构属于固定架构，5G NR 无线帧和子帧的结构和LTE是一致的，长度也是固定的，从而使得5G NR和LTE可以相互兼容，利于LTE和NR共同部署模式下时隙与帧结构同步，简化小区搜索和频率测量。但5G NR子帧里的时隙和符号构成比LTE更灵活。

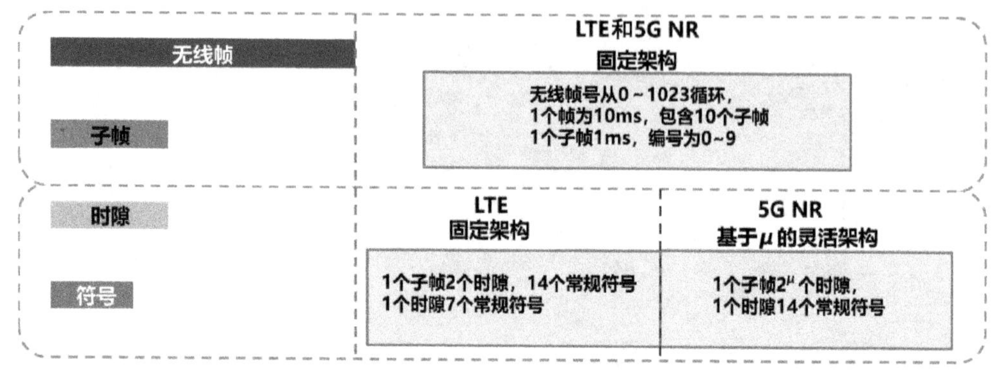

图10-11　LTE和5G的帧结构

5G NR帧结构中，数据发送的周期是以帧为单位进行，每个帧有个帧号，从0到1023循环使用，循环一周需要10.23 s。部分控制信息的发送周期是以子帧为单位进行的，LTE和5G NR子帧也是上下行数据的分配单位，但5G NR在上下行切换方向位置可以是1个子帧里某一时隙的某个符号，上下行时间资源分配更加灵活。5G NR资源调度和同步的最小单位是时隙，这一点和LTE不同，LTE的资源调度和同步单位是子帧。5G NR和LTE的符号是最小可分配的时间资源单元，也是调制的基本单位，如图10-12所示。

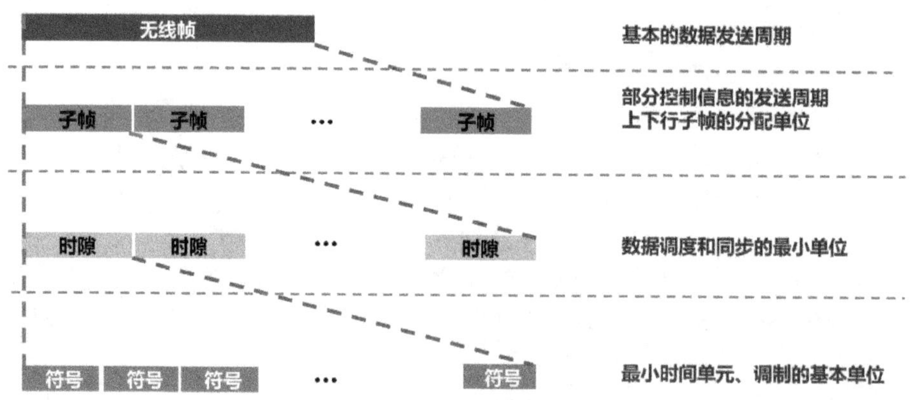

图10-12　5G帧结构及各级含义

5G NR定义了灵活的时隙（Slot）和字符（Symbol）长度，可根据μ参数来灵活定义。举例来说，子载波间隔=30 kHz（正常CP），一个子帧有2个时隙，所以1个无线帧包含20个时隙，280个符号；子载波间隔=120 kHz（正常CP），一个子帧有8个时隙，所以1个无线帧包含80个时隙，1120个符号。5G NR SCS为30 kHz和120 kHz的无线帧结构如图 10-13 所示。

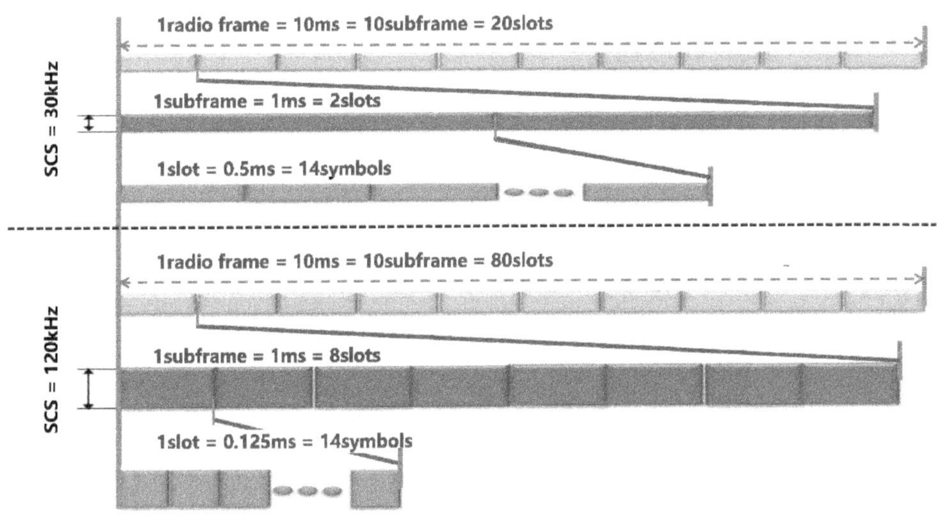

图 10-13　5G NR SCS 为 15kHz 和 120kHz 的无线帧结构

为了适应超高可靠低时延（uRLLC）的应用场景，5G 定义了一种子时隙构架，叫 Mini-Slot（微时隙）可用于快速灵活的服务调度。Mini-Slot 由两个或多个符号（Symbols）组成，其中第一个符号包含控制信息，如图 10-14 所示，如低时延的 HARQ（Hybrid Automatic Repeat reQuest，混合自动重传请求）可配置在 Mini-Slot 上。Mini-Slot 的使用也需要 5G 终端的支持。

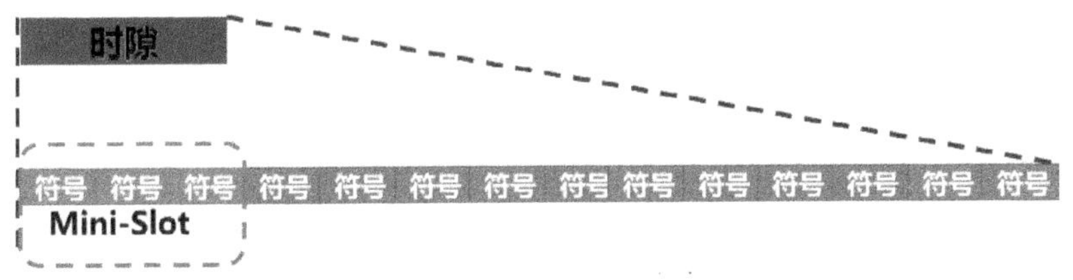

图 10-14　Mini-Slot 的构成

10.2.2　5G NR 时间单位

OFDM 系统采用快速傅里叶变换及其逆变换，实现频域多个子载波与时域信号之间的映射。涉及的参数有 FFT 每个子载波的采样点数 N_f、采样频率 F_s、采样周期 T_s。采样点 N_f越大，变换过程中的信息失真越少，但对芯片的运算速度要求越高。采样频率 F_s和采样周期 T_s的关系互为倒数，如图 10-15 所示。

每个子载波的采样点数 N_f与载波间隔 Δf 之积也是采样频率 F_s，如图 10-16 所示。

$$F_S = \frac{1}{T_S}$$

图 10-15　采样频率和采样周期的关系

$$F_s = N_f \times \Delta f$$

图 10-16　采样频率的公式

LTE 的子载波间隔为 15 kHz，最大传输带宽 20 MHz，最多包含 1200 个子载波，其余带宽为保护间隔。这 1200 个子载波上分别承载着子序列信息。在做快速傅里叶变换及其逆变换时，采样点 N_f 不能少于 1200 才可以保证信息不会丢失。但在 IT 系统里，2 的 n 次幂方便计算，所以这时，N_f 取 2048。于是 LTE 的采样间隔时间 T_s 就可以用如图 10-17 所示的方法来计算。T_s 的计算结果为 32.552 ns。5G NR 在子载波间隔为 15 kHz 的时候，T_s 也是 32.552 ns。

在 5G NR 中，最小的时间单位是 T_c，大约为 0.509 ns，指的是子载波间隔为 480 kHz 时候的采样周期，计算方式如图 10-18 所示。5G NR 在 6GHz 以下最大带宽为 100 MHz，最多包含 3276 个子载波，采样点应该至少有 4096 个。

$$\begin{aligned} T_S &= 1/(N_f \times \Delta f) \\ &= 1/(2048 \times 15 \times 10^3) \end{aligned}$$

图 10-17　采样间隔时间 T_s 的计算

$$\begin{aligned} T_C &= 1/(N_f \times \Delta f) \\ &= 1/(4096 \times 480 \times 10^3) \end{aligned}$$

图 10-18　5G NR 的最小时间单位 T_c 的计算

T_s 与 T_c 之比就是 5G NR 的一个辅助参数，定义为 κ，值为 64，如图 10-19 所示。

$$\kappa = T_s / T_c = 64$$

图 10-19　T_s 与 T_c 之比

不论是 LTE 还是 5G NR，采样频率是一直不变的，只是 LTE 中只有一种子载波间隔，OFDM 符号长度不变，每个 OFDM 符号的采样点个数不变；但 5G NR 有多种子载波间隔，OFDM 符号长度也不固定，每个 OFDM 符号的采样点数也不固定。

5G NR 系统，时间单位经常用 T_c 作单位。举例来说，基站使用 TA（Time Advance，时间提前量）值指示手机提前多少时间发送上行帧，如图 10-20 所示，实际上发送的不是 TA 的具体时间，而是发送 N_{TA}，指的是提前多少个 T_c。

一个 OFDM 符号周期 T_{OFDM} 应该包括有用符号时间 T_u 和循环前缀的时间 T_{cp}，如图 10-21 所示。

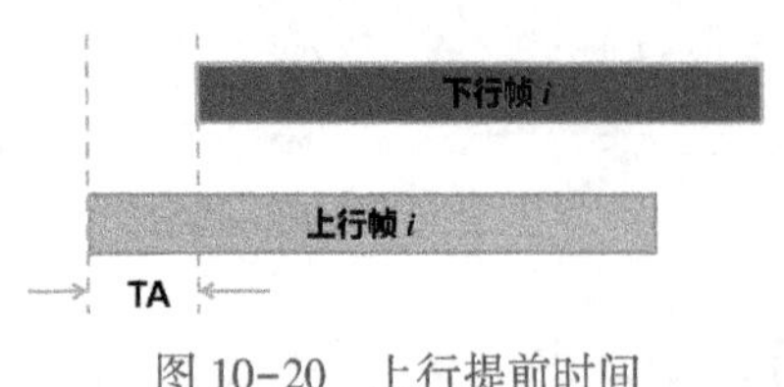

图 10-20　上行提前时间

T_{cp}　T_u

图 10-21　一个 OFDM 符号周期

其中，有用符号时间如图 10-22 所示。循环前缀的时间就可以用 T_c 的数目 N_{cp} 来表示，如图 10-23 所示。

$$T_u = 1/\Delta f$$

图 10-22　有用符号部分

$$T_{cp} = N_{CP} \times T_c$$

图 10-23　循环前缀的时间

不同子载波间隔 Δf 下，CP 长度是不同的，所以 N_{cp} 的取值也是不同的，如图 10-24 所示。扩展 CP 的时间长度要比普通 CP 的时间长度大。普通 CP 情况下，第 0 个符号、第 7 个 2^{μ} 的符号的时间长度比其他符号的时间长度大。

$$N_{cp} = \begin{cases} 512\kappa \cdot 2^{-\mu} & \text{扩展CP长度} \\ 144\kappa \cdot 2^{-\mu} + 16\kappa & \text{常规CP长度，第0，}7\times 2^{\mu}\text{个符号} \\ 144\kappa \cdot 2^{-\mu} & \text{常规CP长度，非第0，}7\times 2^{\mu}\text{个符号} \end{cases}$$

图 10-24　N_{cp} 的取值

按照上述方法，给出不同子载波的不同符号的 CP 的时间长度如表 10-5 所示。

表 10-5　不同符号 CP 的时间长度

参　数	子载波带宽/kHz	循环前缀/μs	
		第 0 个、第 $7\times 2^{\mu}$ 个符号（l 为符号位置）	非第 0 个、第 $7\cdot 2^{\mu}$ 个符号
0	15	5.2　（l=0 或 7）	4.69
1	30	2.86（l=0 或 14）	2.34
2	60	常规 CP：1.69（l=0 或 28）；	1.17
		扩展 CP：4.17	4.17
3	120	1.11（l=0 或 56）	0.59
4	240	0.81（l=0 或 112）	0.29

不同 μ 对应的不同符号、CP、时隙长度如表 10-6 所示。

表 10-6　不同 μ 对应的不同符号、CP、时隙长度列表

参数 μ	0	1	2	3	4
子载波带宽（kHz）：SCS = $15 * 2^{\mu}$	15	30	60	120	240
OFDM 有用符号长度（μs）：T_u = 1/SCS	66.67	33.33	16.67	8.33	4.17

（续）

参数μ	0	1	2	3	4
循环前缀（非0、7·2^μ位置）长度（μs）：$T_{cp}=N_{cp}*T_c$	4.69	2.34	1.17	0.59	0.29
循环前缀（0、7·2^μ位置）长度（μs）：	5.2	2.86	1.69	1.11	0.81
（非0、7·2^μ位置）OFDM符号总长度（μs）：$T_{ofdm}=T_{cp}+T_{cp}$	71.36	35.68	17.84	8.92	4.46
（0、7·2^μ位置）OFDM符号总长度（μs）：$T_{ofdm}=T_{cp}+T_{cp}$	71.87	36.19	18.36	9.44	4.98
时隙长度（ms）$T_{slot}=1/2^\mu$	1	0.5	0.25	0.125	0.0625

举例来说，$\mu=0$时，1个时隙14个符号，其中第0或7号符号的时间长度为：

$$(5.2+66.67)\,\mu s=71.87\,\mu s$$

其余符号的时间长度为：

$$(4.69+66.67)\,\mu s=71.36\,\mu s$$

那么，当$\mu=0$时，$T_{slot}=(71.87\times2+71.36\times12)\,\mu s=1000\,\mu s$

$\mu=4$时，1个时隙还是14个符号，1个子帧16个时隙，共16×14=224个符号。由于第0、112个符号CP长度比其他符号的CP长度长，所以这两个符号所在的时隙也比其他时隙长一些。也就是说，时隙的长度并不是都相同，平均是0.0625 ms。

第0、112个符号的长度为：

$$(0.81+4.17)\,\mu s=4.98\,\mu s$$

其他符号长度为：

$$(0.29+4.17)\,\mu s=4.46\,\mu s$$

那么，第0、112个符号所在的时隙长度为：

$$(4.98+4.46\times13)\,\mu s=62.96\,\mu s$$

其他时隙长度为：

$$4.46\times14\,\mu s=62.44\,\mu s$$

那么，1个子帧共16个时隙，时间长度是：

$$(62.96\times2+62.44\times14)\,\mu s=1000\,\mu s(\text{即 }1\text{ ms})$$

不同子载波对应的时隙和符号长度如图10-25所示。

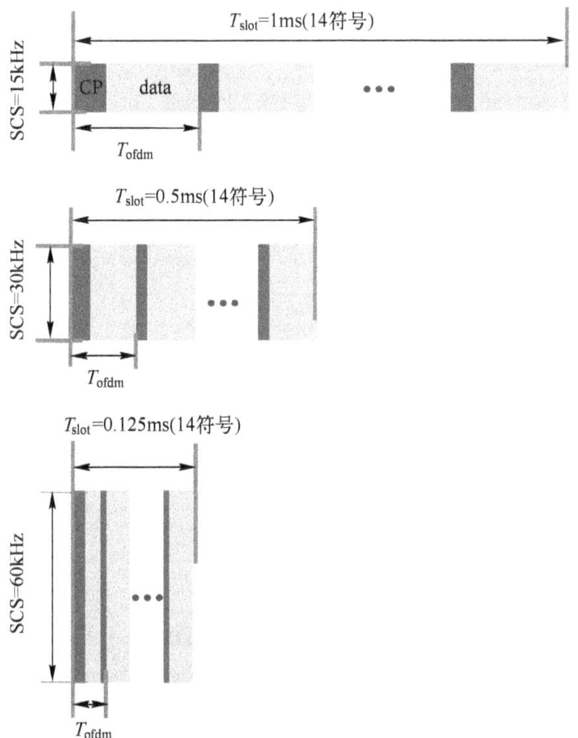

图 10-25　不同子载波对应的时隙和符号长度

10.2.3　灵活时隙配置

在时域资源的上下行配置上，5G 与 LTE 相比，灵活度更大，颗粒度更细。

在 LTE 中，时域上下行的配置，最小颗粒度是以子帧作为单位的，包括上行子帧（U）、下行子帧（D）和特殊子帧（S）。TDD-LTE 一共有 7 种上下行子帧配置，如表 10-7 所示。

表 10-7　LTE 以子帧为单位配置上下行资源

上、下行配置	上、下行转换周期	上、下行配比 DL：UL	LTE 子帧号									
			0	1	2	3	4	5	6	7	8	9
0	5 ms	2∶3	D	S	U	U	U	D	S	U	U	U
1	5 ms	3∶2	D	S	U	U	D	D	S	U	U	D
2	5 ms	4∶1	D	S	U	D	D	D	S	U	D	D
3	10 ms	7∶3	D	S	U	U	U	D	D	D	D	D
4	10 ms	8∶2	D	S	U	U	D	D	D	D	D	D
5	10 ms	9∶1	D	S	U	D	D	D	D	D	D	D
6	5 ms	5∶5	D	S	U	U	U	D	S	U	U	D

5G NR上下行时域资源配置更加灵活，上下行时域分配的颗粒度可精细到符号级（Symbol），上下行业务可以用符号为转换点，大大缩短转换间隔。

在5G NR一个时隙（Slot）共14个符号，符号级别的上下行配置叫作SFI（Slot Format Information，时隙格式信息），协议上8个bit，已定义的可选值范围是0~55，56~255是保留位，以后定义，如表10-8所示。其中，D表示下行链路，U表示上行链路；X表示可灵活配置（Flexible），X可配置为下行链路、上行链路、GP（Guard Period，保护间隔）或作为预留资源。

表10-8　SFI配置列表

	1	2	3	4	5	6	7	8	9	10	11	12	13	14
0	D	D	D	D	D	D	D	D	D	D	D	D	D	D
1	U	U	U	U	U	U	U	U	U	U	U	U	U	U
2	X	X	X	X	X	X	X	X	X	X	X	X	X	X
3	D	D	D	D	D	D	D	D	D	D	D	D	D	X
4	D	D	D	D	D	D	D	D	D	D	D	D	X	X
5	D	D	D	D	D	D	D	D	D	D	D	X	X	X
6	D	D	D	D	D	D	D	D	D	D	X	X	X	X
7	D	D	D	D	D	D	D	D	D	X	X	X	X	X
8	X	X	X	X	X	X	X	X	X	X	X	X	X	U
9	X	X	X	X	X	X	X	X	X	X	X	X	U	U
10	X	U	U	U	U	U	U	U	U	U	U	U	U	U
11	X	X	U	U	U	U	U	U	U	U	U	U	U	U
12	X	X	X	U	U	U	U	U	U	U	U	U	U	U
13	X	X	X	X	U	U	U	U	U	U	U	U	U	U
14	X	X	X	X	X	U	U	U	U	U	U	U	U	U
15	X	X	X	X	X	X	U	U	U	U	U	U	U	U
16	D	X	X	X	X	X	X	X	X	X	X	X	X	X
17	D	D	X	X	X	X	X	X	X	X	X	X	X	X
18	D	D	D	X	X	X	X	X	X	X	X	X	X	X
19	D	X	X	X	X	X	X	X	X	X	X	X	X	U
20	D	D	X	X	X	X	X	X	X	X	X	X	X	U
21	D	D	D	X	X	X	X	X	X	X	X	X	X	U
22	D	X	X	X	X	X	X	X	X	X	X	X	U	U
23	D	D	X	X	X	X	X	X	X	X	X	X	U	U
24	D	D	D	X	X	X	X	X	X	X	X	X	U	U

（续）

	1	2	3	4	5	6	7	8	9	10	11	12	13	14
25	D	X	X	X	X	X	X	X	X	X	X	U	U	U
26	D	D	X	X	X	X	X	X	X	X	X	U	U	U
27	D	D	D	X	X	X	X	X	X	X	X	U	U	U
28	D	D	D	D	D	D	D	D	D	D	D	D	X	U
29	D	D	D	D	D	D	D	D	D	D	D	X	X	U
30	D	D	D	D	D	D	D	D	D	D	X	X	X	U
31	D	D	D	D	D	D	D	D	D	D	D	X	U	U
32	D	D	D	D	D	D	D	D	D	D	X	X	U	U
33	D	D	D	D	D	D	D	D	D	X	X	X	U	U
34	D	X	U	U	U	U	U	U	U	U	U	U	U	U
35	D	D	X	U	U	U	U	U	U	U	U	U	U	U
36	D	D	D	X	U	U	U	U	U	U	U	U	U	U
37	D	X	X	U	U	U	U	U	U	U	U	U	U	U
38	D	D	X	X	U	U	U	U	U	U	U	U	U	U
39	D	D	D	X	X	U	U	U	U	U	U	U	U	U
40	D	X	X	X	U	U	U	U	U	U	U	U	U	U
41	D	D	X	X	X	U	U	U	U	U	U	U	U	U
42	D	D	D	X	X	X	U	U	U	U	U	U	U	U
43	D	D	D	D	D	D	D	D	D	X	X	X	X	U
44	D	D	D	D	D	D	X	X	X	X	X	X	U	U
45	D	D	D	D	D	D	X	X	U	U	U	U	U	U
46	D	D	D	D	D	X	U	D	D	D	D	D	X	U
47	D	D	X	U	U	U	U	D	D	X	U	U	U	U
48	D	X	U	U	U	U	U	D	X	U	U	U	U	U
49	D	D	D	D	X	X	U	D	D	D	D	X	X	U
50	D	D	X	X	U	U	U	D	D	X	X	U	U	U
51	D	X	X	U	U	U	U	D	X	X	U	U	U	U
52	D	X	X	X	X	X	U	D	X	X	X	X	X	U
53	D	D	X	X	X	X	U	D	D	X	X	X	X	U
54	X	X	X	X	X	X	X	D	D	D	D	D	D	D
55	D	D	X	X	X	U	U	D	D	D	D	D	D	D
56–255	Reserved													

为什么我们需要这么多的时隙格式？因为这样可使NR的上下行资源调度变得更加灵活。通过选用不同的SFI格式，我们可以把一个时隙配置成不同的上下行资源类型。比如，大型赛事现场、新闻媒体应用，上行链路特别繁忙，可以采取SFI为10的时隙配置格式，即13个符号上行，1个符号灵活配置。

5G NR中时隙类型更多，支持更多的场景和业务类型。根据SFI的不同、时隙上下行配置不同，我们可以将时隙类型分为四大类。

Type 1（类型1）：全下行（DL-only slot，如SFI为0时），适合下行流量大的业务，如图10-26所示。

1	2	3	4	5	6	7	8	9	10	11	12	13	14
D	D	D	D	D	D	D	D	D	D	D	D	D	D

图10-26　全下行结构

Type 2（类型2）：全上行（UL-only Slot，如SFI为1时），适合上行流量大的业务，如图10-27所示。

1	2	3	4	5	6	7	8	9	10	11	12	13	14
U	U	U	U	U	U	U	U	U	U	U	U	U	U

图10-27　全上行结构

Type 3（类型3）：全灵活资源（Flexible-only Slot，如SFI为2时），具有前向兼容性，在初始网络部署时可以为将来未知业务预留资源，也支持DL和UL资源自适应调整（动态TDD），也能支持为适应特殊场景对保护时隙（GP）符号数进行灵活配置，如大气波导场景等，如图10-28所示。

1	2	3	4	5	6	7	8	9	10	11	12	13	14
X	X	X	X	X	X	X	X	X	X	X	X	X	X

图10-28　全灵活结构

Type 4（类型4）：至少一个下行和/或一个上行（Mixed slot，也称混合时隙，如SFI为3~55）。类型4的时隙也具有前向兼容性，可以为未来未知业务预留资源；支持灵活的数据传输起始和终止位置（如非授权频段、动态TDD）等；支持GP符号数和位置的灵活配置。

类型4包含的时隙格式有很多，可以进一步分为5个子类，如图10-29所示。

LTE的上下行时域资源配置是为了避免干扰，要一个小区或多个小区采用相同的配置，而且是小区级静态配置。5G NR除了小区级时域资源配置之外，增加了UE级配置，还可以支持动态符号级的上下行资源调整。

	1	2	3	4	5	6	7	8	9	10	11	12	13	14	
类型 4-1	D	D	D	D	D	D	D	D	D	D	D	X	X	X	下行为主：SFI 3~7、16
类型 4-2	X	X	X	U	U	U	U	U	U	U	U	U	U	U	上行为主：SFI 8~15
类型4-3	D	D	D	X	X	X	X	X	X	X	X	X	X	U	下行自包含：SFI 17~33
类型4-4	D	D	X	X	U	U	U	U	U	U	U	U	U	U	上行自包含：SFI 34~45
类型4-5	D	D	X	X	X	X	U	D	D	X	X	X	X	U	Mini-Slot：SFI 46~55

图 10-29　Type 4 的细分

LTE 只支持一次性配置，而 5G NR 支持多层嵌套配置，如图 10-30 所示。各层也可独立配置，以颗粒度最细的为主，如图 10-31 所示。

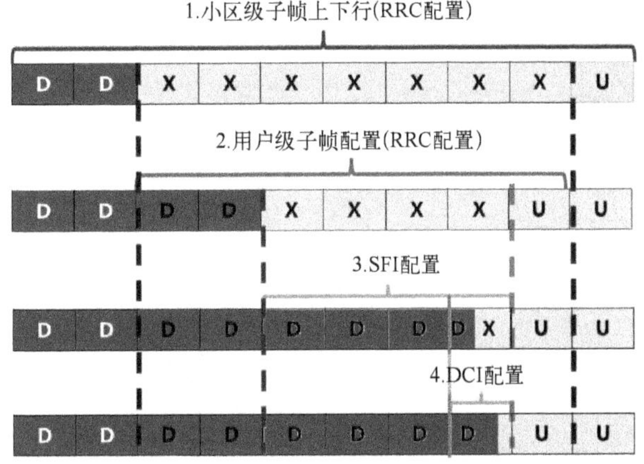

图 10-30　上下行时隙资源多层嵌套配置

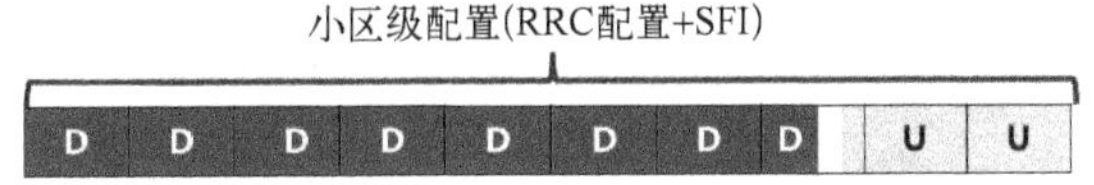

图 10-31　上下行时隙各层独立配置

多层嵌套配置中，第一层是小区级配置，第二层是 UE 级配置，这两层都是通过 RRC 信令进行半静态配置，是子帧级的配置。这两层上下行时域资源的配置和子载波带宽没有关系。小区级配置在整个小区的范围内起作用，其中属于灵活调度（标注 X）的子帧可在 UE 级进一步配置。配置周期可以为{0.5,0.625,1,1.25,2,2.5,5,10}ms。

第三层可以基于 UE 组进行时隙级的动态配置，配置的是第二层属于灵活调度（标注 X）的时隙。配置周期为{1,2,4,5,8,10,20}个时隙，可以使用 DCI（Downlink Control Information，下行控制信息）format 2_0 进行配置，与子载波带宽没有关系。

第四层是基于特定 UE 的符号级动态配置，配置的是第三层属于灵活调度（标注 X）的符号。可以使用 DCI format 0、1 进行配置。

10.2.4 自包含帧

在移动通信系统中，自包含特性指的是信息接收方解码一个基本的数据单元时，不需要其他基本数据单元的协助，就能够成功地完成解码。

在人们的面对面交谈中，也有类似的问题。如果听众无须上下文的关联，仅一句话就能理解基本的数据单元，这叫自包含特性，比如，“请你上午9:00到复兴路9号”，这句话就具备自包含特性。听话的人很清楚这句话的意思；但是如果说“请准时到他家!”这句话不具备自包含的特性，听话的人需要先回忆说话者前面说过的句子，或者等待将要说的句子，把它们结合起来琢磨分析。说出去的话如果都是自包含的，可以显著减少信息交流的时延，降低听众理解信息的难度，减轻听众的记忆力负担和思考力的负担，信息交流的效率就会大幅提高。

5G NR的自包含特性（self-contained）使得基站或者终端在解码某一时隙或者某个波束的数据时，不需要缓存其他时隙或者波束的数据。5G NR的自包含帧解码一个时隙内的数据时，所有的辅助解码信息，如参考信号（RS）和ACK消息，都能够在本时隙内找到，不需要依赖其他时隙；解码一个波束内的数据时，所有的辅助解码信息，比如参考信号（RS）和ACK消息，都能够在本波束内找到，不需要依赖其他波束。如果没有这种特性，终端或者基站上就需要增加存储硬件的配置，也会额外产生处理本时隙或者本波束数据与其他时隙或其他波束数据的计算负荷。

5G NR的自包含子帧，具备如下三个特点：

1）同一时隙/子帧内包含DL（下行）、UL（上行）和GP（保护间隔），如图10-32所示。

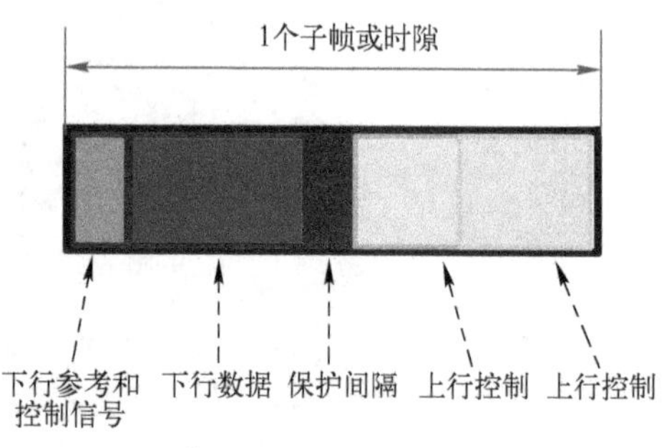

图10-32　自包含时隙/子帧结构

在5G NR无线帧中，参考信号、DL控制信息都放在长度为14个OFDM符号的时隙的前部。当终端接收到DL数据负荷时，已经完成了对参考信号和DL控制信息的解码，能够立刻开始解码DL数据负荷。根据DL数据负荷的解码结果，终端能够在DL、UL切换的GP期间，准备好上行控制信息。一旦切换成UL链路，就发送UL控制信息。这样，基站和终端能够在一个时隙内完成数据的完整交互，大大减少了时延。

2）同一时隙/子帧内包含DL数据和相应的上行HARQ反馈，如图10-33所示。

这样可以实现更快的下行数据的HARQ反馈，降低RTT时延；端到端时延影响因素很多，包括核心网和空口；空口侧时延同时还受限于上下行帧配比，基站和终端处理时延等。自包含特性仅仅能够降低其中的一部分时延（下行数据重传时延）。

3）同一时隙/子帧内传输 UL 的调度信息和对应的数据信息，如图 10-34 所示。

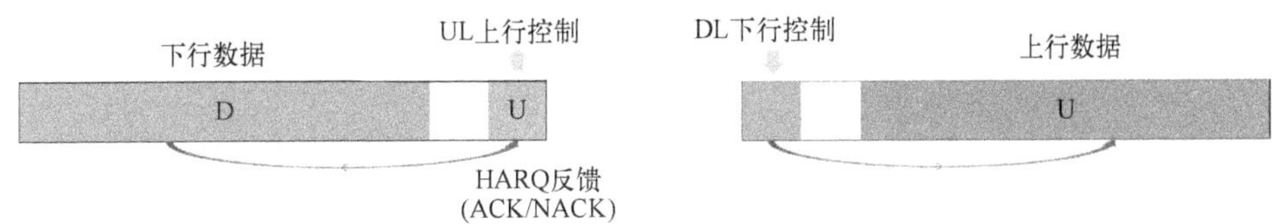

图 10-33　下行自包含子帧/时隙　　图 10-34　上行自包含子帧/时隙

这样可以更快地发送上行数据，保证低时延。更小的 SRS（Sounding Reference Signal，探测参考信号）发送周期：跟踪信道快速变化，提升 MIMO 性能。

如前所述，5G NR 的自包含特性有三大好处：降低信息交互的时延、降低对终端和基站的软件/硬件配置要求，同时也降低了系统功耗。

但是自包含特性对 5G 系统的实现也会带来挑战。

1）对终端硬件要求较高。基站发送完下行数据，在同一时隙/子帧内要求手机处理完给出反馈，这对终端硬件能力要求很大。一个子帧 1 ms，那么留给终端处理下行数据的时间仅有数十个 μs，或数个符号。

2）增加 GP 开销。自包含特性带来频繁的上下行切换，每个上下行切换之间必须有 GP。

3）小区覆盖范围受到限制。为了支撑自包含特性，GP 的一部分需要预留，用于手机对 DL 数据的解调，以便生成 ACK/NACK 等。于是，较小的 GP 限制了小区覆盖范围（小区覆盖半径 R=光速×GP/2），如图 10-35 所示。但是使用毫米波后，所需的 GP 本身就很小，这个问题就不大了。

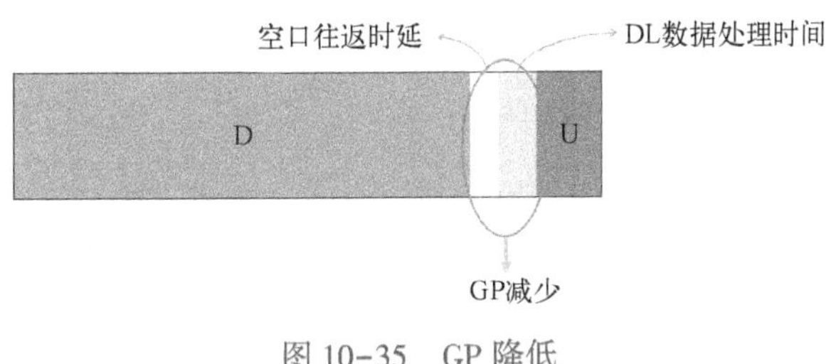

图 10-35　GP 降低

10.3　频域资源

看了 5G NR 的频域资源，想起了一句话："无可奈何花落去，似曾相识燕归来"。LTE 逐渐离开大众的话题，但看到了 5G NR 的频率资源，却又看到了 LTE 空口频率资源的影子。

OFDMA系统是从时域和频域两个维度来描述空口资源的。从时域上说，空口资源是包括多个OFDM符号周期的一段时间；从频域的角度说，无线资源是由多个子载波组成的频率资源。因此，子载波间隔（SCS）是OFDMA系统最基本的频率资源单位。

OFDMA的无线资源可以看成由时域和频域资源组成的二维栅格。我们把一个常规OFDM符号周期和一个子载波组成的资源称为1个资源单位（Resource Element，RE）。RE是OFDMA系统最小的资源单位。如图10-36所示。每个用户占用其中的一个或者多个RE资源单位。

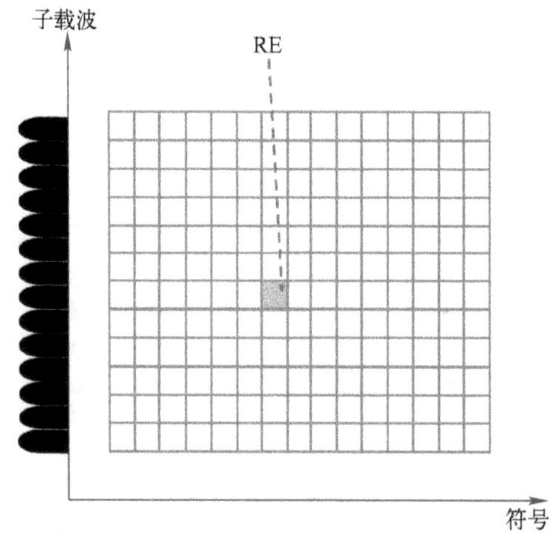

图10-36　RE资源单位

5G NR和LTE的最小资源单位都是RE。不同的是，LTE的RE（时频资源单位）是固定的，子载波间隔为15 kHz，OFDM符号周期约为71.4 μs；5G NR的时频资源的大小是随着μ参数的不同而变化的。举例来说，$\mu=0$的时候，RE的大小和LTE是一致的；$\mu=1$的时候，RE的子载波间隔为30kHz，OFDM符号周期约为35.7 μs。

每一个资源单位RE都可以根据无线环境选择QPSK、16QAM、64QAM、256QAM（5G NR）的调制方式。调制方式为QPSK的时候，一个RE可携带2 bit的信息；调制方式为16QAM的时候，一个RE可携带4 bit的信息；调制方式为64QAM的时候，一个RE可携带6 bit的信息；调制方式为256QAM的时候，一个RE可携带8 bit的信息。

10.3.1　频域资源基本单位

OFDM系统中，空口资源分配的基本单位是资源块（Resource Block，RB）。1个RB在频域上包括12个连续的子载波（SCS）。在时域上包括多少个符号周期，5G NR和LTE不同。LTE包括7个连续的常规OFDM符号周期。5G NR没有明确定义一个RB包括多少个符号周期，成为一个纯粹频率的概念。μ的取值不同，RB的大小不同。

$\mu=0$ 时，RB 的频宽为 15×12 kHz = 180 kHz（和 LTE 的 RB 频宽一样）。

$\mu=1$ 时，RB 的频宽为 30×12 kHz = 360 kHz。

$\mu=2$ 时，RB 的频宽为 60×12 kHz = 720 kHz。

$\mu=3$ 时，RB 的频宽为 120×12 kHz = 1440 kHz。

$\mu=4$ 时，RB 的频宽为 240×12 kHz = 2880 kHz。

时域上为 1 个子帧，频域上为传输带宽内所有可用 RB 资源组成物理层资源组 RG（Resource Grid），如图 10-37 所示。1 个 RG 包含 N_{RB} 个 RB 的话，那么 1 个 RG 包含的子载波数目就是 $12 \cdot N_{RB}$。1 个子帧包含 $14 \cdot 2^{\mu}$ 个符号。1 个 RG 里的某个时频资源 RE，可以用它的子载波序号和符号序号组成的二维序列 (k,l) 来表示。

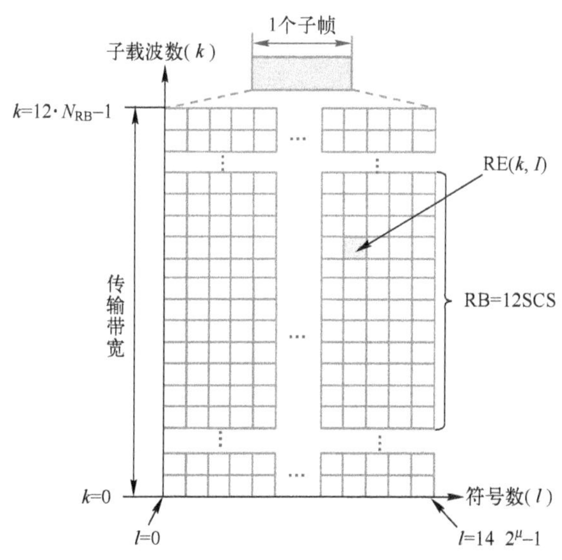

图 10-37　RB 和 RG

数据信道进行资源分配时，为了降低对应控制信道的开销，可以一次给数据信道分配多个 RB 资源，多个 RB 资源进行组合形成 RBG（Resource Block Group）。RBG 是数据信道资源分配的基本调度单位。5G NR 的 1 个 RBG 可以包含在频域内可以包含 {2, 4, 8, 16} 个 RB。LTE 的 RBG 根据系统带宽的不同可以包含 1~4 个 RB，这和 5G NR 的 RBG 不同。

5G NR 时域上的 1 个 OFDM 符号，频域上的 12 个子载波，定义为 5G NR 的 1 个 PRB（Physical Resource Block，物理资源块）；LTE 里的 1 个 PRB 是 12 个子载波，1 个时隙。

控制信道资源分配的基本组成单位是 REG（Resource Element Group，资源单元组）。5G NR 的 1 个 REG 就相当于 1 个 PRB。在 LTE 里 1 个 REG 是频域上连续的 4 个 RE，5G NR 的 1 个 REG 只有 1 个符号。

控制信道资源分配基本调度单位是 CCE（Control Channel Element，控制信道单元），由多个 REG 组成。对于 5G NR 来说：1CCE = 6REG = 6PRB；对于 LTE 来说，CCE = 9REG = 36 RE。

多个CCE可以聚合起来使用，形成更大的控制信道资源分配级别。常见的CCE聚合等级有：1,2,4,8,16（16是5G NR新定义）。如图10-38所示。

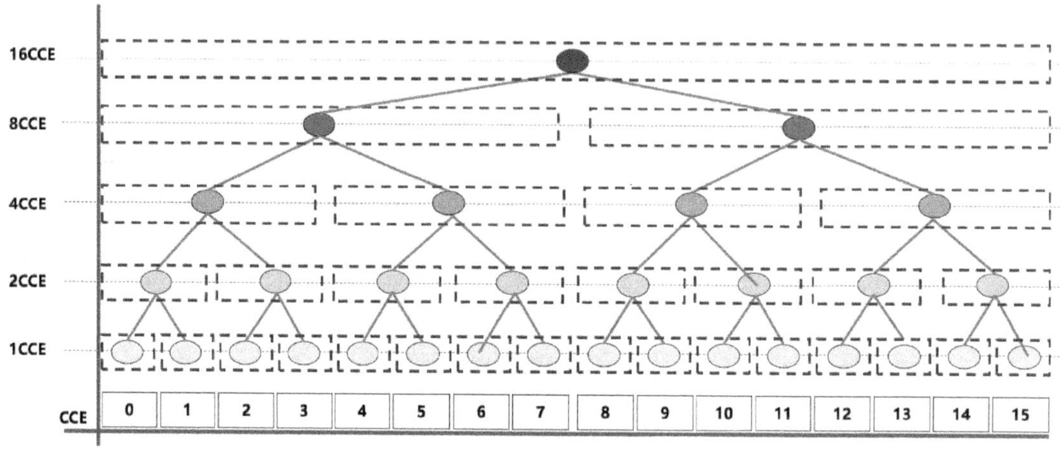

图10-38　CCE的聚合

综上所述，5G NR和LTE频域资源都有RE、RG、RB、RBG、PRB、REG、CCE这些概念，它们的作用类似，但是资源组成有些区别，如表10-9所示。

表10-9　5G NR和LTE频域资源基本单位对比

	共同点	5G NR	LTE
RE	1个子载波和1个符号形成的资源单位。物理层资源的最小粒度	时频资源的大小是随着μ参数的不同而变化的	时频资源的大小是固定的
RE调制方式	QPSK、16QAM、64QAM	256QAM	LTE的R13版本以后支持256QAM
RG	物理层资源组（Resource grid） 频率资源都是全部传输带宽内的子载波	时域为一个子帧，1 ms	一个时隙（Slot），0.5 ms
RB	数据信道资源分配频域基本调度单位 频域上：12个连续的子载波	无定义	7个符号
RBG	数据信道资源分配的基本调度单位	{2,4,8,16}个RB	1~4
PRB	物理资源块，频域上：12个连续的子载波	时域上的1个OFDM符号	时域为2个时隙、1 ms
REG	资源单元组，控制信道的基本组成单位 频域上：12个连续的子载波	时域上的1个OFDM符号	频域上连续的4个RE
CCE	控制信道资源分配的基本调度单位	1CCE=6REG=6PRB	1CCE = 9REG = 36个RE
CCE聚合等级	多个CCE可以聚合起来使用，形成更大的控制信道资源分配级别 聚合等级：1，2，4，8	新增聚合等级：16 聚合等级5个	聚合等级只有4个：1，2，4，8

10.3.2　BWP

5G 支持多种信道带宽，最小可以是 5 MHz，最大能到 400 MHz。这么多的信道带宽，对于 5G 基站来说，这都不是个事。可是，如果要求所有终端 UE 都支持最大带宽 400 MHz，这相当于对终端的性能提出了过高的要求，不利于降低 UE 的成本。而且，一个终端即使支持了 400 MHz 的带宽，并不是所有业务都有必要占满整个 400 MHz 带宽。如果每个业务都采用 400 MHz 带宽，大带宽意味着高采样率，高采样率意味着高功耗，无疑是对终端功率的浪费。

于是，BWP（Bandwidth Part，部分带宽）技术的出现解决了上述问题。BWP 的设计更多是为了终端着想，而不是为了基站。

BWP 是 5G 网络侧给终端分配的一段连续的带宽资源。BWP 是个 UE 级的概念，可以理解为终端的工作带宽。不同 UE 可配置不同的 BWP；UE 的所有信道资源配置均在 BWP 内进行分配和调度。无 BWP 不业务，BWP 是终端接入 5G 网络时的必备配置。

在 LTE 中，UE 的带宽跟系统的带宽是一致的。在 5G NR 中，UE 的带宽可以动态变化。

BWP 的技术优势主要体现在以下 5 个方面。

1）支持 UE 的接收机带宽（如 20 MHz）小于整个系统带宽（如 100 MHz），有利于终端降低成本，如图 10-39 所示。如果让 UE 实时进行全带宽的检测和维护，那么对终端的能耗将带来极大的挑战。在整个大的载波内划出部分带宽给 UE 进行接入和数据传输，UE 只需在系统配置的这部分带宽内进行相应的操作，降低了能耗。

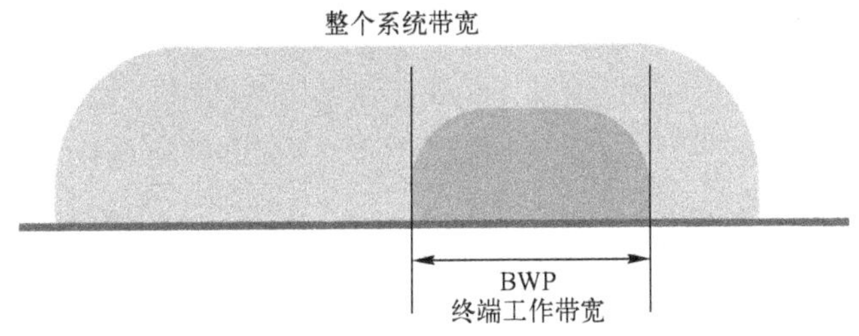

图 10-39　BWP 支持小带宽终端

2）通过不同带宽大小的 BWP 之间的转换来适应业务量的变化。如图 10-40 所示。

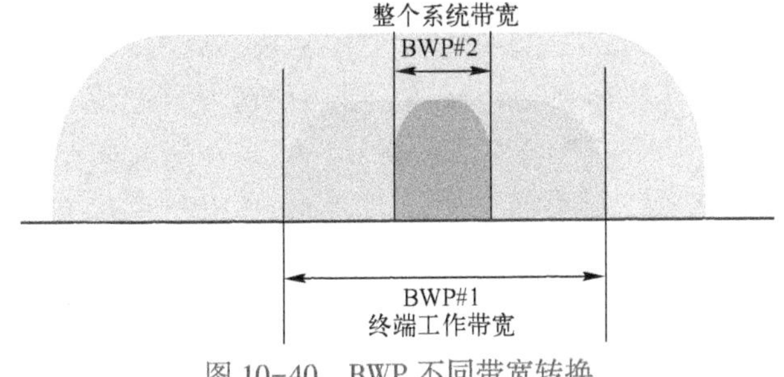

图 10-40　BWP 不同带宽转换

3）为了系统间的强干扰，可以在载波中配置不连续的频段。如图 10-41 所示。

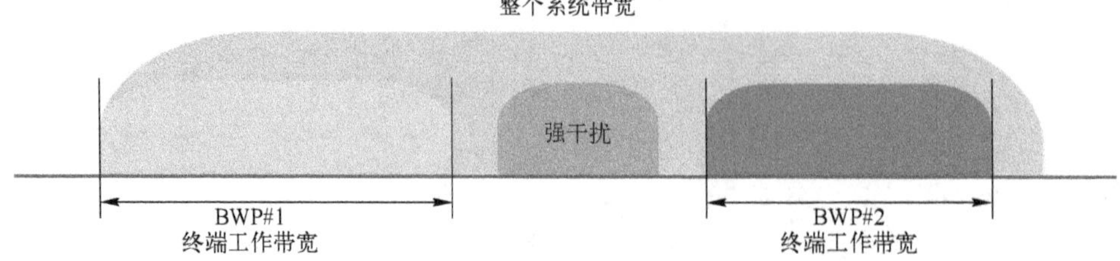

图 10-41　配置不连续带宽

4）带宽自适应（Bandwidth Adaptation，BA），为了适应业务量变化和无线环境变化，动态配置 BWP，自动切换 BWP，同时变换空口参数集（μ）。如图 10-42 所示。

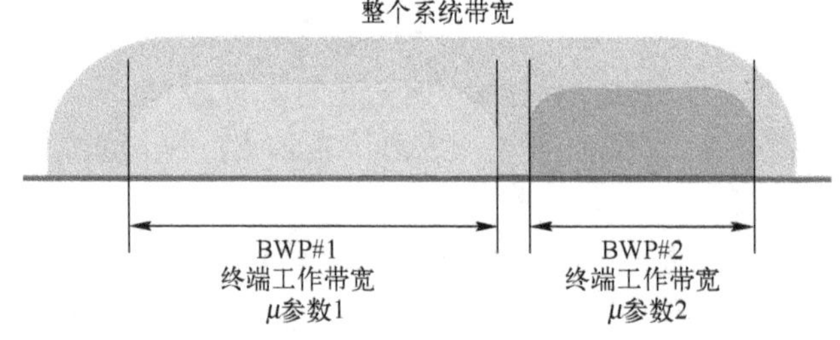

图 10-42　切换 BWP 变换空口参数集

为了说明带宽自适应，我们以图 10-43 为例。第一个时刻，UE 的业务量较大，系统给 UE 配置一个大带宽 BWP1（40 MHz），$\mu=0$；第二个时刻，UE 的业务量较小，系统给 UE 配置了一个小带宽 BWP2（10 MHz），$\mu=0$，满足基本的通信需求即可；第三个时刻，系统发现 BWP1 所在带宽内有较强干扰，或 BWP1 所在频率范围内资源较为紧缺，于是给 UE 配置了一个新的带宽 BWP3（20 MHz），$\mu=2$。下一个时刻，UE 的工作带宽又回到了较低的频率范围内，新的带宽 BWP4 为 20 MHz，μ 为 1。每个 BWP 不仅仅是频点和带宽不一样，而且每个 BWP 可以对应不同的参数配置，如：子载波间隔、CP 类型、周期等参数，以适应不同的业务。

5）为了保证 5G 技术前向兼容，载波中可以预留频段，如图 10-44 所示。当 5G 添加新的技术时，将新技术在新的 BWP 上运行。

载波带宽（Carrier Bandwidth）是系统的工作带宽，而 BWP 则是它的一些子集。如图 10-45 所示。CRB（Carrier Resource Block，载波资源块）可以理解为一种全局编号的频率资源块，它对整个工作带宽的 RB 进行编号。5G NR 弱化了中心频点的概念，使用 Point A 作为频域上的参考点来进行其他资源的分配。CRB0 是系统带宽编号为 0 的 RB，也就是系统带宽中的第一个 RB。CRB 的中心也就是 Point A，意思是系统带宽的起始位置，这是 5G 中新增的概念。5G 的频域资源分配的灵活度增加，但很多频率资源的参考基准点是 Point A。

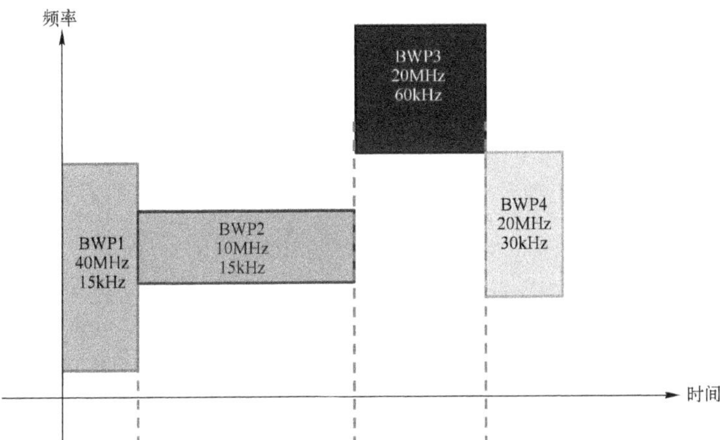

图 10-43　BWP 不同带宽的切换

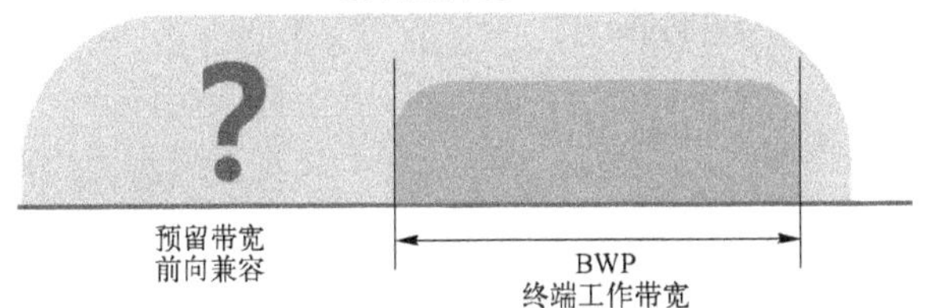

图 10-44　预留带宽

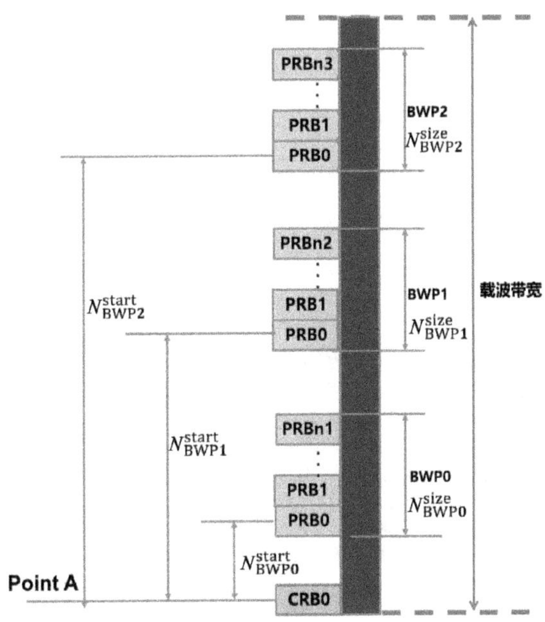

图 10-45　BWP 位置和大小的描述

BWP定义为一个载波内连续的多个资源块（Resource Block，RB）的组合。每个BWP包含一段连续的物理资源块（PRB）。PRB（Physical Resource Block，物理资源块）可以理解为一种局部编号的资源块，它仅对BWP内的资源块进行编号。

一个BWP的描述可以用这个带宽的起始位置、和这个带宽的大小来描述。BWP的带宽起始位置，可以用相对于Point A的RB数目$N_{\mathrm{BWP}}^{\mathrm{Start}}$来表示，BWP的带宽大小就是用它所包含的RB数目$N_{\mathrm{BWP}}^{\mathrm{size}}$来表示。

10.3.3 信道带宽和保护带宽

一个载波（CC）带宽可以支持多个信道带宽（Channel Bandwidth）。为了满足从LTE频谱演进的需求，5G仍然保留了20 MHz以下的信道带宽，但是取消了5 MHz以下的信道带宽。大带宽是5G的典型特征。如图10-46所示，FR1的带宽可以是5 MHz、10 MHz、15 MHz、20 MHz、25 MHz、30 MHz、40 MHz、50 MHz、60 MHz、80 MHz和100 MHz；FR2的带宽可以是50 MHz、100 MHz、200 MHz和400 MHz等。在不久的将来，5G在高频段最大带宽有可能从400 MHz升级到800 MHz。

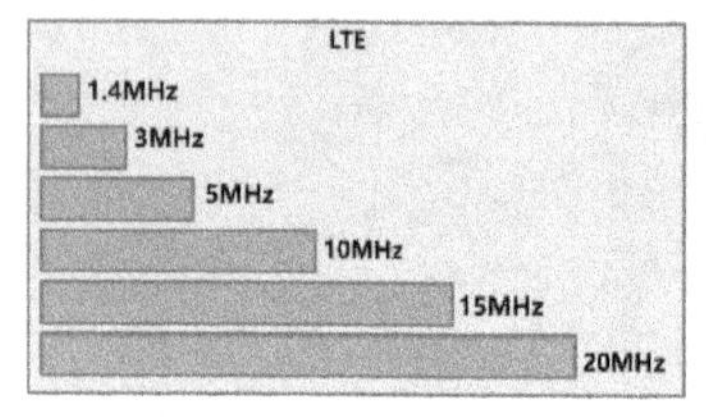

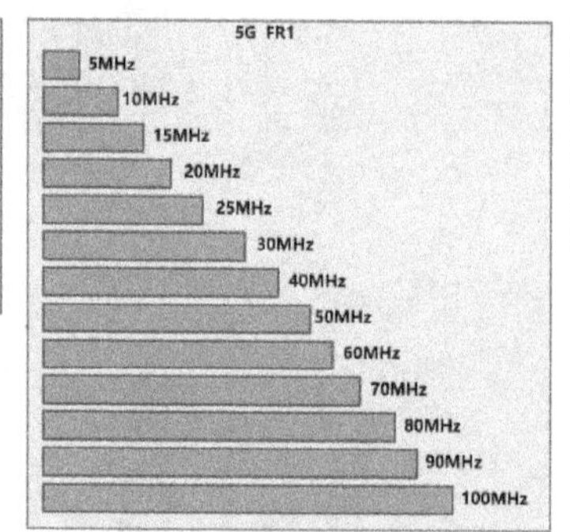

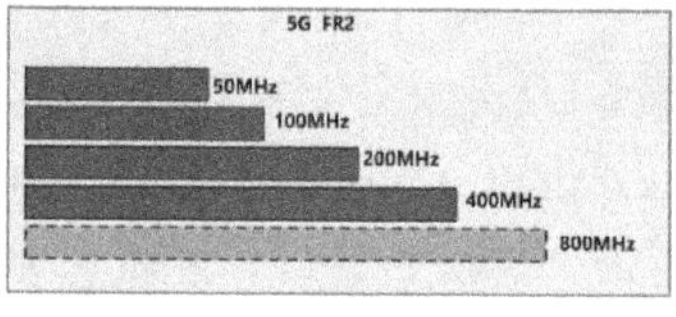

图10-46 LTE和5G支持的信道带宽

信道带宽是由传输带宽和保护带宽组成，如图10-47所示。传输带宽是用来传送业务数据和信令数据的，而保护带宽是为了避免信道之间的互相干扰。传输带宽两侧都需要有保护带宽，但两侧的保护带宽可以不一样。

传输带宽的大小是用RB数目来配置的。由于3GPP对于最大RB数的约束，在FR1频段子载波带宽必须要在30 kHz以上才能实现100 MHz以上的带宽，FR2频段子载波带宽必须要在120 kHz才能实现400 MHz的带宽。FR1不同信道带宽所配置的RB数目如表10-10所示，FR2不同信道带宽所配置的RB数目如表10-11所示。

表10-10 FR1传输带宽RB数

SCS /kHz	5 MHz	10 MHz	15 MHz	20 MHz	25 MHz	30 MHz	40 MHz	50 MHz	60 MHz	70 MHz	80 MHz	90 MHz	100 MHz
15	25	52	79	106	133	160	216	270	N/A	N/A	N/A	N/A	N/A

（续）

SCS /kHz	5 MHz	10 MHz	15 MHz	20 MHz	25 MHz	30 MHz	40 MHz	50 MHz	60 MHz	70 MHz	80 MHz	90 MHz	100 MHz
30	11	24	38	51	65	78	106	133	162	189	217	245	273
60	N/A	11	18	24	31	38	51	65	79	93	107	121	135

表 10-11　FR2 传输带宽 RB 数

SCS	50 MHz	100 MHz	200 MHz	400 MHz
60	66	132	264	N/A
120	32	66	132	264

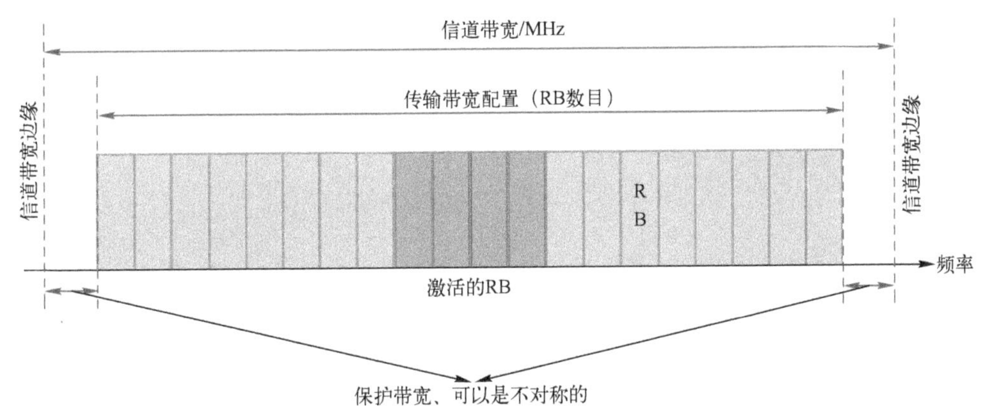

图 10-47　信道带宽和保护带宽

保护带宽就是信道带宽减去传输带宽 RB 所占的带宽。由于保护带宽分布在信道带宽的两侧，所以最小保护带宽计算方式如图 10-48 所示：

(信道带宽 ×1000 – RB数目× SCS(kHz) × 12) / 2 - SCS/2

图 10-48　保护带宽的计算方式

举一个例子，信道带宽是 100 MHz，子载波带宽 SCS 是 30kHz 时，从表 10-10 可知，传输带宽的 RB 数是 273。于是，信道带宽一侧的保护带宽的计算为：

$$[(100\times1000-273\times30\times12)/2-30/2]\,\text{kHz}=845\,\text{kHz}$$

按照上述方法，FR1 信道带宽和最小保护带宽的关系如表 10-12 所示，FR2 信道带宽和最小保护带宽的关系如表 10-13 所示。

表 10-12　FR1 信道带宽和最小保护带宽的关系

SCS/kHz	5 MHz	10 MHz	15 MHz	20 MHz	25 MHz	30 MHz	40 MHz	50 MHz	60 MHz	80 MHz	90 MHz	100 MHz
15	242. 5	312. 5	382. 5	452. 5	522. 5	592. 5	552. 5	692. 5	N/A	N/A	N/A	N/A
30	505	665	645	805	785	945	905	1045	825	925	885	845
60	N/A	1010	990	1330	1310	1290	1610	1570	1530	1450	1410	1370

表 10-13　FR2 信道带宽和最小保护带宽的关系

SCS/kHz	50 MHz	100 MHz	200 MHz	400 MHz
60	1210	2450	4930	N/A
120	1900	2420	4900	9860

多种配置集复用同一个信道带宽的时候，保护带宽应该和靠近这一侧的配置集 μ 对应的保护带宽要求一致。比如，如图 10-49 所示，UE 的信道带宽为 50 MHz，由两种配置集的 RB 组成，X 部分，$\mu=0$ 时，SCS 为 15 kHz，查表 10-12 对应的保护带宽为 692.5 kHz；Y 部分，$\mu=1$，SCS 为 30 kHz，查表　10-12 对应的保护带宽为 1045 kHz。

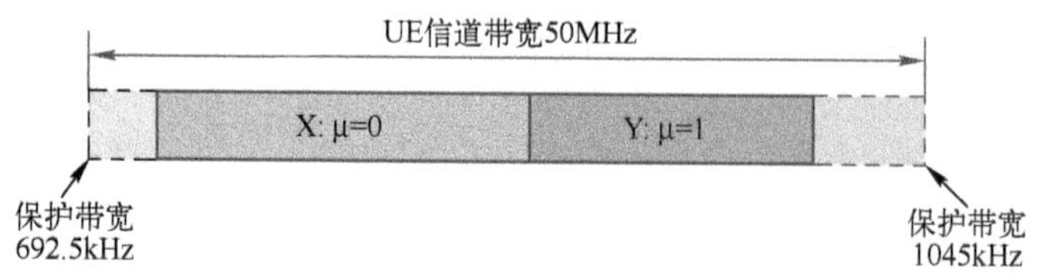

图 10-49　多种配置集复用的情况

信道的频谱利用效率是信道传输带宽和信道带宽之比，如图 10-50 所示。

$$\text{信道频谱利用率} = \frac{\text{传输带宽}}{\text{信道带宽}} \times 100\%$$

图 10-50　信道频谱利用率的计算

举例来说，信道带宽是 100 MHz，子载波 SCS = 30 kHz 时，信道的频谱利用率为 98.28%。计算方式如下：

$$30\times273\times12/100000=98.28\%$$

5G NR 的保护带宽需求相对于 LTE 来说减少了很多，所以信道频谱利用率有所提高。5G NR 的最大信道频谱利用率可达 98.28%。

10.4　空域资源

大规模天线为空口资源增加了一个除时间、频率之外的新维度。那么业务数据流如何从大规模天线口中发送出去呢？要经历哪些过程呢？我们给远方发包裹，有很多选择：物流公司、运输方式等。一对多的场景，需要经过几个节点的处理最终才能踏上征程。1 个业务数据流要想有序地从众多的天线端口发送出去，也需要经历几个节点的处理，完成一对多的映射。

10.4.1　从码字到天线端口

从应用层来的业务数据流经过 MAC 层的处理变成了 TB（Transport Block，传输块），然后进入物理层。不同的 TB 经过编码和速率匹配后形成的数据流就是码字（Codeword）。不同的码字区分不同的数据流，其目的是通过 MIMO 发送多路数据，实现空间复用。码字的最大数量取决于信道矩阵的秩。

业务数据流（码字）的数量和发送天线数量不一致。在 5G 中，发送天线数量远远大于业务数据流的数量。我们直接将码字映射到不同天线上，数学变换较为困难，需要引入一个中间环节，这个中间环节就是层（Layer）的概念。层数等于信道矩阵的秩。

整个数据流的映射过程是：首先按照一定的规则将码字重新映射到多个层，然后再将不同的数据映射到不同的天线端口上。在各个天线端口上根据参数 μ 进行时频资源映射，生成 OFDM 符号，最后发射出去。

天线逻辑端口与物理天线并没有一一对应的关系。通过参考信号（Reference Signal，RS）可以区分不同的天线逻辑端口。物理天线的厂家会按照天线逻辑端口的指示，再结合天线自身的参数设置，完成射频发送。一个天线逻辑端口可同时对应到一个或多个物理天线上。如果通过多个物理天线来传输一个参考信号，那个这些物理天线就对应同一个天线逻辑端口。非相干的物理天线（阵元）定义为不同的天线逻辑端口才能有效地提升数据传送效率。

从码字到层、再到天线逻辑端口，如图 10-51 所示。码字、层数、天线逻辑端口数的关系如下：

码字数≤层数≤天线逻辑端口数

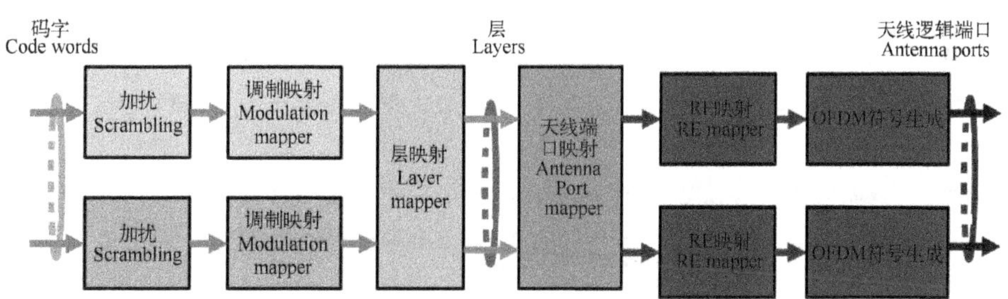

图 10-51　空域资源：码字、层、天线逻辑端口

LTE 支持的最大码字是 2，最大层数是 4，最大天线逻辑端口是 9。如果实际的天线即物理天线只有 4 个，9 个天线逻辑端口就是通过这 4 个物理天线产生的。

5G NR 中，支持的最大码字也是 2，最大的层数为 8。1 个码字映射到 1~4 层，2 个码字映射到 5~8 层。下行单用户最大 8 层，多用户最大 4 层；上行不管单用户还是多用户最大 4 层。5G 天线的逻辑端口数要远远多于 4G，物理天线数也多于 4G，可以到 64、

128或256。

天线逻辑端口的映射和承载业务数据的物理信道类型有关系。不同的物理信道映射在不同的天线逻辑端口上，如表10-14所示。其中，物理信道的作用和时频配置将在第11章介绍。

表10-14　物理信道和天线逻辑端口映射关系

UL	PUSCH with DMRS	8或12	{0,1,2,…,7} DMRS type1
			{0,1,2,…,11} DMRS type2
	PUCCH	1	{2000}
	PRACH	1	{4000}
	SRS	4	{1000,1001,1002,1003}
DL	PDSCH with DMRS	8或12	{1000, 1001,…,1007} DMRS type1
			{1000, 1001,…,1011} DMRS type2
	PDCCH	1	{2000}
	CSI-RS	32	{3000,3001,3002,…3031}
	SSB	1	{4000}

10.4.2　准共址

有一种心理现象，由一种感觉能够想到另外一种感觉。比如，我们看到计算机屏幕上色彩的变化，想到了声音的大小，这种现象称为联觉。

天线逻辑端口也有类似这种“联觉”的能力。某天线逻辑端口符号上的信道特性可以从另一个天线端口推导出，则认为这两个端口具有“联觉”能力，5G NR称这种能力为QCL（Quasi Co-Location，准共址）。这里的信道特性包括：时延扩展、多普勒扩展、多普勒偏移、平均增益、平均时延（以上LTE中已有）、空间Rx参数（NR新增）等。

根据两个天线逻辑端口准共址的信道特性的不同，可分为四类，如表10-15所示。两个天线逻辑端口的多普勒偏移、多普勒扩展、平均时延、时延扩展等信道特性都相似，我们称之为QCL-TypeA（类型A）。两个端口的信道类型如此相似，因此可以用一个端口的信道特性估计另外一个端口的信道特性。两个天线端口具有QCL-TypeB的准共址关系，也可以用于信道估计，但信道特性只有在多普勒频移方面有相似点，在时延方面不具有相似特性。QCL-TypeC的两个天线端口在多普勒频移和平均时延方面类似，可用于RSRP的测量；QCL-TypeD在空间接收特性上相似，可以形成空间滤波器，波束指示，用于辅助UE进行波束赋型。

表 10-15　准共址的类型和作用

类　型	信道特性	作　用
QCL-TypeA	多普勒偏移、多普勒扩展、平均时延、时延扩展	获得信道估计信息
QCL-TypeB	多普勒偏移、多普勒扩展	获得信道估计信息
QCL-TypeC	多普勒偏移、平均时延	获得 RSRP 等测量信息
QCL-TypeD	空间 Rx 参数	辅助 UE 波束赋型

参考信号之间在天线逻辑端口的准共址关系（QCL Linkage），可以通过高层信令配置，需要指定拥有准共址关系的源参考信号（RS）、目的参考信号（RS），以及二者的 QCL 类型。如图 10-52 所示。

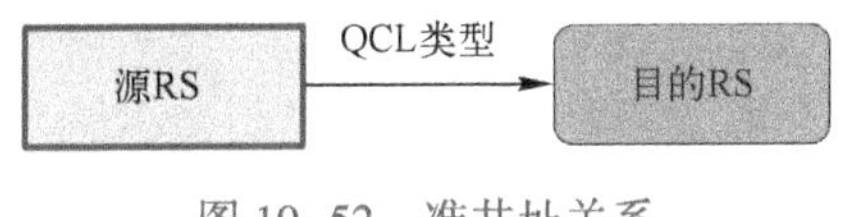

图 10-52　准共址关系

各个参考信号我们将在下一章介绍，它们之间的准共址关系的配置参考如图 10-53 所示。

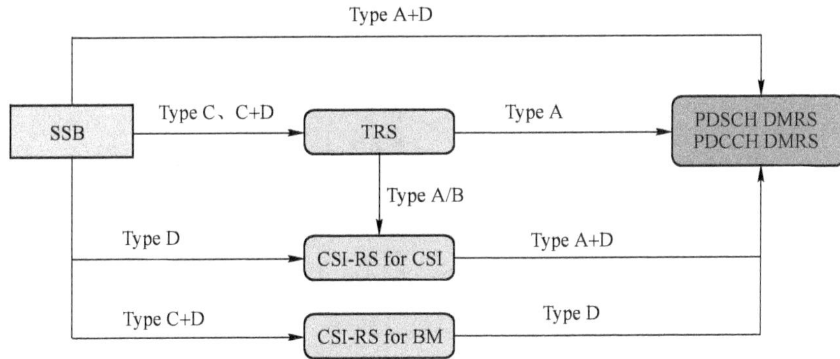

图 10-53　参考信号准共址关系配置参考

第 11 章　5G 物理信道和信号

本章我们将掌握：

(1) 5G 的信道分层结构和信道映射关系。

(2) 5G 的 3 个下行物理信道及其伴随物理信号；CSI-RS 信号和同步信号。

(3) 5G 的 3 个上行物理信道及其伴随物理信号；SRS 信号。

(4) 下行物理信道与信号的时频资源映射。

(5) 上行物理信道与信号的时频资源映射。

(6) 5G 小区搜索过程、随机接入过程、上下行数据传输过程中使用的物理信道和信号。

《如梦令·信道》
常记网络接入，
首要广播同步。
上下数据流，
听取控制指路。
调度、调度，
参考信号相助。

所谓信道，就是信息的传送通道。由于这个通道面临着各种类型的信息传送任务，每种类型的信息传送要求、传送对象是不同的，需要不同的分拣处理过程。无形的比特流要通过层层处理到达空中接口才能传送出去，在接收端还要层层处理才能把信息正确地取下来。

这个过程类似于发送快递的过程。快递分为发送方和接收方。在发送方，依据不同的快递类型，采用不同的打包封装方式，选择相应的运送工具，通过长途跋涉，目的是保证接收方及时、正确地拿到货物。发送快递的人只需要把物件交给快递公司，至于如何建立货物流通的渠道、如何运送，发送快递的人不必考虑这些底层的细节。

快递发送的过程涉及三个主要的工作：快递分类受理、多个快递传送打包方式选择和运输工具选择，如图 11-1 所示。快递分类受理，关注的是传送什么样的货物（类似逻辑信道的功能），快递属于什么样的种类，是粮食、机械（业务信息），还是文件、命令（控制信息）？不同种类的快递要选择不同的业务受理公司（类似于逻辑信道的业务接入点 SAP）。

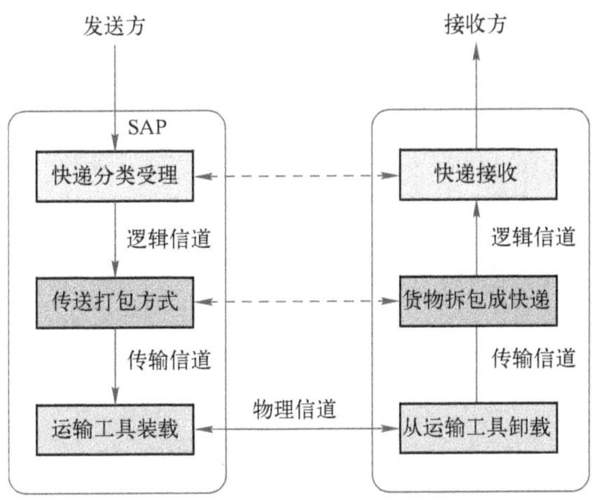

图 11-1　快递发送过程

接下来的过程就是同一类别的快递传送方式、打包方式选择。这个过程关注的是怎样传？用什么样的方式包装，用标准的集装箱、非标准的木头箱，还是一般的牛皮纸？最终交给运输公司的货物就是很多快递打包好的货物（类似于无线数据的传输块）。最后就是运输工具的选择，关注的是用什么运送？飞机、火车，还是轮船、汽车。这是发送方快递运送的实际载体（类似于物理信道）。发送方无须关注承运方选择什么样的交通工具，这是运输部门负责的事情。

11.1　5G NR 和 LTE 信道结构比较

信道就是信息处理的流水线。上一道工序和下一道工序是相互配合、相互支撑的关系。彼此必须有清晰的工作界面，避免相互推诿、互相扯皮，避免出现像人和人之间在协作过程中常犯的错误那样。不同的信息类型需要经过不同的处理过程。上一道工序把自己处理完的信息交给下一道工序时，要有一个双方都认可的标准，这个标准就是业务接入点（Service Access Point，SAP）。协议的层与层之间要有许多这样的业务接入点，以便接收不同类别的信息。狭义地讲，不同协议层之间的业务接入点（SAP）就是信道。这时，信道的含义就是下一层向它的上层提供服务的标准接口，即业务接入点 SAP。

广义地讲，发射端的信源信息，经过层 3、层 2 和物理层的处理，发射到无线环境中，然后接收端接收到无线信息，经过物理层、层 2 和层 3 的处理被用户高层所识别的全部环节，就是信道。

和 LTE 相比，3GPP R15 版本的 5G NR 信道结构改变不大。从 5G NR 的信道结构中，可看到 LTE 信道结构的影子。

11.1.1 三类信道、两个方向

5G NR采用和LTE相同的三类信道：逻辑信道、传输信道与物理信道。从协议栈的角度来看，逻辑信道是MAC层的服务接入点，传输信道是物理层和MAC层之间的服务接入点，物理信道是物理层的信息传送通道，用来把TB块的数据流通过射频通道发送到空中，或者从空中接收射频信号，把它还原成TB块的数据流，如图11-2所示。

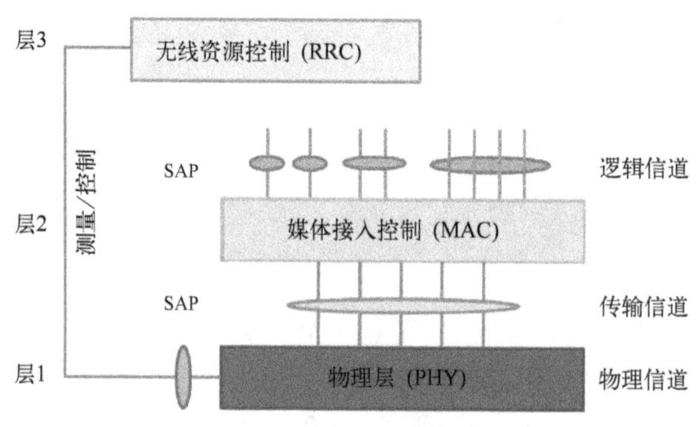

图11-2 无线信道结构

MAC层一般包括很多功能模块，如传输调度模块、传输块（TB）产生模块等。与MAC层强相关的信道有传输信道与逻辑信道。传输信道是物理层提供给MAC层的服务，MAC层用于利用传输信道向物理层发送与接收数据；而逻辑信道则是MAC层向高层提供的服务，高层可以使用逻辑信道向MAC层发送或从MAC层接收数据。经过MAC层处理的消息向上传给高层的业务接入点，要变成逻辑信道的消息；向下传送到物理层的业务接入点（SAP），要变成传输信道的消息。

信道按照信息传送的方向可分为上行信道和下行信道。上下行信道均是以基站为参考的。上行信道是终端发送信号，基站接收信号的通道；下行信道是基站发送信号，终端接收信号的通道。上下行的区分不是按照终端和基站的地理高度来区分的。有同学认为，5G无人机飞在空中，搭载的摄像头摄取的视频资料要发送给基站，基站在下方，那么这个信号发送的方向是下行，这是典型的概念错误。从无人机的摄像头发往5G基站的信号，属于上行信号，所走的信道是上行信道。如图11-3所示。

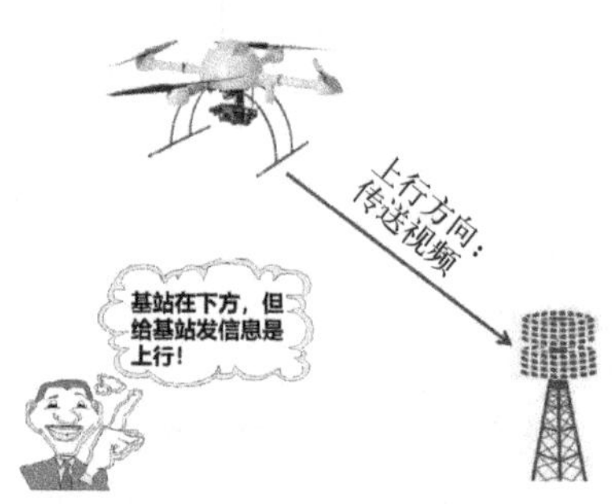

图11-3 无人机利用上行信道发送上行信号

11.1.2 5G NR 逻辑信道

逻辑信道关注的是传输什么内容，什么类别的信息。信息首先要分为两种类型：控制消息（控制平面的信令，负责工作协调，如广播类消息、寻呼类消息）和业务消息（业务平面的消息，承载着高层传来的实际数据）。逻辑信道是高层信息传送到 MAC 层的服务接入点。

根据传送消息的类型不同，逻辑信道分为两类：控制信道、业务信道。控制信道，只用于控制平面信息的传送，如协调、管理、控制类信息。业务信道，只用于用户平面信息的传送，如高层交给底层传送的语音类、数据类的数据包。

5G NR 的逻辑信道中，控制信道有 4 个，业务信道有 1 个。

广播控制信道（Broadcast Control Channel，BCCH）是广而告之的消息入口，面向辖区内的所有用户发送广播控制信息。BCCH 是网络到用户的一个下行信道，它传送的信息是在用户实际工作开始之前获取的一些必要的信息。它是协调用户行为、控制用户行为、管理用户行为的重要信息。虽不干业务上的活，但没有它，业务信道就不知道如何开始工作，如何下手。

寻呼控制信道（Paging Control Channel，PCCH）是寻人启事类消息的入口。当有下行数据到达，却不知道用户具体处在哪个小区的时候，需要发送寻呼信息。PCCH 也是一个网络到用户的下行信道，一般用于被叫流程（主叫流程比被叫流程少一个寻呼消息）。

公共控制信道（Common Control Channel，CCCH）类似于主管和员工之间协调工作时信息交互的入口，用于多人干活时协调彼此动作的信息渠道。CCCH 是上、下行双向和点对多点的控制信息传送信道，在 UE 和网络没有建立 RRC 连接的时候使用。

专用控制信道（Dedicated Control Channel，DCCH）类似于领导和某个亲信之间面授机宜的信息入口，是两个建立了亲密关系的人干活时，协调彼此动作的信息渠道。DCCH 是上、下行双向和点到点的控制信息传送信道，在 UE 和网络建立了 RRC 连接以后使用。

专用业务信道（Dedicated Traffic Channel，DTCH）是待搬运货物的入口，这个入口按照控制信道的命令或指示，把货物从这里搬到那里，或者从那里搬到这里。DTCH 是 UE 和网络之间的点对点和上、下行双向的业务数据传送渠道。

5G NR 和 LTE 定义的逻辑信道有相同的，也有不同的，如表 11-1 所示。对于 BCCH、PCCH、CCCH、DCCH 这 4 个控制信道，DTCH 业务信道是二者都有的；控制信道 MCCH、业务信道 MTCH 是 LTE 中为了支持 MBMS 而设立的逻辑信道，在 5G NR 中暂没有定义。逻辑信道都支持下行方向的信息传送，但上行方向，只有 2 个控制信道（CCCH、DCCH）和 1 个业务信道（DTCH）支撑。

表11-1　5G NR和LTE的逻辑信道对比

<table>
<tr><th>逻辑信道类型</th><th>LTE逻辑信道</th><th>5G NR的逻辑信道</th><th>信息方向</th></tr>
<tr><td rowspan="5">控制信道</td><td colspan="2">广播控制信道（Broadcast Control Channel，BCCH）</td><td>下行↓</td></tr>
<tr><td colspan="2">寻呼控制信道（Paging Control Channel，PCCH）</td><td>下行↓</td></tr>
<tr><td colspan="2">公共控制信道（Common Control Channel，CCCH）</td><td>上行↑、下行↓</td></tr>
<tr><td colspan="2">专用控制信道（Dedicated Control Channel，DCCH）</td><td>上行↑、下行↓</td></tr>
<tr><td>多播控制信道（Multicast Control Channel，MCCH）</td><td>—</td><td>下行↓</td></tr>
<tr><td rowspan="2">业务信道</td><td colspan="2">专用业务信道（Dedicated Traffic Channel，DTCH）</td><td>上行↑、下行↓</td></tr>
<tr><td>多播业务信道（Multicast Traffic Channel，MTCH）</td><td>—</td><td>下行↓</td></tr>
</table>

11.1.3　5G NR传输信道

传输信道关注的是怎样传以及形成什么样的传输块（TB）。不同类型的传输信道对应的是空中接口上不同信号的基带处理方式，如调制编码方式、交织方式、冗余校验的方式、空间复用方式等内容。

传输信道定义了空中接口中数据传输的方式和特性。传输信道可以配置物理层的很多实现细节，同时物理层可以通过传输信道为MAC层提供服务。值得注意的是，传输信道关注的不是传什么，而是怎么传。

5G NR的传输信道分为上行信道和下行信道。其中有一个共享信道（Shared Channel，SCH），可以让多个用户共同占用，也可进行信道资源的动态调度；共享信道支持上、下行两个方向。为了区别，将SCH分为DL-SCH（下行SCH）和UL-SCH（上行SCH）。其他信道所有用户均可使用，是按照一定规则分配、使用非共享模式来占用公共信道资源。

5G NR的下行传输信道有3个。

1）广播信道（Broadcast Channel，BCH），为广而告之消息规定了预先定义好的固定格式、固定调制编码方式。BCH是在整个小区内发射的、固定传输格式的下行传输信道，用于给小区内的所有用户广播特定的系统信息。

在5G NR和LTE中，只有广播信道中的MIB（Master Information Block，主系统信息块）在专属的传输信道（BCH）上传输，其他的广播消息，如SIB（System Information Block，系统信息块）都是在下行共享信道（DL-SCH）上传输的。

2）寻呼信道（Paging Channel，PCH）规定了寻人启事传输的格式，在将寻人启事贴在公告栏之前（映射到物理信道之前），要确定寻人启事的措辞、发布间隔等内容。PCH是在整个小区内进行发送寻呼信息的一个下行传输信道。为了减少UE的耗电，UE支持寻呼消息的非连续接收（DRX）。

3）下行共享信道（Downlink Shared Channel，DL-SCH），规定了待搬运货物的传送格式。DL-SCH是传送业务数据的下行共享信道，支持自动混合重传（HARQ）；支持编码调制方式的自适应调整（AMC）；支持传输功率动态调整；支持动态、半静态的资源分配。

5G NR 的上行传输信道有 2 个。

1）随机接入信道（Random Access Channel，RACH）规定了终端要接入网络时的初始协调信息格式，如同一个人要登门拜访领导的时候，首先要确定叩门、打电话，还是按门铃。RACH 是一个上行传输信道，在终端接入网络开始业务之前使用。由于终端和网络还没有正式建立链接，RACH 信道使用开环功率控制。RACH 发射信息时是基于碰撞（竞争）的资源申请机制（有一定的冒险精神）。

2）上行共享信道（Uplink Shared Channel，UL-SCH）和下行共享信道一样，也规定了待搬运货物的传送格式，只不过方向不同。UL-SCH 是从终端到网络传送业务数据的共享信道，同样支持自动混合重传（HARQ）；支持编码调制方式的自适应调整（AMC）；支持传输功率动态调整；支持动态、半静态的资源分配。

5G NR 的传输信道设计和 LTE 相比，变化不大。5G NR 传输信道目前比 LTE 少 1 个 MCH 信道，二者的对比如表 11-2 所示。广播信道（BCH）、寻呼信道（PCH）以及随机接入信道（RACH）为每个用户指定特定的公共资源之外，其他信息的资源占用都是所有用户共享的，这就需要 MAC 层对所有用户进行统一的资源调度，要兼顾业务优先级、调度的效率、公平性。

表 11-2　5G NR 和 LTE 传输信道对比

<table>
<tr><th>传输信道类型</th><th>LTE 传输信道</th><th>5G NR 传输信道</th></tr>
<tr><td rowspan="4">下行信道</td><td colspan="2">广播信道（Broad Channel，BCH）</td></tr>
<tr><td colspan="2">寻呼信道（Paging Channel，PCH）</td></tr>
<tr><td colspan="2">下行共享信道（Downlink Shared Channel，DL-SCH）</td></tr>
<tr><td>多播信道（Multicast Channel，MCH）</td><td>—</td></tr>
<tr><td rowspan="2">上行信道</td><td colspan="2">随机接入信道（Random Access Channel，RACH）</td></tr>
<tr><td colspan="2">上行共享信道（Uplink Shared Channel，UL-SCH）</td></tr>
</table>

11.1.4　5G NR 物理信道和信号

物理信道，就是信号在无线环境中传送的方式，即空中接口的承载通道。与物理信道对应的是实际的射频资源，如时隙（时间）、子载波（频率）、天线口（空间）。物理信道，就是确定好编码交织方式、调制方式，在特定的频域、时域、空域上发送数据的无线通道，对应的是一系列无线时频资源（Resource Element，RE）和天线逻辑端口。根据物理信道所承载的上层信息的不同，定义了不同类型的物理信道。物理信道是高层信息在无线环境中的实际承载，如同交给邮局的货物被装上了一种特定交通工具（火车、飞机、轮船、汽车）。

物理信道主要用来承载传输信道来的数据，但还有一类物理信道无须传输信道的映射，直接承载物理层本身产生的控制信令或物理信令（如下行：PDCCH；上行：PUCCH）。这些物理信道和传输信道映射过来的物理信道一样，是有着相同的空中载体的，可以支持物理信道的功能。

物理信号是物理层产生并使用的、有特定用途的一系列无线资源单元（Resource Element）。物理信号并不携带从高层而来的任何信息，类似没有高层背景的底层员工，配合其他员工工作时，彼此约定好使用的信号。它们对高层而言不是直接可见的，即不存在高层信道的映射关系，但从系统功能的观点来讲是必需的。

如果说物理信道是出行的康庄大道，物理信号就是道路上各种状况的信使，协助保证交通顺畅的。

（1）下行方向

下行方向有3个物理信道、3个参考信号、2个同步信号。如图11-4所示。

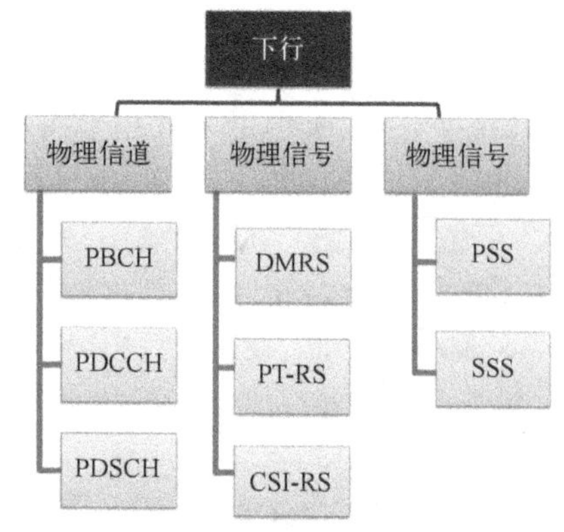

图11-4 下行方向信道结构图

a. 3个下行物理信道：

物理广播信道（Physical Broadcast Channel，PBCH）：是辖区内的大喇叭，可并不是所有广而告之的消息都从这里广播（映射关系将在下一节介绍），部分广而告之的消息通过下行共享信道（PDSCH）通知大家的。PBCH承载的是小区ID等系统信息，用于小区搜索过程。

物理下行共享信道（Physical Downlink Shared Channel，PDSCH）：是个踏踏实实干活的信道，而且是一种共享信道，为大家服务，一点不偷懒，只要略有闲暇，就接活干。PDSCH承载的是下行用户的业务数据。

物理下行控制信道（Physical Downlink Control Channel，PDCCH）：是发号施令的嘴巴，不干实事，但干实事的人（PDSCH）需要它的协调。PDCCH承载传送用户数据的资源分配的控制信息。

b. 3个下行参考信号：

CSI-RS（Channel-State Information RS，通道状态信息参考信号）用于信道质量测量和时频偏跟踪，这个信号无须伴随任何物理信道；

DMRS（Demodulation Reference Signal，解调参考信号）用于PDSCH、PDCCH、PBCH解调时的信道估计；也就是下行方向有3种DMRS：PDSCH DMRS、PDCCH DMRS、PBCH DMRS；

PT-RS（Phase-tracking Reference Signals，相位跟踪参考信号）是5G NR新引入的参考信号。5G和LTE不同的是，需要工作在高频段。在高频段的时候，数据信道存在比较明显的相位噪声。PT-RS用于高频段时跟踪PDSCH相位噪声的变化。

下行物理信号和下行物理信道的关系，如图 11-5 所示。

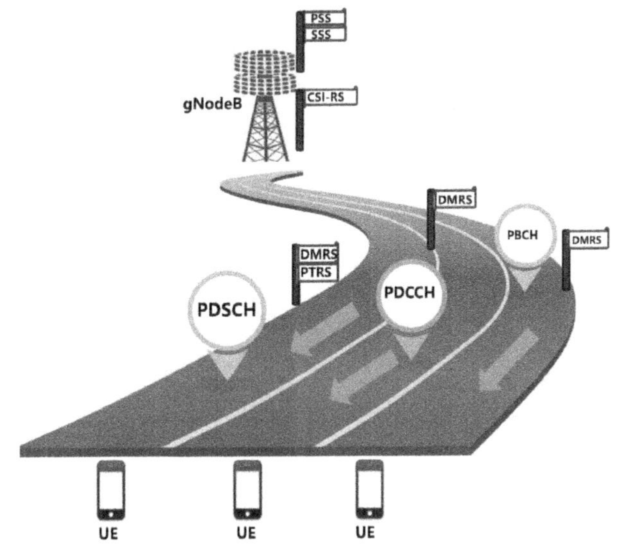

图 11-5 下行物理信号和物理信道的关系

c. 2 个下行同步信号：

同步信号（Synchronization Signal，SS），用于小区搜索过程中 UE 和 gNodeB 的时、频同步。给空中战机加油，首先要让加油飞机与空中战机同步。同样道理，UE 和 gNodeB 做业务连接的必要前提就是时隙、频率的同步。

主同步信号（Primary Synchronization Signal，PSS）：用于符号时间对准，频率同步以及小区组号的侦测；

从同步信号（Secondary Synchronization Signal，SSS）：用于帧时间对准，CP 长度侦测及小区组内编号的侦测。

下行物理信道和信号总结内容如表 11-3 所示。

表 11-3 下行物理信道与信号总结

下行物理信道与信号名称		功 能 简 介
PBCH	Physical broadcast channel/广播信道	用于承载系统广播消息
PDCCH	Physical Downlink Control Channel/下行控制信道	用于上下行调度、功控等控制信令的传输
PDSCH	Physical Downlink Shared Channel/下行共享数据信道	用于承载下行用户数据
DMRS	Demodulation Reference Signal/解调参考信号	用于下行数据解调、时频同步等
PT-RS	Phase Tracking Reference Signal/相噪跟踪参考信号	用于下行相位噪声跟踪和补偿

（续）

下行物理信道与信号名称		功能简介
CSI-RS	Channel State Information Reference Signal/信道状态信息参考信号	用于下行信道测量，波束管理，RRM/RLM测量和精细化时频跟踪等
PSS	Primary Synchronization Signal/主同步信号	用于时频同步和小区搜索：用于符号时间对准，频率同步以及小区组号的侦测
SSS	Secondary Synchronization Signal/辅同步信号	用于时频同步和小区搜索：用于帧时间对准，CP长度侦测及小区组内编号的侦测

（2）上行方向

上行方向有3个物理信道、3个参考信号，如图11-6所示。

a. 3个上行物理信道

物理随机接入信道（Physical Random Access Channel，PRACH）：干的是拜访领导时叩门的活，领导开了门，后面的事情才有门儿。如果叩门失败了，后面的事情就没法说了。PRACH承载UE想接入网络时的叩门信号——随机接入前导，网络一旦应答了，UE便可进一步和网络沟通信息。

物理上行共享信道（Physical Uplink Shared Channel，PUSCH）：这是一个上行方向踏踏实实干活的信道。PUSCH也采用共享的机制，承载上行用户数据。

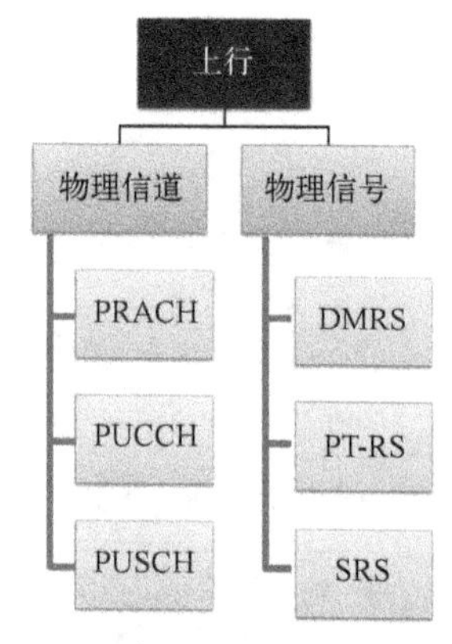

图11-6 上行方向信道结构图

物理上行控制信道（Physical Uplink Control Channel，PUCCH）：是上行方向发号施令的嘴巴，但干实事的人（PUSCH）需要它的协调。PUCCH承载着HARQ的ACK/NACK，调度请求（Scheduling Request），信道状态指示（Channel State Indicator）等信息。

b. 3个上行参考信号

DMRS用于PUSCH、PUCCH解调时的信道估计，也就是包括两种DMRS：PUSCH DMRS和PUCCH DMRS；

PT-RS是5G NR新引入的参考信号，用于高频段时跟踪PUSCH相位噪声变化的；

SRS（Sounding Reference Signal，探测参考信号）是上行方向的探测参考信号，上行方向无线环境的一种参考导频信号，不需要伴随任何物理信道，主要便于基站在无线资源调度、无线链路适配时进行上行信道状态信息（CSI）测量。

5G NR支持波束赋型（Beaforming）技术，可以将波束指向各终端。基站若要想把波束指向某个终端，首先得探测到终端的位置、上行传输通路的质量等，从而使基站的资源更精准的分配给每个终端。终端发送上行SRS信息就是基站探测终端位置和信道质量的方式之一。

5G NR 中 DMRS 和 SRS 2 个参考信号都可做上行参考信号，它们的区别主要在哪里？

DMRS 用于信道解调，5G NR 中上下行均用；SRS 是基站用于估计上行信道频域信息，做下行波束赋型，做频率选择性调度。DMRS 和 SRS 都是在分配给 UE 的带宽上发送，属于 UE 级别参考信号。

上行物理信号和上行物理信道的关系，如图 11-7 所示。

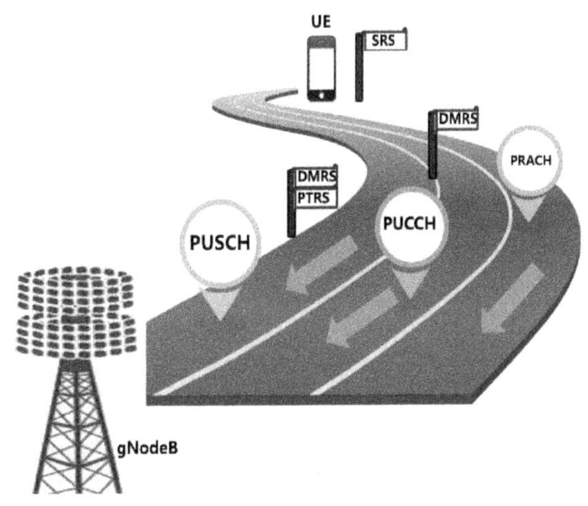

图 11-7　上行物理信号和物理信道的关系

上行物理信道和信号总结内容如表 11-4 所示。

表 11-4　上行物理信道与信号总结

上行物理信道与信号名称		功能简介
PRACH	Physical Random Access Channel/随机接入信道	用于用户随机接入请求信息
PUCCH	Physical Uplink Control Channel/上行公共控制信道	用于 HARQ 反馈、CQI（channel quality indication、信道质量指示）反馈、调度请求指示等 L1/L2 控制信令
PUSCH	Physical Uplink Shared Channel/上行共享数据信道	用于承载上行用户数据
DMRS	Demodulation Reference Signal/解调参考信号	用于上行数据解调、时频同步等
PT-RS	Phase Noise Tracking Reference Signal/相噪跟踪参考信号	用于上行相位噪声跟踪和补偿
SRS	Sounding Reference Signal/测量参考信号	用于上行信道测量、时频同步，波束管理等

（3）5G NR、LTE 物理信道和信号的比较

5G NR 有 3 个下行物理信道，比 LTE 的下行物理信道少了很多，这样归功于 PDCCH

和 PDCCH 功能的增强。5G NR 的上行物理信道和 LTE 数量和名称完全一致。如表 11-5 所示。

表 11-5　5G NR、LTE 物理信道和信号对比

<table>
<tr><th>物理信道类型</th><th>LTE 物理信道和信号</th><th>5G NR 物理信道和信号</th></tr>
<tr><td rowspan="8">下行信道</td><td colspan="2">物理广播信道（PBCH）</td></tr>
<tr><td colspan="2">物理下行控制信道（PDCCH）</td></tr>
<tr><td colspan="2">物理下行共享信道（PDSCH）</td></tr>
<tr><td>物理控制格式指示信道（PCFICH）</td><td>—</td></tr>
<tr><td>物理混合 ARQ 指示信道（PHICH）</td><td>—</td></tr>
<tr><td>物理多播信道（PMCH）</td><td>—</td></tr>
<tr><td colspan="2">同步信号（Synchronization Signal）：PSS、SSS</td></tr>
<tr><td>参考信号：DMRS、CRS</td><td>参考信号：DMRS、CSI-RS、PT-RS</td></tr>
<tr><td rowspan="4">上行信道</td><td colspan="2">物理随机接入信道（PRACH）</td></tr>
<tr><td colspan="2">物理上行共享信道（PUSCH）</td></tr>
<tr><td colspan="2">物理上行控制信道（PUCCH）</td></tr>
<tr><td>参考信号：SRS、DMRS</td><td>参考信号：DMRS、PT-RS、SRS</td></tr>
</table>

LTE 时用于下行信道估计、资源调度、切换测量下的参考信号为 CRS（Cell Specific Reference Signal、小区专用参考信号）。LTE 中的参考信号（RS）设计，CRS 是核心，所有 RS 均和小区 ID（Cell-ID）绑定。

5G NR 淡化了小区级参考信号的概念，对参考信号（RS）的功能进行了重组，增强了信道状态指示的参考信号 CSI-RS。其实，参考信号 CSI-RS 在 3GPP 的 R10 就已经引入，但终端支持力度弱，在实际的 LTE 网络中使用很少。5G NR 对 CSI-RS 模式和配置进行了增强，可以用于 RRM、CSI 获取、波束管理和精细化时频跟踪等。在 5G NR 中除 PSS/SSS 以外，其他所有 RS 和 Cell-ID 解耦，均为用户级 RS。

无线信道条件不断变化，UE 需要测量 CSI-RS 得知下行信道条件，通过上行的 CSI（通过 PUCCH 或者 PUSCH）反馈给 gNodeB，以便 gNodeB 在下行调度时考虑信道质量。此外，CSI-RS 信号还可以作为时频偏跟踪的参考信号，这个在 LTE 中是不存在的。

5G NR 控制信道和数据信道均采用 DMRS 解调，且对 DMRS 类型，端口数、配置等进行了增强；5G 为 PBCH 信道也增加了解调参考信号 DMRS。而 LTE 中 DMRS 仅上行有定义，物理信道 PBCH 没有 DMRS。

5G NR 和 LTE 相比，新引入伴随 PDSCH 和 PUSCH 的参考信号 PT-RS，用于高频段下相位噪声的跟踪。

5G NR 和 LTE 参考信号对比如表 11-6 所示。

表 11-6　LTE 和 5G NR 参考信号对比

LTE 参考信号	功　能	5G NR 参考信号
SS（PSS/SSS）	小区搜索和粗时频同步	SS（PSS/SSS）
CRS	精细时频跟踪	CSI-RS（TRS）
	数字自动增益控制（AGC）	
	PBCH 解调	DMRS for PBCH
	PDCCH 解调	DMRS for PDCCH
	PDSCH 解调	DMRS for PDSCH
	无线资源管理（RRM）	CSI-RS、SSB
CRS，CSI-RS	信道状态信息	CSI-RS
\	波束管理（NR 新增功能）	
\	下行数据信道相位追踪（NR 新增功能）	PT-RS for PDSCH
\	上行数据信道相位追踪（NR 新增功能）	PT-RS for PUSCH
DMRS	PUSCH 解调	DMRS for PUSCH
	PUCCH 解调	DMRS for PUCCH
SRS	上行信道测量、时频同步，波束管理等	SRS

11.1.5　信道映射

物理信道从 3GPP 的 R6 版本（支持 HSPA，包括 TDD、FDD）的接近 20 个物理信道，简化为 LTE 的下行 6 个，上行 3 个，再加上若干个参考信号。到了 5G 的 R15 版本，物理信道的架构做了进一步的简化，数目变成下行 3 个，上行 3 个，再加上若干个参考信号。

信道映射就是指逻辑信道、传输信道、物理信道之间的对应关系，这种对应关系包括底层信道对高层信道的服务支撑关系及高层信道对底层信道的控制命令关系。

5G NR 信道映射的关系，类似 LTE 的信道映射关系，都存在以下几个规律：

（1）高层一定需要底层的支撑，工作需要落地；

（2）底层不一定和上面都有关系，只要干好自己分内的活，无须全部走上层路线；

（3）无论是传输信道、还是物理信道，共享信道干的活，种类最杂，它可以包容很多。

下行信道的映射关系如图 11-8 所示。其中，PDCCH 无须高层信道直接映射，自己完成在物理层的工作，但高层对 PDCCH 在物理层的工作方式有影响，如 HARQ 进程中相关信息的传递。

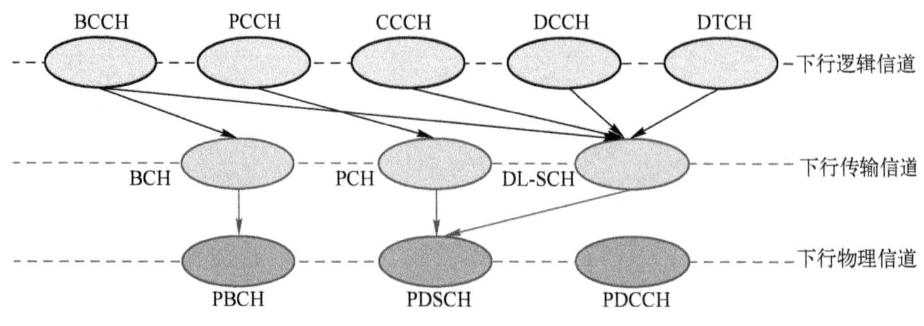

图 11-8　下行信道映射

以如下几个下行消息的处理过程为例。

（下行）广而告之消息——主消息块（MIB）：

BCCH 逻辑信道→BCH 传输信道→PBCH 物理信道。

（下行）广而告之消息——系统消息块（SIB）：

BCCH 逻辑信道→DL-SCH 传输信道→PDSCH 物理信道。

（下行）寻人启事消息：

PCCH 逻辑信道→PCH 传输信道→PDSCH 物理信道。

（下行）业务数据：

DTCH 逻辑信道→DL-SCH 传输信道→PDSCH 物理信道。

（下行）控制信息：

DCCH（专用）逻辑信道→DL-SCH 传输信道→PDSCH 物理信道；

CCCH（公用）逻辑信道→DL-SCH 传输信道→PDSCH 物理信道。

上行信道的映射关系如图 11-9 示。其中，PUCCH 无须高层信道映射，自己完成在物理层的工作，但高层也可以影响 PDCCH 在物理层的工作方式。

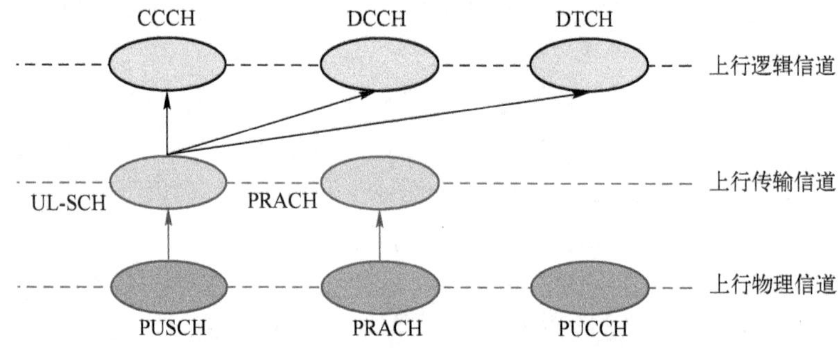

图 11-9　上行信道映射

以如下几个上行消息的处理过程为例。

（上行）网络敲门（随机接入）消息：

PRACH 物理信道→RACH 传输信道。

（上行）共享业务控制消息：

PUSCH 物理信道→UL-SCH 传输信道→DCCH（专用）逻辑信道；

PUSCH 物理信道→UL-SCH 传输信道→CCCH（公用）逻辑信道；

PUSCH 物理信道→UL-SCH 传输信道→DTCH（业务）逻辑信道。

11.2　下行物理信道与信号

我们知道 5G NR 下行方向有 3 个物理信道、3 个参考信号、2 个同步信号。信道或信号要经历物理层的处理过程，然后映射到时频资源和空间资源上。不同的信道和信号在处理过程和时频资源、空间资源映射等方面有不同的特点。

11.2.1　下行物理信道处理过程

物理信道一般要进行两大处理过程：比特级处理和符号级处理。下行方向上，从基站的角度看，比特级的处理是物理信道数据处理的前端，主要是在二进制比特数字流上添加 CRC 校验、进行信道编码、速率匹配以及加扰。加扰之后进行的是符号级处理，包括调制、层映射、天线端口映射、RE 资源块映射、天线发送等过程。如图 11-10 所示。在终端侧，先进行的是符号级处理，然后是比特级处理，这与基站侧处理的先后顺序不同。

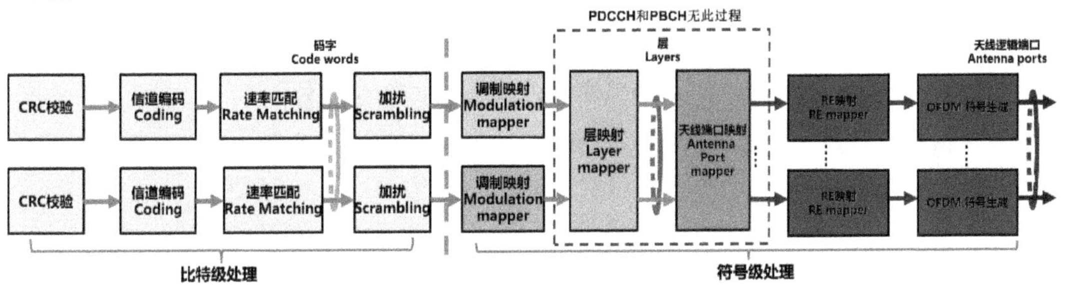

图 11-10　下行物理信道处理过程

CRC 校验（Cyclic Redundancy Check、循环冗余校验码），简称循环码，是一种常用的、具有检错、纠错能力的校验码。

信道编码的基本目的是抗干扰、提高信息传输可靠性。重复是信道编码的基本方法，如何重复，效果怎样才是信道编码算法的区别所在。

速率匹配是指传输信道上的比特被重发或者被打孔（punctured），以匹配物理信道的承载能力，达到传输格式所要求的比特速率。

加扰是数字信号的加工处理方法，就是用扰码与原始信号相乘，从而得到新的信号。

与原始信号相比，新的信号在时间上、频率上被打散，信息比特被随机化，提高了信道对抗连续干扰的能力。

调制就是把待传输的基带信号转换为适合在高频振荡电路上发送的符号的过程。下行信道对加扰后的码字进行调制，生成复数值的调制符号。

层映射和天线端口映射这两个过程只有在 PDSCH 信道处理过程中有，在 PDCCH 和 PBCH 的信道处理过程中没有。层映射是将复数调制符号映射到一个或多个发射层中；天线端口映射是将每个发射层中的调制符号映射到相应的天线端口。在 5G NR 的协议中没有体现下行预编码，认为下行预编码过程属于厂家实现问题，没有给予硬性规定。

RE 映射是将每个天线端口的复数调制符号映射到相应的时频资源 RE 上。

OFDM 波形生成是将每个天线端口的信号生成适合发送的 OFDM 信号。

5G NR 的下行物理信道的处理过程涉及信道编码算法的选择、调制方式的选择、层数配置、天线逻辑端口的映射及波形选择，如表 11-7 所示。

表 11-7 下行物理信道的处理过程配置

物理信道	信道编码	调制方式	层数	天线逻辑端口	波形
PDSCH	LDPC	QPSK，16QAM，64QAM，256QAM	1~8 层	{1000，1001，…，1007} DMRS type1 {1000，1001，…，1011} DMRS type2	CP-OFDM
PBCH	Polar	QPSK	1	{4000}	CP-OFDM
PDCCH	Polar	QPSK	1	{2000}	CP-OFDM

11.2.2 下行物理信道与信号时频域分布

5G NR 的下行物理信道和信号的时频域分布的示意图：如图 11-11 所示。和 LTE 的下行物理信道的时频资源分配相比，5G NR 更注重物理信道和信号在时频资源分配上的灵活性。一句话：资源皆调度、时频可配置。

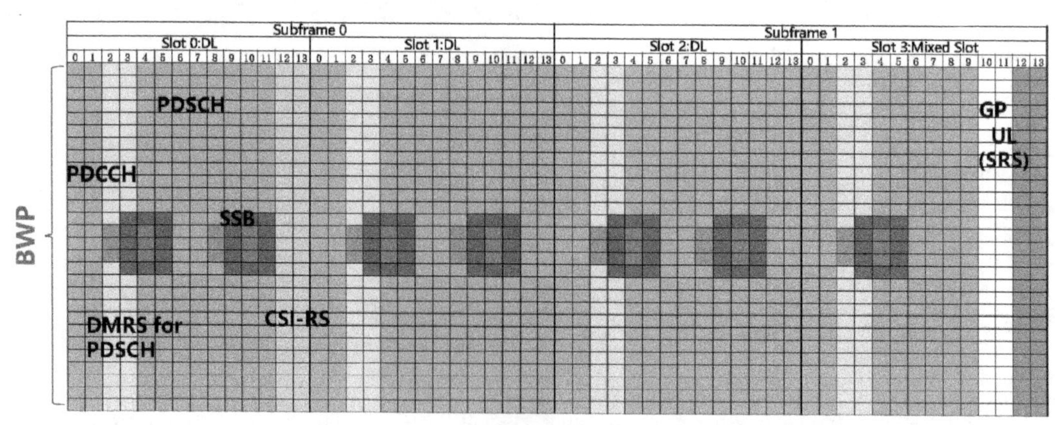

图 11-11 5G NR 下行物理信道时频资源分布

PDCCH 信道时域上占用时隙的前 1～3 符号，频域资源使用可配置；PDCCH 和 PDSCH 两个信道可以在相同的时间资源（符号）上进行频率资源的共享，即支持 FDM。

PDSCH 的 DMRS，时域位置可配置；频域密度和使用资源可配置，DMRS 也可以和 PDSCH 在相同的时间资源（符号）上进行频率资源的共享，也支持 FDM。

SSB（Synchronization Signal Block、Synchronization/PBCH block、同步广播块），实际上是下行同步信号 PSS、SSS 和 PBCH 组成的信道组合。5G NR 的 SSB 时域位置固定，在一个时隙的符号 2～5 和符号 8～11 位置上；频域占用 20RB，频域位置可配置，在 BWP 的中间位置上。SSB 也可和 PDSCH 在相同的时间资源（符号）上进行频率资源的共享。SSB 的配置比 LTE 的同步信号和广播信道更加灵活。LTE 里，同步信号和广播信道的符号位置是固定的，频带位置固定在频带中间的 72 个子载波。由于在 5G NR 的频域上 SSB 不再固定于频带中间，而是可以配置在载波中的任意位置，时域上 SSB 发送的位置和数量都可能变化，如图 11-12 所示。所以在 5G NR 中仅通过解调 PSS/SSS 信号，是无法取得频域和时域资源的完全同步的，必须完成 PBCH 的解调，才能最终达到时频资源的同步。

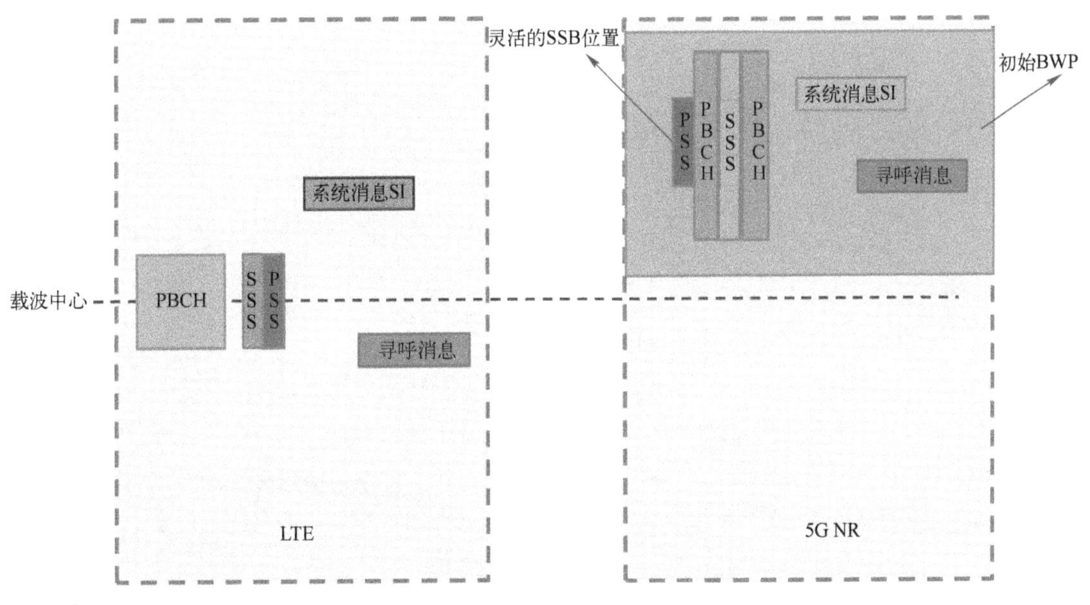

图 11-12　SSB 位置

CSI-RS 时域位置可配置，频域位置和带宽可配置；CSI-RS 也可以和 PDSCH 在相同时间资源（符号）上进行频率资源的共享。

从以上描述可知，PDSCH 和其他信道信号都可以进行频率资源共享。PDSCH 的时频资源占用是非常灵活，可以支持时频资源的动态调度。

11.2.3 SSB

SSB的时频结构如图11-13所示。SSB在时域上占用连续4个符号，频域上占用20个RB。其中，PSS占用SS/PBCH Block中的符号0，SSS占用SS/PBCH Block中的符号2。PSS/SSS在时域上占用一个符号，在频域上占用127个RE。与LTE不同，NR中PBCH信道和PSS/SSS组合在一起，PBCH信道占用SSB中的符号1和符号3，还占用符号2中的部分RE。如表11-8所示。

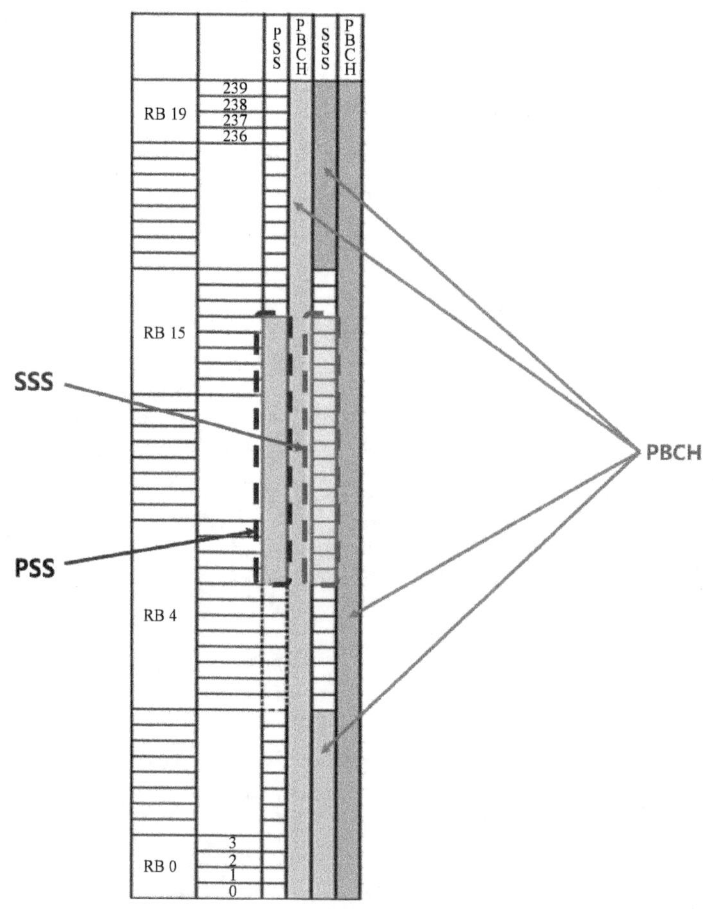

图11-13　SSB结构

PBCH信道的每个RB中包含有3个RE的DMRS导频，为避免小区间PBCH DMRS干扰，PBCH的DMRS在频域上的位置根据小区Cell ID错开，由v参数调节，v可以取{0，1，2，3}，如图11-14所示。

表11-8 SSB时频资源安排

<table>
<tr><th>信道或信号</th><th>SSB中符号位置</th><th>SSB中子载波位置</th></tr>
<tr><td>PSS</td><td>0</td><td>56,57,…182</td></tr>
<tr><td>SSS</td><td>2</td><td>56,57,…182</td></tr>
<tr><td rowspan="2">置0位</td><td>0</td><td>0,1,2… 55, 183,184, …,239</td></tr>
<tr><td>2</td><td>48,49,…55,183,184,…,191</td></tr>
<tr><td rowspan="2">PBCH</td><td>1,3</td><td>0,1,…,239</td></tr>
<tr><td>2</td><td>0,1,2,…,47,192,193,…239</td></tr>
<tr><td rowspan="2">PBCH DMRS</td><td>1, 3</td><td>0+v,4+v,8+v,…,236+v</td></tr>
<tr><td>2</td><td>0+v,4+v,8+v,…,44+v
192+v,196+v,…,236+v</td></tr>
</table>

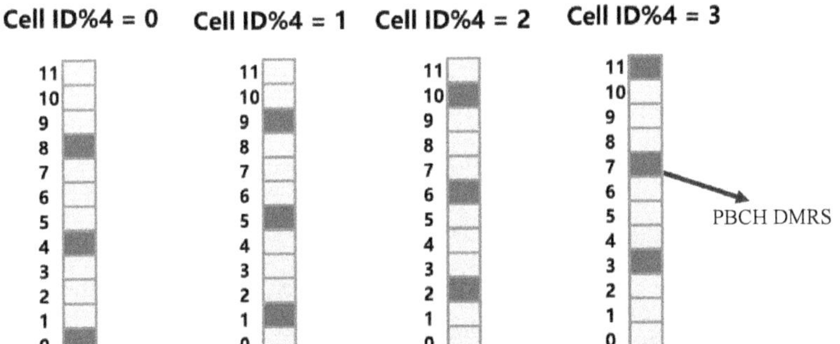

图11-14 PBCH的DMRS在频域上的位置

PBCH和PSS/SSS使用相同的子载波间隔，使用的子载波间隔根据使用的频段不同而不同，并且每个频段使用的子载波间隔固定。频率在6 GHz以下，子载波间隔可用15 kHz/30 kHz；其中频率在3.5 GHz时，子载波间隔固定为30 kHz；频率在6 GHz以上，子载波间隔可用120 kHz/240 kHz。

PSS和SSS都使用PN序列，主要用于UE进行下行同步，包括时钟同步，帧同步和符号同步，还有获取小区ID。5G NR中小区ID（PCI、Physical Cell ID）取值范围为：0~1007，分为三组，每组336个。其中组号从PSS中获取，组内编号从SSS中获取。LTE的PCI仅有504个。5G NR的小区ID增加了1倍，PCI模3冲突的概率降低了很多。但是5G NR由于不同小区要避免PBCH DMRS的位置干扰，PCI模4冲突的概率增加了很多。

PBCH主要用于获取用户接入网络中的必要信息，如：系统帧号SFN（System Frame Number），初始BWP的位置和大小等系统消息（SI、System Information）中主消息块MIB的信息。

每个SSB都能够独立解码，UE只要解析出来一个SSB之后，就可以获取小区ID，SFN，SSB Index（类似与波束ID）等信息。

PBCH信道的有用信息共占用32 bit，通过CRC校验，加扰，信道编码，速率匹配后生成864 bit数据。

PBCH可以携带864 bit的数据，可以按照下面思路推算出来。

SSB中PBCH占用1,3符号各20个RB，符号2上下两部分共8个RB，每个RB有12个RE，于是有PBCH共有RE数目，如图11-15所示。

$$(20\times2+8)\times12=576$$

图11-15　1个SSB的PBCH的RE数目

每个RB中包含有3个PBCH DMRS导频RE，这样共有PBCH DMRS导频的数目如图11-16所示。

$$(20\times2+8)\times3=144$$

图11-16　1个SSB PBCH DMRS导频数目

于是，PBCH可以承载数据的RE如图11-17所示。

$$576-144=432$$

图11-17　PBCH可以承载数据RE数目

使用QPSK调制，1个RE可以承载2 bit的信息，因此，432个RE可承载864个bit。

基站侧每一个波束里的SSB不需要在每个子帧都更新，同样地广播内容，更新循环周期是可以设置的，可以5 ms（半帧）循环一次，也可以是10 ms（帧）循环一次，还可以20 ms（2帧）、40 ms（4帧）、80 ms（8帧）和160 ms（16帧）循环一次。这个广播周期网络侧可以配置。

11.2.4　PDCCH

PDCCH信道在时域上占用每个时隙的前1~3个OFDM符号；频域上由CCE的聚合构成，CCE是PDCCH传输的最小资源单位，1个CCE包含6个REG，一个REG对应一个RB。不同数目的CCE聚合可以实现不同速率；每个REG都有自己的DMRS，用于PDCCH解调时参考。如图11-18所示。

PDCCH的时频资源可以配置。5G基站给多个终端同时在PDCCH信道上发出控制信号，那么终端如何找到传给自己的控制信息，又不给系统带来过多的信令开销？终端需要不断检测下行的PDCCH调度信息。但是在检测之前，终端并不清楚PDCCH在哪里，传递什么样的信息，使用什么样的格式，但终端知道自己需要什么。这种情况下，只能采用盲检测的方式。

（1）终端如何找到属于自己的PDCCH

5G终端依靠设置的CORESET（Control Resource Set、控制资源集）和搜索空间

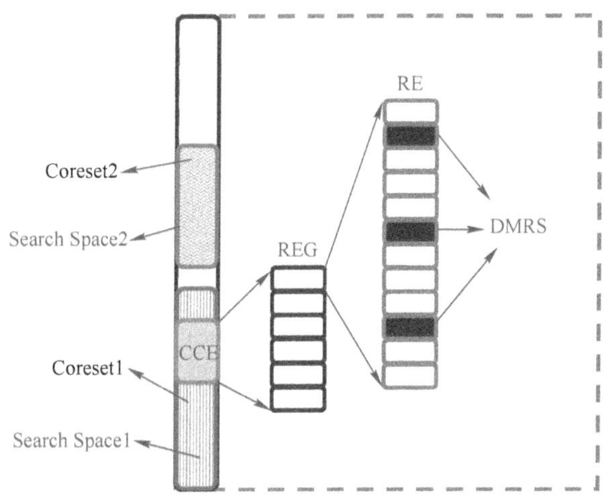

图 11-18 PDCCH 资源指示

（Search Space）来找到属于自己的 PDCCH 信息。

在 LTE 中，只有搜索空间这个概念，并没有 CORESET 这个概念。那么在 5G NR 中为什么要引入 CORESET 这个概念呢？在 LTE 系统中，PDCCH 在频域上占据整个频段，时域上占据每个子帧的前 1-3 个 OFDM 符号（起始位置固定为#0 号 OFDM 符号）。也就是说，系统只需要通知 UE PDCCH 占据的 OFDM 符号数，UE 便能确定 PDCCH 的搜索空间。而在 5G NR 系统中，由于系统的带宽（最大可以为 400 MHz）较大，如果 PDCCH 依然占据整个带宽，不仅浪费资源，盲检复杂度也大。此外，为了增加系统灵活性，PDCCH 在时域上的起始位置也可配置。

5G NR 系统中，UE 需要知道 PDCCH 在频域上的位置和时域上的位置才能成功解码 PDCCH。NR 系统将 PDCCH 频域上占据的频段和时域上占用的 OFDM 符号数等信息封装在 CORESET 中；将 PDCCH 起始 OFDM 符号编号以及 PDCCH 监测周期等信息封装在搜索空间（Search Space）中。CORESET 规定了 PDCCH 信道所占用的物理资源空间，而搜索空间集合是 PDCCH 信道的逻辑集合，二者具有相关性。

PDCCH 信道资源空间（CORESET）中的基本构成单元仍然是具备不同聚合等级的 CCEs，gNodeB 能够将 1、2、4、8、16 个 CCE 聚合起来组成一个 PDCCH。聚合级别 1 表示 PDCCH 占用 1 个 CCE，聚合级别为 2 表示 PDCCH 占用 2 个 CCE，依次类推。UE 侧在配置的 CORESET 内、对于不同聚集级别进行盲检。

CORESET 可以分为两种类型，一类可被定义为小区级公共 CORESET，以 CORESET 0 #进行标识，CORESET 0#主要用来承载解码系统消息块 SIB1 所需的搜索空间集合。另一大类可被定义为与 UE 相关 CORESET，这些 CORESET 既可以以系统消息的方式进行配置，也可以通过 UE 专属信令实现配置，以 CORESET 1～11#进行标识。

每个用户盲检 PDCCH 的搜索空间（Search Space）是通过 CORESET 进行指示的；搜

索空间包括公共搜索空间和 UE 特定的专有搜索空间。公共搜索空间就像住宅楼宇的公告栏，每个 UE 都可以在此查找相应的信息；而 UE 特性的搜索空间就像私人邮箱，UE 只能在属于自己的空间中搜索控制信息。

（2）终端如何识别 PDCCH 上的内容

终端通过 CORESET（Control Resource Set、控制资源集）和搜索空间（Search Space）找到了属于自己的 PDCCH 信息，那么 PDCCH 信道上的有什么内容呢？这些内容采用什么格式传送过来呢？终端怎么识别呢？

PDCCH 传输的信息为 DCI（Downlink Control Information、下行控制信息），主要有 3 类：

a. 发送下行调度信息（DL assignments），分配下行数据业务承载的时频资源，即 PDSCH 的调度。

b. 发送上行调度信息（UL grants），上行数据业务承载的时频资源也是 PDCCH 说了算，不是终端说了算。

c. 发送 SFI、功控命令等控制信息。

根据 PDCCH 发送内容的不同，将 PDCCH 分为如表 11-9 所示的 3 类：

a. 公共 PDCCH：用于公共消息（如系统消息，寻呼等），以及 UE RRC 建立连接之前的数据调度。

b. 组公共 PDCCH：用于 SFI（Slot 类型）和 PI（Pre-emption Indication、资源占用）信息的调度，针对一组用户发送。

c. UE 特定的 PDCCH：用户级数据调度和功控信息调度。

表 11-9　PDCCH 的分类

类　　型	公共 PDCCH	组公共 PDCCH	UE 特定的 PDCCH
作用	公共消息调度（RMSI/OSI、寻呼、Msg2/4）	指示 SFI 和 PI	用户级数据调度和功控信息调度
时域	1~3 symbol（MIB 或 RRC 配置）		1~3 symbol（RRC 信令配置）
频域	Initial BWP（24/48/96RB）		BWP（最大支持全带）
聚集级别	4/8/16		1/2/4/8/16
RS	DMRS		
映射方式	时域优先交织映射		时域优先交织/非交织映射
CORESET 配置	MIB 或 RRC 配置	RRC 信令配置	RRC 信令+DCI 信令配置
盲检空间	CSS（Common Search Space、公共搜索空间）		USS（UE-Specific Search Space、UE 特定的搜索空间）
盲检次数	RMSI：4 for 聚合等级 4，2 for 聚合等级 8，1 for 聚合等级 16，总共：44/36/22/20 for 15/30/60/120KHz（RRC）		

注：

RMSI：Remaining Minimum System Information、剩余最小系统消息，指 SIB1。

OSI：Other System Information、其他系统消息

不同内容的 DCI 基站采用不同的 RNTI（Radio Network Temporary Identifier、无线网络临时标识）对 CRC 校验后的比特流进行加扰。终端是使用 RNTI 来查看 DCI 信息的。RNTI 如同开启 PDCCH 信箱的钥匙。

不同 DCI 使用的 RNTI 不同，有很多种类型：

a. SI-RNTI（System Information RNTI）：基站发送系统消息的标识；

b. P-RNTI（Paging RNTI）：基站发送寻呼消息的标识；

c. RA-RNTI（Random Access RNTI）：基站发送随机接入响应的标识，用户用来发送随机接入的前导消息；

d. C-RNTI（Cell RNTI）：基站为终端分配的用于终端上下行数据传输的标识；

e. Temporary C-RNTI：随机接入过程中，用于传递 Msg3/Msg4 信息；

f. SFI-RNTI：用于传送时隙格式的信息；

g. TPC-PUCCH—RNTI（发送功率控制、PUCCH RNTI）：PUCCH 上行功控信息标识；

h. TPC-PUSCH—RNTI（发送功率控制、PUSCH RNTI）：PUSCH 上行功控信息标识；

i. TPC-SRS-RNTI：用于 SRS 功控命令。

PDCCH DCI 在协议上定义了 3 大类 8 种格式，如表 11-10 所示。

表 11-10　PDCCH DCI 的格式

类　　别	DCI 格式	内　　容
PUSCH 调度的 DCI 格式	Format 0_0	指示 PUSCH 调度，在波形变换等时使用
	Format 0_1	指示 PUSCH 调度
PDSCH 调度的 DCI 格式	Format 1_0	指示 PDSCH 调度，在公共消息调度（如 paging、RMSI 调度）、状态转换（如 BWP 切换）时使用
	Format 1_1	指示 PDSCH 调度
其他目的 DCI 格式	Format 2_0	指示 SFI
	Format 2_1	指示哪些 PRB 和 OFDM 符号 UE 不映射数据
	Format 2_2	指示 PUSCH 和 PUCCH 的功控命令字
	Format 2_3	指示 SRS 的功控命令字

11.2.5　PDSCH

PDSCH 的时频资源是动态调度的，具体的安排是由 PDCCH 信道指示的。与 PDSCH 信道伴随着的参考信号有 2 个：1 个是 DMRS，1 个是 PT-RS。

（1）PDSCH DMRS

DMRS 用于对无线信道进行评估，是 PDSCH 解调时信道估计的参考信号。每个终端的 DMRS 信号不同的，即 DMRS 是用户终端特定的参考信号，可被波束赋型、可接受调度资源安排，并仅在需要时才发射。

早期，DMRS 信号设计时考虑的解码需求是支持各种低时延应用。但逐渐人们注意到终端移动速度对解码需求的影响。面向低速移动的应用场景，DMRS 在时域采取低密度的方式。在高速移动的应用场景，DMRS 的时间密度要增大，以便跟踪无线信道的快速变化。所以，在低速和高速场景中，DMRS 配置不同，如图 11-19 所示。

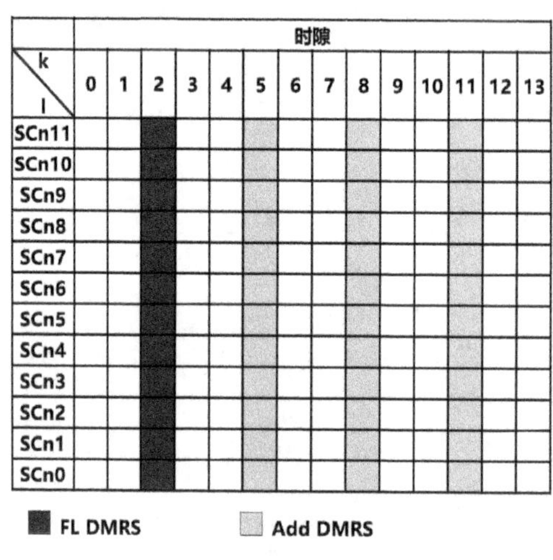

图 11-19　前置 DMRS 和附加 DMRS

a. FL DMRS（Front Loaded DMRS、前置 DMRS），时域上占用 1~2 符号，默认需要配置；

b. Add DMRS（Additional DMRS、额外 DMRS），时域上占用 1~3 符号，高速场景下需不需要配置，需要配置时，符号位置在什么地方由高层参数决定。

5G NR 根据 UE 移动速度灵活可配（1 Front-loaded DMRS +additional DMRS），根据 UE 移动速度来增加 DMRS，更好地跟踪上下行信道变化，提升 SU/MU-MIMO 性能。如图 11-20 所示。

为了支持多层 MIMO 传输，可调度多个正交的 DMRS 端口，其中每个 DMRS 端口与 MIMO 的每一层相对应。按照支持的最大天线逻辑端口数的不同，PDSCH 的 DMRS 分为 2 类，可以由高层参数配置，如图 11-21 所示。

a. Type1：单符号最大支持 4 端口，双符号 8 端口；

b. Type2：单符号最大支持 6 端口，双符号 12 端口；

PDSCH DMRS 从映射的时域位置上分 2 类，具体位置由高层参数指示。

a. 映射类型 A：从时隙的第 3 或 4 个符号开始映射；

b. 映射类型 B：从调度 PDSCH 的第 1 个符号开始映射。

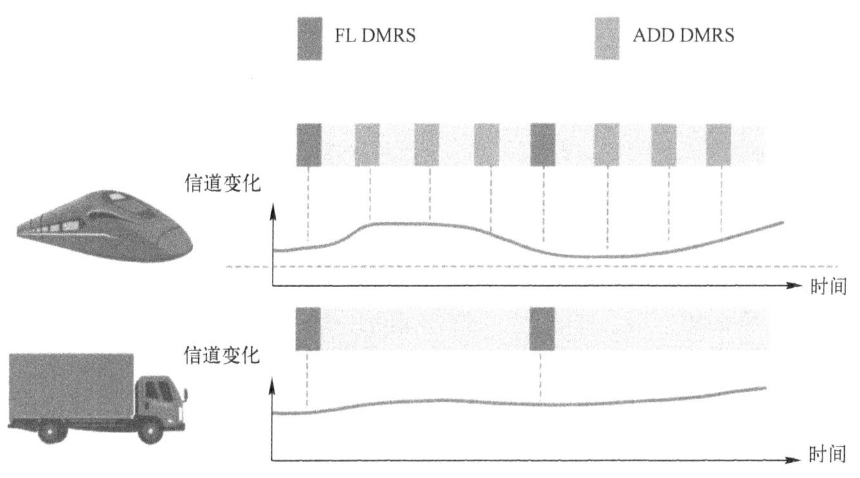

图 11-20　DMRS 适配不同速度场景

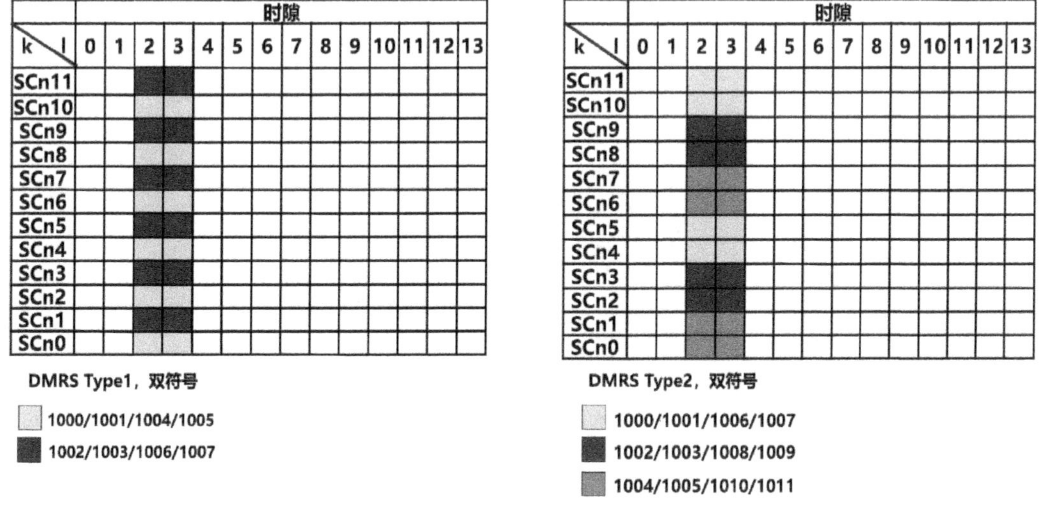

图 11-21　PDSCH 的 2 类 DMRS

（2）PDSCH PTRS

射频器件在各种噪声（随机性白噪声，闪烁噪声等）作用下可引起的系统输出信号相位的随机变化。在低频段（FR1），这种影响不大。在高频段（FR2）下由于参考时钟源的倍频次数大幅增加，以及器件工艺水平和功耗等原因，相位噪声响应大幅增加，恶化接收机的信噪比，造成大量误码，从而直接限制高阶调制的使用，严重影响系统容量，降低系统性能。

5G NR 高频段，固然可以通过本振器件质量来降低相噪，但是相位噪声的影响不能彻底消除。为了应对高频段的相位噪声影响，5G NR 的协议中采用 2 个办法：一、增大子载波间隔，减少相噪带来的 ICI 和 ISI 影响；二、引入相位噪声跟踪参考信号 PT-RS 以及相位估计补偿算法。

PT-RS 的基础序列构成与 DMRS 是一致的。PT-RS 是用户终端特定的参考信号，每个终端的 PTRS 信号不同，可被波束赋型、所占资源是可调度的。PT-RS 信号是依据振荡器质量、载波频率、OFDM 子载波间隔、信号传输的调度及编码格式来配置的。

在时域上，PT-RS 从调度 PDSCH 的第 1 个符号开始映射，避开 DMRS 所在的位置；频域上，与 PDSCH 调度的频域及 C-RNTI 和 PT-RS 配置的天线逻辑端口有关，如图 11-22 所示，PTRS 信号在频域具有低密度而在时域则有高密度。PT-RS 的天线逻辑端口可由高层配置，配置的数目可以为 1 或者 2。PT-RS 端口的数量可以小于总的端口数，而且 PT-RS 端口之间的正交可通过频分复用（FDM）来实现。

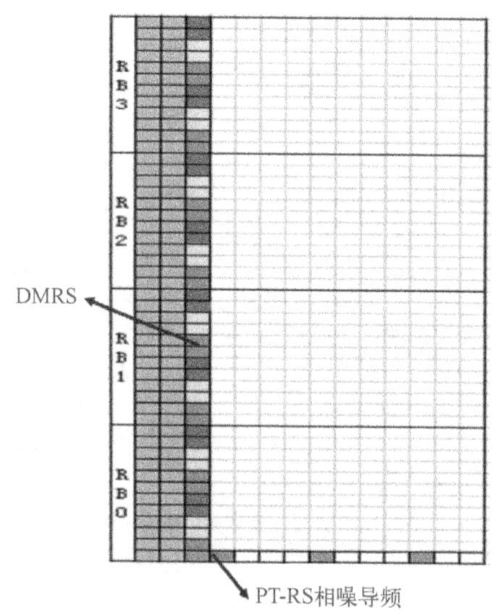

图 11-22　PT-RS 时频位置配置

从时域角度上，每多少个符号配置一个 PT-RS，叫作 PT-RS 的时域密度，由高层配置参数和 DCI 中的调制编码信息共同确定。高阶的调制方式，如 256QAM，对相噪敏感，可以每个时域符号都配置 1 个 PT-RS，时域密度为 1；对于低阶的调制方式，如 32QAM 可以每 4 个时域符号配置 1 个 PT-RS；对于再低阶的调制方式，可以不配 PT-RS。时域密度的选择为每 {1，2，4} 个符号配置 1 个 PT-RS。基于 MCS（调制编码方案）调整时域粒度可灵活控制导频开销。

从频域角度上，每多少个 RB 配置一个 PT-RS，叫作 PT-RS 的频域密度，由高层配置参数和 DCI 中的调度 RB 数共同确定。用户调度 RB 数过少，相噪导频带来较大的系统开销。所以在 RB 数少的时候，可以不配置 PT-RS；在 RB 数多时，可以每 2 个 RB，或每 4 个 RB 配置 1 个 PT-RS。

PT-RS 数目过多，相位跟踪能力增强，但系统开销也增大。所以 PT-RS 配置需要在系统开销和相位跟踪带来的增益之间进行权衡。

11.2.6　CSI-RS

CSI-RS 的功能主要是信道质量测量和时频偏跟踪，如表 11-11 所示。UE 上报的 CQI、PMI（Precoding Matrix Indicator、预编码矩阵指示）、RI（Rank Indicator、秩指示）、LI（Layer Indicator、层指示）等信道状态信息，就是依据测量 CSI-RS 的结果。用于干扰情况测量的 CSI-RS 又可以叫作 CSI-IM（CSI-RS Interference Measurement、CSI 干扰测量）。用于信道状态测量、波束管理、无线链路检测（RLM）和无线资源管理（切换）的 CSI-RS 是一种功率非归零 CSI-RS（Non-Zero Power CSI-RS、NZP CSI-RS）。用于时频偏的精细化跟踪的 CSI-RS 又叫 TRS（Tracking RS、跟踪 RS）。

表 11-11　CSI-RS 的功能

<table>
<tr><th colspan="2">功　　能</th><th>CSI-RS 类别</th><th>描　　述</th></tr>
<tr><td rowspan="4">信道质量测量</td><td rowspan="2">CSI 获取</td><td>NZP-CSI-RS</td><td rowspan="2">用于信道状态信息（CSI）测量，UE 上报的内容包括：
CQI、PMI、RI（秩指示）、LI（层指示）</td></tr>
<tr><td>CSI-IM</td></tr>
<tr><td>波束管理</td><td>NZP-CSI-RS</td><td>用于波束测量，UE 上报的内容包括：
L1 - RSRP（Reference Signal Receiving Power，参考信号接收功率）、CRI（CSI-RS resource indicator 、CSI-RS 资源指示）</td></tr>
<tr><td>RLM/RRM 测量</td><td>NZP-CSI-RS</td><td>用于无线链路检测（RLM）和无线资源管理（切换）等，UE 上报的内容包括：L1 -RSRP</td></tr>
<tr><td colspan="2">时频偏跟踪</td><td>TRS（Tracking RS、跟踪 RS）</td><td>用于精细化时频偏跟踪</td></tr>
</table>

用于信道质量测量的 CSI-RS 为了控制开销，占用的时频资源的密度最好低一些，但是也要考虑信道质量测量的准确性。每个 CSI-RS 资源时域占用 1~4 个符号。CSI 的序列生成和小区 ID（Cell ID）解耦，资源配置灵活，支持以用户为中心配置时频资源。每个用户可以通过 RRC 信令配置多套 CSI-RS 资源（最多配置 64 套）。

TRS 支持的符号位置为{4,8}、{5,9}、{6,10}，用于信道质量的 CSI-RS 的时域符号位置可以是{0~13}，具体位置由高层参数配置。频域位置也是由高层参数配置。

CSI-RS 最大支持天线逻辑端口数是 32 个，逻辑端口编号为{3000,3001,3002,…,3031}。CSI-RS 的天线逻辑端口数可选范围为{1,2,4,8,12,16,24,32}。

CSI-RS 时频资源及天线端口的可选配置如图 11-23 所示。

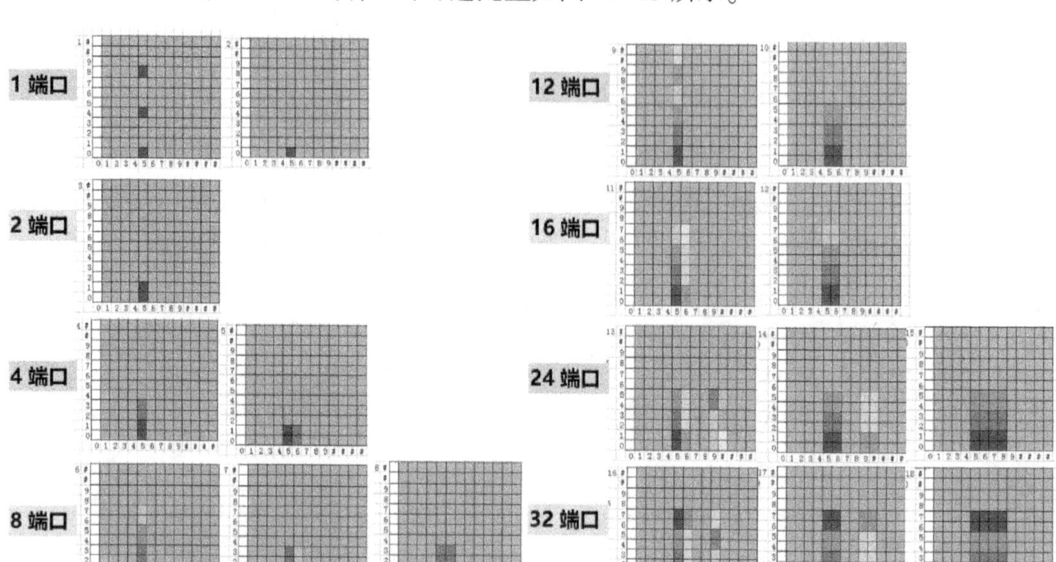

图 11-23 CSI-RS 时频资源及天线端口的可选配置

11.3 上行物理信道与信号

我们知道 5G NR 上行方向有 3 个物理信道、3 个参考信号。不同的上行物理信道或信号经历不同物理层的处理过程，然后映射到时频资源和空间资源上。不同的上行物理信道和信号在处理过程和时频资源、空间资源映射方面有各自的特点。

5G NR 的关键信号技术是为高速移动通信保驾护航，上行 DMRS 可根据 UE 移动速度灵活可配，上行快速 SRS 可更好地适应高速移动场景需求，上行的 PTRS 可用于高频时相位噪声的补偿。在终端给基站送信这件事情上，以上三位干将是上行数据 PUSCH 信道的得力帮手，它们的联合协作将充分保证高铁、高频场景下上行信号的可靠传送。

11.3.1 上行物理信道处理过程

5G NR 上、下行物理信道采用的多址接入方式略有不同，基站和终端侧 MIMO 实现的规模和方式也不同，所以二者的处理过程有所区别。

LTE 下行支持 CP-OFDM（没有 DFT 预变换）波形，上行仅支持 DFT-s-OFDM 的波形。NR 相对 LTE 来说，在上行也引入了 CP-OFDM 的波形；相对于 5G NR PDSCH 不同，5G NR 的 PUSCH 可支持 2 种波形：

a. CP-OFDM：多载波波形，支持多流 MIMO。

b. DFT-s-OFDM：单载波波形，仅支持单流，提升覆盖性能。

5G NR 的 PUSCH 波形可以由高层信令配置，支持更加灵活的数据调度。图 11-24 为选择 CP-OFDM 波形时 PUSCH 信道处理过程，图 11-25 为选择 DFT-s-OFDM 波形时 PUSCH 信道处理过程。在 CP-OFDM 波形时，上行数据业务信道处理过程和 PDSCH 信道处理过程基本相似，但是在上行处理过程层映射以后是预编码过程，但是下行处理过程层映射之后是天线端口映射。在 DFT-s-OFDM 波形时，由于是单流单载波，取消了层映射的过程，调制映射之后是转换预编码过程。

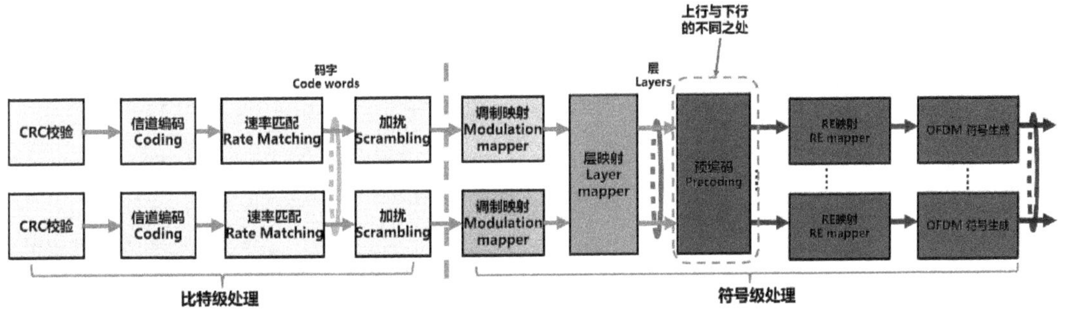

图 11-24 PUSCH 信道处理过程（CP-OFDM）

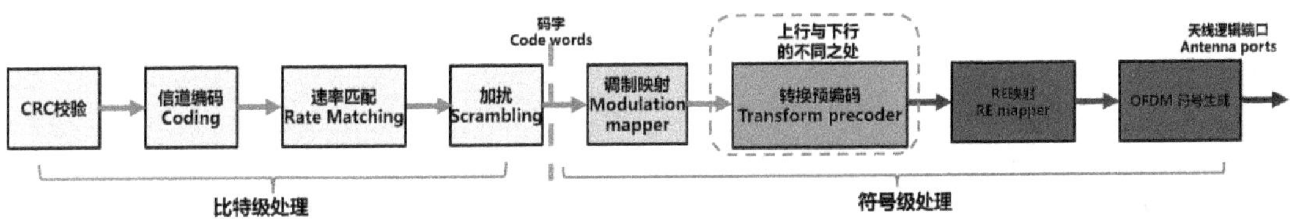

图 11-25 PUSCH 信道处理过程（DFT-s-OFDM）

上下行的这点不同，主要由于 NR 标准在下行共享信道中彻底取消了 LTE 中基于小区级参考信号的预编码矩阵方案，取而代之使用的是类似 3D-MIMO 天线技术实现的波束赋型预编码方案进行 SU/MU-MIMO（单用户/多用户 MIMO），即下行方向，基站侧不再强调 LTE 时期的预编码过程，而是波束赋型过程。

但在 5G NR 上行共享信道上，有预编码过程，可以选择基于码本和非码本两种预编码传输方式，上行共享信道码本传输与非码本传输本质区别在于基站侧是否下发码本指示以辅助终端进行预编码矩阵选择。对于这两种传输模式，可选择的预编码矩阵集合是一样的。

5G NR 的上行物理信道的处理过程涉及信道编码算法的选择、调制方式的选择、层数配置、RB 资源分配方式、峰均比及应用场景，如表 11-12 所示。

表 11-12　PUSCH 信道处理过程配置

波　　形	调制方式	编码方式	码字数	层　数	RB 资源分配	峰均比 PAR	应用场景
CP-OFDM	QPSK、16QAM、64QAM、256QAM	LDPC	1	1~4	连续/非连续	高	近、中点
DFT-s-OFDM	π/2-BPSK、QPSK、16QAM、64QAM、256QAM	LDPC	1	1	连续	低	远点（通过较低的 PAPR 获得功率回退增益）

对于 PUCCH 信道来说，根据 PUCCH 占用的符号长度，以及 UCI（Uplink Control Info，上行控制信息）内比特数，定义了 5 种 PUCCH 基本格式，如表 11-13 所示，不同的格式对应的物理层处理过程不同，如图 11-26 所示。F0 格式的 PUCCH 靠基于序列来区分信息比特；F1~F4 都有调制映射过程，F2~F4 都有加扰过程，F3~F4 都有转换预编码过程，F1 和 F4 都有扩频过程。

表 11-13　PUCCH 的 5 种格式

PUCCH 格式编号	OFDM 符号长度	UCI 比特数	描述
F0	1~2	≤2	短格式 PUCCH 少 UCI 净荷
F1	4~14	≤2	长格式 PUCCH 少 UCI 净荷
F2	1~2	>2	短格式 PUCCH 大 UCI 净荷
F3	4~14	>2	长格式 PUCCH 大 UCI 净荷
F4	4~14	>2	长格式 PUCCH 适中的 UCI 净荷

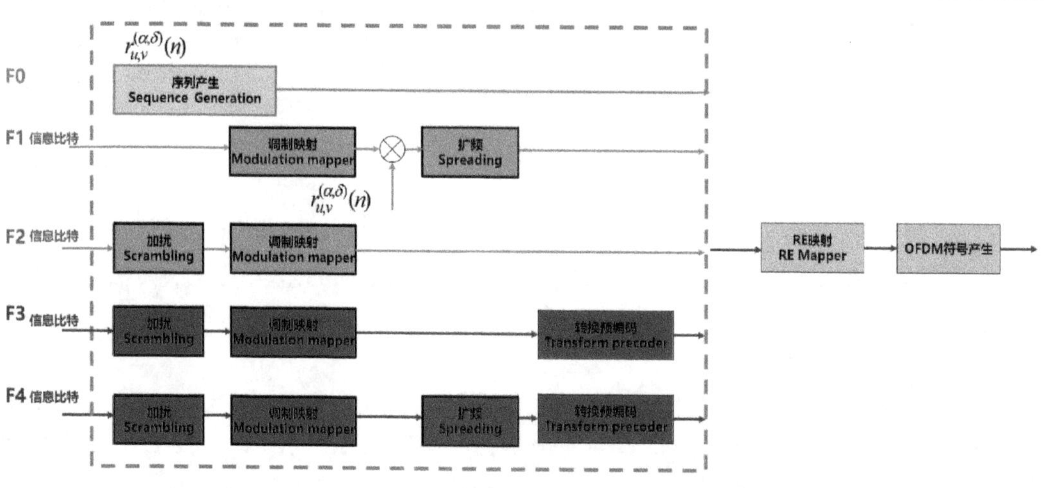

图 11-26　PUCCH 不同格式的物理信道处理过程

PUCCH 的信道编码和 UCI 的比特数有关系，如表 11-14 所示。这个比特数包括 CRC 校验新加入的比特。

表 11-14　PUCCH 的信道编码

包括 CRC 在内的 UCI 大小	信 道 编 码
1	重复码（Repetition code）
2	简单码（Simplex code）
3~11	里德穆勒码（Reed Muller ）
>11	Polar 码

同一小区的多个 UE 可以共享同一个 RB 对来发送各自的 PUCCH 信息，这是 PUCCH 中的码分复用多址（Code Division Multiplexing，CDM）。PUCCH 实现码分复用的方法有循环移位（Cyclic Shift）和正交序列。PUCCH 的格式 0 就是循环移位法实现码分复用，而 PUCCH 的格式 1 和格式 4 都有扩频处理过程，是通过正交序列实现码分复用的。码分复用可以有效地利用资源，节省开销。PUCCH 的格式 2 和格式 3 不支持码分复用。

PUCCH 的调制方式不同，格式也有所不同。PUCCH 的格式 0 无须调制方式，PUCCH 的格式 1 支持信息量少，符号数多，用 BPSK 方式调制便可；PUCCH 的格式 2、格式 3、格式 4 都支持 QPSK 调制方式；PUCCH 的格式 3 和格式 4 还支持 π/2-BPSK 的调制方式。

不同格式的 PUCCH 信道的处理过程、调制方式和码分复用方式如表 11-15 所示。

表 11-15　PUCCH 信道的处理过程、调制方式和码分复用方式

PUCCH 格式编号	处 理 过 程	调 制 方 式	码 分 复 用
F0	序列产生	—	循环移位 Cyclic Shift（0~11）
F1	调制映射、扩频	BPSK	循环移位（0~11）+时域正交序列（0~6）
F2	加扰、调制映射	QPSK	No CDM：不支持复用
F3	加扰、调制映射、转换预编码	QPSK 或 π/2 BPSK	No CDM：不支持复用
F4	加扰、调制映射、扩频、转换预编码	QPSK 或 π/2 BPSK	频域正交序列（0~3）

对于 PRACH 信道来说，物理层处理过程就是一个 Preamble（前导码）序列产生发送的过程，无须类似 PUSCH 的处理过程。

11.3.2　上行物理信道和信号时频域分布

5G NR 的上行物理信道和信号时频域分布的示意图，如图 11-27 所示。5G NR 的 PUCCH 有两种格式：长格式 PUCCH，时域占用 4~14 个符号；短格式 PUCCH，时域占用 1~2 个符号；时频域位置和使用资源可配置。PUSCH 的 DMRS，时域位置可配置，频域密度和使用资源可配置；支持 DMRS 和 PUSCH 相同符号上频率资源共享（FDM）。PRACH 时频域位置和使用资源可配置；SRS：时频域位置和带宽可配置。

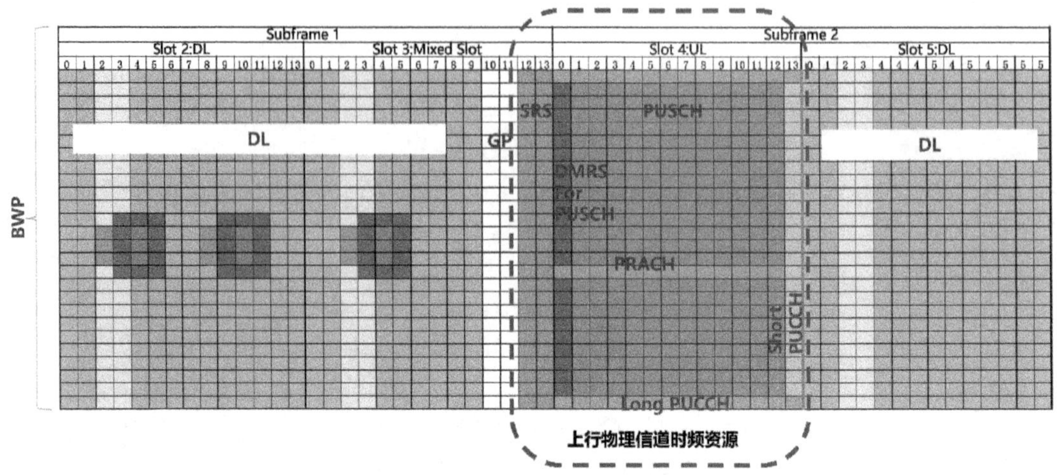

图 11-27　上行物理信道时频资源

总而言之，5G NR 的上行物理信道和信号设计灵活，一切皆调度、可配置。

11.3.3　PRACH

UE 开机后，小区搜索过程完成手机和基站的下行同步，然后 UE 通过随机接入过程与小区建立连接并取得上行同步。随机接入过程使用的就是 PRACH 信道。PRACH 信道用来传输 Preamble 序列，基站接收到 Preamble 序列后，测量 Preamble 可以获得基站与 UE 之间的传输时延，生成一个 TA（Time Advance，时间提前量）值，并用一个下行的控制命令将这个 TA 值告知 UE，让 UE 提前一定的时间发送上行数据。

PRACH 所占用的空口资源包括时域资源、频域资源、码域资源。时域资源的定义包括时域位置（帧、子帧、时隙、符号）、长度和周期，如图 11-28 所示；频域资源的定义由起始 RB 和所占的 RB 数来确定，如图 11-29 所示。

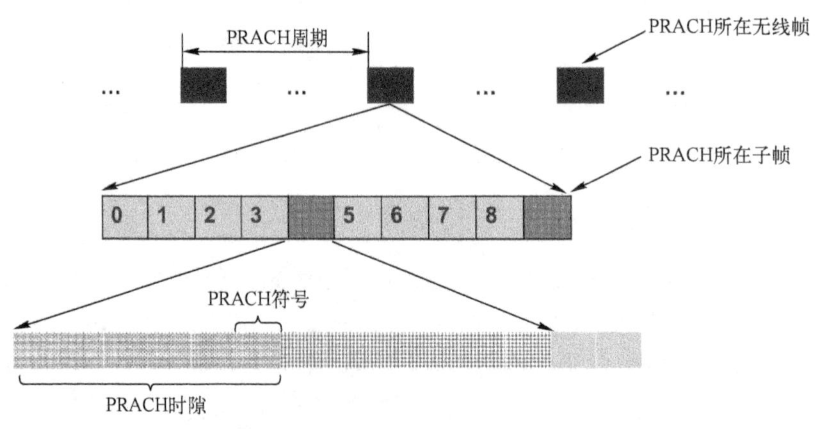

图 11-28　PRACH 的时域资源

码域资源就是指 Preamble 序列，每个小区共有 64 个 Preamble 序列。Preamble 序列可以由根序列 u 和循环移位参数 v 产生，即 Preamble 序列由 u、v 两参数确定。PRACH 的可用时域、频域、码域资源由基站在系统消息 RMSI 中通知 UE。

按照 Preamble 序列的长度，Preamble 序列可分为两类：长序列和短序列。长序列沿用 LTE 设计方案，共 4 种格式，如表 11-16 所示；短序列为 5G NR 新增格式，3GPP R15 定义了 9 种短格式，如表 11-17 所示，FR1 的子载波间隔支持{15,30}kHz，FR2 的子载波间隔支持{60,120}kHz。

Preamble 时域上至少由两部分组成：循环前缀（CP）和 Preamble 序列，如图 11-30 所示。有的 Preamble 序列在时域上还需保护间隔（Guard Period，GP）。

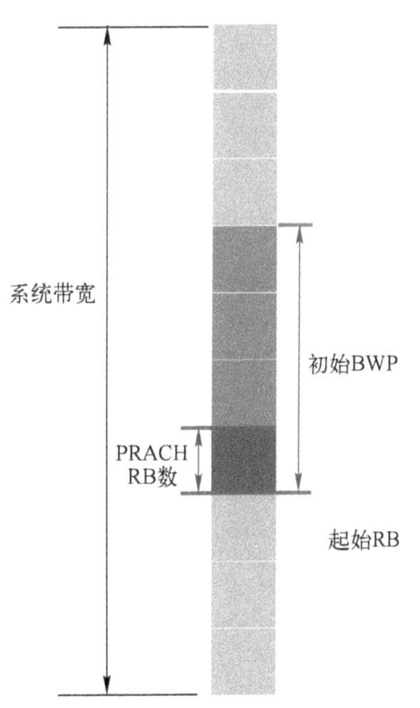

图 11-29 PRACH 的频域资源

表 11-16 长序列格式时频配置、最大小区半径和典型场景

格式	序列长度	子载波间隔	时域总长	占用带宽	最大小区半径	典型场景
0	839	1.25 kHz	1.0 ms	1.08 MHz	14.5 km	低速或高速，常规半径
1	839	1.25 kHz	3.0 ms	1.08 MHz	100.1 km	超远覆盖
2	839	1.25 kHz	3.5 ms	1.08 MHz	21.9 km	弱覆盖
3	839	5.0 kHz	1.0 ms	4.32 MHz	14.5 km	超高速

表 11-17 短序列格式时频配置、最大小区半径和典型场景

Format	序列长度	子载波间隔	时域总长	占用带宽	最大小区半径	典型场景
A1	139	$15 \cdot 2^{\mu}$ (μ=0/1/2/3)	$0.14/2^{\mu}$ ms	$2.16 \cdot 2^{\mu}$ MHz	$0.937/2^{\mu}$ km	微小区 Small cell
A2	139	$15 \cdot 2^{\mu}$	$0.29/2^{\mu}$ ms	$2.16 \cdot 2^{\mu}$ MHz	$2.109/2^{\mu}$ km	正常小区 Normal cell
A3	139	$15 \cdot 2^{\mu}$	$0.43/2^{\mu}$ ms	$2.16 \cdot 2^{\mu}$ MHz	$3.515/2^{\mu}$ km	正常小区 Normal cell
B1	139	$15 \cdot 2^{\mu}$	$0.14/2^{\mu}$ ms	$2.16 \cdot 2^{\mu}$ MHz	$0.585/2^{\mu}$ km	微小区 Small cell
B2	139	$15 \cdot 2^{\mu}$	$0.29/2^{\mu}$ ms	$2.16 \cdot 2^{\mu}$ MHz	$1.054/2^{\mu}$ km	正常小区 Normal cell

（续）

Format	序列长度	子载波间隔	时域总长	占用带宽	最大小区半径	典型场景
B3	139	$15 \cdot 2^{\mu}$	$0.43/2^{\mu}$ ms	$2.16 \cdot 2^{\mu}$ MHz	$1.757/2^{\mu}$ km	正常小区 Normal cell
B4	139	$15 \cdot 2^{\mu}$	$0.86/2^{\mu}$ ms	$2.16 \cdot 2^{\mu}$ MHz	$3.867/2^{\mu}$ km	正常小区 Normal cell
C0	139	$15 \cdot 2^{\mu}$	$0.14/2^{\mu}$ ms	$2.16 \cdot 2^{\mu}$ MHz	$5.351/2^{\mu}$ km	正常小区 Normal cell
C2	139	$15 \cdot 2^{\mu}$	$0.43/2^{\mu}$ ms	$2.16 \cdot 2^{\mu}$ MHz	$9.297/2^{\mu}$ km	正常小区 Normal cell

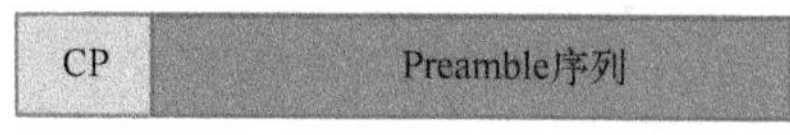

图 11-30　Preamble 序列

不同 Preamble 的格式，时域上存在诸多差异：循环前缀 CP 长度不同、序列长度不同、保护间隔 GP 长度不同、序列重复次数不同。长格式 PRACH 的时域结构如图 11-31 所示，短格式 PRACH 的时域结构如图 11-32 所示。

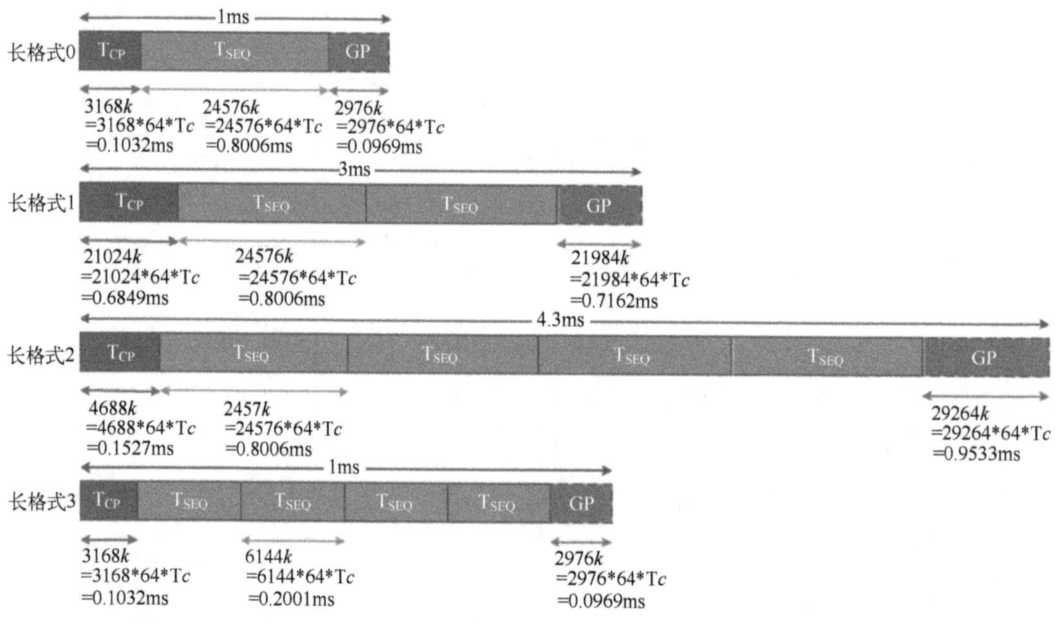

图 11-31　长格式 PRACH 时域结构

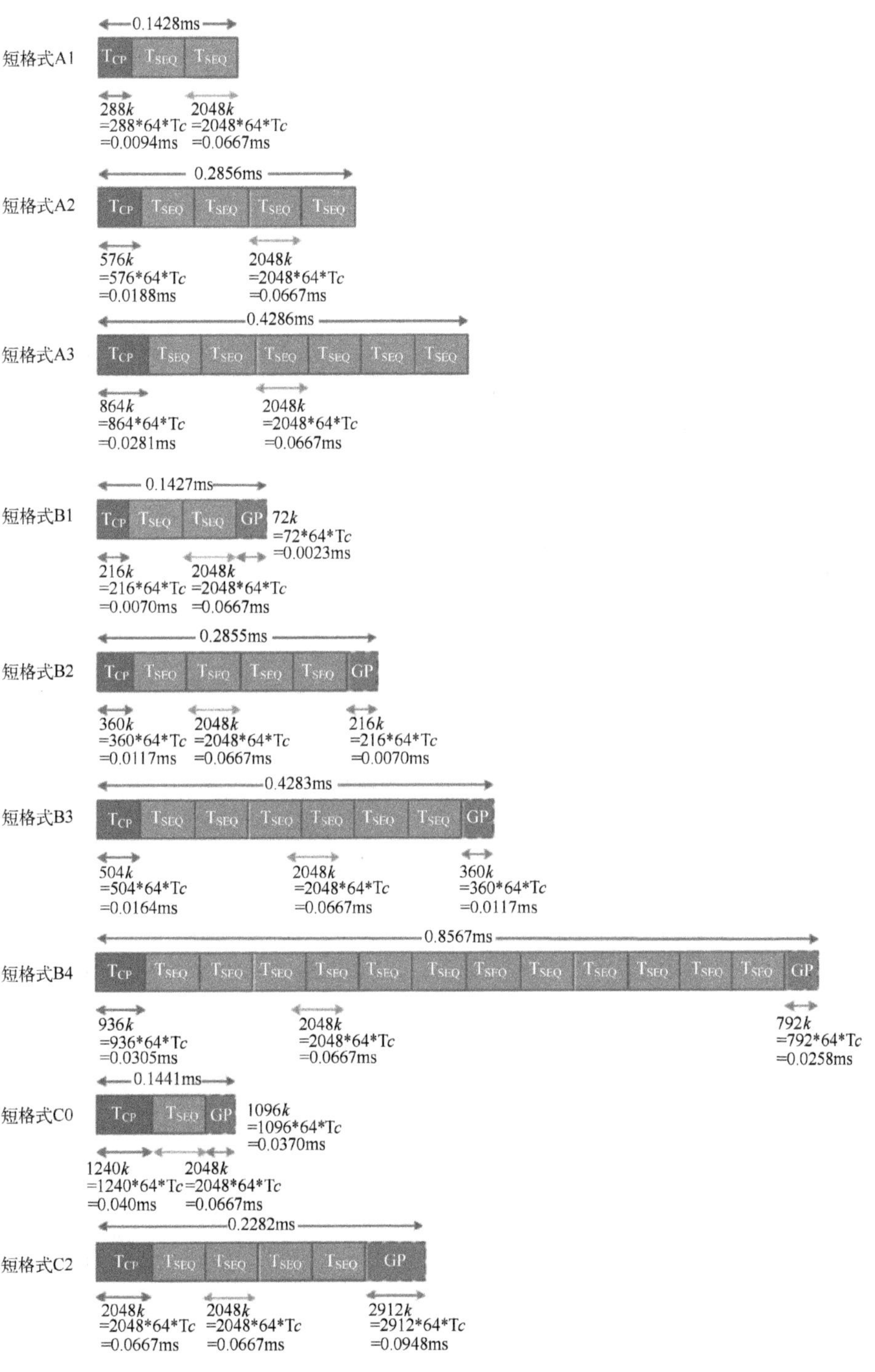

图 11-32　短格式 PRACH 时域结构

11.3.4 PUCCH

PUCCH信道主要用于传输上行层1/层2控制信息UCI（Uplink Control Info）。上行控制信息UCI是在上行、下行数据传输中必须交互的协调信息，包括以下几种。

1）上行调度请求（Scheduling Request，SR）：终端向基站请求数据业务信道（UL-SCH）所需资源时，需要发送该信息。

2）HARQ ACK/NACK：终端收到PDSCH上发送的数据后，需要进行HARQ的确认或否定，然后给基站发送ACK或NACK。

3）信道状态指示（CSI）：包括CQI、PMI、RI、LI、CRI等。

与下行控制信息（DCI）相比，上行控制信息（UCI）内携带的信息内容较少，只需要告诉5G基站不知道的信息，主要是请求信息和反馈信息，其实不算控制信息。下行控制信息（DCI）只能在PDCCH中传输，上行控制信息（UCI）则可在PUCCH或PUSCH中传输。

和LTE相比，5G NR增加了短PUCCH格式（1~2符号），可用于短时延场景下的快速反馈，如自包含帧中上行快速反馈场景；同时，5G NR对长PUCCH符号数进行了增强（4~14符号），支持不同时隙格式下的PUCCH的传输。上行HARQ支持异步自适应，ACK/NACK传输时机可由调度器灵活确定。

PUCCH信道支持频域范围内跳频，即一个子帧前后两部分可以分别位于可用频谱资源的两端，如图11-33所示。跳频可以获得频域分集。PUCCH的格式0~4均支持频域跳频，对于短格式的格式0和格式2来说，跳频只能在两个符号时进行配置。

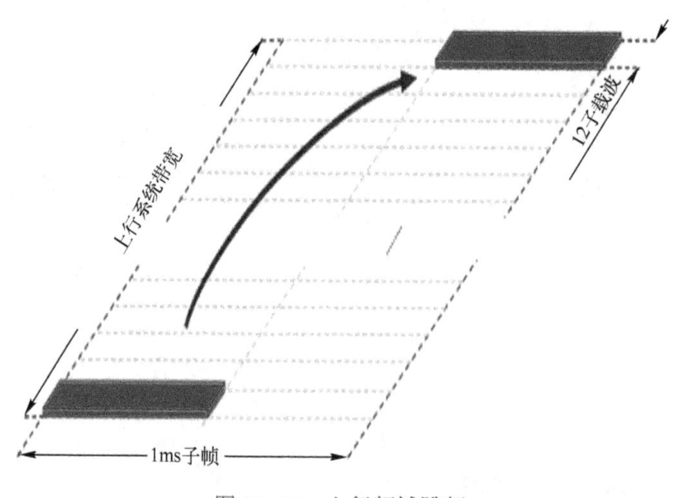

图11-33 上行频域跳频

PUCCH的时域和频域位置支持灵活配置，但不同格式的PUCCH资源映射略有不同，如表11-18所示。

1）PUCCH的格式0：时域1~2符号，频域上默认1个PRB。

2）PUCCH 的格式 1：时域 4~14 符号，频域上默认 1 个 PRB。

3）PUCCH 的格式 2：时域 1~2 符号，频域支持 1~16 PRB 数。

4）PUCCH 的格式 3：时域 4~14 符号，频域支持 1~6，8~10，12，15，16 个 PRB 数。

5）PUCCH 的格式 4：时域 4~14 符号，频域上默认 1 个 PRB。

表 11-18　PUCCH 的时频资源映射

PUCCH 格式编号	起始符号	一个时隙的符号数	起始 PRB 索引	PRB 数
F0	0~13	1,2	0~274	缺省 1，范围未定义
F1	0~10	4~14	0~274	缺省 1，范围未定义
F2	0~13	1,2	0~274	1~16
F3	0~10	4~14	0~274	1~6,8~10,12,15,16
F4	0~10	4~14	0~274	缺省 1，范围未定义

PUCCH 的解调参考信号 DMRS，不同的格式时频位置也不同。

1）PUCCH 的格式 0（短格式）基于 ZC 序列的不同循环移位来识别信息，不存在 DMRS。

2）PUCCH 的格式 1（长格式）的 DMRS 采用 ZC 序列，放置在 PUCCH 的偶数符号上，和 UCI 时分复用（TDM）。

3）PUCCH 的格式 2（短格式）的 DMRS 采用 PN 序列，且 DMRS 和 UCI 可以频分复用（FDM）。

4）PUCCH 的格式 3/4（长格式）的 DMRS 采用 ZC 序列，DMRS 的符号位置根据 PUCCH 的符号数确定，如表 11-19 表示。从时域上看，长格式的符号数为 4~14 个，符号数为 4 的时候，又有跳频、无跳频两种情况。当符号数小于等于 9 的时候，DMRS 配置 2 个符号，配置跳频时，每次跳频配有 1 个 DMRS 符号；当符号数大于 9 的时候，为了更好地解调 PUCCH 信道上的信息，可以增加 DMRS 的配置，DMRS 可以配置在 4 个符号上，配置跳频时，每次跳频配有 2 个 DMRS 符号。PUCCH 格式 3/4 的 DMRS 时域配置位置示意图如图 11-34 所示。

表 11-19　PUCCH 格式 3/4 的 DMRS 时域配置位置

PUCCH 时域符号长度	PUCCH 时域符号范围内 DMRS 位置		
	无额外 DM-RS		有额外 DM-RS
	无跳频	有跳频	
4	1	0, 2	—
5	0, 3		—
6	1, 4		—
7	1, 4		—

（续）

PUCCH 时域符号长度	PUCCH 时域符号范围内 DMRS 位置		
	无额外 DM-RS		有额外 DM-RS
	无 跳 频	有 跳 频	
8	1, 5		—
9	1, 6		—
10	2, 7		1, 3, 6, 8
11	2, 7		1, 3, 6, 9
12	2, 8		1, 4, 7, 10
13	2, 9		1, 4, 7, 11
14	3, 10		1, 5, 8, 12

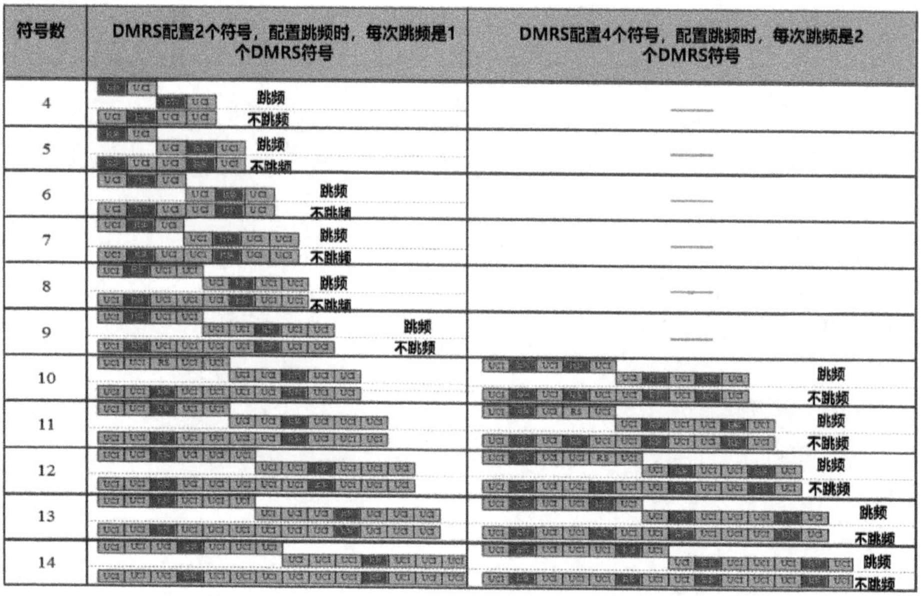

符号数	DMRS配置2个符号，配置跳频时，每次跳频是1个DMRS符号	DMRS配置4个符号，配置跳频时，每次跳频是2个DMRS符号
4	跳频 不跳频	—
5	跳频 不跳频	—
6	跳频 不跳频	—
7	跳频 不跳频	—
8	跳频 不跳频	—
9	跳频 不跳频	—
10	跳频 不跳频	跳频 不跳频
11	跳频 不跳频	跳频 不跳频
12	跳频 不跳频	跳频 不跳频
13	跳频 不跳频	跳频 不跳频
14	跳频 不跳频	跳频 不跳频

图 11-34　PUCCH 的格式 3/4（长格式）的 DMRS 时域配置

11.3.5　PUSCH

PUSCH 的时频资源是动态调度的，具体的资源安排是由 PUCCH 申请、PDCCH 信道指示的。与 PUSCH 信道伴随着的参考信号有 2 个：1 个是 DMRS，1 个是 PT-RS。

PUSCH 的时频资源映射类型如图 11-35 所示（1 个资源块由 1 个时隙 1 个 RB 的 RE 资源组成），有两种。

1）映射类型 A（type A）：PUSCH 在时域的一个时隙上起始符号为 0，它的解调参考信号 DMRS 可以在符号 2 或符号 3 上，映射类型 A 的 DMRS 起始符号位置由高层信令配置；包括 DMRS 在内的长度为 Y～14 符号。

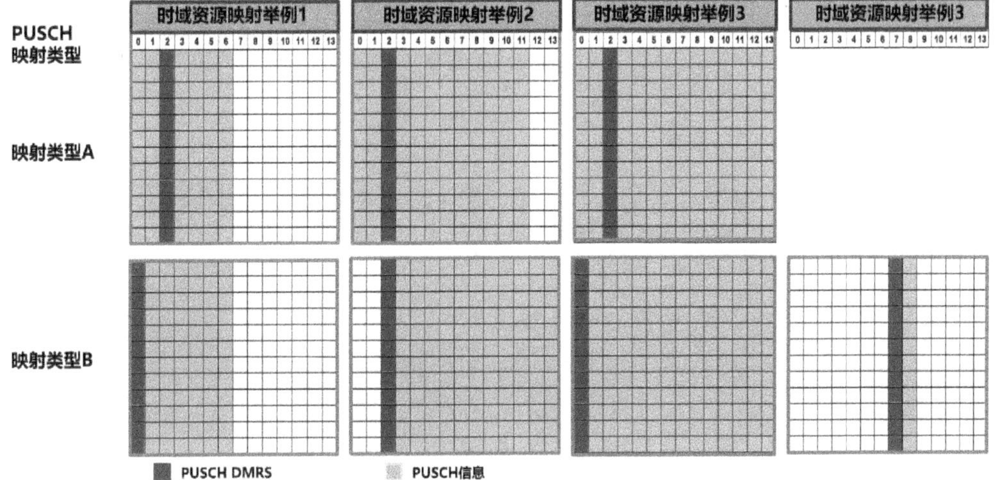

图 11-35　PUSCH 时域资源映射举例（1 个资源块是 1 个时隙 1 个 RB 的 RE 资源）

2）映射类型 B（type B）：PUSCH 在时域的一个时隙上起始符号可以在 0~12 范围内设置，这种情况下，DMRS 起始符号位置固定在 PUSCH 时域的第 0 个位置；包括 DMRS 在内长度为 2~14 个符号。

PUSCH 的时域资源映射中，映射类型、起始符号位置、符号数由下行控制信息（DCI）指示。

（1）PUSCH DMRS

PUSCH 的伴随解调参考信号 DMRS 可分两类：前置 DMRS 和额外 DMRS，如图 11-36 所示。额外 DMRS 的位置可由高层信令进行配置。

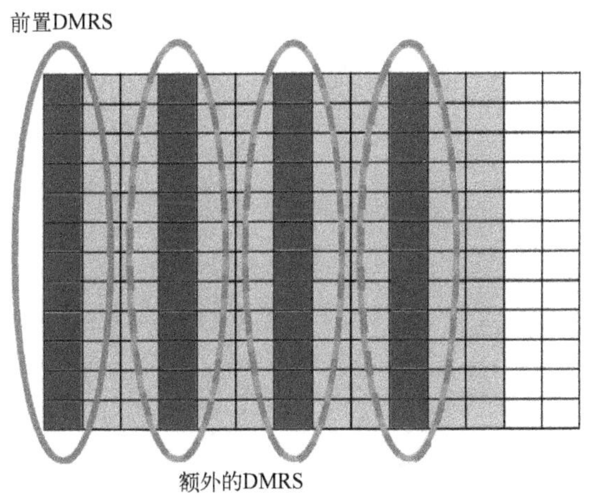

图 11-36　PUSCH DMRS 的配置

一个PUSCH的DMRS可以占用一个符号，也可以占用2个符号。一个前置DMRS和一个额外的DMRS占用的符号数是相同的，要是1个符号，前置DMRS和额外的DMRS都是1个符号，如图11-37所示；要是2个符号，前置DMRS和额外的DMRS都是2个符号，如图11-38所示。1个DMRS占用的符号数由高层信令配置。

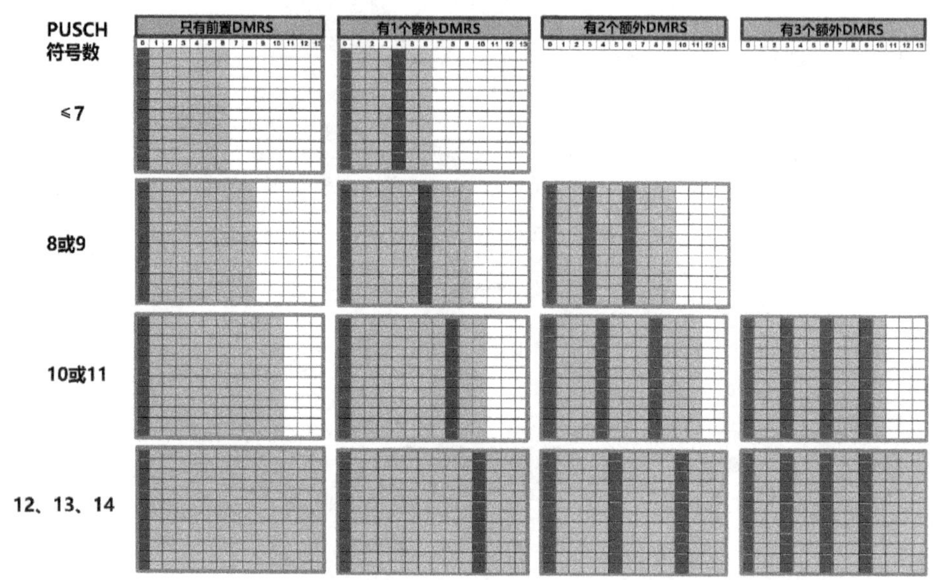

图11-37　PUSCH DMRS单符号映射（1个资源块是1个时隙1个RB的RE资源）

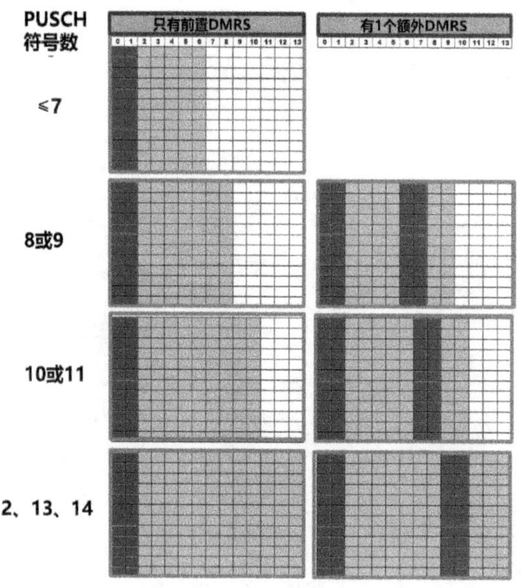

图11-38　PUSCH DMRS双符号映射（1个资源块是1个时隙1个RB的RE资源）

（2）PUSCH PT-RS

上行 PUSCH 的 PT-RS 与下行 PDSCH PT-RS 设计基本一致。但 PUSCH 的 PT-RS 针对 CP-OFDM 和 DFT-s-OFDM 两种波形下的配置有所不同。

波形为 CP-OFDM 时，可参考下行 PDSCH PT-RS 的资源配置。

波形为 DFT-s-OFDM 是，上行 PUSCH 的 PT-RS 时域上从调度 PUSCH 的第一个符号开始映射，避开 DMRS 所在的位置；时域密度是每 1 或 2 个符号配置 1 个 PT-RS，频域上无密度概念，频域上 PT-RS 所占用资源数和频域上的位置由调度 RB 数确定。

11.3.6　SRS

每个 UE 发送自己的 SRS，基站接收所有 UE 的 SRS 信号，并一起进行处理，测量出各 UE 以及在各自的 PUSCH 带宽范围内的各个子载波的 RSRP、SINR、PMI 等信息，从而实现波束管理、信道状态监测、上行提前量 TA、上下行单用户/多用户 MIMO、UCNC（面向用户无小区）技术所需的测量功能。如图 11-39 所示。

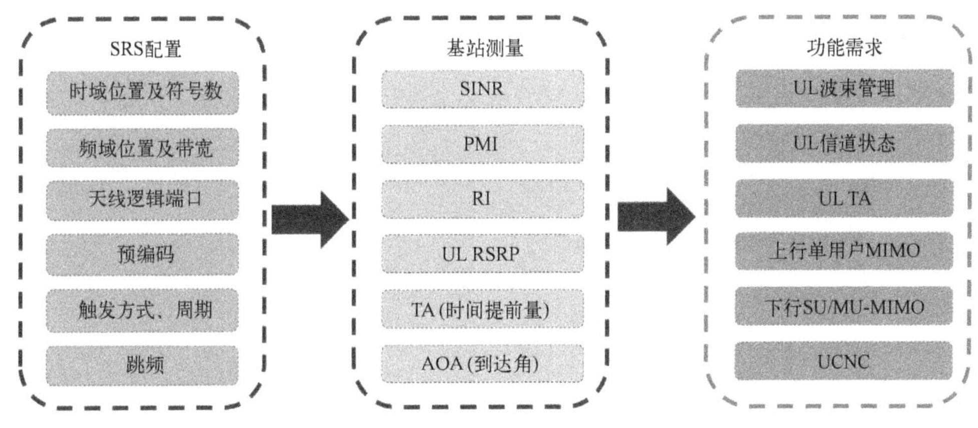

图 11-39　SRS 配置及作用

每一个用户的 SRS 独占一定的时频域资源，不能发送数据信息，属于资源开销，开销越少越好；另一方面，SRS 的配置要满足基站测量性能和 SRS 用户数的要求。SRS 的配置要在开销与测量性能、用户数两者之间进行权衡。

我们通过 5G NR SRS 和 LTE SRS 对比，来进一步认识 5G NR SRS。

（1）SRS 资源配置

NR 中定义了 SRS Resource（SRS 资源）的概念，如图 11-40 所示，包括以下几种。

1）天线端口数：NR SRS 可以配置{1,2,4}个天线逻辑端口，可配置的天线逻辑端口为{1000,1001,1002,1003}；LTE SRS 一般只配置 1 个天线端口。

2）时域位置及 OFDM 符号数：NR SRS 映射在 PUSCH/DMRS 符号的后面，可以位于一个时隙中的最后 6 个符号中的连续{1,2,4}个符号；LTE SRS 一般位于一个时隙中的最

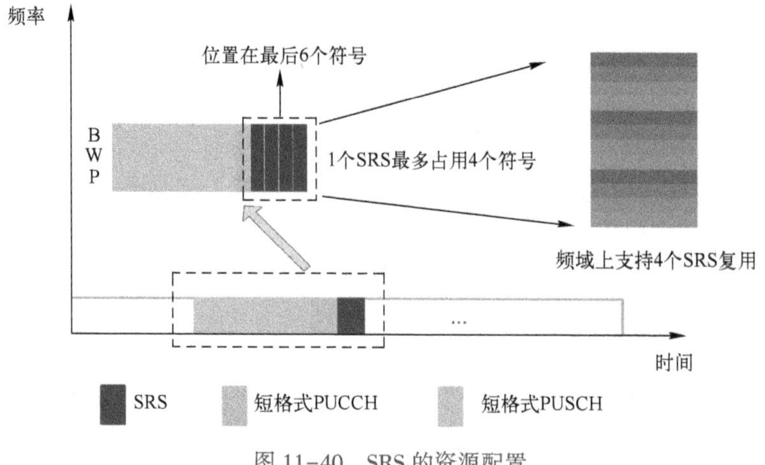

图 11-40　SRS 的资源配置

后一个符号上。NR SRS 可以配置{1,2,4}个 OFDM 符号；LTE SRS 一般只配置 1 个 OFDM 符号。一个时隙内，SRS 与 PUSCH、上行的 DMRS、上行的 PTRS 和 PUCCH 采用时分复用（TDM）的方式占用资源。

3）频域位置及带宽：NR SRS 的频域位置与 BWP 有关，尽量覆盖 UE 的整个 PUSCH 带宽。UE 级 SRS 带宽配置是指小区内用户能分配的 SRS 带宽类型的集合，可以是 32 个 RB、16 个 RB、8 个 RB 和 4 个 RB。如图 11-41 所示。LTE SRS 一般是系统的全频域覆盖。

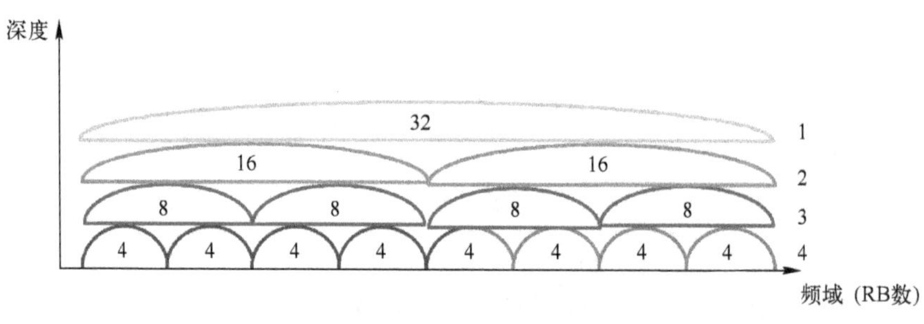

图 11-41　SRS 带宽配置

（2）SRS 资源集

5G NR SRS 在引入 SRS Resource 概念的同时，还引入了 SRS Resource Set（SRS 资源集）的概念。5G NR 中的 SRS 采用 2 级资源框架，一个资源集中可以包含多个时域类型相同的 SRS Resource。NR 定义了 4 种不同功能的 SRS 资源集：波束管理（BeamManagement）、码本（Codebook）、非码本（nonCodebook）、天线切换（antennaSwitching）。不同功能的 SRS 资源集在 SRS Resource 数、天线端口数等有不同配置限制。

（3）SRS 的发送方式

LTE 定义了的周期性 SRS（Periodic SRS）、非周期性 SRS（Aperiodic SRS）；5G NR SRS 新增了半持续性 SRS（Semi-Persistent SRS），其灵活性介于周期性和非周期性 SRS 之间，如图 11-42 所示。这三种时域类型的 SRS 的传输优先级规则为：非周期性 SRS > 半周期性 SRS > 周期性 SRS。周期和半静态触发方式由高层信令配置，非周期触发方式由 DCI 配置。5GN NR 的 SRS 发送比 LTE 的灵活度更大。

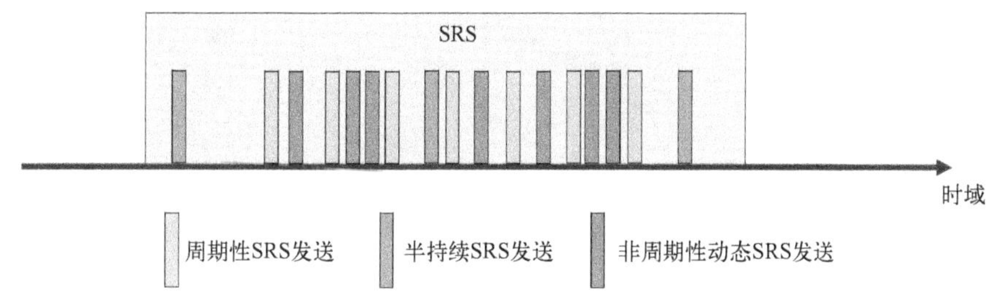

图 11-42　SRS 发送方式

相比 LTE 的周期性 SRS，5G NR 提供更短周期的 SRS 测量，如图 11-43 所示，可以提高信道估计的精准性，可更好地适应高速移动场景需求。

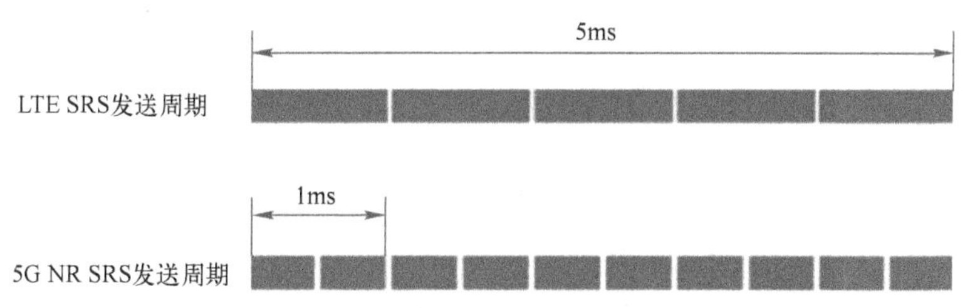

图 11-43　5G NR SRS 发送周期更加灵活

（4）SRS 天线轮发

SRS 轮发指终端在哪根物理天线上发送 SRS 信息。在 SRS 模式下，能够参与发送参考信号的天线数越多，信道估计就越准，从而获得的速率就越高；如果只在固定天线发送，则会丢失其他天线信息，天线没有充分利用，难以获得最高的速率。

5G 终端一般都配有多根收发天线，目前主流的 5G UE、CPE 等都采用 2 根发射天线、4 根接收天线（即 2T4R）。如果只能固定在一个天线上向基站反馈 SRS 信息，就是不支持 SRS 轮发。

5G UE 应该支持 SRS 天线切换（Antenna Switching），进行发送天线轮询，获取全信道测量，如图 11-44 所示。非独立组网（NSA）模式下，5G 终端可在 4 个天线上轮流发射 SRS 信号，一次选择 1 个天线发射。独立组网（SA）模式下，5G 终端可在 4 个天线上轮流发射 SRS 信号，一次选择 2 个天线发射。如果充分利用 5G 终端的多根天线轮流上报信道信息，则能够让基站获取的信息更全面，进行更精准的数据传输。

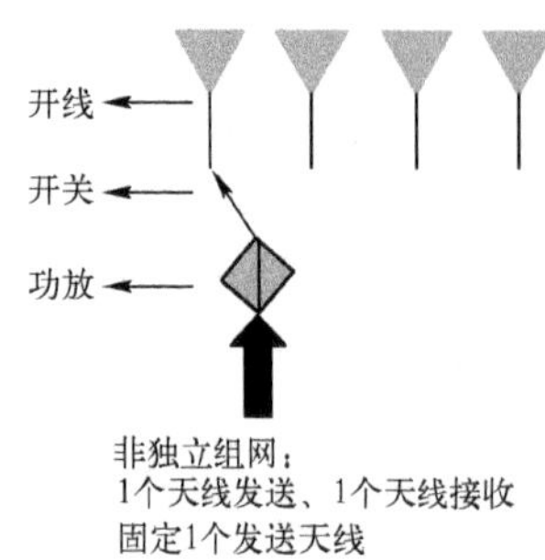

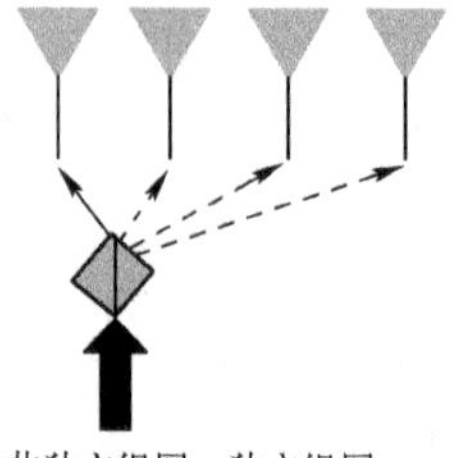

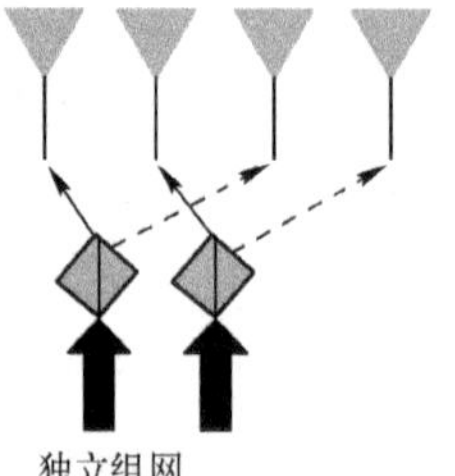

图 11-44　SRS 天线轮发

11.4　5G NR 物理信道的使用

为了承载基站和终端之间的信息交互，我们需要把数据流和相应的控制信息放在相应的上、下行物理信道，然后分别映射到上、下行时频资源和空间资源上。手机一开机，需要和基站取得联系，获取必要的基站系统消息，这是小区搜索的过程，小区搜索过程完成了下行同步。手机要发送上行数据，还需和基站取得上行同步，以便让基站允许手机的上行接入，这就是随机接入过程。上下行同步完成后，就可以进行上下行数据传输了。这几个过程中，基站和手机交互的数据和控制信息都要通过具体物理信道或信号来承载。

11.4.1　小区搜索涉及的物理信道和信号

不仅在手机开机时要进行小区搜索，手机在移动过程中为了决定是否进行切换，也会不停地搜索邻小区，以便取得下行同步并估计该小区信号的接收质量。

小区搜索过程用到的物理信道和信号如图 11-45 所示。

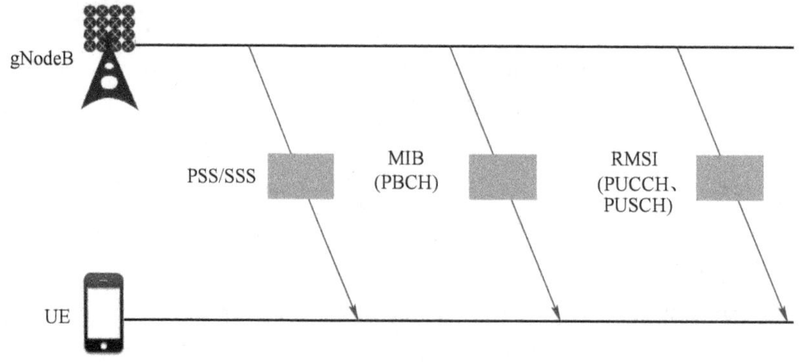

图 11-45　小区搜索下行同步过程

1) 通过检测 PSS/SSS 信号，可以得到小区的 PCI 号，UE 借此可以选择驻留小区。但是，由于 PSS/SSS 具体分布在哪几个符号上是不固定的，在频域上起始 RB 的位置也是不固定的，所以解调 PSS 和 SSS 之后，UE 并没有彻底完成下行时频资源的同步。

2）从前面的知识可得知，PBCH 解调参考信号 DMRS 的位置和 PCI 之间是有关系的，获得 PCI 之后，就可以确定 PBCH DMRS 的位置，根据 PBCH DMRS 的加扰序列和 PBCH 的净荷可以获得系统消息主消息块的信息。通过检测 SSB 块可以获取系统帧号、下行帧的起始时间位置，可以间接得到 SSB 的子载波带宽 SCS 和 SSB 索引、频点等信息。

3）RMSI（SIB1）承载着初始 BWP 中的信道配置，TDD 小区的半静态时隙配比，以及其他 UE 接入网络的必要信息。上行接入时的可用时域、频域、码域资源也在系统消息 RMSI 中通知 UE。但是 RMSI 需要在 PDSCH 上承载，因此 UE 接下来需要从 PDSCH 上把 RMSI 取下来。要读取 PDSCH 的数据，需要知道 PDSCH 的调度信息，这个就需要查看 PDCCH 上的信息了。

因此，小区搜索涉及的物理信道如图 11-46 所示。

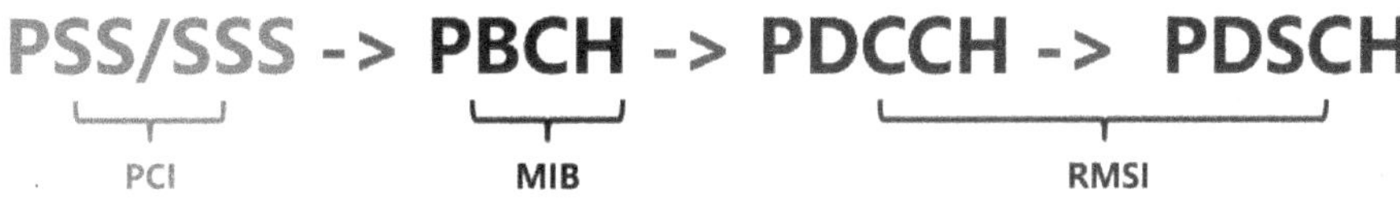

图 11-46　小区搜索涉及的物理信道

11.4.2　随机接入涉及的物理信道和信号

随机接入过程可以由许多事件触发，如处于空闲态的 UE 初始访问网络，终端到基站的连接重建、切换过程，失步状态时下行或上行数据到达等。随机接入过程就是终端和基站获取上行同步的过程。

随机接入过程涉及的物理信道如图 11-47 所示。

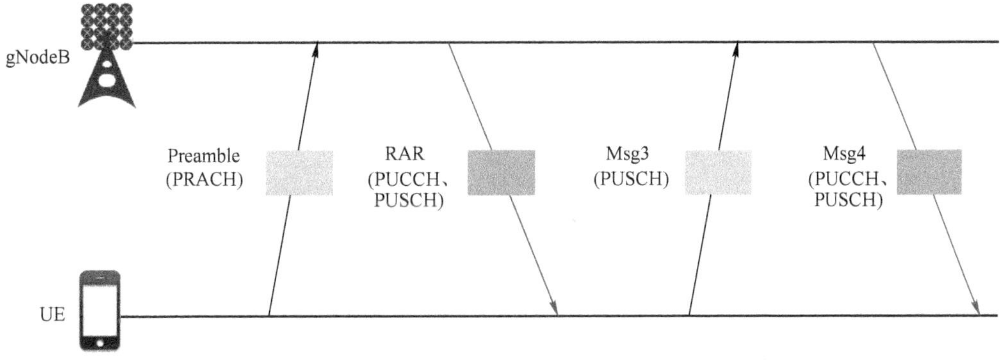

图 11-47　随机接入上行同步过程

1）UE 使用 PRACH 信道给基站发送随机接入的请求（Random Access Preamble）。Preamble 的主要作用是告诉基站有一个上行接入请求，同时基站可以通过对 Preamble 的测量算出基站和 UE 之间的传输时延。

2）基站接受了 UE 的上行接入请求，将计算好的上行提前量 TA 值通过 RAR 告知 UE。RAR 信息需要在 PDSCH 信道上承载。要读取 PDSCH 的数据，需要知道 PDSCH 的调度信息，这个就需要查看 PDCCH 上的信息了。

3）手机接收到 RAR 消息后，就会在 PUSCH 信道上发送 RRC 连接建立请求，携带 UE 的初始 NAS（非接入层）标识和建立原因等消息，这个消息的名称也叫 Msg3。

4）基站接到 RRC 连接建立请求后，会给 UE 发送 RRC 连接建立完成消息，携带着高层信令承载的完整配置信息，该消息对应随机接入过程的 Msg4。Msg4 在 PDSCH 上承载，它的调度信息在 PDCCH 上。高层信令承载建立成功，标志着 UE 从空闲态进入到连接态，至此完成了随机接入。

因此，随机接入涉及的物理信道如图 11-48 所示。

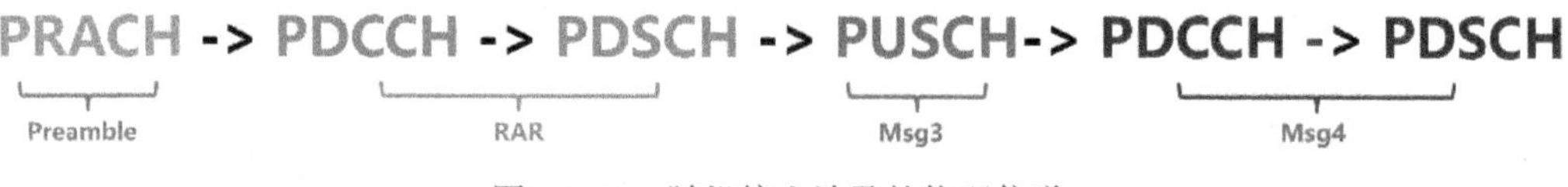

图 11-48　随机接入涉及的物理信道

11.4.3　下行数据传输涉及的物理信道和信号

手机和基站之间完成上下行同步，建立了连接后，可以进行下行数据的传输。在下行数据传输的过程中，手机要不断地测量基站的下行参考信号 CSI-RS，完成对时间偏移和频率偏移的跟踪，获取相应的信道状态信息（CSI），将 CSI 的信息通过 PUCCH/PUSCH 信道反馈给基站。基站给手机发送下行数据的调度控制信道是 PDCCH，指示了 PDSCH 的调度资源，下行数据通过 PDSCH 来发送。手机接收到下行发送的数据后，要判断是否正确接收，要给基站通过 PUCCH/PUSCH 反馈 ACK/NACK。如果基站收到的反馈是 NACK，就需要启动 HARQ 过程，对错误数据进行重传合并。下行数据传输的过程就是上述过程的不断循环，其中下行 CSI-RS 和上行 CSI 反馈出现的位置可能根据实际情况有所变化，如图 11-49 所示。

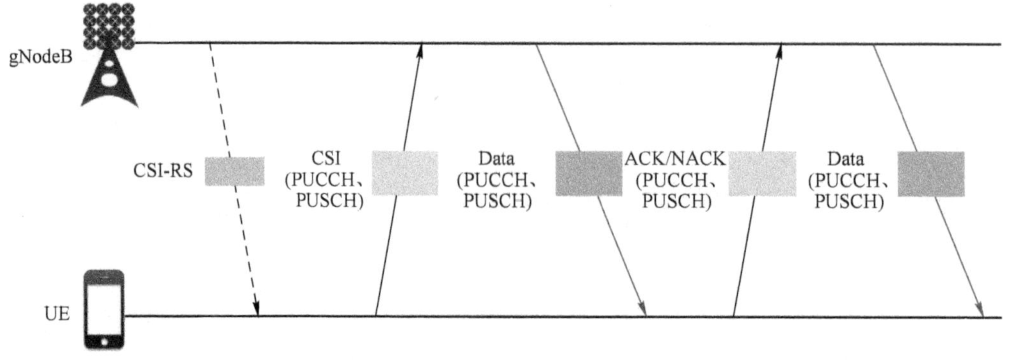

图 11-49　下行数据传输过程

因此，下行数据传输涉及的物理信道如图 11-50 所示。

CSI-RS -> PUCCH/PUSCH -> PDCCH -> PDSCH -> PUCCH/PUSCH

CSI　Data　ACK/NACK

图 11-50　下行数据传输涉及的物理信道

11.4.4　上行数据传输涉及的物理信道和信号

手机和基站之间完成上下行同步建立了连接后，可以进行上行数据的传输。在上行数据传输的过程中，手机要不断地给基站发送上行参考信号（SRS），供基站探测终端位置和信道质量。手机要给基站发送上行数据，首先需要手机向基站申请资源，申请的方法是在 PUCCH 信道上发送 UCI 信息，UCI 信息里包含着上行资源调度请求（SR）。基站要给手机 PDCCH 信道发送上行资源的授权（UL Grant）。这个上行资源授权信息是一个下行控制信息，所以在 DCI 信息中，不是 UCI 信息。

手机知道了基站给自己分配的上行资源后，就通过 PUSCH 信道发送上行数据，顺便把缓存状态报告（Buffer State Report，BSR）上报给基站，告诉基站手机有多少数据存在上行的缓冲区里。基站要通过 PDCCH 信道给手机反馈 ACK/NACK。如果手机收到的反馈是 NACK，就需要启动 HARQ 过程，对错误数据进行重传合并。上行数据传输的过程就是上述过程的不断循环，其中上行 SRS 信号出现的位置可能根据实际配置有所变化，如图 11-51 所示。

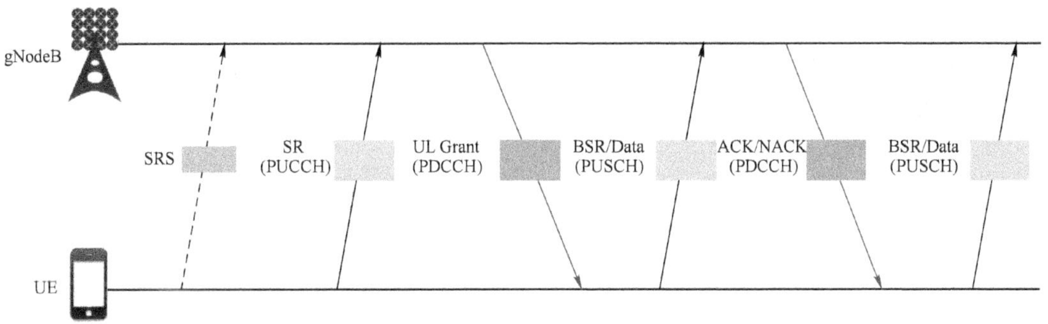

图 11-51　上行数据传输过程

因此，上行数据传输涉及的物理信道如图 11-52 所示。

图 11-52　上行数据传输涉及的物理信道

参考文献

[1] 王振世. 实战无线通信应知应会——新手入门，老手温故 [M]. 2版. 北京：人民邮电出版社，2017.

[2] 王振世. LTE轻松进阶 [M]. 2版. 北京：电子工业出版社，2017.

[3] 信世为科技. LTE工程师入场考题解析 [M]. 北京：电子工业出版社，2017.

[4] 王振世. 大话无线室内分布系统 [M]. 北京：机械工业出版社，2018.

[5] 罗发龙，张建中. 5G权威指南——信号处理算法及实现 [M]. 北京：机械工业出版社，2018.

[6] 李兴旺，张辉. 5G大规模MIMO理论、算法与关键技术 [M]. 北京：机械工业出版社，2017.

[7] 张传福，赵立英，张宇. 5G移动通信系统及关键技术 [M]. 北京：电子工业出版社，2018.

[8] 万芬，余蕾，况璟，等. 5G时代的承载网 [M]. 北京：人民邮电出版社，2019.

[9] 杨峰义，谢伟良，张建敏，等. 5G无线接入网 [M]. 5G无线接入网架构及关键技术 [M]. 北京：人民邮电出版社，2018.

[10] 刘毅，刘红梅，张阳，等. 深入浅出5G移动通信 [M]. 北京：机械工业出版社，2019.

[11] 艾怀丽. VoLTE端到端业务详解 [M]. 北京：人民邮电出版社，2019.

[12] 李偐，等. 5G与车联网——基于移动通信的车联网技术与智能网汽车 [M]. 北京：机械工业出版社，2019.

[13] 江林华. 5G物联网及NB-IoT技术详解 [M]. 北京：电子工业出版社，2018.

[14] 万蕾，郭志恒，等. LTE/NR频谱共享——5G标准之上下行解耦 [M]. 北京：电子工业出版社，2019.

[15] 小火车，好多鱼. 大话5G [M]. 北京：电子工业出版社，2016.

[16] 张阳，郭宝. 万物互联——蜂窝物联网组网技术详解 [M]. 北京：机械工业出版社，2018.

[17] 3GPP. System Architecture for the 5G System：3GPP TS23. 501 [S]. [S. l. s. n]，2019.

[18] 3GPP. Procedures for the 5G System：3GPP TS 23. 502 [S]. [S. l. s. n]，2019.

[19] 3GPP. Technical Realization of Service Based Architecture：3GPP TS 29. 500 [S]. [S. l. s. n]，2019.

[20] 3GPP. 5G System；Principles and Guidelines for Services Definition：3GPP TS 29. 501 [S]. [S. l. s. n]，2019.

[21] 3GPP. 5G System；Session Management Services：3GPP TS 29. 502 [S]. [S. l. s. n]，2019.

[22] 3GPP. 5G System；Session Management Event Exposure Service：3GPP TS 29. 508 [S].

[S. l. s. n], 2019.

[23] 3GPP. 5G System; Network function repository services: 3GPP TS 29.510 [S]. [S. l. s. n], 2019.

[24] 3GPP. 5G System; Policy and Charging Control signalling flows and QoS parameter mapping: 3GPP TS 29.513 [S]. [S. l. s. n], 2019.

[25] 3GPP. 5G System; Access and Mobility Management Services: 3GPP TS 29.518 [S]. [S. l. s. n], 2019.

[26] 3GPP. 5G system; Services, operations and procedures of charging using Service Based Interface (SBI): 3GPP TS 32.290 [S]. [S. l. s. n], 2019.

[27] 3GPP. NR and NG-RAN Overall Description: 3GPP TS 38.300 [S]. [S. l. s. n], 2019.

[28] 3GPP. NR; Base Station radio transmission and reception: 3GPP TS 38.104 [S]. [S. l. s. n], 2019.

[29] 3GPP. NR; Physical layer; General description: 3GPP TS 38.201 [S]. [S. l. s. n], 2019.

[30] 3GPP. NR; Physical layer services provided by the physical layer: 3GPP TS 38.202 [S]. [S. l. s. n], 2019.

[31] 3GPP. NR; Physical channels and modulation: 3GPP TS 38.211 [S]. [S. l. s. n], 2019.

[32] 3GPP. NR; Multiplexing and channel coding: 3GPP TS 38.212 [S]. [S. l. s. n], 2019.

[33] 3GPP. NR; Physical layer procedures for control: 3GPP TS 38.213 [S]. [S. l. s. n], 2019.

[34] 3GPP. NR; Physical layer procedures for data: 3GPP TS 38.214 [S]. [S. l. s. n], 2019.

[35] 3GPP. NR; Physical layer measurements: 3GPP TS 38.215 [S]. [S. l. s. n], 2019.

[36] 3GPP. NR; Medium Access Control (MAC) protocol specification: 3GPP TS 38.321 [S]. [S. l. s. n], 2019.

[37] 3GPP. NR; Radio Link Control (RLC) specification: 3GPP TS 38.322 [S]. [S. l. s. n], 2019.

[38] 3GPP. NR; Packet Data Convergence Protocol (PDCP) specification: 3GPP TS 38.323 [S]. [S. l. s. n], 2019.

[39] 3GPP. NR; Radio Resource Control (RRC); Protocol specification: 3GPP TS 38.331 [S]. [S. l. s. n], 2019.

[40] 3GPP. NG-RAN; Architecture description: 3GPP TS 38.401 [S]. [S. l. s. n], 2019.

[41] 3GPP. NG - RAN; NG general aspects and principles: 3GPP TS 38.410 [S]. [S. l. s. n], 2019.